高等职业教育“十三五”规划教材

高 职 高 专 教 育 精 品 教 材

机械工程基础

（上册）

主 编 杨 萍
副主编 陈玉冬
陈文军
陈玉林

上海交通大學出版社
SHANGHAI JIAO TONG UNIVERSITY PRESS

内容提要

本教材本着“突出技能，重在实用，淡化理论，够用为度”的指导思想，结合本课程的具体情况和教学实践、工程实践，将原工程力学、工程材料及成型技术基础、机械设计基础等三门课程内容有机地融合在一起。

教材分为(上)(下)两册。《机械工程基础》(上册)分为工程力学和工程材料两篇，主要内容包括：构件静力学基础，力的投影和平面力偶，平面任意力系，空间力系和重心，轴向拉伸与压缩剪切与挤压，圆轴扭转，梁的弯曲，组合变形的强度计算，金属材料的力学性能，金属的基本知识，铁碳合金及热处理和常用工业材料。《机械工程基础》(下册)介绍了：机械设计基础概论，平面连杆机构，凸轮及间隙运动机构，带传动和链传动，齿轮传动，蜗杆传动和螺旋传动，齿轮系和减速器，连接，轴和轴承。

本书特色：精选内容、强调应用、理论简明、方便教学，尤其适应于培养应用型人才的高职高专院校。可作为高职教育机械制造类专业的教学用书，也可作为成人高校教学用书以及工程技术人员参考用书。

图书在版编目(CIP)数据

机械工程基础/杨萍主编. —上海：上海交通大学出版社，2016(2024 重印)
ISBN 978-7-313-13482-0

Ⅰ.①机… Ⅱ.①杨… Ⅲ.①机械工程—高等职业教育—教材
Ⅳ.①TH

中国版本图书馆 CIP 数据核字(2015)第 167232 号

机械工程基础(上册)

主　　编：杨　萍
出版发行：上海交通大学出版社　　地　　址：上海市番禺路 951 号
邮政编码：200030　　电　　话：021-64071208
印　　制：上海万卷印刷股份有限公司　　经　　销：全国新华书店
开　　本：787mm×1092mm　1/16　　总 印 张：28.75
总 字 数：684 千字
版　　次：2016 年 1 月第 1 版　　印　　次：2024 年 2 月第 5 次印刷
书　　号：ISBN 978-7-313-13482-0
总 定 价(上、下册)：82.00 元

前　言

教材是教学的依据，是教师多年教学经验的沉淀，是教改成果的体现，也是教改的重点和难点。本书按照高校教改的要求，贯彻落实教育部推出的“高等学校教学质量与教学改革工程”，结合高职高专教学特点，本着“突出技能，重在实用，淡化理论，够用为度”的指导思想，将原工程力学、工程材料及成型技术基础、机械设计基础三门课程有机地融合在一起。本教材分为上下两册，重点考虑了以下几点：

1. 引入了大量的工程实例，突出从工程构件与结构到力学模型作相应的力学分析，以力学模型的理论分析到解决工程实际问题为基本思路，力求在提高读者学习中增强工程意识和责任意识。每一章都有实际工程案例，做到了工学结合，学用统一，同时提高了学生解决实际问题的能力。

2. 教材完全遵循“提出问题-新知识-解决问题”的思路进行编写的，以化学成分、工艺→组织、结构→性能→用途为主线，将金属与非金属材料结合在一起，既突出共性，又兼顾个性，从理论上简明扼要地论述了材料成分、结构、组织与性能的关系，着重叙述了常用工程材料的成分、结构、性能和用途，并从选材和材料改性等方面介绍了工程材料的实际应用。

3. 在机械设计基础部分，简化公式的理论推导，重点介绍工程实际应用必须的内容。主要包括各种常用机构的工作原理、特点和应用，通用零部件的工作原理、特点以及选用设计方法等。

4. 本教材是一本完全面向学生的教材，在保证内容完整和理论严谨的同时力争用通俗的语言向读者进行解释。是一本既适合学生学习，又适合教师教学的教材，亦可作为高职高专相关专业的教材和有关专业人员的参考书。适用学时数为80～90学时。

本书由杨萍主编主审，陈玉冬、陈文军和陈玉林担任副主编。在本书编写过程中,得到了上海交通大学安丽桥老师的协助,并提出宝贵意见。在此表示衷心感谢。

限于编者的水平,书中错误和不当之处在所难免,恳请读者提出宝贵意见。

目　　录

第一篇　工 程 力 学

绪论 …… 3

第一章　构件静力学基础 …… 5
第一节　力的基本概念和公理 …… 5
第二节　常见约束及其力学模型 …… 8
第三节　构件的受力图 …… 12
小结 …… 14
思考题 …… 15
习题 …… 16

第二章　力的投影和平面力偶 …… 18
第一节　力的投影和力的分解 …… 18
第二节　平面汇交力系的合成与平衡 …… 20
第三节　力矩和力偶 …… 23
第四节　平面力偶系的合成与平衡 …… 27
小结 …… 29
思考题 …… 30
习题 …… 31

第三章　平面任意力系 …… 35
第一节　平面任意力系的简化 …… 35
第二节　平面任意力系的平衡方程及其应用 …… 37
第三节　固定端约束和均布载荷 …… 39
第四节　物体系统的平衡问题 …… 41
第五节　考虑摩擦时构件的平衡问题 …… 45
小结 …… 50
思考题 …… 52

习题 …… 54

第四章　空间力系和重心 …… 58
第一节　力在空间直角坐标轴上的投影 …… 59
第二节　力对轴之矩 …… 62
第三节　空间任意力系的平衡方程 …… 63
第四节　重心与形心 …… 69
小结 …… 72
思考题 …… 73
习题 …… 73

第五章　轴向拉伸与压缩 …… 76
第一节　材料力学的基本概念 …… 76
第二节　轴向拉(压)的工程实例与力学模型 …… 78
第三节　轴向拉伸与压缩时内力与截面法、轴力与轴力图 …… 79
第四节　拉(压)杆横截面的应力、应变及胡克定律 …… 80
第五节　材料的力学性质 …… 86
第六节　拉压静不定问题 …… 90
小结 …… 92
思考题 …… 94
习题 …… 95

第六章　剪切与挤压 …… 99
第一节　剪切和挤压的工程实例 …… 99
第二节　剪切和挤压的实用计算 …… 100
第三节　剪切胡克定律 …… 103
小结 …… 104
思考题 …… 105
习题 …… 105

第七章　圆轴扭转 …… 107
第一节　圆轴扭转的工程实例与力学模型 …… 107
第二节　扭矩和扭矩图 …… 107
第三节　圆轴扭转时横截面上的应力和强度计算 …… 109
第四节　圆轴扭转时的变形与刚度条件 …… 113
小结 …… 114
思考题 …… 115
习题 …… 115

第八章 梁的弯曲 …… 118
第一节 平面弯曲的工程实例与力学模型 …… 118
第二节 弯曲的内力——剪力和弯矩 …… 119
第三节 利用弯矩、剪力和载荷集度间的关系作剪力、弯矩图 …… 122
第四节 梁弯曲时的正应力和强度计算 …… 127
第五节 梁的刚度计算、提高梁的强度和刚度的措施 …… 135
小结 …… 140
思考题 …… 141
习题 …… 143

第九章 组合变形的强度计算 …… 147
第一节 拉压与弯曲组合变形的强度计算 …… 147
第二节 弯曲与扭转组合变形的强度计算 …… 150
小结 …… 155
思考题 …… 155
习题 …… 156

第二篇 机械工程材料与应用

绪论 …… 161

第一章 金属材料的力学性能 …… 162
第一节 强度与塑性 …… 162
第二节 硬度 …… 164
第三节 冲击韧性 …… 166
第四节 金属疲劳的概念 …… 166
思考题 …… 167

第二章 金属的基本知识 …… 168
第一节 金属的晶体结构 …… 168
第二节 实际金属的结构特点 …… 170
第三节 纯金属的结晶 …… 171
第四节 合金中的相结构 …… 174
第五节 二元合金相图 …… 176
思考题 …… 179

第三章 铁碳合金及热处理 …… 180
第一节 铁碳合金的基本组织 …… 180
第二节 铁碳合金状态图($Fe-Fe_3C$ 相图) …… 181

第三节　热处理的基本概念 …… 187
第四节　钢的热处理组织转变 …… 188
第五节　钢的热处理工艺 …… 195
思考题 …… 210

第四章　常用工业材料 …… 211
第一节　碳素钢 …… 212
第二节　合金钢 …… 214
第三节　铸铁 …… 221
第四节　铜、铝及合金 …… 228
第五节　滑动轴承合金 …… 230
思考题 …… 232

附录 …… 233
附录A　常用截面的几何性质 …… 233
附录B　梁在简支载荷作用下的变形 …… 234
附录C　型钢表 …… 236
附录D　习题答案 …… 240

参考文献 …… 244

第一篇

工 程 力 学

绪　论

一、工程力学研究的内容

工程力学是一门应用范围极其广泛的技术基础课程，它包含了传统学科中理论力学与材料力学两门学科中的主要内容，它的研究对象不是某一台完整的机器或建筑物，而是简单的工程构件。所谓构件，是指组成工程机械和工程结构的零部件。

理论力学是研究物体机械运动一般规律的基础学科，讨论机器与结构的运动情况及其受力分析，是工程分析与设计的起点。

材料力学则是研究构件承载能力的一门学科。

由以上内容可见，工程力学是从研究构件的受力分析开始，研究构件的运动规律以及构件的变形和破坏规律，为工程构件的设计和制造提供了可靠的理论依据和实用的计算方法。也就是说，工程力学既研究工程构件机械运动的一般规律，又研究构件的强度、刚度和稳定性等内容。

由于工程力学所涉及的工程实际问题往往比较复杂，因此工程力学在建立基本概念和基础理论时，常需抓住一些带有本质性的主要因素，忽略掉其次要因素，从而抽象出理想化的力学模型。工程力学最基本的力学模型是质点、刚体和弹性变形体。

二、学习工程力学的目的、作用及任务

工程力学的基本理论和基本方法广泛应用于各类工程技术中，机械、建筑、冶金、煤炭、石油、化工以及航空、航天等领域都要应用到工程力学的知识，它是工程技术的重要基础课。

工程力学研究工程构件最普遍、最基本的受力、变形、破坏以及运动规律，为工科专业后续课程，如机械原理、机械零件等技术基础课和一些专业课的学习，打下必要的基础。

工程力学实践-抽象化-推理-结论的研究方法，有利于培养观察问题的能力和辩证唯物主义的观点，有利于培养创新思维和创新精神，提高分析问题和解决问题的能力，其任务是使学生掌握物体机械运动的基本规律和研究方法以及构件强度、刚度和稳定性等的计算原理，初步学会运用这些规律、方法和计算原理去分析、解决工程实际中简单的力学问题。

三、工程力学的学习方法

1. 联系实际

工程力学来源于人类长期的生活实践、生产实践与科学试验，并且广泛应用于各类工程实践中。因此，在实践中学习工程力学是一个重要的学习方法。

广泛联系与分析生活及生产中的各种力学现象，是培养对工程力学的兴趣的一条重要途径。而对工程力学的兴趣，乃是身心投入的一个重要起点。联系实际还是从获得理论知识到养成分析与解决问题能力之间的一座桥梁。初学工程力学的人的通病就是感到“理论好懂，习题难解”，这就是缺少各种实践的过程(包括大量的课内外练习)，没有完成理论到能力之间转化的一种反映。

2. 善于总结

将书读薄是做学问的一种基本方法。读一本书后要将其总结成一两页材料，唯其如此，才能抓住一个章节、一本书、一门学科的精髓；才能融会贯通，才能真正成为你自己的知识。

理论要总结，解题的方法与技巧也要总结。

3. 勤于交流

相互交流是获取知识的一种重要手段。课堂教学、习题讨论、课件利用直至网上交流，经常表述自己的观点，不断纠正自己的错误理念，从而使自己的综合素质得到提高。

四、本篇的主要内容

本篇试图以突出工程构件来简化力学的系统理论，以突出工程应用性来改进力学课程教学。其大体内容有：第一章至第四章是理论力学中静力学部分，主要研究构件的静力平衡规律，着重讨论了构件的静力分析和平衡方程的应用，其中对于如何建立工程构件的力学模型、如何简化约束模型、如何简化载荷作了必要的论述；第五章至第九章是材料力学，主要研究工程杆件的变形和破坏规律，着重讨论了杆件的强度、刚度的计算。

第一章　构件静力学基础

静力学研究物体在力系的作用下的平衡规律，主要包括三方面的问题：物体的受力分析，力系的合成或简化，力系的平衡条件。

本章作为静力学的基础，主要阐述刚体、力和力系以及平衡等基本概念和静力学公理；以及如何建立工程实际构件的力学模型。介绍工程中常见的几种约束性质，并讨论物体受力分析的一般步骤和方法。

第一节　力的基本概念和公理

一、刚体的概念

静力学中的研究对象是刚体，所以静力学又称为**刚体静力学**。所谓**刚体**，是指**在力的作用下不会发生变形的物体**。即体内任意两点间距离保持不变的物体。实际上，任何物体受力以后，都将产生不同程度的变形。但如果物体的变形极其微小，或变形对所研究的问题没有实质上的影响，则可以略去变形，把物体看作刚体。实践表明，这种科学的抽象是合理的，由此将使力对物体的作用以及力系平衡条件等问题的研究大为简化。

二、力的概念

1. 定义

用手推门时，手指与门之间有了相互作用，这种作用使门产生了运动；用汽锤锻打工件，汽锤和工件间有了相互作用，工件的形状和尺寸发生了改变。人们在长期的生产实践活动中，经过不断观察和总结，形成了力的定义：**力是物体间相互的机械作用**。

这种作用使物体的运动状态或形状尺寸发生改变。使物体运动状态改变称为**力的外效应**；使物体形状尺寸改变称为**力的内效应**。

2. 力的三要素

力对物体的效应，取决于力的**三要素**：即力的**大小**、**方向**、**作用点**。

力是一个既有大小又有方向的量，称为力矢量。用一个有向线段表示，线段的长度按一定的比例尺，表示力的大小；线段箭头的指向表示力的方向；线段的始端 A（见图 1-1-1）或末端 B 表示力的作用点。

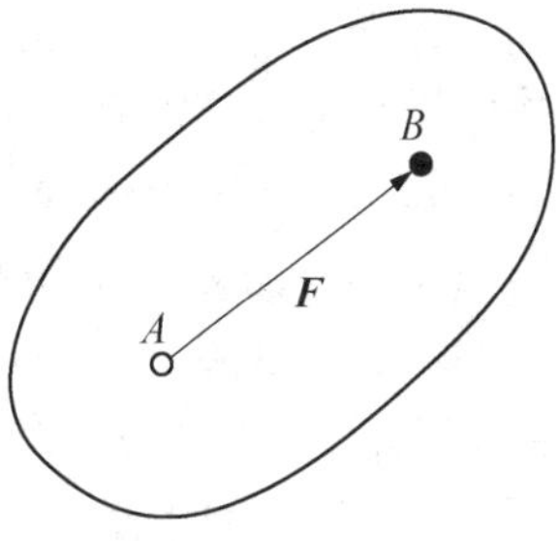

图 1-1-1

力的法定单位为牛顿，简称牛，符号是 N。把物体间的一个机械作用表示成有方向和大小的线段，是力学研究中对物体间机械作用的简化结果。

3. 力系与等效力系

若干个力组成的系统称为力系。若一个力系与另一个力系对物体的效应相同，这两个力系**互为等效力系**。

若一个力与一个力系等效，则称这个力为该**力系的合力**，而该力系中的各力称为这个**力的分力**。

4. 平衡与平衡力系

平衡是指物体相对于地球的静止或匀速直线运动。一力系使物体处于平衡状态，则该力系称为**平衡力系**。

三、二力平衡公理与二力构件

1. 二力平衡公理

作用于构件上的两个力，使构件保持平衡的必要和充分条件是：这两个力的大小相等、方向相反，作用在一条直线上。**简述为等值、反向、共线。**

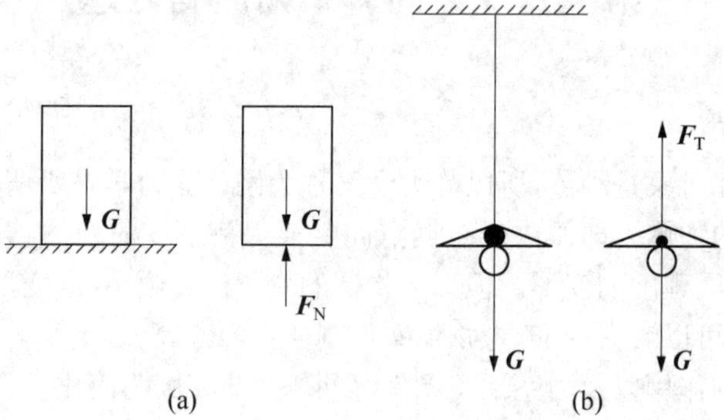

图 1-1-2

如图 1-1-2(a)所示，粉笔盒放置在桌面上，受到地球引力场的机械作用(重力)$\boldsymbol{G}$ 和桌面的机械作用(支持力)$\boldsymbol{F}_N$ 而处于平衡状态，这两个力必等值、反向、共线。图 1-1-2(b)所示的电灯吊在天花板上，无论初始时电灯偏向什么位置，最后平衡时必满足二力平衡条件，$\boldsymbol{G}$ 和 $\boldsymbol{F}_T$ 等值、反向、共线。

2. 二力构件

在两个力作用下处于平衡的构件一般称为**二力构件**。

工程实际中，一些构件的自重和它所承受载荷比较起来很小，可以忽略不计。本书中的构件没有特别或没有表示出自重的，一律按不计自重处理。

如图 1-1-3(a)所示的托架中，杆 AB 不计自重，在 A 端和 B 端分别受到机械作用，$\boldsymbol{F}_A$、$\boldsymbol{F}_B$ 而处于平衡状态，此两力必过这两力作用点 A、B 的连线，如图 1-1-3(b)所示。再如图 1-1-3(c)所示的三铰拱结构中，不计拱片的自重，在力的作用下，右边拱 BC 受到 $\boldsymbol{F}_B$、$\boldsymbol{F}_C$ 作用处于平衡，这两个力必过两力作用点 B、C 的连线，如图 1-1-3(d)所示。

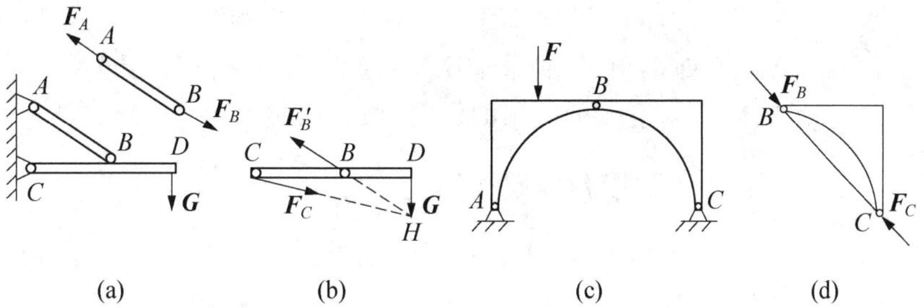

图 1-1-3

四、加减平衡力系公理与力的可传性原理

1. 加减平衡力系公理

在一个已知力系上加上或减去一个平衡力系，不改变原力系对构件的外效应。

2. 力的可传性原理

作用于构件上某点的力，沿其作用线移动，不改变原力对构件的外效应。

如图 1-1-4 所示的小车，在点 A 作用力 $\boldsymbol{F}$ 和在点 B 作用力 $\boldsymbol{F}$ 对小车的作用效果相同。

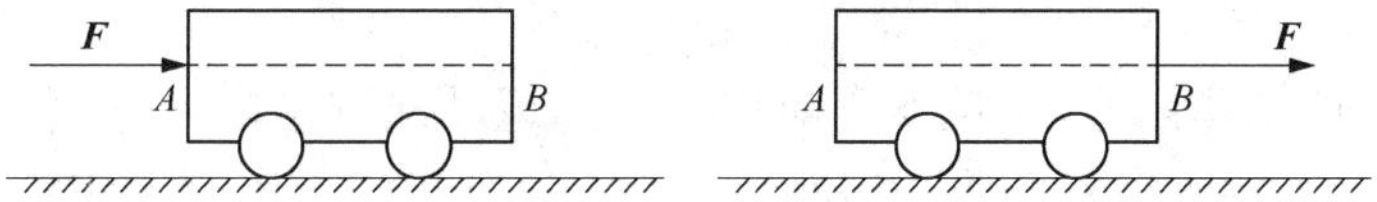

图 1-1-4

由此原理可知：**力对物体的外效应，取决于力的大小、方向、作用线**。必须指出，加减平衡力系公理和力的可传性原理只适用于刚性构件。

五、平行四边形公理和三力构件

1. 力的平行四边形公理

作用于物体上同一点的两个力，可以合成一合力。合力是该两力为邻边构成的平行四边形的对角线。合力大小和方向是该两力为邻边构成的平行四边形的对角线。如图 1-1-5 所示，$\boldsymbol{F}_R$ 是 $\boldsymbol{F}_1$、$\boldsymbol{F}_2$ 的合力。力的平行四边形公理符合矢量加法法则，即

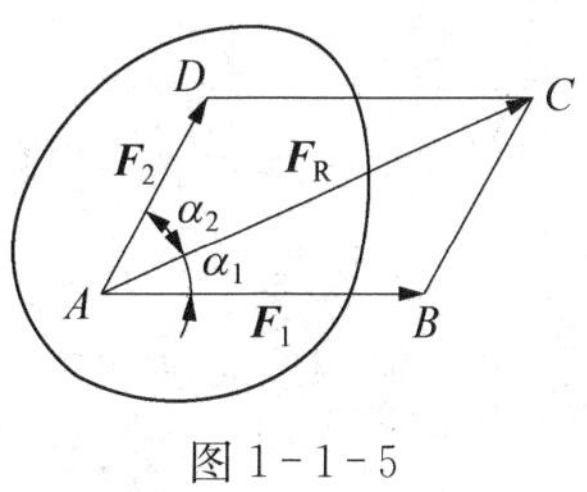

图 1-1-5

$$\boldsymbol{F}_R = \boldsymbol{F}_1 + \boldsymbol{F}_2$$

2. 三力平衡汇交原理

构件在三个互不平行的力作用下处于平衡，这三个力的作用线必共面且汇交于一点。

3. 三力构件

三力构件三个力的作用线交于一点。若已知两个力的作用线，由此可以确定另一个未知力的作用线。

如图 1-1-3(b)中所示的杆件 CD，在 C、B、D 三点分别受力处于平衡状态，点 C 的力

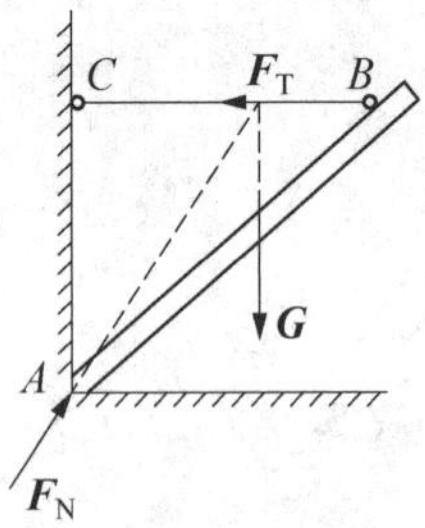

图 1-1-6

F_C 必过 B、D 两点作用力的交点 H。再如图 1-1-6 所示的杆件 AB，A 端靠在墙角，B 端受绳 BC 的拉力，用 F_T 表示，受重力场的作用，用 G 表示，A 端受到的墙角的作用力 F_N 必过 G 和 F_T 的交点。

六、作用力与反作用力公理

两物体间的作用力与反作用力，总是大小相等，方向相反，作用线相同，分别作用在两个物体上，简述为**等值**、**反向**、**共线**。

该公理说明了力总是成对出现的。应用公理时注意区别它与二力平衡的两个力是不同的。作用力与反作用力分别作用在两个物体上，二力平衡的两个力作用在一个物体上。

图 1-1-3(a)、(b)中，AB 杆 B 端受到的力 F_B 与 CD 杆 B 端受到的力 F'_B 就是一对作用力与反作用力。

第二节　常见约束及其力学模型

一、约束和约束力

机械设备和工程结构中的构件，都是既相互联系又相互制约的。甲构件对乙构件有作用，就受到乙构件的反作用，这种反作用对甲构件的运动起到了限制作用。例如，火车轮对铁轨进行了作用，就会受到铁轨对火车轮的反作用，这种反作用限制了车轮只能沿其轨道运动。门与合页相互联系，合页对门的运动起到了限制作用。这种**限制物体运动的周围物体称为约束**。

物体受的力可以分为主动力和约束力，能够促使物体产生运动或运动趋势的力称为**主动力**。这类力有重力和一些作用载荷。主动力通常都是已知的。当物体沿某一个方向的运动受到约束限制时，约束对物体就有一个反作用力，这个限制物体运动或运动趋势的反作用力称为**约束力**。约束力的方向与它所限制物体的运动或运动趋势的方向相反，其大小和方向一般由主动力的大小和作用线的不同而改变，是一个未知力。

二、常见约束的力学模型

工程实际中，构件间相互连接的形式是多种多样的，把一构件与其他构件的连接形式，按其限制构件运动的特性抽象为理想化的力学模型，称为**约束模型**。

常见约束的约束模型为**柔体**、**光滑面**、**光滑铰链**和**固定端**。值得注意的是，工程实际中的约束与约束模型有些比较相近，有些差异很大。必须善于观察，正确认识约束模型及其应用意义。

下面主要讨论柔体、光滑面、光滑铰链这三类约束模型的约束特性及其约束力的方向、指向和表示符号。对于固定端约束将在第三章介绍。

1. 柔体约束

由绳索、链、带等柔性物形成的约束都可以简化为柔体约束模型。这类约束只承受拉力，不承受压力。**约束力沿柔体的中线，指向背离物体**，用符号 F_T 表示。

图 1-1-7(a)所示起重机吊起重物时，重物通过钢绳悬吊在挂钩上。钢绳 AC、BC 对重物的约束力沿钢绳的中线，指向背离物体，如图 1-1-7(b)所示。

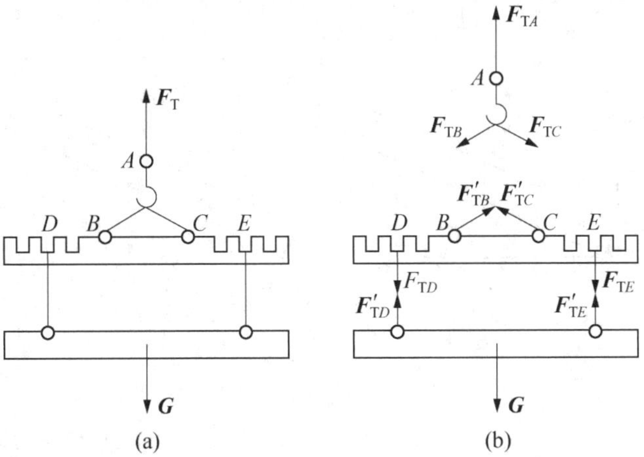

图 1-1-7

必须指出的是，若柔体包络了轮子一部分，如图 1-1-8(a)所示的链传动或带传动等，通常把包络在轮上的柔体看成是轮子的一部分，从柔体与轮的切点处解除柔体。约束力作用于切点，柔体中线，指向背离轮子。图 1-1-8(b)所示为传动轮带的约束力的画法。

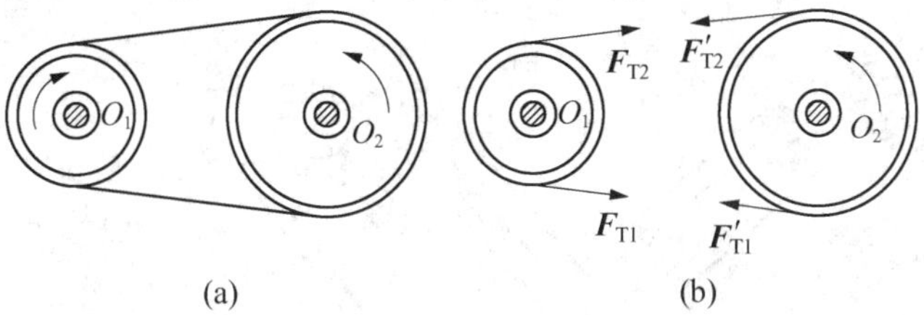

图 1-1-8

2. 光滑面约束

物体相互作用的接触面，并不是完全光滑的，为研究问题方便，暂忽略不计接触面间的摩擦，并不计接触面间的变形。把物体的接触面看成是完全光滑的刚性接触面，简称为光滑面约束。

光滑面约束只限制了物体沿接触面公法线方向的运动，所以其**约束力沿接触面的公法线，指向受力物体**，用符号 $\boldsymbol{F}_{\mathrm{N}}$ 表示。

如图 1-1-9(a)所示，重为 $\boldsymbol{G}$ 的圆柱形工件放在 V 形槽内，在 A、B 两点处与槽面产生作用力，其约束力沿接触面公法线指向工件。

如图 1-1-9(b)所示，重力 $\boldsymbol{G}$ 的工件放入 ABC 凹槽内，在 A、B、C 三点处，分别与槽接触，其约束力沿接触面的公法线指向工件。

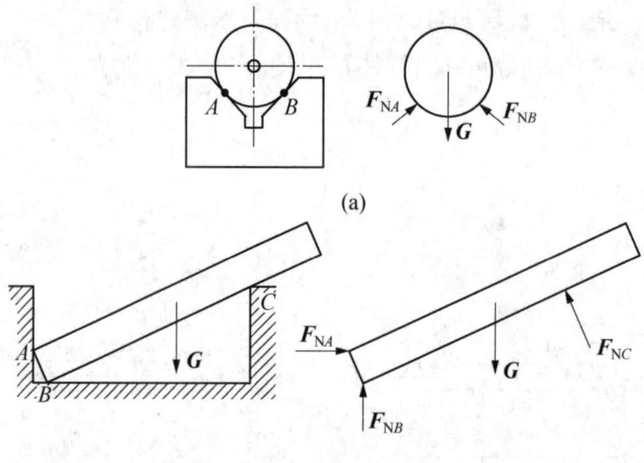

图 1-1-9

3. 铰链约束

如图 1-1-10(a)所示,用圆柱销连接的两构件称为**铰链**。对于具有这种特性的连接方式,忽略不计变形和摩擦,就得到理想化的模型——刚性光滑铰链。铰链约束用图 1-1-10(b)所示的平面简图表示。

1) 中间铰

铰链约束通常也称为**中间铰**。只限制了构件销孔端的相对移动,不限制构件绕该端的相对转动。

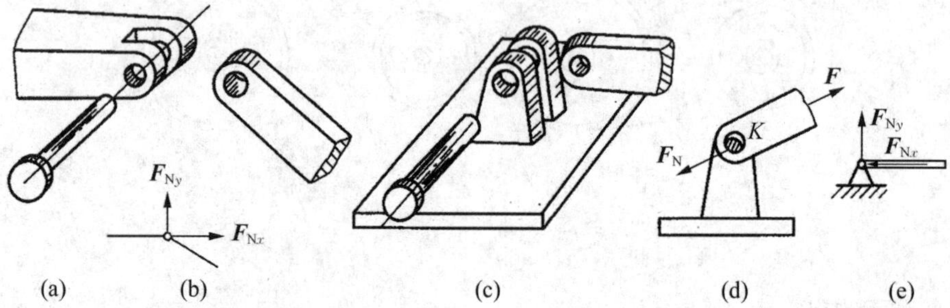

图 1-1-10

2) 固定铰支座

把圆柱销连接的两构件中的一个固定起来,称为**固定铰支座**,如图 1-1-10(c)所示,它约束限制了构件销孔端的随意移动,不限制构件绕圆柱销的转动。

如图 1-1-10(d)所示的柱销与销孔在构件主动力作用下,是两个圆柱光滑面在点 K 接触,其约束力必沿接触面点 K 的公法线过铰链的中心,由于主动力的作用方向不同,构件销钉的接触点 K 就不同。

综上所述:**中间铰和固定铰支座约束的约束力过铰链的中心,方向不确定。**通常用两个正交的分力 $\boldsymbol{F}_{Nx}$、$\boldsymbol{F}_{Ny}$ 来表示,如图 1-1-10(b)、(e)所示。

必须指出的是,当中间铰或固定铰约束的是二力构件时,其约束力满足二力平衡条件,沿两约束力作用点的连线，方向是确定的。

如图 1-1-11(a)所示结构，杆 AB 中点的作用力为 $\boldsymbol{F}$，杆 AB、BC 不计自重。杆 BC 在 B 端受到中间铰约束，约束力的方向不确定。在 C 端受到固定铰支座约束，约束力的方向不确定，但杆 BC 受此两力作用处于平衡，是二力构件，该二力必过 B、C 两点的连线，如图 1-1-11(b)、(c)所示。

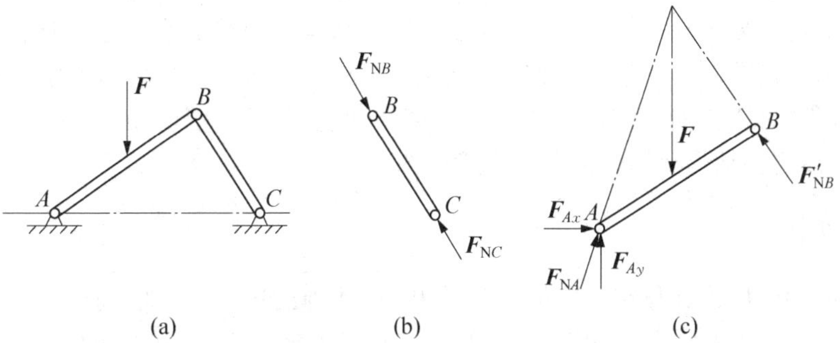

图 1-1-11

杆 AB 在 A、B 两点受力并受主动力 $\boldsymbol{F}$ 作用，处于平衡状态，是三力构件。力 $\boldsymbol{F}$ 的方向已确定，杆 AB 在点 B 受到杆 BC B 端的反作用力 $\boldsymbol{F}_{NB}$，方向也确定。A 端固定铰支座的约束力必过 $\boldsymbol{F}$ 和 $\boldsymbol{F}_{NB}$ 的交点，如图 1-1-11(c)所示。为了便于分析计算，当中间铰或固定铰支座约束的是三力构件时，无论其约束力是否确定，都用正交分力表示。

3) 活动铰支座

如图 1-1-12(a)所示，在固定铰支座的下边安装上滚珠称为**活动铰支座**。活动铰支座只限制构件沿支承面法线方向的运动，所以**活动铰支座约束力的作用线过铰链中心，垂直于支承面，一般按指向构件画出**，用符号 $\boldsymbol{F}_N$ 表示。图 1-1-12(b)为活动铰支座的几种力学简图及约束力画法。

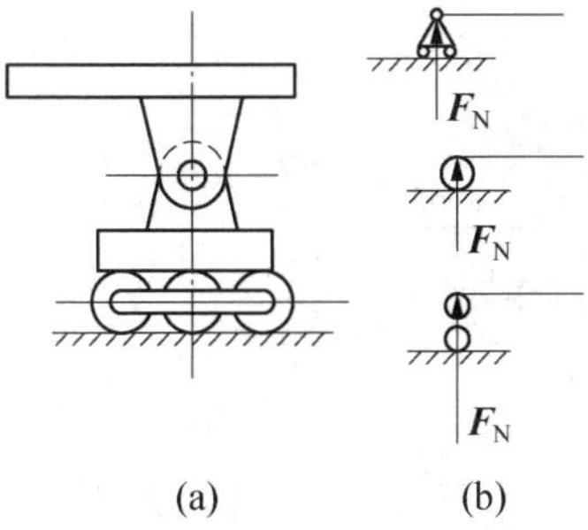

图 1-1-12

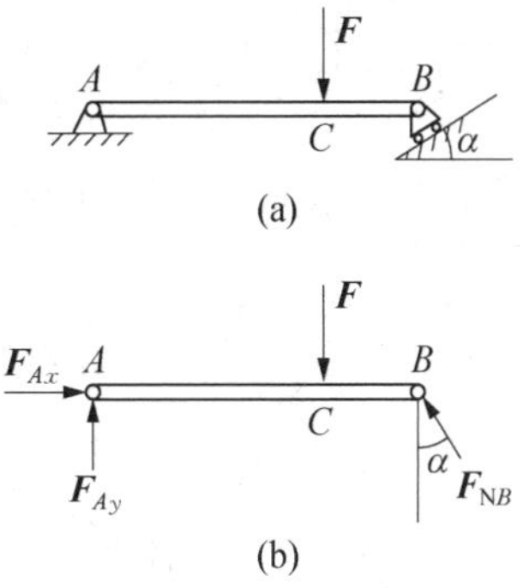

图 1-1-13

如图 1-1-13(a)所示，杆 AB 在主动力 $\boldsymbol{F}$ 作用下，其 A、B 两端铰支座的约束力如图 1-1-13(b)所示。

第三节　构件的受力图

一、构件结构平面简图

对工程构件进行受力分析,必须学会简化工程结构或构件。这种把真实的工程结构或构件简化成能进行分析计算的平面图形,称为**构件结构平面简图**。本书中的构件结构图多数属于平面力学简图。作力学简图首先要在结构或构件上选择合适的简化平面,画出其轮廓线(若为杆件,可用其轴线代替),然后按约束特性把约束简化为约束模型,再简化结构上的作用载荷,即得到结构或构件的平面力学简图。

二、受力图

在力学简图中把构件与它周围的构件分开,单独画出这个构件的简图称为解除约束取分离体。在分离出来的构件简图上,按已知条件件画上主动力,按不同约束模型的约束反力方向、指向及表示符号画出全部约束力(未知力)即可得到构件的受力图。

综上所述,画受力图的步骤是:①确定研究对象;②解除约束取分离体;③在分离体上画出全部的主动力和约束力。

例 1-1-1　图 1-1-14(a)所示为一起重机支架,已知重力 $\boldsymbol{W}$、吊重为 $\boldsymbol{G}$,试画出支架、滑车、吊钩与重物以及物系整体的受力图。

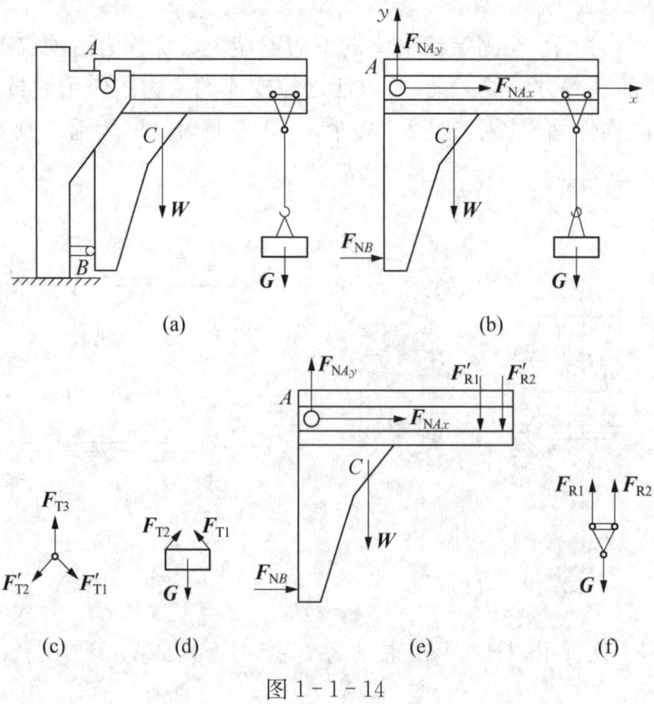

图 1-1-14

解:重物上作用有重力 $\boldsymbol{G}$ 和吊钩沿绳索的拉力 $\boldsymbol{F}_{T1}$、$\boldsymbol{F}_{T2}$,如图 1-1-14(d)所示。吊钩受绳索约束,沿各绳上画拉力 $\boldsymbol{F}'_{T1}$、$\boldsymbol{F}'_{T2}$、$\boldsymbol{F}'_{T3}$,如图 1-1-14(c)所示,滑车滚轮上有

钢梁的约束力 $\boldsymbol{F}_{R1}$、$\boldsymbol{F}_{R2}$，滑车另受重物 $\boldsymbol{G}$ 经绳索的牵引作用，如图 1-1-14(f)所示。支架受点 A 的约束力 $\boldsymbol{F}_{NAx}$、$\boldsymbol{F}_{NAy}$，点 B 水平方向的约束力 $\boldsymbol{F}_{NB}$，滑车滚轮的压力 $\boldsymbol{F}'_{R1}$、$\boldsymbol{F}'_{R2}$ 和支架自重 $\boldsymbol{W}$，如图 1-1-14(e)所示。

整个物系作用有外力 $\boldsymbol{G}$、$\boldsymbol{W}$、$\boldsymbol{F}_{NAx}$、$\boldsymbol{F}_{NAy}$、$\boldsymbol{F}_{NB}$，其余为内力，均不显示，如图 1-1-14(b)所示。

例 1-1-2　画出图 1-1-15(a)、(d)两图中滑块及推杆的受力图，并进行比较。图 1-1-15(a)是曲杆滑块机构，图 1-1-15(d)是凸轮机构。

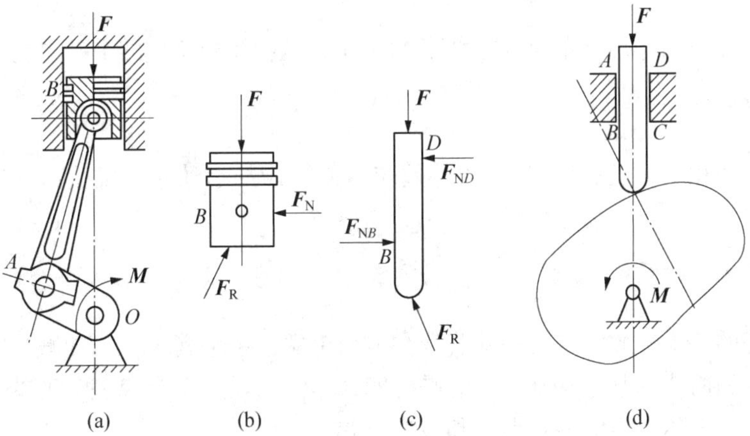

图 1-1-15

解：分别取滑块、推杆为分离体，画出它们的主动力和约束力，其受力如图 1-1-15(b)、(c)所示。滑块上作用的力 $\boldsymbol{F}$ 和 $\boldsymbol{F}_R$ 的交点在滑块与滑道接触长度以内，其合力使滑块单面靠紧滑道，故产生一个与约束面相垂直的约束力 $\boldsymbol{F}_N$，$\boldsymbol{F}$、$\boldsymbol{F}_R$、$\boldsymbol{F}_N$ 三力汇交。图 1-1-15(c)中推杆上的 $\boldsymbol{F}$ 与 $\boldsymbol{F}_R$ 的交点在滑道之外，其合力使推杆倾斜而导致 B、D 两点接触，故有约束力 $\boldsymbol{F}_{NB}$、$\boldsymbol{F}_{ND}$。

例 1-1-3　有一传动支架，如图 1-1-16(a)所示。试画出电动机支架与传动支架的受力图。

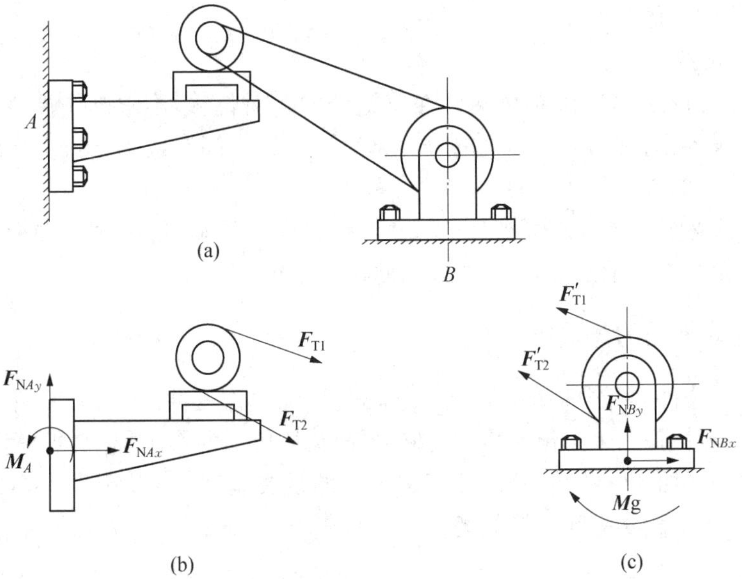

图 1-1-16

解:分别在两固定端 A、B 处画出正交约束力与约束力偶,如图 1-1-16(b)、(c)所示。

小 结

一、刚体的概念

刚体是指在力的作用下不会发生变形的物体。是物体抽象化的最基本的力学模型。

二、力的概念

力是物体间相互的机械作用,力的外效应是使物体的运动状态发生改变。力的三要素为:大小、方向和作用点。力是矢量。

三、静力学公理

阐明了力的基本性质。二力平衡公理是最简单的力系平衡条件。加减平衡力系公理是力系等效代换和简化的基本基础。力的平行四边形法则是力系合成和分解的基本法则。作用与反作用公理揭示了力的存在形式和传递方式。

二力构件是受两个力作用处于平衡的构件。正确分析和判断结构中的二力构件,是进行构件受力分析的基本功。

四、三类常见约束的约束模型

1) 柔体约束

只承受拉力,不承受压力。约束力沿柔体中线指向背离物体。

2) 光滑面约束

限制物体沿接触面法线方向的运动,不限制物体沿接触面平行方向运动。约束力沿接触面公法线,指向物体。

3) 光滑铰链约束

(1) 中间铰和固定铰　限制了构件在铰链处的相对位移,不限制构件绕铰的转动。约束力的方向不确定,通常用两个正交的分力来表示。若中间铰或固定铰支座约束的是二力构件时,其约束力的方向是确定的。

(2) 活动铰支座　限制了构件沿支承面法线方向的运动,不限制构件沿支承面平行方向的运动。约束力沿支承面法线,一般按指向构件画出。

五、构件的平面力学简图

是综合了为构件选择合适的简化平面,画其轮廓线作其简图(若是杆件可用其轴线代替)然后按约束特性把约束简化为约束模型,再简化构件上的作用载荷,所得到的平面图形。正确理解构件的平面力学简图,是研究工程力学的重要基础。学会建立结构或构件的平面力学模型,是解决工程实际问题的关键。

六、构件的受力图

确定研究对象取分离体，在分离体上画出全部的主动力和约束力，然后根据约束力的方向、指向和表示符号，并检查是否多画或漏画力。

思考题

1-1-1　何谓平衡力系、等效力系？何谓力系的合成、力系的分解？

1-1-2　“合力一定比分力大”，这种说法对？为什么？

1-1-3　试说明下列等式的意义和区别：

(a) $\boldsymbol{F}_1 = \boldsymbol{F}_2$　　(b) $\boldsymbol{F}_1 = -\boldsymbol{F}_2$　　(c) $F_1 = F_2$

(d) $F_1 = -F_2$　　(c) $\boldsymbol{F}_R = \boldsymbol{F}_1 + \boldsymbol{F}_2$　　(f) $F_R = F_1 + F_2$

1-1-4　图1-1-17(a)所示支架，能否将作用于支架杆 AB 上的 $\boldsymbol{F}$ 力，沿其作用线移到 BC 杆？为什么？

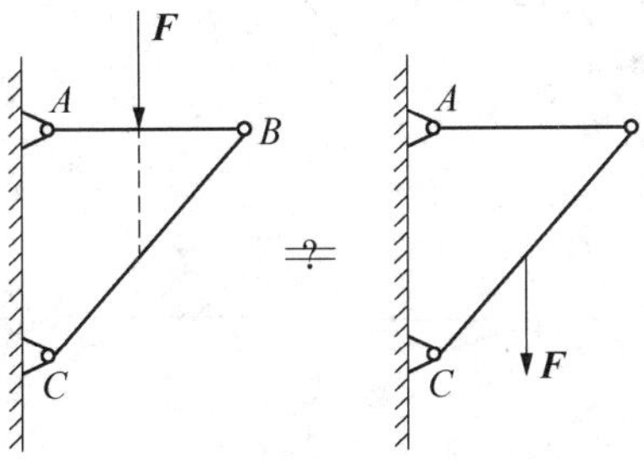

(a)　(b)

图1-1-17

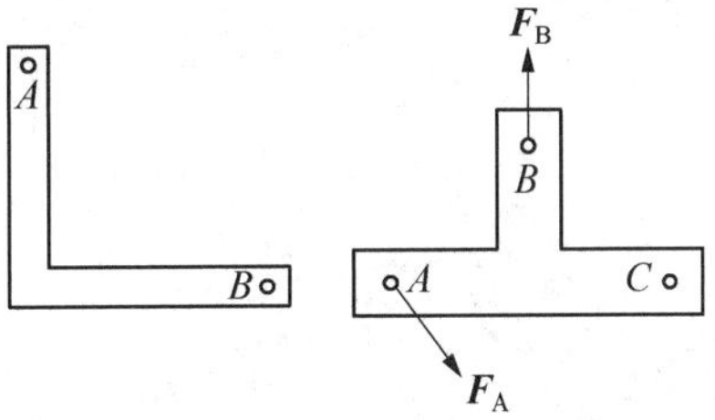

(a)　(b)

图1-1-18

1-1-5　图1-1-18(a)所示的曲杆，能否在其上 A、B 两点作用力使曲杆处于平衡？图1-1-18(b)所示构件，已知点 A、B 的作用力，能否在点 C 加作用力使构件处于平衡？

1-1-6　指出图1-1-19所示结构图中哪些构件是二力构件？哪些构件是三力构件？其约束力的方向能否确定？

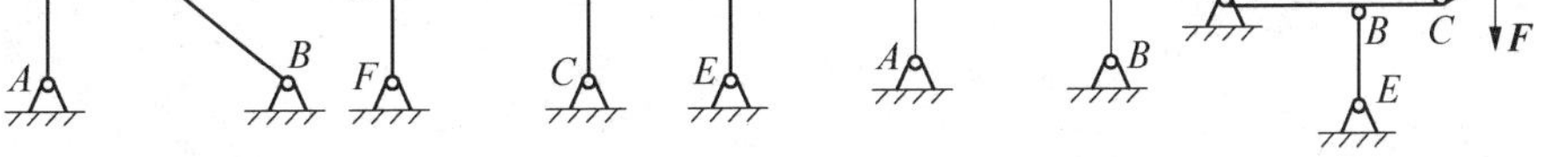

(a)　(b)　(c)　(d)

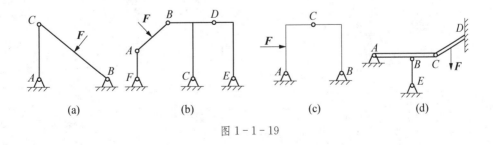

图1-1-19

习　题

1-1-1　分析图 1-1-20 中各物体的受力图画得是否正确？并改正受力图中的错误。

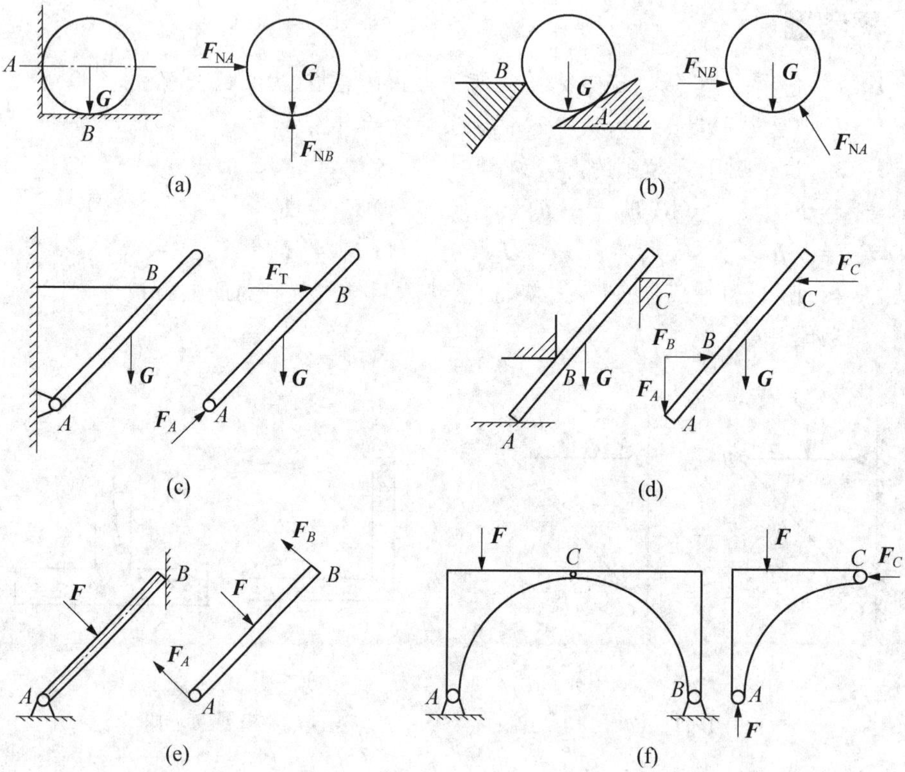

图 1-1-20

1-1-2　分别画出图 1-1-21 中球体 *A* 及拱桥 *BC* 物体的受力图。

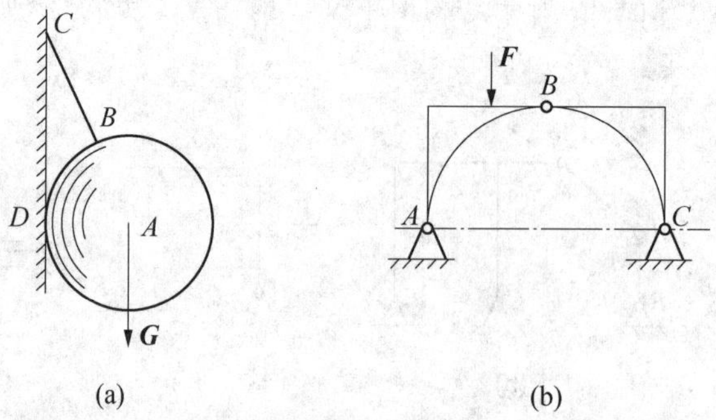

图 1-1-21

1-1-3　分别画出图 1-1-22 中标有字母 *A*、*AB* 或 *ABC* 物体的受力图。

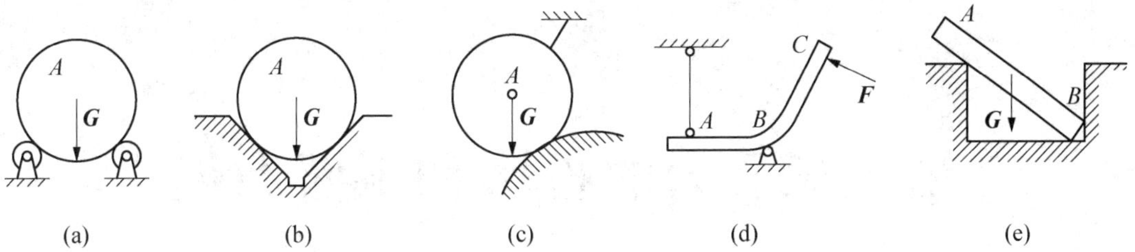

图 1-1-22

1-1-4　分别画出图 1-1-23(a)结构中 *ABCD* 和图 1-1-23(b)、(c)、(d)结构中 *ACB* 杆件的受力图。

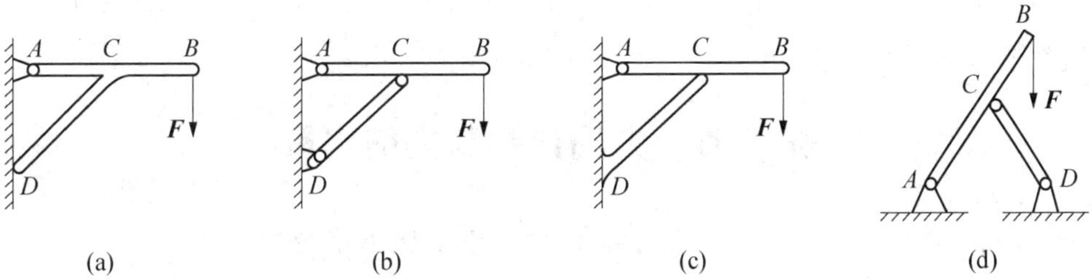

图 1-1-23

1-1-5　分别画出图 1-1-24(a)中轮 *A* 和轮 *B*、图 1-1-24(b)中球 *C* 和杆 *AB*、图 1-1-24(c)中棘轮 *O*、图 1-1-24(d)中压板 *COB*、图 1-1-24(e)中钢管 *O* 和杆 *AC*、图 1-1-24(f)中杆 *AB* 和杆 *AC* 的受力图。

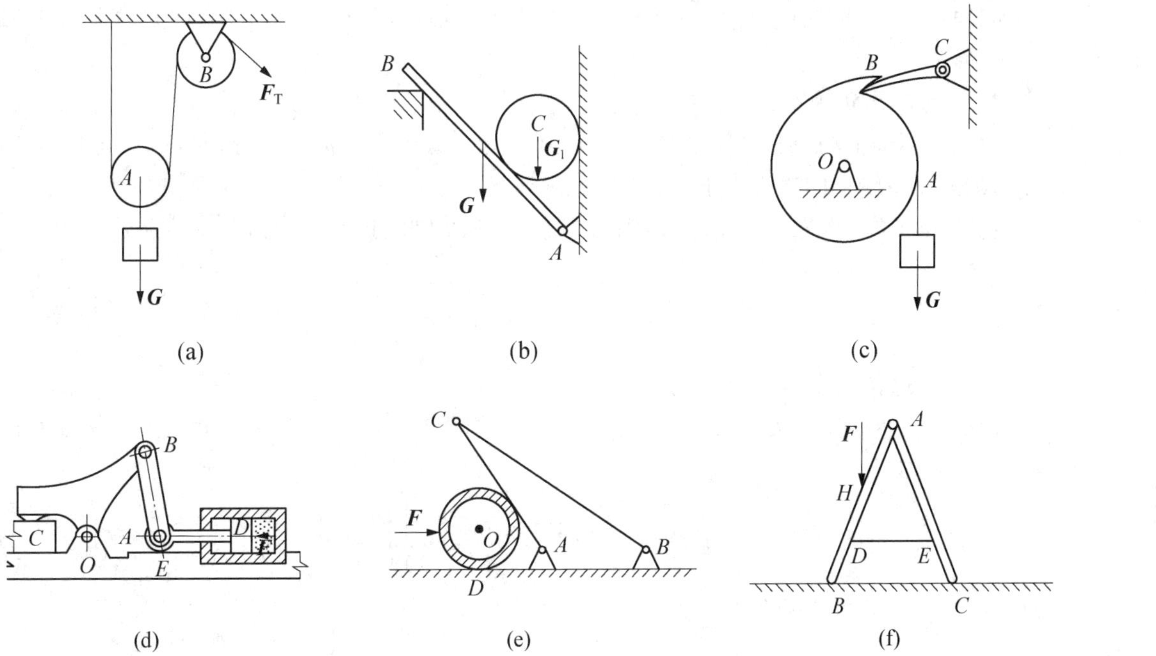

图 1-1-24

第二章　力的投影和平面力偶

本章主要介绍力在平面直角坐标轴上的投影、力矩和平面力偶的一些性质，以及平面汇交力系和平面力偶系的合成与平衡。为研究平面任意力系的简化和求解工程构件的平衡问题提供基础。

第一节　力的投影和力的分解

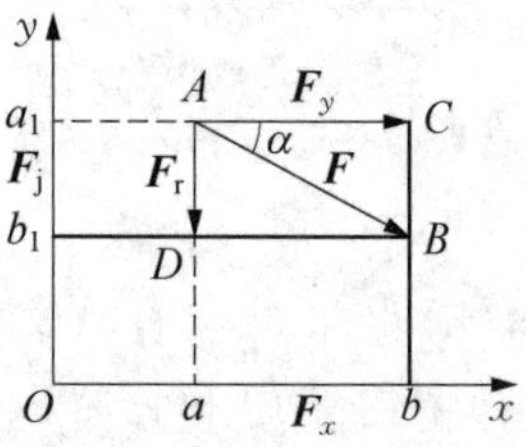

图 1-2-1

一、力在平面直角坐标轴上的投影

1. 投影的定义

如图 1-2-1 所示，设已知力 $\boldsymbol{F}$ 作用于物体平面内的点 A，方向由点 A 指向点 B，且与水平线夹角为 α。相对于平面直角坐标轴 Oxy，过力 $\boldsymbol{F}$ 的两端点处 A、B 向 x 轴作垂线，垂足 a、b 在轴上截下的线段 ab 就称为力 $\boldsymbol{F}$ 在 x 轴上的投影，记作 $\boldsymbol{F}_x$。

同理，过力 $\boldsymbol{F}$ 的两端点向 y 轴作垂线，垂足在 y 轴上截下的线段 a_1b_1 称为力 **$\boldsymbol{F}$ 在 $\boldsymbol{y}$ 轴上的投影**，记作 $\boldsymbol{F}_y$。

2. 投影的正负规定

力在坐标轴上的投影是代数量，其正负规定为：若投影 $ab(a_1b_1)$ 的指向与坐标轴正方向一致，则力在该轴上的投影为正，反之为负。

若已知力 $\boldsymbol{F}$ 与 x 轴的夹角为 α，则力 $\boldsymbol{F}$ 在 x 轴、y 轴的投影表示为

$$\begin{cases} \boldsymbol{F}_x = \pm \boldsymbol{F}\cos\alpha \\ \boldsymbol{F}_y = \pm \boldsymbol{F}\sin\alpha \end{cases} \tag{1-2-1}$$

3. 已知投影求作用力

由已知力求投影的方法可推知，若已知一个力的两个正交投影 $\boldsymbol{F}_x$、$\boldsymbol{F}_y$，则这个力 $\boldsymbol{F}$ 的大小和方向为

$$\boldsymbol{F} = \sqrt{\boldsymbol{F}_x^2 + \boldsymbol{F}_y^2}, \ \tan\alpha = \left|\frac{\boldsymbol{F}_x}{\boldsymbol{F}_y}\right| \tag{1-2-2}$$

式中，α 表示力 $\boldsymbol{F}$ 与 x 轴所夹的锐角。

二、力沿坐标轴方向正交分解

由力的平行四边形公理可知，作用于一点的两个力可以合成为一个合力。反过来，围绕一个力作平行四边形，可以把一个力分解为两个力。若分解的两个分力相互垂直，则称为**正交分解**。如图 1-2-1 所示，过力 $\boldsymbol{F}$ 的两端作坐标轴的平行线，平行线相交点构成的矩形 $ACBD$ 的两边 AC 和 AD，就是力 $\boldsymbol{F}$ 沿 x 轴、y 轴的两个正交分力，记作 $\boldsymbol{F}_x$ 和 $\boldsymbol{F}_y$。由图可见，正交分力的大小等于力沿其正交坐标轴投影的绝对值，即

$$|\boldsymbol{F}_x| = F\cos\alpha,\ |\boldsymbol{F}_y| = F\sin\alpha \tag{1-2-3}$$

必须指出，分力是力矢量，而投影是代数量。若分力的指向与坐标轴同向，则投影为正，反之为负。分力的作用点在原力作用点上，而投影与力的作用点位置无关。

力沿坐标轴方向正交分解符合矢量分解的法则，学会力的分解方法，对于正确理解和掌握矢量分解的法则有所帮助，也为以后各章节，如合力矩定理、空间力系以及后继课程内容的学习打下了基础。

三、合力投影定理

由力的平行四边形公理可知，作用于物体平面内一点的两个力可以合成为一个力，其合力符合矢量加法法则。如图 1-2-2 所示，作用于物体平面内点 A 的力 $\boldsymbol{F}_1$、$\boldsymbol{F}_2$，其合力 $\boldsymbol{F}_R$ 等于 $\boldsymbol{F}_1$、$\boldsymbol{F}_2$ 的矢量和，即

$$\boldsymbol{F}_R = \boldsymbol{F}_1 + \boldsymbol{F}_2$$

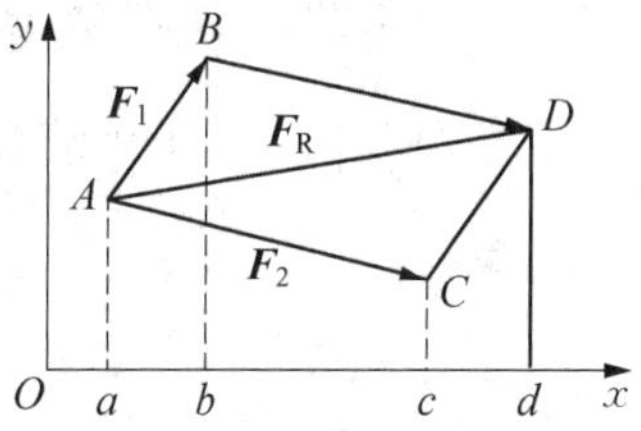

图 1-2-2

在力作用平面建立平面直角坐标系 Oxy，合力 $\boldsymbol{F}_R$ 和分力 $\boldsymbol{F}_1$、$\boldsymbol{F}_2$，在 x 轴的投影分别为 $F_{Rx} = ad$，$F_{1x} = ab$，$F_{2x} = ac$。由图可见，$ac = bd$，$ad = ab + bd$。

所以
$$F_{Rx} = ad = ab + bd = F_{1x} + F_{2x}$$
同理
$$F_{Ry} = F_{1y} + F_{2y}$$

若物体平面上一点作用着 n 个力 $\boldsymbol{F}_1$、$\boldsymbol{F}_2 \cdots \boldsymbol{F}_n$，按两个力合成的平行四边形法则依次类推，从而得出力系的合力等于各分力矢量的矢量合，即

$$\boldsymbol{F}_R = \boldsymbol{F}_1 + \boldsymbol{F}_2 + \cdots \boldsymbol{F}_n = \sum \boldsymbol{F}$$

则其合力的投影

$$\begin{cases} F_{Rx} = F_{1x} + F_{2x} + \cdots F_{nx} = \sum F_x \\ F_{Ry} = F_{1y} + F_{2y} + \cdots F_{ny} = \sum F_y \end{cases} \tag{1-2-4}$$

式(1-2-4)表明，**力系的合力在某一轴上的投影等于各分力在同一轴上投影的代数和**。此式为**合力投影定理**。式中的 $\sum F_x$ 是求和式 $\sum\limits_{i=1}^{n} F_{ix}$ 的简便表示，本书中的求和式均采用这种简便表示法。

第二节 平面汇交力系的合成与平衡

工程实际中,作用于构件上的力系有各种不同的类型。若按力系中各力的作用线是否在同一平面内来分,力系可以分为平面力系和空间力系;若按力系中各力的作用是否相交于一点或平行来分,力系可以分为汇交力系、力偶系、平行力系和任意力系。作用于同一平面内各力的作用线交于一点的力系称为**平面汇交力系**。

一、平面汇交力系的合成

若刚体平面内作用力 $\boldsymbol{F}_1, \boldsymbol{F}_2, \cdots, \boldsymbol{F}_n$ 的作用线交于一点,其合力在坐标轴上的投影等于各分力投影的代数和,即 $\boldsymbol{F}_{Rx}=\sum\boldsymbol{F}_x$, $\boldsymbol{F}_{Ry}=\sum\boldsymbol{F}_y$。则其合力 $\boldsymbol{F}_R$ 的大小和方向分别为

$$\boldsymbol{F}_R=\sqrt{(\sum\boldsymbol{F}_x^2)+(\sum\boldsymbol{F}_y^2)},\ \tan\alpha=\left|\frac{\sum\boldsymbol{F}_x}{\sum\boldsymbol{F}_y}\right| \tag{1-2-5}$$

式中,α 为合力 $\boldsymbol{F}_R$ 与 x 轴所夹的锐角。

二、平面汇交力系平衡方程及其应用

平面汇交力系平衡的必要与充分条件是力系的合力为零。由式(1-2-5)可得

$$\boldsymbol{F}_R=\sqrt{(\sum\boldsymbol{F}_x^2)+(\sum\boldsymbol{F}_y^2)},\text{即}\ \begin{cases}\sum\boldsymbol{F}_x=0\\ \sum\boldsymbol{F}_y=0\end{cases} \tag{1-2-6}$$

式(1-2-6)表示平面汇交力系平衡的必要与充分条件是力系中各力在两个坐标轴上投影的代数和均为零。此式亦称为**平面汇交力系平衡方程**。应用平衡方程时,由于坐标轴是可以任意选取的,因而可列出无数个平衡方程,但是其独立的平衡方程只有两个。因此对于一个平面汇交力系,只能求解出两个未知量。

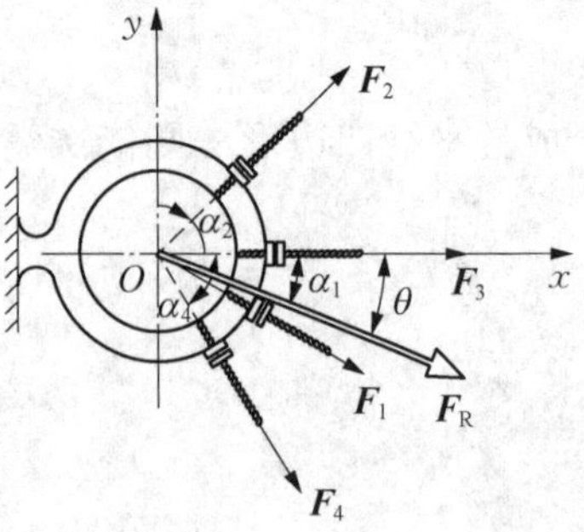

图 1-2-3

例 1-2-1 如图 1-2-3 所示,固定圆环作用有四根绳索的拉力,大小分别为 $\boldsymbol{F}_1=200\ \text{N}$, $\boldsymbol{F}_2=300\ \text{N}$, $\boldsymbol{F}_3=500\ \text{N}$, $\boldsymbol{F}_4=400\ \text{N}$,它们与 x 轴的夹角分别为 $\alpha_1=30°$, $\alpha_2=45°$, $\alpha_3=0°$, $\alpha_4=60°$。四力的作用线共面且汇交于点 O。试求它们的合力大小和方向。

解:(1) 建立图示坐标系 Oxy,求合力 $\boldsymbol{F}_R$ 在两坐标轴上的投影分别为

$$\boldsymbol{F}_{Rx}=\sum\boldsymbol{F}_x=\boldsymbol{F}_1\cos 30°+\boldsymbol{F}_2\cos 45°+\boldsymbol{F}_3\cos 0°+\boldsymbol{F}_4\cos 60°=1085.3\ \text{N}$$

$$\boldsymbol{F}_{Ry}=\sum\boldsymbol{F}_y=-\boldsymbol{F}_1\sin 30°+\boldsymbol{F}_2\sin 45°+\boldsymbol{F}_3 0°-\boldsymbol{F}_4\sin 60°=-234.3\ \text{N}$$

(2) 合力 $\boldsymbol{F}_R$ 的大小为

$$\boldsymbol{F}_R=\sqrt{(\sum\boldsymbol{F}_x^2)+(\sum\boldsymbol{F}_y^2)}=\sqrt{(1\,085.3)^2+(-234.3)^2}\ \text{N}=1\,110.3\ \text{N}$$

由于 $\boldsymbol{F}_{Rx}$ 为正，$\boldsymbol{F}_{Ry}$ 均为负，所以合力 $\boldsymbol{F}_R$ 指向为右下方，合力与 x 轴所夹的锐角 θ 为

$$\theta = \arctan\left|\frac{\boldsymbol{F}_{Ry}}{\boldsymbol{F}_{Rx}}\right| = \arctan\left|\frac{-234.3}{1\,085.3}\right| = 12.2^\circ$$

例 1-2-2　图 1-2-4(a)所示支架由杆 AB、BC 组成，A、B、C 处均为光滑铰链。在铰链 B 上悬挂重物 $\boldsymbol{G}=5$ KN，杆自重不计，试求杆 AB、BC 所受的力。

解：(1) 受力分析　由于杆 AB、BC 的自重不计，且杆两端均为铰链约束，故均为二力构件，杆件两端受力必沿杆件的轴线。根据作用与反作用关系，两杆的 B 端对于销 B 有反用力 $\boldsymbol{F}_1$、$\boldsymbol{F}_2$，销 B 同时受重物 $\boldsymbol{G}$ 的作用。

(2) 确定研究对象　以销 B 为研究对象取分离体画受力图，如图 1-2-4(b)所示。

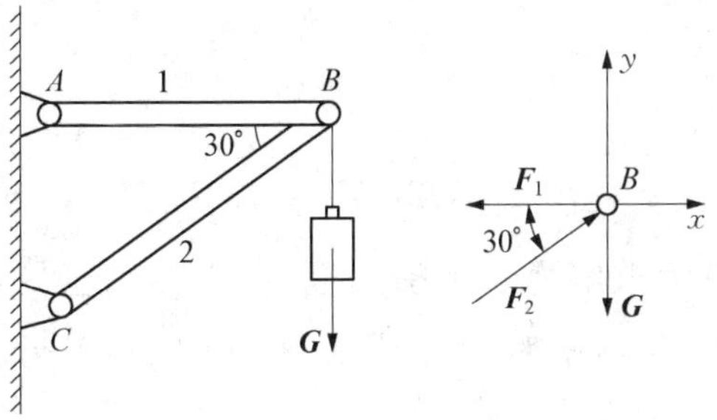

(a)　　(b)

图 1-2-4

(3) 建立坐标系，列平衡方程求解

$$\sum \boldsymbol{F}_y = 0,\ \begin{cases}\boldsymbol{F}_2\sin 30^\circ - \boldsymbol{G} = 0\\ \boldsymbol{F}_2 = 2\boldsymbol{G} = 10\text{ kN}\end{cases}$$

$$\sum \boldsymbol{F}_x = 0,\ \begin{cases}-\boldsymbol{F}_1 + \boldsymbol{F}_2\cos 30^\circ = 0\\ \boldsymbol{F}_1 = \boldsymbol{F}_2\cos 30^\circ = 8.66\text{ kN}\end{cases}$$

例 1-2-3　图 1-2-5 所示重为 $\boldsymbol{G}$ 的球体放在倾角为 30°的光滑斜面上，并用绳 AB 系住，AB 与斜面平行，试求绳 AB 的拉力 $\boldsymbol{F}_T$ 及球体对斜面的压力 $\boldsymbol{F}_N$。

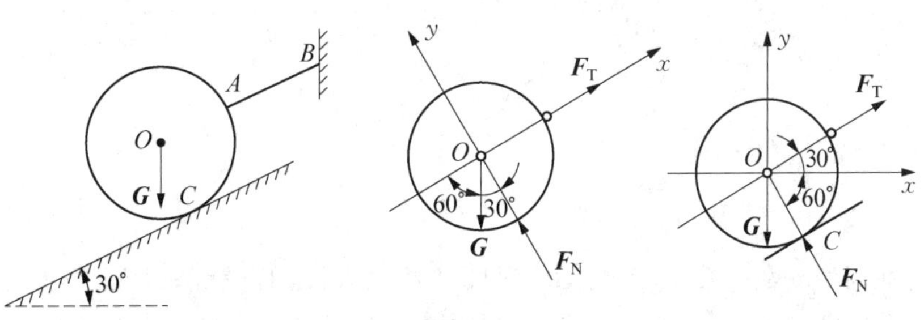

(a)　　(b)　　(c)

图 1-2-5

解:(1) 以球为研究对象取分离体画受力图,如图 1-2-5(b)所示。

(2) 沿斜面建立坐标系 Oxy,列平衡方程求得

$$\sum \boldsymbol{F}_x = 0,\ \begin{cases} \boldsymbol{F}_{\mathrm{T}} - \boldsymbol{G}\sin 30^\circ = 0 \\ \boldsymbol{F}_{\mathrm{T}} = \boldsymbol{G}\sin 30^\circ = \boldsymbol{G}/2 \end{cases}$$

$$\sum \boldsymbol{F}_y = 0,\ \begin{cases} \boldsymbol{F}_{\mathrm{N}} - \boldsymbol{G}\cos 30^\circ = 0 \\ \boldsymbol{F}_{\mathrm{N}} = \boldsymbol{G}\cos 30^\circ = \sqrt{3}\boldsymbol{G}/2 \end{cases}$$

(3) 若选取图 1-2-5(c)所示的坐标系列平衡方程得

$$\sum \boldsymbol{F}_x = 0,\ \boldsymbol{F}_{\mathrm{T}}\cos 30^\circ - \boldsymbol{F}_{\mathrm{N}}\sin 30^\circ = 0$$

$$\sum \boldsymbol{F}_y = 0,\ \boldsymbol{F}_{\mathrm{T}}\sin 30^\circ + \boldsymbol{F}_{\mathrm{N}}\cos 30^\circ - \boldsymbol{G} = 0$$

联立求解方程组得

$$\boldsymbol{F}_{\mathrm{T}} = \boldsymbol{G}/2,\ \boldsymbol{F}_{\mathrm{N}} = \sqrt{3}\boldsymbol{G}/2$$

由此可见,列平衡方程求解力系平衡问题时,坐标轴应尽量选在与未知力垂直的方向上,这样可以列一个方程式解出一个未知力,避免了求解联立方程组,使计算简便。

例 1-2-4 图 1-2-6 所示重力 $\boldsymbol{P} = 20$ kN,用钢丝绳挂在铰车 D 及滑轮 B 上。A、B、C 处为光滑铰链连接。钢丝绳、杆和滑轮的自重不计,并忽略摩擦和滑轮的大小,试求平衡时杆 AB 和 BC 所受的力。

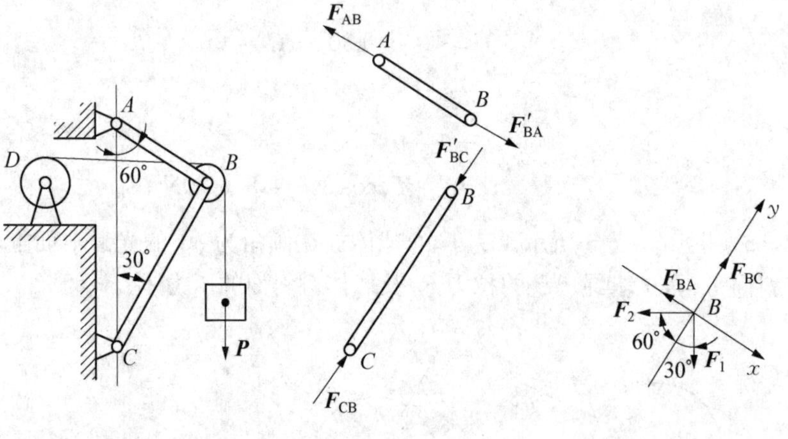

图 1-2-6

解:(1) 取研究对象 由于 AB、BC 两杆都是二力杆,假设杆 AB 受拉力,杆 BC 受压力,如图 1-2-6(b)所示。这两杆分别对滑轮构成链杆约束,故取滑轮 B 为研究对象。

(2) 画受力图 滑轮受到钢丝绳的拉力 $\boldsymbol{F}_1$ 和 $\boldsymbol{F}_2$(已知 $\boldsymbol{F}_1 = \boldsymbol{F}_2 = \boldsymbol{P}$)。此外还受到杆 AB 和 BC 对滑轮的约束反力 $\boldsymbol{F}_{BA}$ 和 $\boldsymbol{F}_{BC}$。由于滑轮的大小可忽略不计,故这些力可看作是汇交力系,如图 1-2-16(c)所示。

(3) 列平衡方程　选取坐标轴如图1-2-6(c)所示,坐标轴应尽量取在与未知力作用线相垂直的方向。这样在一个平衡方程中只有一个未知数,不必解联立方程,即

$$\sum \boldsymbol{F}_x = 0,\begin{cases} -\boldsymbol{F}_{BA} + \boldsymbol{F}_1\cos 60^\circ - \boldsymbol{F}_2\cos 30^\circ = 0 \\ \boldsymbol{F}_{BA} = -0.366\boldsymbol{P} = -7.321\ \mathrm{kN} \end{cases}$$

$$\sum \boldsymbol{F}_y = 0,\begin{cases} \boldsymbol{F}_{BC} - \boldsymbol{F}_1\sin 60^\circ - \boldsymbol{F}_2\sin 30^\circ = 0 \\ \boldsymbol{F}_{BC} = 1.366\boldsymbol{P} = 27.32\ \mathrm{kN} \end{cases}$$

其中,$\boldsymbol{F}_{BC}$为正值,表示该力的假设方句与实际方向相同,即杆 BC 受压,$\boldsymbol{F}_{BA}$为负值,表示该力的假设方向与实际方向相反,即杆 AB 也受压力。

可见,用解析法求解平面汇交力系平衡问题的一般步骤为:

(1) 根据题意,明确已知量和待求量,选择恰当的研究对象。

(2) 分析研究对象的真实受力情况,正确画出受力图。

(3) 选取适当的投影轴,建立平衡方程。平衡方程要能反映已知量(主要是已知力)和未知量(主要是未知力)之间的关系。

(4) 应用平衡方程求解未知量。由于平面汇交力系只有两个平衡方程,故选一次研究对象只能求解两个未知量。

解析法是贯穿整个静力学各章的研究力系平衡问题的重要方法,要注意掌握,为学习以后各章打下基础。

第三节　力矩和力偶

一、力对点之矩

从生产实践活动中人们认识到,力不仅能使物体产生移动,还能使物体产生转动。例如用扳手拧螺母,扳手连同螺母一起绕螺母的中心线转动。其转动效应的大小不仅与作用力大小和方向有关,而且与力作用线到螺母中心线的相对位置有关。工程中把**力使物体产生转动效应的量度称为力矩**。如图1-2-7所示,用扳手在螺母中心线上受到 $\boldsymbol{F}$ 力的作用,来说明平面上力对点之矩。平面上螺母中线的投影点 O 称为**矩心**,力作用线到矩心 O 的距离 d 称为**力臂**,力使扳手绕点 O 的转动效应取决于力 $\boldsymbol{F}$ 的大小与力臂的乘积及力矩的转向。力对点之矩记作 $\boldsymbol{M}_O(\boldsymbol{F})$,即

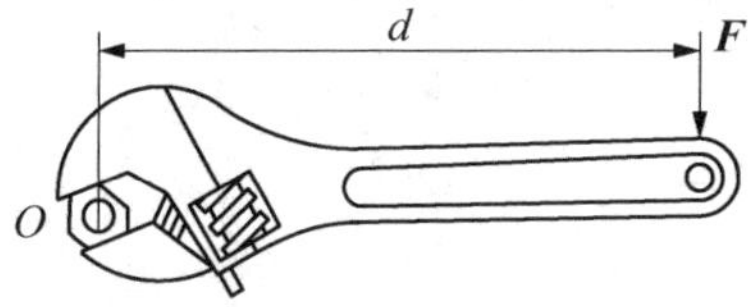

图1-2-7

$$\boldsymbol{M}_O(\boldsymbol{F}) = \pm \boldsymbol{F}d \tag{1-2-7}$$

力对点之矩是一个代数量,其正负规定为:力使物体绕矩心有逆时针转动效应时,力为正,反之为负。力矩的单位是 N·m。

二、合力矩定理

如图1-2-8所示,将作用于物体平面上点 A 的力 $\boldsymbol{F}$,沿其作用线滑移到点 B(点 B 为

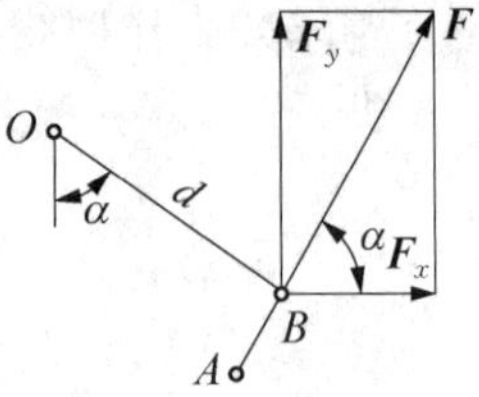

图 1-2-8

矩心点O到力$\boldsymbol{F}$作用线的垂足),不改变力$\boldsymbol{F}$对物体的外效应(力的可传性原理)。在点B将$\boldsymbol{F}$沿坐标轴方向正交分解为两分力$\boldsymbol{F}_x$、$\boldsymbol{F}_y$,即$\boldsymbol{F}=\boldsymbol{F}_x+\boldsymbol{F}_y$,分别计算并讨论力$\boldsymbol{F}$和分力$\boldsymbol{F}_x$、$\boldsymbol{F}_y$对点$O$力矩的关系。

$$\boldsymbol{M}_O(\boldsymbol{F}_x)=\boldsymbol{F}\cos\alpha\, d\cos\alpha=\boldsymbol{F}d\cos^2\alpha$$
$$\boldsymbol{M}_O(\boldsymbol{F}_y)=\boldsymbol{F}\sin\alpha\, d\sin\alpha=\boldsymbol{F}d\sin^2\alpha$$
$$\boldsymbol{M}_O(\boldsymbol{F})=\boldsymbol{F}d=\boldsymbol{M}_O(\boldsymbol{F}_x)+\boldsymbol{M}_O(\boldsymbol{F}_y)$$

上式表明,**合力对某点的力矩等于力系中各分力对同点力矩的代数和。**该定理不仅适用正交分解的两个分力系,对任何有合力的力系均成立。若力系有n个力作用,则

$$\boldsymbol{M}_O(\boldsymbol{F})=\boldsymbol{M}_O(\boldsymbol{F}_1)+\boldsymbol{M}_O(\boldsymbol{F}_2)+\boldsymbol{M}_O(\boldsymbol{F}_3)+\cdots\boldsymbol{M}_O(\boldsymbol{F}_n)=\sum\boldsymbol{M}_O(\boldsymbol{F})\quad(1-2-8)$$

式(1-2-8)即为**合力矩定理**。

求平面力对某点的力矩,一般采用以下两种方法:

(1) 用力和力臂的乘积求力矩,这种方法的关键是确定力臂d。需要注意的是,力臂d是矩心到力作用线的垂直距离,即力臂一定要垂直力的作用线。

(2) 用合力矩定理求力矩,工程实际中,有时力臂d的几何关系较复杂,不易确定时,可将作用力正交分解为两个分力,然后应用合力矩定理求原力对矩心的力矩。

例 1-2-5 图 1-2-9(a)所示的构件OBC,O端为铰链支座约束,在点C作用力$\boldsymbol{F}$,已知力$\boldsymbol{F}$的方向角为α,$OB=l$,$BC=h$,求力$\boldsymbol{F}$对点O的力矩。

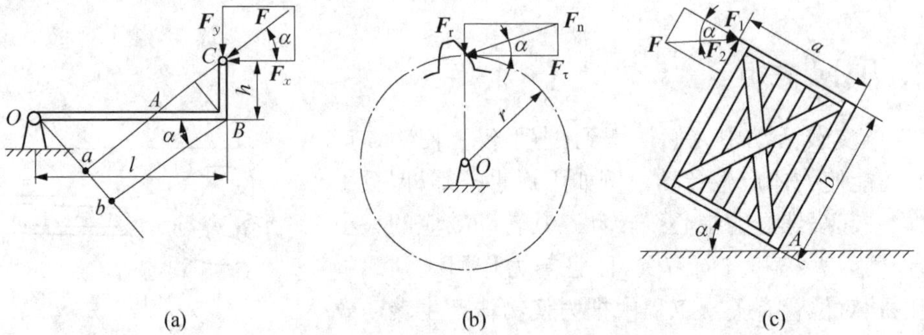

图 1-2-9

解:(1) 由于力臂d的几何关系比较复杂,不易确定,宜采用合力矩定理求力矩。

$$\begin{aligned}\boldsymbol{M}_O(\boldsymbol{F})&=\boldsymbol{M}_O(\boldsymbol{F}_x)+\boldsymbol{M}_O(\boldsymbol{F}_y)\\&=\boldsymbol{F}\cos\alpha\, h-\boldsymbol{F}\sin\alpha\, l\\&=\boldsymbol{F}(h\cos\alpha-l\sin\alpha)\end{aligned}$$

(2) 用力和力臂的乘积求力矩　在图上过点O作力$\boldsymbol{F}$作用线的垂线交于点a,找出力臂d。过点B作力线的平行线与力臂延长线交于点b,则

$$\begin{aligned}\boldsymbol{M}_O(\boldsymbol{F})&=-\boldsymbol{F}d=-\boldsymbol{F}(Ob-ab)\\&=-\boldsymbol{F}(l\sin\alpha-h\cos\alpha)\\&=\boldsymbol{F}(h\cos\alpha-l\sin\alpha)\end{aligned}$$

例 1-2-6 图 1-2-9(b)、(c)所示圆柱直齿轮和货箱，已知齿面法向压力 $\boldsymbol{F}_n=1\,000\text{ N}$，压力角 $\alpha=20°$，分度圆半径 $r=60$。已知货箱的作用力 $\boldsymbol{F}$，尺寸 a、b 和夹角 α，试求齿面法向压力 $\boldsymbol{F}_n$ 对轴心 O 的力矩和货箱作用力 $\boldsymbol{F}$ 对支点 A 的力矩。

解：(1) 齿轮压力 $\boldsymbol{F}_n$ 的力臂没有直接给出，可将法向压力正交分解为圆周力 $\boldsymbol{F}_\tau$ 和径向力 $\boldsymbol{F}_r$。应用合力矩定理得

$$\begin{aligned}\boldsymbol{M}_O(\boldsymbol{F}_n)&=\boldsymbol{M}_O(\boldsymbol{F}_\tau)+\boldsymbol{M}_O(\boldsymbol{F}_r)\\&=\boldsymbol{F}_n\cos\alpha\times r+\boldsymbol{F}_n\sin\alpha\times 0\\&=1\,000\times\cos 20°\times 0.06\\&=56.4\text{ N}\cdot\text{m}\end{aligned}$$

(2) 货箱作用力 $\boldsymbol{F}$ 的力臂没有直接给出，可将其作用力沿货箱长宽方向分解为 $\boldsymbol{F}_1$、$\boldsymbol{F}_2$，应用合力矩定理得

$$\begin{aligned}\boldsymbol{M}_A(\boldsymbol{F})&=\boldsymbol{M}_A(\boldsymbol{F}_1)+\boldsymbol{M}_A(\boldsymbol{F}_2)\\&=-\boldsymbol{F}\cos\alpha\, b-\boldsymbol{F}\sin\alpha\, a\\&=-\boldsymbol{F}(b\cos\alpha+\sin\alpha)\end{aligned}$$

三、力偶及其性质

1. 力偶的定义

在生产实践中，作用力矩可以使物体产生转动效应。另外，经常还可以见到使物体产生转动的例子，如图 1-2-10(a)、(b)所示，司机用双手转动方向盘，钳工用双手转动绞杠丝锥攻螺纹。

力学研究中，把使物体产生转动效应的一对大小相等、方向相反、作用线平行的两个称为**力偶**。通常把力偶表示在其作用平面内，如图 1-2-10(c)所示。

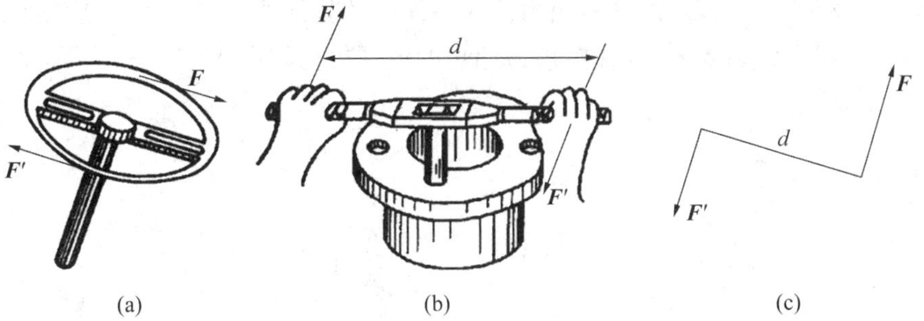

图 1-2-10

力偶是一个基本的力学量，并具有一些独特的性质，它既不平衡，也不能合成为一个力，只能使物体产生转动效应。力偶中两个力作用线所决定的平面称为**力偶的作用平面**，两力作用线之间的距离 d 称为**力偶臂**，力偶使物体转动的方向称为**力偶的转向**。

力偶对物体的转动效应，取决于力偶中的力与力偶臂的乘积，称为**力偶矩**，记作 $\boldsymbol{M}(\boldsymbol{F},\boldsymbol{F}')$，或 $\boldsymbol{M}$，即

$$\boldsymbol{M}(\boldsymbol{F},\boldsymbol{F}')=\pm\boldsymbol{F}d \tag{1-2-9}$$

力偶矩和力矩一样,是代数量。其正负号表示力偶的转向,通常规定,力偶逆时针转向时,力偶矩为正,反之为负。力偶矩的单位是 N·m 或 kN·m。力偶矩的大小、转向和作用面称为**力偶的三要素**。三要素中的任何一个发生了改变,力偶对物体的转动效应就会改变。

2. 力偶的性质

根据力偶的定义,力偶具有以下一些性质:

(1) 力偶无合力,在坐标轴上的投影之和为零。力偶不能与一个力等效,也不能用一个力来平衡,力偶只能用力偶来平衡。

力偶无合力,可见它对物体的效应与一个力对物体的效应是不相同的。一个力对物体有移动和转动两种效应,而一个力偶对物体只有转动效应,没有移动效应。因此,力与力偶不能相互替代,也不能相互平衡。可以将力和力偶看作是构成力系的两种基本要素。

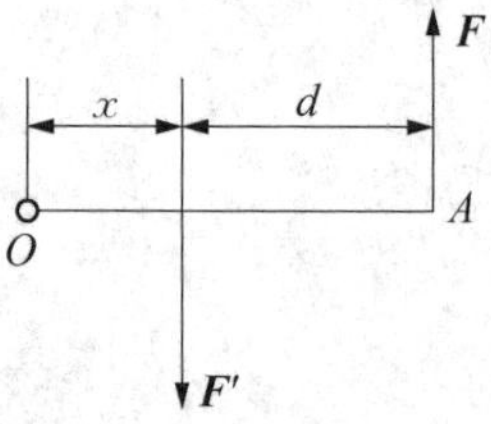

图 1-2-11

(2) 力偶对其作用平面内任一点的力矩,恒等于其力偶矩,而与矩心的位置无关。

图 1-2-11 所示一力偶 $\boldsymbol{M}(\boldsymbol{F}, \boldsymbol{F}') = \boldsymbol{F}d$ 对平面任意点 O 的力矩,用组成力偶的两个力分别对点 O 力矩的代数和度量,记作 $\boldsymbol{M}(\boldsymbol{F}, \boldsymbol{F}')$,即

$$\boldsymbol{M}(\boldsymbol{F}, \boldsymbol{F}') = \boldsymbol{F}(d+x) - \boldsymbol{F}'x = \boldsymbol{F}d = \boldsymbol{M}(\boldsymbol{F}, \boldsymbol{F}')$$

以上推证表明:力偶对物体平面上任意点 O 的力矩,等于其力偶矩,与矩心到力作用线的距离 x 无关,即与矩心的位置无关。

(3) 力偶可在其作用平面内任意搬移,而不改变它对物体的转动外效应。

(4) 只要保持力偶矩的大小和力偶的转向不变,可以同时改变力偶中力的大小和力臂的长短,而不会改变力偶对物体的转动外效应。

值得注意的是,性质(3)、(4)仅适用于刚体,不适用于变形体。

由力偶的性质可见,力偶对物体的转动效应完全取决于其力偶矩的大小、转向和作用平面。因此表示平面力偶时,可以不表明力偶在平面上的具体位置以及组成力偶的力和力偶臂的值,用一带箭头的弧线表示,并标出力偶矩的值即可。如图 1-2-12 所示是力偶几种等效代换表示法。

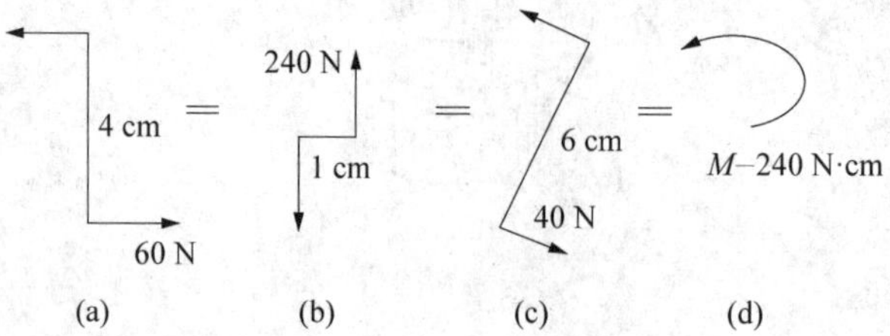

图 1-2-12

四、力线平移定理

由力的可传性原理知,作用于物体上的力可沿其作用线在物体内移动,而不改变其对物体的外效应。现在的问题是,能否在不改变作用外效应的前提下,将力平行移动到物体的任意点呢?

图 1-2-13 描述了力向作用线外任一点的平行:移动的过程。欲将作用于物体上点 A

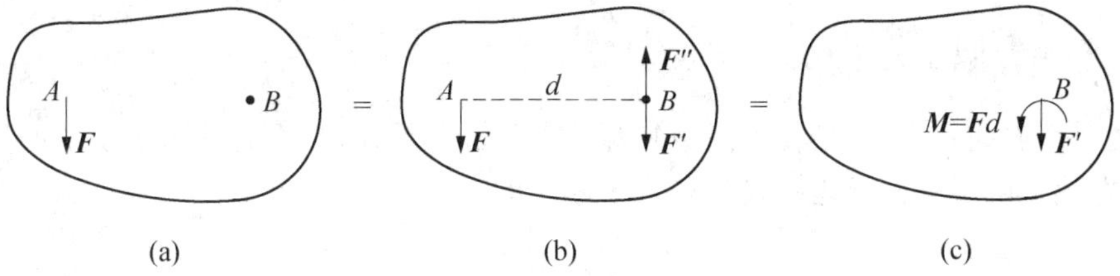

图 1-2-13

的力 $\boldsymbol{F}$ 平行移动到物体内任一点 B，可在点 B 加上一对平衡力 $\boldsymbol{F}'$、$\boldsymbol{F}''$，并使 $\boldsymbol{F}'=\boldsymbol{F}''=\boldsymbol{F}$。$\boldsymbol{F}$ 和 $\boldsymbol{F}''$ 为一等值、反向、不共线的平行力，组成了一个力偶，称为附加偶，其力偶矩为

$$\boldsymbol{M}(\boldsymbol{F},\ \boldsymbol{F}'')=\pm \boldsymbol{F}d=\boldsymbol{M}_O(\boldsymbol{F})$$

此式表示，附加力偶矩等于原力 $\boldsymbol{F}$ 对平移点 B 的力矩。于是作用于平移点的平移 $\boldsymbol{F}'$ 和附加力偶 $\boldsymbol{M}$ 的共同作用就与作用于点 A 的力 $\boldsymbol{F}$ 等效。

由此可以得出：**作用于物体上的力，可平移到物体上的任一点，但必须附加一力偶，其附加力偶矩等于原力对平移点的力矩**。此结论为**力线平移定理**。

如图 1-2-14 所示，钳工用绞杠丝锥攻螺纹时，如果用单手操作，在绞杠手柄上作用力 $\boldsymbol{F}$。将力 $\boldsymbol{F}$ 平移到绞杠中心时，必须附加一力偶 $\boldsymbol{M}$ 才能使绞杠转动。

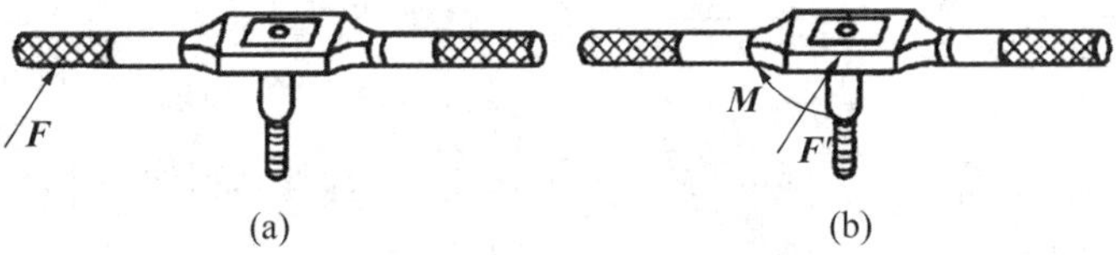

图 1-2-14

平移后的 $\boldsymbol{F}'$ 会使丝锥杆变形甚至折断。如果用双手操作，两手的作用力若保持等值、反向和平行，则平移到绞杠中心上的两平移力相互抵消，绞杠只产生转动。所以，用绞杠丝锥攻螺纹时，要求双手操作且均匀用力，而不能单手操作。

第四节　平面力偶系的合成与平衡

作用于物体上同一平面内的若干个力偶，称为**平面力偶系**。

一、平面力偶系的合成

从前述力偶的性质可知，力偶对物体只产生转动效应，且转动效应的大小完全取决于力偶矩的大小和转向。那么，物体内某一平面内受若干个力偶共同作用时，也只能使物体产生转动效应。可以证明，其力偶系对物体的转动效应的大小等于各力偶转动效应的总和，即**平面力偶系总可以合成为一个合力偶，其合力偶矩等于各分力偶矩的代数和**。合力偶矩用 $\boldsymbol{M}_{\mathrm{R}}$ 表示为

$$\boldsymbol{M}_{\mathrm{R}}=\boldsymbol{M}_1+\boldsymbol{M}_2+\boldsymbol{M}_3+\cdots\boldsymbol{M}_n=\sum\boldsymbol{M} \tag{1-2-10}$$

二、平面力偶系的平衡

要使平面力偶系平衡,其合力偶矩必等于零。由此可知,平面力偶系平衡的必要与充分条件是:**力偶系中各分力偶矩的代数和等于零**。即

$$\sum \boldsymbol{M} = 0 \tag{1-2-11}$$

例 1-2-7 图 1-2-15 所示多孔钻床在气缸盖上钻四个直径相同的圆孔,每个钻头作用于工件的切削力构成一个力偶,且各力偶矩的大小 $\boldsymbol{M}_1 + \boldsymbol{M}_2 + \boldsymbol{M}_3 + \boldsymbol{M}_4 = 15\ \text{N}\cdot\text{m}$,转向如图所示,试求钻床作用于气缸盖上的合力偶矩 $\boldsymbol{M}_\text{R}$。

解:取气缸盖为研究对象,作用于其上的各力偶矩大小相等、转向相同、且在同一平面内。因此合力偶矩为

$$\boldsymbol{M}_\text{R} = \boldsymbol{M}_1 + \boldsymbol{M}_2 + \boldsymbol{M}_3 + \boldsymbol{M}_4 = (-15) \times 4 = -60\ \text{N}\cdot\text{m}$$

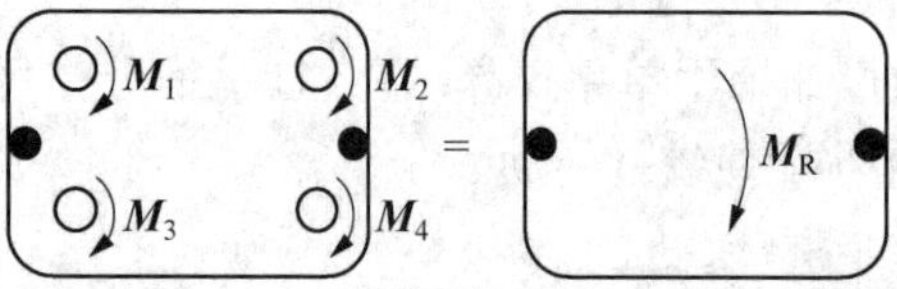

图 1-2-15

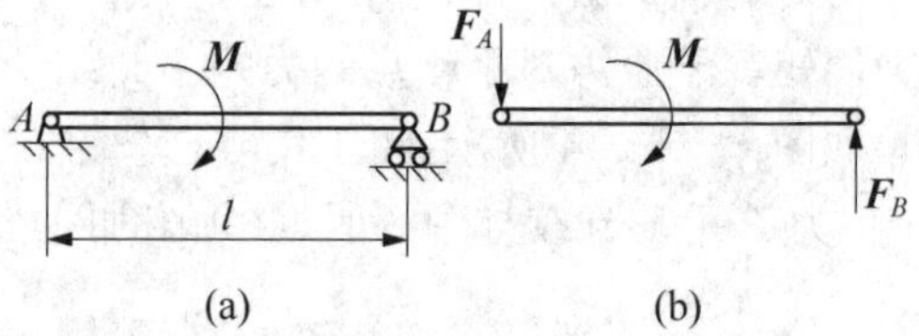

图 1-2-16

例 1-2-8 图 1-2-16(a)所示梁 AB 上作用一力偶,其力偶矩 $\boldsymbol{M} = 100\ \text{N}\cdot\text{m}$,梁长 $l = 5\ \text{m}$,不计梁的自重,求 A、B 两支座的约束力。

解:(1) 取梁 AB 为研究对象,分析并画受力图,如图 1-2-16(b)所示。

梁 AB 的 B 端为活动铰支座,约束力沿支承面公法线指向受力物体。由力偶性质可知,力偶只能与力偶平衡,因此 $\boldsymbol{F}_B$ 必和 A 端约束力 $\boldsymbol{F}_A$ 组成一力偶与 $\boldsymbol{M}$ 平衡,所以 A 端约束力 $\boldsymbol{F}_A$ 必与 $\boldsymbol{F}_B$ 平行、反向,并组成力偶。

(2) 列平衡方程求解

$$\sum \boldsymbol{M} = 0,\ \boldsymbol{F}_B l - \boldsymbol{M} = 0$$

$$\boldsymbol{F}_A = \boldsymbol{F}_B = \frac{\boldsymbol{M}}{l} = \frac{100}{5} = 20\ \text{N}$$

例 1-2-9 图 1-2-17(a)所示四连杆机构,已知 $AB \parallel CD$,$AB = l = 40\ \text{cm}$,$BC = 60\ \text{cm}$,$\alpha = 30^\circ$,作用于杆 AB 上的力偶矩 $\boldsymbol{M}_1 = 60\ \text{N}\cdot\text{m}$,试求维持机构平衡时作用于杆 CD 上的力偶矩 $\boldsymbol{M}_2$ 应为多少?

解:(1) 受力分析　杆件 BC 两端铰链连接,不计自重,是二力杆。

(2) 分别取杆 AB、CD 为研究对象,取分离体画受力图,如图 1-2-17(b)、(c)所示。杆 AB、CD 作用力偶,只能用力偶平衡。分别列平衡方程得

对杆 AB:

$$\sum \boldsymbol{M}_A = 0,\ \boldsymbol{F}_{BC} \cos 30^\circ \times l - \boldsymbol{M}_1 = 0$$

$$\boldsymbol{F}_{BC} \cos 30^\circ = \frac{\boldsymbol{M}_1}{l} = \frac{60}{0.4} = 150\ \text{N}$$

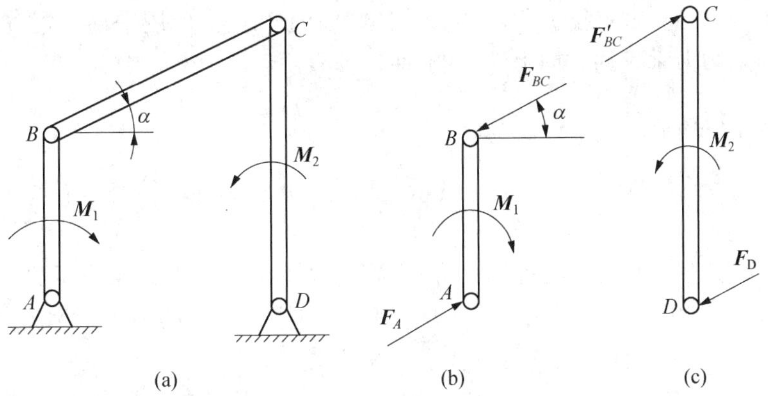

图 1-2-17

对杆 CD：　　$\sum M_D = 0, -F_{BC}\cos 30 \cdot CD + M_2 = 0$

$$M_2 = F_{BC}\cos 30 \cdot CD = 150 \times 0.7 = 105\ \text{N} \cdot \text{m}$$

小　结

一、力的投影和分解

(1) 力的投影　沿力 $\boldsymbol{F}$ 的两端向坐标轴作垂线，垂足 a、b 在轴上截下的线段 ab 就称为**力在坐标轴上的投影**，记作 F_x。投影是代数量，有正负之分。

(2) 力的正交分解　过力 $\boldsymbol{F}$ 的两端作坐标轴的平行线，平行线相交点构成的矩形的两边，是力 $\boldsymbol{F}$ 沿坐标轴的两个正交分力，记作 $\boldsymbol{F}_x$ 和 $\boldsymbol{F}_y$，正交分力的大小等于力在同轴上投影的绝值。

$$|\boldsymbol{F}_x| = F\cos\alpha,\ |\boldsymbol{F}_y| = F\sin\alpha$$

必须指出，分力是力矢量，而投影是代数量；当分力的指向与坐标轴同向时，投影为正，反之为负。

(3) 合力投影定理　合力在某一轴上的投影等于各分力在同轴上投影的代数和。

二、平面汇交力系的合成与平衡

(1) 合成　平面汇交力系总可以合成为一个合力，其合力 $\boldsymbol{F}_R$ 的大小和方向分别为

$$F_R = \sqrt{(\sum F_x)^2 + (\sum F_y)^2},\ \tan\alpha = \left|\frac{\sum F_y}{\sum F_x}\right|$$

(2) 平衡方程　平面汇交力系平衡的必要与充分条件是力系的合力为零。也就是，力系中各分力在坐标轴上投影的代数和为零。

$$\begin{cases} \sum F_x = 0 \\ \sum F_y = 0 \end{cases}$$

这是一组两个独立的平衡方程，只能求解出两个未知量。应用平衡方程解题时，坐标轴应尽量选在与未知力垂直的方向上，这样能使计算简便。

三、力矩和力偶

(1) 力矩　力使物体产生转动效应的量度称为力矩。力使物体绕点 O 的转动效应取决力 $\boldsymbol{F}$ 的大小与力臂 d 的乘积及转向。

(2) 合力矩定理　力系合力对某点的力矩等于力系各分力对同点力矩的代数和。

(3) 力偶及其性质　一对大小相等、方向相反、作用线平行的两个力称为力偶。力偶矩的大小、转向和作用平面称为力偶的三要素。其性质如下：

① 力偶无合力，在坐标轴上的投影之和为零。力偶不能与一个力等效，也不能用一个力来平衡，力偶只能用力偶来平衡。

② 力偶对其作用平面内任一点的力矩，恒等于其力偶矩，而与矩心的位置无关。

③ 力偶可在其作用平面内任意搬移，而不改变它对物体的转动外效应。

④ 只要保持力偶矩的大小和力偶的转向不变，可以同时改变力偶中力的大小和力臂的长短，而不会改变力偶对物体的转动外效应。

(4) 力线平移定理　作用于物体上的力，可平移到物体上的任一点，但必须附加一个力偶，其附加力偶矩等于原力对平移点的力矩。此即为力线平移定理。

四、平面力偶系的合成与平衡

平面力偶系总可以合成为一个合力偶，其合力偶矩等于各分力偶矩的代数和。

平面力偶系平衡的必要与充分条件是：力偶系中各分力偶矩的代数和等于零。

思考题

1-2-1　图1-2-18所示力 $\boldsymbol{F}$ 相对于两个不同的坐标系，试分析力 $\boldsymbol{F}$ 在此两个坐标系中的投影有什么不同？分力有什么不同？

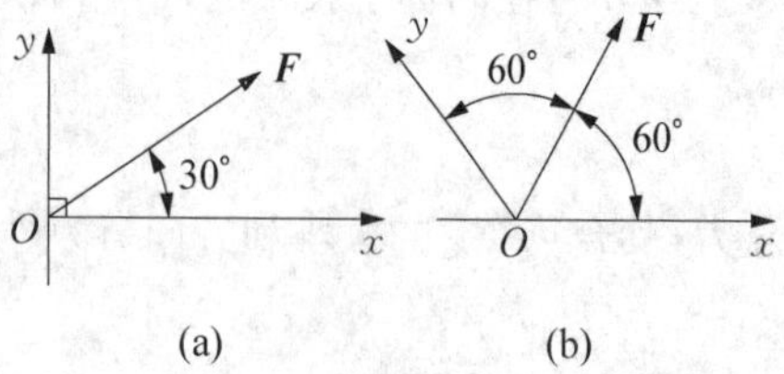

图1-2-18

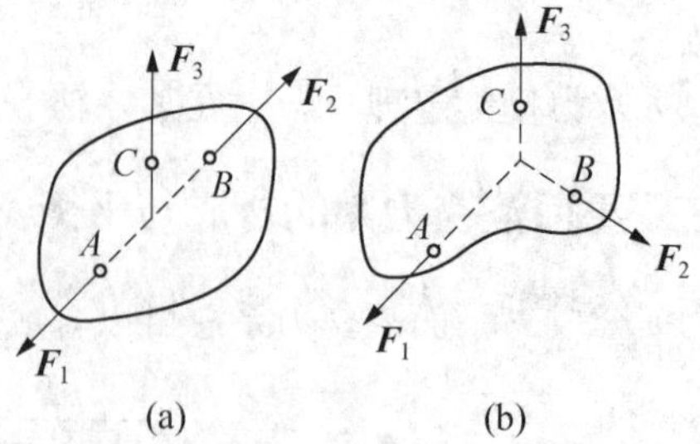

图1-2-19

1-2-2　图1-2-19所示两物体平面分别作用一汇交力系，且各力都不等于零，图1-2-21(a)中的 $\boldsymbol{F}_1$ 与 $\boldsymbol{F}_2$ 共线。试判断两个力系能否平衡？

1-2-3　如图1-2-20所示，用三种方式悬挂重为 $\boldsymbol{G}$ 的日光灯，悬挂点 A、B 与重心左右对称，若吊灯绳不计自重，问：________图是平面汇交力系；________图的吊绳受到的拉力最大，________图的吊绳受到的拉力最小。

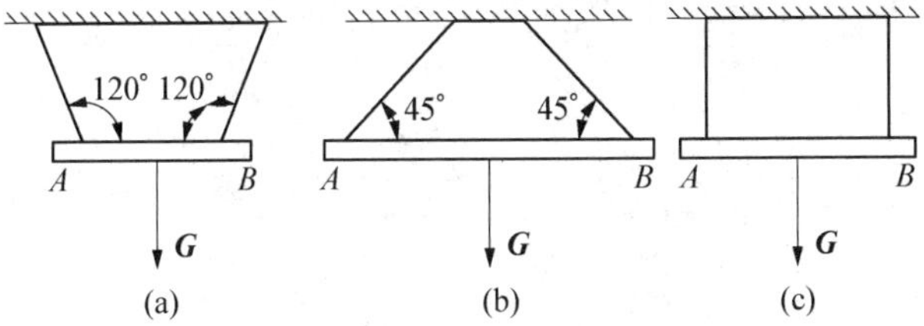

图 1-2-20

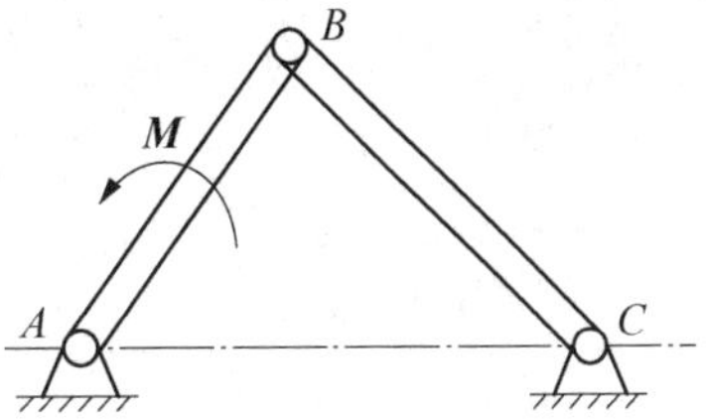

图 1-2-21

1-2-4　如图 1-2-21 所示，能否将作用于杆 AB 上的力偶搬移到杆 BC 上？为什么？

1-2-5　图 1-2-22 所示起吊机鼓轮受力偶 $\boldsymbol{M}$ 和 $\boldsymbol{F}$ 力作用处于平衡，轮的状态表明______。

A. 力偶只能用力偶来平衡　　B. 力偶可以用一个力平衡

C. 力偶可用力对某点的力矩平衡　　D. 一定条件下，力偶可用一个力平衡

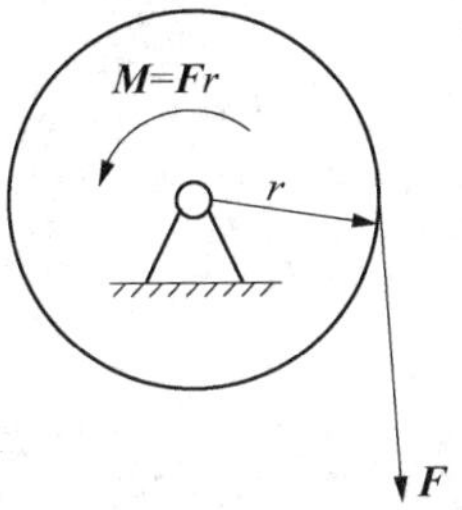

图 1-2-22

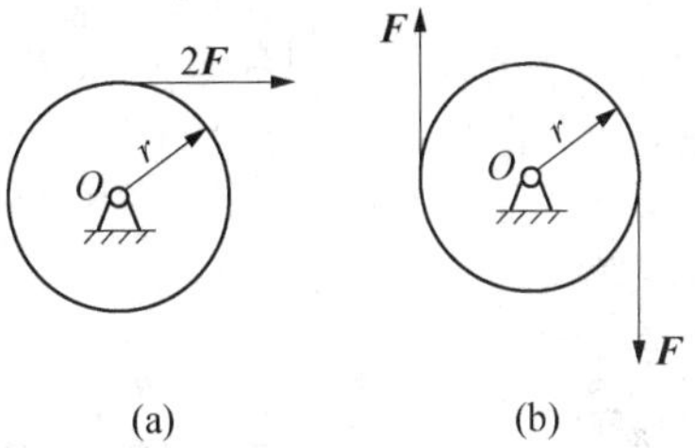

图 1-2-23

1-2-6　图 1-2-23 为圆轮分别受力的两种情况，试分析对圆轮的作用效果是否相同？为什么？

习　题

1-2-1　图 1-2-24 所示三个力共同拉一碾子，已知 $\boldsymbol{F}_1 = 1\ \text{kN}$，$\boldsymbol{F}_2 = 1\ \text{kN}$，$\boldsymbol{F}_3 = 1.73\ \text{kN}$，试求此力系合力的大小和方向。

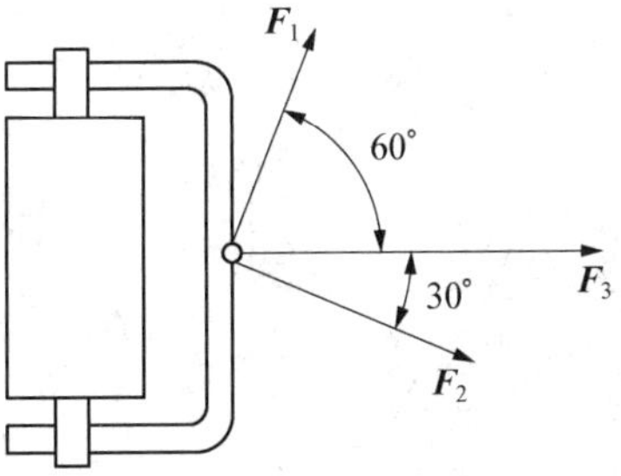

图 1-2-24

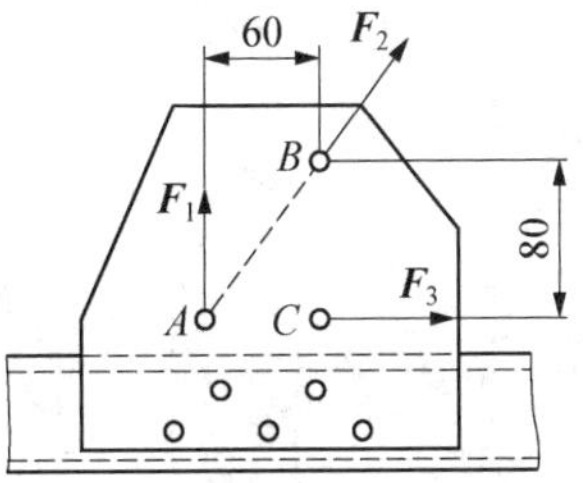

图 1-2-25

1-2-2　图 1-2-25 所示铆接薄钢板在孔 A、B、C 三点受力，已知 $\boldsymbol{F}_1 = 200\ \text{N}$，$\boldsymbol{F}_2 =$

100 N，F_3 = 100 N，试求此汇交力系的合力。

1-2-3 图1-2-26所示圆柱形工件放在V形槽内，已知压板的夹紧力 F = 400 N，试求圆柱形工件对V形槽的压力。

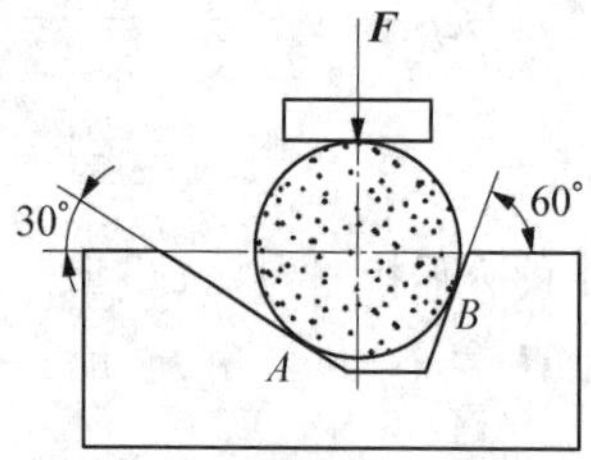

图1-2-26

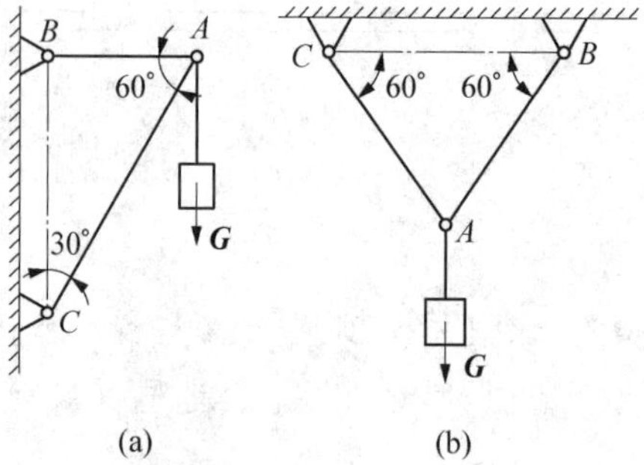

图1-2-27

1-2-4 画图1-2-27所示各支架中销 A 的受力图，并求各支架中杆件 AB、AC 的受力。

1-2-5 图1-2-28(a)所示为起重机吊起重为 G 的减速箱盖，试画钢绳交点 A 的受力图；图1-2-28(b)所示为拔桩机的平面简图，画钢绳交点 B、D 的受力图；图1-2-28(c)所示为简易起重装置平面简图，定滑轮 A 的半径较小，可忽略不计其尺寸，试画结构中铰 A 的受力图。

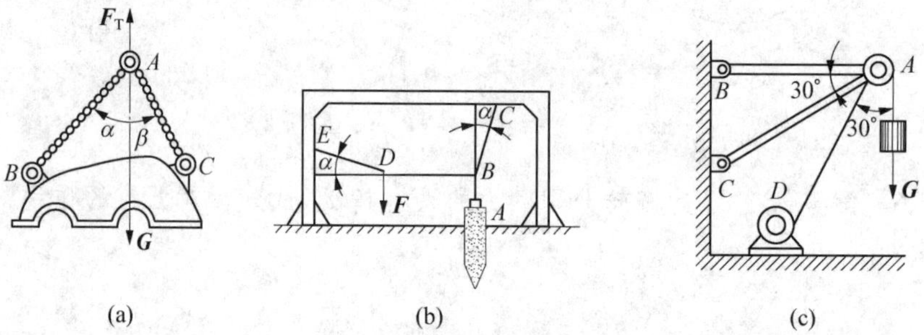

图1-2-28

1-2-6 指出图1-2-29所示各结构中的二力构件，并分别画图1-2-29(a)夹具装置中滑轮 A、滑轮 B，图1-2-29(b)连杆机构中铰链 B、铰链 C，图1-2-29(c)夹具机构中铰链 C、轮 B 的受力图。

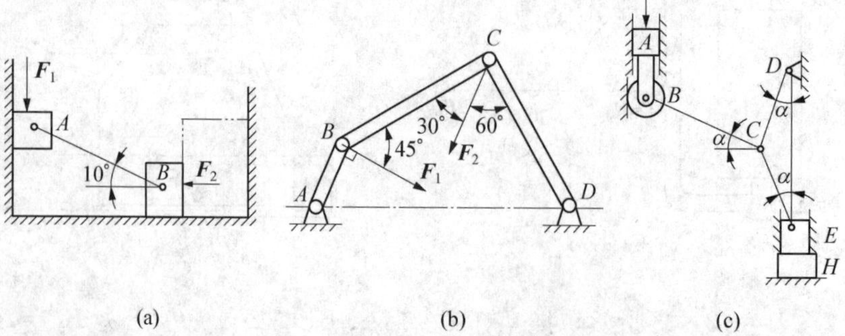

图1-2-29

1-2-7　求图 1-2-30 所示各杆件的作用力对杆端点 O 的力矩。

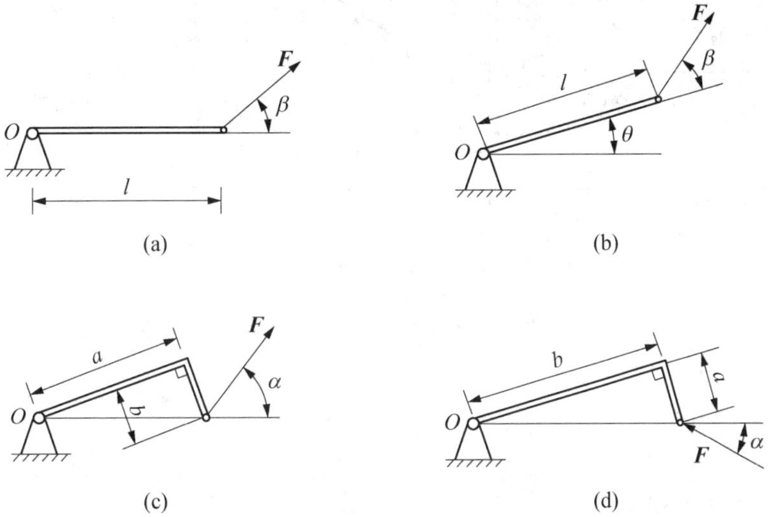

图 1-3-30

1-2-8　如图 1-2-31 所示，已知 r、a、b、α、β，试分别计算带拉力 $\boldsymbol{F}_1$、$\boldsymbol{F}_2$ 对铰 A 的力矩。

1-2-9　如图 1-2-32 所示，用铣床铣一底盘平面，设铣刀端面有八个刀刃，每个刀刃的切削力 $\boldsymbol{F} = 400$ N，其作用于刀刃的中点，刀盘外径 $D = 160$ mm，内径 $d = 80$ mm，底盘用螺栓 A、B 卡在工作台上，$AB = l = 560$ mm，试求螺栓 A、B 所受的力。

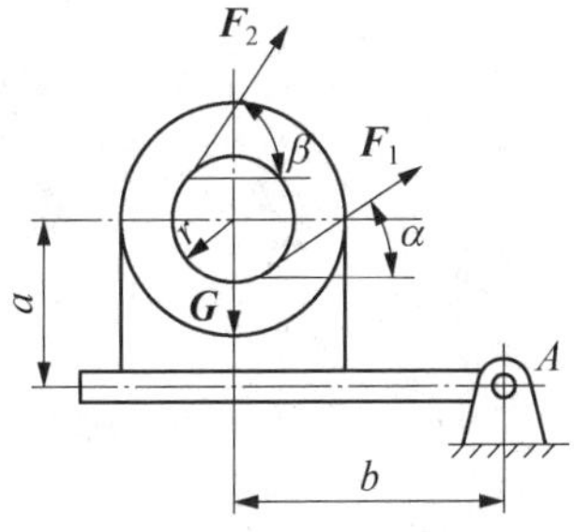

图 1-2-31

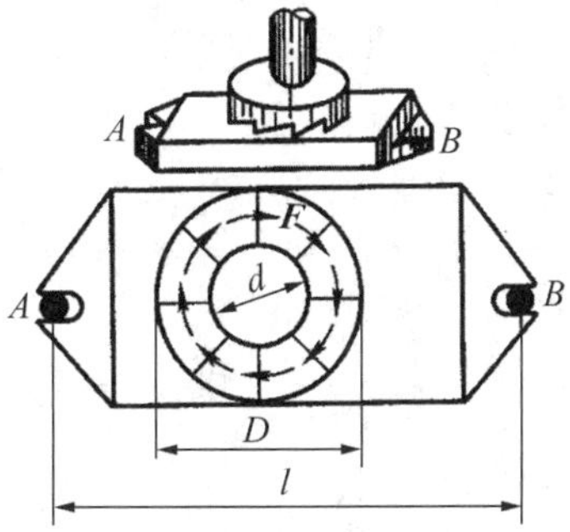

图 1-2-32

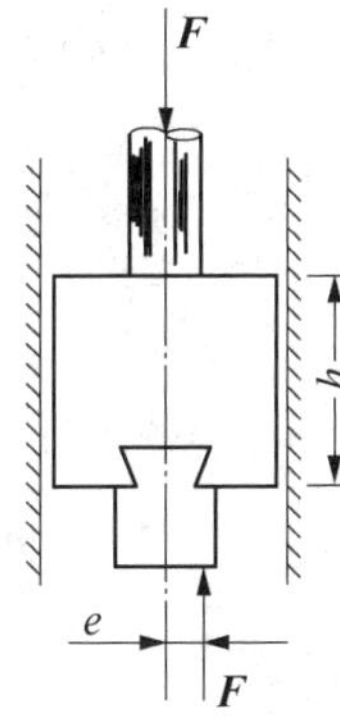

图 1-2-33

1-2-10　由于锻锤受到工件的反作用力有偏心，如图 1-2-33 所示，则会使锻锤发生偏斜，这将在导轨上产生很大的压力，从而加速导轨的磨损并影响锻件的精度。已知锻打力 $\boldsymbol{F} = 100$ kN，偏心距 $e = 2$ cm，锻锤高度 $h = 20$ mm，试求锻锤偏斜对导轨两侧的压力。

1-2-11　指出图 1-2-34 所示各结构中的二力杆，并分别画图 1-2-34(a)图中杆 AB，图 1-2-34(b)图中杆 OA、杆 O_1B，图 1-2-34(c)；图中滑块 B、曲柄 OA 的受力图。

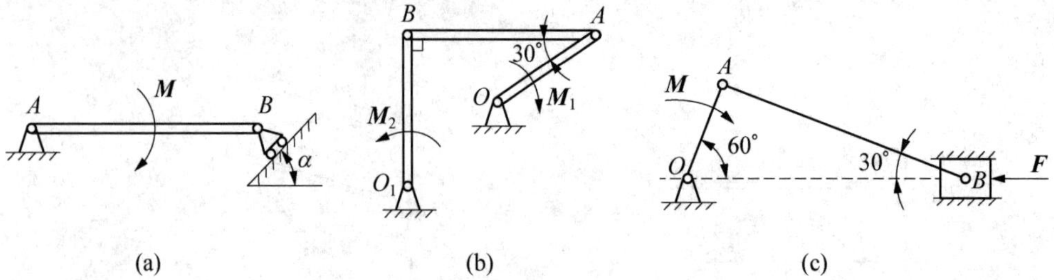

图 1-2-34

第三章 平面任意力系

本章主要研究平面任意力系的简化结果及平衡方程的应用问题，介绍平面固定端约束和均布载荷，以及静定与静不定问题的概念。同时，还将介绍物系平衡，考虑摩擦时平衡问题的解法。

各力的作用线处于同一平面内。既不平行又不汇交于一点的力系，称为**平面任意力系**。如图 1-3-1(a)所示的支架式起吊机的受力，图 1-3-1(b)所示曲柄连杆机构的受力等，都是平面任意力系的工程实例。

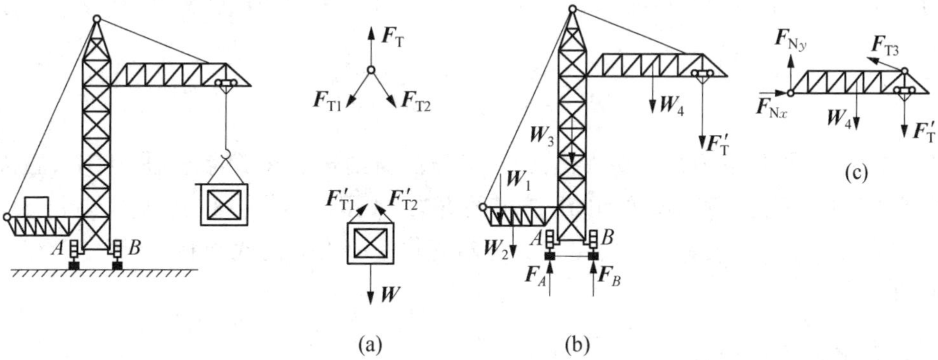

图 1-3-1

第一节 平面任意力系的简化

一、力系向平面内任一点简化

如图 1-3-2(a)所示，作用于物体平面上 A_1，A_2，…，A_n点的任意力系 $\boldsymbol{F}_1$，$\boldsymbol{F}_2$，…，$\boldsymbol{F}_n$，在该平面任选点 O 作为**简化中心**，根据力线平移定理将力系中各力向点 O 平移，于是原力系就简化为一个平面汇交力系 $\boldsymbol{F}'_1$，$\boldsymbol{F}'_2$，…，$\boldsymbol{F}'_n$和一个平面力偶系 $\boldsymbol{M}_1$，$\boldsymbol{M}_2$，…，$\boldsymbol{M}_n$，如图 1-3-2(b)所示。

1. 力系的主矢 $\boldsymbol{F}'_R$

平移力 $\boldsymbol{F}'_1$，$\boldsymbol{F}'_2$，…，$\boldsymbol{F}'_n$组成的平面汇交力系的合力 $\boldsymbol{F}'_R$，称为**平面任意力系的主矢**。由平面汇交力系合成可知，主矢 $\boldsymbol{F}'_n$等于各分力的矢量和，作用在简化中心上，如图 1-3-2(c)所示。主矢 $\boldsymbol{F}'_n$大小和方向为

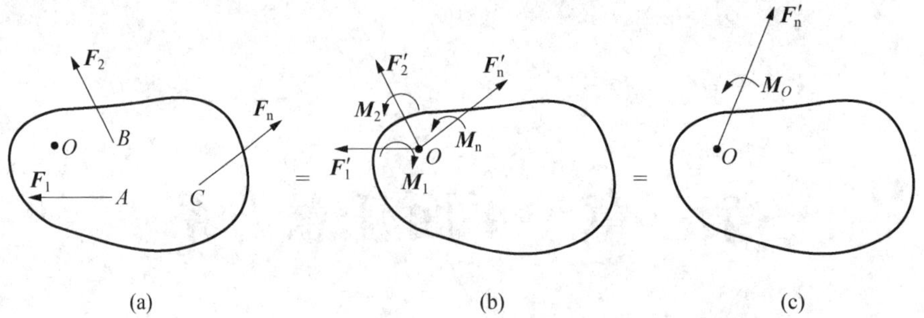

图 1-3-2

$$F'_n=\sqrt{(\sum F'_x)^2+(\sum F'_y)^2}=\sqrt{(\sum F_x)^2+(\sum F'_y)^2}$$

$$\tan\alpha=\left|\frac{\sum F_y}{\sum F_x}\right| \tag{1-3-1}$$

2. 力系的主矩 M_O

附加力偶 M_1, M_2, …, M_n 组成的平面力偶系的合力偶矩 M_O,称为**平面任意力系的主矩**。由平面力偶系的合成可知,主矩等于各附加力偶矩的代数和。由于每一附加力偶矩等于原力对简化中心的力矩,所以主矩等于各分力对简化中心力矩的代数和,作用在力系所在的平面上[见图 1-3-2(c)],即

$$M_O=\sum M=\sum M_O(F) \tag{1-3-2}$$

综上所述,**平面任意力系向平面内任一点简化,得到一主矢 F'_R 和一主矩 M_O,主矢的大小等于原力系中各分力投影代数和的平方和再开方,作用在简化中心上**,其大小和方向与简化中心的选取无关。**主矩等于原力系各分力对简化中心力矩的代数和**,其值一般与简化中心的选取有关。

二、简化结果的讨论

平面任意力系向平面内任一点简化,得到一主矢和一主矩,但这并不是力系简化的最终结果,因此有必要对主矢和主矩予以讨论。

(1) $F'_R\neq 0$, $M_O\neq 0$　由力线平移定理的逆过程可推知,主矢 F'_n 和主矩 M_O,也可以合成为一个力 F_R,这个力就是**任意力系的合力**。所以,力系简化的最终结果是力系的合力 F_R。且大小和方向与主矢 F'_n 相同,其作用线与主矢 F'_n 的作用线平行,并且二者距离为

$$d=\frac{M_O}{F_R}=\frac{M_O}{F'_R} \tag{1-3-3}$$

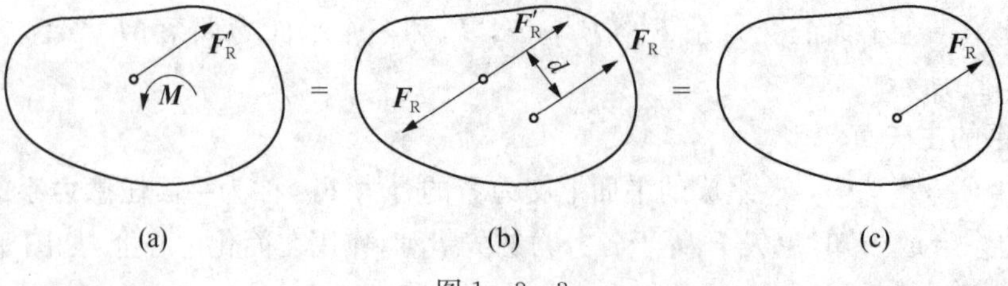

图 1-3-3

(2) $F'_R \neq 0$, $M_O = 0$　此时，力系的简化中心正好选在了力系合力 F_R 的作用线上，主矩等于零，则主矢 F'_n 就是力系的合力 F_R，作用线通过简化中心。

(3) $F'_R = 0$, $M_O \neq 0$　此时，表明力系与一个力偶系等效，原力系为一平面力偶系，在这种情况下，主矩的大小与简化中心的选取无关。

(4) $F'_R = 0$, $M_O = 0$　表明原力系简化后得到的汇交力系和力偶系均处于平衡状态，所以原力系为平衡力系。

第二节　平面任意力系的平衡方程及其应用

一、平衡条件和平衡方程

由上节的讨论可知，当平面任意力系简化的主矢和主矩均为零时，则力系处于平衡。同理，若力系是平衡力系，则该力系向平面图任一点简化的主矢和主矩必然为零。因此，幸而任意力系平衡的必要与充分条件为：$F'_R = 0$, $M_O = 0$，即

$$F'_R = \sqrt{(\sum F_x)^2 + (\sum F_y)^2} = 0, \quad M_O = \sum M_O(F) = 0$$

由此可得，平面任意力系的平衡方程为

$$\begin{cases} \sum F_x = 0 \\ \sum F_y = 0 \\ \sum M_O(F) = 0 \end{cases} \tag{1-3-4}$$

式(1-3-4)是平面任意力系平衡方程的基本形式，也称为一矩式方程。这是一组三个独立的方程式，故只能求解出三个未知量。

二、平衡方程的应用

应用平面任意力系平衡方程求解工程实际问题，首先要为工程结构和构件选择合适的简平面，画出其平面简图；其次是，确定研究对象，取分离体，画其受力图；然后，列平衡方程求解。

列平衡方程时要注意坐标的选取和矩心的选择。为求解简便，坐标轴一般选择在与未知力垂直的方向上，矩心可选在未知力作用点(或交点)上。

例 1-3-1　悬臂式起重机如图 1-3-4(a)所示。梁 AB 的 A 端为固定铰链支座，B 端用钢丝绳 BC 拉住。已知梁的自重 $G = 5$ kN，电动小车连同被提升的重物共重 $P = 10$ kN。试求电动小车在图示位置时，钢丝绳的拉力和固定铰链支座的约束反力。

解：(1) 取梁 AB 为研究对象，画其受力图，如图 1-3-4(b)所示。

(2) 将 A 端约束力正交分解，坐标轴选在 A 端约束力的方向上，如图 1-3-4(b)所示，矩心选在 A 端约束力的交点上，列平衡方程求解得

$$\sum M_A(F) = 0, \ F_B \sin 30^\circ \times 4 - 2G - 3P = 0$$

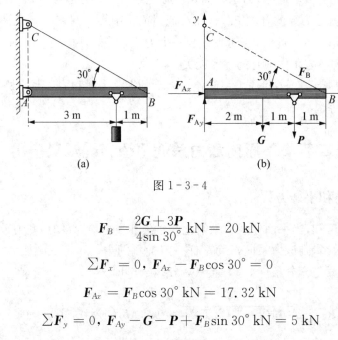

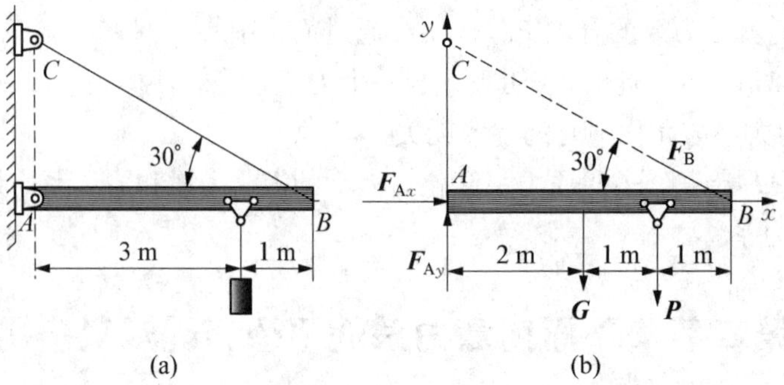

图 1-3-4

$$F_B = \frac{2\boldsymbol{G} + 3\boldsymbol{P}}{4\sin 30^\circ}\ \text{kN} = 20\ \text{kN}$$

$$\sum \boldsymbol{F}_x = 0,\ \boldsymbol{F}_{Ax} - \boldsymbol{F}_B \cos 30^\circ = 0$$

$$\boldsymbol{F}_{Ax} = \boldsymbol{F}_B \cos 30^\circ\ \text{kN} = 17.32\ \text{kN}$$

$$\sum \boldsymbol{F}_y = 0,\ \boldsymbol{F}_{Ay} - \boldsymbol{G} - \boldsymbol{P} + \boldsymbol{F}_B \sin 30^\circ\ \text{kN} = 5\ \text{kN}$$

由以上列题可以看出,列平衡方程求平面力系平衡问题时,与列投影方程或力矩方程的先后次序无关。在选取了合适的坐标系和矩心后,要注意分析所要列出的投影方程或力矩方程包含几个未知力。一般先列出包含有一个未知力的方程,从而解出一个未知力,避免了求联立方程组,使求解过程简便。

三、平衡方程的其他形式

平面任意力系的平衡方程除了基本形式的一矩式方程外,还有其他两种形式。

1. 二矩式方程

$$\begin{cases} \sum \boldsymbol{F}_x = 0 \\ \sum \boldsymbol{M}_A(\boldsymbol{F}) = 0 \\ \sum \boldsymbol{M}_B(\boldsymbol{F}) = 0 \end{cases} \tag{1-3-5}$$

应用二矩式方程时,所选坐标轴 x 不能与矩心 AB 的连线垂直。

2. 三矩式方程

$$\begin{cases} \sum \boldsymbol{M}_A(\boldsymbol{F}) = 0 \\ \sum \boldsymbol{M}_B(\boldsymbol{F}) = 0 \\ \sum \boldsymbol{M}_C(\boldsymbol{F}) = 0 \end{cases} \tag{1-3-6}$$

应用三矩式方程时,所选矩心 A、B、C 三点不能在同一条直线上。

例 1-3-2 汽车起重机重 $\boldsymbol{P}_1 = 20\ \text{kN}$,重心在点 C,平衡块 B 重 $\boldsymbol{P}_2 = 20\ \text{kN}$,尺寸如图 1-3-5(a)所示。求保证汽车起重机安全工作的最大起吊重量 $\boldsymbol{P}_{3\max}$ 及前后轮间的最小距离 $x_{\min}$。

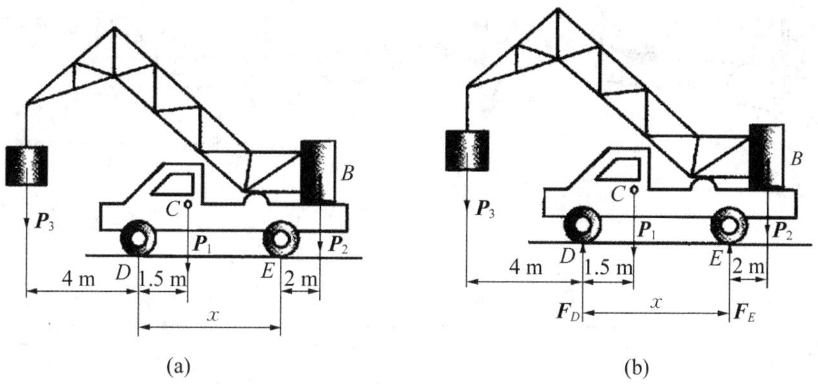

图 1-3-5

解:(1) 以汽车起重机为研究对象,画受力图,如图 1-3-5(b)所示。

(2) 重力 $\boldsymbol{P}_1$, $\boldsymbol{P}_2$,载荷 $\boldsymbol{P}_3$ 以及前、后轮所受到的约束反力 $\boldsymbol{F}_D$, $\boldsymbol{F}_E$,如图 1-3-5(b)所示。

(3) 保证汽车起重机安全工作,必须综合考虑以下两种因素。

① 空载时($\boldsymbol{P}_3=0$),如果前后轮间的距离过小起重机将绕后轮 E 向后翻到。当两轮间的距离达到极小值 $x_{\min}$时,起重机处于临界平衡状态,此时有 $\boldsymbol{F}_D=0$。

$$\sum \boldsymbol{M}_E(\boldsymbol{F})=0,\ (x_{\min}-1.5)\boldsymbol{P}_1-2\boldsymbol{P}_2=0 \tag{1}$$

② 工作过程中,如果载荷过大时,起重机将绕前轮 D 向前翻到。当载荷达到最大值 $\boldsymbol{P}_{3\max}$时,起重机处于临界平衡状态,此时有 $\boldsymbol{F}_E=0$。

$$\sum \boldsymbol{M}_D(\boldsymbol{F})=0,\ 4\boldsymbol{P}_{3\max}-1.5\boldsymbol{P}_1-(x_{\min}+2)\boldsymbol{P}_2=0 \tag{2}$$

联立以上两个方程,并将 $\boldsymbol{P}_1=\boldsymbol{P}_2=20\ \text{kN}$ 代入,得

$$x_{\min}=3.5\ \text{m},\ \boldsymbol{P}_{3\max}=35\ \text{kN}$$

第三节　固定端约束和均布载荷

一、平面固定端约束

工程中还有一类常见的基本约束模型。如图 1-3-6 所示的钻床立柱上的摇臂(a)、夹紧在车床卡盘上的工件(b)、安装在车床刀架上的车刀(c)等,这些约束称为固定端约束。以上这些工程实例均可归结为一杆插入固定面的力学模型,图 1-3-6(d)中对固定端约束,可按约束作用画其约束力。**固定端限制了被约束构件的垂直与水平位移,又限制了被约束构件的转动,因此固定端在一般情况下,有一组正交的约束力与一个约束力偶。**

平面固定端约束的约束力比较复杂,若把这些约束力组成的平面任意力系,如图 1-3-6(e)所示,向固定端 A 简化,得到一主矢 $\boldsymbol{F}_A$ 和一主矩 $\boldsymbol{M}_A$。一般情况下,$\boldsymbol{F}_A$的方向是未知的,常用两正交分力 $\boldsymbol{F}_{Ax}$、$\boldsymbol{F}_{Ay}$ 表示。因此,平面固定端约束就有两个约束力 $\boldsymbol{F}_{Ax}$、$\boldsymbol{F}_{Ay}$ 和一个约束

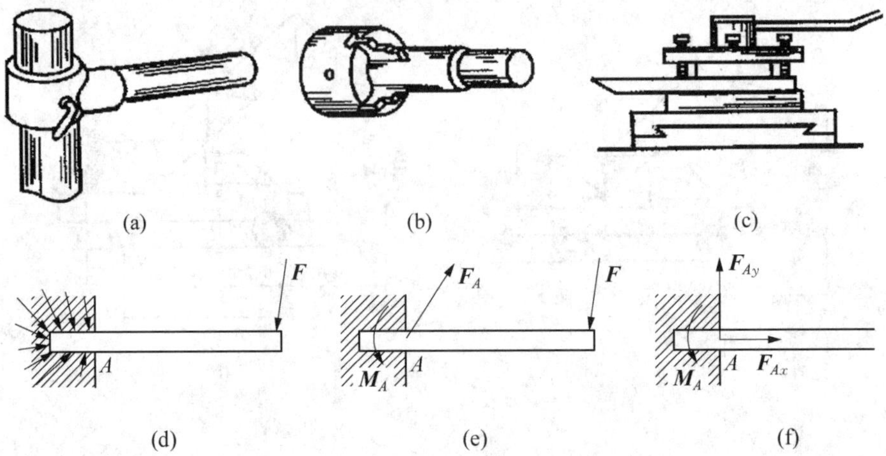

图 1-3-6

力偶矩 $\boldsymbol{M}_A$，如图 1-3-6(f)所示。$\boldsymbol{F}_{Ax}$、$\boldsymbol{F}_{Ay}$ 限制了构件 A 端的随意移动，而约束力偶矩 $\boldsymbol{M}_A$ 则限制了 A 端的随意转动。

二、均布载荷

载荷集度为常量的分布载荷，称为**均布载荷**。这里只讨论在构件某一段长度上均匀分布的载荷。其载荷集度 q 是每单位长度上作用力的大小，其单位是 N/m。均布载荷的简化结果为一合力，常用 $\boldsymbol{F}_Q$ 表示。合力 $\boldsymbol{F}_Q$ 的大小等于均布载荷集度 q 与其分布长度 l 乘积，即 $\boldsymbol{F}_Q = ql$。合力 $\boldsymbol{F}_Q$ 的作用点在其分布长度的中点上，方向与 q 方向一致。

由合力矩定理可知，均布载荷对平面上任意点 O 的力矩等于均布载荷的合力 $\boldsymbol{F}_Q$ 与矩心 O 到合力作用线距离 x 的乘积，即 $\boldsymbol{M}_O(\boldsymbol{F}_Q) = qlx$。

例 1-3-3 图 1-3-7(a)所示为悬臂梁的平面力学简图。已知梁长为 $2l$，作用均布载荷 q，在 B 端作用集中力 $\boldsymbol{F} = ql$ 和力偶 $\boldsymbol{M} = ql^2$，求梁固定端 A 的约束力。

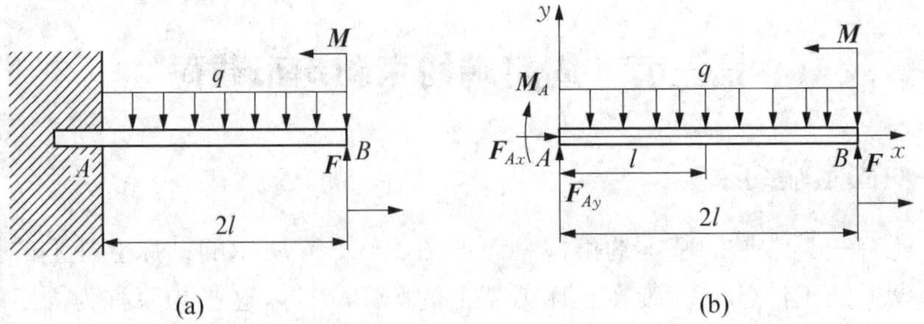

图 1-3-7

解:(1) 取梁 AB 为研究对象，画受力图，如图 1-3-7(b)所示。A 端为固定端约束，有两约力 $\boldsymbol{F}_{Ax}$、$\boldsymbol{F}_{Ay}$，和一约束力偶矩 $\boldsymbol{M}_A$。

(2) 建立坐标 Axy，列平衡方程

$$\sum \boldsymbol{F}_x = 0,\ \boldsymbol{F}_{Ax} = 0$$

$$\sum \boldsymbol{F}_y = 0,\ \boldsymbol{F}_{Ay} + \boldsymbol{F} - 2ql = 0$$
$$\boldsymbol{F}_{Ay} = 2ql - ql = ql$$
$$\sum \boldsymbol{M}_A(\boldsymbol{F}) = 0,\ -\boldsymbol{M}_A - 2ql^2 + \boldsymbol{F} \times 2l + \boldsymbol{M} = 0$$
$$\boldsymbol{M}_A = -2ql^2 + 2\boldsymbol{F}l + \boldsymbol{M} = -2ql^2 + 2ql^2 + ql^2 = ql^2$$

第四节 物体系统的平衡问题

一、静定与静不定问题的概念

由前述平面任意力系的平衡可知，若构件在平面任意力系作用下处于平衡，则无论采用何种形式的平衡方程，都只有三个独立的方程，解出三个未知量。而平面汇交力系和平行力系只有二个独立的方程，平面力偶系只有一个独立的方程。

强调每种力系独立平衡方程的数目，对解题是很重要的。当力系中未知量的数目少于或等于独立平衡方程数目时，则全部未知量可由独立平衡方程解出，这类问题称为**静定问题**。反之，当力系中未知量的数目多于独立平衡方程数目时，则全部未知量不能完全由独立平衡方程解出，这类问题称为**静不定问题**。

用静力学平衡方程求解构件的平衡问题，应先判断问题是否静定，这样至少可以避免盲目求解。对于静不定问题的解法，将在第五章予以讨论。

二、物体系统的平衡问题

工程机械和结构都是由若干个构件通过一定约束连接组成的系统，称为**物体系统**，简称物系。求解物系的平衡问题时，不仅要考虑系统以外物体对系统的作用力，同时还要分析系统内部各构件之间的作用力。系统外物体对系统的作用力，称为**物系外力**；系统内部各构件之间的相互作用力，称为**物系内力**。物系外力与物系内力是个相对的概念，当研究整个物系平衡时，由于内力总是成对出现、相互抵消，因此可以不予考虑。当研究系统中某一构件或部分构件的平衡时，系统中其他构件对它们的作用力就成为这一构件或这部分构件的外力，必须予以考虑。

若整个物系处于平衡状态，那么组成物系的各个构件也处于平衡状态。因此在求解时，既可以选整个系统为研究对象，也可以选单个构件或部分构件为研究对象。对于所选的每一种研究对象，一般情况下（平面任意力系）可列出三个独立的平衡方程。分别取物系中 n 个构件为研究对象，最多可列 $3n$ 个独立的平衡方程，解出 $3n$ 个未知量。若所取研究对象中有平面汇交力系（或平行力系、力偶系）时，独立平衡方程的数目将相应地减少。现举例说明物系平衡问题的解法。

例 1-3-4 图 1-3-8(a)所示为三铰拱桥平面力学简图。已知在其上作用均布载荷 q，跨长为 $2l$，跨高为 h。试分别求固定铰支座 A、B 的约束力和铰 C 所受的力。

解：(1) 取三铰拱整体为研究对象，画其受力图，如图 1-3-8(b)所示。列平衡方程

$$\sum \boldsymbol{M}_A(\boldsymbol{F}) = 0,\ \boldsymbol{F}_{By} \times 2l - 2ql^2 = 0$$
$$\boldsymbol{F}_{By} = ql$$

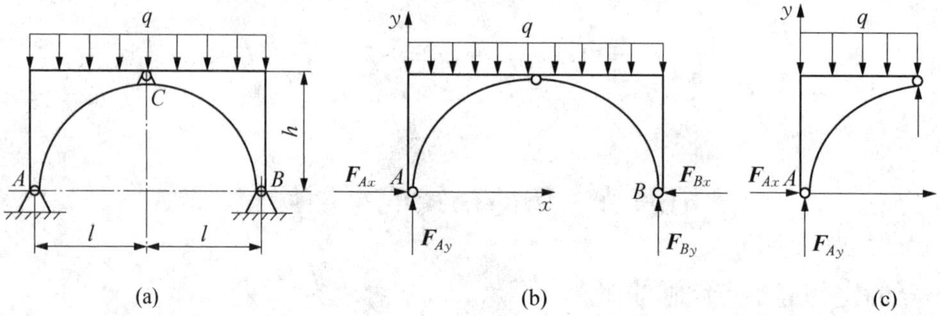

图 1-3-8

$$\sum M_B(F)=0,\ -F_{Ay}\times 2l+2ql^2=0$$
$$F_{Ay}=ql$$
$$\sum F_x=0,\ F_{Ax}-F_{Bx}=0$$
$$F_{Ax}=F_{Bx}$$

(2) 取左半拱 AC 为研究对象,画受力图,如图 1-3-9(c)所示,建立坐标系,列平衡方程

$$\sum M_C(F)=0,\ F_{Ax}h-F_{Ay}l+ql\ \frac{l}{2}=0$$
$$F_{Ax}=F_{Bx}=\frac{ql^2}{2h}$$
$$\sum F_x=0,\ -F_{Cx}+F_{Ax}=0$$
$$F_{Cx}=F_{Ax}=\frac{2ql^2}{2h}$$
$$\sum F_y=0,\ F_{Cy}+F_{Ay}-ql=0$$
$$F_{Cy}=-F_{Ay}+ql=0$$

例 1-3-5 图 1-3-9(a)所示为一静定组合梁的平面力学简图。由杆 AB 和杆 BC 用中间铰 B 连接,A 端为活动铰支座约束,C 端为固定端约束。已知梁上作用均布载荷 $q=15$ kN/m,力偶 $M=20$ kN·m,求 A、C 端的约束力和铰 B 所受的力。

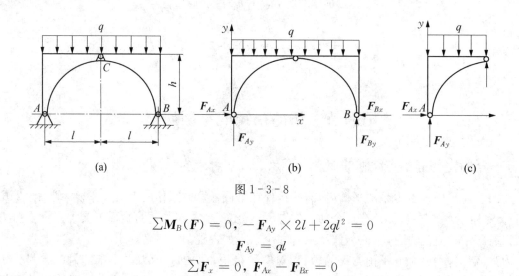

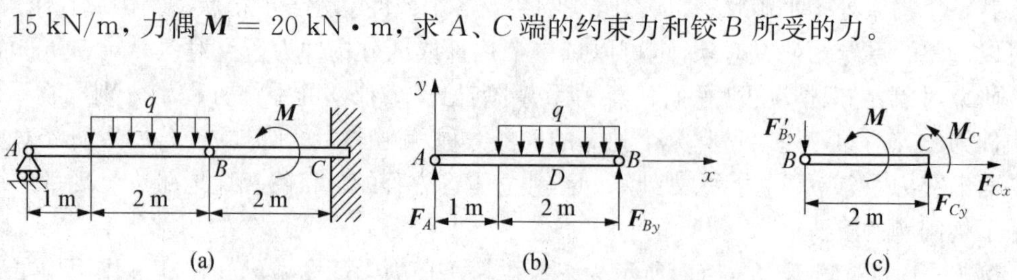

图 1-3-9

解:(1) 取杆 AB 为研究对象,AB 上作用均布载荷 q,按平行力系画受力图,如图 1-3-9(b)所示,即 B 铰的约束力方向确定,与 F_A 和 q 平行,建立坐标系,列平衡方程

$$\sum M_A(F) = 0,\ 3F_{By} - 2q \times 2 = 0$$

$$F_{By} = \frac{4 \times 15}{3} = 20\ \text{kN}$$

$$\sum F_y = 0,\ F_A + F_{By} - 2q = 0$$

$$F_A = -F_{By} + 2q = (-20 + 30) = 10\ \text{kN}$$

(2) 取 BC 为研究对象，画受力图，如图 1-3-10(c)所示，列平衡方程

$$\sum F_x = 0,\ F_{Cx} = 0$$

$$\sum F_y = 0,\ F_{Cy} - F_{By} = 0$$

$$F_{Cy} = F_{By} = 20\ \text{kN}$$

$$\sum M_C(F) = 0,\ M_C + 2F_{By} + M = 0$$

$$M_C = -2F_{By} - M = (-2 \times 20 - 20) = -60\ \text{kN}$$

负号表示 C 端约束力偶矩的实际转向与图示相反。

例 1-3-6　构架尺寸及所受载荷如图 1-3-10(a)所示。已知作用于杆 BC 中点铅垂向下的力 $F_1 = 20$ kN，$F_2 = 10\sqrt{2}$ kN，$M = 80$ kN·m，$\alpha = 45°$。求点 A、B 处的约束反力。

解：由题意可知，A、B 处待求的约束反力均为外部约束反力。为避免不需要求解的内力出现，一般优先分析系统整体。对于系统整体，在 A 处受固定端约束所提供的一对正交分力 F_{Ax}、F_{Ay} 与力偶矩为 M_A 的约束反力偶作用，B 处滚动支座铰链中心，且垂直于支承面的一个力 F_B，共计四个待求量。显然系统受平面一般力系作用处于平衡，可列独立平衡方程数为三个。因此，还必须从该系统内选取一个物体作为研究对象，列出相应平衡方程。

(1) 以杆 BC 为研究对象，画其受力图，如图 1-3-10(c)所示。

$$\sum M_C(F) = 0,\ -F_1 \times 1 + F_B \times 2 = 0$$

$$F_B = \frac{1}{2}F_1\ \text{kN} = 10\ \text{kN}$$

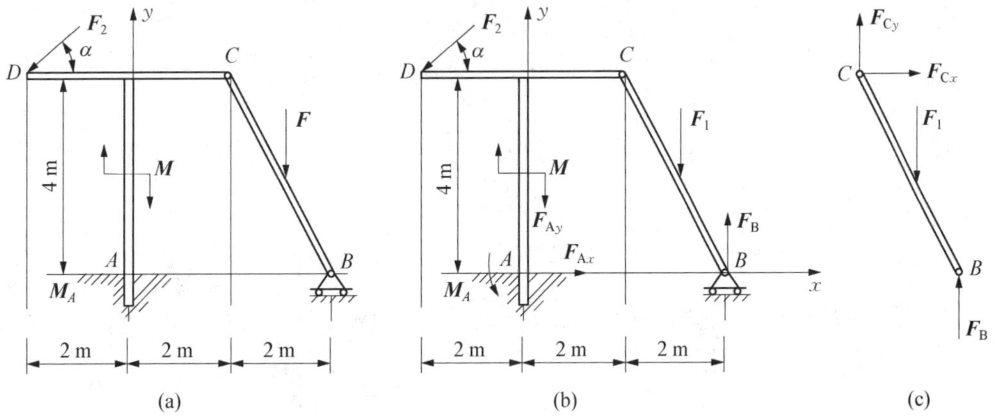

图 1-3-10

(2) 以整体系统为研究对象，画其受力图，如图 1-3-10(b)所示，列平衡方程

$$\sum \boldsymbol{M}_A = 0,\ 4\boldsymbol{F}_2\cos\alpha + 2\boldsymbol{F}_2\sin\alpha - \boldsymbol{M} - 3\boldsymbol{F}_1 + 4\boldsymbol{F}_B + \boldsymbol{M}_A = 0$$
$$\boldsymbol{M}_A = 40\ \text{kN}$$
$$\sum \boldsymbol{F}_x = 0,\ -\boldsymbol{F}_2\cos\alpha + \boldsymbol{F}_{Ax} = 0$$
$$\boldsymbol{F}_{Ax} = 10\ \text{kN}$$
$$\sum \boldsymbol{F}_y = 0,\ -\boldsymbol{F}_2\sin\alpha - \boldsymbol{F}_1 + \boldsymbol{F}_B + \boldsymbol{F}_{Ay} = 0$$
$$\boldsymbol{F}_{Ay} = 20\ \text{kN}$$

例 1-3-7 图 1-3-11(a)所示的曲柄压力机由飞轮 1、连杆 2 和滑块 3 组成。O、A、B 处均为铰链连接，飞轮在驱动转矩 $\boldsymbol{M}$ 作用下，通过连杆推动滑块在水平导轨中移动。已知滑块受到工件的阻力为 $\boldsymbol{F}$，连杆长为 l，曲柄半径 $OB = r$，飞轮重为 G，连杆和滑块的重量及各处摩擦均不计。求在图示位置($\angle AOB = 90°$)平衡时，作用于飞轮的驱动转矩 $\boldsymbol{M}$ 以及连杆 2，轴承 O，滑块 3 处的导轨所受的力。

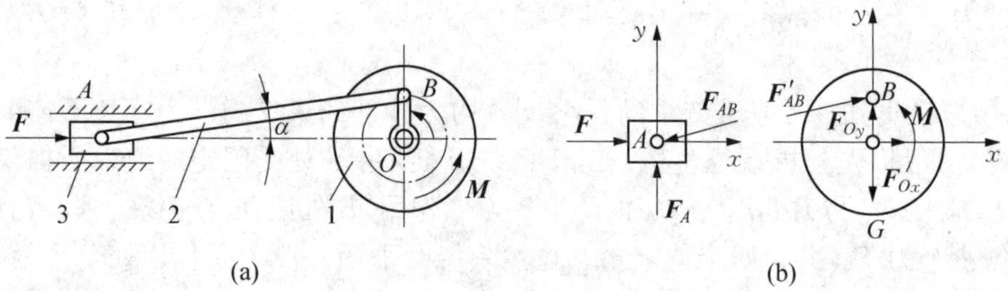

图 1-3-11

解：由题意可知，待求轴承及导轨的约束反力为外部约束反力；而连杆受力，则属系统内各物体间相互作用的内力。在要求求解内力的情况下，必须取系统内有已知力作用的相关物体或部分物体系统进行研究。

(1) 以滑块为研究工作对象，滑块受工件阻力 $\boldsymbol{F}$，连杆压力 $\boldsymbol{F}_{AB}$ 和导轨约束反力 $\boldsymbol{F}_A$ 作用，如图 1-3-11(b)所示。列平衡方程

$$\sum \boldsymbol{F}_x = 0,\ \boldsymbol{F} - \boldsymbol{F}_{AB}\cos\alpha = 0$$
$$\sum \boldsymbol{F}_y = 0,\ \boldsymbol{F}_A - \boldsymbol{F}_{AB}\sin\alpha = 0$$

由图 1-3-11(a)中直角三角形 OAB 得 $\sin\alpha = \dfrac{r}{l}$，$\cos\alpha = \sqrt{1 - \dfrac{r^2}{l^2}}$，代入上式得

$$\boldsymbol{F}_{AB} = \frac{\boldsymbol{F}l}{\sqrt{l^2 - r^2}},\ \boldsymbol{F}_A = \frac{\boldsymbol{F}r}{\sqrt{l^2 - r^2}}$$

(2) 再以飞轮为研究对象，飞轮受重力 $\boldsymbol{G}$，驱动转矩 $\boldsymbol{M}$，连杆压力 $\boldsymbol{F}'_{AB} = \boldsymbol{F}_{AB}$，以及轴承约束力 $\boldsymbol{F}_{Ox}$ 和 $\boldsymbol{F}_{Oy}$ 作用。如图 1-3-11(b)所示，列平衡方程

$$\sum \boldsymbol{F}_x = 0,\ \boldsymbol{F}'_{AB}\cos\alpha + \boldsymbol{F}_{Ox} = 0$$

$$F_{Ox} = -F$$

$$\sum F_y = 0,\ F'_{AB}\sin\alpha - G + F_{Oy} = 0$$

$$F_{Oy} = G - \frac{Fr}{\sqrt{l^2 - r^2}}$$

$$\sum M_O(F) = 0,\ M - rF'_{AB}\cos\alpha = 0$$

$$M = Fr$$

第五节 考虑摩擦时构件的平衡问题

在前面研究物体平衡问题时，总是假定物体的接触面是完全光滑的，将摩擦忽略不计，实际上完全光滑的接触面并不存在。工程中，一些构件的接触面比较光滑且具有良好的润滑条件，摩擦很小不起主要作用时，为使问题简化可不计摩擦。但在许多工程问题中，摩擦构件的平衡和运动起着主要作用，因此必须考虑。例如，制动器靠摩擦制动、带轮靠摩擦传递动力、车床卡盘靠摩擦夹固工件等，都是摩擦有用的一面，摩擦也有其有害的一面，它会带来阻力、消耗能量、加剧磨损、缩短机器寿命等。因此，研究摩擦是为了掌握摩擦的一般规律，利用其有用的一面，而限制或消除其有害的一面。

按物体接触面间发生的相对运动形式，摩擦可分为滑动摩擦和滚动摩擦；按两物体接触面是否存在相对运动，可分为静摩擦和动摩擦，按接触面间是否有润滑，分为干摩擦和湿摩擦。本节主要介绍静滑动摩擦及考虑摩擦时物体的平衡问题。

一、滑动摩擦的概念

两物体接触面间产生相对滑动或具有相对滑动趋势时，接触面间就存在阻碍物体相对动或相对滑动趋势的力，这种力称为**滑动摩擦力**。滑动摩擦力作用于接触面的公切面上，并与相对滑动或相对滑动趋势的方向相反。

只有滑动趋势而无相对滑动时的摩擦，称为**静滑动摩擦**，简称静摩擦，接触面间产生了相对滑动时的摩擦，称为**动滑动摩擦**，简称动摩擦。

1. 静滑动摩擦

物体接触面间产生滑动摩擦的规律，可通过图 1-3-12所示的实验说明。

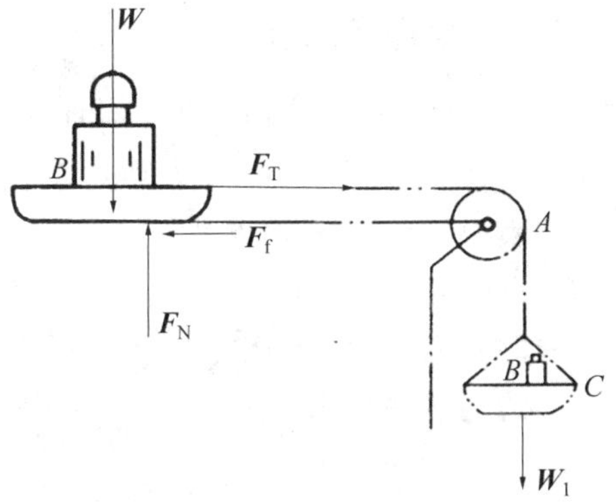

图 1-3-12

当用一个较小的力 F_T 拉重为 G_1 的物体时，物体将保持平衡。由平衡方程可知，接触面间的摩擦力 F_f与主动力 F_T 大小相等。

当 F_T逐渐增大，F_f也随之增加。此时 F_f似有约束力的性质，随主动力的变化而变化。所不同的是，当 F_f随 F_t增加到某一临界最大值 F_{max}（称为临界静摩擦力）时，就不会再增加 F_T，物体将开始滑动。因此，静摩擦力有介于零到临界最大值之间的取值范围，即 $0 \leqslant F_f \leqslant F_{fmax}$。

大量实验表明,临界摩擦力的大小与物体接触面间的正压力成正比,即

$$F_{max} = \mu_s F_N \tag{1-3-7}$$

式中,F_N为接触面间的正压力;μ_s 为静滑动摩擦因数,简称**静摩擦因数**,它的大小与两物体接触面间的材料及表面情况(表面粗糙度、干湿度、温度等)有关,常用材料的静摩擦因数 μ_s,可从一般工程手册中查得。式(1-3-7)称为库仑定律或静摩擦定律。

摩擦定律给我们指出了利用和减小摩擦的途径,即可从影响摩擦力的摩擦因数与正压力入手。例如,一般车辆以后轮为驱动轮,故设计时应使重心靠近后轮,增加后轮的正压力。车胎压出各种纹路,是为了增加摩擦因数,提高车轮与路面的附着能力。如皮带轮传动中,用张紧轮或V带增加正压力以增加摩擦力;通过减小接触表面粗糙度、加入润滑剂来减小摩擦因数以减小摩擦力等,都是合理利用静滑动摩擦的工程实例。

由上述可知,静摩擦力也是一种被动且未知的约束力。其基本性质用以下三要素表示。

(1) 大小　在平衡状态时,$0 \leqslant F_f \leqslant F_{fmax}$,由平衡方程确定;在临界状态下,$F_f = F_{fmax} = \mu_s F_N$。

(2) 方向　始终与相对滑动趋势的方向相反,并沿接触面作用点的切向,不能随意假定。

(3) 作用点　在接触面(或接触点)摩擦力的合力作用点上。

2. 动滑动摩擦

继续上述实验,当主动力 F_T超过 F_{fmax}时,物体开始加速滑动,此时物体受到的摩擦阻力已由静摩擦力转化为动摩擦力 F'_f。

大量实验表明,动滑动摩擦力 F'_f的大小与接触面间的正压力 F_N成正比,即

$$F'_f = \mu F_N \tag{1-3-8}$$

式中,μ 为动摩擦因数,它是与材料和表面情况有关的常数,一般 μ 值小于 μ_s 值。

动摩擦力与静摩擦力相比,有两个显著的不同点:①动摩擦力一般小于临界静摩擦力,这说明维持一个物体的运动要比使一个物体由静止进入运动要容易些。②静摩擦力的大小要由主动力有关的平衡方程来确定;而动摩擦力的大小则与主动力的大小无关,只要相对运动存在,它就是一个常值。

二、摩擦角与自锁现象

考虑静摩擦研究物体的平衡时,物体接触面就受到正压力 F_N 和静摩擦力 F_f 的共同反作用,若将此两力合成,其合力 F_R 就代表了物体接触面对物体的全部约束作用,故 F_R 称为全约束力,简称为**全约束力**。

全约束力 F_R 与接触面法线的夹角为 φ,如图 1-3-13(a)所示。显然,全约束力 F_R 与法线的夹角 φ 随静摩擦力的增加而增大,当静摩擦力达到最大值时,夹角 φ 也达到最大值 φ_m,φ_m 称为摩擦角。由此可知

$$\tan\varphi_m = \frac{F_{fmax}}{F_N} = \frac{\mu_s F_N}{F_N} = \mu_s \tag{1-3-9}$$

式(1-3-9)表示**摩擦角的正切值就等于摩擦因数**。摩擦角表示全约束力与法线间的

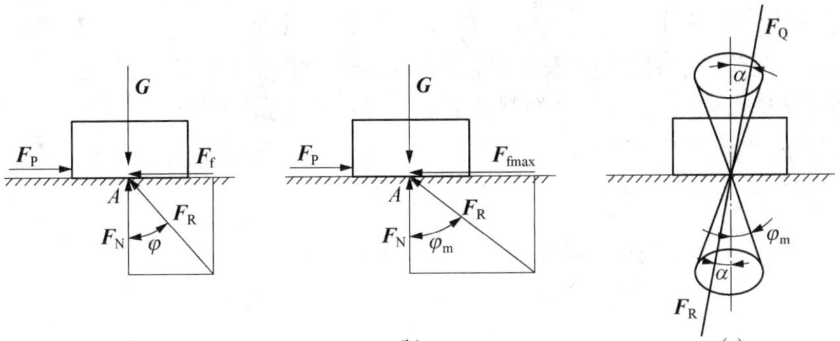

(a)　(b)　(c)

图 1-3-13

最大夹角若物体与支承面的静摩擦因数在各个方向都相同,则这个范围在空间就形成一个锥体,为摩擦锥,如图 1-3-13(c)所示。若主动力的合力 $\boldsymbol{F}_Q$ 作用在锥体范围内,则约束面必产生一个与之等值、反向且共线的全约束力 $\boldsymbol{F}_R$ 与之平衡。无论怎样增加力 $\boldsymbol{F}_Q$,物体总能保持平衡。全约束力作用线不会超出摩擦锥的这种现象称为**自锁**。由上述可见,自锁的条件应为

$$\alpha \leqslant \varphi_m \tag{1-3-10}$$

自锁条件常可用来设计某些结构和夹具,例如砖块相对于砖夹不下滑、脚套钩在线杆上不自行下滑等都是自锁现象。而在另外一些情况下,则要设法避免自锁现象的发生,例如,变速器中滑移齿轮的拨动就不允许发生自锁,否则变速器就无法工作。

三、考虑摩擦时构件的平衡问题

求解考虑摩擦时构件的平衡问题与不考虑摩擦时构件的平衡大体相同。不同的是画受力图时要画出摩擦力,并要注意摩擦力的方向与滑动趋势的方向相反,不能随意假定摩擦力的方向。

由于静摩擦力也是一个未知量,求解时除列出平衡方程外,还需列出补充方程 $\boldsymbol{F}_f \leqslant \mu_s \boldsymbol{F}_N$,所得结果必然是一个范围值。在临界状态,补充方程 $\boldsymbol{F}_f = \boldsymbol{F}_{fmax} = \mu_s \boldsymbol{F}_N$,故所得结果也将是平衡范围的极限值。

例 1-3-8　图 1-3-14(a)所示为重 $\boldsymbol{G}$ 的物块放在倾角为 α 的斜面上,物块与斜面间的摩擦因数为 μ_s,且 $\tan\alpha > \mu_s$。求维持物块静止时水平推力 $\boldsymbol{F}$ 的取值范围。

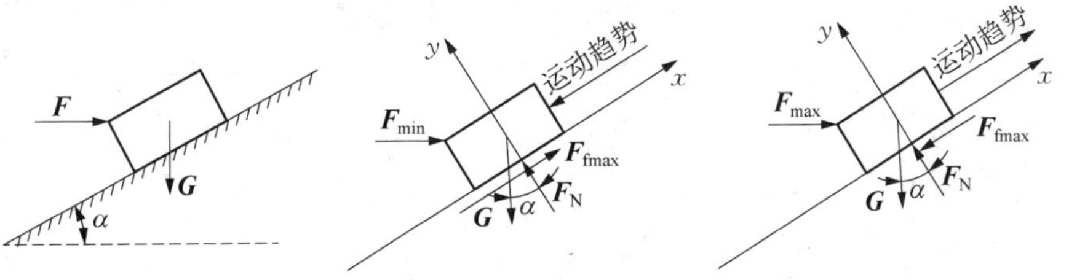

(a)　(b)　(c)

图 1-3-14

解:要使物块维持在斜面上静止,力 $\boldsymbol{F}$ 既不能太大,也不能太小。若力 $\boldsymbol{F}$ 过大,物块将向上滑动;若力 $\boldsymbol{F}$ 过小,物块则向下滑动。因此,$\boldsymbol{F}$ 的数值必须在某一范围内。

(1) 先考虑物块处于下滑趋势的临界状态,即力 $\boldsymbol{F}$ 为最小值 $\boldsymbol{F}_{\min}$,且刚好维持物块不致下滑的临界平衡。画其受力图如图 1-3-14(b)所示。沿斜面方向建立坐标系,列平衡方程及补充方程为

$$\sum \boldsymbol{F}_x = 0,\ \boldsymbol{F}_{\min}\cos\alpha - \boldsymbol{G}\sin\alpha + \boldsymbol{F}_{\mathrm{fmin}} = 0$$
$$\sum \boldsymbol{F}_y = 0,\ \boldsymbol{F}_{\mathrm{N}} - \boldsymbol{F}_{\min}\sin\alpha - \boldsymbol{G}\cos\alpha = 0$$
$$\boldsymbol{F}_{\mathrm{fmin}} = \mu_{\mathrm{s}}\boldsymbol{F}_{\mathrm{N}}$$

解得

$$\boldsymbol{F}_{\min} = \frac{\sin\alpha - \mu_{\mathrm{s}}\cos\alpha}{\cos\alpha + \mu_{\mathrm{s}}\sin\alpha}\boldsymbol{G}$$

(2) 然后考虑物块处于上滑趋势的临界状态,即力 $\boldsymbol{F}$ 为最大值 $\boldsymbol{F}_{\max}$,且刚好维持物块不致上滑的临界平衡。画其受力图如图 1-3-14(c)所示。列平衡方程及补充方程为

$$\sum \boldsymbol{F}_x = 0,\ \boldsymbol{F}_{\max}\cos\alpha - \boldsymbol{G}\sin\alpha - \boldsymbol{F}_{\mathrm{fmax}} = 0$$
$$\sum \boldsymbol{F}_y = 0,\ \boldsymbol{F}_{\mathrm{N}} - \boldsymbol{F}_{\max}\sin\alpha - \boldsymbol{G}\cos\alpha = 0$$
$$\boldsymbol{F}_{\mathrm{fmax}} = \mu_{\mathrm{s}}\boldsymbol{F}_{\mathrm{N}}$$

解得

$$\boldsymbol{F}_{\max} = \frac{\sin\alpha + \mu_{\mathrm{s}}\cos\alpha}{\cos\alpha - \mu_{\mathrm{s}}\sin\alpha}\boldsymbol{G}$$

所以,使物块在斜面上处于静止时的水平推力 $\boldsymbol{F}$ 的取值范围为

$$\frac{\sin\alpha - \mu_{\mathrm{s}}\cos\alpha}{\cos\alpha + \mu_{\mathrm{s}}\sin\alpha}\boldsymbol{G} \leqslant \boldsymbol{F} \leqslant \frac{\sin\alpha + \mu_{\mathrm{s}}\cos\alpha}{\cos\alpha - \mu_{\mathrm{s}}\sin\alpha}\boldsymbol{G}$$

例 1-3-9 图 1-3-15(a)所示为一制动装置的平面力学简图。已知作用于鼓轮 O 上的转矩为 $\boldsymbol{M}$,鼓轮与制动片间的静摩擦因数为 μ_{s},轮径为 r,制动臂尺寸为 a、b、c。试求维持制动静止所需要的最小力 $\boldsymbol{F}$。

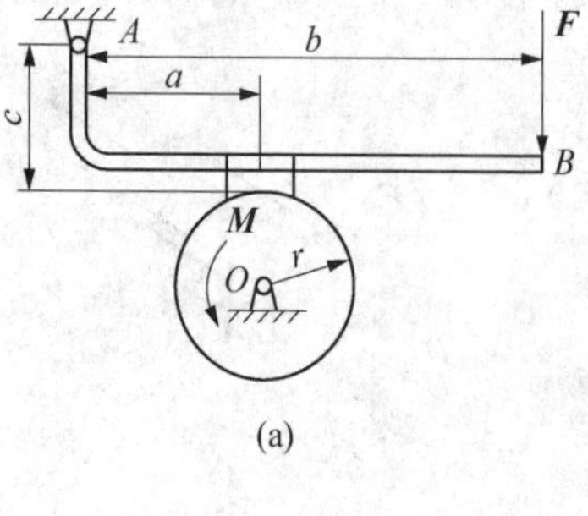

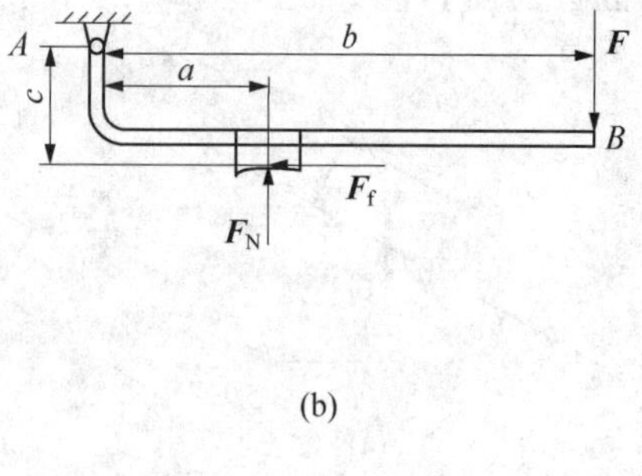

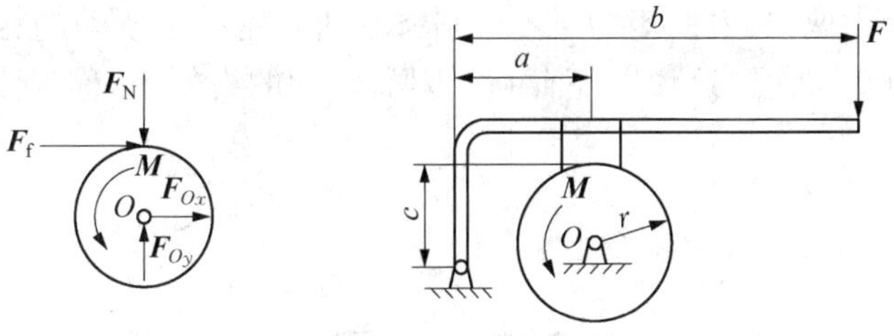

(c)　　　　　　　　　　(d)

图 1-3-15

解:(1) 分别取制动臂 AB 和鼓轮 O 为研究对象,画其受力图如图 1-3-15(b)、(c)所示。

(2) 由于所求力 $\boldsymbol{F}$ 的最小值,故摩擦处于临界状态,对于鼓轮,如图 1-3-15(c)所示,列平衡方程

$$\sum \boldsymbol{M}_O(\boldsymbol{F}) = 0,\ \boldsymbol{M} - \boldsymbol{F}_{\mathrm{f}} r = 0$$

得

$$\boldsymbol{F}_{\mathrm{f}} = \frac{\boldsymbol{M}}{r}$$

列充方程 $\boldsymbol{F}_{\mathrm{f}} = \mu_{\mathrm{s}} \boldsymbol{F}_{\mathrm{N}}$,所以

$$\boldsymbol{F}_{\mathrm{N}} = \frac{\boldsymbol{M}}{r\mu}$$

对于制动臂,如图 1-3-15(b)所示,列平衡方程

$$\sum \boldsymbol{M}_A(\boldsymbol{F}) = 0,\ -\boldsymbol{F}b + \boldsymbol{F}_{\mathrm{N}} a - \boldsymbol{F}_{\mathrm{f}} c = 0$$

得

$$\boldsymbol{F} = \frac{\boldsymbol{F}_{\mathrm{N}} a - \boldsymbol{F}_{\mathrm{f}} c}{b} = \frac{\boldsymbol{M}}{rb\mu}(a - \mu_{\mathrm{s}})$$

若采用图 1-3-15(d)所示的制动装置,同理可解得其维持制动静止所需的最小力 $\boldsymbol{F}$ 为

$$\boldsymbol{F} = \frac{\boldsymbol{F}_{\mathrm{N}} a - \boldsymbol{F}_{\mathrm{f}} c}{b} = \frac{\boldsymbol{M}}{rb\mu}(a + \mu_{\mathrm{s}})$$

由此可见,图 1-3-15(a)的制动装置比图 1-3-15(d)的装置省力,且当 $a \leqslant \mu_{\mathrm{s}}$ 时,图 1-3-15(a)的制动装置处于自锁状态,因此装置的结构较合理。

四、滚动摩擦简介

由经验可知,当搬动重物时,若在重物底下垫上轴辊,比放在地面上推动要省力得多。这说明滚动代替滑动所受到的阻力要小得多。车辆用车轮、机器中用滚动轴承代替滑动轴承,就是这个道理。

滚动比滑动省力的原因,可以用图 1-3-16(a)所示车轮在地面上的滚动来分析。将一重为 $\boldsymbol{G}$ 的车轮放在地面上,沿水平方向在轮心施加一微小力 $\boldsymbol{F}$,此时在轮与地面接触处就会产生一静摩擦阻力 $\boldsymbol{F}_{\mathrm{f}}$,以阻止车轮的滑动趋势。由图 1-3-16(a)可见,主动力 $\boldsymbol{F}$ 与静滑动

摩擦力 F_f 组成一个力偶,其力偶矩为 $F\cdot r$,它将驱使车轮产生滚动趋势。若 F 力不大,转动趋势存在,转动并不发生。这说明还存在一阻碍转动的力偶矩,称为滚动摩擦力偶矩,简称为滚阻力偶。

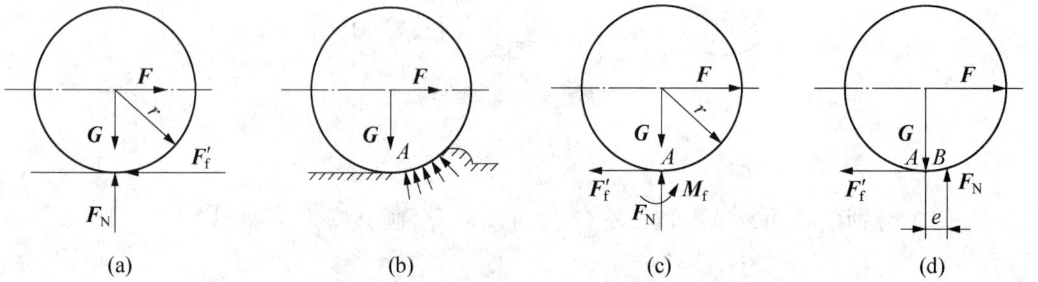

图 1-3-16

实际上在车轮重力作用下,车轮与地面都会产生变形。变形后,车轮受到地面的约束力,分布如图 1-3-16(b)所示。将这些约束力向点 A 简化,可得法向约束力 F_N(正压力)、切向约束力 F_f(滑动摩擦力)及滚阻力偶矩 M_f,如图 1-3-16(c)所示。当力 F 逐渐增加时,滚动趋势增加,滚阻力偶矩 M_f 也随之增大。当 M_f 随主动力 F 增大到某一极限值 M_{fmax} 时,再增加力 F,车轮就开始滚动了。由此可知,滚阻力偶矩也有一个介于零到最大值的取值范围,即 $0\leqslant M_f\leqslant M_{fmax}$。

实验表明,最大滚阻力偶矩与法向力成正比,即

$$M_{fmax}=\delta F_N \tag{1-3-11}$$

式(1-3-11)称为滚动摩擦定律。式中,δ 是一个有长度单位的系数,可视为实际接触面法向反力与刚性理想接触点的偏离距离 e 的最大值,如图 1-3-16(d)所示,称为**滚动摩擦因数**。其数值取决于两接触物表面材料的性质及表面状况。

分析图 1-3-16 所示车轮的滑动条件为 $F>\mu_s f_N$,故 $F>\mu_s G$。车轮的滚动条件为 $F\cdot r>M_{fmax}$,故 $F>(\delta/r)G$。由于$(\delta/r)<\mu_s$,所以使车轮滚动比滑动更容易些。

当车轮在支承面上作纯滚动时,在接触点处也一定产生一静摩擦力 F_f,但它并未达到最大值,也不是动摩擦力,其值在静力学问题中要由平衡方程求解,在动力学问题中要由力学方程求解。

小　结

一、平面任意力系的简化

1. 简化结果

主矢 $F'_R=\sqrt{(\sum F_x)^2+(\sum F_y)^2}$,作用在简化中心上,其大小和方向与简化中心的选择无关。

主矩 $M_O=\sum M_O(F)$,与简化中心的选择有关。

2. 简化结果的讨论

$F'_R \neq 0$，$M_O \neq 0$，合力 $F_R = F'_R$，合力 F_R 的作用线与简化中心的距离 $d = |M_O/F'_R|$。

$F'_R \neq 0$，$M_O = 0$，合力 $F_R = F'_R$，合力作用线通过简化中心。

$F'_R \neq 0$，$M_O \neq 0$，合力偶矩与简化中心无关。

$F'_R = 0$，$M_O = 0$，平衡力系。

二、平衡方程

一矩式 $\begin{cases} \sum F_x = 0 \\ \sum F_y = 0 \\ \sum M_O(F) = 0 \end{cases}$，二矩式 $\begin{cases} \sum F_x = 0 \\ \sum M_A(F) = 0 \\ \sum M_B(F) = 0 \end{cases}$，三矩式 $\begin{cases} \sum M_A(F) = 0 \\ \sum M_B(F) = 0 \\ \sum M_C(F) = 0 \end{cases}$

二矩式方程中 A、B 两点的连线不能与投影轴垂直，三矩式方程中 A、B、C 三点不能在一条直线上。

三、物体系统的平衡问题

1. 静定与静不定的概念

力系中未知量的数目少于或等于独立平衡方程数目的问题称为静定问题。力系中未知量的数目多于独立平衡方程数目时的问题称为静不定问题。

2. 物系平衡问题解法

整个物系处于平衡，组成物系的各个构件也都处于平衡。可以选整个系统为研究对象，也可以选单个构件或部分构件为研究对象。

四、考虑摩擦时构件的平衡问题

1. 静滑动摩擦力

(1) 大小　在平衡状态时，$0 \leqslant F_f \leqslant F_{fmax}$，由平衡方程确定。在临界状态下 $F_f = F_{fmax} = \mu_s F_N$。

(2) 方向　始终与相对滑动趋势的方向相反，并沿接触面作用点的切向，不能随意假定。

(3) 作用点　在接触面(或接触点)摩擦力的合力作用点上。

2. 动滑动摩擦力

$$F'_f = \mu F_N$$

3. 摩擦角与自锁

当静摩擦力达到最大值时，最大全约束力 F_R 与法线的夹角 φ_m 称为摩擦角，且摩擦角的正切值等于摩擦因数，即 $\tan\varphi_m = \mu_s$。当作用于物体的主动力满足一定的几何条件时，无论怎样增加主动力 F_Q，物体总能保持平衡的现象称为自锁。自锁的条件为 $\alpha \leqslant \varphi_m$。

4. 滚动摩擦

滚阻力偶矩 $0 \leqslant M_f \leqslant M_{fmax}$，最大滚阻力偶矩 $M_{fmax} = \delta F_N$。

5. 考虑摩擦时构件平衡问题的解法

(1) 选研究对象，画受力图，并根据滑动趋势画出摩擦力。要注意摩擦力的方向与滑动趋势的方向相反。

(2) 列平衡方程,并列出补充方程 $F_f \leqslant \mu_s F_N$,或临界状态补充方程 $F_f = F_{fmax} = \mu_s F_N$ 求解。

思考题

1-3-1 图 1-3-17(a)所示的铰车臂互成 120°,三臂上 A、B、C 三点作用力均为 F,且 $OA = OB = OC$,试分析此三力向铰盘中心点 O 的简化结果。

1-3-2 如图 1-3-17(b)所示,物体平面 A、B、C 三点各作用力 F,三点构成一等边三角形。试分析物体是否处于平衡状态?

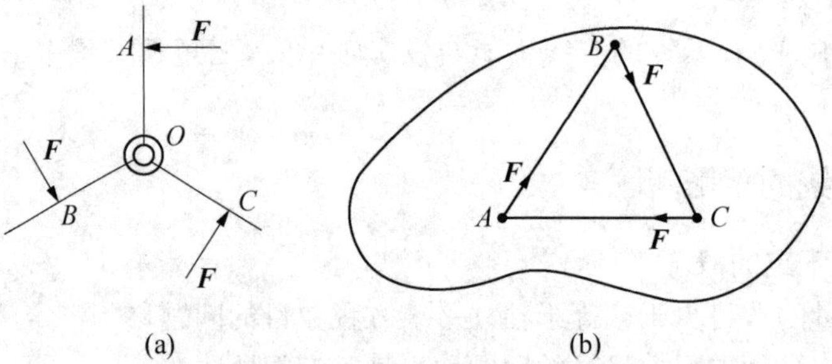

图 1-3-17

1-3-3 取分离体画受力图时,________力的方向可以假定,________力的指向不能假定。

A. 光滑面约束力　　B. 柔性约束力　　C. 铰链约束力
D. 活动铰支座约束力　　E. 固定端约束力　　F. 固定端约束力偶矩
G. 正压力量　　H. 摩擦力

1-3-4 列平衡方程求解平面任意力系时,坐标轴选在________的方向上,使投影方程简便;矩心应选择在________点上,使力矩方程简便。

A. 与已知力垂直　　B. 与未知力垂直　　C. 与未知力平行
D. 任意　　E. 已知力作用点　　F. 未知力作用点
G. 两未知力交点　　H. 任意点

1-3-5 试解释应用二矩式方程时,为什么要附加两矩心 A、B 连线不能与投影轴垂直?应用三矩式方程时,为什么要附加三矩心 A、B、C 三点不能在一条直线上?

1-3-6 试判断图 1-3-18 所示结构中哪些是静定问题?哪些是静不定问题?

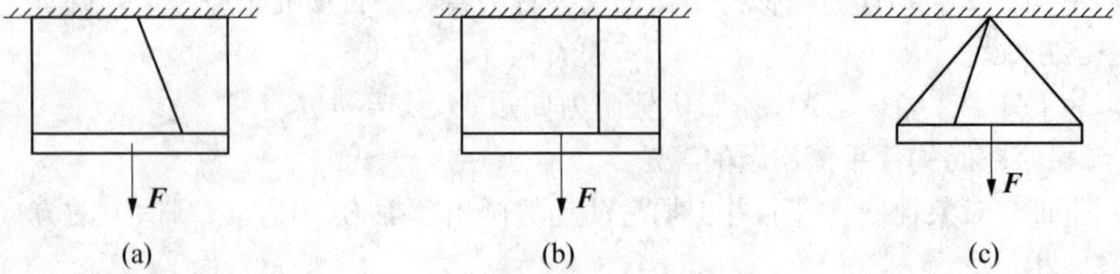

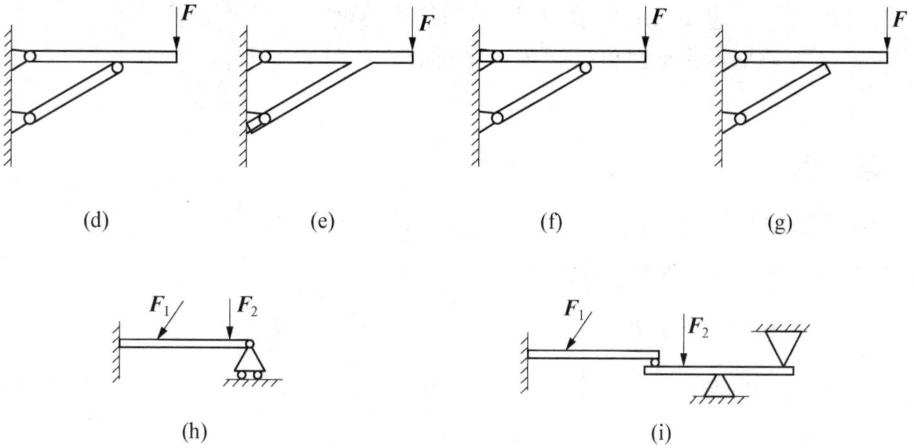

图 1－3－18

1－3－7　摩擦力是否一定是阻力？试分析图 1－3－19(a)所示的坦克行驶时地面对履带的摩擦力方向。当坦克制动时，摩擦力的方向是否改变？

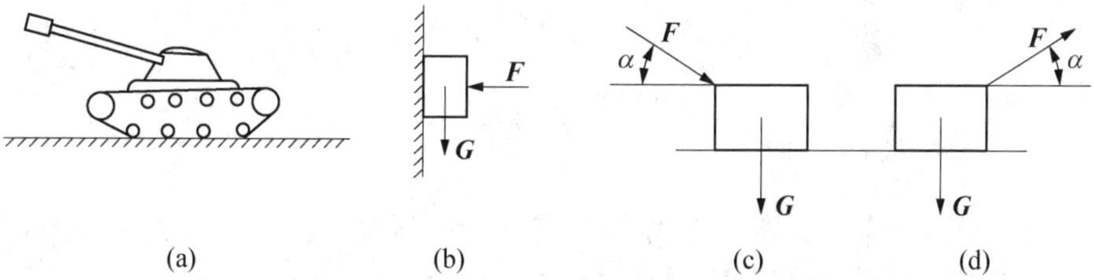

图 1－3－19

1－3－8　图 1－3－19(b)所示重为 $\boldsymbol{G}$ 的物块受 $\boldsymbol{F}$ 力作用靠在墙壁上平衡，若物块与墙间的摩擦因数为 μ_s，则物块受到墙壁的摩擦力 $\boldsymbol{F}_f$ 为________。

A. $\boldsymbol{F}_f=\mu_s\boldsymbol{F}_N$　　B. $\boldsymbol{F}_f=\mu_s\boldsymbol{G}$　　C. $\boldsymbol{F}_f=\boldsymbol{G}$

1－3－9　图 1－3－19(c)、(d)所示物块重为 $\boldsymbol{G}$，与地面间的摩擦因数为 μ_s。欲使物块向右滑动，图 1－3－19(c)与 1－3－19(d)中哪种施力方法省力？若要最省力，角 α 应为多大？

1－3－10　图 1－3－20(a)所示人字架结构放在地面上，A、C 两处的摩擦因数分别为 μ_{s1}、μ_{s2}，设结构处于临界平衡，是否存在 $\boldsymbol{F}_{fA}=\mu_{s1}\boldsymbol{G}$，$\boldsymbol{F}_{fC}=\mu_{s2}\boldsymbol{G}$。

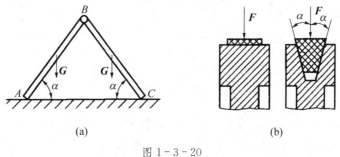

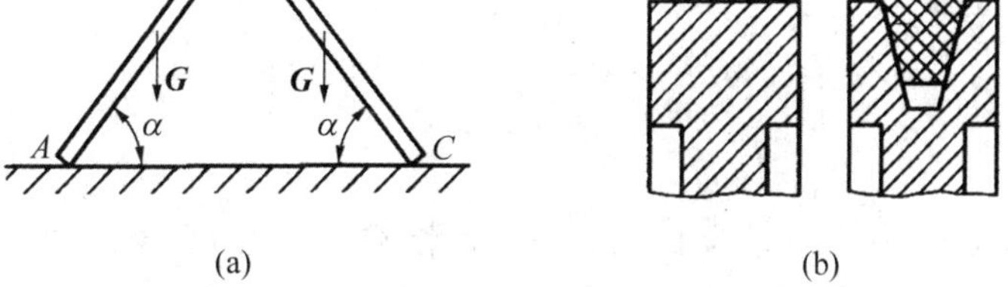

图 1－3－20

1-3-11 图1-3-20(b)所示平带和V带,两传动带的张紧力 $\boldsymbol{F}$ 相同,摩擦因数 μ_s 相同,试分析两带传动中最大摩擦力的比值与 α 角的关系。

习 题

1-3-1 已知图1-3-21,所示支架受载荷 $\boldsymbol{G}$ 和 $\boldsymbol{M}=\boldsymbol{G}a$ 作用,杆件自重不计,试分别求两支架 A 端的约束力及杆 BC 所受的力。

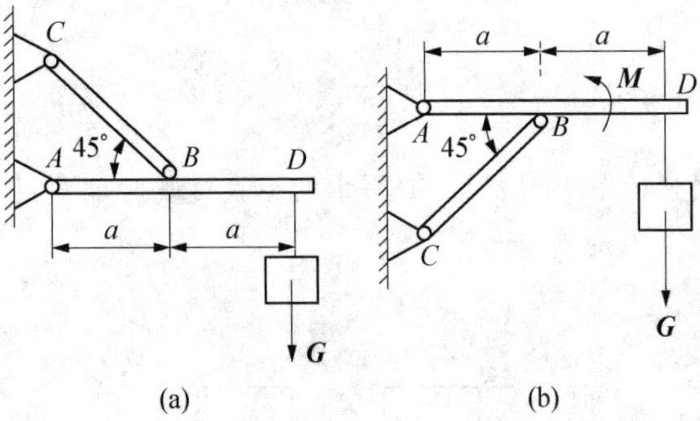

图1-3-21

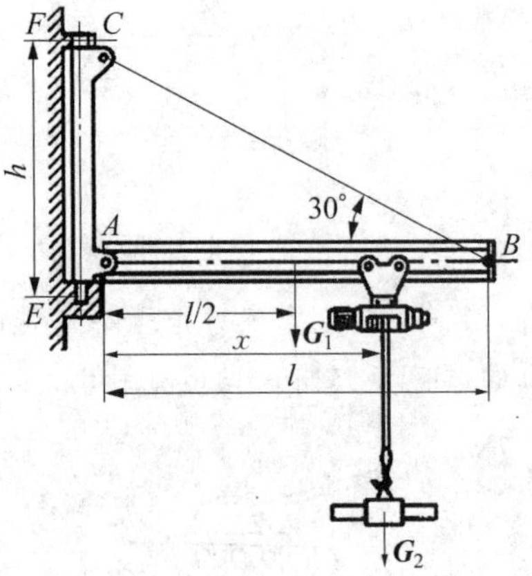

图1-3-22

1-3-2 图1-3-22所示为简易起吊机的平面力学简图。已知横梁 AB 的自重 $\boldsymbol{G}_1=4\text{ kN}$,起吊重量 $\boldsymbol{G}_2=20\text{ kN}$,$AB$ 的长度 $l=2\text{ m}$,电葫芦距 A 端距离 $x=1.5\text{ m}$,斜拉杆 CB 的倾角 $\alpha=30°$,试求杆 CB 的拉力和 A 端固定铰支座的约束力。

1-3-3 如图1-3-23所示,已知 q、a,且 $\boldsymbol{F}=qa$,$\boldsymbol{M}=qa^2$,试求各梁的支座约束力。

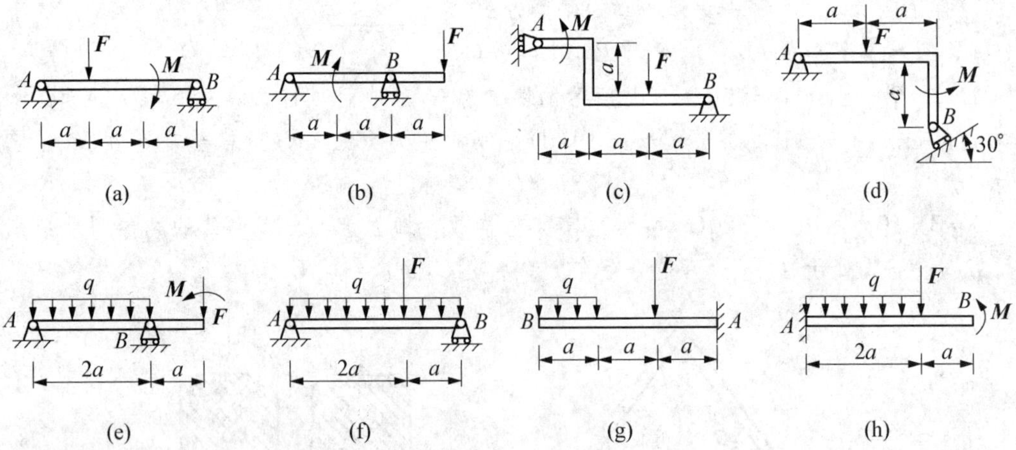

图1-3-23

1-3-4 图1-3-24所示为制动系统的踏板装置。若 $\boldsymbol{F}_N=1\,700\text{ N}$,$a=380\text{ mm}$,$b=50\text{ mm}$,$\alpha=60°$,求驾驶员作用于踏板的制动力 $\boldsymbol{F}$。

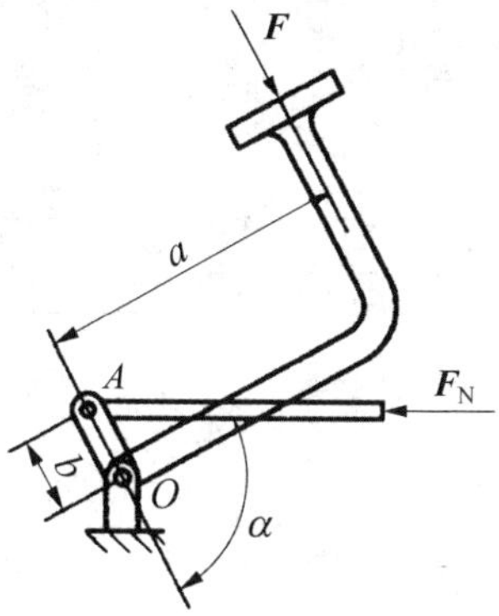

图 1-3-24

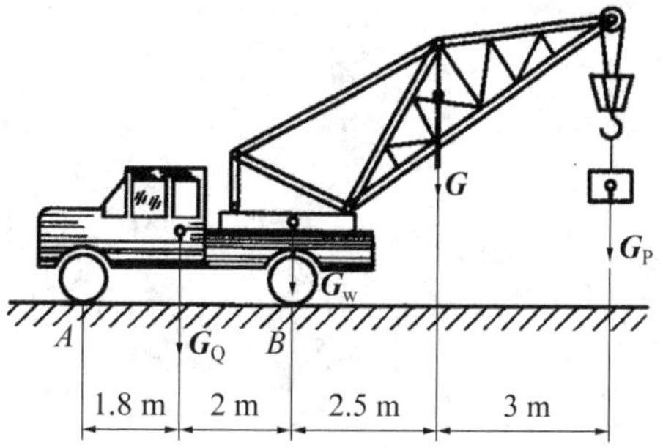

图 1-3-25

1-3-5 图 1-3-25 所示为汽车起重机平面简图。已知车重 $\boldsymbol{G}_Q = 26$ N，臂重 $\boldsymbol{G} = 4.5$ kN，起重机旋转及固定部分的重量 $\boldsymbol{G}_w = 31$ kN，试求图示位置汽车不致翻倒的最大起重量 $\boldsymbol{G}_P$。

1-3-6 如图 1-3-26 所示，自重 $\boldsymbol{G} = 160$ kN 的水塔固定在钢架上，A 为固定铰链支座，B 为活动铰链支座，若水塔左侧面受风压为均布载荷 $q = 16$ kN/m，为保证水塔平衡，试求钢架 A、B 的最小间距。

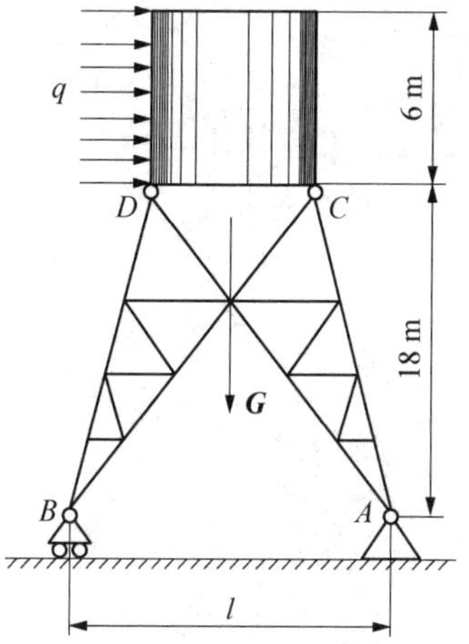

图 1-3-26

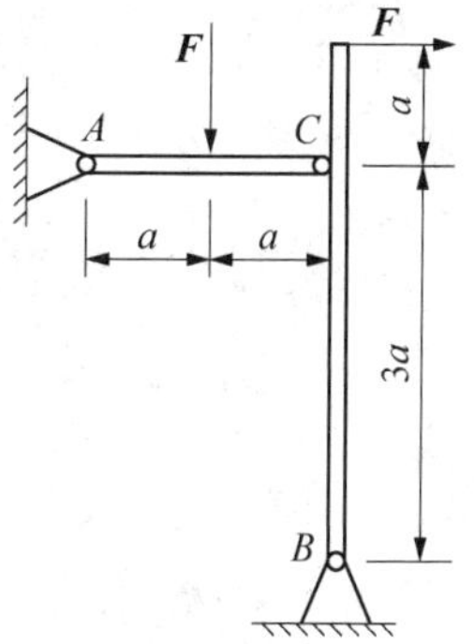

图 1-3-27

1-3-7 已知图 1-3-27 所示结构中的 $\boldsymbol{F}$、a，试求结构中 A、B 的约束力。

1-3-8 图 1-3-28 所示各组合梁，已知 q、a，且 $\boldsymbol{F} = qa$，$\boldsymbol{M} = qa^2$，试求各梁 A、B、C、D 处的约束力。

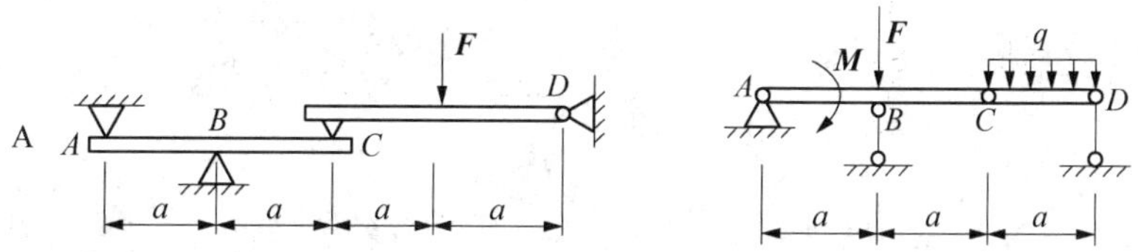

(a) (b)

图 1-3-28

1-3-9 曲柄连杆机构在如图1-3-29所示位置时，$\boldsymbol{F}=400\,\mathrm{N}$，试求曲柄$OA$上应加多大的力偶矩$\boldsymbol{M}$才能使机构平衡？

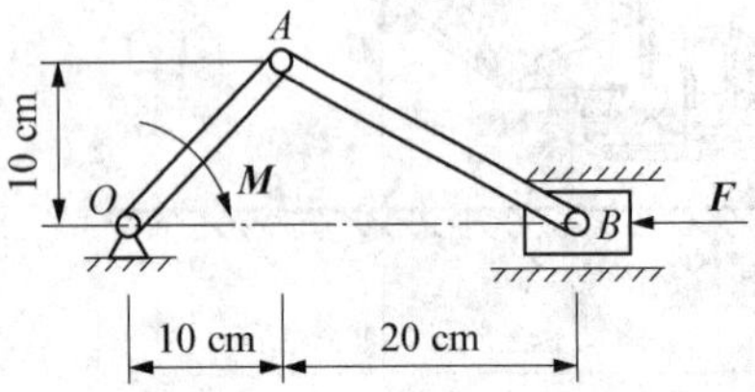

图1-3-29

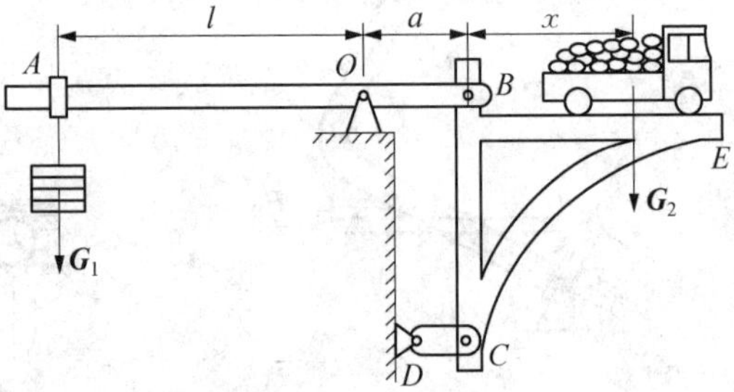

图1-3-30

1-3-10 图1-3-30所示汽车地秤，已知砝码重$\boldsymbol{G}_1$，$OA=l$，$OB=a$，O、B、C、D均为光滑铰链，CD为二力杆，各部分自重不计。试求汽车的称重$\boldsymbol{G}_2$。

1-3-11 图1-3-31所示各结构，画图(a)中整体、AB、BC的受力图；画图(b)中整体、球体、AB杆的受力图；画图(c)中整体(B、C两处不计摩擦)、AB、AC的受力图；画图(d)中横杆DEF、竖杆ADB、斜杆AFC的受力图。

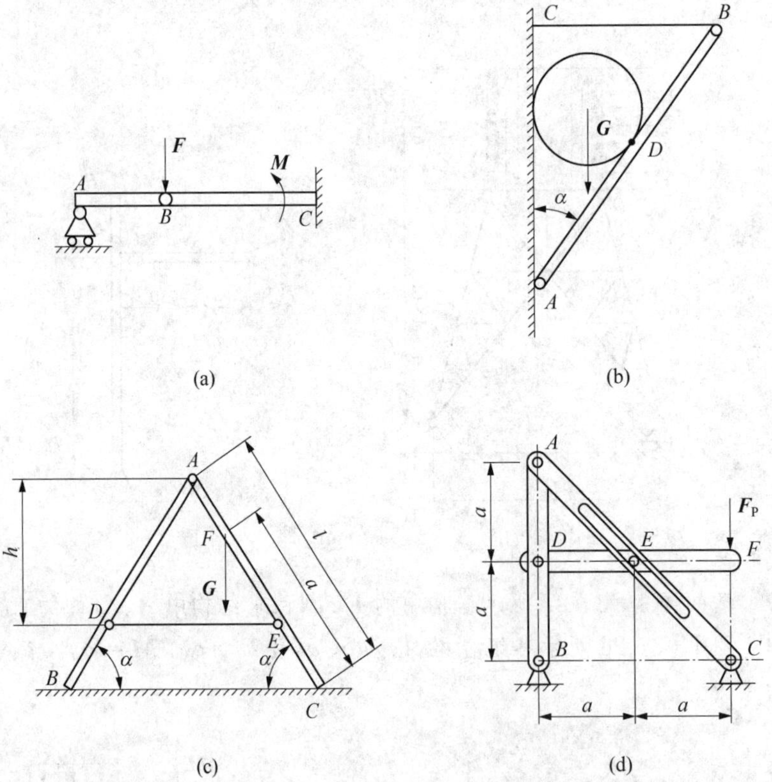

图1-3-31

1-3-12 如图1-3-32所示，物块重$\boldsymbol{G}=100\,\mathrm{N}$，斜面倾角$\alpha=30°$，物块与斜面间的摩擦因数$\mu_s=0.38$，求图(a)中物块处于静止还是下滑？若要使物块上滑，求图(b)所示作

用于物块的力 $\boldsymbol{F}$ 至少应为多大?

1-3-13　如图 1-3-33 所示,重 $\boldsymbol{G}$ 的梯子 AB,一端靠在铅垂的墙壁上,另一端放在水平面上,A 端摩擦不计,B 端摩擦因数为 μ_s,试求维持梯子不致滑倒的最小 α_{min} 角。

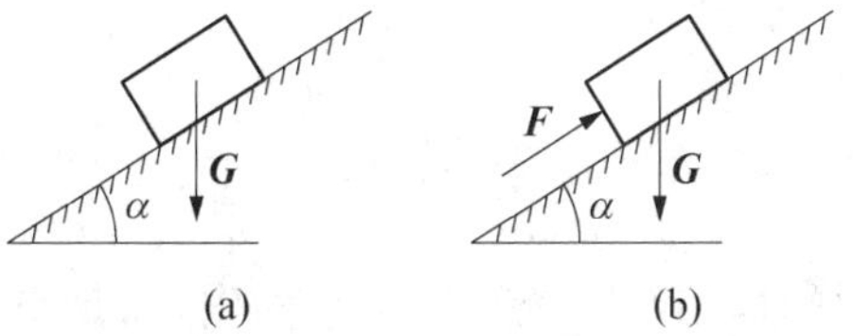

图 1-3-32

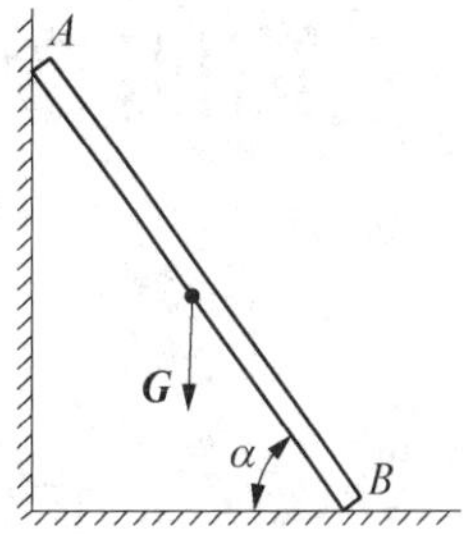

图 1-3-33

1-3-14　图 1-3-34 所示两物块 A、B 叠放在一起,A 由绳子系住。已知 A 物重 $\boldsymbol{G}_A=500$ N,B 物重 $\boldsymbol{G}_B=1\,000$ N,AB 间的摩擦因数 $\mu_1=0.25$,B 与地面间的摩擦因数 $\mu_2=0.2$,试求抽动 B 物块所需的最小力 F_{min}。

1-3-15　如图 1-3-35 所示,重 $\boldsymbol{G}=400$ N 的棒料,直径 $D=250$ mm,放置在 V 形槽中,作用一力偶矩 $\boldsymbol{M}=1\,500$ N·m 的力偶才能转动棒料。试求棒料与 V 形槽间的摩擦因数 μ_s。

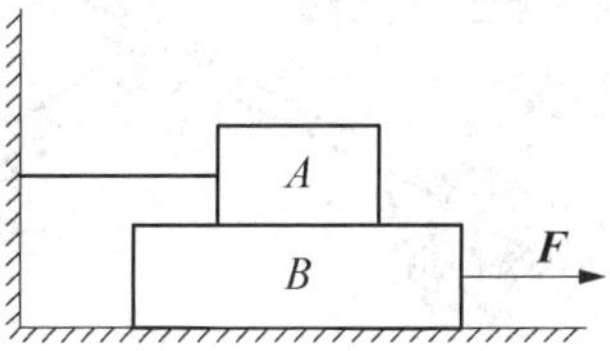

图 1-3-34

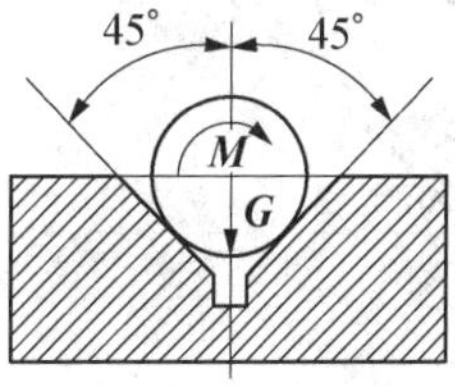

图 1-3-35

1-3-16　如图 1-3-36 所示制动装置,已知制动轮与制动块之间的摩擦因数为 μ_s,鼓轮上悬挂一重为 $\boldsymbol{G}$ 的重物,几何尺寸如图,求制动所需的最小力。

1-3-17　如图 1-3-37 所示悬臂梁 AB 端部圆孔套在圆立柱 CD 上,B 端挂一重为 $\boldsymbol{G}$ 的重物,梁孔与立柱间的摩擦因数 $\mu_s=0.1$,梁自重不计,试求梁孔不沿立柱下滑的 a 值至少应为多大?

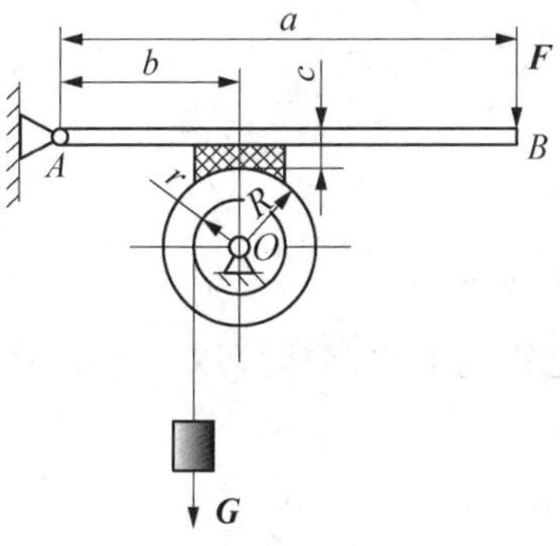

图 1-3-36

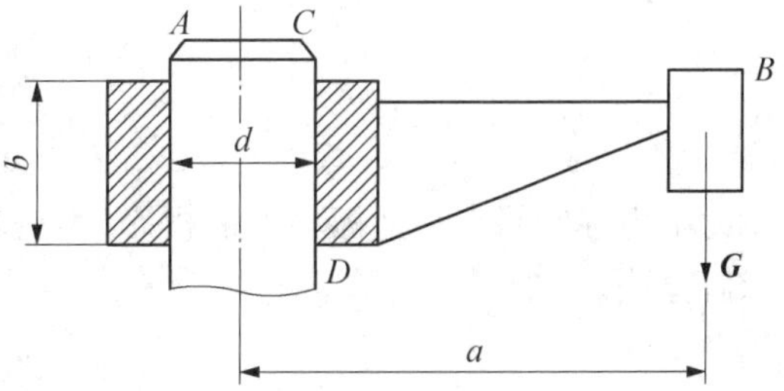

图 1-3-37

第四章　空间力系和重心

在实际工程中，经常遇到物体所受力的作用线不全在同一平面内，而是空间分布的，这些力所构成的力系即为**空间力系**。空间力系按各力作用线的分布情况，可分为空间汇交力系、空间平行力系与空间任意力系。图 1-4-1(a)所示桅杆起重机、图 1-4-1(b)所示脚踩杆以及图 1-4-1(c)所示手摇钻等，都是空间力系的实例。

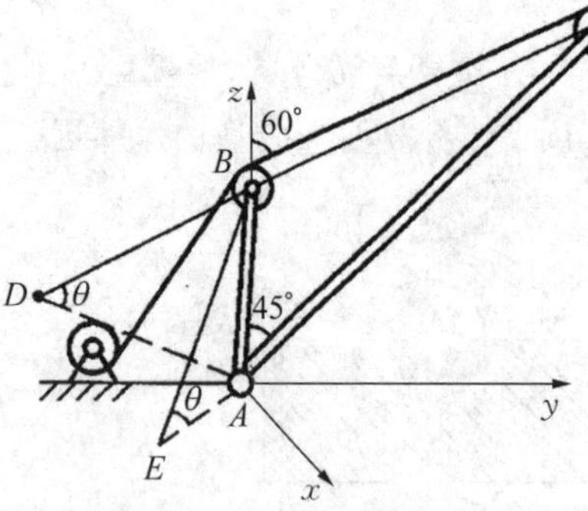

(a)

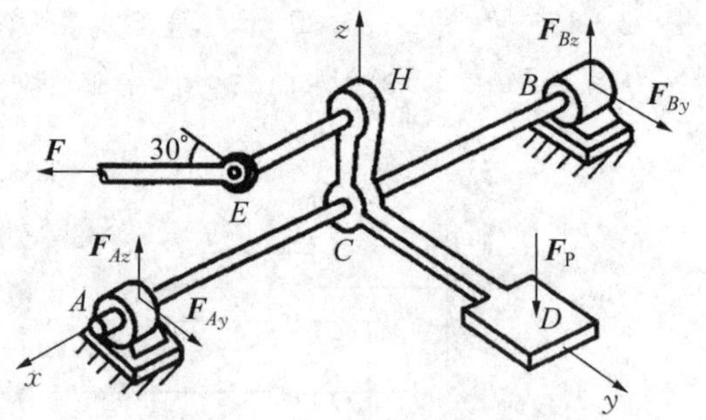

(b)

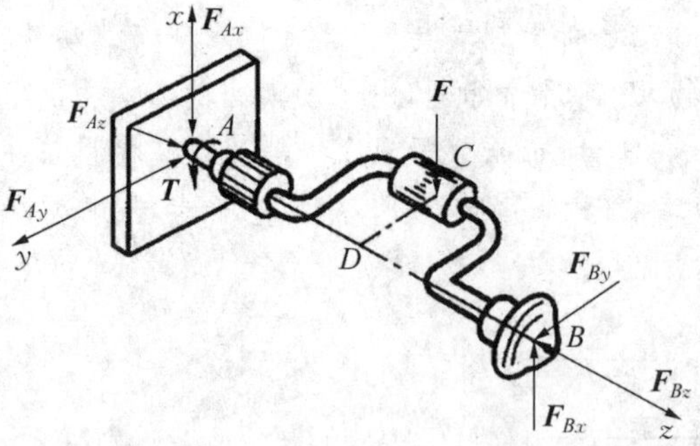

(c)

图 1-4-1

本章讨论力在空间直角坐标轴上的投影、力对轴之矩的概念与运算以及空间力系平衡问题的求解方法。

第一节　力在空间直角坐标轴上的投影

一、直接投影法

若力 $\boldsymbol{F}$ 与 x、y、z 轴的正向夹角 α、β、γ 中任两个为已知，则力 $\boldsymbol{F}$ 在空间的方位就已完全确定。由于图 1-4-2(a)中，$\triangle OBA$、$\triangle ODA$ 均为直角三角形，所以力 $\boldsymbol{F}$ 可直接在三个坐标轴上投影，故有

$$\boldsymbol{F}_x = \boldsymbol{F}\cos\alpha,\ \boldsymbol{F}_y = \boldsymbol{F}\cos\beta,\ \boldsymbol{F}_z = \boldsymbol{F}\cos\gamma \tag{1-4-1}$$

二、二次投影法

若已知力 $\boldsymbol{F}$ 与 z 轴的夹角 γ、力 $\boldsymbol{F}$ 与 z 轴所组成的平面 $OA'AD$ 和 Oxy 坐标平面的夹角 φ，如图 1-4-2(b)所示，则力 $\boldsymbol{F}$ 在 x、y、z 三轴的投影计算可分两步进行，即：①先将力 $\boldsymbol{F}$ 投影到 z 轴和 Oxy 坐标平面上，以 $\boldsymbol{F}_z$ 和 $\boldsymbol{F}_{xy}$ 表示；②然后再将 $\boldsymbol{F}_{xy}$ 投影到 x、y 轴上，最后求出力 $\boldsymbol{F}$ 在 x、y 两坐标轴上的投影。其方程为

$$\boldsymbol{F} = \begin{cases} \boldsymbol{F}_z = \boldsymbol{F}\cos\gamma \\ \boldsymbol{F}_{xy} = \boldsymbol{F}\sin\gamma \Rightarrow \begin{cases} \boldsymbol{F}_x = \boldsymbol{F}_{xy}\cos\varphi = \boldsymbol{F}\sin\gamma\cos\varphi \\ \boldsymbol{F}_y = \boldsymbol{F}_{xy}\sin\varphi = \boldsymbol{F}\sin\gamma\sin\varphi \end{cases} \end{cases} \tag{1-4-2}$$

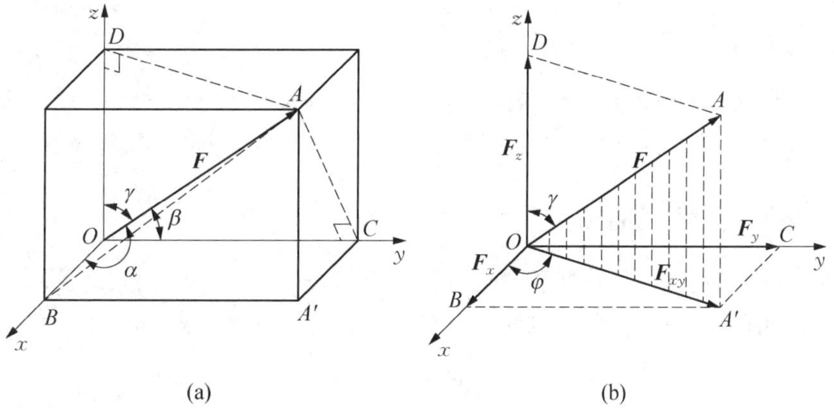

图 1-4-2

反之，如果力 $\boldsymbol{F}$ 在 x、y、z 三轴的投影分别为 $\boldsymbol{F}_x$、$\boldsymbol{F}_y$、$\boldsymbol{F}_z$，也可以求出力 $\boldsymbol{F}$ 的大小和方向。其形式为

$$\boldsymbol{F} = \sqrt{\boldsymbol{F}_{xy}^2 + \boldsymbol{F}_z^2} = \sqrt{\boldsymbol{F}_x^2 + \boldsymbol{F}_y^2 + \boldsymbol{F}_z^2} \tag{1-4-3}$$

$$\cos\alpha = \frac{\boldsymbol{F}_x}{\boldsymbol{F}},\quad \cos\beta = \frac{\boldsymbol{F}_y}{\boldsymbol{F}},\quad \cos\gamma = \frac{\boldsymbol{F}_z}{\boldsymbol{F}} \tag{1-4-4}$$

例 1-4-1　已知圆柱斜齿轮所受的啮合力 $\boldsymbol{F}_n = 1\,410\ \text{N}$，齿轮压力角 $\alpha = 20°$，螺旋角

$\beta=25^{\circ}$(见图 1-4-3)。试计算斜齿轮所受的圆周力 $\boldsymbol{F}_{1}$、轴向力 $\boldsymbol{F}_{n}$和径向力 $\boldsymbol{F}_{r}$。

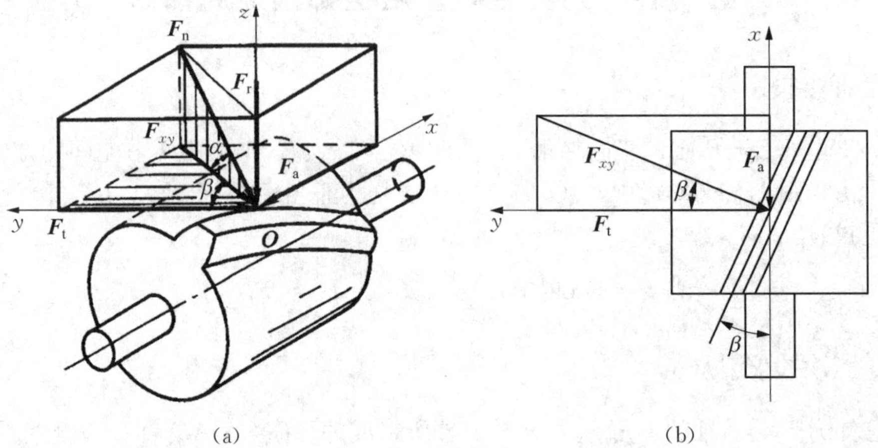

图 1-4-3

解:取坐标系如图 1-4-3 所示,使 x、y、z 分别沿齿轮的轴向、圆周的切线方向和径向。先把啮合力 $\boldsymbol{F}_{n}$向 z 轴和 Oxy 坐标平面投影,得

$$\boldsymbol{F}_{z}=-\boldsymbol{F}_{t}=-\boldsymbol{F}_{n}\sin\alpha=-1\,410\sin\ 20^{\circ}\ \mathrm{N}=-482\ \mathrm{N}$$

$\boldsymbol{F}_{n}$在 Oxy 平面上的分力 $\boldsymbol{F}_{xy}$,其大小为

$$\boldsymbol{F}_{xy}=\boldsymbol{F}_{n}\cos\alpha=1\,410\cos\ 20^{\circ}\mathrm{N}=1\,325\ \mathrm{N}$$

然后再把 $\boldsymbol{F}_{xy}$投影到轴 x、y,得

$$\boldsymbol{F}_{x}=\boldsymbol{F}_{n}=-\boldsymbol{F}_{xy}\sin\beta=-\boldsymbol{F}_{n}\cos\alpha\sin\beta=-1\,410\cos\ 20^{\circ}\sin\ 25^{\circ}\mathrm{N}=-500\ \mathrm{N}$$
$$\boldsymbol{F}_{y}=\boldsymbol{F}_{t}=-\boldsymbol{F}_{xy}\cos\beta=-\boldsymbol{F}_{n}\cos\alpha\cos\beta=-1\,410\cos\ 20^{\circ}\cos\ 25^{\circ}\mathrm{N}=-120\ \mathrm{N}$$

三、空间汇交力系的合成

设在某一物体的点作用一空间汇交力系 $\boldsymbol{F}_{1}$, $\boldsymbol{F}_{2}$, …, $\boldsymbol{F}_{n}$,其中任意二力总是共面,则可连续应用平行四边形法则,最后合成为一个作用于汇交点的合力 $\boldsymbol{F}_{R}$,故有

$$\boldsymbol{F}_{R}=\boldsymbol{F}_{1}+\boldsymbol{F}_{2}+\cdots+\boldsymbol{F}_{n}=\sum\boldsymbol{F} \tag{1-4-5}$$

将式(1-3-5)向 x、y、z 三坐标轴投影。向 x 轴投影,得

$$\boldsymbol{F}_{Rx}=\boldsymbol{F}_{1x}+\boldsymbol{F}_{2x}+\cdots+\boldsymbol{F}_{nx}=\sum\boldsymbol{F}_{x}$$

同理可得

$$\boldsymbol{F}_{Ry}=\sum\boldsymbol{F}_{y},\ \boldsymbol{F}_{Rz}=\sum\boldsymbol{F}_{z} \tag{1-4-6}$$

式(1-4-6)称为**合力投影定理**。它表明,合力在某轴上的投影等于各分力在同一轴上投影的代数和。

求出合力投影后,即可按式(1-4-3)和式(1-4-4)求得力 $\boldsymbol{F}$ 的大小和方向。

空间汇交力系合成的结果为一合力，合力的作用线通过各力的汇交点，合力矢量为各分力矢量的矢量和。

四、空间汇交力系的平衡条件及平衡方程式

因为空间汇交力系可以合成为一个合力，所以空间汇交力系平衡的必要和充分条件为力系的合力等于零，即

$$\boldsymbol{F}_{\mathrm{R}} = \sum \boldsymbol{F} = 0 \tag{1-4-7}$$

式(1－4－7)向 x、y、z 轴投影可得

$$\sum \boldsymbol{F}_x = 0\,,\quad \sum \boldsymbol{F}_y = 0\,,\quad \sum \boldsymbol{F}_z = 0 \tag{1-4-8}$$

式(1－4－8)为空间汇交力系的平衡方程式。

例 1－4－2　有一空间支架固定在相互垂直的墙上。支架由垂直于两墙的铰接二力杆 OA、OB 和钢绳 OC 组成。已知 $\theta = 30°$，$\varphi = 60°$，点 O 处吊一重为 $\boldsymbol{G} = 1.2$ kN 的重物，如图 1－4－4(a)所示。试求两杆和钢绳所受的力。图中 O、A、B、D 四点都在同一水平面上，杆和绳的重力均略去不计。

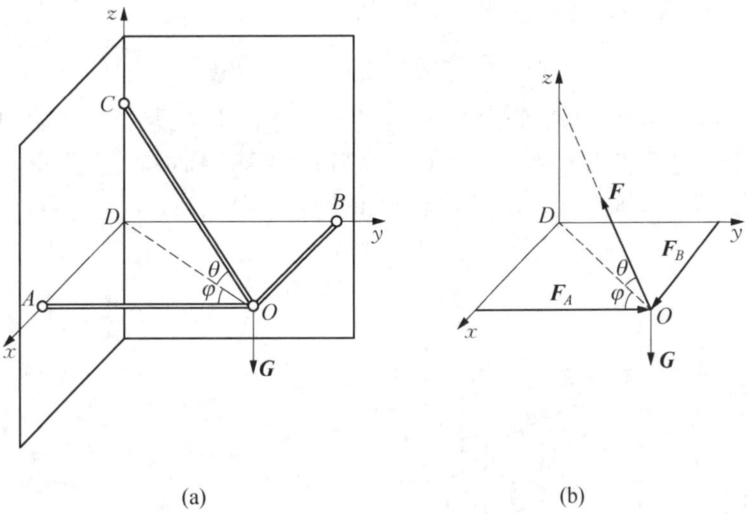

图 1－4－4

解:(1) 选取研究对象，画受力图。取铰链 O 为研究对象，设坐标系为 $Dxyz$，受力如图 1－4－4(b)所示。

(2) 列力系的平衡方程式，求未知量，即

$$\sum \boldsymbol{F}_x = 0,\ \boldsymbol{F}_B - \boldsymbol{F}\cos\theta\sin\varphi = 0$$
$$\sum \boldsymbol{F}_y = 0,\ \boldsymbol{F}_A - \boldsymbol{F}\cos\theta\cos\varphi = 0$$
$$\sum \boldsymbol{F}_z = 0,\ \boldsymbol{F}\sin\theta - \boldsymbol{G} = 0$$

解上述方程得

$$F = \frac{G}{\sin\theta} = \frac{1.2}{\sin 30^\circ}\ \text{kN} = 2.4\ \text{kN}$$

$$F_A = F\cos\theta\cos\varphi = 2.4\cos 30^\circ\cos 60^\circ\ \text{kN} = 1.04\ \text{kN}$$

$$F_B = F\cos\theta\sin\varphi = 2.4\cos 30^\circ\sin 60^\circ\ \text{kN} = 1.8\ \text{kN}$$

第二节　力对轴之矩

一、力对轴之矩的概念

在工程实际中，经常遇到构件绕定轴转动的情况，为了度量力对转动刚体的作用效应，必须引入力对轴之矩的概念。

现以关门动作为例，图 1-4-5(a)中门的一边有固定轴 z，在点 A 作用一力 $\boldsymbol{F}$。为度量此力对刚体的转动效应，可将力 $\boldsymbol{F}$ 分解为两个互相垂直的分力：一个是与转轴平行的分力 $\boldsymbol{F}_z = \boldsymbol{F}\sin\beta$；另一个是在与转轴 z 垂直平面上的分力 $\boldsymbol{F}_{xy} = \boldsymbol{F}\cos\beta$。由经验可知，$\boldsymbol{F}_z$ 不能使门绕 z 轴转动，只有分力 $\boldsymbol{F}_{xy}$ 才对门有绕 z 轴的转动作用。

如用 d 表示轴 z 与平面 xy 的交点 O 到 $\boldsymbol{F}_{xy}$ 作用线的垂直距离，则 $\boldsymbol{F}_{xy}$ 对点 O 之矩，就可以用来度量 $\boldsymbol{F}$ 对门绕 z 轴的转动作用，故可记作

$$\boldsymbol{M}_z(\boldsymbol{F}) = \boldsymbol{M}_O(\boldsymbol{F}_{xy}) = \pm \boldsymbol{F}_{xy}d \qquad (1-4-9)$$

力对轴之矩是代数量，其值等于此力在垂直该轴平面上的投影对该轴与此平面的交点之矩。力矩的正负代表其转动作用的方向。从轴正向看，逆时针转向为正，顺时针转向为负。当力的作用线与转轴平行时，或者与转轴相交时，力对该轴之矩等于零。力对轴之矩的单位为 N·m。

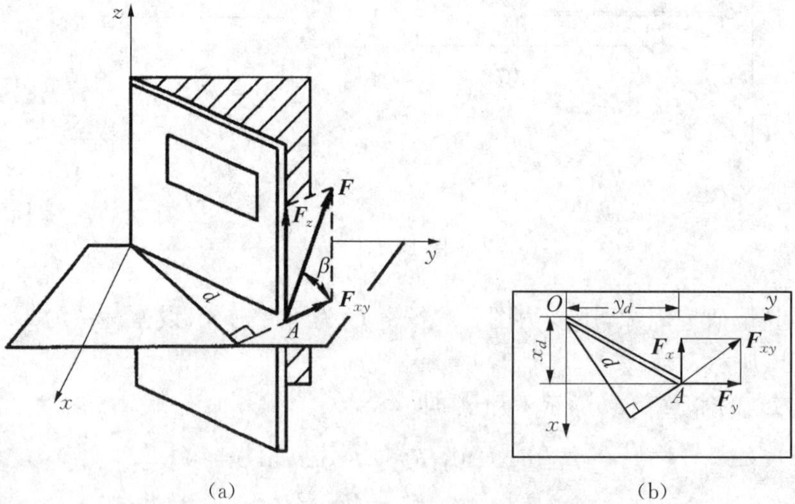

图 1-4-5

二、合力矩定理

设有一空间力系 $\boldsymbol{F}_1$, $\boldsymbol{F}_2$, …, $\boldsymbol{F}_n$,其合力为 $\boldsymbol{F}_R$,则可证明合力对某轴之矩等于各分力对同轴力矩的代数和,故写成

$$\boldsymbol{M}_z(\boldsymbol{F}_n) = \sum \boldsymbol{M}_z(\boldsymbol{F}) \tag{1-4-10}$$

式(1-4-10)常被用来计算空间力对轴之矩。

例 1-4-3　计算图 1-4-6 所示手摇曲柄上力 $\boldsymbol{F}$ 对过点 A 的 x、y、z 轴之矩。已知 $\boldsymbol{F} = 100\ \text{N}$,且力 $\boldsymbol{F}$ 平行于 Axz 平面,$\alpha = 60°$, $AB = 20\ \text{cm}$, $BC = 40\ \text{cm}$, $CD = 15\ \text{cm}$, A、B、C、D 处于同一平面上。

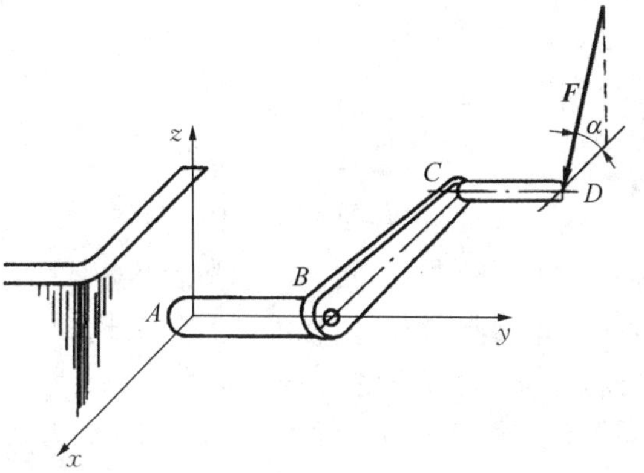

图 1-4-6

解:力 $\boldsymbol{F}$ 为平行于 Axz 平面的平面力,在 x 和 z 轴上有投影,其值为

$$\boldsymbol{F}_x = \boldsymbol{F}\cos\alpha,\ \boldsymbol{F}_y = 0,\ \boldsymbol{F}_z = -\boldsymbol{F}\sin\alpha$$

力 $\boldsymbol{F}$ 对 x、y、z 轴之矩为

$$\boldsymbol{M}_x(\boldsymbol{F}) = -\boldsymbol{F}_z(AB+CD) = -100\sin 60° \times 35\ \text{N}\cdot\text{cm} = -3\,031\ \text{N}\cdot\text{cm}$$
$$\boldsymbol{M}_y(\boldsymbol{F}) = -\boldsymbol{F}_z BC = -100\sin 60° \times 40\ \text{N}\cdot\text{cm} = -3\,464\ \text{N}\cdot\text{cm}$$
$$\boldsymbol{M}_z(\boldsymbol{F}) = -\boldsymbol{F}_x(AB+CD) = -100\cos 60° \times 35\ \text{N}\cdot\text{cm} = -1\,750\ \text{N}\cdot\text{cm}$$

第三节　空间任意力系的平衡方程

一、空间力系的简化

设物体作用空间力系 $\boldsymbol{F}_1$, $\boldsymbol{F}_2$, …, $\boldsymbol{F}_n$,如图 1-4-7(a)所示。与平面任意力系的简化方法一样,在物体内任取一点 O 作为简化中心,依据力的平移定理,将图中各力平移到点 O,加上相应的附加力偶,这样就可得到一个作用于简化中心点 O 的空间汇交力系和一个附加的空间力偶系分别合成,便可以得到一个作用于简化中心点 O 的**主矢** $\boldsymbol{F}'_R$和一个**主矩** $\boldsymbol{M}_O$。

主矢 $\boldsymbol{F}'_R$的大小为

$$F'_R=\sqrt{(\sum F_x)^2+(\sum F_y)^2+(\sum F_z)^2} \tag{1-4-11}$$

主矩 M_O 的大小为

$$M_O=\sqrt{[\sum M_x(F_i)]^2+[\sum M_y(F_i)]^2+[\sum M_z(F_i)]^2} \tag{1-4-12}$$

二、空间力系平衡方程

空间任意力系平衡的必要与充分条件是:该力系的主矢和力系对于任一点的主矩都等于零,即 $F'_R=0$, $M_O=0$, 亦即

$$\begin{cases}\sum F_x=0\\ \sum F_y=0\\ \sum F_z=0\\ \sum M_x(F)=0\\ \sum M_y(F)=0\\ \sum M_z(F)=0\end{cases} \tag{1-4-13}$$

式(1-4-13)表达了空间任意力系平衡的必要和充分条件为:各力在三个坐标轴上投影的代数和以及各力对三个坐标轴之矩的代数和都必须同时为零。

利用该六个独立平衡方程式,可以求解六个未知量。

需要指出的是,空间汇交力系、空间平行力系均是空间任意力系的特殊情况。

三、空间几类常见约束

关于空间约束的类型和它们相应的约束力特征举例,如表1-4-1所示。

一般情况下,如果物体只受平面任意力系作用,那么表1-4-1中所示约束力的数目会相应减少,凡垂直于平面的约束力和绕平面内两轴的约束力矩都恒等于零。例如,在空间任意力系作用下,固定端的约束力共有六个(三个移动阻碍和三个转动阻碍),而在平面任意力系作用下,(如在 yz 平面内),固定端约束力只有三个。

表1-4-1　空间约束的类型及其约束力举例

约束力未知量		约束类型
1	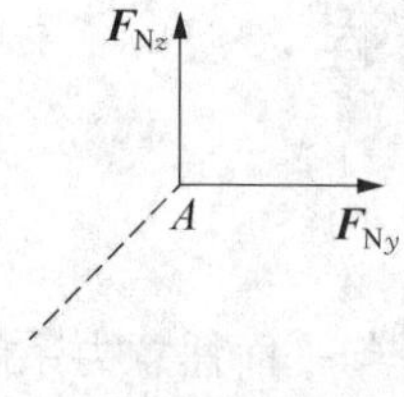	径向轴承　圆柱铰链　铁轨　蝶铰链 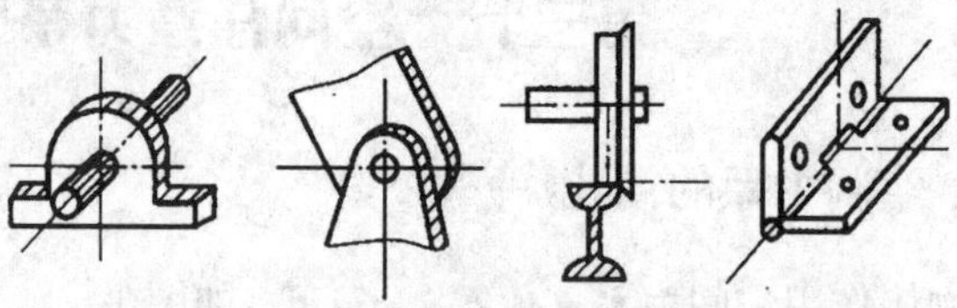

（续表）

约束力未知量		约束类型
2	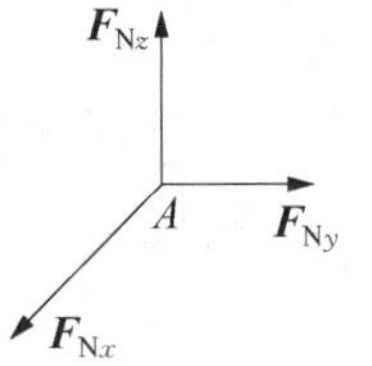	球形铰链　推力轴承 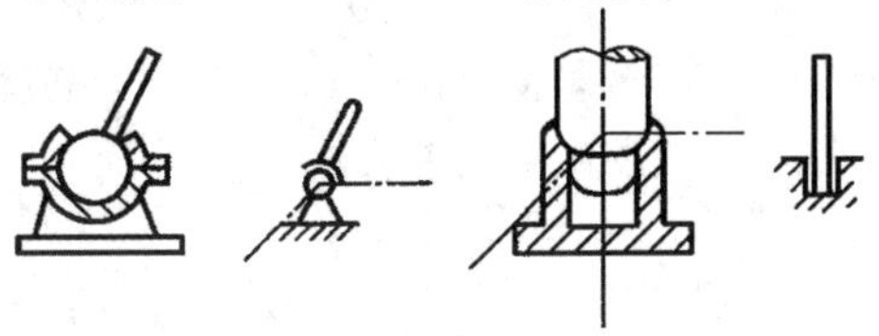
3	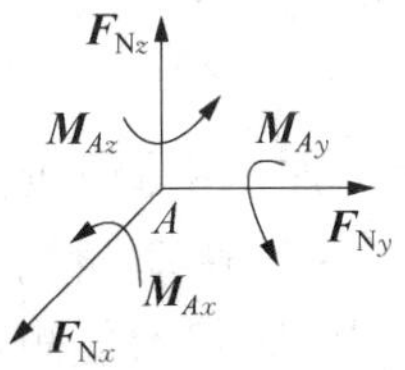	空间固定铰支座 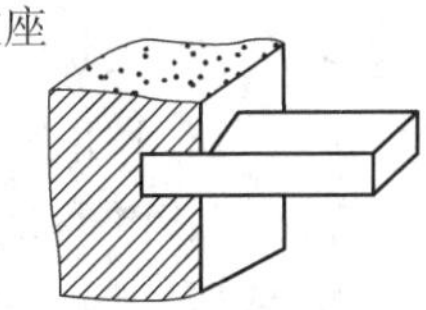

四、空间平行力系的平衡方程式

设某一物体受一空间平行力系作用而平衡，令 z 轴与该力系的各力平行，则有 $\sum \boldsymbol{F}_x = 0$，$\sum \boldsymbol{F}_y = 0$ 和 $\sum \boldsymbol{M}_O = 0$。因此，空间平行力系只有三个平衡方程式，即

$$\sum \boldsymbol{F}_x = 0,\ \sum \boldsymbol{M}_y(\boldsymbol{F}) = 0,\ \sum \boldsymbol{M}_x(\boldsymbol{F}) = 0 \qquad (1-4-14)$$

因为只有三个独立的平衡方程式，故它只能解三个未知量。

例 1－4－4　三轮推车如图 1－4－7 所示。若已知 $AH = BH = 0.5$ m，$CH = 1.5$ m，$EH = 0.3$ m，$ED = 0.5$ m，载荷 $\boldsymbol{G} = 1.5$ kN，试求 A、B、C 三轮所受到的压力。

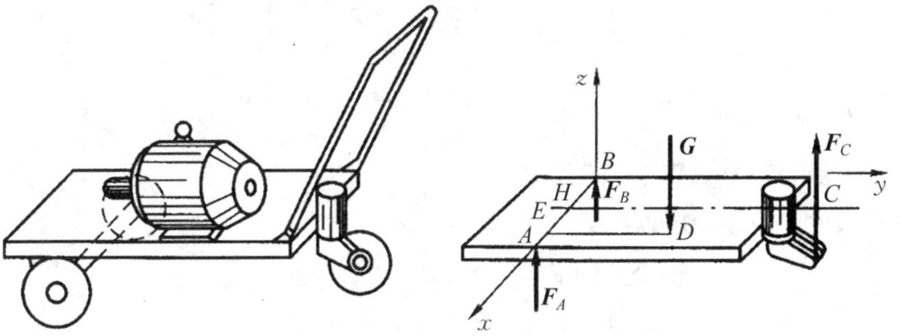

(a)　　(b)

图 1－4－7

解：(1) 取小车为研究对象，并作其分离体受力图，如图 1－4－7(b)所示。车板受已知载荷 $\boldsymbol{G}$ 及未知的 A、B、C 三轮的约束力 $\boldsymbol{F}_A$、$\boldsymbol{F}_B$ 和 $\boldsymbol{F}_C$ 作用。这些力的作用线相互平行，构成一空间平行力系。

(2) 按力作用线的方向和几何位置，取 z 轴为纵坐标，平板为 xy 平面，B 为坐标原点，BA 为 x 轴。

(3) 列力系的平衡方程式求解,即

$$\sum \boldsymbol{M}_x(\boldsymbol{F})=0,\ \boldsymbol{F}_C HC-\boldsymbol{G}DE=0$$

$$\boldsymbol{F}_C=\frac{\boldsymbol{G}DE}{HC}=\frac{1.5\times 0.5}{1.5}\ \text{kN}=0.5\ \text{kN}$$

$$\sum \boldsymbol{M}_y(\boldsymbol{F})=0,\ \boldsymbol{G}EB-\boldsymbol{F}_C HB-\boldsymbol{F}_A AB=0$$

$$\boldsymbol{F}_A=\frac{\boldsymbol{G}EB-\boldsymbol{F}_C HB}{AB}=\frac{1.5\times 0.8-0.5\times 0.5}{1}\ \text{kN}=0.95\ \text{kN}$$

$$\sum \boldsymbol{F}_z=0,\ \boldsymbol{F}_A+\boldsymbol{F}_B+\boldsymbol{F}_C-\boldsymbol{G}=0$$

$$\boldsymbol{F}_B=\boldsymbol{G}-\boldsymbol{F}_C-\boldsymbol{F}_A=(1.5-0.95-0.5)\text{kN}=0.05\ \text{kN}$$

若重物放置过偏,使 $\boldsymbol{F}_B$为负值,则小车将会翻倒。

例 1-4-5 图 1-4-8 所示手摇钻由支点 B、钻头 A 和一个弯曲的手柄组成。当支点 B 处加压力 $\boldsymbol{F}_{Bx}$、$\boldsymbol{F}_{By}$、$\boldsymbol{F}_{Bz}$ 和手柄上加力 $\boldsymbol{F}$ 后,即可带动钻头绕 AB 转动而钻孔。已知 $\boldsymbol{F}_{Bz}=50\ \text{N}$, $\boldsymbol{F}=150\ \text{N}$,尺寸如图 1-4-8 所示。求:(1)钻头受到的阻抗力偶矩 $\boldsymbol{M}$;(2)材料给钻头的反力 $\boldsymbol{F}_{Ax}$、$\boldsymbol{F}_{Ay}$、$\boldsymbol{F}_{Az}$;(3)压力 $\boldsymbol{F}_{Bx}$、$\boldsymbol{F}_{By}$的值。

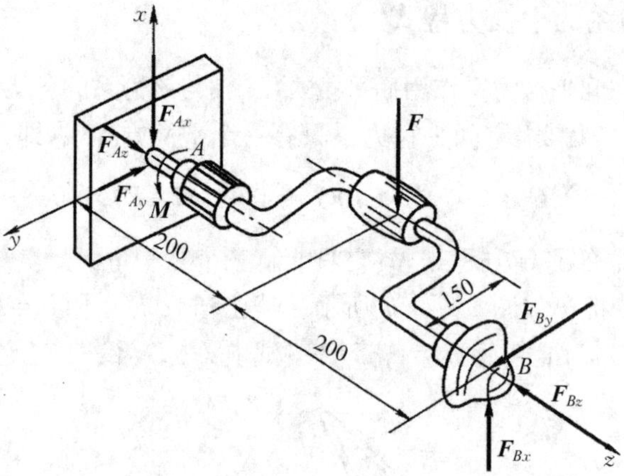

图 1-4-8

解:手摇钻受力情况属于空间任意力系。

(1) 钻头受到的阻抗力偶矩 $\boldsymbol{M}$

$$\sum \boldsymbol{M}_z(\boldsymbol{F})=0,\ \boldsymbol{M}-0.15\boldsymbol{F}=0$$

$$\boldsymbol{M}=0.15\boldsymbol{F}=22.5\ \text{N}\cdot\text{m}$$

(2) 计算 B 端压力

$$\sum \boldsymbol{M}_y(\boldsymbol{F})=0,\ 0.4\boldsymbol{F}_{Bx}=0.2\boldsymbol{F}$$

$$\boldsymbol{F}_{Bx}=\frac{0.2\boldsymbol{F}}{0.4}=75\ \text{N}$$

$$\sum \boldsymbol{M}_x(\boldsymbol{F})=0,\ 0.4\boldsymbol{F}_{By}=0$$

$$\boldsymbol{F}_{By}=0$$

(3) 计算 A 端压力

$$\sum \boldsymbol{F}_z=0,\ \boldsymbol{F}_{Bz}-\boldsymbol{F}_{Az}=0$$

$$F_{Az} = F_{Bz} = 50\ \text{N}$$
$$\sum F_y = 0,\ F_{By} - F_{Ay} = 0$$
$$F_{Ay} = F_{By} = 0$$
$$\sum F_x = 0,\ F_{Bx} - F_{Ax} - F = 0$$
$$F_{Ax} = F_{Bx} - F = -75\ \text{N}$$

例 1-4-6　有一起重绞车的鼓轮轴如图 1-4-9 所示。已知 $W = 10\,\text{kN}$，$b = c = 30\ \text{cm}$，$a = 20\ \text{cm}$，大齿轮半径 $R = 20\ \text{cm}$，在最高处 E 点受 F_n 的作用，F_n 与齿轮分度圆切线的夹角为 $\alpha = 20°$，鼓轮半径 $r = 10\ \text{cm}$，A、B 两端为深沟球轴承。试求齿轮作用力 F_n 以及 AB 两轴承受的压力。

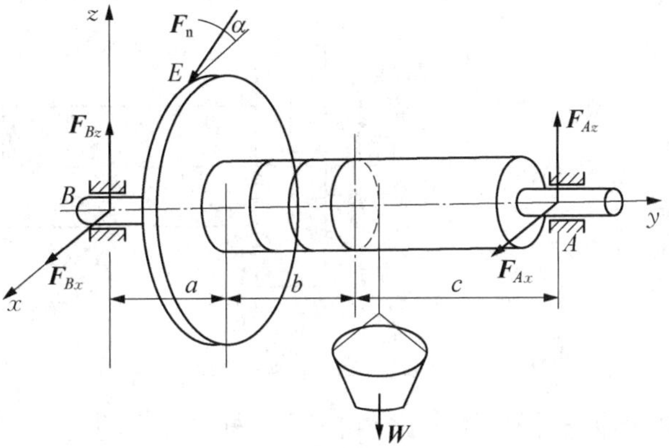

图 1-4-9

解：取鼓轮轴为研究对象，其上作用有齿轮作用力 F_n、起重物重力 W 和轴承 A、B 处的约束力 F_{Ax}、F_{Az}、F_{Bx}、F_{Bz}，如图 1-4-9 所示。该力系为空间任意力系，可列平衡方程式如下

$$\sum M_y(F) = 0,\ F_n R\cos\alpha - Wr = 0$$
$$F_n = \frac{Wr}{R\cos\alpha} = \frac{10\times 10}{20\cos\ 20°}\ \text{kN} = 5.32\ \text{kN}$$
$$\sum M_x(F) = 0,\ F_{Az}(a+b+c) - W(a+b) - F_n a\sin\alpha = 0$$
$$F_{Az} = \frac{W(a+b) + F_n a\sin\alpha}{a+b+c} = 6.7\ \text{kN}$$
$$\sum F_z = 0,\ F_{Az} + F_{Bz} - F_n\sin\alpha - W = 0$$
$$F_{Bz} = F_n\sin\alpha + W - F_{Az} = 5.12\ \text{kN}$$
$$\sum M_z(F) = 0,\ F_{Ax}(a+b+c) - F_n a\cos\alpha = 0$$
$$F_{Ax} = -\frac{F_n a\cos\alpha}{a+b+c} = -1.25\ \text{kN}$$
$$\sum F_x = 0,\ F_{Ax} + F_{Bx} + F_n\cos\alpha = 0$$
$$F_{Bx} = -F_{Ax} - F_n\cos\alpha = -3.75\ \text{kN}$$

机械工程中，尤其是对轮轴类零件进行受力分析时，常将空间受力图投影到三个坐标平面上，得到三个平面力系，分别列出它们的平衡方程，同样可解出所有的未知量。这种方法称为空间力系的平面解法。

例 1-4-7 用空间力系的平面解法解例 1-4-6。

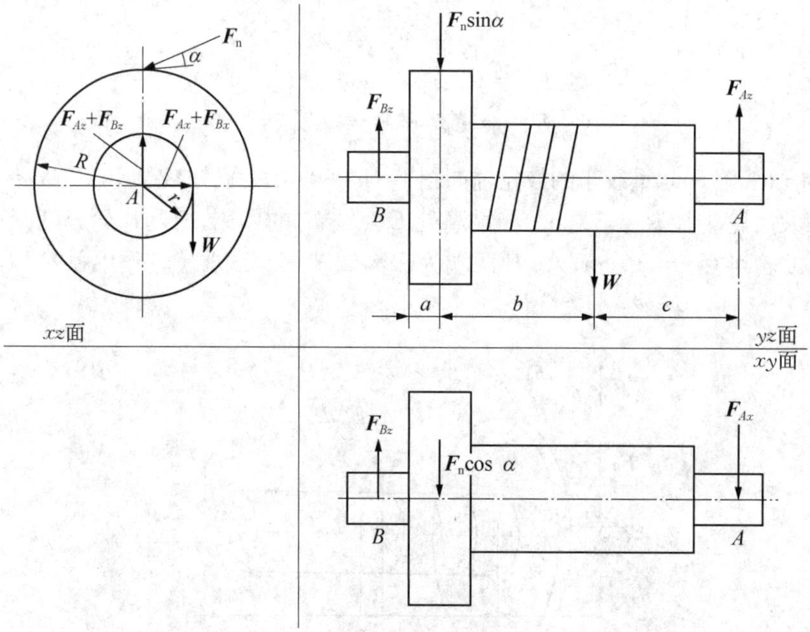

图 1-4-10

解:(1) 取鼓轮轴为研究对象,并画出它在三个坐标平面上的受力投影图,如图 1-4-10 所示。一个空间力系的问题就转化为三个平面力系问题。本题投影到 xz 面的力系为平面任意力系,在 yz 与 xy 面的投影则为平面平行力系。

(2) 按平面力系的解题方法,逐个审议三个受力投影图,发现本题应从 xz 面先解。

xz 面:$\sum \boldsymbol{M}_A(\boldsymbol{F})=0$, $\boldsymbol{F}_n R\cos\alpha-\boldsymbol{W}r=0$

$$\boldsymbol{F}_n=\frac{\boldsymbol{W}r}{R\cos\alpha}=5.32\ \text{kN}$$

yz 面:$\sum \boldsymbol{M}_B(\boldsymbol{F})=0$, $\boldsymbol{F}_{Az}(a+b+c)-\boldsymbol{W}(a+b)-\boldsymbol{F}_n a\sin\alpha=0$

$$\boldsymbol{F}_{Az}=\frac{\boldsymbol{W}(a+b)+\boldsymbol{F}_n a\sin\alpha}{a+b+c}=6.7\ \text{kN}$$

$$\sum \boldsymbol{F}_z=0,\ \boldsymbol{F}_{Az}+\boldsymbol{F}_{Bz}-\boldsymbol{F}_n\sin\alpha-\boldsymbol{W}=0$$

$$\boldsymbol{F}_{Bz}=\boldsymbol{F}_n\sin\alpha+\boldsymbol{W}-\boldsymbol{F}_{Az}=5.12\ \text{kN}$$

xy 面:$\sum \boldsymbol{M}_B(\boldsymbol{F})=0$, $\boldsymbol{F}_{Ax}(a+b+c)+\boldsymbol{F}_n a\cos\alpha=0$

$$\boldsymbol{F}_{Ax}=-\frac{\boldsymbol{F}_n a\cos\alpha}{a+b+c}=-1.25\ \text{kN}$$

$$\sum \boldsymbol{F}_x=0,\ \boldsymbol{F}_{Ax}+\boldsymbol{F}_{Bx}+\boldsymbol{F}_n\cos\alpha=0$$

$$\boldsymbol{F}_{Bx}=-\boldsymbol{F}_{Ax}-\boldsymbol{F}_n\cos\alpha=-3.75\ \text{kN}$$

本方法提供了一个用解平面力系问题的方法去解决空间力系问题的途径。在实际解题时，也可画出三个受力投影图中的一个或两个与空间受力图结合起来使用，以使空间力系问题得到简化。

第四节　重心与形心

一、重心的概念及重心坐标

在日常生活与工程实际中都会遇到重心问题。例如，当我们用两轮手推车推重物时，只有重物的重心正好与车轮轴线在同一铅垂面内时，才能比较省力。起重机吊起重物时，吊钩必须位于被吊物体重心的上方，才能在起吊过程中保持物体的平衡稳定。机械设备中高速旋转的构件，如电动机转子、砂轮、飞轮等，都要求其重心位于转动轴线上，否则就会使机器产生剧烈振动，甚至引起破坏，造成事故。因此，重心与平衡稳定、安全生产有着密切的关系。另一方面，有时也利用重心的偏移形成振源来制造振动打夯机、混凝土捣实机等，从而满足生产上的需要。因此，重心的概念及其坐标计算应为有关工程技术人员所必备的知识之一。

地球上的物体内各质点都受到地球的吸引力，这些力可近似地看成一个空间平行力系，该力系的合力 G 称为物体的重力。不论怎样放置，这些平行力的合力作用点总是一个确定点，这个点叫作物体的**重心**。

设有一物体由许多小块组成，每一小块都受到地球的吸引，其吸引力为 $\Delta\boldsymbol{G}_1$，$\Delta\boldsymbol{G}_2$，…，$\Delta\boldsymbol{G}_n$ 它们组成一个空间平行力系(见图 1-4-11)所示。

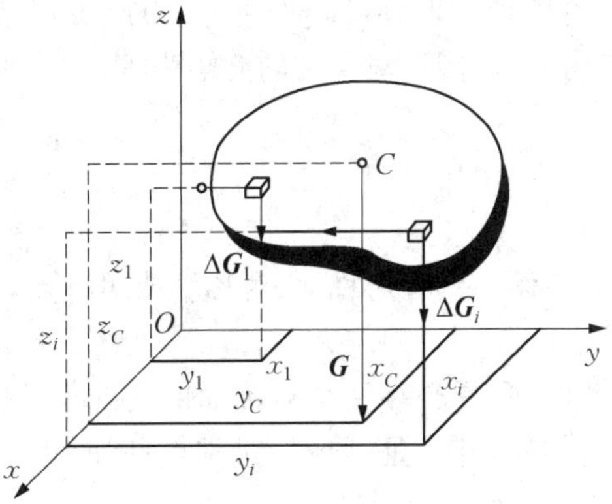

图 1-4-11

设物体重力作用点的坐标为 $C(x_C, y_C, z_C)$，根据合力矩定理，重力对于 y 取矩，则有 $\boldsymbol{G}x_C=\sum(\Delta\boldsymbol{G}_i)x_i$，对于 x 轴取矩有 $\boldsymbol{G}y_C=\sum(\Delta\boldsymbol{G}_i)y_i$。若将物体连同坐标系绕 x 轴逆时针旋转 90°，再对 x 轴取矩，则有 $\boldsymbol{G}z_C=\sum(\Delta\boldsymbol{G}_i)z_i$。由此可得物体的重心坐标公式为

$$\begin{cases} x_C=\dfrac{\sum\Delta\boldsymbol{G}_ix_i}{\sum\Delta\boldsymbol{G}}=\dfrac{\sum\Delta\boldsymbol{G}_ix_i}{\boldsymbol{G}} \\ y_C=\dfrac{\sum\Delta\boldsymbol{G}_iy_i}{\sum\Delta\boldsymbol{G}}=\dfrac{\sum\Delta\boldsymbol{G}_iy_i}{\boldsymbol{G}} \\ z_C=\dfrac{\sum\Delta\boldsymbol{G}_iz_i}{\sum\Delta\boldsymbol{G}}=\dfrac{\sum\Delta\boldsymbol{G}_iz_i}{\boldsymbol{G}} \end{cases} \tag{1-4-15}$$

对于均质物体,若用 ρ 表示其密度,ΔV 表示微体积,则 $\Delta \boldsymbol{G}=\rho\Delta Vg$,$\boldsymbol{G}=\rho Vg$,代入上式得

$$\begin{cases} x_C=\dfrac{\sum x_i\Delta V_i}{V}=\dfrac{\int_y x_i\mathrm{d}V}{V} \\ y_C=\dfrac{\sum y_i\Delta V_i}{V}=\dfrac{\int_y y_i\mathrm{d}V}{V} \\ z_C=\dfrac{\sum z_i\Delta V_i}{V}=\dfrac{\int_y z_i\mathrm{d}V}{V} \end{cases} \tag{1-4-16}$$

由上式可见,均质物体的重心与其重量无关,只取决于物体的几何形状。所以,均质物体的重心就是其几何中心,也称为**形心**。

对于均质薄平板,若 a 表示其厚度,ΔV 表示微体面积,厚度取在 z 轴方向,将 $\Delta V=\Delta A\delta$ 代入式(1-4-16),可得其形心的坐标公式为

$$\begin{cases} x_C=\dfrac{\sum x_i\Delta A_i}{A}=\dfrac{\int_A x\,\mathrm{d}A}{A} \\ y_C=\dfrac{\sum y_i\Delta A_i}{A}=\dfrac{\int_A y_i\,\mathrm{d}A}{A} \end{cases} \tag{1-4-17}$$

记 $S_y=\sum x_i\Delta A_i=x_CA$,$S_y$ 称为图形对 y 轴的静矩;$S_x=\sum y_i\Delta A_i=y_CA$,$S_x$ 称为图形对 x 轴的静矩。此即表明,平面图形对某坐标轴的静矩等于该图形各微面积对于同一轴静矩的代数和。上式也称为平面图形的**形心坐标**。

从上式可知,若 x 轴通过图形的形心,即 $y_C=0$。由此可得结论:若某轴通过图形的形心,则图形对该轴的静矩必为零;若图形对某轴的静矩为零,则该轴必通过图形的形心。

二、求重心的方法

1. 对称法

对于均质物体。若在几何体上具有对称面、对称轴或对称点,则物体的重心或形心也必在此对称面、对称轴或对称点上。

若物体具有两个对称截面,则重心在两个对称面的交线上,若物体有两根对称轴,则重心在两根对称轴的交点上。例如,球心是圆球的对称点,同时也是它的重心或形心,矩形心就在两个对称轴的交点上。

2. 实验法

在工程实际中常会遇到外形复杂的物体,应用上述方法计算重心位置很困难,有时作近似计算,待产品制成后,再用实验测定进行校核,最终确定其重心位置。常用的实有悬挂法和称重法两种。

(1) 悬挂法　如果需求薄板或具有对称面的薄零件的重心,可先将薄板用细绳悬挂一点 A,如图 1-4-12(a)所示,过悬挂点 A 在板上画一铅垂线 AA',由二力平衡原理可知,重心必在 AA'线上,然后再将板悬挂于另一点 B,同样可画出另一直线 BB',则重心也必在 BB'线上。AA'与 BB'的交点 C 就是物体的重心,如图 1-4-12(b)所示。

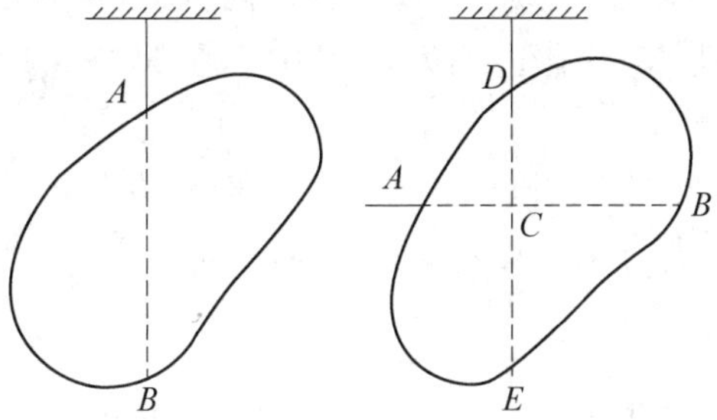

(a)　　(b)

图 1-4-12

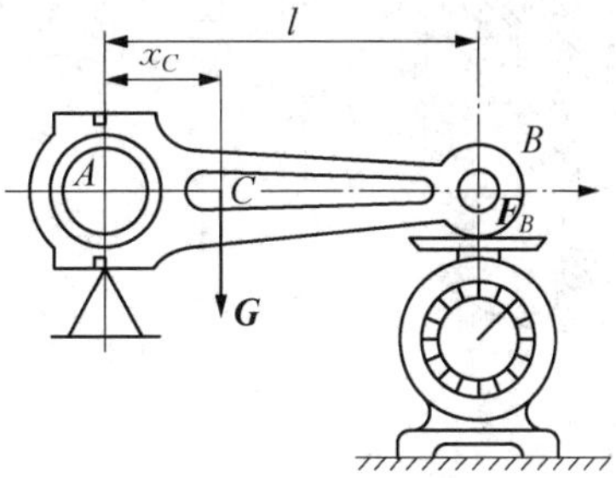

图 1-4-13

(2) 称重法　对某些形状复杂或体积较大的物体常用称重法确定其重心位置。如图 1-4-13 所示，连杆具有两个互相垂直的纵向对称平面，其重心必定在这两个对称平面的交线上，即在连杆的中心线 AB 上。在 AB 线上的准确位置，可用下面方法予以确定：首先称出连杆的重量 $\boldsymbol{G}$；然后再将连杆的一端 B 放在秤上，另一端 A 搁在水平面或刃口上，使其中心线 AB 处于水平位置，读出秤上读数 $\boldsymbol{G}_1$，并量出 AB 间距离，由力矩平衡方程 $\boldsymbol{G}_1 l - \boldsymbol{G} x_C = 0$ 得

$$x_C = \frac{\boldsymbol{G}_1}{\boldsymbol{G}} l$$

3. 分割法

对于由简单形体构成的组合体，可将其分割成若干个简单形状的物体，当各简单形体重心位置可知时，可利用式(1-4-17)求出物体的重心位置，这种方法称为组合法或分割法。组合面积形心计算公式为

$$\begin{cases} x_C = \dfrac{A_1 x_1 + A_2 x_2 + A_3 x_3 \cdots + A_n x_n}{A_1 + A_2 + A_3 \cdots + A_n} = \dfrac{\sum A_i x_i}{\sum A_i} \\ y_C = \dfrac{A_1 y_1 + A_2 y_2 + A_3 y_3 \cdots + A_n y_n}{A_1 + A_2 + A_3 \cdots + A_n} = \dfrac{\sum A_i y_i}{\sum A_i} \end{cases}$$

例 1-4-8　有一 T 形截面，如图 1-4-14 所示，已知 $a = 2$ cm，$b = 10$ cm，试求此截面的形心坐标。

解：将 T 形截面分割成Ⅰ、Ⅱ两块矩形，并建立图 1-4-14 所示坐标系，两矩形截面的形坐标分别为 $C_1(0,\ 11)$，$C_2(0,\ 5)$。

由形心坐标公式得

$$\begin{cases} x_C = \dfrac{A_1 \times 0 + A_2 \times 0}{A_1 + A_2} = 0 \\ y_C = \dfrac{A_1 y_1 + A_2 y_2}{A_1 + A_2} = \dfrac{20 \times 11 + 20 \times 5}{20 + 20} \text{ cm} = 8 \text{ cm} \end{cases}$$

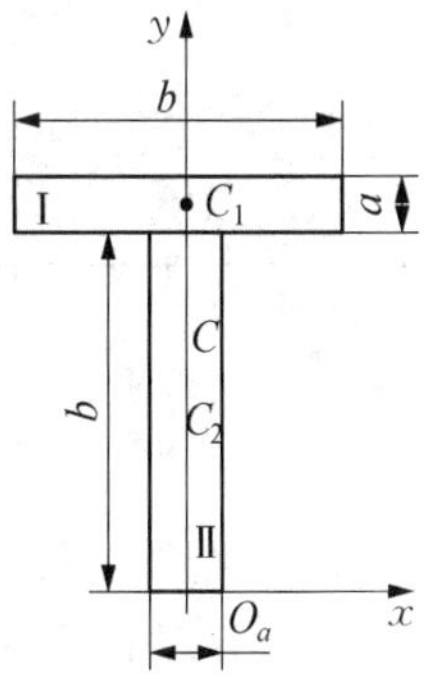

图 1-4-14

关于 $x_C = 0$，从图形的对称性也可以直接看得出来。因为 y 轴为对称轴，T 形截面的形心必在 y 轴上，故 $x_C = 0$。

若有一形体从其基本形体中挖去一部分，可把被挖去部分的面积看作负值，仍可用相同办法求出图形位置。

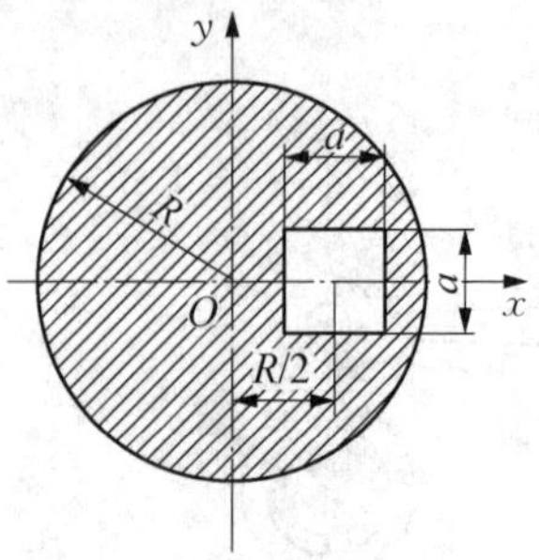

图 1-4-15

例 1-4-9 求图 1-4-15 所示有方孔的圆形板的重心。已知圆板的半径为 R,方孔边长为 a,其中心在 $R/2$ 处。板的材料是匀质的。

解:将该图形分割为大圆面积和正方形面积两部分。

取坐标系如图所示,面积对称于 x 轴,故重心必在该轴上,即 $y_C=0$,由图得

$$x_1=0,\ A_1=\pi R^2,\ x_2=\frac{R}{2},\ A_2=-a^2$$

$$x_C=\frac{A_1x_1-A_2x_2}{A_1-A_2}=\frac{0-\dfrac{1}{2}a^2R}{\pi R^2-a^2}=-\frac{a^2R}{2(\pi R^2-a^2)}$$

一般简单形体的重心坐标可在工程手册中查阅。表 1-4-2 是几种简单形体的重心坐标公式。

表 1-4-2 简单形体重心(形心)表

图 形	形心位置	图 形	形心位置
三角形 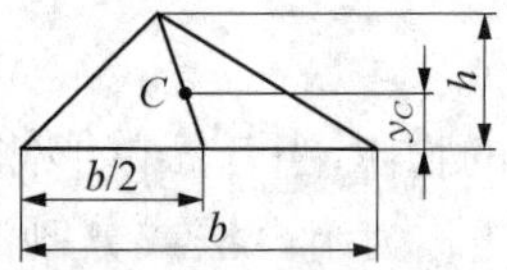	$y_C=\frac{h}{3}$ $A=\frac{1}{2}bh$	抛物线 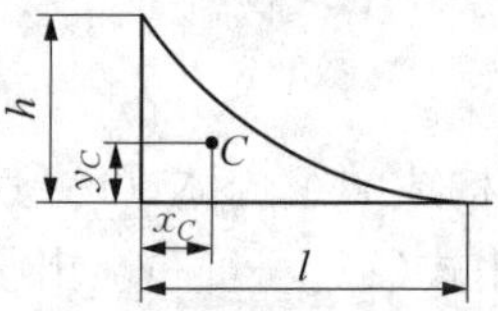	$x_C=\frac{1}{4}l$ $y_C=\frac{3}{10}h$ $A=\frac{1}{3}hl$
梯形 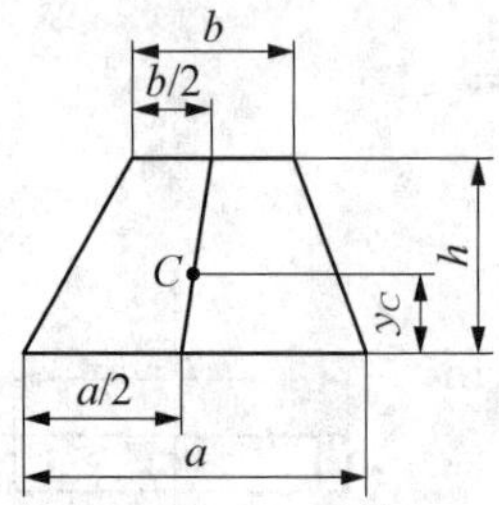	$y_C=\frac{h(a+2b)}{3(a+b)}$ $A=\frac{h}{2}(a+b)$	扇形 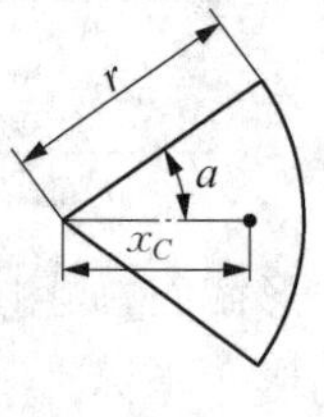	$x_C=\frac{2r\sin\alpha}{3\alpha}$ $A=\alpha r^2$ 半圆的 $\alpha=\frac{\pi}{2}$ $x_C=\frac{4r}{3\pi}$

小 结

一、力在空间直角坐标轴上的投影和力对轴之矩

1. 计算力在直角坐标上的投影

(1) 直接投影法 如已知力 $\boldsymbol{F}$ 及其与 x、y、z 轴之间的夹角分别为 α、β 和 γ,则有

$$\boldsymbol{F}_x=\boldsymbol{F}\cos\alpha,\ \boldsymbol{F}_y=\boldsymbol{F}\cos\beta,\ \boldsymbol{F}_z=\boldsymbol{F}\cos\gamma$$

(2) 二次投影法 通过 $\boldsymbol{F}$ 向坐标面上的投影,再向坐标轴投影。

2. 计算力对轴之矩

应用式 $\boldsymbol{M}_z(\boldsymbol{F}) = \boldsymbol{M}_O(\boldsymbol{F}_{xy})$。将空间问题中力对轴之矩转化为与轴垂直平面内的分力对轴与该面交点之矩来计算。

力线与轴线共面，则力对该轴无矩。

二、空间力系平衡问题的两种解法

(1) 应用空间力系的六个平衡方程式，直接求解。

(2) 空间问题的平面解法。将物体与力一起投影到三个坐标平面，化为三个平面力系去求解。可视具体情况分别选用。

三、物体重心与图形形心的求法

(1) 重心与形心的基本公式均由合力矩定理导出。

(2) 匀质物体在地球表面附近的重心和形心是合一的。规则形状匀质形体的重心与形心可在有关工程手册中查取；组合图形的形心可用图解法或组合法的计算公式来求解。

(3) 非均质、形状复杂的物体，或多件组合的物体，一般采用试验法来确定其重心位置。

思考题

1-4-1　什么情况下力对轴之矩等于零?

1-4-2　将物体沿过重心的平面切开，两边是否一样重?

1-4-3　物体的重心是否一定在物体内部?

1-4-4　物体位置变动时，其重心位置是否变化? 如果物体发生了形变，重心位置变不变?

习　题

1-4-1　在如图 1-4-16 所示边长 $a = 12$ cm，$b = 16$ cm，$c = 10$ cm 的六面体上，作用力 $\boldsymbol{F}_1 = \boldsymbol{F}_2 = 2$ kN，$\boldsymbol{F}_3 = 4$ kN，试计算各力在坐标轴上的投影。

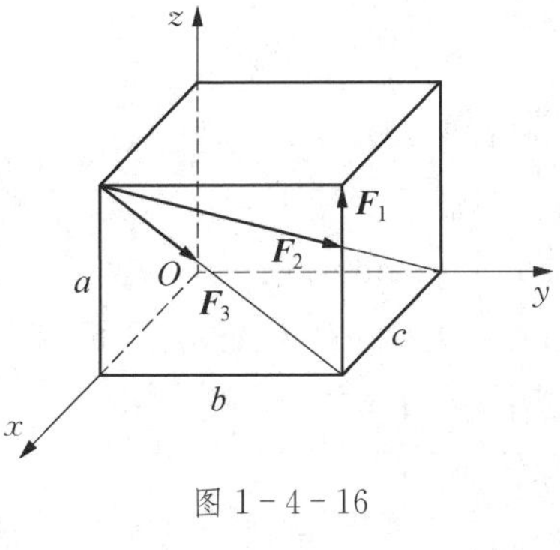

图 1-4-16

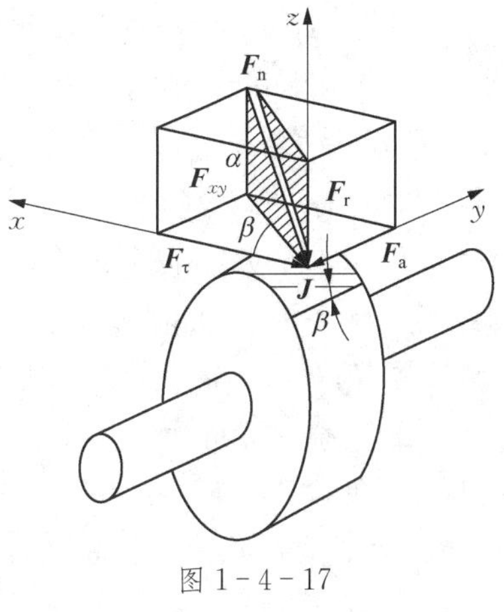

图 1-4-17

1-4-2 斜齿圆柱齿轮传动时,齿轮受力如图1-4-17所示,已知 $F_n = 1000$ N, $\alpha = 20°$, $\beta = 15°$, 试求作用于齿轮上的圆周力、径向力和轴向力。

1-4-3 如图1-4-18所示, $F = 1000$ N, 求 F 对于 z 轴的力矩 M。

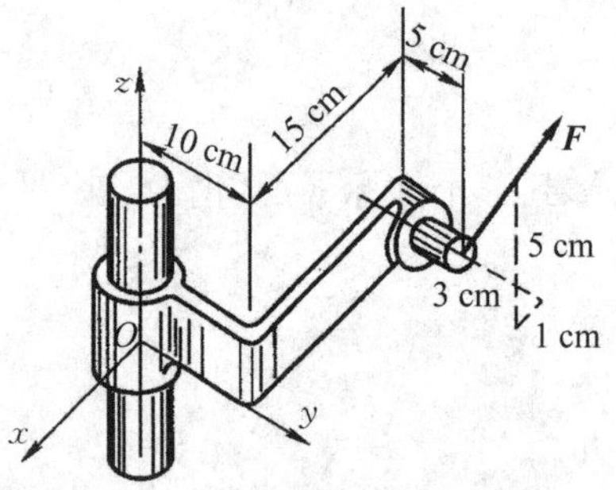

图1-4-18

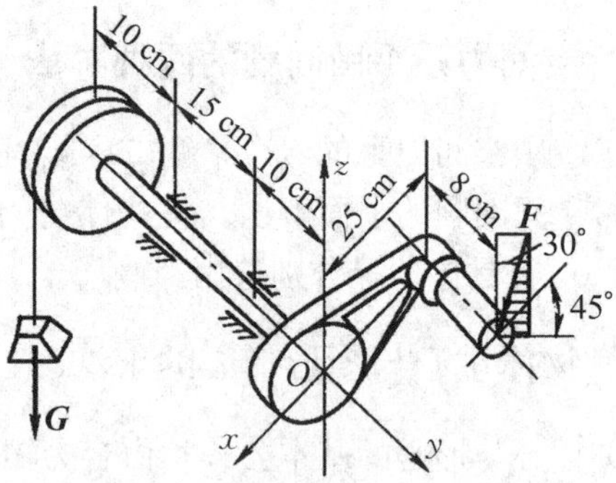

图1-4-19

1-4-4 铰车如图1-4-19所示, $F = 500$ N, 求 F 在坐标轴上的投影和对三个坐标轴的力矩。

1-4-5 图1-4-20所示,某传动轴由 A、B 二轴承支承,直齿圆柱齿轮节圆直径 $d = 17.3$ cm,压力角 $\alpha = 20°$,在法兰盘上作用一力偶矩 $M = 1030$ N·m 的力偶。若轮轴上的自重及摩擦不计,求传动轴匀速转动时 A、B 两轴承的约束力。

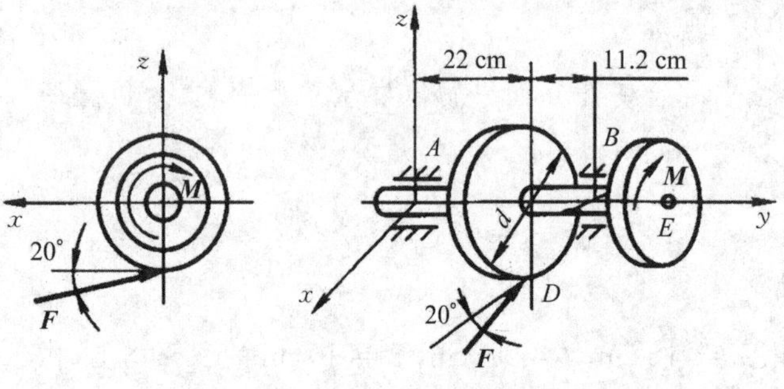

图1-4-20

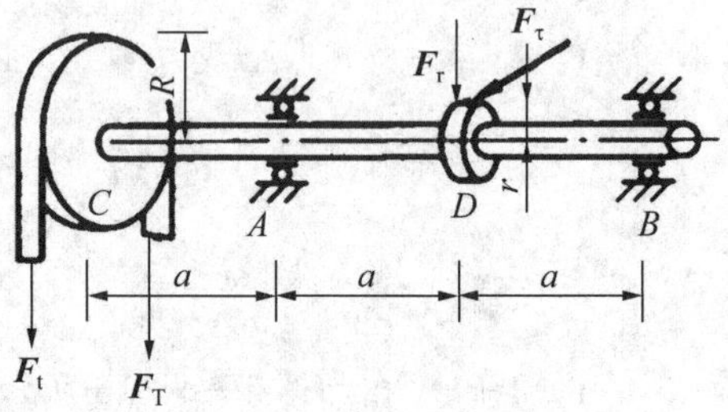

图1-4-21

1-4-6 图1-4-21所示传动轴,带拉力 F_T、F_t 及齿轮径向压力 F_r 铅垂向下。已知 $F_T/F_t = 2$, $F_t = 1$ kN,压力角 $\alpha = 20°$, $R = 500$ mm, $r = 300$ mm, $a = 500$ mm, 试求圆周力 F_r 及 A、B 轴承的约束力。

1-4-7 如图1-4-22所示的传动轮系,水平轴 AB 上装有两个齿轮,大齿轮 C 的节圆直径 $d_1 = 200$ mm,小齿轮节圆直径 $d_2 = 100$ mm。已知作用于齿轮 C 上的水平圆周力 $F_{\tau1} = 500$ N, 作用于齿轮 D 上的圆周力沿铅垂方向,齿轮压力角 $\alpha = 20°$, 求平衡时的圆周力 $F_{\tau2}$ 径向力 F_{r1}、F_{R2},以及轴承的约束力。(提示: $F_r = F_\tau \tan\alpha$)

1-4-8 图1-4-23所示传动轴上装有两个带轮, F_{T1} 和 F_{t1} 铅垂向下, F_{T2} 和 F_{t2} 平行并与水平面夹角 $\beta = 30°$, 已知 $F_{T1} = 2F_{t1} = 5000$ N, $F_{T2} = 2F_{t2}$, $r_1 = 200$ mm, $r_2 = 300$ mm, 试求平衡时带拉力 F_{T1} 和 F_{t2} 的大小及两轴承的约束力。

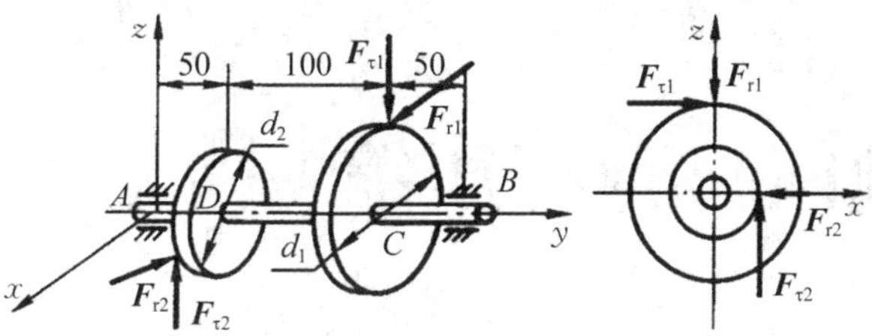

图 1-4-22

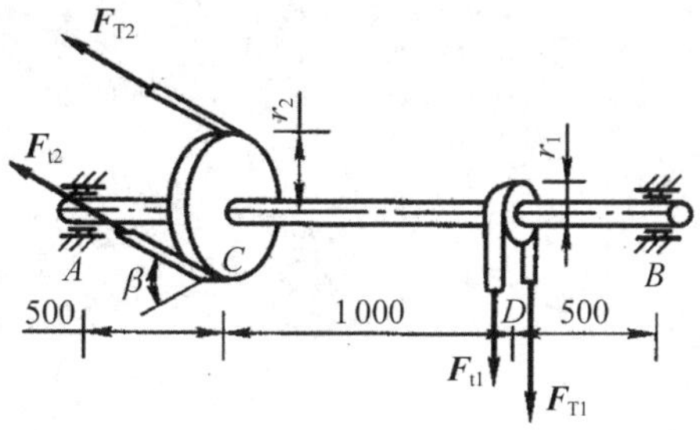

图 1-4-23

1-4-9　求图 1-4-24 所示平面图形的形心。

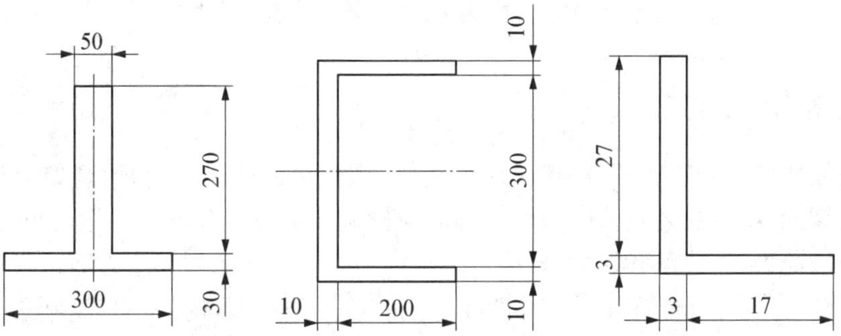

(a)　(b)　(c)

图 1-4-24

第五章　轴向拉伸与压缩

第一节　材料力学的基本概念

一、材料力学的任务

机械与结构的各个组成部分，如机床的主轴、内燃机的曲轴和连杆、建筑物的梁和柱等构件在服役期间，都会受到载荷的作用。为确保机械和结构能够正常工作，要求构件具有一定承受载荷的能力（简称**承载能力**）。构件承载能力主要包括下列三个方面：

（1）**强度**　构件抵抗破坏的能力，即在规定的使用条件下，构件不发生断裂或显著的永久变形。例如，连接用的螺栓，产生显著的塑性变形就丧失了正常的连接功能。所以，把**构件抵抗破坏的能力称为构件的强度**。

（2）**刚度**　构件抵抗变形的能力，即在规定的使用条件下，变形不超过允许的限度。例如，传动轴发生较大变形，轴承、齿轮会加剧磨损，降低寿命，影响齿轮的啮合，使机器不能正常运转。所以，把**构件抵抗变形的能力称为构件的刚度**。

（3）**稳定性**　构件保持原有平衡形式的能力，即在规定的使用条件下，构件能始终保持原有的平衡形式。因此把**压杆能够维持原有直线平衡状态的能力称为压杆的稳定性**。

在设计构件时，不仅要求具有足够的承载能力，还必须考虑降低制造成本或减轻构件自重，以保证构件既安全适用又经济合理。材料力学研究构件在外力作用下的变形和破坏的规律。它的主要任务是在保证即安全又经济的前提下，为构件的合理设计提供基本理论和计算方法，并为学习后继课程提供必要的理论基础。

构件的承载能力与所使用材料的力学性质有关，而这些力学性质必须通过实验来测定，此外，某些较复杂的问题也需借助于实验来解决。因此，实验研究和理论分析都是完成材料力学任务的必不可少的手段。

二、变形固体的基本假设

在理论力学中，由于物体的微小变形对其平衡和运动状态影响极小，为了使研究得到简化，略去了物体的变形，而将其抽象为刚体。材料力学研究构件的强度、刚度和稳定性问题，变形成为主要因素，因此，必须把构件视作可变形固体。变形固体的材料和性质是多种多样的，为了简化计算，通常略去一些次要因素，将它们抽象为理想化的模型。下面是对变形固体所做的基本假设：

（1）**连续性假设**　即认为组成变形固体的物质毫无间隙地充满了它的整个几何空间，而且变形后仍保持这种连续性。这样，物体的一切物理量都可用坐标的连续函数来表示。

（2）**匀性假设**　即认为整个物体是由同一材料组成。这样，物体内各部分的物理性质都相同，与位置坐标无关，因而可从中取出任一微小部分进行分析和试验，其结果适用于整个物体。

（3）**各向同性假设**　即认为物体在各个方向具有相同的物理性质。这样，物体的力学性质不随方向而变。具备这种性质的材料称为各向同性材料。

实际上，从微观角度观察，工程材料内部都有不同程度的空隙和非均匀性，组成金属的各单个晶粒，其力学性质也具有明显的方向性。但由于这些空隙和晶粒的尺寸远远小于构件的尺寸，且排列是无序的，所以从统计学的观点，在宏观上可以认为物体的性质是均匀、连续和各向同性的。实践证明，在工程计算的精度范围内，上述三个假设可以得到满意的结果。

（4）**小变形假设**　材料在外力作用下将产生变形。对于大多数材料，当外力不超过一定限度时，去除外力后，物体将恢复原有的形状和尺寸，这种性质称为**弹性**。随着外力消失而消失的变形，称为**弹性变形**。当外力过大时，去除外力后，变形只能部分消失而残留下一部分变形，材料的这种性质称为**塑性**。残留的变形称为**塑性变形**。

为保证构件正常工作，一般不允许构件发生塑性变形，对于大多数工程材料，如金属、木材和混凝土等，其弹性变形与构件原始尺寸相比甚为微小，因此，在力学分析中，认为物体的变形与构件尺寸相比属高阶小量，可以不考虑因变形而引起的尺寸变化，这就称为小变形假设。这样，在研究平衡问题时，仍可按构件的原始尺寸进行计算，使问题得到简化。

三、杆件变形的基本形式

实际构件的几何形状多种多样，材料力学主要研究杆类构件。杆的几何特征是纵向（长度方向）尺寸远大于横向（垂直于长度方向）尺寸。轴、梁和柱均属于杆。轴线为直线的杆称为**直杆**，轴线为曲线的杆称为**曲杆**。等截面的直杆简称**等直杆**。横截面大小不等的杆称为**变截面杆**。材料力学的计算公式，一般是在等直杆基础上建立起来的，但对曲率很小的曲杆和横截面缓慢变化的变截面杆也可推广应用。本书将主要研究截面直杆（简称等直杆）的变形及其承载能力。

等直杆在载荷作用下，基本变形的形式如图 1－5－1 所示。

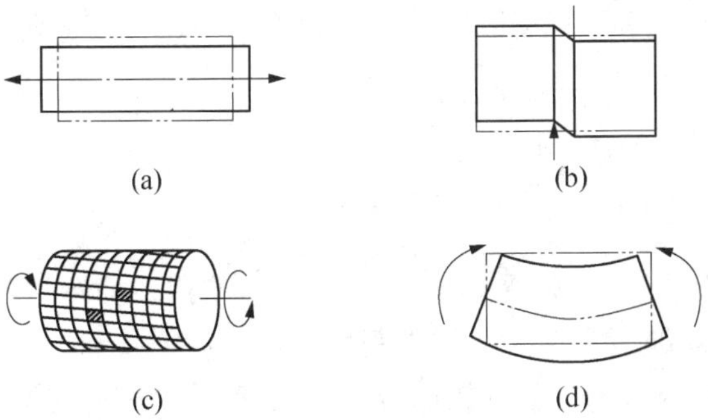

图 1－5－1

(a) 轴向拉伸和压缩变形　(b) 剪切变形　(c) 扭转变形　(d) 弯曲变形

除以上基本变形外,工程中还有一些复杂的变形形式。每一种复杂变形都是由两种或两种以上的基本变形组合而成的,称为组合变形。

第二节　轴向拉(压)的工程实例与力学模型

一、工程实例

工程实际中,承受拉伸或压缩的杆件是很常见的。例如图 1-5-2(a)所示支架中的杆,斜杆受到拉伸,横杆受到压缩。如图 1-5-2(b)所示的螺旋千斤顶的螺杆受到压缩的作用,以及液压装置的活塞杆等。

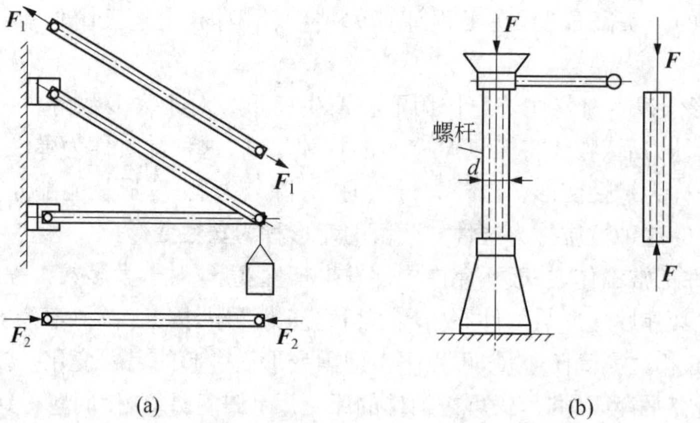

图 1-5-2

二、力学模型

若将实际拉伸的斜杆与压缩的横杆简化,用杆的轮廓线代替实际的杆件,杆件两端的外力(集中力或合外力)沿杆件轴线作用,就得到如图 1-5-3(a)所示的力学模型,或者用杆件的轴线代替杆件,杆件两端的外力沿杆件轴线作用,就得到如图 1-5-3(b)所示的力学模型。

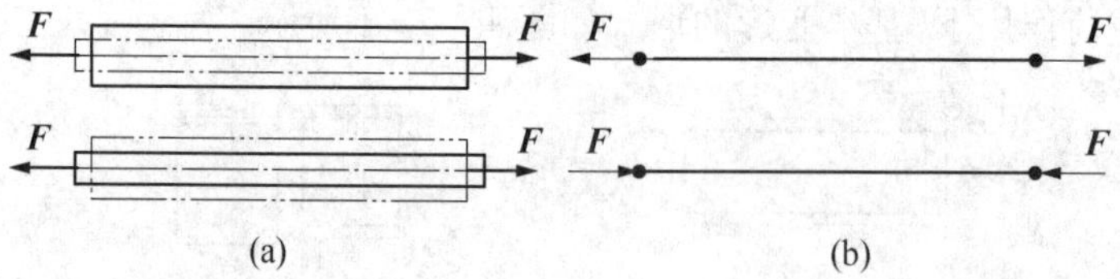

图 1-5-3

从以上分析可以看出,杆件的受力与变形特点是:**作用于杆端的外力**(或合外力)**沿杆件的轴线作用,杆沿轴线方向伸长**(或缩短),**沿横向缩短**(或伸长)。

杆件的这种变形形式称为杆件的**轴向拉伸与压缩**。发生轴向拉伸与压缩的杆件一般简为**拉(压)杆**。

第三节 轴向拉伸与压缩时内力与截面法、轴力与轴力图

一、横截面上的内力与用截面法求内力

当构件受到外力作用时，将发生变形，构件内各部分之间相互作用的力也将随之改变，这个因变形而引起构件内部的附加内力，才是材料力学中所称的**内力**。内力的大小及其在构件内部的分布方式，与构件的强度、刚度和稳定性密切相关。因此，内力分析也是材料力学的重要内容之一。

通常采用截面法求构件的内力。其方法如下：

(1) 在所求内力处，假想地用一个垂直于轴线的截面将构件切开，分成两部分。

(2) 任取一部分(一般取受力情况较简单的部分)作为研究对象，在截面上用内力代替弃去部分对保留部分的作用。

(3) 对保留部分建立平衡方程，由已知外力求出该截面上内力的大小及其方向。

必须注意，在使用截面法求内力时，构件在被截开前，第一章中所述刚体中力系的等效代换(包括力的可传性原理)是不适用的。

二、轴力与轴力图

现以图 1－5－4(a)所示只在两端受轴向力 $\boldsymbol{F}$ 的拉杆为例：欲求杆中任一横截面上的内力，可用截面 m－m 将杆假想地截开，取左段为研究对象，弃去右段。用分布内力的合力 $\boldsymbol{F}_N$ 来替代右段对左段的作用，如图 1－5－4(b)所示，建立平衡方程，可得 $\boldsymbol{F}_N=\boldsymbol{F}$。由于外力 $\boldsymbol{F}$ 的作用线是沿着杆的轴线，内力 $\boldsymbol{F}_N$ 的作用线必通过杆的轴线，故内力 $\boldsymbol{F}_N$ 又被称为**轴力**。

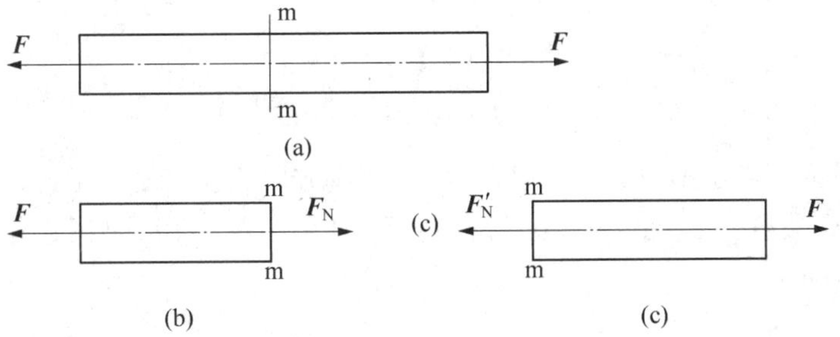

图 1－5－4

为了区别拉伸和压缩，通常根据杆的变形来规定内力的符号：产生拉伸变形的轴力为正，产生压缩变形的轴力为负。图 1－5－4(b)所示 m－m 截面上的轴力均为正号。通常未知轴力均按正向假设。

采用这一正负号规定，如取右端为研究对象，如图 1－5－4(c)所示，所求得的轴力 $\boldsymbol{F}'_N$ 的大小、正负号与取左段的结果相同。

实际问题中，杆件所受外力可能很复杂，这时直杆各段的内力将不相同。为了表示轴力随横截面位置的变化情况，用平行于杆件轴线的坐标表示各横截面的位置，以垂直于杆轴线的坐标表示各截面轴力的数值，这样的图称为**轴力图**。

例 1-5-1 等截面直杆横截面面积 $A=500\ mm^2$，受轴向力作用如图 1-5-5(a)所示，已知 $\boldsymbol{F}_1=10\ kN$，$\boldsymbol{F}_2=30\ kN$，试画出直杆的轴力图。

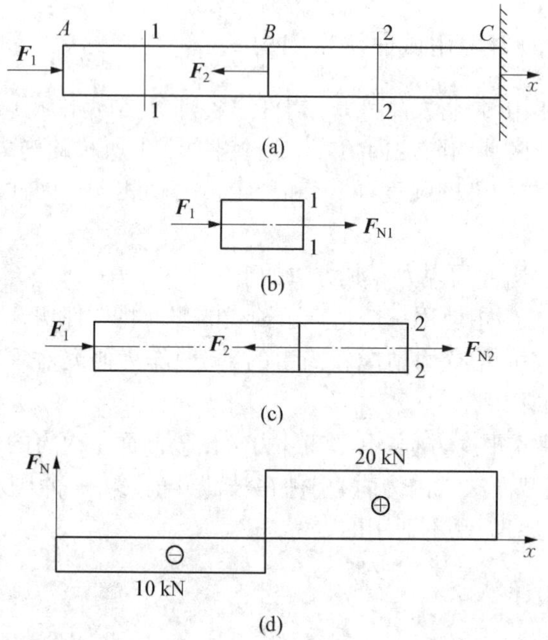

图 1-5-5

解:(1) 内力计算　由于在截面 B 处有轴向外力作用，故应将此杆分为 AB、BC 两段，逐段计算轴力。用截面法在 AB 段任一截面 1-1 处将杆截开，取左段杆为研究对象，受力如图 1-5-5(b)所示，为计算简便，假设轴力 $\boldsymbol{F}_{N1}$ 为正(拉力)。由平衡条件

$$\sum \boldsymbol{F}_x=0,\ \boldsymbol{F}_{N1}+\boldsymbol{F}_1=0$$
$$\boldsymbol{F}_{N1}=-\boldsymbol{F}_1=-10\ \text{kN(受压)}$$

所得轴力为负，说明 AB 段轴力实际方向与假设方向相反，$\boldsymbol{F}_{N1}$ 为压力。

同理，在 BC 段任一截面 2-2 处将杆截开，研究杆的左段，仍假设轴力 $\boldsymbol{F}_{N2}$ 为正，如图 1-5-4(c)所示，

$$\sum \boldsymbol{F}_x=0,\ \boldsymbol{F}_{N2}+\boldsymbol{F}_1-\boldsymbol{F}_2=0$$
$$\boldsymbol{F}_{N2}=\boldsymbol{F}_2-\boldsymbol{F}_1=30-10=20\ \text{kN(受拉)}$$

(2) 画轴力图　根据所求得的轴力值，画出轴力图，如图 1-5-5(d)所示。$\boldsymbol{F}_{max}=20\ kN$，发生在 BC 段内。

第四节　拉（压）杆横截面的应力、应变及胡克定律

一、应力的概念

用外力拉伸一根变截面杆件，如图 1-5-6(a)所示。

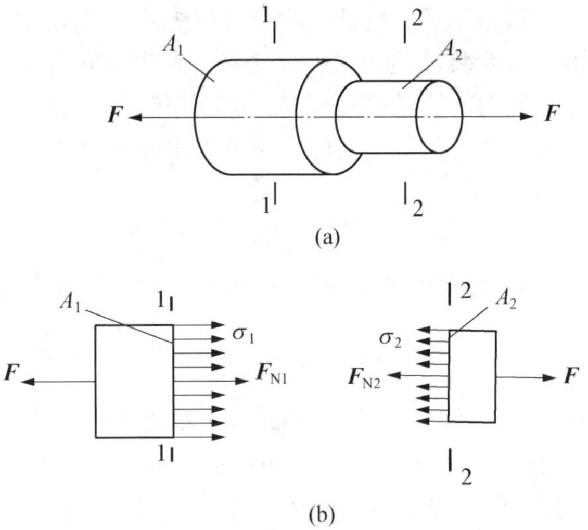

图 1-5-6

由 1-1 截面和 2-2 截面可得知其内力是相等的，均为 $\boldsymbol{F}$。但从强度上分析，显然 2-2 截面是最容易被拉断，这是因为，2-2 截面段横截面积小，1-1 截面段横截面积大，因此，判断杆件是否破坏的依据不是内力的大小，而是内力在单位面积上分布的密度。所以把内力在截面上的集度称为**应力**，其中垂直于截面的应力称为**正应力**，用符号 σ 表示，平行于截面的应力称为**切应力**，用符号 τ 表示。

应力的单位是帕斯卡，简称帕，记作 Pa，即 1 m^2 的面积上作用 1 N 的力为 1 Pa，1 N/m^2 = 1 Pa。

由于应力 Pa 的单位比较小，工程实际中常用千帕（kPa）、兆帕（MPa）、吉帕（GPa）为单位。其中，1 kPa = 10^3 Pa；1 MPa = 10^6 Pa，1 GPa = 10^9 Pa。为运算简便，可采用 N/mm^2、MPa 的工程单位换算，即 1 MPa = 10^6 N/m^2 = 1 N/mm^2。

二、横截面上的应力

实验表明：对于横截面直杆，如果外力 $\boldsymbol{F}$ 的作用线与杆的轴线重合，则在离外力作用面稍远处，横截面上各点的变形是均匀的。由于材料是均匀连续的，故横截面上各点的应力均匀分布，并垂直于横截面上有正应力为 σ，设杆的横截面面积为 A，则正应力的公式为

$$\sigma = \frac{\boldsymbol{F}_{\mathrm{N}}}{A} \tag{1-5-1}$$

对承受轴向压缩的杆，上式同样适用。正应力的符号规则与轴力相同，即拉应力为正，压应力为负。对于阶梯形变截面杆，除了截面突变处附近的应力分布较复杂外，其他各横截面的应力仍可认为是均匀分布的，式（1-5-1）也可适用，如图 1-5-6(b)所示，即

$$\sigma_1 = \frac{\boldsymbol{F}_{\mathrm{N1}}}{A_1} \quad \sigma_2 = \frac{\boldsymbol{F}_{\mathrm{N2}}}{A_2}$$

三、拉(压)杆的强度计算

外力在构件中所产生的应力称为工作应力。知道了工作应力仍不足以判断构件是否安

全可靠。显然,这还与材料有关。试验表明,当应力到达某一极限值时,材料就会发生破坏。这时的应力值称为极限应力或破坏应力,用 σ^0 表示。要保证构件不致破坏,应使其工作应力小于 σ^0,同时,为了使构件有一定的强度储备,通常把极限应力除以大于 1 的系数 n(称为安全因数),作为设计时工作应力的最高限度。称为许用应力,并用$[\sigma]$表示。即

$$[\sigma]=\frac{\sigma^0}{n} \tag{1-5-2}$$

于是,为了保证拉(压)杆具有足够的强度,必须使工作应力不超过许用应力,即

$$\sigma=\frac{\boldsymbol{F}_N}{A}\leqslant[\sigma] \tag{1-5-3}$$

式(1-5-3)称为拉压杆的强度条件,运用此式可解决下列三个方面的强度计算问题:

(1) **强度校核** 已知杆件的材料、尺寸及所受载荷,可用式(1-5-3)校核杆件的强度。

(2) **设计截面** 已知杆件所受载荷及所用材料,可将式(1-5-3)变换成

$$A\geqslant\frac{\boldsymbol{F}_N}{[\sigma]} \tag{1-5-4}$$

从而确定杆件的横截面面积。

(3) **确定许可载荷** 已知杆件的材料及尺寸,可按式(1-5-3)计算杆所承受的最大轴力

$$\boldsymbol{F}_N=A[\sigma] \tag{1-5-5}$$

从而确定结构能承受的最大载荷。

例 1-5-2 图 1-5-7(a)所示气缸的内径 $D=400$ mm,气缸内的工作压强 $P=1.2$ MPa,活塞杆直径 $d=65$ mm,气缸盖和气缸体用螺纹根部直径 $d_1=18$ mm 的螺栓连接。若活塞杆的许用应力$[\sigma_1]=50$ Mpa,螺栓的许用应力$[\sigma_2]=40$ MPa。试校核活塞杆的强度并确定所需螺栓的个数 n。

解:(1) 计算活塞杆的强度 如图 1-5-7(b)所示,活塞杆受拉伸,轴力 $\boldsymbol{F}_{N1}$ 等于活塞所承受的压力(因活塞杆横截面面积 A 远小于活塞面积 A_1 故略去不计)。即

$$\boldsymbol{F}_{N1}=pA_1=1.2\times\frac{\pi}{4}\times400^2=150.8\ \text{kN}$$

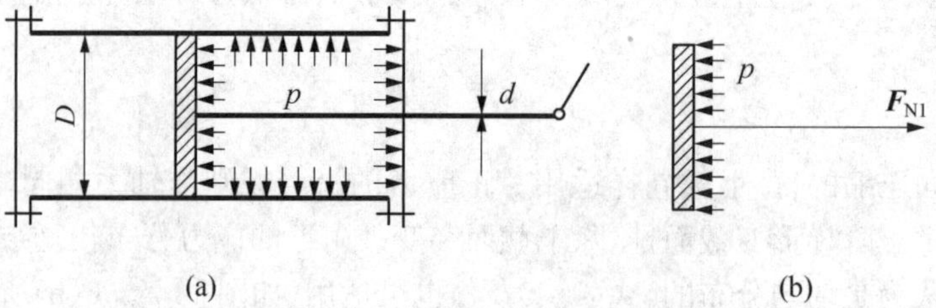

图 1-5-7

由强度条件式(1-5-3)得活塞杆的应力为

$$\sigma=\frac{\boldsymbol{F}_{N1}}{A}=\frac{150.8\times10^3}{\frac{\pi}{4}\times65^2}=45.4\ \text{Mpa}<[\sigma_1]$$

所以，活塞杆的强度足够。

（2）确定螺栓个数　设每个螺栓所受的拉力为 $\boldsymbol{F}_{N2}$，n 个螺栓所受的拉力之和与气缸盖所受的压力相等，即 $\boldsymbol{F}_{N2}=pA_1/n$。螺栓的强度条件为

$$\sigma_{螺栓}=\frac{\boldsymbol{F}_{N2}}{A_2}=\frac{\boldsymbol{F}_{N1}}{nA_2}=\frac{150.8\times10^3}{n\dfrac{\pi\times18^2}{4}}\leqslant[\sigma_2]$$

由此可得
$$n\geqslant\frac{\boldsymbol{F}_{N1}}{[\sigma_2]A_2}=\frac{4\times150.8\times10^3}{40\times\pi\times18^2}=14.8$$

故选用 15 个螺栓即可满足强度要求，但考虑到加工方便，选用 16 个螺栓较合适。

例 1-5-3　图 1-5-8(a)所示结构，AB 为刚性杆，1、2 两杆为钢杆，横截面面积分别为 $A_1=300\ \text{mm}^2$，$A_2=200\ \text{mm}^2$，材料的许用应力 $[\sigma]=160\ \text{MPa}$。试求结构的许可载荷。

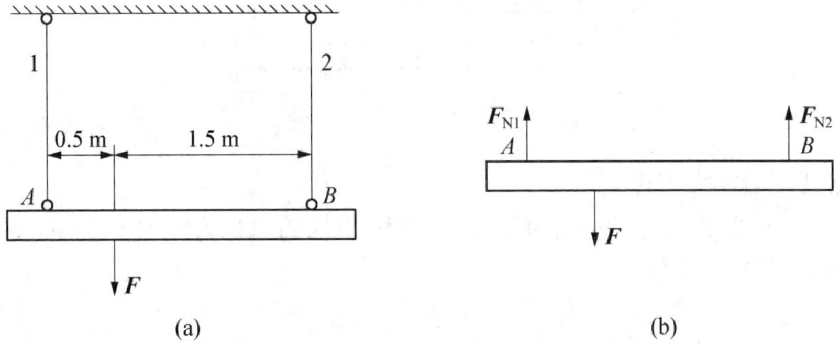

图 1-5-8

解：（1）内力计算　取刚性杆 AB 进行受力分析，如图 1-5-8(b)所示。根据刚性杆的平衡条件为

$$\sum\boldsymbol{M}_B(\boldsymbol{F})=0,\ \boldsymbol{F}_{N1}\times2-\boldsymbol{F}\times1.5=0$$
$$\sum\boldsymbol{F}_y=0,\ \boldsymbol{F}_{N1}+\boldsymbol{F}_{N2}-\boldsymbol{F}=0$$

求得 1、2 杆的轴力分别为

$$\boldsymbol{F}_{N1}=0.75\boldsymbol{F}$$
$$\boldsymbol{F}_{N2}=\boldsymbol{F}-\boldsymbol{F}_{N1}=\boldsymbol{F}-0.75\boldsymbol{F}=0.25\boldsymbol{F}$$

（2）确定许可载荷　根据 1 杆强度条件

$$\boldsymbol{F}_{N1}=0.75\boldsymbol{F}\leqslant[\sigma]A_1$$

得
$$\boldsymbol{F}\leqslant[\sigma]A_1/0.75=160\times300/0.75=64\ 000\ \text{N}=64\ \text{kN}$$

根据 2 杆强度条件

$$\boldsymbol{F}_{N2}=0.25\boldsymbol{F}\leqslant[\sigma]A_2$$

得

$$F \leqslant [\sigma]A_2/0.25 = 160 \times 200/0.25\ \text{N} = 128\,000\ \text{N} = 128\ \text{kN}$$

为保证结构安全,应选取两个 F 值中的较小者,所以许可载荷 $[F]=64\ \text{kN}$。

讨论:求结构的许可载荷时,若先求出两个拉杆的许可轴力 $[F_{N1}]=[\sigma]A_1$ 和 $[F_{N2}]=[\sigma]A_2$,再由平衡方程求得许可载荷 $F_{max}=[F_{N1}]+[F_{N2}]$,其解法是否正确?从中可得到什么结论?

四、拉(压)杆的变形及胡克定律

直杆在轴向拉力作用下,将引起轴向尺寸的伸长和横向尺寸的缩短(见图 1-5-3)。下面分别研究轴的纵向变形和横向变形。

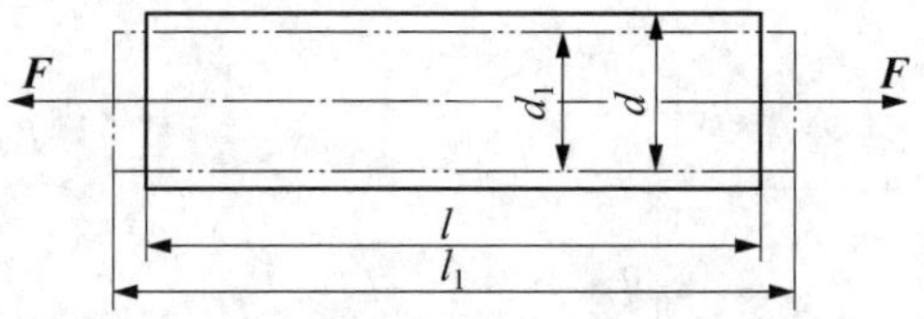

图 1-5-9

1. 轴向变形与胡克定律

如图 1-5-9 所示的直杆受轴向拉力 F 作用,设杆的原长为 l,直径为 d,变形后长度改变为 l_1,则杆的轴向变形为

$$\Delta l = l_1 - l$$

显然,拉伸时 $\Delta l > 0$,压缩时,$\Delta l < 0$。Δl 与杆的原长有关,不能反映杆件的变形程度,为此,引入单位长度的轴向变形量来表示其变形的程度,称为**线应变**,用 ε 表示。对于变形均匀的拉压杆,其横(纵)向线应变为

$$\varepsilon = \frac{\Delta l}{l} \qquad (1-5-6)$$

线应变 ε 是一个无量纲,其正负号与 Δl 相同,即拉伸时 ε 为正,压缩时 ε 为负。

实验表明:当正应力 σ 不超过某一限度时,正应力 σ 与线应变 ε 成正比,引入比例常数 E 则有

$$\sigma = E\varepsilon \qquad (1-5-7)$$

上式同样适合于轴向压缩的情况。这一关系称为**胡克定律**。其中 E 称为材料拉伸(压缩)弹性模量,单位为 GPa,其值随材料而异,由试验确定,碳钢的 E 约为 200~210 GPa。

将 $\sigma = \boldsymbol{F}_N/A$, $\varepsilon = \Delta l/l$ 代入式(1-5-7),可得轴向变形 Δl 的计算公式为

$$\Delta l = \frac{\boldsymbol{F}_N l}{EA} \qquad (1-5-8)$$

式(1-5-8)是胡克定律的另一表达形式,适用于轴力为常数的等截面拉压杆。它表示在弹性范围内 Δl 与轴力 $\boldsymbol{F}_N$、杆长 l 成正比,与乘积 EA 成反比。也称为杆截面的**抗拉(压)**

刚度，它反映了杆件抵抗拉伸(压缩)变形的能力。

2. 横向变形

若杆件变形前的横向尺寸为 d，变形后为 d_1，如图 1-5-9 所示。杆的横向方向变形 $\Delta d = d_1 - d$，则横向线应变 ε' 为

$$\varepsilon' = \frac{\Delta d}{d} = \frac{d_1 - d}{d}$$

试验表明：在弹性范围内，杆件的横向应变 ε' 和轴向线应变 ε 有如下的关系

$$\varepsilon' = \mu\varepsilon \tag{1-5-9}$$

式中，μ 称为**泊松**(Poisson)**比**(或**横向变形系数**)，是一个无量纲量，其值随材料而异，可由试验确定。上式表明 ε' 和 ε 恒为异号。

弹性模量 E 和泊松比 μ 是材料的两个弹性常数。表 1-5-1 给出一些常用材料 E 和 μ 的约值。

表 1-5-1　几种材料的 E 和 μ 值

材 料 名 称	μ	E/GPa
碳钢	0.24～0.28	196～216
合金钢	0.25～0.30	186～206
灰铸钢	0.23～0.27	78.5～157
铜及其合金	0.31～0.42	72.6～128
铝合金	0.33	70

例 1-5-4　变截面杆受力如图 1-5-10(a)所示，横截面面积 $A_1 = 400\,\text{mm}^2$，$A_2 = 800\,\text{mm}^2$，杆长 $l = 200$ mm，$\boldsymbol{F}_1 = 40$ kN，$\boldsymbol{F}_2 = 20$ kN，$\boldsymbol{F}_3 = 60$ kN，材料弹性模量 $E = 200$ GPa。试求杆的总伸长。

解：(1) 计算轴力。用截面法计算轴力，轴力图如图 1-5-10(b)所示，两段杆的轴力分别为

$$\boldsymbol{F}_{N1} = -\boldsymbol{F}_1 = -40\ \text{kN(压力)},\ \boldsymbol{F}_{N2} = \boldsymbol{F}_2 = 20\ \text{kN(拉力)}$$

(2) 计算变形。应用式(1-5-8)得 1 段杆轴向变形为

$$\Delta l_1 = \frac{\boldsymbol{F}_{N1} l}{EA_1} = \frac{-40\times10^3\times200}{200\times10^3\times400} = -0.1\ \text{mm(缩短)}$$

2 段杆轴向变形为

$$\Delta l_2 = \frac{\boldsymbol{F}_{N2} l}{EA_2} = \frac{20\times10^3\times200}{200\times10^3\times800} = 0.025\ \text{mm(伸长)}$$

杆的总变形为 $\Delta l = \Delta l_1 + \Delta l_2 = -0.1 + 0.025 = -0.075$ mm(缩短)

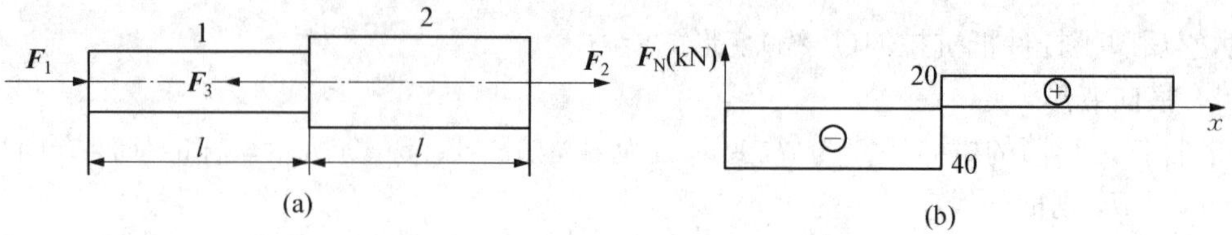

图 1-5-10

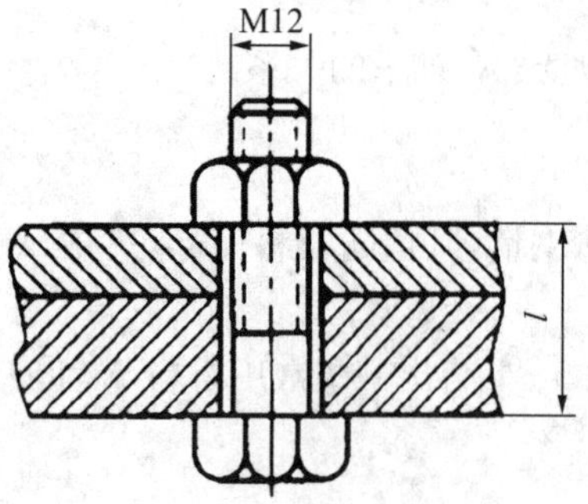

图 1-5-11

例 1-5-5 图 1-5-11 所示的 M12 螺栓内径 $d_1 = 10.1$ mm，螺栓拧紧后，在其计算长度 $l = 80$ mm 内产生伸长为 $\Delta l = 0.03$ mm。已知钢的弹性模量 $E = 210$ GPa，泊松比 $\mu = 0.3$，试求螺栓的正应力及螺栓的横向变形并确定螺栓的预紧力。

解:(1) 应力计算　拧紧后螺栓的线应变为

$$\varepsilon = \frac{\Delta l}{l} = \frac{0.03}{80} = 3.75 \times 10^{-4}$$

由式(1-5-7)得螺栓横截面上的正应力为

$$\sigma = E\varepsilon = 210 \times 10^3 \times 3.75 \times 10^{-4} = 78.8 \text{ MPa}$$

(2) 由式(1-5-9)得螺栓横向线应变为

$$\Delta d = \varepsilon' d_1 = -\mu\varepsilon d_1 = -0.3 \times 3.75 \times 10^{-4} \times 10.1 = -0.0011 \text{ mm}$$

螺栓直径缩小 0.0011 mm。

(3) 螺栓的预紧力为

$$\boldsymbol{F} = \sigma \times A = 78.8 \times \pi \times 10.1^2/4 = 6.31 \text{ kN}$$

第五节　材料的力学性质

材料力学性质是指材料在外力作用下表现出的变形和强度方面的特性。在讨论拉压杆的强度和变形时，所涉及的弹性模量 E、泊松比 μ 和极限应力 σ^0 等就是材料力学性质的一部分，它们必须通过试验才能得到。本节介绍在常温、静载下，材料在拉伸和压缩时的力学性质。

一、拉伸试验

拉伸试验是研究材料力学性质的基本试验。为了便于比较试验结果，应按国家标准将材料制成标准试件。金属材料一般采用圆截面的**标准试件**(见图 1-5-12)。试件中部等直段的直径为 d，用来测量变形的长度 l 称为标距，通常取 $l = 10d$ 或 $l = 5d$。

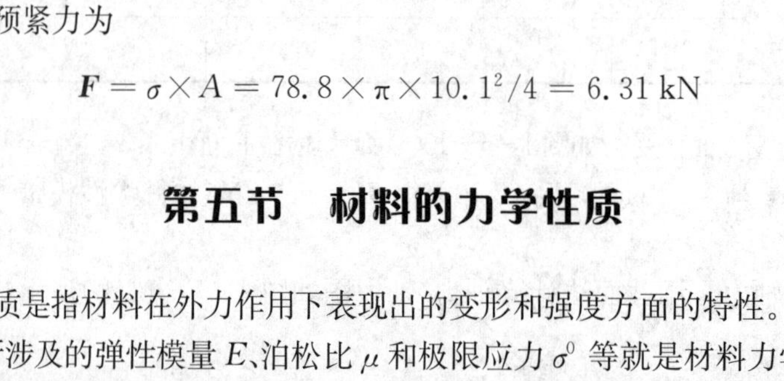

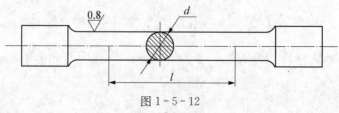

图 1-5-12

将试件装夹在试验机的夹头中，开动机器缓慢加力，试件即产生伸长变形。记录试验过程中的拉力 $\boldsymbol{F}$ 和对应标距段的伸长 Δl，并在直角坐标系中绘制成 $\boldsymbol{F}-\Delta l$ 曲线，称为拉伸图。

二、低碳钢在拉伸时的力学性质

低碳钢是工程上广泛使用的材料，其力学性质具有典型性。图 1－5－13 为低碳钢的 $\boldsymbol{F}-\Delta l$曲线，曲线的形状与试件的几何尺寸有关，为了消除试件尺寸的影响，通常将纵坐标和横坐标分别除以试件原来的截面面积 A 和长度 l，得到材料的应力 σ 与应变 ε 的关系曲线，称为 $\sigma-\varepsilon$ 曲线或应力-应变图，如图 1－5－14 所示。由图可见，其拉伸过程大致可分为四个阶段：弹性阶段、屈服阶段、强化阶段和局部变形阶段。

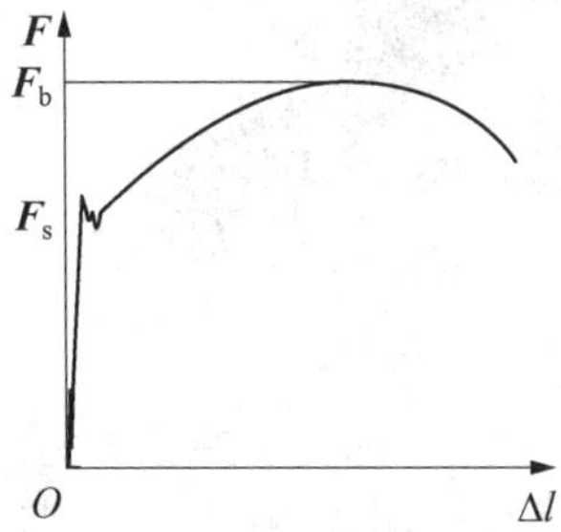

图 1－5－13

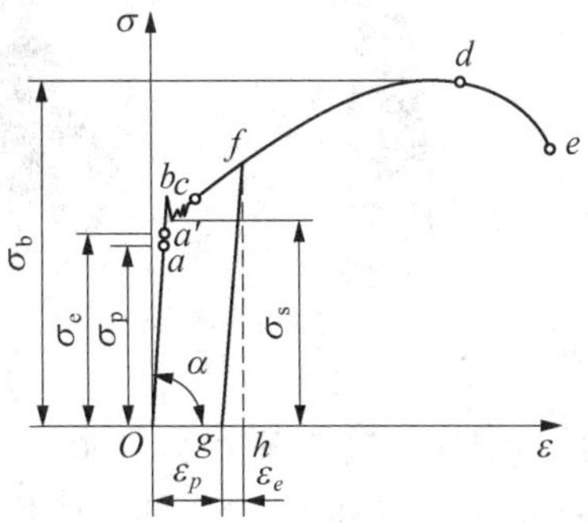

图 1－5－14

1. 弹性阶段

弹性阶段由直线段 oa 和微弯段 ab 组成。直线段 oa 表明应力与应变成正比，即材料服从胡克定律 $\sigma=E\varepsilon$。a 点对应的应力值称为**比例极限**，用 σ_p 表示。低碳钢的 $\sigma_p \approx 200$ MPa。直线 oa 的斜率 $\tan\alpha=\sigma/\varepsilon=E$ 即为材料的弹性模量。

在微弯段 ab，应力与应变不再成比例，但材料的变形仍是弹性的。b 点对应的应力值称为**弹性极限**，用 σ_e 表示，它是材料只产生弹性变形的最大应力。由于一般材料 a、b 两点相当接近，工程中对比例极限和弹性极限并不严格区分。

2. 屈服阶段

当应力超过 b 点，增加到某一数值时，变形显著增长而应力几乎不变，$\sigma-\varepsilon$ 曲线出现近似水平的线段，材料暂时失去抵抗变形的能力，这种现象称为屈服(或流动)。屈服阶段的最低点 c 所对应的应力值称为**屈服极限**(或流动极限)，用 σ_s 表示。低碳钢的 $\sigma_s \approx 240$ MPa。

在屈服阶段，材料将发生明显的塑性变形。在经过磨光的试件表面上可看到与试件轴线成 45°的条纹，这是由于材料内部晶格之间产生滑移而形成的，通常称为滑移线。一般认为晶格滑移是产生塑性变形的主要原因。

工程中大多数构件产生塑性变形后，将不能正常工作。因此，**屈服极限 $\boldsymbol{\sigma_s}$ 是衡量材料强度的重要指标**。

3. 强化阶段

超过屈服阶段后，材料又恢复了对变形的抗力，若要它继续变形必须增加拉力，这种现象称为材料的**强化**，故 cd 段称为强化阶段，最高点 d 所对应的应力称为**强度极限(也叫做抗拉强度)**，用 σ_b 表示，它是材料能承受的最大应力，也是**衡量材料强度的另一重要指标**。低

碳钢 $\sigma_b \approx 400$ MPa。

4. 局部变形阶段

应力达到强度极限后，试件在局部区域内，横向尺寸急剧缩小，形成**颈缩现象**(见图 1-5-15)。由于颈缩部分的横截面面积迅速减少，使试件继续伸长所需要的拉力也相应减少。最后试件在颈缩处被拉断(见图 1-5-16)。

图 1-5-15

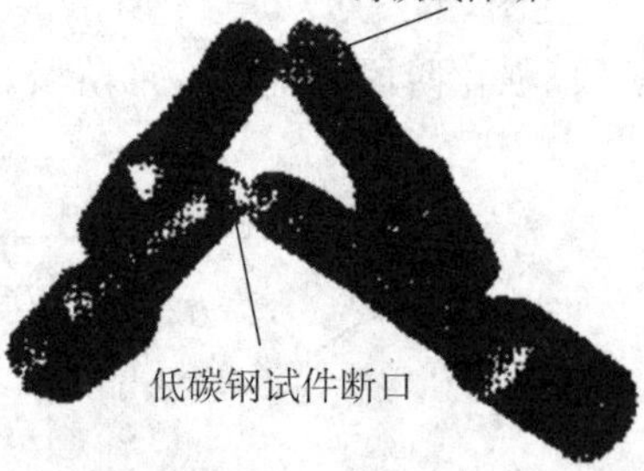

图 1-5-16

试件拉断后，弹性变形消失，塑性变形仍然保留。试件标距由原长 l 变为 l_1，l_1-l 是残余伸长，残余伸长与 l 之比的百分率称为**伸长率**(或称延伸率)，用 δ 表示，即

$$\delta = \frac{l_1 - l}{l} \times 100\% \tag{1-5-10}$$

试件断裂时的塑性变形越大，伸长率就越大，因此，伸长率是衡量材料塑性大小的指标。工程上通常将 $\delta \geqslant 5\%$ 的材料称为**塑性材料**，如碳钢、铜、铝合金等；将 $\delta < 5\%$ 的材料称为**脆性材料**，如铸铁、玻璃、陶瓷等。低碳钢的 δ 值约为 20%～30%，是典型的塑性材料。

衡量材料塑性的另一指标是**断面收缩率** ψ，即

$$\psi = \frac{A - A_1}{A} \times 100\% \tag{1-5-11}$$

式中，A 为试件横截面的原面积，A_1 为试件被拉断后断口处的横截面面积。低碳钢的 ψ 值约为 60%～70%。

5. 卸载规律和冷作硬化

当应力超过屈服极限到达 f 点后卸载，则试件的应力和应变关系将沿着与 oa 近似平行的直线 fg 变化，如图 1-5-14 所示，即在卸载过程中应力和应变成线性变化，这就是卸载规律。图中，ε_e 为卸载后消失的应变，称为**弹性应变**，ε_p 为卸载后残余的应变，称为**塑性应变**。若卸载后继续加载，试件的应力和应变关系将大致沿着卸载时的同一直线 fg 上升到 f 点，然后沿着原来的 $\sigma-\varepsilon$ 曲线变化。如果把卸载后重新加载的曲线 $gfde$ 和原来的 $\sigma-\varepsilon$ 曲线相比较，可以看出比例极限提高了，而断裂后的残余变形却减小了 og 一段。这种**在常温下把材料拉伸到塑性变形后再卸载，当再次加载时，材料的比例极限提高而塑性降低的现象称为冷作硬化**。工程上常利用冷作硬化来提高某些构件(如钢筋、钢缆绳等)在弹性阶段内的承载能力。

三、灰铸铁的拉伸试验

灰铸铁(简称铸铁)拉伸时的 $\sigma-\varepsilon$ 曲线如图 1-5-17 所示,是一段微弯的曲线。工程上常用其割线来代替图中曲线的开始部分,并以割线的斜率作为铸铁的弹性模量,称为**割线弹性模量**。由图可见,铸铁拉伸时,没有屈服阶段,也没有颈缩现象,破坏断口如图 1-12-16 所示。铸铁的延伸率 $\delta<1\%$,是典型的脆性材料,抗拉强度 σ_b 是衡量其强度的唯一指标,但其值很低,不宜用来制作受拉构件。

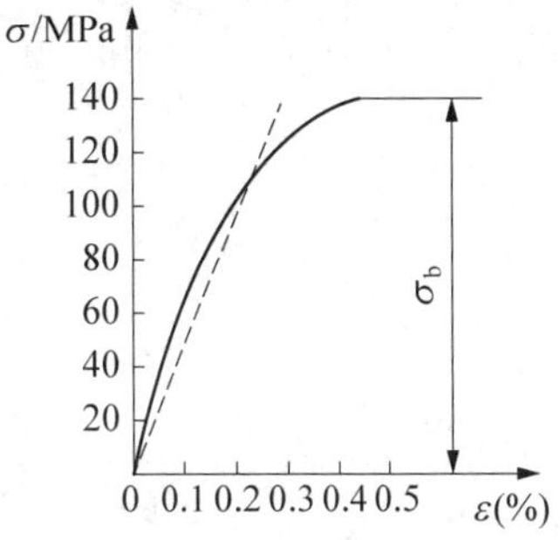

图 1-5-17

四、其他金属材料拉伸时的力学性质

图 1-5-18 是几种常用金属材料的 $\sigma-\varepsilon$ 曲线,其中 16 Mn 钢和低碳钢的性能相似,有明显的弹性阶段、屈服阶段、强化阶段和颈缩阶段。有些材料,如黄铜、铝合金等,则没有明显的屈服阶段。对于没有明显屈服阶段的塑性材料,通常以产生 0.2%残余应变时所对应的应力值作为屈服极限,以 $\sigma_{p0.2}$ 表示(见图 1-5-19),称为**名义屈服极限**。

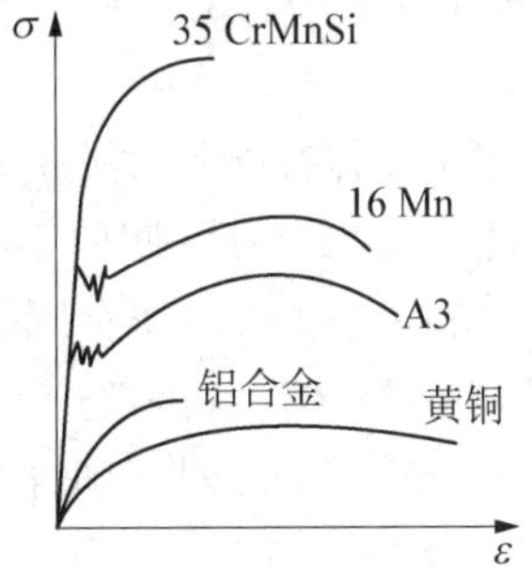

图 1-5-18

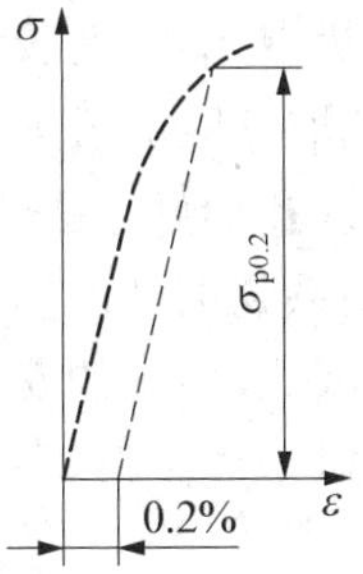

图 1-5-19

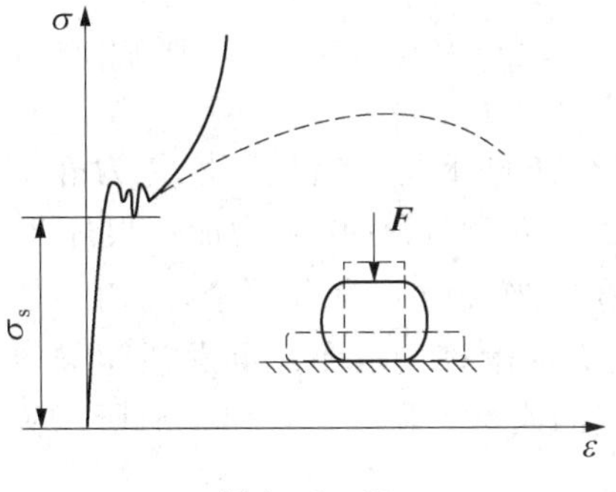

图 1-5-20

五、材料在压缩时的力学性质

金属材料的压缩试件,通常为短圆柱,为避免压弯,其高度约为直径的 1.5～3 倍。

低碳钢压缩时的 $\sigma-\varepsilon$ 曲线如图 1-5-20 中实线所示(虚线表示拉伸时的 $\sigma-\varepsilon$ 曲线)。由图可见,低碳钢压缩时的弹性模量 E 和屈服极限 σ_s 都与拉伸时相同。由于它的塑性好,屈服阶段后,试件愈压愈扁,不会出现断裂,因此不存在抗压强度极限。

灰铸铁压缩时的 $\sigma-\varepsilon$ 曲线如图 1-5-21(a)所示。铸铁压缩时,没有明显的直线部分,也不存在屈服极限。随压力增加,试件成鼓形,最后在很小变形下突然断裂,破坏断面与横截面大致成 45°～55°倾角,如图 1-5-21(b)所示。铸铁压缩强度极限比拉伸强度极限高 3～5倍,是良好的耐压、减振材料,由于它价格低廉,在工程中得到广泛应用。其他脆性材料如陶瓷、混凝土、石料等,抗压强度也远高于抗拉强度。因此,脆性材料宜用作承压构件。

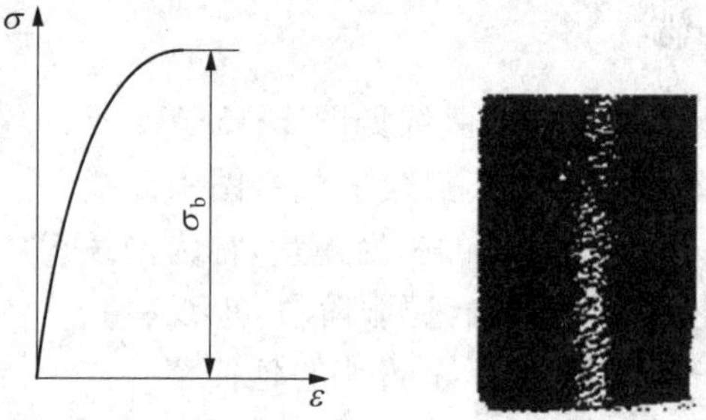

(a)　　　　　　　(b)

图 1-5-21

六、许用应力和安全因数

在讨论强度计算时,曾提出了许用应力$[\sigma]$的计算公式即 $[\sigma]=\sigma^0/n$。其中 σ^0 为材料的极限应力,n 是安全因数。下面讨论材料极限应力和安全因数的确定原则。

对于塑性材料,当应力到达屈服极限 σ_s 或 $\sigma_{p0.2}$时,构件由于发生显著的塑性变形而不能正常工作,因此,**塑性材料通常以屈服极限为其极限应力**。对于脆性材料,由于没有屈服极限,故以**断裂时的强度极限 $\boldsymbol{\sigma}_b$ 为其极限应力**。

关于安全因数的选取一般应考虑下列几方面的因素:材料性质的均匀性;载荷估计的精确性;构件简化的近似性和计算方法的精确性;构件的重要性;使用年限的长短等。

安全因数的选定关系到构件的安全性与经济性。过高的安全因数,会造成材料的浪费反之,构件将不安全。因此,构件的安全因数必须谨慎选择。一般应参考国家有关规范或手册确定。在静载荷下,对于塑性材料一般取 $n=1.5\sim2.0$,对于脆性材料取 $n=2.0\sim5.0$。

第六节　拉压静不定问题

一、静不定概念及其解法

前面所讨论的问题,其约束力和内力均可由静力平衡条件求得。这类问题称为静定问题,如图 1-5-22(a)所示。有时为了提高杆系的强度和刚度,可在中间增加一根杆 3,如图 1-5-22(b)所示,这时未知内力有三个,而节点 A 的平衡方程只有两个,因而不能解出,即仅仅根据平衡方程尚不能确定全部未知力。这类问题称为静不定问题或超静定问题。未知力个数与独立平衡方程数目之差称为静不定的次数。图 1-5-22(b)所示为一次静不定问题。

解静不定问题时,除列出静力平衡方程外,关键在于建立足够数目的补充方程,从而联立求得全部未知力。这些补充方程,可由结构变形的几何条件以及变形和内力间的物理规律来建立。下面举例说明。

例 1-5-6　试求图 1-5-22(b)中杆 1 和杆 2 的轴力。已知杆 1 和杆 2 的材料与横截面均相同,其抗拉刚度为 E_1A_1,杆 3 的抗拉刚度为 E_3A_3,夹角为 α,悬挂重物的重力为 $\boldsymbol{G}$。

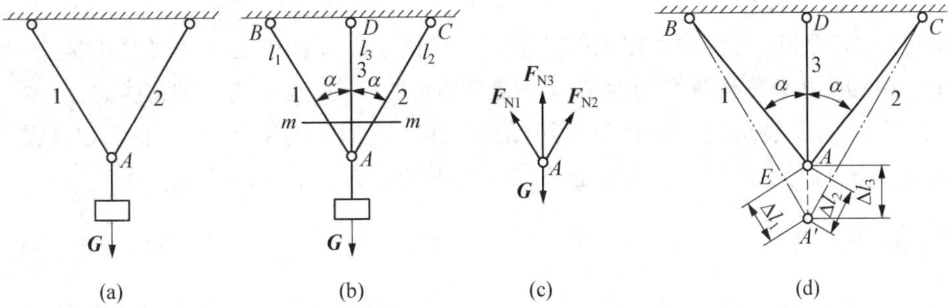

图 1-5-22

解:(1) 列平衡方程 在重力 $\boldsymbol{G}$ 作用下,三杆皆两端铰接且皆伸长,故可设三杆均受拉伸,节点 A 的受力图如图 1-5-22(c)所示。列平衡方程有

$$\boldsymbol{F}_{N1}\sin\alpha-\boldsymbol{F}_{N2}\sin\alpha=0$$

$$\boldsymbol{F}_{N3}+\boldsymbol{F}_{N1}\cos\alpha+\boldsymbol{F}_{N2}\cos\alpha-G=0$$

(2) 变形的几何关系 由图 1-5-22(d)看到,由于结构左右对称,杆 1、2 的抗拉刚度相同,所以节点 A 只能垂直下移。设变形后各杆汇交于点 A',则 $AA'=\Delta l_3$;由点 A 作 $A'B$ 的垂线 AE,则有 $EA'=\Delta l_1$。在小变形条件下,知 $\angle BA'A\approx\alpha$,于是变形的几何关系为

$$\Delta l_1=\Delta l_2=\Delta l_3\cos\alpha$$

(3) 物理关系 由胡克定律,应有

$$\Delta l_1=\frac{\boldsymbol{F}_{N1}l_1}{E_1A_1},\ \Delta l_{31}=\frac{\boldsymbol{F}_{N3}l_3}{E_3A_3}$$

(4) 补充方程 将物理关系式代入几何方程,得到解该超静定问题的补充方程,即

$$\boldsymbol{F}_{N1}=\boldsymbol{F}_{N2}=\frac{\boldsymbol{F}_{N3}E_1A_1}{E_3A_3}\cos^2\alpha$$

(5) 求解各杆轴力 联立求解补充方程和两个平衡方程,可得

$$\boldsymbol{F}_{N1}=\boldsymbol{F}_{N2}=\frac{\boldsymbol{G}\cos^2\alpha}{\dfrac{E_3A_3}{E_1A_1}+2\cos^2\alpha}$$

由上述答案可见,杆的轴力与各杆间的刚度比有关。一般说来,增大某杆的抗拉(压)刚度 EA,则该杆的轴力亦相应增大。这是静不定问题的一个重要特点;而静定结构的内力与其刚度无关。

二、装配应力

所有构件在制造中都会有一些误差。这种误差在静定结构中不会引起任何内力,而在静不定结构中则有不同的特点。例如,图 1-5-23 所示的三杆桁架结构,若杆 3 制造时短了 δ,为了能将三根杆装配在一起,则必须将杆 3 拉长,杆 1、2 压短。这种强行装配会在杆 3 中产生拉应力,而在杆 1、2 中产生压应力。

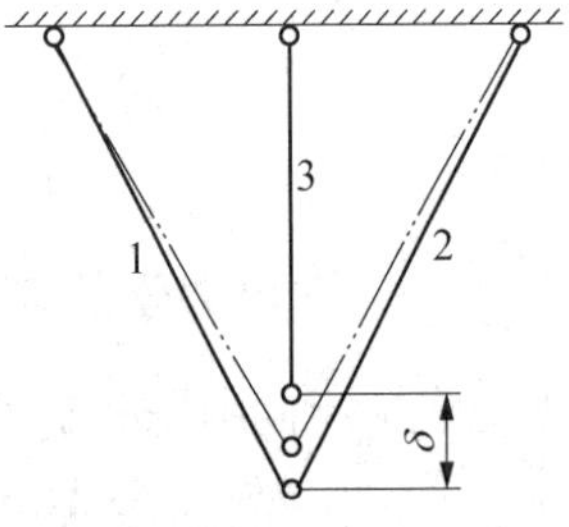

图 1-5-23

如误差 δ 较大，这种应力会达到很大的数值。这种由于装配而引起杆内产生的应力，称为**装配应力**。装配应力是在载荷作用前结构中已经具有的应力，因而是一种初应力。

在工程中，对于装配应力的存在，有时是不利的，应予以避免；但有时我们也有意识地利用它，比如机械制造中的紧密配合和土木结构中的预应力钢筋混凝土等。

三、温度应力

在工程实际中，杆件遇到温度的变化，其尺寸将有微小的变化。在静定结构中，由于杆件能自由变形，不会在杆内产生应力。但在静不定结构中，由于杆件受到相互制约而不能自由变形，这将使其内部产生应力。图 1-5-24(a)所示的等直杆，不计杆的自重，当温度升高时，杆将自由膨胀，但杆内无应力。如果把 B 端也固定，成为超静定结构，如图 1-5-24(b)所示。当温度升高时，由于热膨胀受到阻碍，杆端将有支反力作用。这种因温度变化而引起的杆内应力，称为**温度应力**。常采用一些措施来减少和避免过高的温度应力。例如，在钢轨的各段之间留伸缩缝；桥梁一端采用活动铰链支座；在蒸汽管道中利用伸缩节(见图 1-5-25)等。

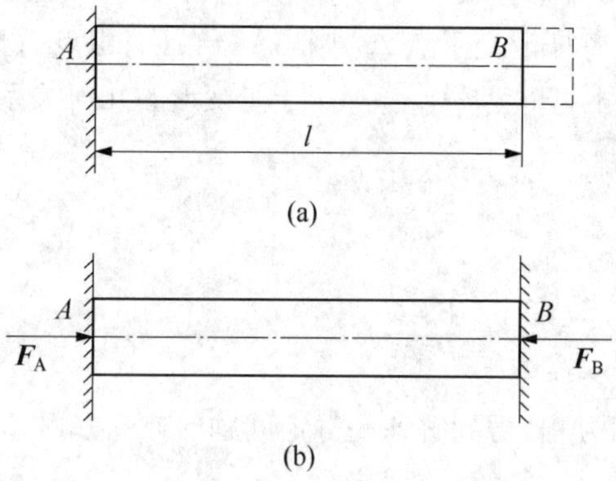

图 1-5-24

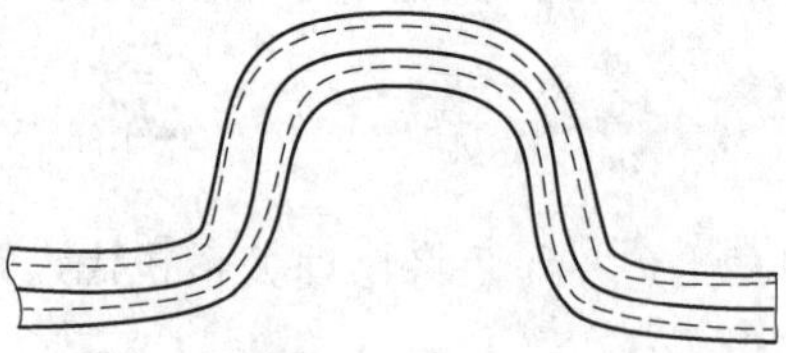

图 1-5-25

温度应力也是一种初应力。对于两端固定的杆件，当温度升高 ΔT 时，在杆内引起的温度应力为

$$\sigma = E\alpha_1 \Delta T \tag{1-5-12}$$

式中，E 为材料的弹性模量，α_1 为材料的线膨胀系数。

在工程上常采取一些措施来降低或消除温度应力，例如蒸汽管道中的伸缩节、铁道两段钢轨间预留的适当的空隙、钢桥桁架一端采用的活动铰链支座等，都是为了减少或预防产生温度应力而常用的方法。

小　结

一、材料力学的基本概念

(1) 变形固体的基本假设为：连续性假设；匀性假设；各向同性假设；小变形假设。

(2) 杆件变形的基本形式为：轴向拉伸与压缩、剪切、扭转和弯曲。

二、轴向拉(压)的应力和强度计算

(1) 轴向拉(压)的受力与变形特点是:作用于杆端的外力(或合外力)沿杆的轴线作用,杆沿轴线方向伸长(或缩短),沿横向缩短(或伸长)。

(2) 内力计算采用截面法和平衡方程求得。

(3) 拉(压)杆的正应力在横截面上均匀分布,其计算公式为

$$\sigma = \frac{\boldsymbol{F}_{\mathrm{N}}}{A}$$

(4) 强度计算:等截面直杆强度设计准则为

$$\sigma_{\max} = \frac{\boldsymbol{F}_{\mathrm{Nmax}}}{a} \leqslant [\sigma]$$

强度计算的三类问题是:①校核强度;②设计截面;③确定许可载荷。

三、拉(压)杆的变形计算

(1) 胡克定律建立了应力与应变之间的关系,其表达式为

$$\Delta l = \frac{\boldsymbol{F}_{\mathrm{N}} l}{EA} \quad \text{或} \quad \sigma = E\varepsilon$$

(2) EA 值是拉(压)杆抵抗变形能力的量度,称为杆件的抗拉(压)刚度。

四、材料的力学性能

(1) 低碳钢的拉伸应力—应变曲线分为四个阶段:弹性阶段,屈服阶段,强化阶段和局部变形阶段,对应三个重要的强度指标:比例极限 σ_{p}、屈服点 σ_{s} 和抗拉强度 σ_{b}。

(2) 材料的塑性指标有伸长率 δ 和断面收缩率 ψ。

(3) 冷作硬化工艺是将材料预拉到强化阶段后卸载,重新加载使材料的比例极限提高,而塑性降低的现象。

(4) 低碳钢的抗拉性能与抗压性能是相同的。

(5) 对于没有明显屈服阶段的塑性材料,常用其产生 0.2%塑性应变所对应的应力值作为名义屈服点,称为材料的屈服强度,用 $\sigma_{0.2}$ 表示。

(6) 铸铁的抗拉强度 σ_{b} 较低,其抗压性能远大于抗拉性能,反映了脆性材料共有的属性铸铁等脆性材料常用作承压构件,而不用作承拉构件。

五、许用应力与强度准则

(1) 塑性材料的屈服点 σ_{s}(或屈服强度 $\sigma_{0.2}$)与脆性材料的抗拉强度 σ_{b}(抗压强度 σ_{bc})都是材料强度失效时的极限应力。其许用应力为

对于塑性材料 $[\sigma] = \dfrac{\sigma_{\mathrm{s}}}{n_{\mathrm{s}}}$,对于脆性材料 $[\sigma] = \dfrac{\sigma_{\mathrm{b}}}{n_{\mathrm{b}}}$

(2) 正应力强度准则为 $\sigma_{\max} \leqslant [\sigma]$。

六、求解静不定问题

求解静不定问题,除列静力学平衡方程外,还必须建立含有未知力的补充方程。

思考题

1-5-1 何谓构件的强度、刚度和稳定性?

1-5-2 研究构件的承载能力,对变形固体作的基本假设是什么?

1-5-3 拉(压)杆受力特点是什么?图1-5-26中哪些构件发生轴向拉伸变形?哪些构件发生轴向压缩变形?

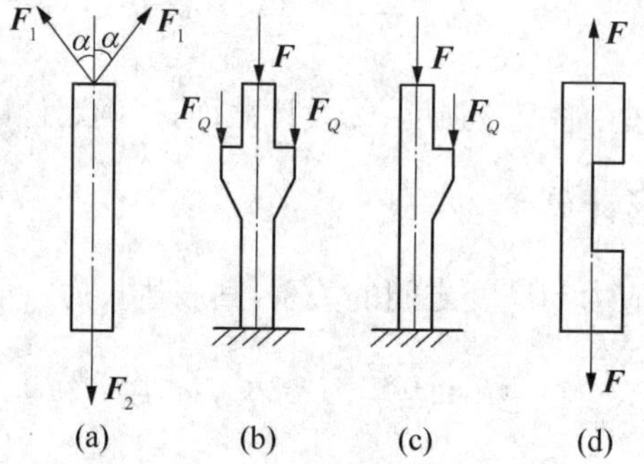

图1-5-26

1-5-4 何谓轴力?其正负是怎样规定的?如何应用简便方法求截面的轴力?

1-5-5 何谓截面法?应用截面法求轴力时,截面为什么不能取在外力作用点处?

1-5-6 何谓应力?推证拉(压)杆截面应力公式时,为什么要作平面假设?

1-5-7 什么是绝对变形、相对变形?胡克定律的适用条件是什么?

1-5-8 何谓材料的力学性能?衡量材料的强度、刚度、塑性指标分别用什么?

1-5-9 低碳钢与铸铁材料的力学性能有什么区别?它们分别是哪一类材料的典型代表?

1-5-10 图1-5-27所示为三种材料的曲线,试问哪种材料的强度高?哪种材料的刚度大?哪种材料的塑性好?

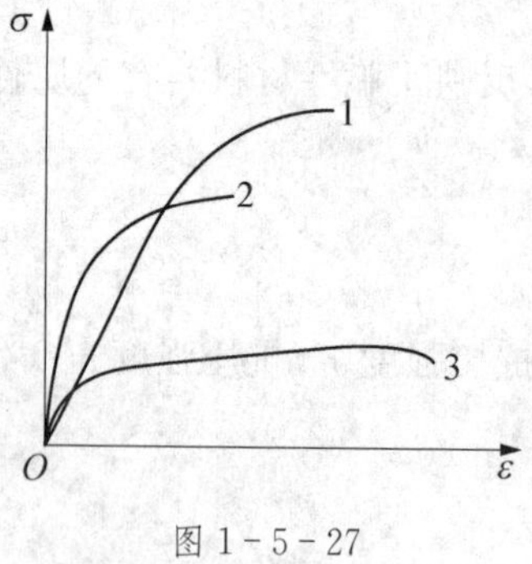

图1-5-27

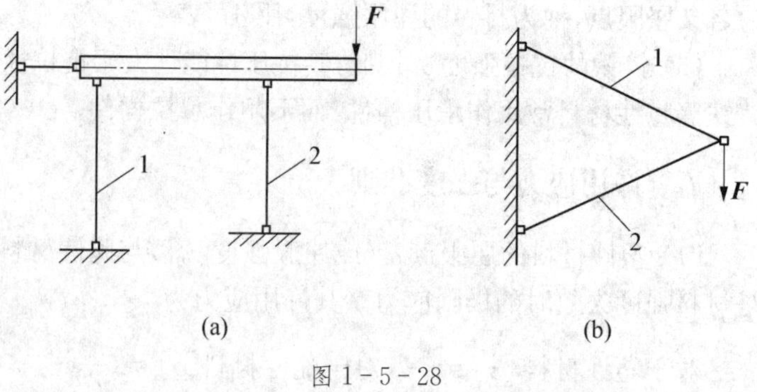

图1-5-28

1-5-11 图1-5-28所示结构中,若用铸铁制作杆1,用低碳钢制作杆2,你认为合理吗?

1-5-12 许用应力是怎样确定的？塑性材料和脆性材料分别用什么作为失效时的极限应力？

1-5-13 材料不同，轴力、截面相同的两拉杆，试问两杆的应力、变形、强度、刚度分别是否相同？

1-5-14 试指出下列概念的区别与联系：

外力与内力；内力与应力；纵向变形和线应变；弹性变形和塑性变形；比例极限与弹性极限；屈服点与屈服强度；抗拉强度与抗压强度；应力和极限应力；工作应力和许用应力；断后伸长率和线应变；材料的强度和构件的强度；材料的刚度和构件的刚度。

习题

1-5-1 如图1-5-29所示，已知$\boldsymbol{F}_1=20\,\text{kN}$，$\boldsymbol{F}_2=8\,\text{kN}$，$\boldsymbol{F}_3=10\,\text{kN}$，用截面法求图示杆件指定截面的轴力。

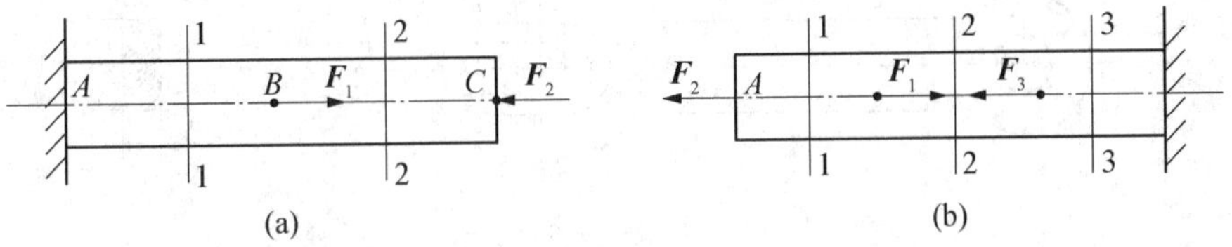

图1-5-29

1-5-2 图1-5-30所示杆件，求各段内截面的轴力，并画出轴力图。

1-5-3 图1-5-30(a)中杆件AB段截面$A_1=200\,\text{mm}^2$，BC段截面$A_2=300\,\text{mm}^2$，$E=200\,\text{GPa}$，$l=100\,\text{mm}$，求各段截面的应力。

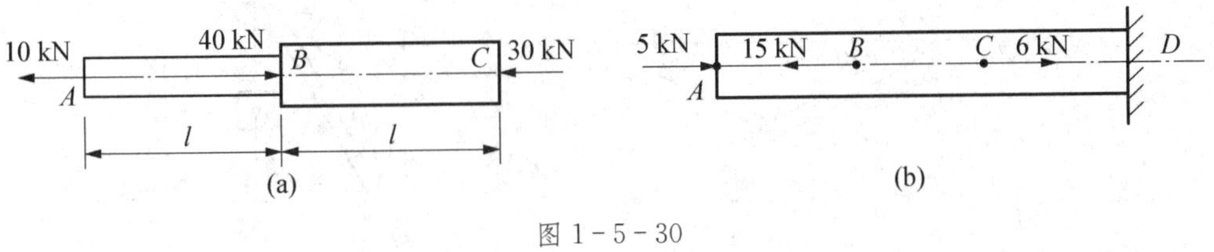

图1-5-30

1-5-4 如图1-5-31所示的插销拉杆，插销孔处横截面尺寸$b=50\,\text{mm}$，$h=20\,\text{mm}$，$H=60\,\text{mm}$，$\boldsymbol{F}=80\,\text{kN}$，试求拉杆的最大应力。

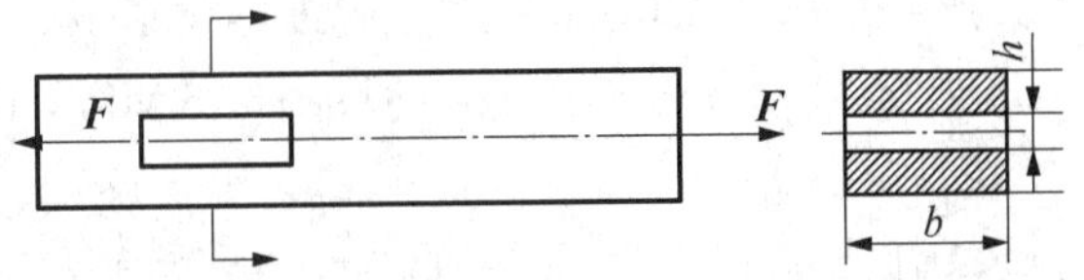

图1-5-31

1-5-5 图1-5-32所示液压缸盖与缸体采用6个小径$d=10\,\text{mm}$的螺栓连接，已知液压缸内径$D=200\,\text{mm}$，油压$p=1\,\text{MPa}$，若螺栓材料的许用应力$[\sigma]=80\,\text{MPa}$，试校核螺

栓的强度。

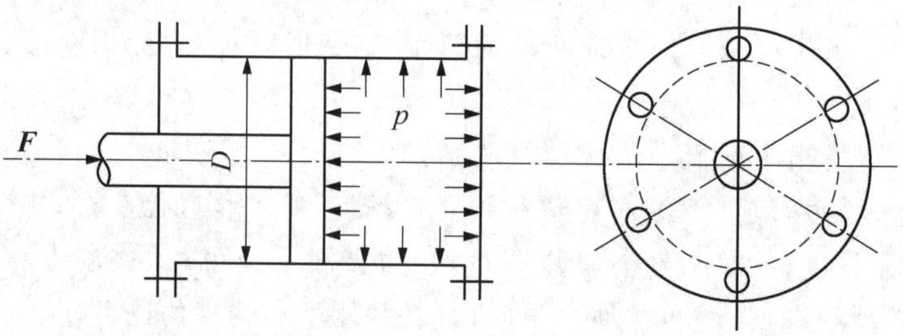

图 1-5-32

1-5-6 图1-5-33所示钢拉杆受轴向载荷 $\boldsymbol{F}=40\,\text{kN}$,材料的许用应力$[\sigma]=100\,\text{MPa}$,横截面为矩形,其中 $h=2b$,试设计拉杆的截面尺寸 b、h。

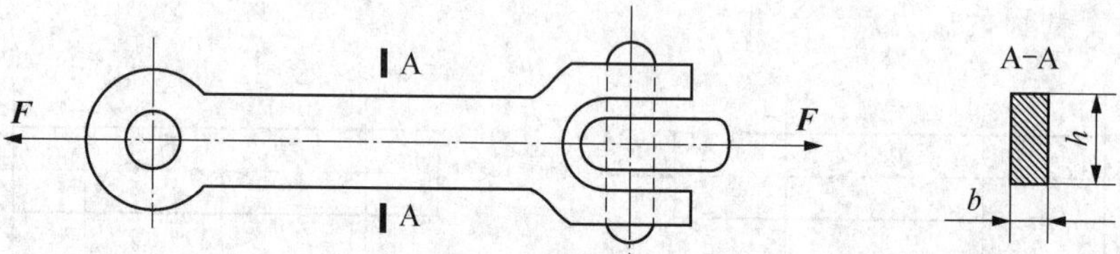

图 1-5-33

1-5-7 图1-5-34所示桁架,杆 AB、AC 铰接于点 A,在点 A 悬吊重物 $\boldsymbol{G}=10\pi\,\text{kN}$,两杆材料相同,$[\sigma]=100\,\text{MPa}$,试设计两杆的直径。

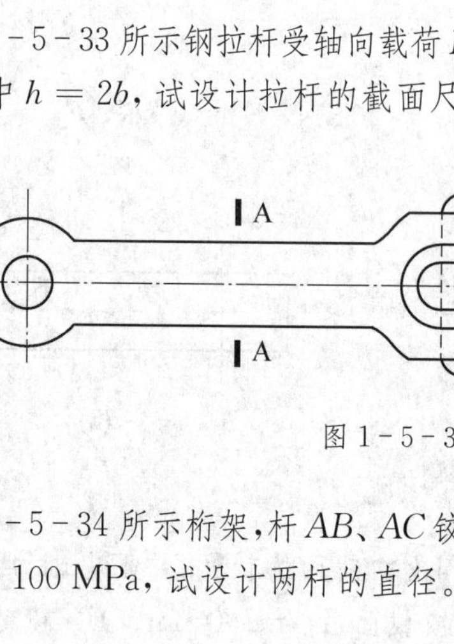

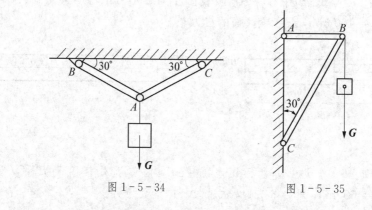

图 1-5-34

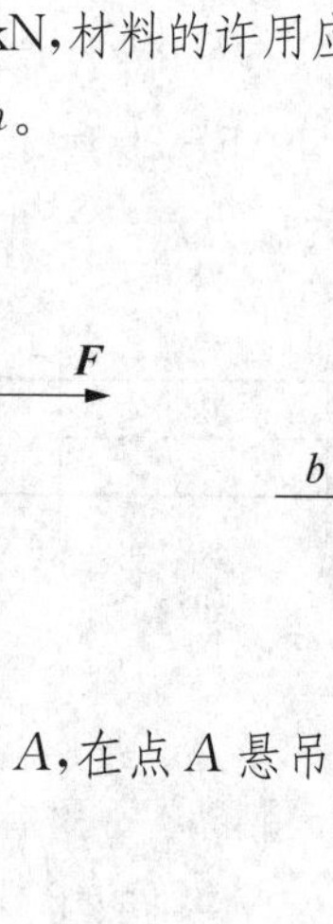

图 1-5-35

1-5-8 图1-5-35所示支架,杆 AB 为钢杆,横截面 $A_1=600\,\text{mm}^2$,许用应力$[\sigma_1]=100\,\text{MPa}$;杆 BC 为木杆,横截面 $A_2=200\times10^2\,\text{mm}^2$,许用应力$[\sigma_2]=5\,\text{MPa}$,试确定支架的许可载荷$[\boldsymbol{G}]$。

1-5-9 在圆截面拉杆上铣出一槽如图 1-5-36 所示,已知杆径 $d=20\,\text{mm}$,$[\sigma]=120\,\text{MPa}$,确定该拉杆的许可载荷$[\boldsymbol{F}]$。(提示:铣槽的横截面面积近似地按矩形计算。)

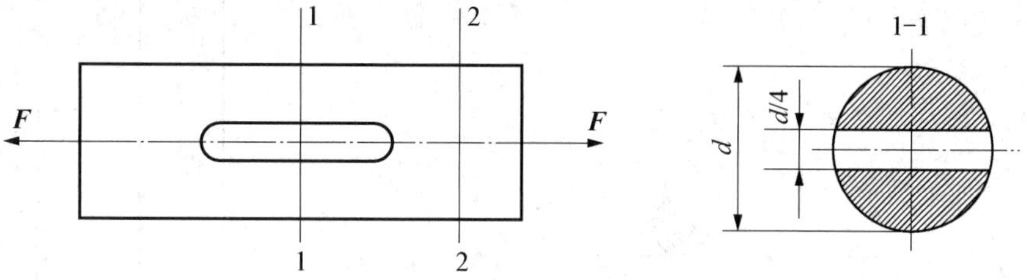

图 1-5-36

1-5-10　图 1-5-30(a)中杆件 AB 段截面 $A_1 = 200\ mm^2$，BC 段截面 $A_2 = 300\ mm^2$，$E = 200\ GPa$，$l = 100\ mm$，求杆的变形。

1-5-11　图 1-5-37 所示拉杆横截面 $b = 20\ mm$，$h = 40\ mm$，$l = 0.5\ m$，$E = 200\ GPa$，测得其轴向线应变 $\varepsilon = 3.0 \times 10^{-4}$，试计算拉杆横截面的应力和杆件的变形。

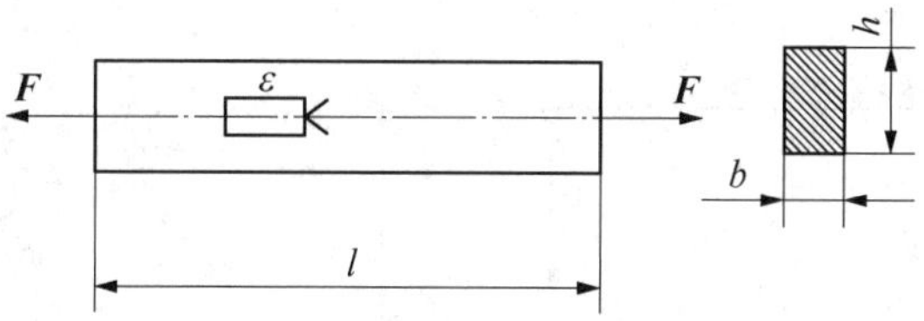

图 1-5-37

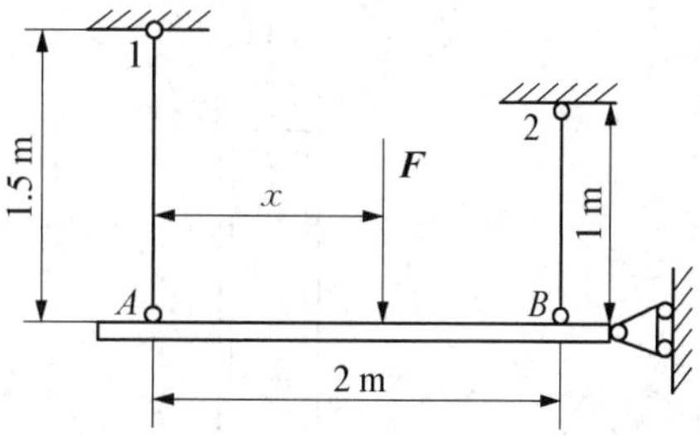

图 1-5-38

1-5-12　图 1-5-38 所示结构中，杆 1 为钢质杆，$A_1 = 400\ mm^2$，$E_1 = 200\ GPa$，杆 2 为铜质杆，$A_2 = 800\ mm^2$，$E_2 = 100\ GPa$；横杆 AB 的变形和自重忽略不计，问：

(1) 载荷作用在何处，才能使 AB 杆保持水平？

(2) 若 $\boldsymbol{F} = 30\ kN$ 时，求两拉杆截面的应力。

1-5-13　某钢的拉伸试件，直径 $d = 10\ mm$，标距 $l_0 = 50\ mm$。在试验的比例阶段测得拉力增量 $\Delta F = 9\ kN$，对应伸长量 $\Delta(\Delta l) = 0.028\ mm$，屈服点时拉力 $\boldsymbol{F}_s = 17\ Kn$，拉断前最大拉力 $\boldsymbol{F}_b = 32\ kN$，断口处的直径 $d_1 = 6.9\ mm$，试计算该钢的 E、σ_s、σ_b、δ 和 ψ 值。

1-5-14　图 1-5-39 所示钢制链环的直径 $d = 20\ mm$，材料的比例极限 $\sigma_P = 180\ MPa$，屈服点 $\sigma_s = 240\ MPa$，抗拉强度 $\sigma_b = 4\,000\ MPa$，若选用安全因数 $n = 2$，链环承受的最大载荷 $\boldsymbol{F} = 40\ kN$，试校核链环的强度。

1-5-15　飞机操纵系统的钢拉索，长 $l = 3\ m$，承受拉力 $\boldsymbol{F} = 24\ kN$，钢索的 $E = 200\ GPa$，$[\sigma] = 120\ GPa$，若要使钢索的伸长量不超过 2 mm，问钢索的截面面积至少应有多大？

1-5-16　图 1-5-40 所示等截面钢杆 AB，已知其横截面面积 $A = 2 \times 10^3\ mm^2$，在杆轴线 C 处作用 $\boldsymbol{F} = 120\ kN$ 的轴向力，试求杆件各段横截面上的应力。

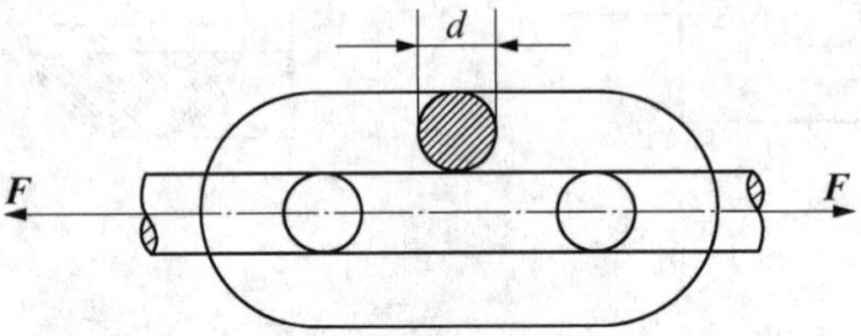

图 1-5-39

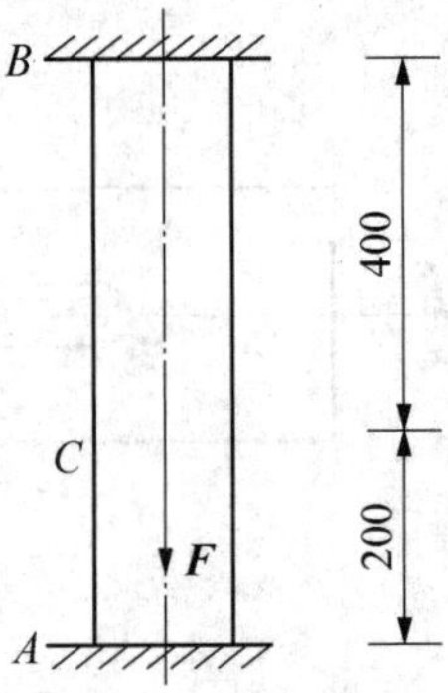

图 1-5-40

1-5-17 图 1-5-41 所示木制短柱的四角用四个 $40\times40\times4\ \mathrm{mm}^3$ 的等边角钢(查附录 C 型钢表)加固,已知角钢的 $[\sigma_1]=160\ \mathrm{MPa}$,$E_1=200\ \mathrm{GPa}$;木材的 $[\sigma_2]=12\ \mathrm{MPa}$,$E_2=10\ \mathrm{GPa}$,试求该短柱的许载荷 $[\boldsymbol{F}]$。

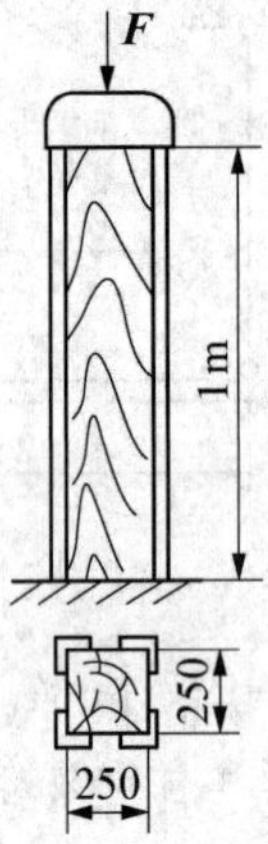

图 1-5-41

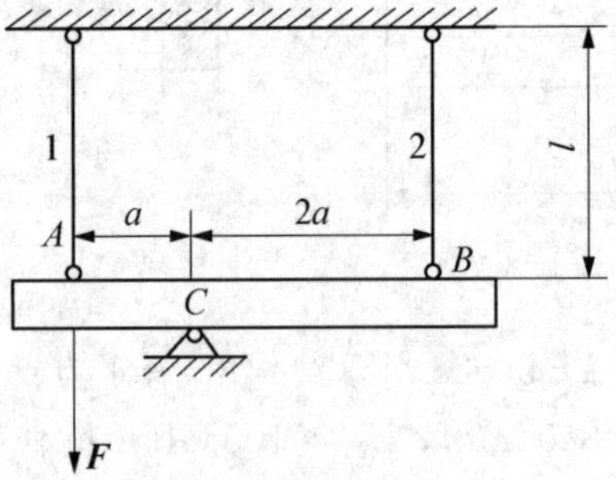

图 1-5-42

1-5-18 图 1-5-42 所示结构横杆 AB 为刚性杆,不计其变形。已知杆 1、2 的材料、截面面积和杆长均相同,$A=200\ \mathrm{mm}^2$,$[\sigma]=100\ \mathrm{MPa}$,试求结构的许可载荷 $[\boldsymbol{F}]$。

第六章　剪切与挤压

第一节　剪切和挤压的工程实例

工程构件之间常采用各种连接方式来传递载荷和运动，如图 1－6－1 所示挂钩中的销钉连接；图 1－6－2 所示齿轮和轴之间的键连接等。当构件工作时，此类连接件的两侧面上作用大小相等、方向反、作用线平行且相距很近的一对外力，两力作用线之间的截面发生了相对错动，这种变形称为**剪切变形**，产生相对错动的截面称为**剪切面**。

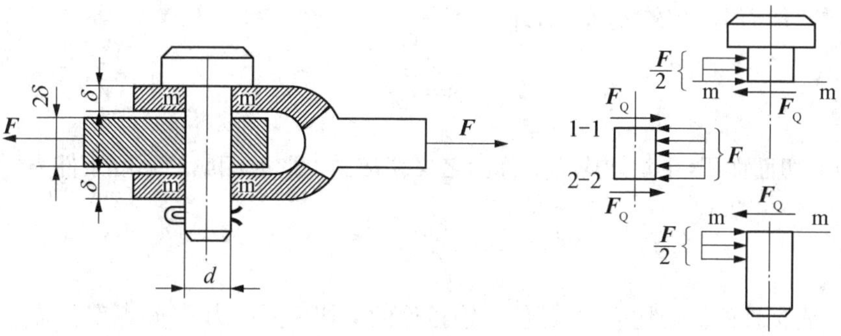

(a)　　(b)

图 1－6－1

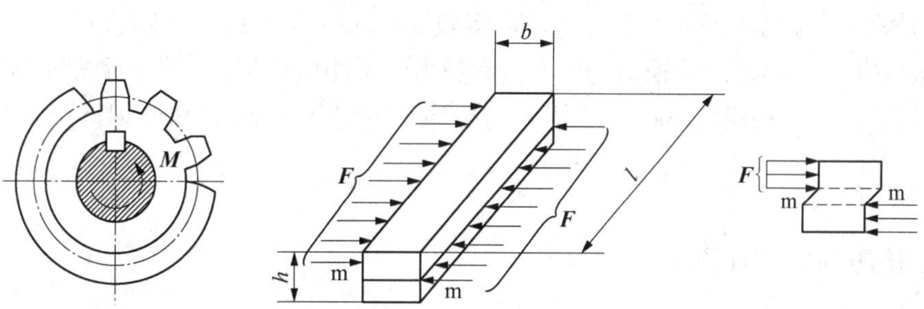

(a)　　(b)　　(c)

图 1－6－2

分析图 1－6－1 中挂钩中的销钉连接和图 1－6－2 所示齿轮和轴之间的键连接，可以看出，连接件的受力和变形特点是：作用在构件两侧面上分布力的合力大小相等、方向相反、作用线垂直杆轴线且相距很近;夹在两外力作用线之间的剪切面发生了相对错动。

连接件发生剪切变形的同时,连接件与被连接件的接触面相互作用而压紧,这种现象称为挤压。挤压力过大时,在接触面的局部范围内将发生塑性变形,或被压溃。这种因挤压力过大,接件接触面的局部范围内发生塑性变形或压溃现象,称为**挤压破坏**。挤压和压缩是两个完全不同的概念,挤压变形发生在两构件相互接触的表面,而压缩则是发生在一个构件上。

第二节 剪切和挤压的实用计算

一、剪切实用计算

现研究图 1-6-1 所示销钉连接的剪切强度计算问题。假想沿剪切面 m-m 将销钉截开,为保持平衡,剪切面上必有平行于截面的切向内力存在,这个平行于截面的内力称为**剪力**,用 $\boldsymbol{F}_{\mathrm{Q}}$ 表示。由平衡条件可得

$$\boldsymbol{F}_{\mathrm{Q}} = \boldsymbol{F}$$

与剪力相应的应力为**切应力**,用符号 τ 表示。连接件发生剪切变形时,为方便起见,假定切应力在剪切面上是均匀分布的,即

$$\tau = \frac{\boldsymbol{F}_{\mathrm{Q}}}{A} \tag{1-6-1}$$

式中,A 为剪切面面积,平均切应力 τ 称为**名义切应力**。此时相应的强度条件为

$$\tau = \frac{\boldsymbol{F}_{\mathrm{Q}}}{A} \leqslant [\tau] \tag{1-6-2}$$

式中,$[\tau]$为连接件的许用切应力,其值为连接件的剪切极限应力 τ^0 除以安全系数 n,即

$$[\tau] = \frac{\tau^0}{n}$$

式中,τ^0 是根据同类连接件进行破坏试验获得破坏时的剪力值 $\boldsymbol{F}_{\mathrm{Q}}$后,按式(1-6-1)得出的名义极限切应力。由于 τ^0 是采用与构件实际受力情况相似的试验求得,所以剪切实用计算方法是可靠的。试验表明,许用切应力$[\tau]$与拉伸许用应力$[\sigma]$有关,对于钢材有如下关系:

$$[\tau] = (0.6 \sim 0.8)[\sigma]$$

二、挤压的实用计算

如图 1-6-2(b)所示,齿轮和轴之间的键连接的侧面产生挤压的侧面,称为**挤压面**。把挤压面上的作用力称为**挤压力**,用 $\boldsymbol{F}_{\mathrm{bs}}$ 表示。挤压面上由挤压力引起的应力称为挤压应力,用 σ_{bs} 表示。挤压应力在挤压面上的分布也是比较复杂的,挤压应力在圆孔和圆柱面上的分布大致如图 1-6-3(b)、(c)所示。为了简便,计算时同样采用实用计算法,假设挤压应力在挤压面上均匀分布,即:式中,A_{bs}为挤压计算面积。在挤压强度计算中,A_{bs}要根据接触面

的具体情况而定。

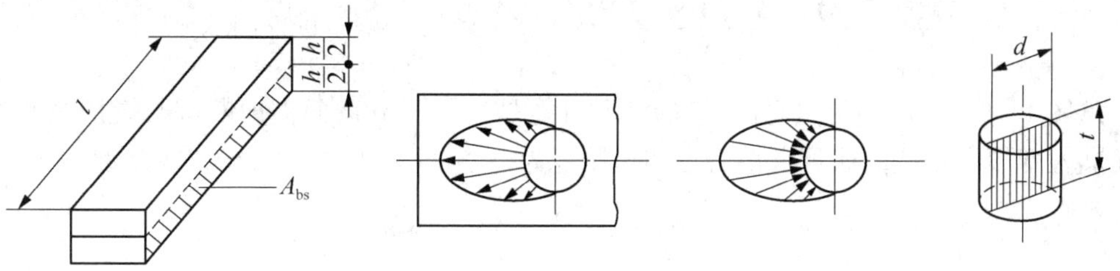

(a) (b) (c)

图 1-6-3

$$\sigma_{bs}=\frac{\boldsymbol{F}_{bs}}{A_{bs}} \tag{1-6-3}$$

若接触为平面，则挤压面积为有效接触面面积，如图 1-6-3(a)所示的联轴键，挤压面为 $A_{bs}=l\times\frac{h}{2}$。若接触面是圆柱形曲面，如铆钉、销钉、螺栓等圆柱形连接件，如图 1-6-3(c)所示，挤压计算面积按半圆柱侧面的正投影面积计算，亦即 $A=td$。由于挤压应力并不是均匀分布的，而最大挤压应力发生于半圆柱形侧面的中间部分，所以采用半圆柱形侧面的正投影面积作为挤压计算面积，所得的应力与接触面的实际最大挤压应力大致相近。

许用挤压应力$[\sigma_{bs}]$的确定与剪切许用切应力的确定方法相类似，由实验结果通过实用计算确定。设计时可查阅有关设计规范，一般塑性材料的许用挤压应力$[\sigma_{bs}]$与许用正应力$[\sigma]$之间存在如下关系

$$[\sigma_{bs}]=(1.7\sim 2.0)[\sigma]$$

不难看出，许用挤压应力远大于许用正应力，但需注意，如果连接件和被连接件的材料不同，应以许用应力较低者进行挤压强度计算。这样才能保证结构安全可靠地工作。

例 1-6-1　如图 1-6-4(a)所示，某齿轮用平键与轴连接(图中未画出齿轮)，已知轴的直径 $d=56\ \text{mm}$，键的尺寸为 $b\times h\times l=16\times 10\times 80\ \text{mm}^3$，轴传递的扭转力矩 $\boldsymbol{M}=1\ \text{kN}\cdot\text{m}$，键的许用切应力$[\tau]=60\ \text{MPa}$，许用挤压应力力$[\sigma_{bs}]=100\ \text{MPa}$，试校核键的连接强度。

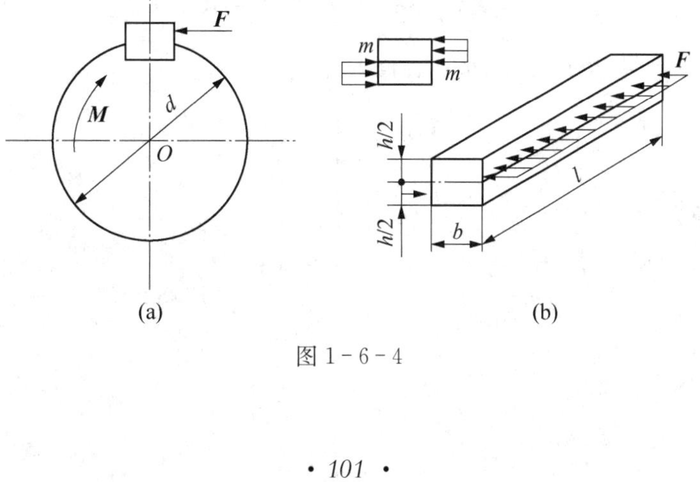

(a) (b)

图 1-6-4

解:以键和轴为研究对象,其受力如图所示,键所受的力由平衡方程得

$$\boldsymbol{F}=\frac{2\boldsymbol{M}}{d}=\frac{2\times 1\times 10^6}{56}=35.71\times 10^3\ \mathrm{N}=35.71\ \mathrm{kN}$$

从图 1-6-4(b)中可以看出,键的破坏可能是沿 m-m 截面被剪断或与键槽之间发生挤压塑性变形。用截面法可求得剪力和挤压力为

$$\boldsymbol{F}_{\mathrm{Q}}=\boldsymbol{F}_{\mathrm{bs}}=\boldsymbol{F}=35.71\ \mathrm{kN}$$

校核键的强度,键的剪切面积 $A=bl$,挤压面积为 $A_{\mathrm{bs}}=hl/2$,得切应力和挤压应力分别为

$$\tau=\frac{\boldsymbol{F}_{\mathrm{Q}}}{A}=\frac{35.71\times 10^6}{16\times 80}=27.6\ \mathrm{MPa}$$

$$\sigma_{\mathrm{bs}}=\frac{\boldsymbol{F}_{\mathrm{bs}}}{A_{\mathrm{bs}}}=\frac{35.71\times 10^6}{\frac{10}{2}\times 80}=89.3\ \mathrm{MPa}$$

所以键的剪切和挤压强度均满足。

例 1-6-2 图 1-6-5 所示拖车挂钩用销钉连接,销钉的许用切应力 $[\tau]=60\ \mathrm{MPa}$,许用挤压应力$[\sigma_{\mathrm{bs}}]=100\ \mathrm{MPa}$,挂钩部分的钢板厚度 $t=8\ \mathrm{mm}$,拖车的拉力 $\boldsymbol{F}=18\ \mathrm{kN}$,试选择销钉的直径 d。

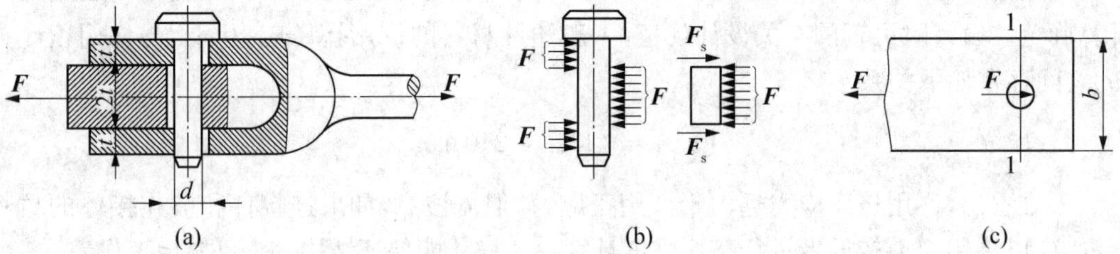

图 1-6-5

解:(1) 按剪切强度条件进行设计 取销钉为研究对象,销钉有两个剪切面,称为双剪。用截面法将销钉沿剪切面截开,取中段为研究对象,由平衡条件可得剪切面上的剪力为

$$\boldsymbol{F}_{\mathrm{Q}}=\frac{\boldsymbol{F}}{2}=\frac{18}{2}=9\ \mathrm{kN}$$

销钉剪切面的面积 $A=\pi d^2/4$,由剪切强度条件

$$\tau=\frac{\boldsymbol{F}_{\mathrm{Q}}}{A}=\frac{\boldsymbol{F}_{\mathrm{Q}}}{\pi d^2/4}\leqslant[\tau]$$

所以销钉的直径为

$$d\geqslant\sqrt{\frac{4\boldsymbol{F}_{\mathrm{Q}}}{\pi[\tau]}}=\sqrt{\frac{4\times 9\times 10^3}{\pi\times 60}}=13.8\ \mathrm{mm}$$

(2) 按挤压强度条件进行校核

销钉挤压面的计算面积 $A_{bs} = td$，挤压力 $\boldsymbol{F}_{bs} = \boldsymbol{F}/2$，挤压应力为

$$\sigma_{bs} = \frac{\boldsymbol{F}_{bs}}{A_{bs}} = \frac{\boldsymbol{F}}{2td} = \frac{18 \times 10^3}{2 \times 8 \times 13.8} = 81.5\ \text{MPa}$$

销钉的挤压强度足够。综合考虑剪切和挤压强度，可选取 $d = 14$ mm 的销钉。

讨论：拖车挂钩除可能发生剪切和挤压破坏外，有时还可能在其拉板（连接板）的 1－1 截面处被拉断，如图 1－6－5(c)所示。若拉板的许用应力为 $[\sigma]$，试写出销钉直径 d 应满足的拉板强度条件。$\sigma = \boldsymbol{F}/(b-d)2t \leqslant [\sigma]$，其中 b 和 $2t$ 分别为拉板的宽度和厚度，d 为孔的内径。

例 1－6－3　在厚度 $t = 5$ mm 的钢板上，冲成直径 $d = 18$ mm 的圆孔（见图 1－6－6），钢板的极限切应力 $\tau^0 = 400$ MPa，试求冲床的冲压力 $\boldsymbol{F}$。

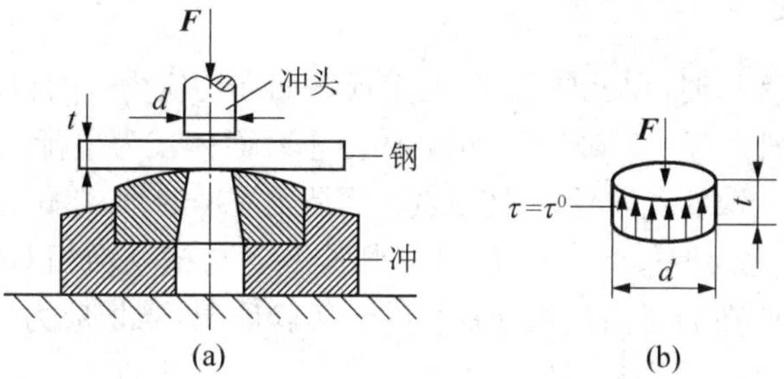

图 1－6－6

解：钢板的剪切面面积等于圆孔侧面的面积（见图 1－6－6b），即 $A = \pi dt$。要在钢板上冲成圆孔，圆板侧面所受的切应力 τ 应达到钢板的极限切应力 τ^0，即 $\tau = \dfrac{\boldsymbol{F}_Q}{A} = \dfrac{\boldsymbol{F}}{A} = \tau^0$。

所以，冲床所需的冲压力为

$$\boldsymbol{F} = \tau^0 A = \tau^0 \pi dt = 400 \times \pi \times 18 \times 5 = 113\ \text{kN}$$

第三节　剪切胡克定律

一、切应力互等定理

为了进一步分析受剪构件的受力和变形情况，在图 1－6－7(a)所示的受剪构件中，围绕点 A 截取一个无限小的正六面体（称为**单元体**），并将其放大，如图 1－6－7(b)所示。由上述讨论可知，在单元体的左、右两个面（构件的横截面）上的切应力应等值反向，用 τ 表示，方向与横截面上的剪力一致。为了保持单元体的力矩平衡，上、下两面必须有切应力存在，根据 x 方向力的平衡，也应等值反向，用 τ' 表示。单元体的这种受力状态称为纯剪切。由单元体对 z 轴的合力矩为零，有

$$\tau \cdot \mathrm{d}y\mathrm{d}z \cdot \mathrm{d}x - \tau' \cdot \mathrm{d}x\mathrm{d}z \cdot \mathrm{d}y = 0$$

得

$$\tau = \tau' \tag{1-6-4}$$

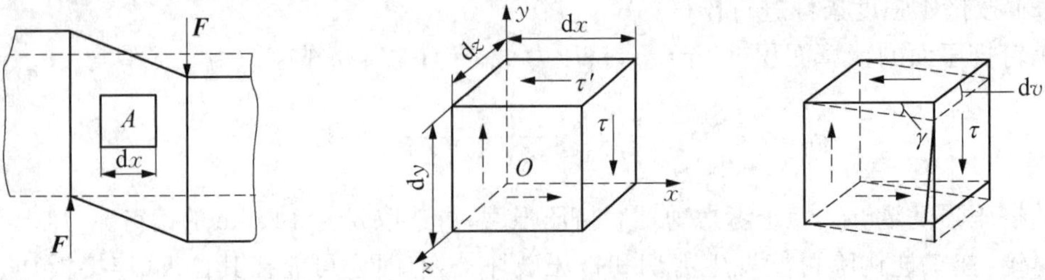

(a) (b) (c)

图 1-6-7

上式表明:在单元体互相垂直的截面上,垂直于截面交线的切应力必定成对存在,大小相等,方向则均指向或都背离此交线。这称为切应力互等定理。

二、剪切胡克定律

当构件发生剪切变形时,单元体左、右两个横截面在切应力 τ 的作用下沿 y 方向发生了相对错动位移 $\mathrm{d}v$,如图 1-6-7(c)所示,单元体由正六面体变为平行六面体,在前、后面上的矩形直角发生了微小的改变量 γ,称为**切应变**。γ 是无量纲的量,单位是 rad(弧度)。

由于变形微小,所以 $\gamma \approx \tan\gamma = \mathrm{d}v/\mathrm{d}x$,切应变 γ 与横截面相对错动的位移成正比;γ 所在的截面与切应力所在的截面是相互垂直的。实验证明:当切应力 τ 不超过一定限度时,切应力 τ 与切应变 γ 成正比关系,即

$$\tau = G\gamma \qquad (1-6-5)$$

式(1-6-5)称为剪切胡克定律。比例常数 G 称为材料的切变模量。其量纲与切应力相同,常用的单位为 GPa(或 $\mathrm{GN/m^2}$)。切变模量属材料的力学性能,其值由试验确定。

材料的切变模量 G 与拉压弹性模量 E 以及横向变形系数 μ,都是表示材料弹性性能的常数。实验表明,对于各向同性材料,它们之间存在以下关系

$$G = \frac{E}{2(1+\mu)}$$

小　　结

一、剪切和挤压的概念

(1) 构件剪切的受力与变形特点是:沿构件两侧作用大小相等、方向相反、作用线平行且相距很近的两外力,夹在两外力作用线之间的剪切面发生了相对错动。

(2) 构件发生剪切变形的同时,其接触面相互作用而压紧,这种现象称为挤压。构件因挤压力过大,其接触面的局部范围内发生塑性变形或压溃,称为挤压破坏。

二、实用计算

(1) 工程实际中采用实用计算法进行剪切和挤压的强度计算,其剪切和挤压的强度准

则分别为

$$\tau = \frac{F_Q}{A} \leqslant [\tau],\ \sigma_{bs} = \frac{F_{bs}}{A_{bs}} \leqslant [\sigma_{bs}]$$

（2）确定构件的剪切面和挤压面是进行剪切和挤压强度计算的关键。剪切面与外力平行且夹在两外力之间。当挤压面为平面时，其计算面积就是实际面积，当挤压面为一半圆柱侧面时，其挤压计算面积为半圆柱侧面的正投影面积。

思考题

1-6-1　何谓剪切？受剪构件的受力和变形特点是什么？

1-6-2　何谓挤压？挤压和杆件受轴向压缩变形有何区别？

1-6-3　如何判别剪切面和挤压面？对于圆形截面的连接件，挤压面面积如何计算？

1-6-4　何谓剪切和挤压的实用计算？

1-6-5　试分析图 1-6-8 所示的螺栓接头中螺栓的剪切面和挤压面

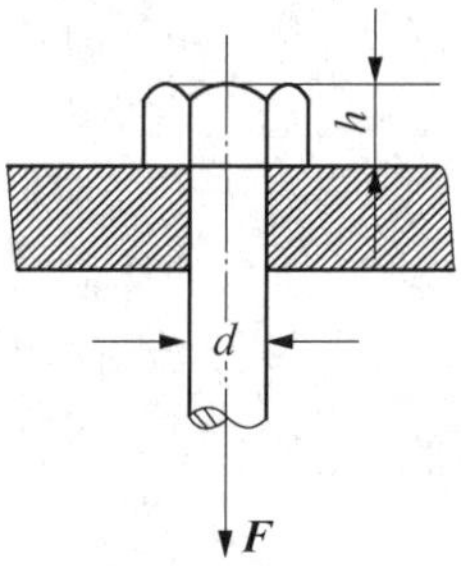

图 1-6-8

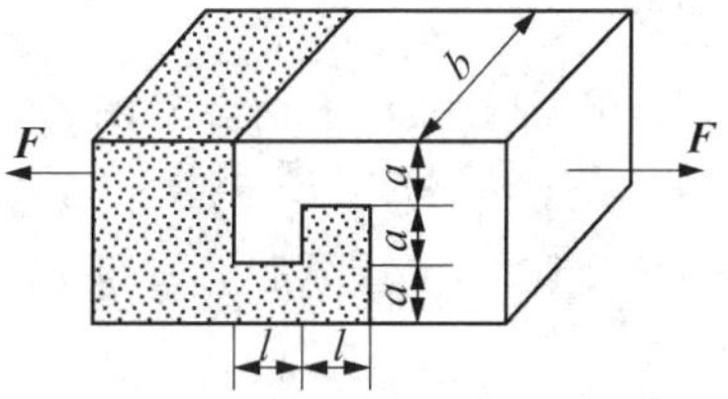

图 1-6-9

1-6-6　试分析图 1-6-9 所示的接头中的剪切面和挤压面。

习　题

1-6-1　图 1-6-10 所示剪床需用剪刀切断直径为 12 mm 棒料，已知棒料的抗剪强度 $\tau_b = 320$ MPa，试求剪力的切断力 $\boldsymbol{F}$。

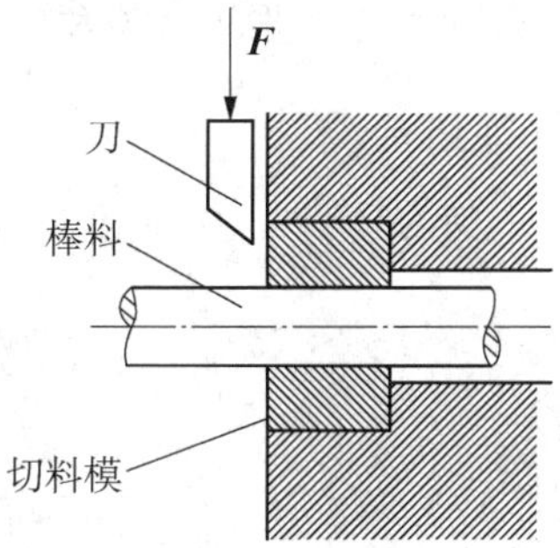

图 1-6-10

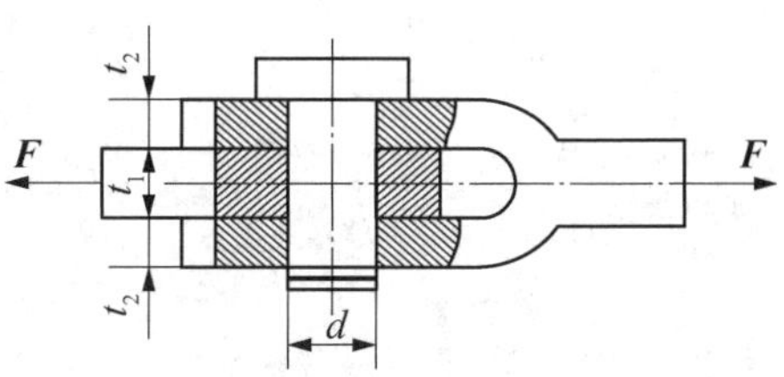

图 1-6-11

1-6-2　图1-6-11所示为一销钉接头,已知 $\boldsymbol{F}=18\,\mathrm{kN}$, $t_1=8\,\mathrm{mm}$, $t_2=5\,\mathrm{mm}$,销钉的直径 $d=16\,\mathrm{mm}$,销钉的许用切应$[\tau]=60\,\mathrm{MPa}$,许用挤压应力$[\sigma_{\mathrm{bs}}]=20\,060\,\mathrm{MPa}$,试校核销钉的抗剪强度和挤压强度。

1-6-3　图1-6-12所示的轴与齿轮用普通平键连接,已知 $d=70\,\mathrm{mm}$, $b=20\,\mathrm{mm}$, $h=12\,\mathrm{mm}$,轴传递的转矩 $\boldsymbol{M}=2\,\mathrm{kN\cdot m}$,键的许用切应力$[\tau]=60\,\mathrm{MPa}$,许用挤压应力$[\sigma_{\mathrm{bs}}]=100\,\mathrm{MPa}$,试设计键的长度 l。

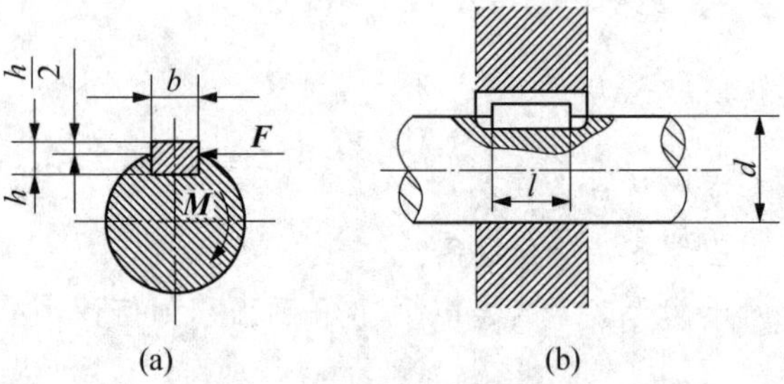

图1-6-12

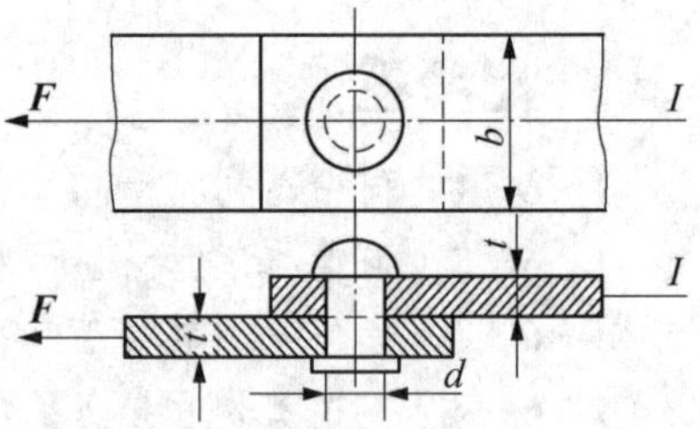

图1-6-13

1-6-4　图1-6-13所示铆钉接头,已知钢板的厚度 $t=10\,\mathrm{mm}$,铆钉的直径$d=17\,\mathrm{mm}$,铆钉与钢板的材料相同,许用切应力$[\tau]=140\,\mathrm{MPa}$,许用挤压应力$[\sigma_{\mathrm{bs}}]=320\,\mathrm{MPa}$, $\boldsymbol{F}=24\,\mathrm{kN}$,试校核铆钉接头强度。

1-6-5　图1-6-14所示手柄与轴用普通平键连接,已知轴的直径 $d=35\,\mathrm{mm}$,手柄长 $l=700\,\mathrm{mm}$;键的尺寸 $b\times h\times l=10\times 8\times 36\,\mathrm{mm}^3$,键的许用切应力$[\tau]=60\,\mathrm{MPa}$,许用挤压应力$[\sigma_{\mathrm{bs}}]=120\,\mathrm{MPa}$,试确定作用于手柄上的许可载荷$[\boldsymbol{F}]$。

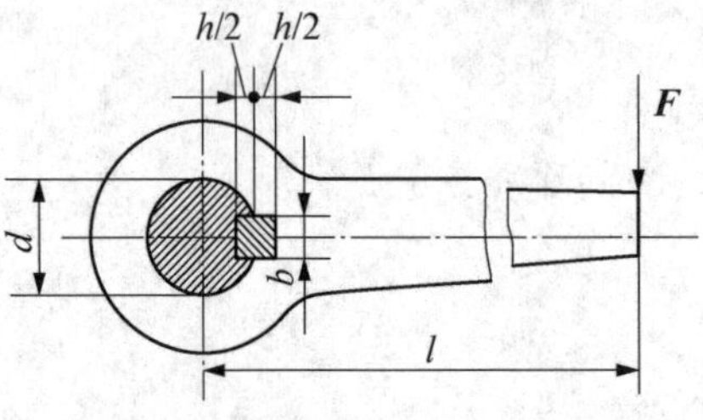

图1-6-14

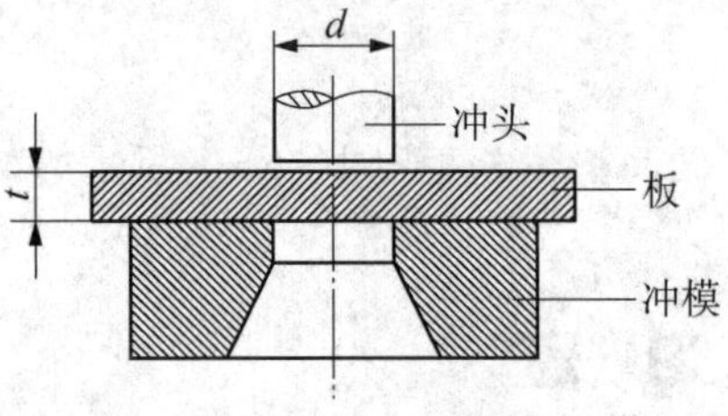

图1-6-15

1-6-6　图1-6-15所示冲床的最大冲力 $\boldsymbol{F}=400\,\mathrm{kN}$,冲头材料的许用挤压应力$[\sigma_{\mathrm{bs}}]=440\,\mathrm{MPa}$,钢板的抗剪强度 $\tau_{\mathrm{b}}=360\,\mathrm{MPa}$,试求在最大冲力作用下所能冲剪的最小圆孔直径 d 和钢板的最大厚度 t。

第七章　圆轴扭转

在工程中，常遇到承受扭转变形的杆件，扭转变形是杆件的基本变形形式之一。本章只讨论圆轴的扭转问题。

第一节　圆轴扭转的工程实例与力学模型

发生扭转变形的杆件，如开锁的钥匙，汽车转向盘等，例如汽车方向盘的操纵杆，如图 1-7-1(a)所示，以及传动轴等。这些杆件受力的特点是：外力是一对大小相等，转向相反的力偶，作用在垂直于杆轴线的平面内；其变形的特点是：各横截面绕轴线相对转动，如图 1-7-1(b)所示。杆件的这种变形形式称为**扭转**，以扭转变形为主的杆件称为**轴**。

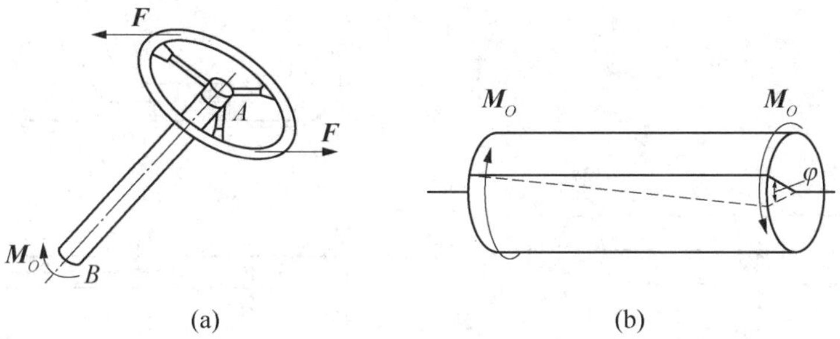

图 1-7-1

本章重点讨论圆轴受扭转变形时的强度和刚度计算。有一些杆件，如齿轮轴、汽轮机轴及车床主轴等，除承受扭转变形外，还有弯曲等变形，这类组合变形问题将在第 9 章中讨论。

本章所得结论不适用于非圆截面轴，关于该问题的讨论，可参考其他材料力学教材。

第二节　扭矩和扭矩图

一、外力偶矩的计算

在研究扭转的应力和变形之前，首先要确定作用在轴上的外力偶和横截面上的内力。对传动轴，通常已知轴所传递的功率 P、轴的转速 n，其扭转外力偶矩 $\boldsymbol{M}_O$ 通过下列公式确定，即

$$M_O = 9\,550\,\frac{P}{n} \tag{1-7-1}$$

式中,功率 P 的单位是 kW,力偶矩 M_O 单位是 N·m,转速 n 的单位是 r/min。

二、扭矩和扭矩图

确定了外力偶矩之后,便可计算内力。图 1-7-2(a)所示圆轴 AB 在外力偶作用下处于平衡状态,为求其内力,可用截面法在任意横截面 1-1 处将轴分为两段。取左段为研究对象,如图 1-7-2(b)所示,为保持平衡,1-1 截面上的分布内力必合成一个力偶 M_n,它是右段对左段的作用。由平衡条件

$$\sum M_x = 0,\ M_n - M_O = 0$$

得

$$M_n = M_O$$

横截面上的内力偶矩 M_n 称为**扭矩**。如取右段为研究对象,如图 1-7-2(c)所示,则求得 1-1 截面的扭矩将与上述扭矩大小相等,转向相反。为使上述两种方法在同一截面上所得扭矩正负号一致,现作如下规定:按右手螺旋法则,拇指指向外法线方向。扭矩的转向与四指的握向一致时为正,以之为负。图 1-7-2(b)、(c)所示扭矩均为正值。

为形象地表达扭矩沿轴线的变化情况,可仿照轴力图的方法绘制扭矩图,作图时,沿轴线方向取坐标表示横截面的位置,以垂直轴线的方向取坐标表示扭矩,下面举例说明之。

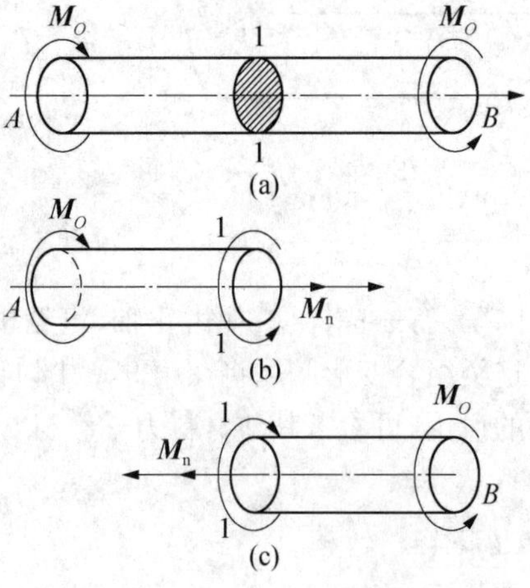

图 1-7-2

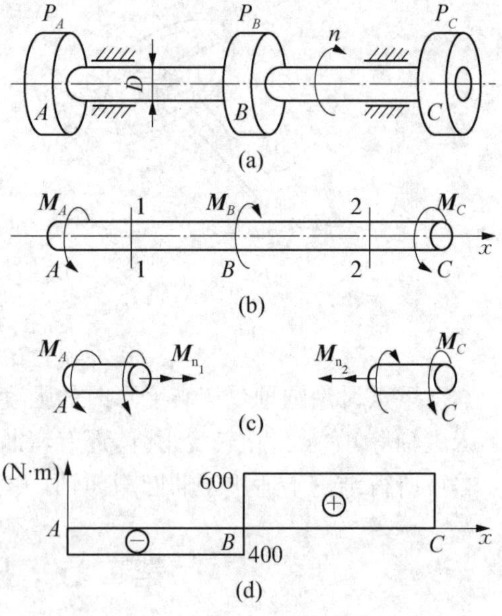

图 1-7-3

例 1-7-1 图 1-7-3(a)所示传动轴,已知转速 $n = 955$ r/min,功率由主动轮 B 输入,$P_B = 100$ kN 通过从动轮 A、C 输出,$P_A = 40$ kW,$P_C = 60$ kW,求轴的扭矩,并作扭矩图。

解:(1) 外力偶矩计算 由式(1-7-1)得

$$\boldsymbol{M}_B = 9\,550\,\frac{P_B}{n} = 9\,550\,\frac{100}{955} = 1\,000\ \text{N} \cdot \text{m}$$

$$\boldsymbol{M}_A = 9\,550\,\frac{P_A}{n} = 9\,550\,\frac{40}{955} = 400\ \text{N} \cdot \text{m}$$

$$\boldsymbol{M}_C = 9\,550\,\frac{P_C}{n} = 9\,550\,\frac{60}{955} = 600\ \text{N} \cdot \text{m}$$

$\boldsymbol{M}_B$为主动力偶矩，与轴转向相同，$\boldsymbol{M}_A$、$\boldsymbol{M}_C$为阻力偶矩，与轴转向相反，如图 1－7－3(b)所示。

(2) 扭矩计算　用截面法分别计算 AB 和 BC 两轴段内任意截面 1－1，2－2 上的扭矩 $\boldsymbol{M}_{n_1}$ 和 $\boldsymbol{M}_{n_2}$，并按正号假定，如图 1－7－3(c)所示，由平衡条件 $\sum \boldsymbol{M}_x = 0$，可得

$$\boldsymbol{M}_{n_1} = -\boldsymbol{M}_A = -400\ \text{N} \cdot \text{mm},\ \boldsymbol{M}_{n_2} = \boldsymbol{M}_C = 600\ \text{N} \cdot \text{mm}$$

式中，负号表示扭矩的转向与假设相反。

(3) 作扭矩图　与轴力图相类似，将扭矩沿轴线的变化规律用图 1－7－3(d)表示，称为扭矩图。从图中可看出，危险截面(最大扭矩所在的截面)在 BC 段。

讨论：若将主动轮 B 和从动轮 A 或 C 互换位置，其结果将如何？这种设计合理么？

第三节　圆轴扭转时横截面上的应力和强度计算

本节讨论等直圆轴受扭时横截面上的应力及其强度计算。由于应力分布未知，因此要从研究变形规律入手，然后运用物理关系和静力学条件进行综合分析。

一、圆轴扭转时横截面的应力

实验表明：在小变形条件下，等截面圆轴扭转时，各横截面像刚性平面一样，相对转动，如图 1－7－4 所示。即圆轴横截面的形状与大小及间距不变，半径保持为直线。由此可得出如下结论：

(1) 由于横截面的间距不变，线应变 $\varepsilon = 0$，所以横截面上没有正应力。

(2) 各纵向线倾斜了同一个微小角度 γ。

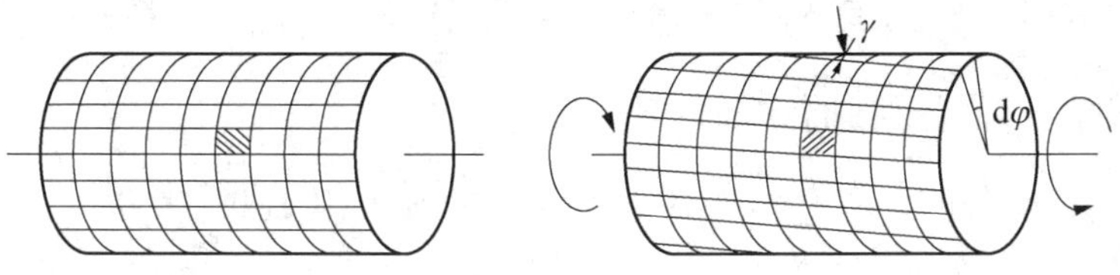

图 1－7－4

由于圆轴扭转时内部材料各点的相对位置无法观察，根据实验观察到的“圆周线的形状、大小不变”现象，作如下平面假设：圆轴扭转变形时，各横截面始终保持为平面，且形状大小不变。在平面假设的基础上，分析观察的现象，由此得出以下结论：圆轴扭转变形以看作是横截面像刚性平面一样，绕轴线相对转动。①由于相邻截面的间距不变，所以横截面上无正应力。②由于横截面绕轴线转动了不同的角度，因此相邻横截面间就产生了相对扭转角

$d\varphi$，即横截面间发生旋转式的相对错动，发生了剪切变形，故截面上有切应力存在。

为了求得切应力在截面上的分布规律，取一对相邻截面，作其相对错动的示意图1-7-5(a)，并观察其变形。

从图1-7-5(a)可以看出，截面上距轴线愈远的点，相对错动的位移愈大，说明该点的切应变愈大。由剪切胡克定律可知，在剪切的弹性范围内，切应力与切应变成正比。从而得出横截面上任一点的切应力与该点到轴线的距离 ρ 成正比，切应力与 ρ 垂直，其线性分布规律如图1-7-5(a)、(b)所示。

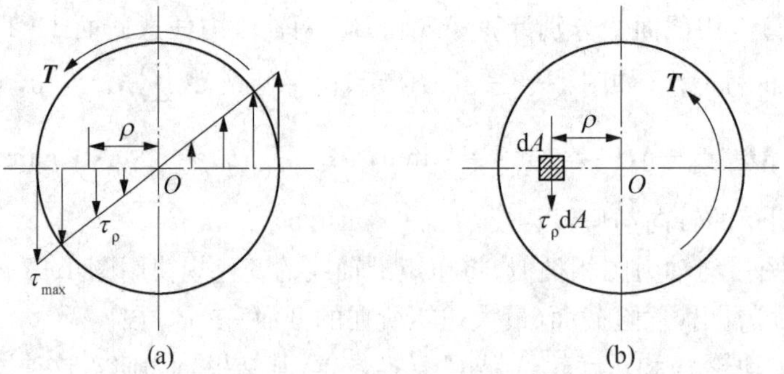

图1-7-5

应用变形几何关系和静力学平衡关系可以推知：横截面任一点的切应力与截面扭矩 $\boldsymbol{M}_n$ 成正比，与该点到轴线的距离 ρ 成正比，而与截面的极惯性矩 J_P 成反比。其切应力公式为

$$\tau_\rho = \frac{\boldsymbol{M}\rho}{I_\rho} \tag{1-7-2}$$

式中，I_ρ 称为横截面对圆心的**极惯性矩**，其大小与截面形状、尺寸有关，单位是 m^4，或者是 mm^4，最大切应力发生在截面边缘处，即 $\rho = D/2$ 时，其值为

$$\tau_{max} = \frac{\boldsymbol{M}D}{2I_\rho} = \frac{\boldsymbol{M}_n}{W_\rho} \tag{1-7-3}$$

式中，$W_\rho = \dfrac{I_\rho}{D/2}$ 称为抗扭截面系数。

必须指出，式(1-7-3)只适用于圆轴，且横截面上 τ_{max} 不超过材料的剪切比例极限。

二、极惯性矩和抗扭截面系数

(1) 实心圆截面　设直径为 D，如图1-7-6(a)所示，则极惯性矩为

$$I_\rho = \frac{\pi D^4}{32} \approx 0.1D^4 \tag{1-7-4}$$

抗扭截面系数

$$W_\rho = \frac{2I_\rho}{D} = \frac{\pi D^3}{16} \approx 0.2D^3 \tag{1-7-5}$$

(2) 空心圆截面　设外径为 D，内径为 d，如图1-7-6(b)所示，并取内外径之比

$d/D=\alpha$ 则极惯性矩为

$$I_\rho=\frac{\pi D^4}{32}(1-\alpha^4)\approx 0.1D^4(1-\alpha^4) \tag{1-7-6}$$

抗扭截面系数为

$$W_\rho=\frac{2I_\rho}{D}=\frac{\pi D^3}{16}(1-\alpha^4)\approx 0.2D^3(1-\alpha^4) \tag{1-7-7}$$

三、圆轴扭转时的强度计算

为了保证圆轴扭转时的强度，必须使最大切应力不超过许用切应力$[\tau]$。在等直圆轴的情况下，τ_{max}发生在$|\boldsymbol{M}_{max}|$所在截面的周边各点处，其强度条件为

$$\tau_{max}=\frac{|\boldsymbol{M}|_{max}}{W_\rho}\leqslant[\tau] \tag{1-7-8}$$

在阶梯轴的情况下，因为各段的 W_ρ 不同，τ_{max}不一定发生在$|\boldsymbol{M}_{max}|$所在截面上，必须综合考虑 W_ρ及 $\boldsymbol{M}_n$两个因素来确定，其强度条件为

$$\tau_{max}=\left(\frac{\boldsymbol{M}}{W_\rho}\right)_{max}\leqslant[\tau] \tag{1-7-9}$$

式中，$[\tau]$为材料的许用切应力，其值可通过试验并考虑安全因数后确定，在静载荷的情况下，它与许用正应力$[\sigma]$的大致关系为：对于塑性材料 $[\tau]=(0.5\sim0.6)[\sigma]$，对于脆性材料 $[\tau]=(0.8\sim1.0)[\sigma]$。

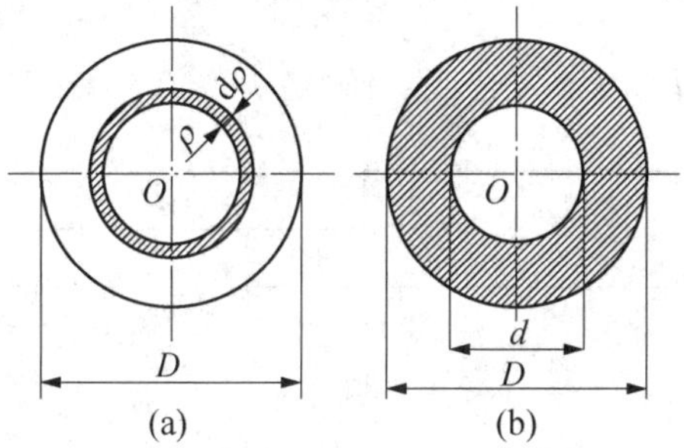

图 1-7-6

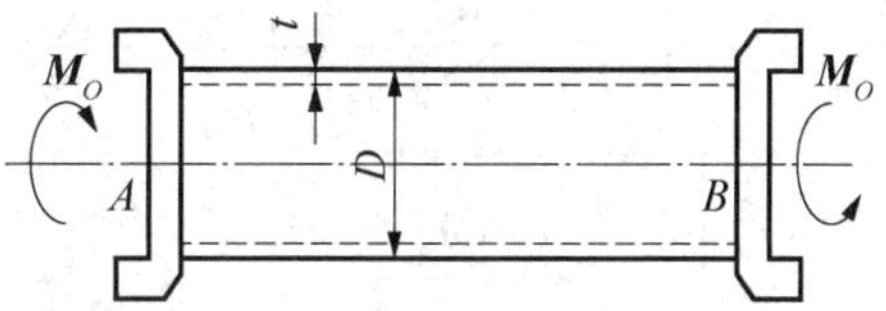

图 1-7-7

例 1-7-2　汽车传动轴 AB 如图 1-7-7 所示。外径 $D=90$ mm，壁厚 $t=2.5$ mm，使用时的最大转矩为 $\boldsymbol{M}_O=1.5$ kN·m，许用切应力$[\tau]=60$ MPa。试求：

(1) 校核 AB 轴的强度。

(2) 若改为实心轴，且要求它与空心轴的最大切应力相同，试确定实心轴直径 D_1。

(3) 实心轴与空心轴的重量比。

解：(1) 强度校核　依题意有

$$\boldsymbol{M}_n=\boldsymbol{M}_O$$

$$\alpha=\frac{d}{D}=\frac{D-2t}{D}=\frac{90-2\times2.5}{90}=0.944$$

由式(1-7-3)和式(1-7-7)得空心轴最大切应力为

$$\tau_{\max}=\frac{\boldsymbol{M}_{\mathrm{n}}}{W_{\rho}}=\frac{16\boldsymbol{M}_{O}}{\pi D^{3}(1-\alpha^{4})}=50.9\ \mathrm{MPa}$$

所以,空心轴强度足够。

(2) 设计实心轴直径 D_1　依题意实心轴最大切应力 $\tau_{1\max}=\tau_{\max}$,由式(1-7-3)、式(1-7-5)得

$$\tau_{1\max}=\frac{\boldsymbol{M}_{\mathrm{n}}}{W_{1\rho}}=\frac{16\boldsymbol{M}_{O}}{\pi D_{1}^{3}}=\tau_{\max}=\frac{16\boldsymbol{M}_{O}}{\pi D^{3}(1-\alpha^{4})}$$

所以
$$D_{1}^{3}=D^{3}(1-\alpha^{4})$$

$$D_{1}=D\cdot\sqrt[3]{1-\alpha^{4}}=90\times\sqrt[3]{1-0.944^{4}}=53.1\ \mathrm{mm}$$

(3) 两轴的重量比　由于两轴材料和长度相同,所以重量比即为面积比,则

$$\frac{A_{实心}}{A_{空心}}=\frac{\pi D_{1}^{2}/4}{\pi D^{2}\cdot(1-\alpha^{4})/4}=\frac{D_{1}^{2}}{D^{2}\cdot(1-\alpha^{4})}=\frac{53.1^{2}}{90^{2}\times(1-0.944^{2})}=3.2$$

讨论:由计算结果可知,在承载能力相同的条件下,采用空心轴较经济。试用扭转理论分析其中的原因是什么?由切应力的分布规律(见图1-7-5)可知,实心轴中心部分切应力很小,其材料没有充分发挥作用,如将它移到外层,则可做到材尽其用,这就是工程中往往采用空心轴的道理。

例1-7-3　一阶梯轴其计算简图如图1-7-8(a)所示,已知许用切应力 $[\tau]=60\ \mathrm{MPa}$,$D_1=22\ \mathrm{mm}$,$D_2=18\ \mathrm{mm}$,求许可的最大外力偶矩 $\boldsymbol{M}_O$。

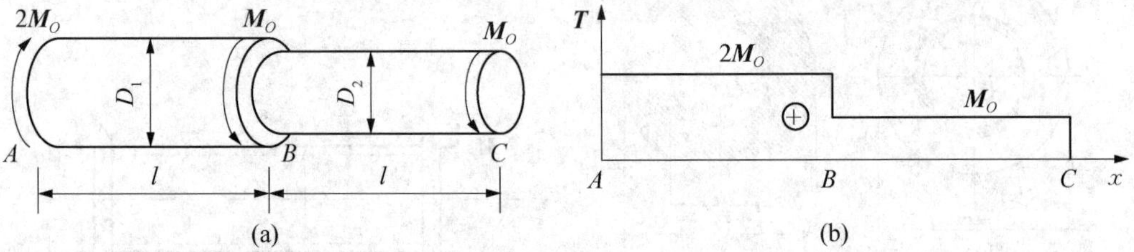

图1-7-8

解:(1) 作扭矩图　如图1-7-8(b)所示,虽然 BC 段扭矩比 AB 段小,但其直径也比 AB 段小,因此两段轴的强度都必须考虑。

(2) 确定许可载荷　由 AB 段的强度条件

$$\tau_{\max}=\frac{\boldsymbol{M}_{AB\mathrm{n}}}{W_{AB\rho}}=\frac{2\boldsymbol{M}_{O}}{\frac{\pi D_{AB}^{3}}{16}}\leqslant[\tau]$$

得
$$\boldsymbol{M}_{O}\leqslant[\tau]\frac{\pi D_{AB}^{3}}{32}=60\times\frac{\pi\times22^{3}}{32}=62.7\ \mathrm{N\cdot m}$$

由 BC 段的强度条件

$$|\tau|_{max} = \frac{|\boldsymbol{M}_{BCn}|}{W_{AB\rho}} = \frac{\boldsymbol{M}_O}{\frac{\pi D_{BC}^3}{16}} \leqslant [\tau]$$

$$\boldsymbol{M}_O \leqslant [\tau]\frac{\pi D_{AB}^3}{16} = 60\frac{\pi \times 18^3}{16} = 68.7\ \text{N}\cdot\text{m}$$

故许可外力偶矩应为 $\boldsymbol{M}_O = 62.7\ \text{N}\cdot\text{m}$

第四节　圆轴扭转时的变形与刚度条件

一、圆轴的扭转变形

圆轴扭转时，任意两个横截面绕轴线的相对转角称为扭转角，用 φ 表示。理论分析证明：在弹性范围内，等值圆轴的扭转角 φ 与扭矩 $\boldsymbol{M}_n$ 和长度 l 成正比，而与材料的切变模量 G 及横截面的极惯性矩 I_ρ 成反比，即

$$\varphi = \frac{\boldsymbol{M}_n l}{GI_\rho} \tag{1-7-10}$$

式中，φ 的单位为 rad(弧度)，GI_ρ 称为截面的抗扭刚度，GI_ρ 愈大，圆轴抗扭转变形的能力就愈强。对于阶梯轴，或扭矩分段变化的轴，则应分段计算相对扭转角，再求其代数和。

二、刚度条件

工程上，通常用单位长度的扭转角 θ 来度量圆轴扭转变形的严重程度，为了防止因过大的扭转变形而影响机器的正常工作，必须对某些圆轴的单位长度扭转角 θ 加以限制，使其不超过某一规定的许用值$[\theta]$，即刚度条件为

$$\theta = \frac{\varphi}{l} = \frac{\boldsymbol{M}_n}{GI_\rho} \leqslant [\theta]$$

式中，$[\theta]$为单位长度许用扭转角，其单位为°/m(度/米)，故需把上式的弧度换算为度，即

$$\theta = \frac{\boldsymbol{M}_n}{GI_\rho} \times \frac{180^\circ}{\pi} \leqslant [\theta] \tag{1-7-11}$$

单位长度许用扭转角$[\theta]$是根据载荷性质及圆轴的使用要求来规定的。精密机器轴的$[\theta]$常取在 0.25°/m～0.5°/m 之间；一般传动轴则可取 2°/m 左右，具体数值可查有关机械设计手册。

例 1-7-4　如已知材料的切变模量 $G = 80\ \text{GPa}$，$l = 1\ \text{m}$，试计算例 1-7-3 中阶梯轴在许可外力偶矩作用下，AC 两端的相对扭转角。

解： 因为扭矩和 I_ρ 沿轴线变化，因此扭转角需分段计算，再求其代数和，由(1-7-11)得

$$\varphi_{AC} = \varphi_{AB} + \varphi_{BC} = \frac{\boldsymbol{M}_{AB}l}{GI_{AB\rho}} + \frac{\boldsymbol{M}_{BC}l}{GI_{BC\rho}}$$

将 $\boldsymbol{M}_{AB}=2\boldsymbol{M}_O=2\times62.7\ \mathrm{N\cdot m}$，$\boldsymbol{M}_{BC}=\boldsymbol{M}_O=62.7\ \mathrm{N\cdot m}$，$I_\rho=\pi D^4/32$ 代入上式得

$$\varphi_{AC}=\frac{2\times62.7\times10^3\times1\times10^3}{80\times10^3\times\dfrac{\pi\times22^4}{32}}+\frac{62.7\times10^3\times1\times10^3}{80\times10^3\times\dfrac{\pi\times18^4}{32}}$$

$$=0.0682+0.0761=0.1443\ \mathrm{rad}$$

与扭矩方向一致。

例 1-7-5 如已知材料的切变模量 $G=80\ \mathrm{GPa}$，许用切应力 $[\tau]=40\ \mathrm{MPa}$，$[\theta]=0.3°/\mathrm{m}$，试设计例 1-7-1 中传动轴的直径。

解: 由例 1-7-1 扭矩图(见图 1-7-3)可知，最大扭矩发生在 BC 段，$\boldsymbol{M}_{\max}=600\ \mathrm{N\cdot m}$，因此，传动轴直径应由 BC 段的强度和刚度条件综合确定。按强度条件式(1-7-8)有

$$\tau_{\max}=\frac{\boldsymbol{M}_{\max}}{W_\rho}=\frac{16\boldsymbol{M}_{\max}}{\pi D^3}\leqslant[\tau]$$

$$D=\sqrt[3]{\frac{16\boldsymbol{M}_{\max}}{\pi[\tau]}}=\sqrt[3]{\frac{16\times600\times10^3}{\pi\times40}}=42.4\ \mathrm{mm}$$

按刚度条件式(1-7-11)有

$$\theta=\frac{\boldsymbol{M}_{\mathrm{n}}}{GI_\rho}\times\frac{180°}{\pi}=\frac{32\boldsymbol{M}_{\max}}{G\pi D^4}\times\frac{180}{\pi}\leqslant[\theta]$$

$$D\geqslant\sqrt[4]{\frac{32\boldsymbol{M}_{\max}\times180}{G[\theta]\pi^2}}=\sqrt[4]{\frac{32\times600\times180}{80\times10^9\times0.3\times\pi^2}}=61.8\ \mathrm{mm}$$

为了同时满足强度和刚度要求，选直径 $D=61.8\ \mathrm{mm}$，考虑加工方便取 $D=62\ \mathrm{mm}$。

该传动轴的设计是由刚度条件控制的，对于轴类构件，特别是精密机械的轴，刚度的要求往往比强度的要求高。

讨论: 按等截面的设计方法，AB 段轴材料显然未能充分发挥作用，应如何改进设计方案?

小 结

一、应力和强度计算

(1) 圆轴扭转时横截面上任一点的切应力与该点到圆心的距离成正比。最大切应力在截面边缘各点处。其计算公式如下

$$\tau_\rho=\frac{\boldsymbol{M}_\rho}{I_\rho},\ \tau_{\max}=\frac{\boldsymbol{M}_{\mathrm{n}}}{W_\rho}$$

(2) 圆轴扭转的切应力强度准则为

$$\tau_{\max}=\frac{\boldsymbol{M}_{\max}}{W_\rho}\leqslant[\tau]$$

应用强度准则可以校核强度、设计截面尺寸和确定许可载荷。

二、变形和刚度计算

(1) 圆轴扭转变形计算公式为

$$\varphi=\frac{\boldsymbol{M}_{\mathrm{n}}l}{GI_{\rho}}$$

(2) 圆轴扭转的刚度准则为

$$\theta=\frac{\boldsymbol{M}_{\mathrm{n}}}{GI_{\rho}}\times\frac{180^{\circ}}{\pi}\leqslant[\theta]$$

思考题

1-7-1 减速箱中,高速轴的直径大还是低速轴的直径大?为什么?

1-7-2 研究圆轴扭转时,所作的平面假设是什么?横截面上产生什么应力?如何分布?

1-7-3 图1-7-9所示的两个传动轴,哪一种轮系的布置对提高轴的承载能力有利?

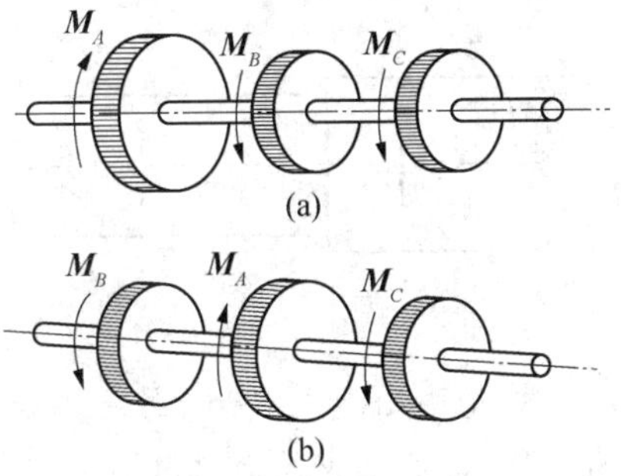

图1-7-9

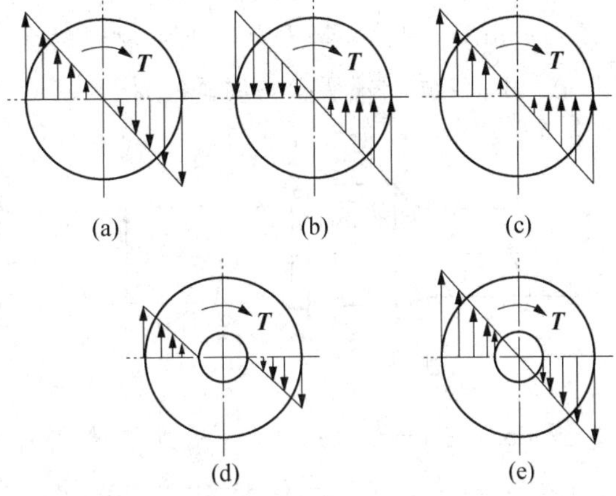

图1-7-10

1-7-4 试分析图1-7-10所示圆截面扭转时的切应力分布,哪些是正确的?哪些是错误的?

1-7-5 直径相同,材料不同的两根等长的实心圆轴,在相同的扭矩作用下,其 $\tau_{\max}$、φ 是否相同?

1-7-6 从力学角度,为什么说空心截面比实心截面较为合理?

习 题

1-7-1 作图1-7-11所示各轴的扭矩图。

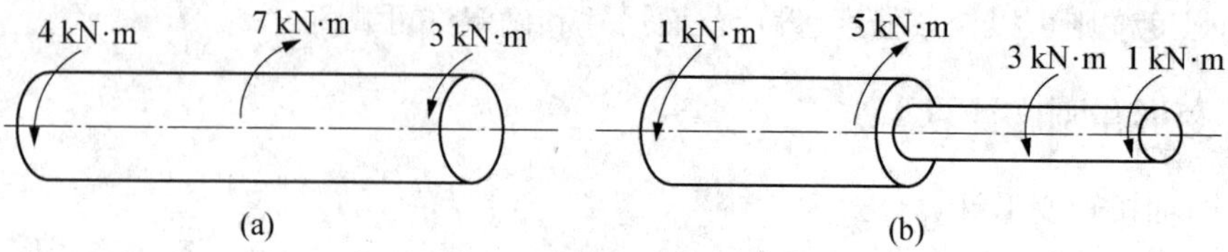

图 1-7-11

1-7-2 图 1-7-12 所示传动轴,已知轴的转速 $n=100$ r/min, $d=80$ mm,试求:(1)轴的扭矩图;(2)轴的最大切应力;(3)截面上半径为 25 mm 圆周处的切应力;(4)从强度角度分析三个轮的布置是否合理?若不合理,试的重新布置。

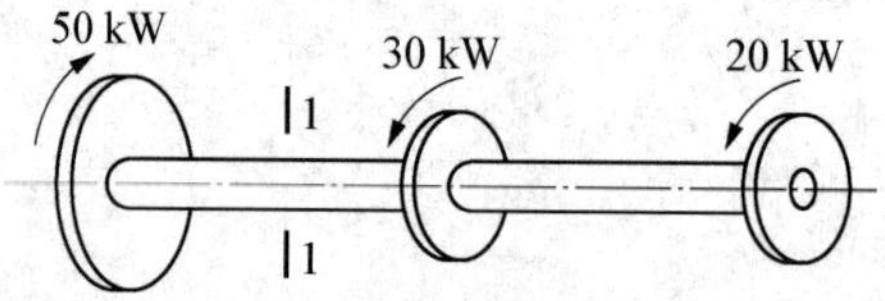

图 1-7-12

1-7-3 圆轴的直径 $d=50$ mm,转速 $n=120$ r/min,若该轴的最大切应力 $\tau_{max}=60$ MPa,试求轴所求传递功率是多大?

1-7-4 图 1-7-13 所示实心轴和空心轴通过牙嵌式离合器连接在一起,已知轴 $n=120$ r/min,传递的功率 $P=14$ kN,材料的许用切应力$[\tau]=60$ MPa,空心圆截面的内外径之比 $\alpha=0.8$,试确定实心轴的直径 d_1 和空心轴外径 D、内径 d,并比较两轴的截面面积。

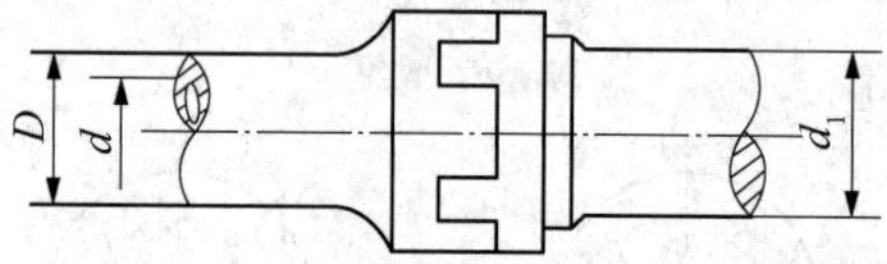

图 1-7-13

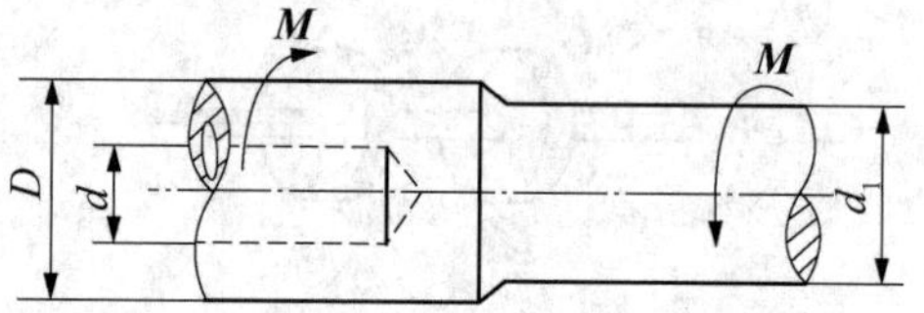

图 1-7-14

1-7-5 图 1-7-14 所示船用推进器,一端是实心的,直径 $d_1=28$ cm;另一端是空心的,内径 $d=14.8$ cm,外径 $D=29.6$ cm。若$[\tau]=50$ MPa,试求此轴允许传递的最大外力偶矩。

1-7-6 图 1-7-15 所示圆轴的直径 $d=20$ mm,作用外力偶矩 $\boldsymbol{M}=2$ kN·m,材料的切变模量 $G=80$ GPa。要求:(1)求横截面上最大切应力和单位轴长的相对扭转角;(2)已知 $r_B=15$ mm,求横截面上 A、B、C 三点的切应变。

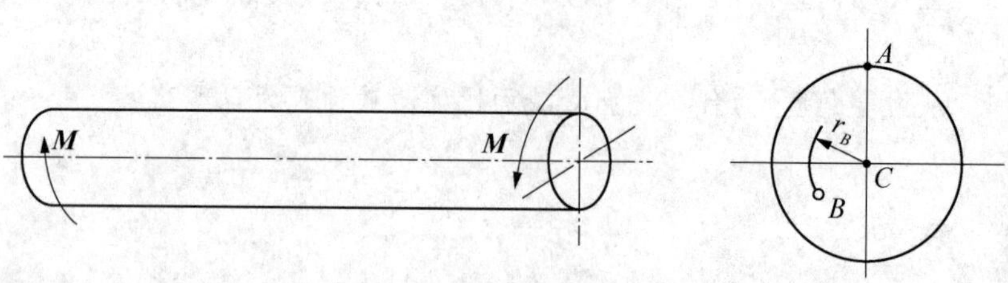

图 1-7-15

1-7-7　图 1-7-16 所示传动轴的作用外力偶矩 $\boldsymbol{M}_1 = 3\,\text{kN}\cdot\text{m}$，$\boldsymbol{M}_2 = 1\,\text{kN}\cdot\text{m}$，直径 $d_1 = 50\,\text{mm}$，$d_2 = 40\,\text{mm}$，$l = 100\,\text{mm}$，材料的切变模量 $G = 80\,\text{GPa}$。试：(1)画轴的扭矩图；(2)求轴的最大切应力 $\tau_{\max}$；(3)求 C 截面相对于 A 截面的扭转角 φ_{AC}。

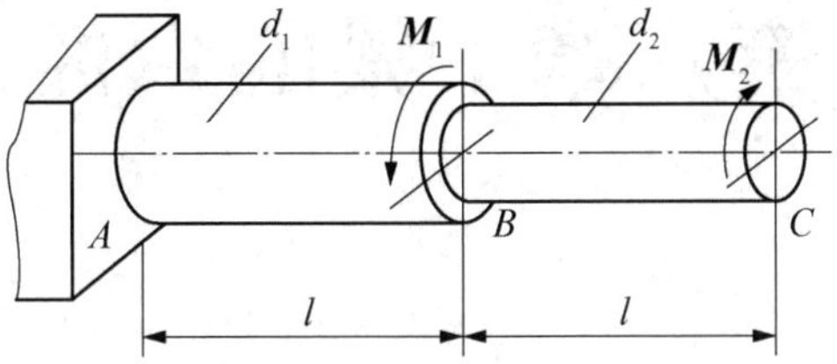

图 1-7-16

1-7-8　某钢制传动轴的转速 $n = 300\,\text{r/min}$，传递的功率 $P = 60\,\text{kW}$，$[\tau] = 60\,\text{MPa}$，材料的切变模量 $G = 80\,\text{GPa}$，轴的许用扭转角 $[\theta] = 0.5^\circ/\text{m}$，试按强度准则设计轴径 d。

1-7-9　阶梯轴直径分别为 $d_1 = 40\,\text{mm}$，$d_2 = 70\,\text{mm}$，轴上装有三个轮盘如图 1-7-17 所示，主动轮 B 输入功率 $P = 30\,\text{kW}$，轮 A 输出功率 $P_A = 13\,\text{kW}$，轴匀速转动，转速 $n = 200\,\text{r/min}$，$[\tau] = 60\,\text{MPa}$，$G = 80\,\text{GPa}$，单位长度许用扭转角 $[\theta] = 2^\circ/\text{m}$，试校核轴的强度与刚度。

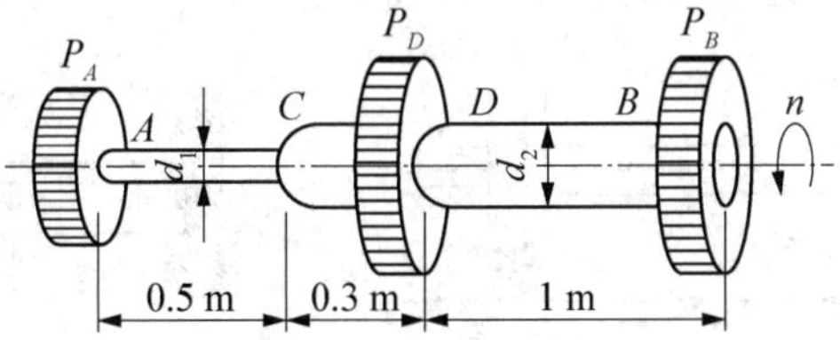

图 1-7-17

第八章　梁的弯曲

第一节　平面弯曲的工程实例与力学模型

一、平面弯曲的工程实例及概念

工程中经常遇到受弯构件，如图 1-8-1(a)所示火车轮轴，图 1-8-2(a)所示房屋结构中的大梁，图 1-8-3(a)所示受气流冲击的汽轮机叶片等。这些杆件受力的特点是：外力是垂直于轴线的**横向力**或作用在其轴线平面内的力偶；变形的特点是：杆轴线弯成一条曲线。这种变形称为**弯曲**，以弯曲变形为主的杆件称为**梁**。

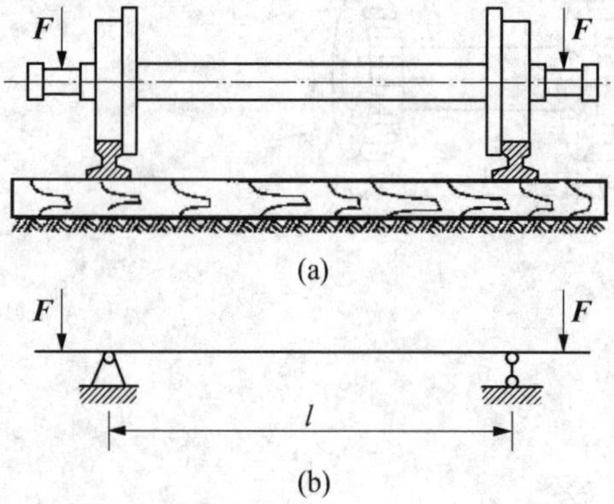

图 1-8-1

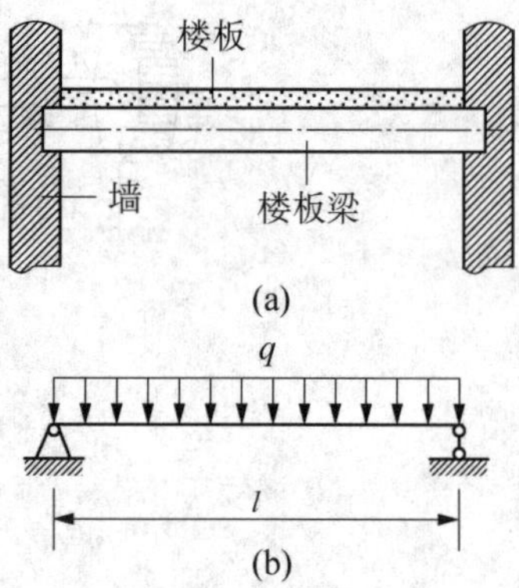

图 1-8-2

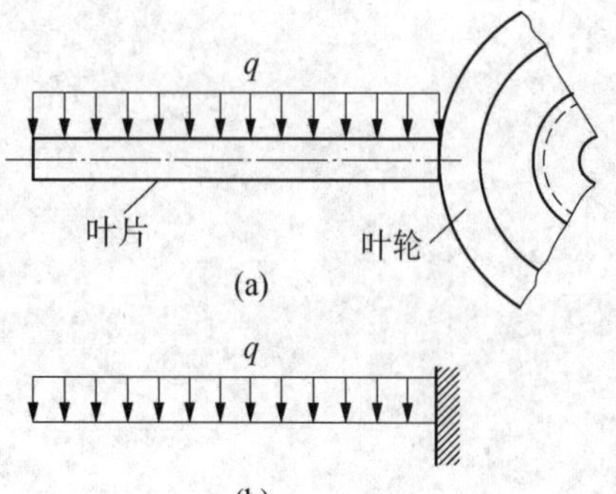

图 1-8-3

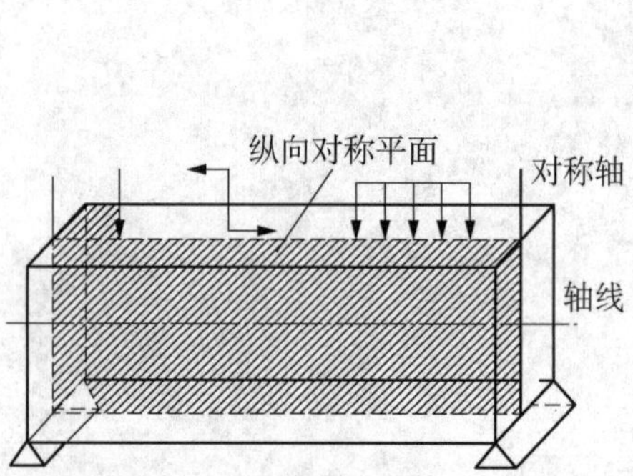

图 1-8-4

工程中梁的横截面一般都有一个对称轴。该对称轴所组成的平面称为纵向对称平面图(见图 1-8-4)，若外力都作用在该平面内，梁的轴线将在该平面内弯成一条平面曲线，这种弯曲称为**平面弯曲**。它是最基本也是最常见的弯曲问题。本章主要讨论梁在平面弯曲下的内力计算，它是梁的强度和刚度计算的重要基础。在分析计算时，通常用轴线代替实际梁。取两个支承中线间的距离作为梁的长度 l，称为**跨度**(见图 1-8-1、图 1-8-2)。

二、梁的力学模型及支反力

为了便于分析和计算直梁平面弯曲时的强度和刚度，对于梁需建立力学模型。梁的力模型包括了梁的简化、载荷的简化和支座的简化。

1. 梁的简化

由前述平面弯曲的概念可知，载荷作用在梁的纵向对称平面内，梁的轴线将弯成一条平面曲线。因此，无论梁的外形尺寸如何复杂，用梁的轴线来代替梁可以使问题得到简化。如图 1-8-1(a)和图 1-8-2(a)所示的火车轮轴和起重机大梁，分别用梁的轴线 AB 代替梁进行简化，如图 1-8-1(b)和图 1-8-2(b)所示。

2. 载荷的简化

作用于梁上的外力，包括载荷和支座的约束力，可以简化为以下三种力的模型：

(1) 集中力　当力的作用范围远远小于梁的长度时，可简化为作用于一点的集中力。例如，火车车厢对轮轴的作用力及起重机吊重对大梁的作用等，都可简化为集中力，如图 1-8-1和图 1-8-2 所示。

(2) 集中力偶　若分布在很短一段梁上的力能够形成力偶时，可以不考虑分布长度的影响，简化为一集中力偶，如图 1-8-4 所示。

(3) 均布载荷　将载荷连续均匀分布，在梁的全长或部分长度上，其分布长度与梁长比较不是一个很小的数值时，用 q 表示，q 称为均布载荷的载荷集度，如图 1-8-2 和图 1-8-3 所示。

三、支座的简化

按支座对梁的不同约束特性，静定梁的约束支座可按静力学中对约束简化的力学模型，静定梁可分为三种基本形式：

(1) 简支梁　一端为固定铰支座，另一端为可动铰支座的梁，如图 1-8-2(b)所示的梁。

(2) 外伸梁　具有一个或两个外伸部分的简支梁，如图 1-8-1(b)所示的梁。

(3) 悬臂梁　一端固定另一端自由的梁，如图 1-8-3(b)所示的梁。

其他形式的静定梁可以看作是这三种静定梁的组合。

第二节　弯曲的内力——剪力和弯矩

一、弯曲内力的计算

当梁的外力(包括支反力)已知后，就可利用截面法确定梁的内力。如图 1-8-6 所示的简支梁受横向力作用,设两端支反力分别为 F_{Ax} 和 F_{Ay} 时,为求梁的内力,现假想沿横截面 m－m 将梁截开,取左段梁为研究对象,如图 1－8－5 所示。为了分析 m－m 截面上内力,可将作用左端梁上的外向截面形心 C 简化,得到一个平行于截面的力和一个位于荷载平面内的力偶;为了保持左段梁的平衡,m－m 截面上必然存在两个内力分量:平行于截面的力 F_Q 和位于荷载平面内的力偶矩 M 内力 F_Q 称为**剪力**,内力偶矩 M 称为**弯矩**。根据左段的平衡条件可求得剪力 F_Q 和弯矩 M:

$$\sum F_y = 0,\ F_Q = F_{Ay} - F_1$$
$$\sum M_C = 0,\ M = F_{Ay}a - F_1(a-b)$$

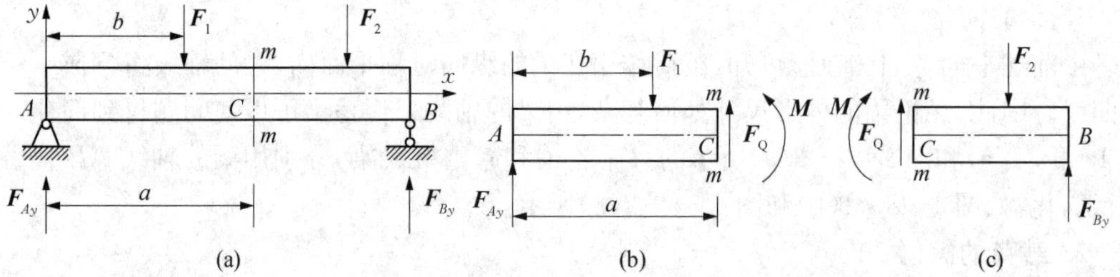

图 1－8－5

m－m 截面的内力也可由右段梁的平衡条件求得,如图 1－8－5(c)所示,这时所得的剪力 F_Q 和弯矩 M 将与上述结果等值反向。为了使上述两种算法在同一截面所得的内力正负号相同,根据梁的变形,对内力的正负号作如下规定:

在所截截面的内侧取微段,凡使微段产生顺时针转动趋势的剪力为正,如图 1－8－6(a)所示,反之为负,如图 1－8－6(b)所示。使微段弯曲变形后,凹面朝上的弯矩为正,如图 1－8－6(c)所示,反之为负,如图 1－8－6(d)所示。按此规定,图 1－8－6(b)、(c)中所示的剪力和弯矩均为正号。综上所述可得如下结论:**剪力 F_Q 等于截面以左梁上所有横向外力的代数和;弯矩 M 等于截面以左梁上所有外力对截面形心力矩的代数和。在左段梁上,向上的横向外力产生正剪力和正弯矩,反之为负剪力和负弯矩;顺时针转向的外力偶产生正弯矩,反之为负弯矩。**

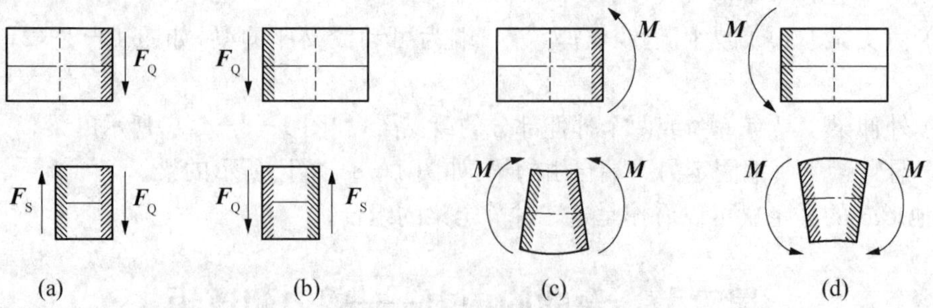

图 1－8－6

(a) 正剪力 (b) 负剪力 (c) 正弯矩 (d) 负弯矩

例 1－8－1 图 1－8－7(a)所示外伸梁,受到集中力 F 和集中力偶 $M = Fa$ 作用,试计

算横截面 E、横截面 A 与 B 的剪力和弯矩。

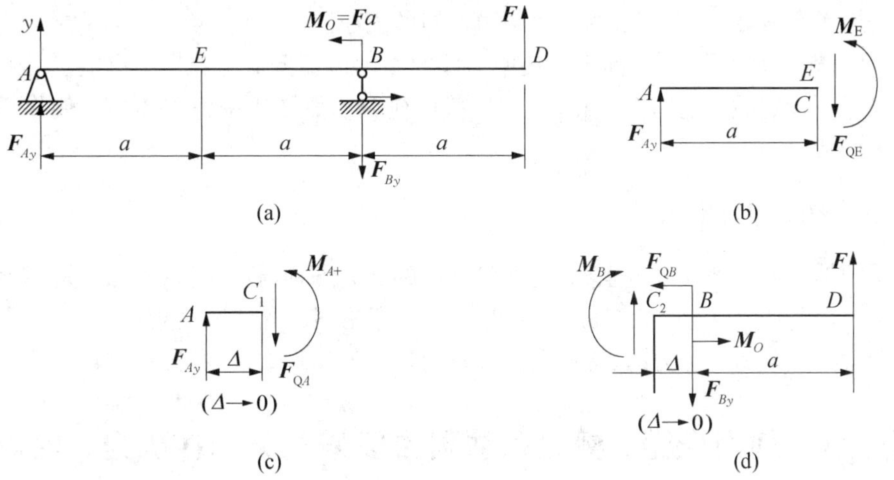

图 1-8-7

解:(1) 求支反力　设 A、B 两处支座反力分别为 $\boldsymbol{F}_{Ay}$ 和 $\boldsymbol{F}_{By}$，由整体的平衡方程

$$\sum \boldsymbol{M}_B(\boldsymbol{F}) = 0,\ -\boldsymbol{F}_{Ay} \times 2a + \boldsymbol{M}_O + \boldsymbol{F}a = 0$$

$$\boldsymbol{F}_{Ay} = \frac{\boldsymbol{M}_O + \boldsymbol{F}a}{2a} = \frac{\boldsymbol{F}a + \boldsymbol{F}a}{2a} = \boldsymbol{F}$$

$$\sum \boldsymbol{F}_y = 0,\ \boldsymbol{F}_{Ay} - \boldsymbol{F}_{By} + \boldsymbol{F} = 0$$

$$\boldsymbol{F}_{By} = \boldsymbol{F}_{Ay} + \boldsymbol{F} = \boldsymbol{F} + \boldsymbol{F} = 2\boldsymbol{F}$$

(2) 计算 E 截面的剪力和弯矩　在截面 E 处假想将梁截开，取左段为研究对象，并假设剪力 $\boldsymbol{F}_{QE}$ 出和弯矩 $\boldsymbol{M}_E$ 为正，如图 1-8-8(b)所示。由平衡方程 $\sum \boldsymbol{F}_y = 0$，和 $\sum \boldsymbol{M}_C = 0$，得截面 E 的剪力和弯矩分别为

$$\boldsymbol{M}_E = \boldsymbol{F}_{Ay}a = 0,\ \boldsymbol{M}_E = \boldsymbol{F}a$$

$$\boldsymbol{F}_{QE} = \boldsymbol{F}_{Ay}$$

(3) 计算截面 A 的剪力和弯矩　在截面 A 处截取左段梁为研究对象，假设 $\boldsymbol{F}_{QA}$ 和 $\boldsymbol{M}_A$ 为正，由平衡方程 $\sum \boldsymbol{F}_y = 0$ 和 $\sum \boldsymbol{M}_A = 0$，得截面 A 的剪力和弯矩分别为

$$\boldsymbol{M}_A = \boldsymbol{F}_{Ay}\Delta = 0,\ \boldsymbol{M}_A = 0$$

$$\boldsymbol{F}_{QA} = \boldsymbol{F}_{Ay} = \boldsymbol{F}$$

(4) 计算截面 B 的剪力和弯矩　在截面 B 处截取右段梁为研究对象，假设 $\boldsymbol{F}_{QB}$ 和 $\boldsymbol{M}_B$ 为正，由平衡方程 $\sum \boldsymbol{F}_y = 0$ 和 $\sum \boldsymbol{M}_B = 0$，得截面 B 的剪力和弯矩分别为

$$\boldsymbol{M}_B = \boldsymbol{F}(a + \Delta) + \boldsymbol{M}_O - \boldsymbol{F}\Delta = \boldsymbol{F}a + \boldsymbol{M}_O = \boldsymbol{F}a + \boldsymbol{F}a = 2\boldsymbol{F}a$$

$$\boldsymbol{F}_{QB} = \boldsymbol{F}_{By} - \boldsymbol{F} = 2\boldsymbol{F} - \boldsymbol{F} = \boldsymbol{F}$$

由以上计算结果可以看出：

① 集中力作用处的两端临近截面上的弯矩相同，但剪力不同，说明剪力在集中力作用

处产生了突变,突变的幅值等于集中力的大小。

② 集中力偶作用处的两侧临近截面上的剪力相同,但弯矩不同,说明弯矩在集中力偶作用处产生了突变,突变的幅值等于集中力偶矩的大小。

③ 由于集中力的作用,截面上和集中力偶的作用截面上剪力和弯矩有突变,因此,应用截面法求任一指定截面上的剪力和弯矩时,截面应分别取在集中力或集中力偶作用截面的左右临近位置。

二、剪力图与弯矩图

以梁的轴线作为截面位置坐标,建立各区段的剪力方程与弯矩方程,然后应用函数作图法画出 $\boldsymbol{F}_Q(x)$ 与 $\boldsymbol{M}(x)$ 的函数图像,即为剪力图与弯矩图。此法颇为烦琐。不过,下面将介绍通过探索梁上载荷与剪力图、弯矩图的关系而形成的一种方便的剪力图与弯矩图的做法。

第三节　利用弯矩、剪力和载荷集度间的关系作剪力、弯矩图

一、用剪力、弯矩方程画剪力图、弯矩图

1. 剪力方程与弯矩方程——把剪力和弯矩表示为截面坐标 x 的单值连续函数。

$$\boldsymbol{F}_A = \boldsymbol{F}_Q(x),\ \boldsymbol{M}_A = \boldsymbol{M}(x)$$

2. 剪力图和弯矩图——剪力方程和弯矩方程表示的函数图象。

例 1-8-2　图 1-8-8(a)所示台钻手柄杆 AB 用螺纹固定在转盘上,已知 l、$\boldsymbol{F}$,试建立手柄杆 AB 的剪力、弯矩方程,并画其剪力、弯矩图。

解:(1) 建杆 AB 悬臂梁模型,求出约束力

$$\boldsymbol{F}_A = \boldsymbol{F},\ \boldsymbol{M}_A = \boldsymbol{F}l$$

(2) 列剪力方程和弯矩方程

$$\boldsymbol{F}_Q(x) = \boldsymbol{F}_A = \boldsymbol{F} \quad (0 < x < l)$$

$$\boldsymbol{M}(x) = \boldsymbol{F}_{Ax} - \boldsymbol{M}_A = -\boldsymbol{F}(l - x) \quad (0 < x \leqslant l)$$

(3) 建立坐标画剪力图和弯矩图,如图 1-8-8(b)所示。

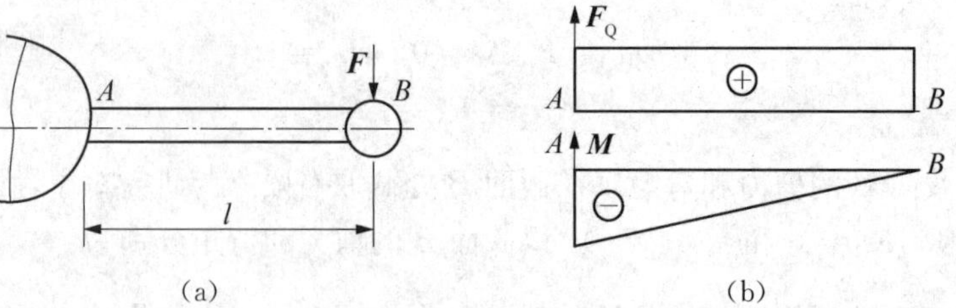

图 1-8-8

二、弯矩、剪力和载荷集度间的关系

研究表明，梁上截面上的弯矩、剪力和作用于该截面处的载荷集度之间存在一定的关系。如图 1－8－9(a)所示，设梁上作用着任意载荷，坐标原点选在梁的左端截面形心(即支座 A 处)，x 轴向右为正，分布载荷以向上为正。

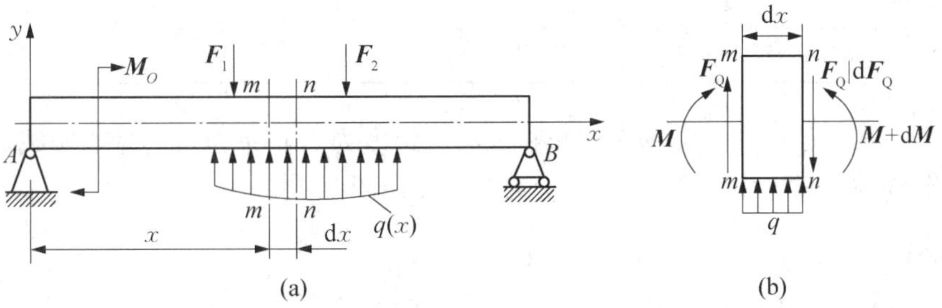

图 1－8－9

从 x 截面处截取微段 $\mathrm{d}x$ 进行分析(见图 1－8－9b)。$q(x)$在 $\mathrm{d}x$ 微段上可看成均布的；左截面上作用有剪力 $\boldsymbol{F}_\mathrm{Q}(x)$和弯矩 $\boldsymbol{M}(x)$，右截面上作用有剪力 $\boldsymbol{F}_\mathrm{Q}(x)+\mathrm{d}\boldsymbol{F}_\mathrm{Q}(x)$ 和弯矩 $\boldsymbol{M}(x)+\mathrm{d}\boldsymbol{M}(x)$。由平衡条件可得

$$\sum \boldsymbol{F}_y=0,\ \boldsymbol{F}_\mathrm{Q}(x)-[\boldsymbol{F}_\mathrm{Q}(x)+\mathrm{d}\boldsymbol{F}_\mathrm{Q}(x)]+q(x)\mathrm{d}x=0 \tag{a}$$

$$\sum \boldsymbol{M}_C(\boldsymbol{F})=0,\ \boldsymbol{M}(x)+\mathrm{d}\boldsymbol{M}(x)-\boldsymbol{M}(x)-\boldsymbol{F}_\mathrm{Q}(x)\mathrm{d}x-q(x)\mathrm{d}x\frac{\mathrm{d}x}{2}=0 \tag{b}$$

将式(a)或式(b)略去二阶微量，化简可得

$$\begin{cases}\dfrac{\mathrm{d}\boldsymbol{F}_\mathrm{Q}(x)}{\mathrm{d}x}=q(x)\\[2mm] \dfrac{\mathrm{d}^2\boldsymbol{M}}{\mathrm{d}x^2}=\dfrac{\mathrm{d}\boldsymbol{F}_\mathrm{Q}(x)}{\mathrm{d}x}=q(x)\\[2mm] \dfrac{\mathrm{d}\boldsymbol{M}(x)}{\mathrm{d}x}=\boldsymbol{F}_\mathrm{Q}(x)\end{cases} \tag{1-8-1}$$

式(1－8－1)表明了同一截面处 $\boldsymbol{M}(x)$、$\boldsymbol{F}_\mathrm{Q}(x)$与 $q(x)$三者之间的关系。

三、剪力图与弯矩图的绘制

工程上常利用剪力、弯矩和载荷二者之间的微分关系，并注意到在集中力 $\boldsymbol{F}$ 的邻域内剪力图有突变，在集中力偶 $\boldsymbol{M}$ 的邻域内弯矩图有突变的性质，列成表格来作图，如表 1－8－1 所示。

表 1－8－1　F_Q、M 图特征表

	$q(x)=0$ 的区别	$q(x)=c$ 的区别	集中力 $\boldsymbol{F}$ 作用处	集中力偶 $\boldsymbol{M}$ 作用处
$\boldsymbol{F}_\mathrm{Q}$图	水平线	$q(x)>0$，斜直线，斜率>0	有突变，突变量＝$\boldsymbol{F}$	无影响
		$q(x)<0$，斜直线，斜率<0		

(续表)

	$q(x)=0$ 的区别	$q(x)=c$ 的区别	集中力 $\boldsymbol{F}$ 作用处	集中力偶 $\boldsymbol{M}$ 作用处
$\boldsymbol{M}$ 图	$\boldsymbol{F}_Q>0$，斜直线，斜率>0	$q(x)>0$，抛物线，下凹	斜率有突变，图形成直线	有突变，突变量 $=\boldsymbol{M}$
	$\boldsymbol{F}_Q<0$，斜直线，斜率<0	$q(x)<0$，抛物线，上凸		
	$\boldsymbol{F}_Q=0$，水平线	$\boldsymbol{F}_Q=0$，抛物线有极值		

例 1-8-3 图 1-8-10 所示起重机大梁的跨度为 l，自重力可看做均布载荷 q。若小车轮所吊起物体的重力暂不考虑，试作剪力图与弯矩图。

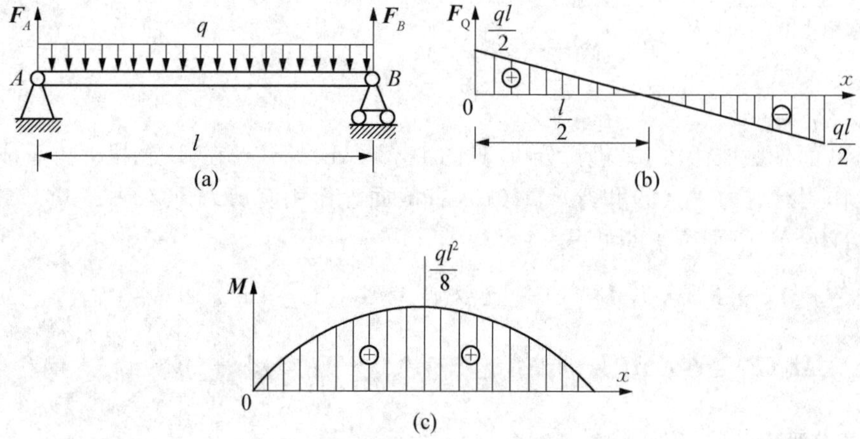

图 1-8-10

解:(1) 求支座约束力　将起重机大梁简化为简支梁，如图 1-8-10(a)所示，可得

$$\boldsymbol{F}_A=\boldsymbol{F}_B=\frac{ql}{2}$$

(2) 画剪力图与弯矩图　观察此梁所受外载情况，可知其左、右两端受集中力。全梁受负的均布力，所以剪力图在 $x=0$ 和 $x=l$ 处有突变，在整个梁段上是斜率为负的直线。取梁的左、右端微段，求其平衡，可得

$$\boldsymbol{F}_{QA}=\boldsymbol{F}_A=\frac{ql}{2},\ \boldsymbol{M}_A=0$$

$$\boldsymbol{F}_{QB}=-\boldsymbol{F}_B=-\frac{ql}{2},\ \boldsymbol{M}_B=0$$

由 $q<0$ 可知弯矩图为上凸抛物线，在 $\boldsymbol{F}_Q=0$ 处截面$\left(x=\dfrac{l}{2}\right)$有极值，则知

$$\boldsymbol{M}_{\max}=\boldsymbol{M}\left(\frac{1}{2}\right)=\boldsymbol{F}_A\left(\frac{1}{2}\right)-\frac{ql}{2}\times\frac{1}{4}=\frac{1}{8}ql^2$$

工程上，在弯矩图中画抛物线仅需注意极值和凸凹方向，可示意画出弯矩图，并在图上

标出极值的大小。

例 1-8-4　简支梁受载如图 1-8-11 所示。若已知 $\boldsymbol{F}$、a、b，试作梁的 $\boldsymbol{F}_Q$图和 $\boldsymbol{M}$ 图。

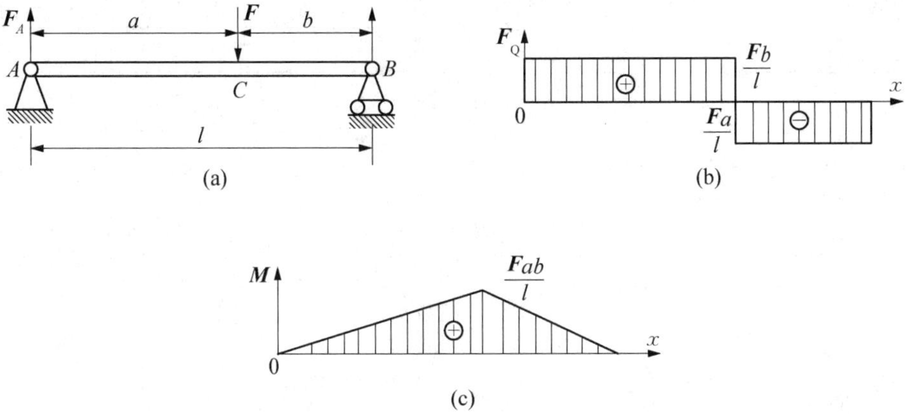

图 1-8-11

解：(1) 求支座约束力　以整体为研究对象，由平衡方程可得

$$\boldsymbol{F}_A = \frac{\boldsymbol{F}b}{l},\ \boldsymbol{F}_B = \frac{\boldsymbol{F}a}{l}$$

(2) 画剪力图与弯矩图。

① **分段**。由于集中力会引起剪力图突变，集中力偶会产生弯矩图的突变，所以在由集中力或集中力偶作用处，就应将梁分段计算，本题梁中 C 处有集中力 $\boldsymbol{F}$ 作用，故应将梁分为 AC 与 CB 两段研究。

② **标值**。计算各区段边界各截面的剪力与弯矩值，将结果标注在剪力图与弯矩图上的相应位置上。截面上的剪力和弯矩值可按下述进行简化计算：

a. 截面上的剪力等于截面任一侧外力的总和。

b. 截面上的弯矩等于截面任一侧外力对截面形心力矩的总和。

本题算得结果如下：

$$\boldsymbol{F}_{QA} = \frac{\boldsymbol{F}b}{l},\ \boldsymbol{F}_{QB} = -\frac{\boldsymbol{F}a}{l}$$

$$\boldsymbol{M}_A = 0,\ \boldsymbol{M}_B = 0$$

$$\boldsymbol{F}_{QC} = \frac{\boldsymbol{F}b}{l},\ \boldsymbol{F}_{QC} = -\frac{\boldsymbol{F}a}{l},\ \boldsymbol{M}_C = \frac{\boldsymbol{F}ab}{l}$$

③ **连线**。按各区段有无分布载荷，连接相邻两点，即得剪力图和弯矩图。本题无分布载荷，故 $\boldsymbol{F}_Q$图与 $\boldsymbol{M}$ 图连直线，如图 1-8-11(b)、(c)所示。

④ **复查**。按本节所列 $\boldsymbol{F}_Q$、$\boldsymbol{M}$ 图特征表进行复核。如在集中力 $\boldsymbol{F}$ 作用处检查剪力图是否有突变，突变值的大小；弯矩图是否成折线等。

例 1-8-5　简支梁受集中力偶作用(见图 1-8-12)，若已知 $\boldsymbol{M}$、a、b，试求此梁的剪力图与弯矩图。

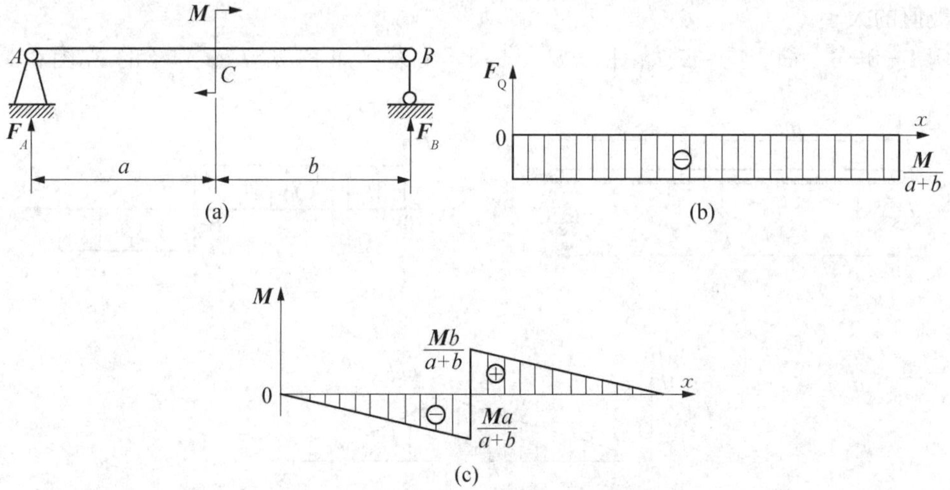

图 1-8-12

解:(1) 求支座 A、B 的约束力　以整体为研究对象,列平衡方程可解得

$$\boldsymbol{F}_A = \boldsymbol{F}_B = \frac{\boldsymbol{M}}{a+b}$$

(2) 画剪力弯矩图

① **分段**。分为 AC 与 BC 两段。

② **标值**。

$$\boldsymbol{F}_{QA} = -\frac{\boldsymbol{M}}{a+b},\ \boldsymbol{M}_A = 0$$

$$\boldsymbol{F}_{QC^-} = -\frac{\boldsymbol{M}}{a+b},\ \boldsymbol{M}_{C^-} = -\frac{\boldsymbol{M}}{a+b}$$

$$\boldsymbol{F}_{QC^+} = -\frac{\boldsymbol{M}}{a+b},\ \boldsymbol{M}_{C^+} = \frac{\boldsymbol{M}}{a+b}$$

$$\boldsymbol{F}_{QB} = -\frac{\boldsymbol{M}}{a+b},\ \boldsymbol{M}_B = 0$$

③ **连线**。$\boldsymbol{F}_Q$ 图与 $\boldsymbol{M}$ 图上相邻两点均连直线。

④ **复查**。检查点 C 处弯矩图的变化。

例 1-8-6　图 1-8-13(a)所示外伸梁 AD,作用均布载荷 q,集中力偶 $\boldsymbol{M}_O = 3qa^2/2$,集中力 $\boldsymbol{F} = qa/2$,用简便方法画出该梁的剪力、弯矩图。

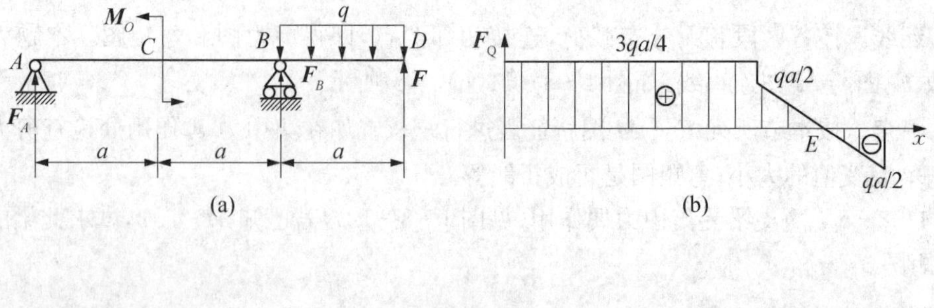

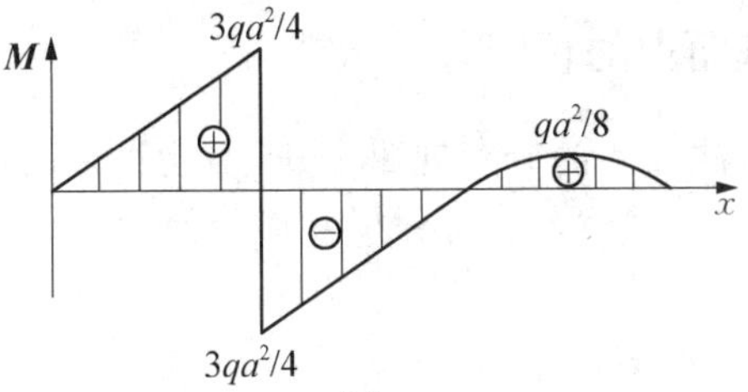

(c)

图 1-8-13

解：(1) 求支座约束力得 $\boldsymbol{F}_A=3qa/4$，$\boldsymbol{F}_B=-qa/4$。集中力、集中力偶和均布载荷的始末端将梁分为 AC、CB、BD 三段。

(2) 画剪力图　从梁的左端开始，点 A 处有集中力 $\boldsymbol{F}_A$ 作用，剪力图沿力方向向上突变，突变值等于 $\boldsymbol{F}_A=3qa/4$；AC 段无载荷作用，剪力值保持常量；点 C 处有集中力偶作用，剪力值不变；CB 段无载荷作用，剪力值为常量；点 B 处有集中力 $\boldsymbol{F}_B$ 作用，剪力图沿力方向向下突变，突变值等于 $\boldsymbol{F}_B$；BD 段有均布载荷 q 作用，剪力图为斜直线，确定出点 B 右侧临近截面(记作 B_+)的剪力 $\boldsymbol{F}_{Q^+}=qa/2$，点 D 左侧临近截面(记作 D_-)的剪力 $\boldsymbol{F}_{Q^-}=-qa/2$，画此两点剪力值坐标的连线；点 D 处有 F 力作用，剪力图向上突变回到坐标轴。由此得图 1-8-13(b)所示的剪力图。

(3) 画弯矩图　AC 段无载荷作用，弯矩图为直线，确定 A^+、C^- 两截面的弯矩值 $\boldsymbol{M}_{C^+}=0$，$\boldsymbol{M}_{C^-}=3qa^2/4$，过这两点作直线；$CB$ 段无载荷作用，弯矩图为直线，确定 C^+、B^- 两截面的弯矩值 $\boldsymbol{M}_{C^+}=-3qa^2/4$，$\boldsymbol{M}_{B^-}=0$，过这两点作直线；$BD$ 段有均布载荷 q 作用，弯矩图为抛物线，凹向与均布载荷同向向下，确定出 B_+、E、D 截面的弯矩值 $\boldsymbol{M}^+=0$，$\boldsymbol{M}_E=qa/2\times a/2-qa/2\times a/4=qa^2/8$，$\boldsymbol{M}_D=0$，过这三点的弯矩值坐标点描出抛物线，即得图 1-8-13(c)所示的弯矩图。

第四节　梁弯曲时的正应力和强度计算

一、横力弯曲与纯弯曲概念

本节着重讨论平面弯曲条件下，梁的内力在横截面上的分布规律，建立应力计算公式并进行梁的强度计算。

图 1-8-14(a)所示的矩形截面简支梁，外力为垂直于轴线的横向力，其作用面与梁的纵向对称平面重合；梁的计算简图、剪力图和弯矩图分别如图 1-8-14(b)、(c)和(d)所示。在 AC 和 BD 段内，各横截面上既有弯矩又有剪力，同时发生弯曲变形和剪切变形，这种弯曲称为**横力弯曲**。在 CD 段内只有弯矩而无剪力，只发生弯曲变形，这种弯曲称为**纯弯曲**。从静力学关系可知，弯矩 $\boldsymbol{M}$ 是横截面上法向分布内力组成的合力偶矩，而剪力 $\boldsymbol{F}_Q$ 则是横截面上切向分布内力组成的合力。因此，梁在剪切弯曲时，横截面上一般既有正应力又有切应力。为了方便起见，先研究梁在纯弯曲下的正应力，然后再研究剪切弯曲下的正应力和切应力。

二、纯弯曲时梁横截面上的正应力

纯弯曲时，正应力在横截面上的分布规律未知，不能直接由弯矩 M 来确定正应力 σ，这是个超静定问题，必须从研究梁变形入手，分析变形几何关系，再综合物理和静力学关系才能解决。

1. 纯弯曲试验与变形规律

研究图 1-8-14(a)中 CD 段梁的变形，试验前，在其侧表面画上垂直于轴线的横线和平行于轴线的纵线，分别代表横截面的边框线和纵向纤维(设想梁由无数层纵向纤维组成)，然后使梁发生纯弯曲，如图 1-8-15(a)、(b)所示，观察梁表面的变形可以发现：

(1) 梁侧表面的横线仍为直线，且仍与纵线正交，但发生了相对转动。

(2) 纵线弯成弧线，而且，靠近凹边的纵线缩短了，靠近凸边纵线伸长了。

根据上述变形现象，对梁的变形做出如下假设：变形后，横截面仍保持为平面，且仍与变形后的纵线正交，称为**平面截面假设**。

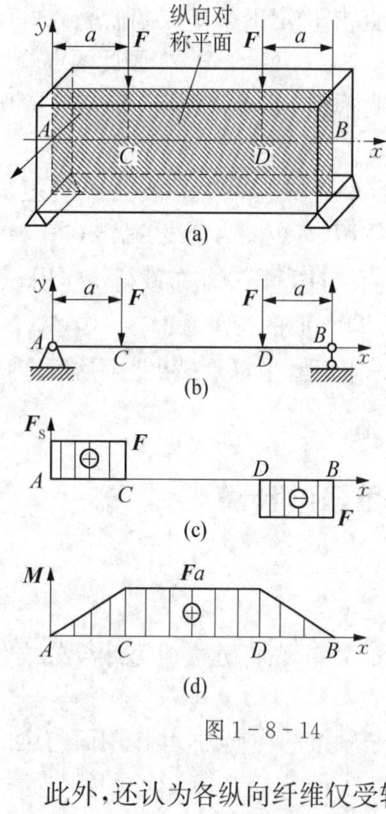

图 1-8-14

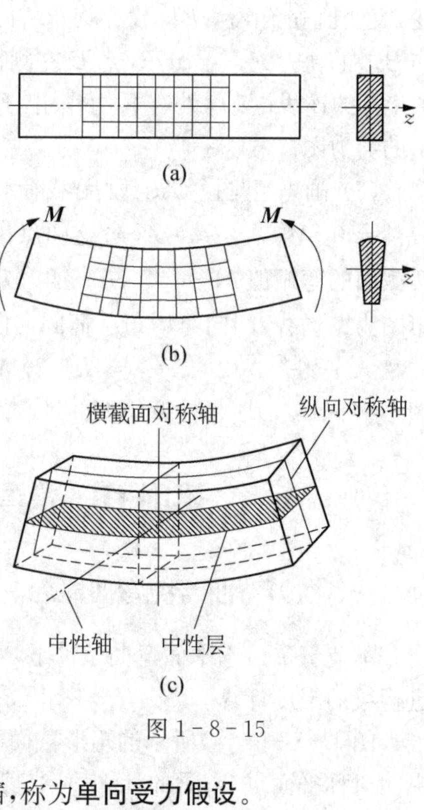

图 1-8-15

此外，还认为各纵向纤维仅受轴向拉伸或轴向压缩，称为**单向受力假设**。

根据上述假设和变形现象，可得以下推论：

(1) 由于纯弯曲时梁的横截面与纵线正交，因此切应变为零，即横截面上切应力为零。

(2) 梁弯曲时，靠近顶面的纤维缩短了，靠近底面的纤维伸长了，由于变形的连续性，梁内必有一层不伸长也不缩短的纵向纤维，称为**中性层**，中性层与横截面的交线称为**中性轴**，如图 1-8-15(c)所示。梁弯曲时横截面绕中性轴相对转动了一个角度。

从上述分析可以得出以下的结论：①纯弯曲时，梁的各横截面像刚性平面一样绕其自身中性轴转动了不同的角度，两相邻横截面之间产生了相对转角 $d\theta$；②两横截面间的纵向纤维发生拉伸或压缩变形，梁的横截面有垂直于截面的正应力；③纵向纤维与横截面保持垂直，截面无切应力。

2. 弯曲正应力的计算

为了求得正应力在截面上的分布规律，在梁的横截面建立 xyz 坐标系，x 轴为轴线，y 轴为截面的对称轴，方向向下，z 轴为中性轴。截取出一横截面绕其中性轴与相邻截面产生相对转角 $d\theta$ 的示意图（见图 1－8－16）观察其变形。

从图 1－8－16(a)可以看出，截面上距中性轴愈远的点，纵向纤维的伸长（缩短）量愈大，说明该点的线应变愈大。由拉（压）胡克定律可知，在材料的弹性范围内，正应力与正应变成正比。从而得出横截面上任一点的正应力与该点到中性轴的距离 y 坐标成正比，正应力与横截面垂直，其线性分布规律如图 1－8－16(b)、(c)所示。

应用变形几何关系和静力学平衡关系进一步可推知：横截面任一点的正应力与截面弯矩 $\boldsymbol{M}$ 成正比，与该点到中性轴的距离 y 坐标成正比，而与截面对中性轴 z 的惯性矩 I_z 成反比，其纯弯曲正应力公式为

$$\sigma = \frac{\boldsymbol{M}_y}{I_z} \tag{1-8-2}$$

式中，σ_y 表示横截面上距中性轴的任一点处 y 的正应力，$\boldsymbol{M}$ 为横截面上的弯矩，I_z 表示截面对中性轴的惯性矩。

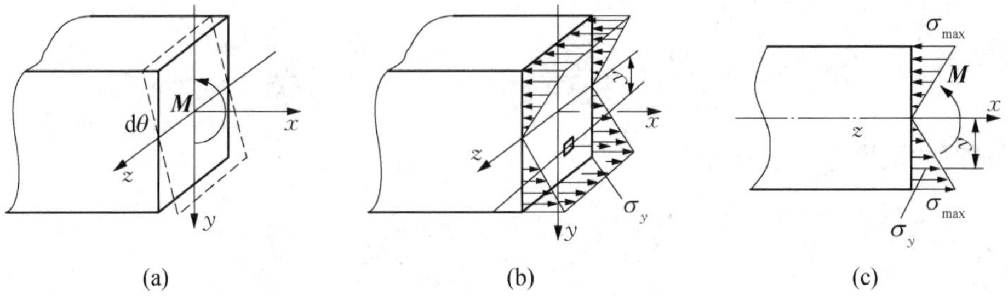

图 1－8－16

由式(1－8－2)可见，截面的最大正应力发生在离中性轴最远的上、下边缘的点上，即

$$\sigma_{max} = \frac{\boldsymbol{M}y}{I_z} \tag{1-8-3}$$

令

$$W_z = \frac{I_z}{y_{max}} \tag{1-8-4}$$

W_y 为截面的抗弯截面系数。梁截面的最大应力为

$$\sigma_{max} = \frac{\boldsymbol{M}_{max}}{W_z} \tag{1-8-5}$$

I_z、W_z 是仅与截面有关的几何量。常用型钢的 I_z、W_z 可在有关的工程手册中查到。

只要梁具有纵向对称面，且载荷作用在对称面内，当梁的跨度较大时，横力弯曲时也可应用。当梁的横截面上最大应力大于比例极限时，此式不再适用。

例 1－8－7 钢制等截面简支梁受均布载荷 q 作用，横截面为 $h=2b$ 的矩形，如图 1－8－17所示，求：

(1) 梁按图(c)放置时的最大正应力。

(2) 梁按图(d)放置时的最大正应力。

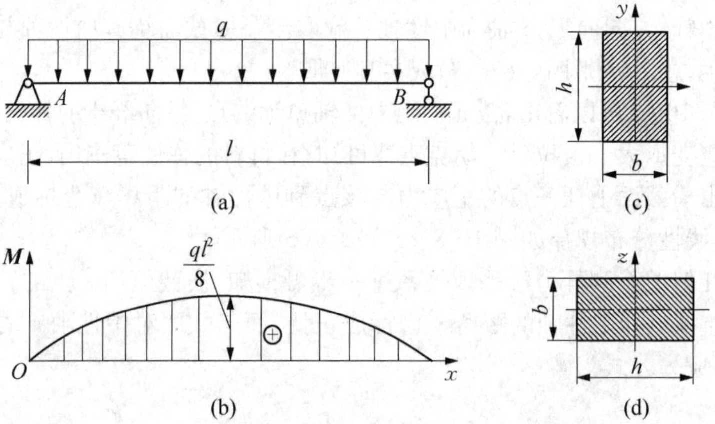

图 1－8－17

解:(1) 作弯矩图 如图 1－8－17(b)所示，最大弯矩在梁的中点，其值为 $\boldsymbol{M}_{\max}=\frac{ql^2}{8}$。

(2) 应力计算 竖放时最大弯曲正应力为

$$\sigma=\frac{\boldsymbol{M}_{\max}}{W_z}=\frac{ql^2/8}{bh^2/6}=\frac{3ql^2}{4b\,(2b)^2}=\frac{3ql^2}{16b^3}$$

横放时的最大弯曲正应力为

$$\sigma_{\max}=\frac{\boldsymbol{M}_{\max}}{W_y}=\frac{ql^2/8}{hb^2/6}=\frac{3ql^2}{4\times 2bb^2}=\frac{3ql^2}{8b^3}$$

讨论:(1)由计算结果可知，图 1－8－17(c)梁的承载能力比图 1－8－17(d)高。这是因为梁弯曲时中性轴附近的正应力很小，而图 1－8－17(d)梁将较多的材料放在中性轴附近，使得这部分材料未能充分发挥作用。(2)由上式可知，在均布载荷作用下，当跨度 l 增大 1 倍时(其余条件不变)，最大正应力将增大为 4 倍。若梁受集中力作用，结论又如何?

3. 惯性矩的对比计算

由理论力学部分可知，对于匀质规则形状的物体，其转动惯量为 $\int_m r^2\mathrm{d}m$，它是旋转物体质量对转轴的二次矩；截面惯性矩定义为 $\int_A y^2\mathrm{d}A$，它是面积对中性轴的二次矩，它们的表达式相似，计算方法也类同。因此，只须用面积来置换质量，就可将转动惯量改写成惯性矩。

以高为 h、宽为 b 的矩形为例，如图 1－8－18(a)所示，z 轴通过形心且平行于底边，y 轴过形心垂直于 z 轴，则对 z 轴的惯性矩为 $I_z=Ah^2/12$，以 $A=bh$ 代入得

$$I_z=\frac{bh^3}{12} \qquad (1-8-6)$$

相应地
$$W_z = \frac{bh^2}{6} \tag{1-8-7}$$

圆形截面和圆环形截面对任一圆心轴是对称的，所以对任一过圆心轴的惯性矩都相等，分别为

$$I_z = \frac{\pi d^4}{64},\ I_z = \frac{\pi(D^4 - d^4)}{64} \tag{1-8-8}$$

若设圆环的直径比 $\frac{d}{D} = \alpha$，则相应的截面抗弯系数为

$$W_z = \frac{\pi d^3}{32},\ W_z = \frac{\pi D^3}{32}(1 - \alpha^4) \tag{1-8-9}$$

组合截面的惯性矩也可用平行移轴定理来求，与转动惯性的平行移轴定理类似 $I'_z = I_z + Ad^2$。

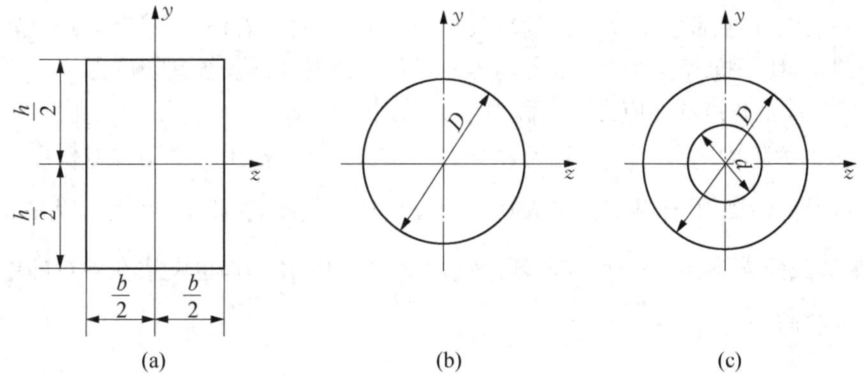

图 1-8-18

例 1-8-8　T 形截面的尺寸如图 1-8-19 所示，求其对形心轴 z_C 的惯性矩。

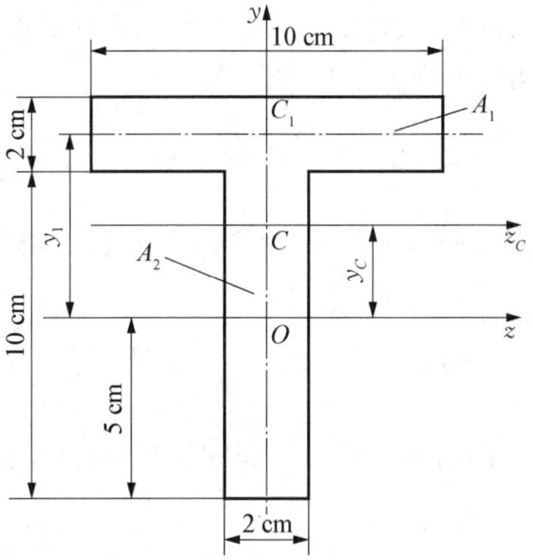

图 1-8-19

解:(1) 确定截面的形心位置

$$y_C = \frac{A_1 y_1 + A_2 y_2}{A_1 + A_2} = \frac{20 \times (5+1) + 20 \times 0}{20+20} = 3\ \text{cm}$$

(2) 计算两矩形截面对 z_C 轴的惯性矩　根据平行移轴定理

$$I_{zC2} = \frac{2 \times 10^3}{12} + 20 \times 3^2 = 346.7\ \text{cm}^4$$

$$I_{zC1} = \frac{10 \times 2^3}{12} + 20 \times (2+1)^2 = 186.7\ \text{cm}^4$$

$$I_{zC} = I_{zC1} + I_{zC2} = 186.7 + 346.7 = 533.4\ \text{cm}^4$$

在应用平行移轴定理时应注意,只能从各截面的形心轴平行地移到另一轴,反之则不可。显而易见,过形心轴惯性矩的值最小。

有关型钢的惯性矩 I_z、抗弯截面系数 W_z,在附录 A 和工程手册中可以查到。

4. 弯曲切应力简介

对于一般梁,横截面上的切应力远较其正应力为小,故不需校核,只有对跨度较短的,采用薄腹板的梁,使用抗剪能力较差的各向异性材料等情况才需校核其切应力。

(1) 横截面上各点的切应力方向和剪力 $\boldsymbol{F}_Q$ 的方向一致。

(2) 切应力的大小与距中性轴 Z 的距离 y 有关,在同一水平面上切应力相等。

对于矩形截面梁,其横截面上最大切应力发生在中性轴上(即 $y=0$ 处),为 $\tau_{\max} = \dfrac{3\boldsymbol{F}_Q}{2A}$。同样,工字形截面梁、圆形截面梁和圆环形截面梁的最大切应力,也发生在各自的中性轴上。对于工字形截面梁,$\tau_{\max} = \dfrac{2\boldsymbol{F}_Q}{A}$。

三、梁的强度计算

在进行梁的强度计算时,首先应确定梁的危险截面和危险点。一般情况下,对于等截面直梁,其危险点在弯矩最大的截面上的上下边缘处,即最大正应力所在处;对于短梁、载荷靠近支座的梁以及薄壁截面梁,则还要考虑其最大切应力所在的部位。危险点的最大工作应力应不大于材料在单向受力时的许用应力,强度条件为

$$\sigma_{\max} = \frac{\boldsymbol{M}_{\max} y}{I_z} \leqslant [\sigma] \qquad (1-8-10)$$

对于许用拉应力$[\sigma^+]$和许用压应力$[\sigma^-]$不同的脆性材料,宜采用上下不对称于中性层的截面形状,并分别计算,式(1-8-10)可以写作

$$\sigma_{\max}^+ = \frac{\boldsymbol{M}_{\max} y^+}{I_z} \leqslant [\sigma^+],\ \sigma_{\max}^- = \frac{\boldsymbol{M}_{\max} y^-}{I_z} \leqslant [\sigma^-] \qquad (1-8-11)$$

对于许用拉应力$[\sigma^+]$和许用压应力$[\sigma^-]$相同的塑性材料,截面宜对称于中性轴,则式(1-8-10)可写作

$$\sigma = \frac{\boldsymbol{M}}{W_z} \leqslant [\sigma] \qquad (1-8-12)$$

梁的切应力校核条件为

$$\tau_{max} \leqslant [\tau] \tag{1-8-13}$$

在设计梁的截面时，先按正应力强度条件计算，必要时再进行切应力强度校核。根据强度条件可以解决：**强度校核、截面设计和许用载荷的确定**。

例 1－8－9　如图 1－8－20(a)所示，一吊车用 32c 工字钢制成，将其简化为一简支梁，梁长 $l=10\ \mathrm{m}$，自重力不计。若最大起重载荷为 $\boldsymbol{F}=35\ \mathrm{kN}$（包括吊机和钢丝绳），许用应力为 $[\sigma]=130\ \mathrm{MPa}$，试校核梁的强度。

解：(1) 求最大弯矩　当载荷在梁中点时，该处产生最大弯矩，从图 1－8－20(c)中可得

$$\boldsymbol{M}_{max}=\frac{Fl}{4}=\frac{35\times 10}{4}=87.5\ \mathrm{kN\cdot m}$$

(2) 校核梁的强度　查型钢表得 32c 工字钢的抗弯截面系数 $W_z=760\ \mathrm{cm}^3$，所以

$$\sigma_{max}=\frac{\boldsymbol{M}_{max}}{W_z}=\frac{87.5\times 10^6}{760\times 10^3}=115.1\ \mathrm{MPa}<[\sigma]$$

说明梁的工作是安全的。

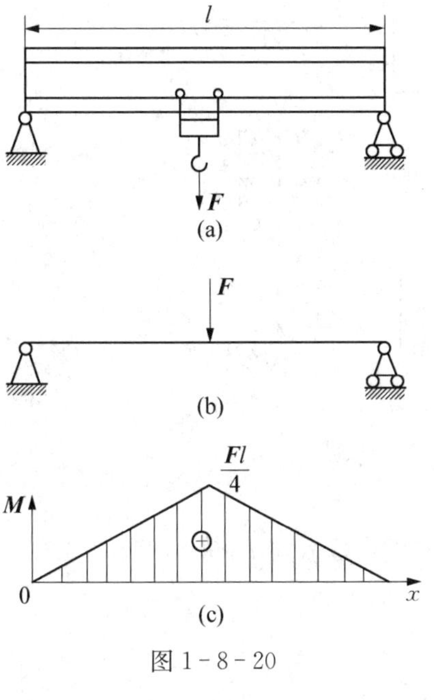

图 1－8－20

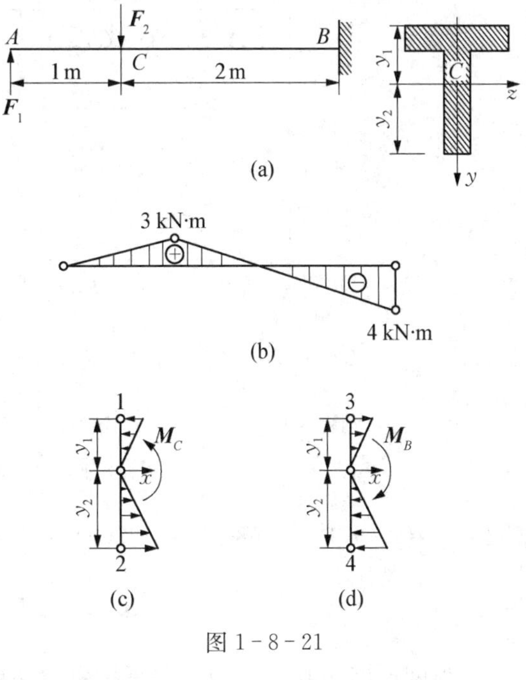

图 1－8－21

例 1－8－10　图 1－8－21(a)所示 T 字形铸铁悬臂梁，受集中力作用。已知 $\boldsymbol{F}_1=3\ \mathrm{kN}$，$\boldsymbol{F}_2=6.5\ \mathrm{kN}$，$C$ 为截面形心，$y_1=50\ \mathrm{mm}$，$y_2=82\ \mathrm{mm}$，惯性矩 $I_z=800\ \mathrm{cm}^4$，铸铁许用压应力$[\sigma^-]=80\ \mathrm{MPa}$，许用拉应力$[\sigma^+]=35\ \mathrm{MPa}$，试校核梁的强度。

解：(1) 作弯矩图定危险截面　由弯矩图 1－8－22(b)可知，截面 C 和 B 上分别有最大正、负弯矩，$\boldsymbol{M}_C=3\ \mathrm{kN\cdot m}$，$\boldsymbol{M}_B=-4\ \mathrm{kN\cdot m}$，由于铸铁的拉伸和压缩许用应力不同，且截面对中性轴 Z 不对称，该两处都有可能发生破坏，都应作为危险截面。

(2) 应力分析,定危险点　截面 C 受正弯矩作用,上面受压下面受拉,应力分布如图 1-8-21(c)所示。截面 B 受负弯矩作用,上面受拉下面受压,应力分布如图 1-8-21(d)所示。梁中最大拉应力由 2、3 两点确定,最大压应力由 1、4 两点确定,它们有可能是最先破坏的部位,称为危险点。

(3) 强度计算　由式(1-8-2)可得上述各点的正应力分别为

$$\sigma_1^- = \frac{\boldsymbol{M}_C y_1}{I_z} = \frac{3\times10^6\times50}{800\times10^4} = 18.8\ \text{MPa},\ \sigma_2^+ = \frac{\boldsymbol{M}_C y_2}{I_z} = \frac{3\times10^6\times82}{800\times10^4} = 30.8\ \text{MPa}$$

$$\sigma_3^+ = \frac{\boldsymbol{M}_B y_1}{I_z} = \frac{4\times10^6\times50}{800\times10^4} = 25\ \text{MPa},\ \sigma_4^- = \frac{\boldsymbol{M}_B y_2}{I_z} = \frac{4\times10^6\times82}{800\times10^4} = 41\ \text{MPa}$$

由此可得 $\sigma_{\max}^+ = \sigma_2^+ = 30.8\ \text{MPa} < [\sigma^+]$, $\sigma_{\max}^- = \sigma_4^- = 41\ \text{MPa} < [\sigma^-]$,所以梁的弯曲强度足够。

讨论:若将 T 字形截面倒置,梁内最大拉应力将如何变化?梁是否安全?

例 1-8-11　如图 1-8-22(a)所示,钢制等截面悬臂梁受均布载荷 q 作用。已知材料许用应力 $[\sigma]=160\ \text{MPa}$, $l=2\ \text{m}$, $q=10\ \text{kN/m}$。求:(1)选工字钢的型号;(2)若横截面为高宽比等于 2 的矩形,设计截面的宽度 b;(3)若截面为圆形,设计直径 d。

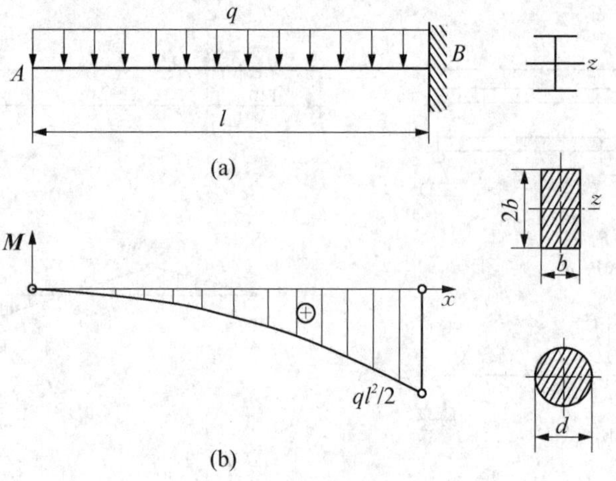

图 1-8-22

解:(1) 作弯矩图　如图 1-8-22(b)所示,危险截面在插入端 B,最大弯矩

$$\boldsymbol{M}_{\max} = \boldsymbol{M}_B = \frac{ql^2}{2}$$

(2) 强度计算　由式(1-8-2)得抗弯截面系数为

$$W_z \geqslant \frac{\boldsymbol{M}_{\max}}{[\sigma]} = \frac{ql^2}{2[\sigma]} = \frac{10\times10^3\times2^2}{2\times160\times10^6} = 125\ \text{cm}^3$$

选工字钢型号:查型钢表,应选用 16 号工字钢,其抗弯截面系数为 $W_z = 141\ \text{cm}^3$,横截面面积 $A_1 = 26.1\ \text{cm}^2$。

设计矩形截面: $W_z = \dfrac{bh^2}{6} = \dfrac{2b^3}{3}$,故

$$b=\sqrt[3]{\frac{3W_z}{2}}=\sqrt[3]{3\times 125/2}=5.72\ \text{cm}$$

横截面面积 $A_2=b\times 2b=65.5\ \text{cm}^2$

设计圆形截面：$W_z=\frac{\pi d^3}{32}$，故

$$d=\sqrt[3]{\frac{32W_z}{\pi}}=\sqrt[3]{\frac{32\times 125}{\pi}}=10.8\ \text{cm}$$

横截面面积 $A_3=\frac{\pi d^2}{4}=91.6\ \text{cm}^2$

讨论：由计算结果可知，三截面面积之比为 $A_1:A_2:A_3=1:2.5:3.5$。即在强度相同的情况下，工字梁最省材料，矩形截面梁次之，圆形梁最差。

第五节　梁的刚度计算、提高梁的强度和刚度的措施

一、梁的弯曲变形概述

梁满足强度条件，表明它能安全地工作，但变形过大也会影响机器的正常运行。如齿轮轴变形过大。会使齿轮不能正常啮合，生振动和噪声；机械加工中刀杆或工件的变形，如图 1-8-23(b)所示，将导致一定的制造误差；起重机横梁，如图 1-8-23(a)所示，变形过大会使吊车移动困难。因此，对某些构件而言，除满足强度条件外，还要将其变形限制在一定范围内，即满足刚度条件。当然，有些构件要有较大的或合适的弯曲变形，才能满足工作要求。如金属切削工艺试验中使用的悬臂梁式测力仪及车辆上使用的隔振板簧等。

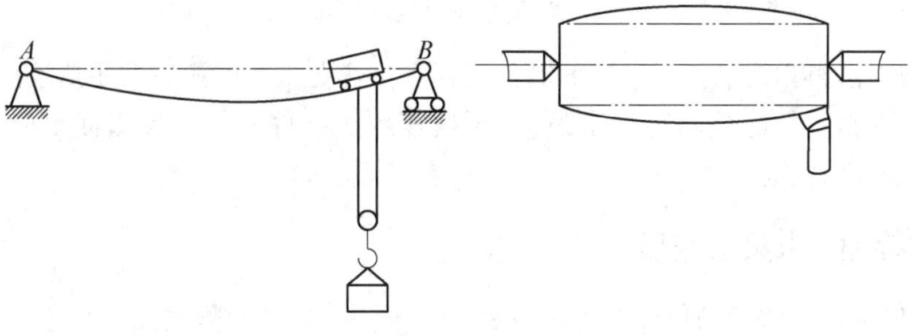

图 1-8-23

1. 挠度和转角

度量梁的变形的两个基本物理量是**挠度**和**转角**。它们主要因弯矩而产生，剪力的影响可以忽略不计。以悬臂梁为例，变形前梁的轴线为直线 AB，m-n 是梁的某一横截面，变形后 AB 变为光滑的连续曲线 AB_1。m-n 转到了 m_1-n_1 的位置。轴线上各点在 y 方向上的位移称为挠度，(x 方向上的位移，可忽略不计)。**各横截面相对原来位置转过的角度称为转角**。图 1-8-24 中的 CC_1 即为点 C 的挠度，如规定向上的挠度为正值，则 CC_1 为负值。θ 为 m-n 截面的转角，规定逆时针转向的转角为正，反之为负。可以看出，转角的大小与挠曲

线上的点 C_1 的切线与 x 轴的夹角相等。

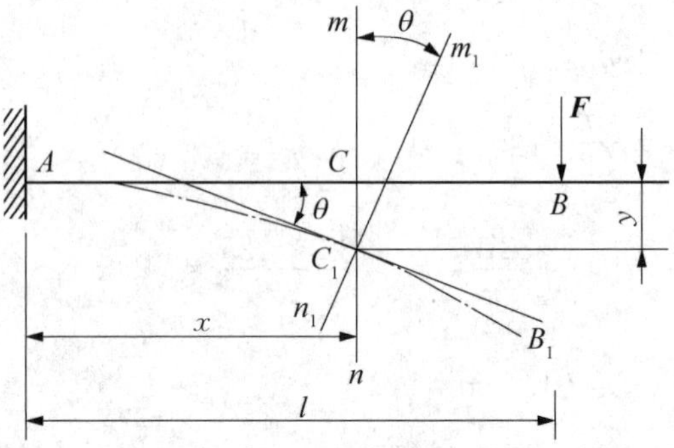

图 1-8-24

曲线 AB_1 表示了全梁各截面的挠度值,故称挠曲线。挠曲线显然是梁截面位置 x 的函数,记作

$$y = f(x)$$

此式称为挠曲线方程。

因为转角很小,所以

$$\theta = \tan\theta = f'(x)f$$

此式称为转角方程,其中 θ 的单位为 rad。

2. 梁的刚度条件

梁的刚度条件为

$$y_{\max} \leqslant [y] \text{ 和 } \theta_{\max} \leqslant [\theta] \tag{1-8-14}$$

式中,$[y]$为许用挠度,$[\theta]$为许用转角,其值可根据工作要求或参照有关手册确定。

在设计梁时,一般应先满足强度条件,再校核刚度条件。如所选截面不能满足刚度条件,再考虑重新选择。

二、用叠加法求梁的变形

梁的变形可以根据梁的尺寸及支承形式、载荷情况、材料性能来建立挠度与转角方程求解,不过此法很烦琐,实际上在有关工程手册中已将各种基本形式的梁在简单载荷的作用下的弯曲变形列成了表格。因此简单情况可直接查变形附录 B 而获得结果。如果梁在几个载荷同时作用下,则由于每一载荷的影响是独立的,**梁在几个载荷共同作用下产生的变形等于各个载荷分别作用时产生的变形的代数和,利用表中的结果应用叠加原理来取得综合结果。**

例 1-8-12 求图 1-8-25(a)所示等截面简支梁中点 C 的挠度,其中载荷 q,$\boldsymbol{F} = ql$,梁长 l 和抗弯刚度 EI 均为已知。

解:由叠加原理,先分别求出 q 与 $\boldsymbol{F} = ql$ 单独作用下,截面 C 的挠度 y_{Cq}、y_{CF},如图 1-8-25(b)、(c)所示,再进行代数相加。

查附录 B 可得

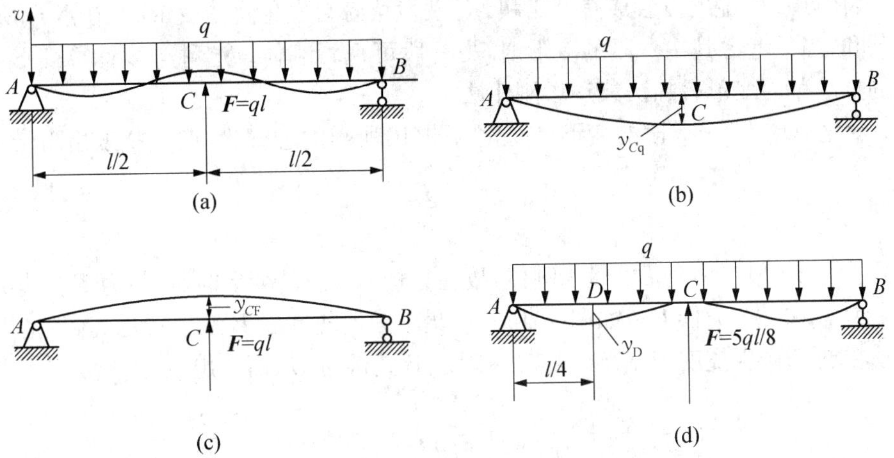

图 1-8-25

$$y_{Cq}=-\frac{5ql^4}{384EI},\ y_{CF}=\frac{Fl^3}{48EI}=\frac{ql^4}{48EI}$$

所以 C 截面的总挠度为

$$y_C=y_{Cq}-y_{CF}=\frac{ql^4}{48EI}-\frac{5ql^4}{384EI}=\frac{ql^4}{128EI}$$

讨论：若要使点 C 挠度为零，$\boldsymbol{F}$ 力应为多大？

根据：$y_C=\frac{ql^4}{48EI}-\frac{5ql^4}{384EI}=0$，可得：$\boldsymbol{F}=\frac{5}{8}ql$，若 $\boldsymbol{F}=5ql/8$，则图(d)所示梁中最大挠度约值为

$$y_D=\frac{ql^4}{3\,072EI}$$

例 1-8-13　一变截面外伸梁受力如图 1-8-26(a)所示，已知 AB 段抗弯刚度为 $2EI$，外伸段抗弯刚度为 EI。求 C 处挠度。

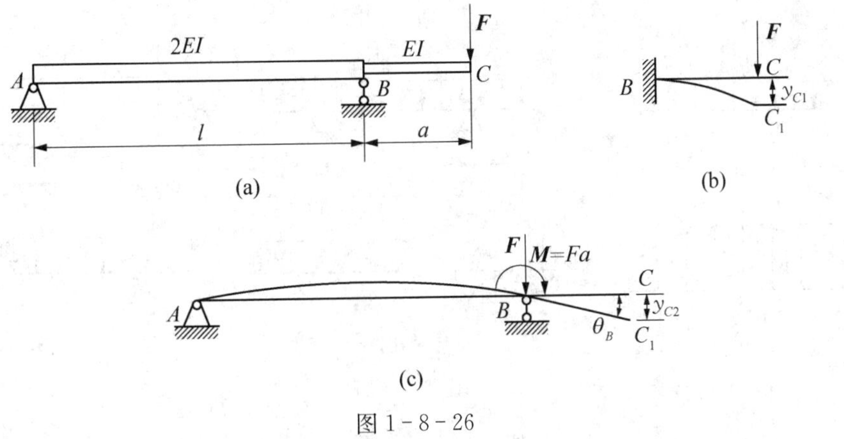

图 1-8-26

解:梁在点 C 的挠度可看成是 AB 和 BC 两段梁各自发生弯曲变形时,在点 C 所产生挠度的代数和,当只考虑其中一段的变形时,另一段可视为刚体。这种分段计算变形,然后代数相加的方法称为变形叠加法或逐段刚化法。

(1) 刚化 AB 段　BC 段的变形可简化为图(b)所示的悬臂梁,点 C 挠度由附录 B 查得

$$y_{c1}=\frac{Fa^3}{3EI}$$

(2) 刚化 BC 段　由于 BC 段为刚体,故在分析 AB 段的变形时,可将力 $\boldsymbol{F}$ 向点 B 简化,得到一个力 $\boldsymbol{F}$ 和一个力偶 $\boldsymbol{F}a$,如图(c)所示。集中力偶使截面 B 发生转角 θ_B,带动 BC 段作刚体转动在点 C 产生挠度为 $y_{c2}=\theta_B a$。由附录 B 查得 θ_B,从而算出 y_{c2}。

$$\theta_B=\frac{Fal}{3\times(2EI)}=\frac{Fal}{6EI},\ y_{c2}=\theta_B a=\frac{Fa^2l}{6EI}$$

(3) 叠加点 C 总挠度为

$$y_c=y_{c1}+y_{c2}=\frac{Fa^3}{3EI}+\frac{Fa^2l}{6EI}=\frac{Fa^2}{6EI}(2a+l)$$

三、提高梁的强度和刚度的措施

从前几节可知,等直梁上的最大弯曲正应力和梁上的最大弯矩 $\boldsymbol{M}_{\max}$ 成正比,和抗弯截面系数 W_z 成反比。梁的变形和梁的跨度 l 的高次方成正比,和梁的抗弯刚度 EI_z 成反比。设计梁时,应达到安全性好而材料消耗少的目的,即省料、省钱而又尽量提高梁的强度和刚度,可从以下几方面入手。

1. 合理安排梁的支承与载荷

如图 1-8-27(a)所示的梁,其最大的弯矩 $\boldsymbol{M}_{\max}=0.125gl^2$,若将两支座向中间移动 $0.2l$,如图 1-8-27(b)所示,则后者的最大弯矩仅为前者的 1/5。设计锅炉筒体及吊装长构件时,其支承点不设在两端,如图 1-8-27(c)所示就是利用这个道理。另外还可增加中间支座以降低最大弯矩(增加支座后成为超静定梁)。增加约束,缩短梁的跨度,对提高梁的刚度极为有效。

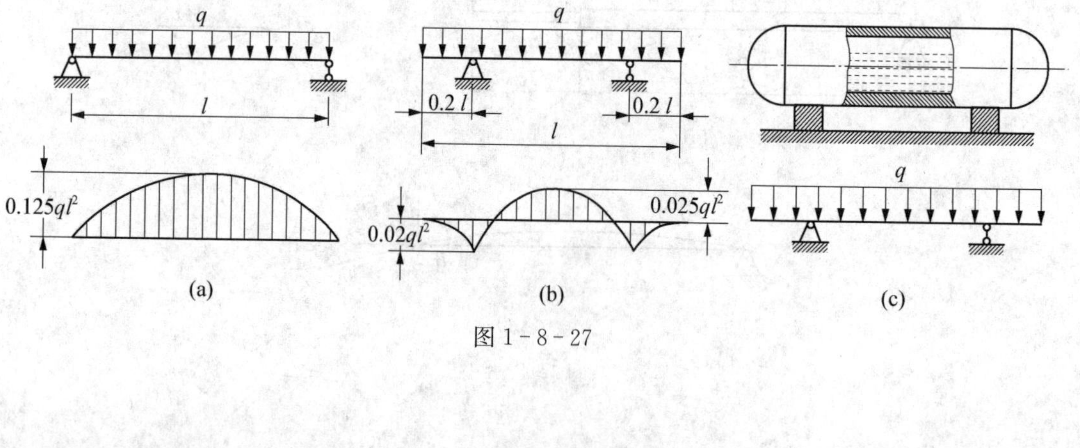

图 1-8-27

2. 选择梁的合理截面

(1) 增大单位面积的抗弯截面系数 W_z/A。

梁的抗弯截面系数 W_z 与截面的面积、形状有关，在满足 W_z 的情况下选择适当的截面形状，使其面积减小，可达到节约材料、减轻自重的目的。由于横截面上的正应力和各点到中性轴的距离成正比，靠近中性轴的材料正应力较小，未能充分发挥其潜力，故将靠近中性轴的材料移至界面的边缘，必然使 W_z 增大。合理的截面形状应该使单位面积的抗弯截面系数 (W_z/A) 尽可能大，工字钢和槽钢制成的梁的截面较为合理，如表 1-8-2 所示。

表 1-8-2　抗弯截面系数

截面形状	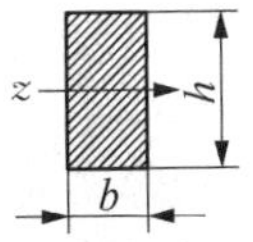 矩形	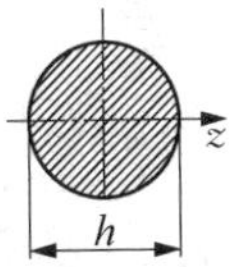 圆形	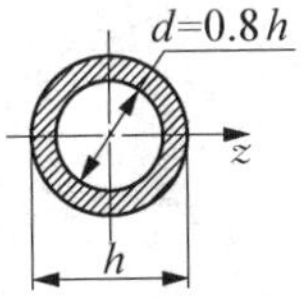 环形	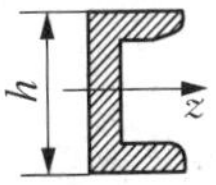 槽钢	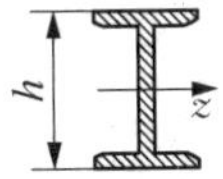 工字钢
W_z/A	$0.167h$	$0.125h$	$0.205h$	$(0.27\sim0.31)h$	$(0.27\sim0.31)h$

表 1-8-2 说明，实心圆截面梁最不经济，槽钢和工字钢最好，原因分析见例 1-8-6 的讨论。工程中，大量采用的工字形和箱形截面梁，例如铁轨、起重机大梁、内燃机连杆运用了这一原理。对于需做成圆形截面的轴类构件，宜采用空心圆截面。

(2) 应根据材料的性质选择截面的形状。

塑性材料(如钢材)因其抗拉和抗压能力相同，因此，截面宜对称于中性轴，这最大拉应力和最大压应力相等，并同时达到许用应力，使材料得到充分利用。

对于抗拉和抗压能力不相等的脆性材料，如铸铁等，设计截面时，应使中性轴靠近受拉一侧，并使截面上最大拉应力和最大压应力分别达到或接近材料的许用应力。对于这类材料通常做成 T 字形等截面(见图 1-8-21)，其中性轴合理位置由式(1-8-11)确定。

3. 合理地布置载荷

当载荷已确定时，合理地布置载荷可以减小梁上的最大弯矩，提高梁的承载能力。如图 1-8-28(a)所示的梁。当集中载荷位置不受限制时，可尽量靠近支承，这样梁内的最大弯矩将比载荷作用在跨中央小得多，如图 1-8-28(b)所示。此外，若条件允许，可将一个集中载荷分成几个较小的集中载荷或变成线分布载荷，例如将图 1-8-28(a)所示的梁改为图 1-8-29(a)、(b)所示的情况，其最大弯矩将减少一半。许多木结构建筑就是利用上述原理，如图 1-8-29(c)所示。

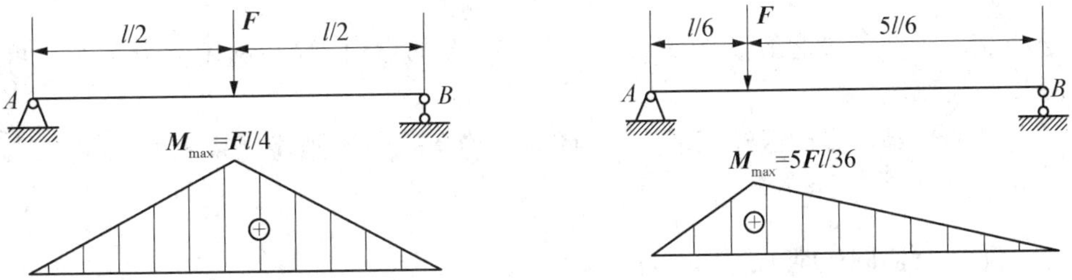

(a)　(b)

图 1-8-28

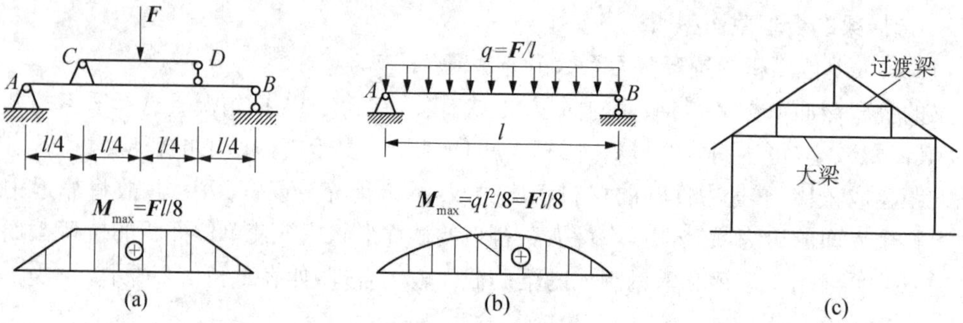

图 1-8-29

小　结

一、直梁平面弯曲

受力与变形特点是:外力沿横向作用于梁的纵向对称平面。梁的轴线弯成一条平面曲线。静定梁的应用性力学模型是简支梁、外伸梁、悬臂梁。

二、直梁弯曲时的内力

(1) 平面弯曲的直梁,其横截面上有两个内力——剪力与弯矩。截面上的剪力的大小等于截面左(右)侧所有外力的代数和;弯矩的大小等于截面左(右)侧所有外力对截面形心力矩的代数和。剪力和弯矩的正负号按符号规定判断。

(2) 剪力、弯矩和载荷集度之间存在微分关系,即

$$\begin{cases}\dfrac{\mathrm{d}\boldsymbol{F}_{\mathrm{Q}}(x)}{\mathrm{d}x}=q(x)\\[2mm]\dfrac{\mathrm{d}^2\boldsymbol{M}}{\mathrm{d}x^2}=\dfrac{\mathrm{d}\boldsymbol{F}_{\mathrm{Q}}(x)}{\mathrm{d}x}=q(x)\\[2mm]\dfrac{\mathrm{d}\boldsymbol{M}(x)}{\mathrm{d}x}=\boldsymbol{F}_{\mathrm{Q}}(x)\end{cases}$$

利用这种关系可绘制和校核剪力图和弯矩图,其步骤为:

① 正确地求解梁的约束力。

② 分段。凡梁上有集中力(力偶)作用的点以及载荷集度 q 有变化的点,都作为分段的控制点。

③ 标值。计算各段起始点的 $\boldsymbol{F}_{\mathrm{Q}}$、$\boldsymbol{M}$ 值及 $\boldsymbol{M}$ 图的极值点,并利用微分关系判断各段 $\boldsymbol{F}_{\mathrm{Q}}$、$\boldsymbol{M}$ 图的大致形状。

④ 连线。空载区在两区标值端点连直线,有均布载荷区则连抛物线,并注意在剪力为零处有极值。

三、直梁弯曲时的强度、刚度计算

(1) 梁横截面上的正应力和弯矩有关,最大正应力发生在弯矩最大的截面上且离中性

轴最远的边缘，其计算公式为

$$\sigma_{\max}=\frac{\boldsymbol{M}y}{I_z},\ \sigma_{\max}=\frac{\boldsymbol{M}_{\max}}{W_z}$$

（2）梁的强度条件为

$$\sigma_{\max}=\frac{\boldsymbol{M}_{\max}y}{I_z}\leqslant[\sigma]$$

若材料的拉、压许用应力不同，则应分别计算。其公式为

$$\sigma_{\max}^{+}=\frac{\boldsymbol{M}_{\max}y^{+}}{I_z}\leqslant[\sigma^{+}]$$

$$\sigma_{\max}^{-}=\frac{\boldsymbol{M}_{\max}y^{-}}{I_z}\leqslant[\sigma^{-}]$$

（3）梁横截面上的切应力与剪力有关，最大切应力发生在剪力最大的截面的中性层上，矩形截面上的最大切应力为平均切应力的 1.5 倍，抗剪强度条件为

$$\tau_{\max}\leqslant[\tau]$$

设计时，一般按正应力强度条件选择梁的截面，必要时再进行抗剪强度校核。

（4）梁的变形用挠度 y 和转角 θ 度量，简单情况下可从附录 B 及工程手册的有关表格查得结果；复杂情况下则可用叠加法来扩大表格的使用范围。

（5）梁的刚度条件为

$$y_{\max}\leqslant[y]\ 和\ \theta_{\max}\leqslant[\theta]$$

（6）为提高梁的强度和刚度可从增加约束、分散载荷、减小梁的跨度、合理选择截面等几方面入手，根据实际情况确定合适的方法。

思考题

1-8-1　什么情况下梁发生平面弯曲变形？

1-8-2　图 1-8-30 所示悬臂梁受集中力 $\boldsymbol{F}$ 作用，$\boldsymbol{F}$ 作用线沿梁截面图示方向，当截面分别为圆形、正方形、长方形时，梁是否发生平面弯曲？

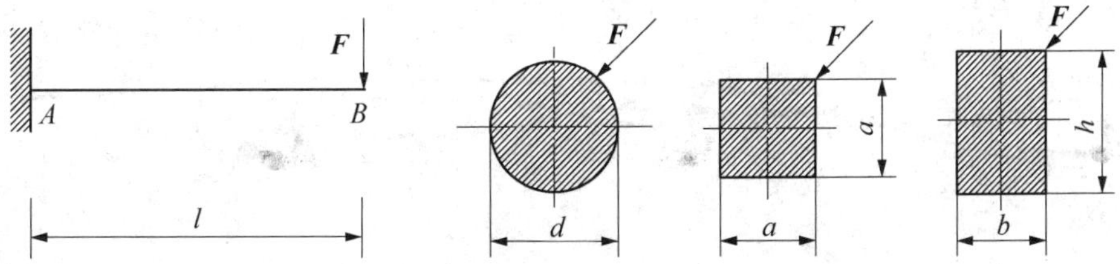

图 1-8-30

1-8-3　求任意截面剪力、弯矩时，截面为什么不能取在集中力或集中力偶作用处，而是取在集中力或集中力偶作用处的临近？

1-8-4 在集中力作用处,剪力图有突变,弯矩图有折点,是否说明内力在该点处不连续,是否无法确定该点处的内力?

1-8-5 图 1-8-31(a)所示梁受均布载荷 q 作用,能否应用静力等效的 $\boldsymbol{F}=qa$ 代替均布载荷,如图 1-8-31(b)所示?

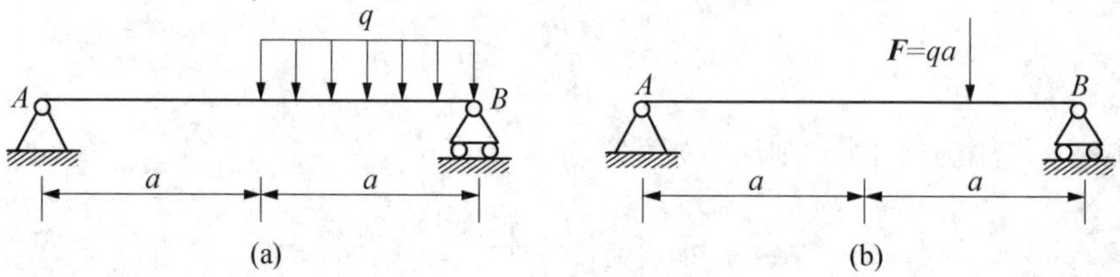

图 1-8-31

1-8-6 梁弯曲时的中性轴过截面的形心,中性轴是否一定是截面的对称轴?

1-8-7 横力弯曲时,最大正应力发生在横截面的什么位置?最大切应力发生在横截面的什么位置?

1-8-8 危险截面一定是梁的最大弯矩作用截面吗?

1-8-9 矩形截面梁的横截面高度增加到原来的两倍,梁的抗弯承载能力增大到原来的几倍?若宽度到原来的两倍,梁的抗弯承载能力增大到原来的几倍?

1-8-10 图 1-8-32 所示作用于圆形截面梁上的力 $\boldsymbol{F}$,试画出力沿截面不同方位时,截面的中性轴,并标明最大拉、压应力的点。

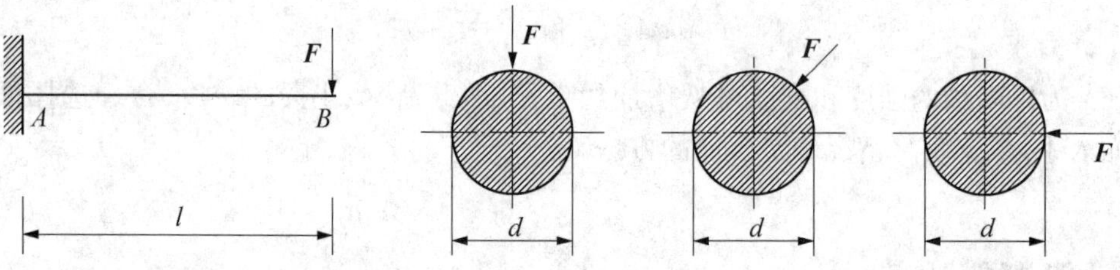

图 1-8-32

1-8-11 矩形截面梁(长宽比 $h/b=2$)竖放和平放,其抗弯强度和抗弯刚度有无变化?

1-8-12 矩形截面梁沿其纵向对称平面剖开为双梁,梁的承载能力有无变化?若沿其中性层剖为双梁,梁的承载能力有无变化?

1-8-13 图 1-8-33(a)所示为铸铁 T 形截面梁,受力 $\boldsymbol{F}$,作用线沿铅垂方向。试判断 T 形截面放置方式中哪一种较合理?

1-8-14 图 1-8-33(b)所示悬臂梁,若在其固定端处开一圆孔(横孔或竖孔,且孔径相同),试问横孔强度影响大还是开竖孔对梁的强度影响大?为什么?

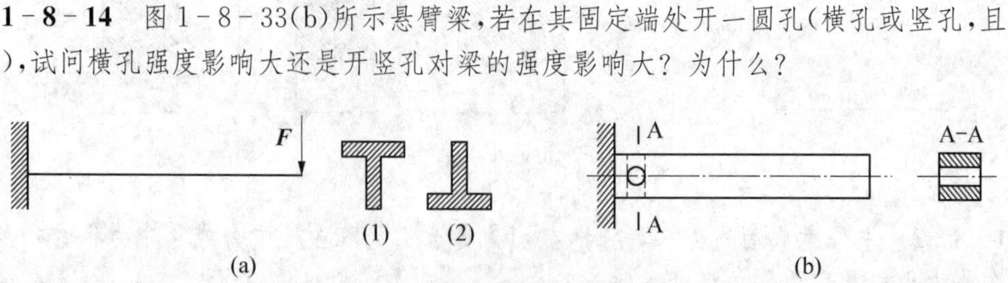

图 1-8-33

习　题

1-8-1　已知图1-8-34所示各梁的q、$\boldsymbol{F}$、l、a，试求各梁指定截面上的剪力和弯矩。

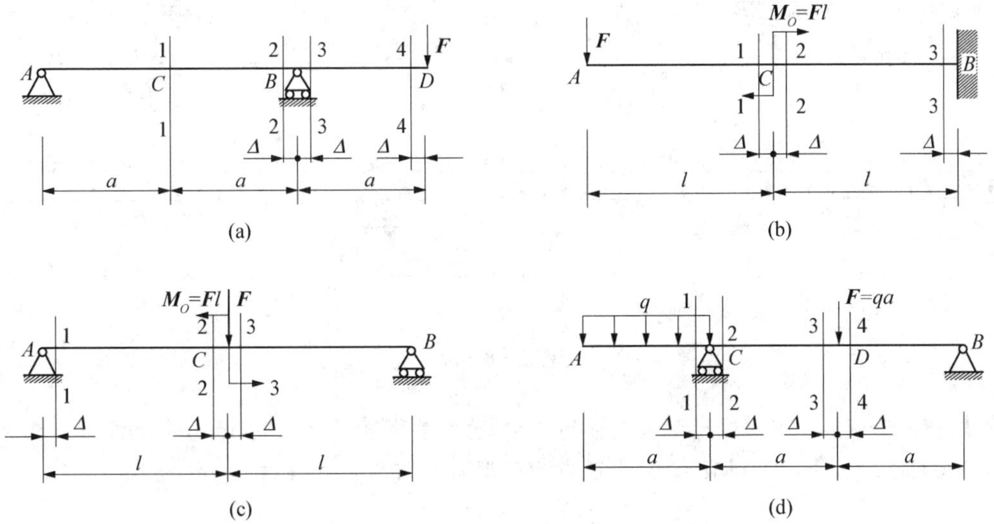

图1-8-34

1-8-2　已知图1-8-35所示各梁q、$\boldsymbol{F}$、l、$\boldsymbol{M}_O$，并画出剪力图和弯矩图。

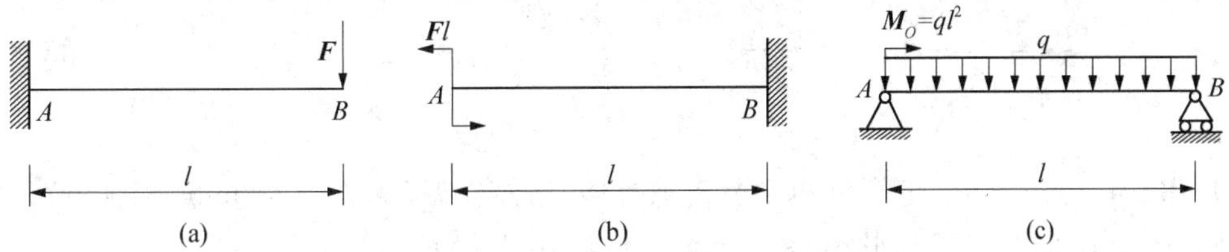

图1-8-35

1-8-3　已知图1-8-36所示各梁的q、$\boldsymbol{F}$、l、$\boldsymbol{M}_O$、a，画出其剪力图和弯矩图，并求出最大剪力值和最大弯矩值。

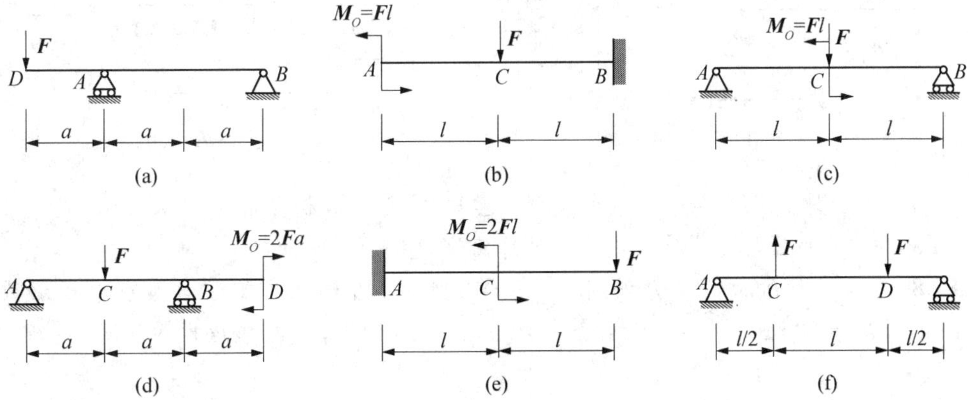

图1-8-36

1-8-4 已知图 1-8-37 所示各梁的 q、$\boldsymbol{F}$、l、$\boldsymbol{M}_O$、a，画出其剪力图和弯矩图，并求出最大剪力值和最大弯矩值。

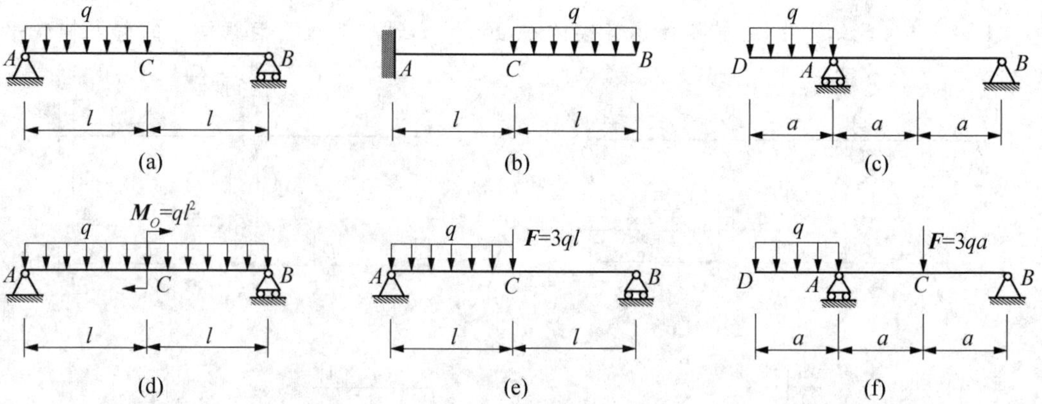

图 1-8-37

1-8-5 图 1-8-38 所示圆截面简支梁，已知截面直径 $d = 50$ mm，作用力 $\boldsymbol{F} = 6$ kN，$a = 500$ mm，$[\sigma] = 120$ MPa，试按正应力强度准则校核梁的强度。

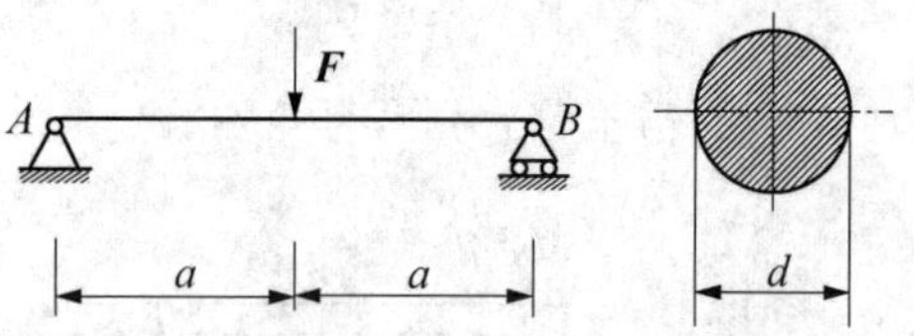

图 1-8-38

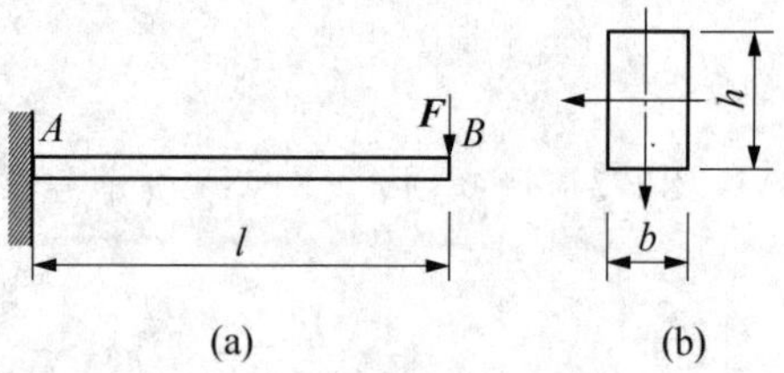

图 1-8-39

1-8-6 图 1-8-39 所示矩形截面悬臂梁，已知截面 $b \times h = 60\ \text{mm} \times 100\ \text{mm}$，梁跨 $l = 1\,000$ mm，$[\sigma] = 100$ MPa，试确定该梁的许可载荷$[\boldsymbol{F}]$。

1-8-7 图 1-8-40 所示空心圆截面外伸梁，已知 $\boldsymbol{M}_O = 1.2\ \text{kN}\cdot\text{m}$，$l = 300$ mm，$a = 100$ mm，$D = 60$ mm，$[\sigma] = 120$ MPa，试按正应力强度准则设计内径 d。

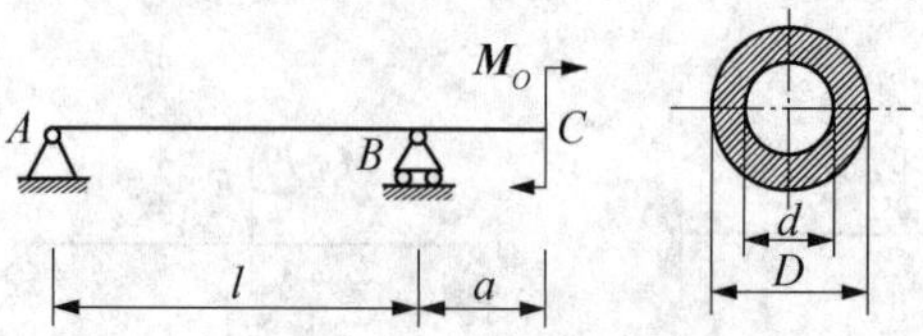

图 1-8-40

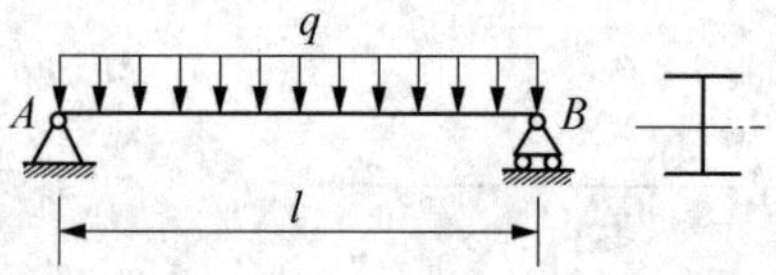

图 1-8-41

1-8-8 图 1-8-41 所示简支梁，已知作用均布载荷 $q = 4$ kN/m，$l = 4$ m，$[\sigma] = 160$ MPa，按正应力强度准则为梁选择工字钢型号。

1-8-9 夹具压板的受力如图 1-8-42 所示，已知 A-A 截面为空心矩形截面，$\boldsymbol{F} = 10$ kN，$a = 20$ mm，材料的许用正应力$[\sigma] = 160$ MPa，试校核压板的强度。

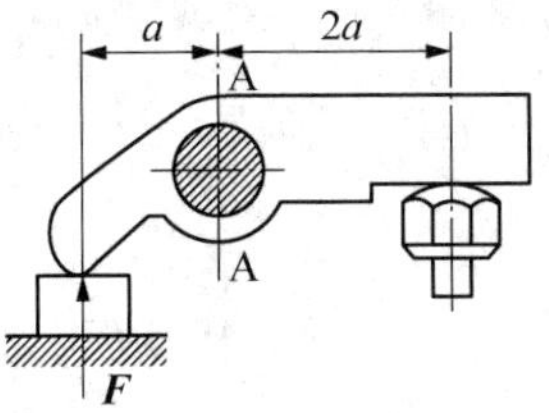

图 1-8-42

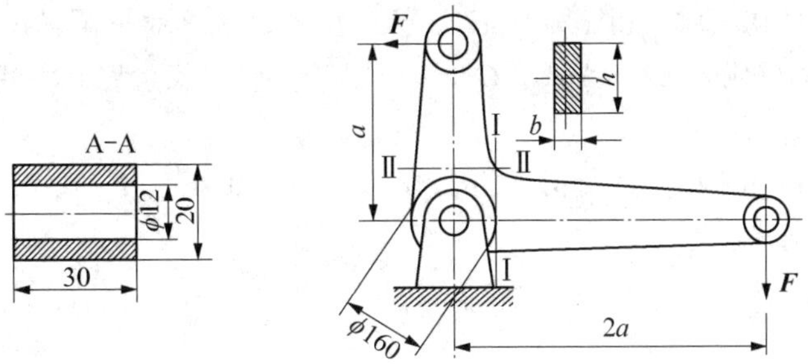

图 1-8-43

1-8-10　图 1-8-43 所示空气泵的操纵杆，截面Ⅰ-Ⅰ和Ⅱ-Ⅱ为矩形，其高宽比均为 $h/b=3$，材料的许用应力 $[\sigma]=60\,\text{MPa}$，$\boldsymbol{F}=20\,\text{kN}$，$a=340\,\text{mm}$，试设计这两矩形截面的尺寸。

1-8-11　T 形铸铁架如图 1-8-44 所示，已知作用力 $\boldsymbol{F}=10\,\text{kN}$，$l=300\,\text{mm}$，材料的许用拉应力 $[\sigma^+]=40\,\text{MPa}$，许用压应力 $[\sigma^-]=120\,\text{MPa}$，n-n 截面对中性轴的惯性矩 $I_z=2.0\times10^6\,\text{mm}^4$，$y_1=25\,\text{mm}$，$y_2=75\,\text{mm}$，各截面承载能力大致相同，试校核托架n-n截面的正应力强度。

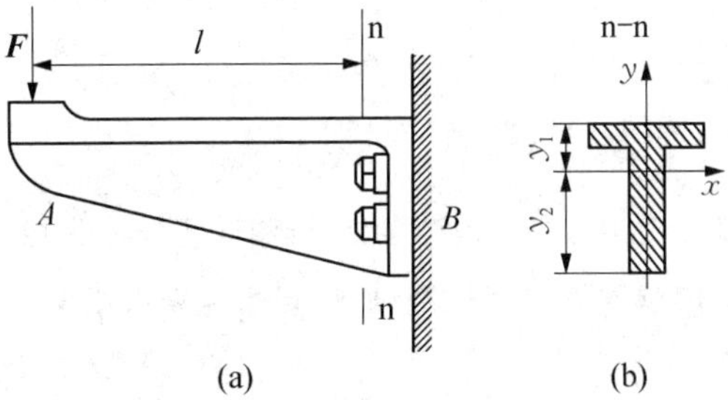

图 1-8-44

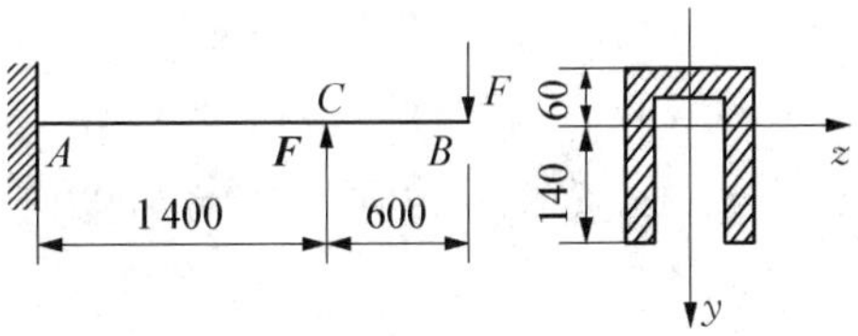

图 1-8-45

1-8-12　图 1-8-45 所示槽形截面铸铁梁，已知 $\boldsymbol{F}=30\,\text{kN}$，槽形截面对中性轴 z 的惯性矩 $I_z=40\times10^6\,\text{mm}^4$，铸铁的许用拉应力 $[\sigma^+]=30\,\text{MPa}$，许用压应力 $[\sigma^-]=80\,\text{MPa}$，试按弯曲正应力强度准则校核梁的强度。

1-8-13　图 1-8-46 所示桥式起吊机大梁由 32a 工字钢制成，梁跨 $l=8\,\text{m}$，许用正应力 $[\sigma]=160\,\text{MPa}$，许用切应力 $[\tau]=90\,\text{MPa}$。若梁的最大起吊重量 $\boldsymbol{F}=50\,\text{kN}$，试按正应力强度准则校核梁的强度。

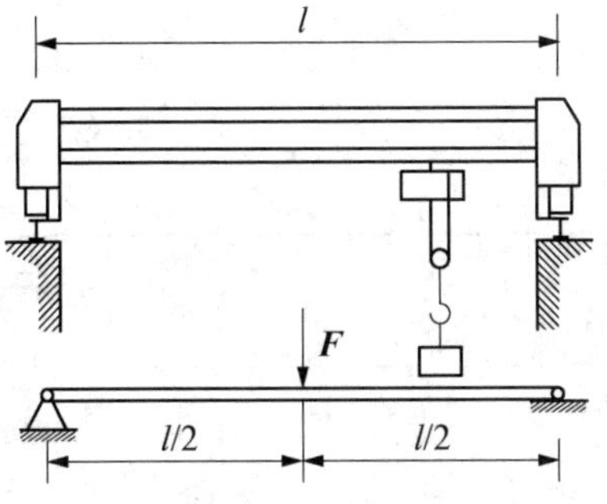

图 1-8-46

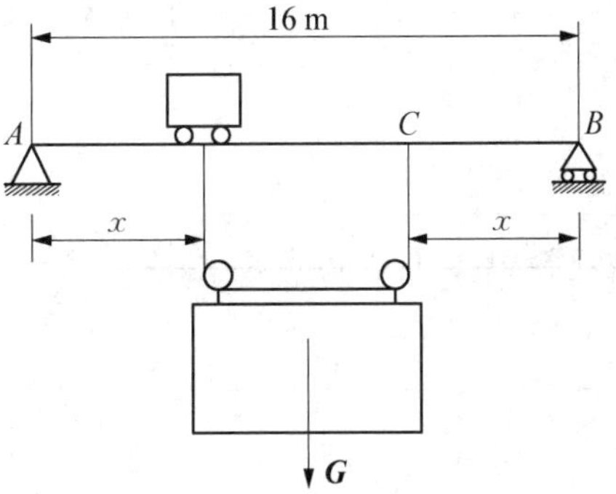

图 1-8-47

1-8-14 图1-8-47所示为桥式起吊机的横梁 AB 的平面简图,原设计最大起吊重量为100 kN,现需吊起重 $\boldsymbol{G}=150\,\text{kN}$ 的设备,采用图示方法,试求 x 的最大值等于多少才能安全起吊。

1-8-15 已知图1-8-48所示各梁的 EI、$\boldsymbol{F}$、l、$\boldsymbol{M}_O$,用叠加法求各梁的最大挠度和最大转角。

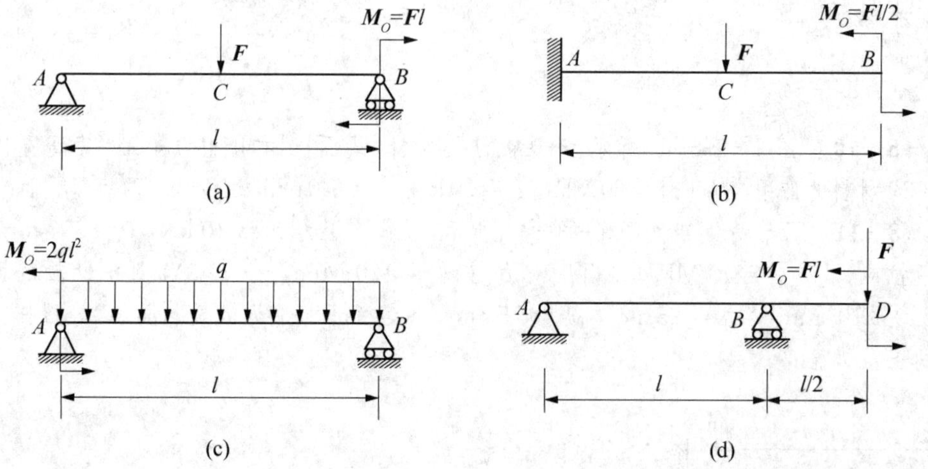

图1-8-48

1-8-16 图1-8-49所示桥式起重机大梁为32a工字钢,材料的弹性模量 $E=200\,\text{GPa}$,梁跨 $l=8\,\text{m}$,梁的许可挠度 $[y]=l/500$,若起重机的最大载荷 $\boldsymbol{F}=20\,\text{kN}$,试校核梁的刚度。

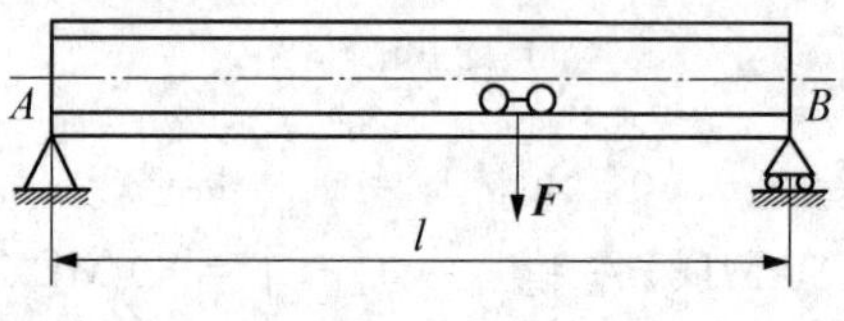

图1-8-49

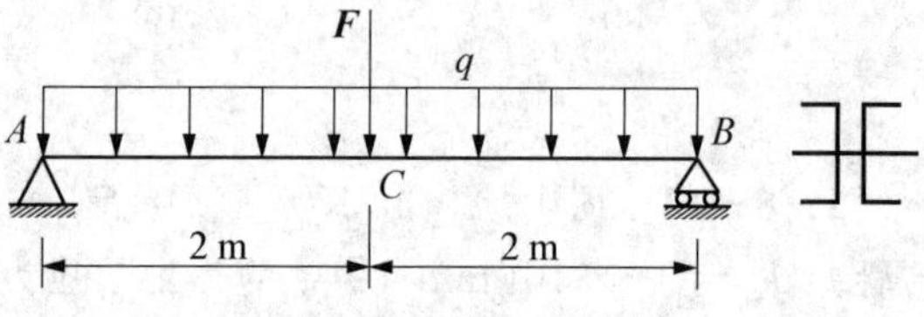

图1-8-50

1-8-17 图1-8-50所示简支梁由两槽钢组成,槽钢材料的弹性模量 $E=200\,\text{GPa}$,梁跨 $l=4\,\text{m}$,许可挠度 $[y]=l/400$。若梁承受的载荷 $\boldsymbol{F}=20\,\text{kN}$,$q=10\,\text{kN/m}$,试按刚度设计准则为梁选择槽钢型号。

1-8-18 已知图1-8-51所示静不定梁的 EI、q、$\boldsymbol{F}$、l、$\boldsymbol{M}_O$,用变形比较法求梁的支座约束力。

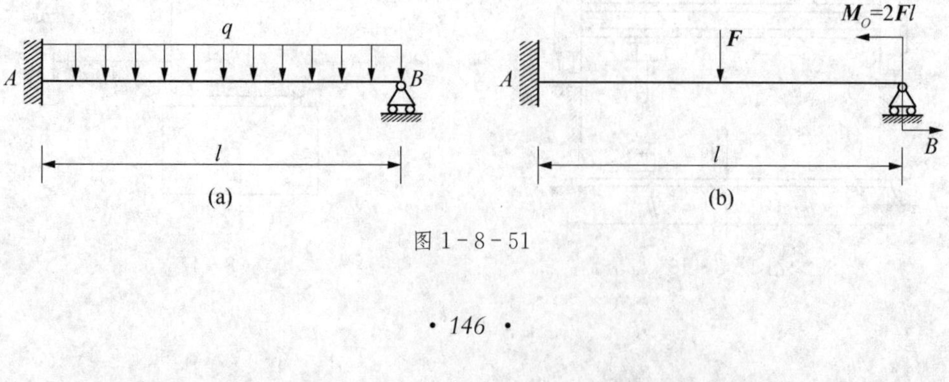

图1-8-51

第九章　组合变形的强度计算

前面几章讨论了杆件在基本变形时的强度和刚度计算。然而，许多工程构件在外力作用下，往往同时产生两种或两种以上的基本变形，称为**组合变形**。如图 1－9－1(a)所示汽轮机叶片，1－9－1(b)所示建筑工程中的厂房牛腿形立柱，它们是拉伸(或压缩)与弯曲的组合变形；图 1－9－1(c)所示的皮带轮传动轴，承受的是弯曲和扭转的组合变形；图 1－9－1(d)所示的船舶螺旋桨轴，承受的是弯曲、扭转和压缩的组合变形。

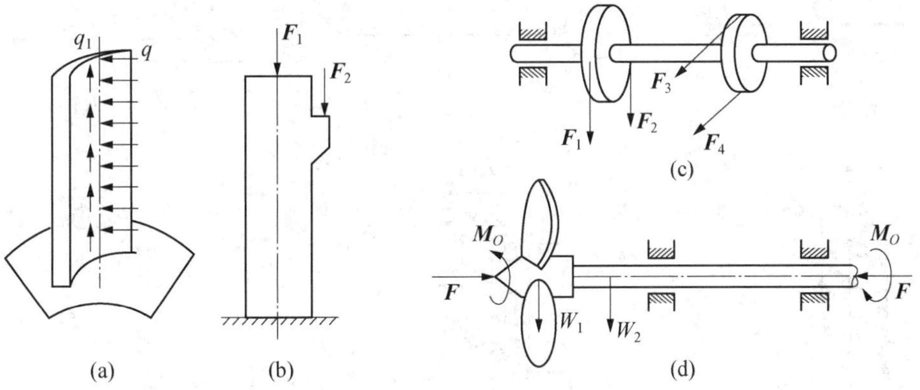

图 1－9－1

在线弹性、小变形条件下，组合变形中各个基本变形引起的应力和变形，可以认为是各自独立互不影响的，因此可运用叠加原理，分别计算各个基本变形的应力，然后再将同一截面同一点的应力叠加得到组合变形下的应力。

本章讨论工程中常见的拉压与弯曲、弯曲与扭转两种组合变形的应力分析和强度计算，其方法和步骤也适用于其他形式的组合变形。

第一节　拉压与弯曲组合变形的强度计算

一、拉伸与弯曲组合的应力

图 1－9－2(a)所示矩形截面悬臂梁，其自由端受轴向力 $\boldsymbol{F}_x$ 和横向力 $\boldsymbol{F}_y$ 作用。轴向力 $\boldsymbol{F}_x$ 使梁拉伸(见图 1－9－2b)，横向力 $\boldsymbol{F}_y$ 使梁弯曲(见图 1－9－2c)，因此它是拉伸和弯曲的组合变形在 $\boldsymbol{F}_x$ 的作用下，各截面的轴力相同，$\boldsymbol{F}_{\mathrm{N}} = \boldsymbol{F}_x$。横截面的应力均匀分布，如图 1－9－2(e)所示，其值为 $\sigma_{\mathrm{b}} = \boldsymbol{F}_{\mathrm{N}}/A$($A$ 为横截面面积)。横向力 $\boldsymbol{F}_y$ 所产生的弯矩在固定

端B处最大，$\boldsymbol{M}_{\max}=\boldsymbol{F}_y l$ 该截面为危险截面，最大弯曲正应力发生在上、下边缘处，如图1-9-2(f)所示，其值为$\sigma_s=\boldsymbol{M}_{\max}/W_z$($W_z$为抗弯截面系数)。

由于变形很小，拉伸和弯曲变形各自独立，即轴力引起的正应力和弯曲引起的正应力互不影响，因此同一个截面上同一点的应力可以叠加，如图1-9-2所示。危险截面B上、下边缘处的最大拉应力和最大压应力分别为

$$\sigma_{\max}^{+}=\frac{\boldsymbol{F}_{\mathrm{N}}}{A}+\frac{\boldsymbol{M}_{\max}}{W_z},\ \sigma_{\max}^{-}=\frac{\boldsymbol{F}_{\mathrm{N}}}{A}-\frac{\boldsymbol{M}_{\max}}{W_z} \tag{1-9-1}$$

由拉压应力与弯曲应力叠加后仍为拉压应力，对于拉压强度相等的材料，强度条件为

$$\sigma_{\max}^{+}=\frac{\boldsymbol{F}_{\mathrm{N}}}{A}+\frac{\boldsymbol{M}_{\max}}{W_z}\leqslant[\sigma] \tag{1-9-2}$$

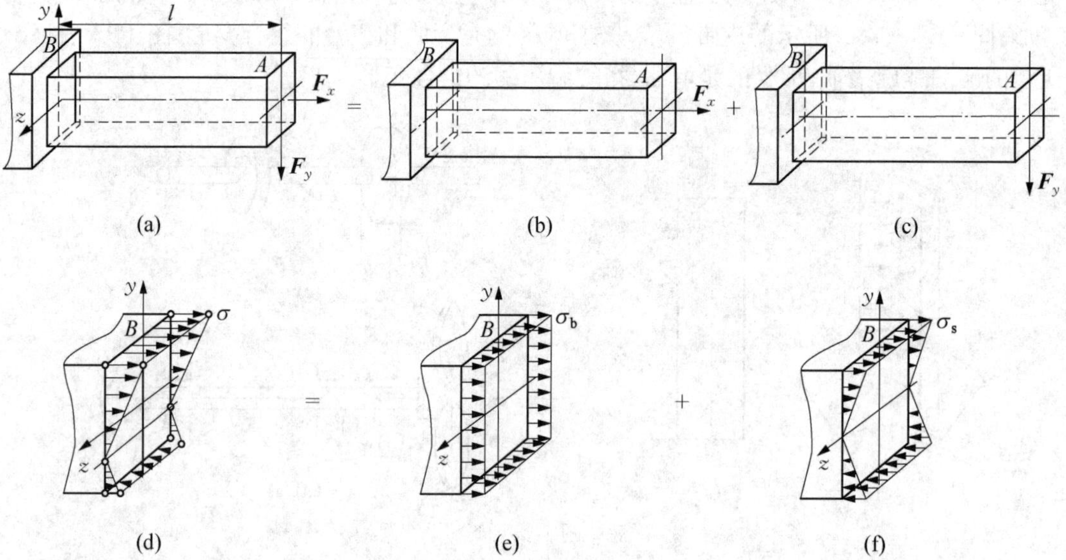

图1-9-2

对于抗拉和抗压强度不等的材料，需对最大拉应力和最大压应力分别进行校核。

例1-9-1 简易摇臂吊车受力如图1-9-3(a)所示，已知吊重$\boldsymbol{F}=8\,\mathrm{kN}$，$\alpha=30°$，横梁$AB$由18a工字钢组成，$[\sigma]=120\,\mathrm{MPa}$，试按正应力强度条件校核横梁$AB$的强度。

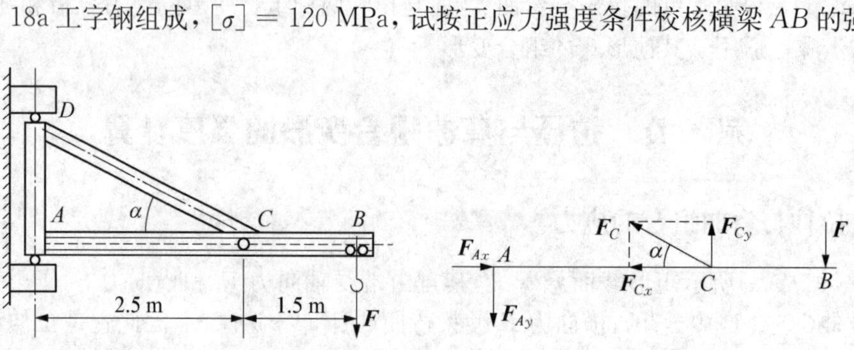

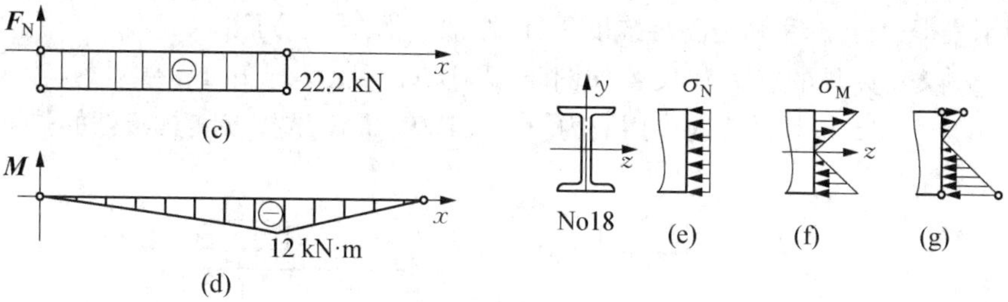

图 1-9-3

解:(1) 外力分析(将外力按其产生的基本变形类型进行分组) 取横梁为研究对象,其受力如图 1-9-3(b)所示。拉杆 CD 对横梁的拉力 $\boldsymbol{F}_C$ 可分解为 $\boldsymbol{F}_{Cx}$ 和 $\boldsymbol{F}_{Cy}$。轴向力 $\boldsymbol{F}_{Cx}$ 和 A 端的支反力 $\boldsymbol{F}_{Ax}$ 使横梁 AC 受压缩,而吊重 $\boldsymbol{F}$、$\boldsymbol{F}_{Cy}$ 和 $\boldsymbol{F}_{Ay}$ 使梁发生弯曲变形,因此梁 AC 受压缩和弯曲的组合变形。由平衡条件可得 $\boldsymbol{F}_{Cx}$、$\boldsymbol{F}_{Cy}$、$\boldsymbol{F}_{Ax}$ 和 $\boldsymbol{F}_{Ay}$。即

$$\sum \boldsymbol{M}_A = 0,\ \boldsymbol{F}_C \sin 30^\circ \times 2.5 - \boldsymbol{F} \times 4 = 0$$

$$\boldsymbol{F}_C = \frac{\boldsymbol{F} \times 4}{\sin 30^\circ \times 2.5} = \frac{8 \times 10^3 \times 4}{\frac{1}{2} \times 2.5} = 25.6\ \text{kN}$$

$$\sum \boldsymbol{F}_x = 0,\ \boldsymbol{F}_{Ax} = \boldsymbol{F}_{Cx} = \boldsymbol{F}_C \times \cos 30^\circ = 25.6 \times \cos 30^\circ = 22.2\ \text{kN}$$

$$\sum \boldsymbol{F}_y = 0,\ -\boldsymbol{F}_{Ay} + \boldsymbol{F}_{Cy} - \boldsymbol{F} = 0,\ \boldsymbol{F}_{Ay} = \boldsymbol{F} - \boldsymbol{F}_{Ay} = 8 - 25.6 \times \sin 30^\circ = 4.8\ \text{kN}$$

支座 A 的约束反力为 $\boldsymbol{F}_{Ax} = \boldsymbol{F}_{Cz} = 22.2\ \text{kN}$, $\boldsymbol{F}_{Ay} = 4.8\ \text{kN}$。

(2) 内力分析定危险截面 分别计算每组外力引起的内力。作横梁 AB 的轴力图和弯矩图如图 1-9-3(c)、(d)所示。由图可知,截面 C 为危险截面,其轴力和弯矩分别为

$$\boldsymbol{F}_N = -22.2\ \text{kN},\ \boldsymbol{M}_{max} = \boldsymbol{M}_C = 12\ \text{kN} \cdot \text{m}$$

(3) 应力分析定危险点 截面 C 上的压缩应力和弯曲应力的分布如图 1-9-3(e)、(f)所示,查型钢表可得 18a 工字钢的截面积和抗弯截面系数分别为, $A = 30.6\ \text{cm}^2$, $W_z = 185\ \text{cm}^3$。校核 C 截面的强度

$$\sigma_{max}^- = \frac{\boldsymbol{F}_N}{A} + \frac{\boldsymbol{M}_{max}}{\boldsymbol{W}_z} = \frac{22.2 \times 10^3}{30.6 \times 10^2} + \frac{12 \times 10^6}{185 \times 10^3} = 7.26 + 64.9 = 72.2\ \text{MPa}$$

显然, $\sigma_{max}^- < [\sigma]$,所以横梁强度足够。

从该例看出,由弯曲引起的正应力远比由压缩引起的正应力大,在一般的工程问题中大致如此。因此,若此例改为选择工字钢型号,由于式(1-9-1)中包含着 A 和 W_z 两个未知量,无法得解。这时可利用抓主要矛盾的方法,即先不考虑轴向压缩(或拉伸)引起的正应力,而按弯曲正应力强度条件 $\dfrac{\boldsymbol{M}_{max}}{W_z} \leqslant [\sigma]$ 算得 W_z,据此初选工字钢型号,然后再考虑轴向压缩(或拉伸)引起的正应力校核最大正应力。若能满足强度条件,则可用该型号的工字钢;若不满足强度条件,再另行选择。例如,本例中其他条件不变,要选择工字钢型号,则

$$W_z \geqslant \frac{\boldsymbol{M}_{max}}{[\sigma]} = \frac{12 \times 10^6}{120} = 100 \times 10^3\ \text{mm}^3 = 100\ \text{cm}^3$$

查型钢表得:18a 工字钢是满足强度条件的,故可选 18a 工字钢。

例 1-9-2 夹具的受力和尺寸如图 1-9-4(a)所示,已知 $F=2\ \text{kN}$, $l=60\ \text{mm}$, $b=10\ \text{mm}$, $h=22\ \text{mm}$,材料的许用应力$[\sigma]=170\ \text{MPa}$,试校核夹具竖杆的强度。

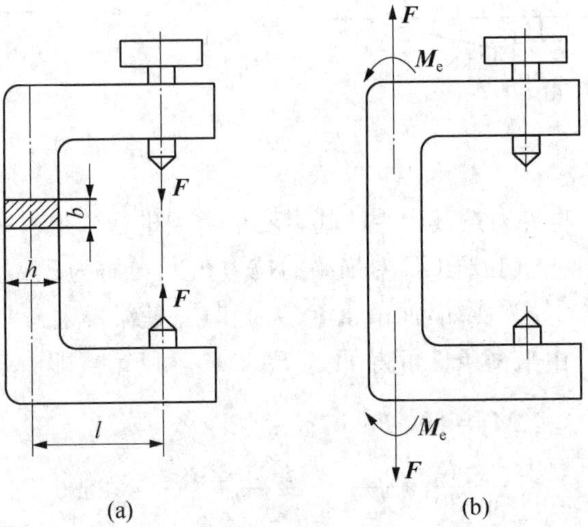

图 1-9-4

解:(1) 外力计算 将力 $\boldsymbol{F}$ 向竖杆轴线简化,得到轴向拉力 $\boldsymbol{F}$ 和力偶 $\boldsymbol{M}_e$,即

$$\boldsymbol{M}_e=2\times 60=120\ \text{N}\cdot\text{m}$$

一对 $\boldsymbol{F}$ 使竖杆轴向拉伸,一对力偶 $\boldsymbol{M}_e$ 使杆发生弯曲,故竖杆为拉伸与弯曲的组合变形。

(2) 内力分析 竖杆横截面上的轴力 $\boldsymbol{F}_N$ 和弯矩 $\boldsymbol{M}$ 分别为

$$\boldsymbol{F}_N=2\ \text{kN},\ \boldsymbol{M}=120\ \text{N}\cdot\text{m}$$

(3) 校核竖杆强度 竖杆横截面上的最大拉力发生在截面右边缘各点处,其值为

$$\begin{aligned}\sigma&=\frac{\boldsymbol{F}_N}{A}+\frac{\boldsymbol{M}}{W_z}\\&=\left(\frac{2\times 10^3}{10\times 22}+\frac{120\times 10^3}{\frac{10\times 22^2}{6}}\right)=157.9\ \text{MPa}\leqslant[\sigma]\end{aligned}$$

故竖杆满足强度条件。

该例中,对于竖杆而言,拉力 $\boldsymbol{F}$ 没有通过其轴线,故称为偏心拉伸。如果 $\boldsymbol{F}$ 的方向相反,则称为偏心压缩。由本例分析可知,偏心拉伸(或压缩)就是弯曲和拉伸(或压缩)的组合变形,其中由弯曲产生的正应力远大于由拉伸产生的正应力,故在设计中应尽量使杆处于轴向拉压状态而避免在偏载下使用。

第二节 弯曲与扭转组合变形的强度计算

机械中的转轴,通常在弯曲与扭转组合变形下工作。现以电动机轴为例,说明这种组合

变形的强度计算。图 1-9-5(a)所示的电动机轴，在外伸端装有带轮，工作时，电动机给轴输入一定转矩，通过带轮的带传递给其他设备。设带的紧边拉力为 $2F$，松边拉力为 F，不计带轮自重。

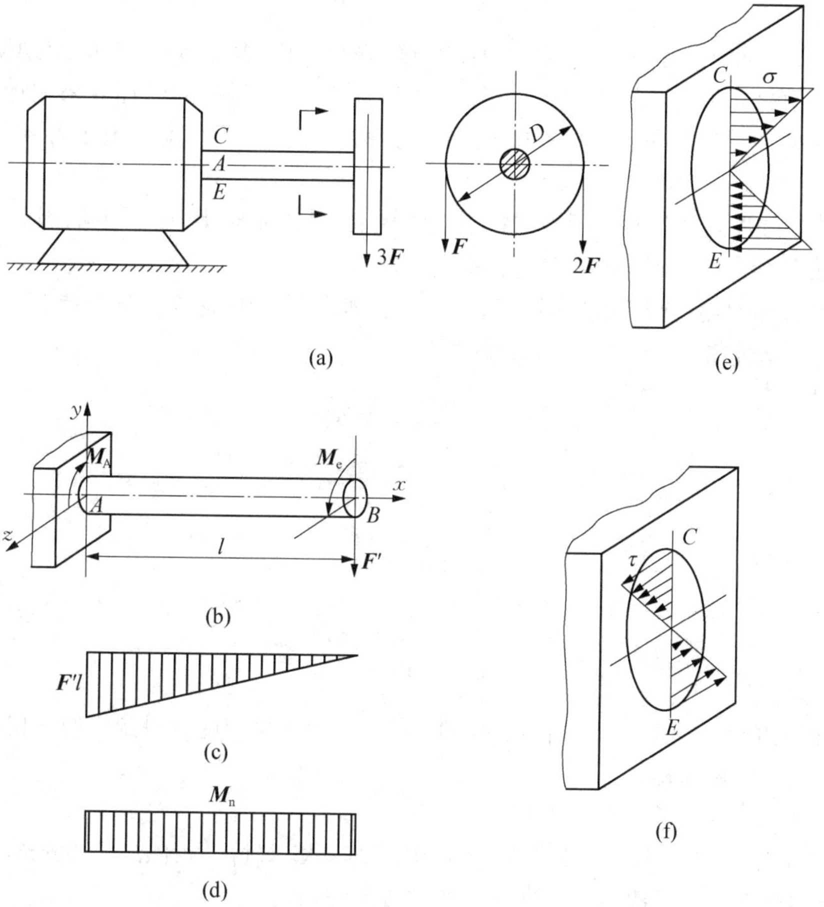

图 1-9-5

(1) 外力分析　将电动机轴的外伸部分简化为悬臂梁，把作用于带上的拉力向杆的轴线简化，得到一个力 $\boldsymbol{F}'$和一个力偶 $\boldsymbol{M}_e$[见图 1-9-5(b)]，其值分别为

$$\boldsymbol{F}' = 3\boldsymbol{F},\ \boldsymbol{M}_e = 2\boldsymbol{F}\frac{D}{2} - \boldsymbol{F}\frac{D}{2} = \frac{\boldsymbol{F}D}{2}$$

力 F'使轴在垂直平面内发生弯曲，力偶 $\boldsymbol{M}_e$使轴扭转，故轴上产生弯曲与扭转组合变形。

(2) 内力分析　轴的弯曲图和扭矩如图 1-9-5(c)、(d)所示。由图可知，固定端截面 A 为危险截面，其上的弯矩和扭矩值分别为

$$\boldsymbol{M} = \boldsymbol{F}'l,\ \boldsymbol{M}_n = \boldsymbol{M}_e = \frac{\boldsymbol{F}D}{2}$$

(3) 应力分析　由于在危险截面上同时作用着弯矩和扭矩，故该截面上必然同时存在弯曲正应力和扭转切应力，其分布情况如图 1-9-5(e)、(f)所示。由应力分布图可见，点 C

和点E的正应力和切应力均达到了最大值。因此,点C、E为危险点,此两点的弯曲正应力和扭转切应力分别为

$$\sigma=\frac{M}{W_z},\ \tau=\frac{M_n}{W_n} \tag{a}$$

点C、E上同时并存有正应力与切应力,这两种应力或因方向不同、或因破坏机理不同,它们是不能直接相加的。故在理论上提出将它们按各自对材料的破坏效果相加,但这种破坏效果的评估却因各方提出的材料破坏原因的假说而各异,于是就形成了各式各样的强度理论。

(4) 建立强度条件　对于塑性材料制成的转轴,因其抗拉、压强度相同,因此,C、E两点的危险程度是相同的,故只需取其一点来研究。

对于塑性材料,目前常用的是第三、第四强度理论,它们所建立破坏效果相当的应力(简称相当应力)分别为

$$\sigma_{xd^3}=\sqrt{\sigma^2+4\tau^2} \tag{b}$$

$$\sigma_{xd^4}=\sqrt{\sigma^2+3\tau^2} \tag{c}$$

$$\sigma_{xd^3}=\frac{\sqrt{M^2+M_n^2}}{W_z}\leqslant[\sigma] \tag{1-9-3}$$

$$\sigma_{xd^4}=\frac{\sqrt{M^2+0.75M_n^2}}{W_z}\leqslant\{\sigma] \tag{1-9-4}$$

需要指出的是,式(1-9-3)和式(1-9-4)只适用于由塑性材料制成的弯扭组合变形的圆截面,和空心圆截面杆。

例 1-9-3　由电动机带动的传动轴如图 1-9-6(a)所示。皮带轮重$G=2$ kN,直径$D=380$ mm,紧边拉力$F_1=6$ kN,松边拉力$F_2=4$ kN,轴的直径$d=60$ mm,材料的许用应力$[\sigma]=160$ MPa,试按第三强度理论校核该主轴强度。

解:(1) 外力简化　将轮上皮带拉力向轴线简化。以作用在轴线的集中力F和转矩M来代替。轴的计算简图如图 1-9-6(b)所示。计入皮带轮的自重,轴所承受的横向力为

$$F=F_1+F_2+G=(6+4+2)=12\ \text{kN}$$

轴承反力

$$\sum M_B=0,\ -F_A\times0.8+12\times0.3=0$$

$$F_A=\frac{12\times0.3}{0.8}=4.5\ \text{kN}$$

皮带拉力产生的转矩 $M_O=(F_1-F_2)\dfrac{D}{2}=(6-4)\times\dfrac{0.38}{2}=0.38\ \text{kN}\cdot\text{m}$

由受力简图 1-9-6b 可知,横向力F使轴产生弯曲,而转矩M_O使轴的BC段发生扭转,因此主轴受弯曲和扭转的组合变形。

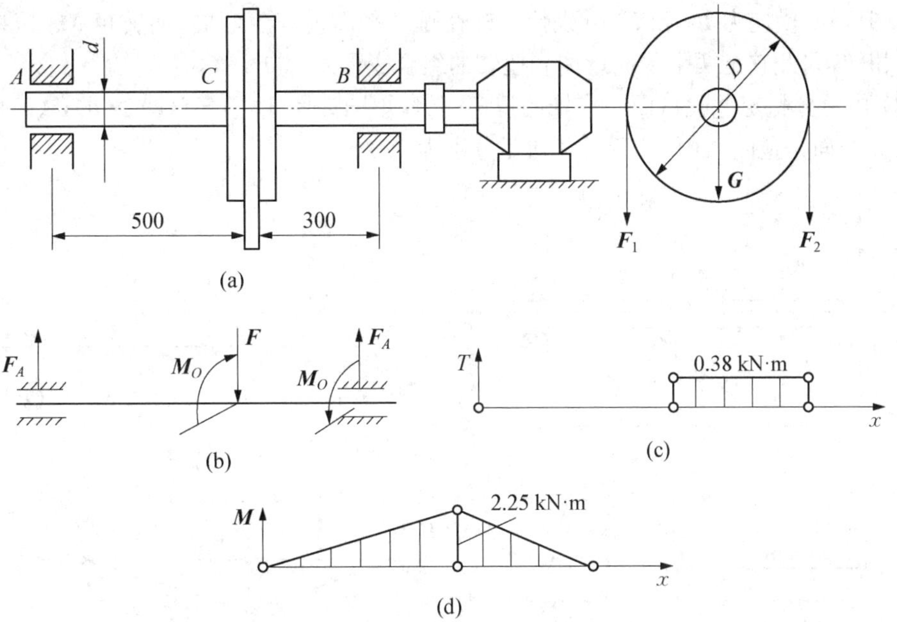

图 1-9-6

(2) 内力分析,定危险截面　作轴的扭矩图、弯矩图如图 1-9-6(c)、(d)所示。由图可见 C 截面是危险截面,其弯矩和扭矩分别为

$$\boldsymbol{M}_{\max}=\boldsymbol{F}_A\times 0.5=4.5\times 0.5=2.25\ \text{kN}\cdot\text{m}$$
$$\boldsymbol{M}_{\text{n}}=\boldsymbol{M}_O=0.38\ \text{kN}\cdot\text{m}$$

(3) 强度计算　将 $\boldsymbol{M}_{\max}$、$\boldsymbol{M}_{\text{n}}$ 和 $W_z=\dfrac{\pi d^3}{32}$ 代入式(1-9-3)得第三强度理论的相当应力

$$\sigma_{xd^3}=\frac{\sqrt{\boldsymbol{M}_{\max}^2+\boldsymbol{M}_{\text{n}}^2}}{W_z}=\frac{32\sqrt{(2.25^2+0.38^2)\times 10^6}}{\pi\times(60\times 10^{-3})^3}=108\ \text{MPa}<[\sigma]$$

所以轴的强度足够。

例 1-9-4　圆盘铣刀机刀杆 AB 受力如图 1-9-7(a)所示,电动机的驱动力矩为 $\boldsymbol{M}_O$,铣刀片直径 $D=90\,\text{mm}$,铣刀切向切削力 $\boldsymbol{F}_1=2\,\text{kN}$,径向切削力 $\boldsymbol{F}_2=0.7\,\text{kN}$, $a=160\,\text{mm}$,刀杆材料的许用应力$[\sigma]=800\ \text{MPa}$,试按第四强度理论设计刀杆的直径 d。

解:(1) 外力简化　将刀片上的径向切削力 $\boldsymbol{F}_2$ 滑到轴线上,切向切削力 $\boldsymbol{F}_1$ 向轴线简化,以集中力 $\boldsymbol{F}_1$ 和转矩 $\boldsymbol{M}_O$ 来代替。

轴的计算简图如图 1-9-7(b)所示,轴承反力,由对称性得

$$\boldsymbol{F}_{Ay}=\boldsymbol{F}_{By}=\frac{\boldsymbol{F}_2}{2}=0.35\ \text{kN}$$

$$\boldsymbol{F}_{Az}=\boldsymbol{F}_{Bz}=\frac{\boldsymbol{F}_1}{2}=1.1\ \text{kN}$$

转矩 $\boldsymbol{M}_{\text{n}}=\boldsymbol{F}\dfrac{D}{2}=2.2\times\dfrac{0.09}{2}=0.099\ \text{kN}$

由图可知,横向力 F_2 和 F_1 分别使刀杆在哪个平面内产生弯曲,而转矩 M_O 使杆的 AC 段发生扭转,因此它是两个平面弯曲和扭转的组合变形。

(2) 内力分析定危险截面　作轴的扭矩图、弯矩图如图 1-9-7(c)、(d)、(e)所示,由图可见 C 截面是危险截面,其弯矩和扭矩分别为

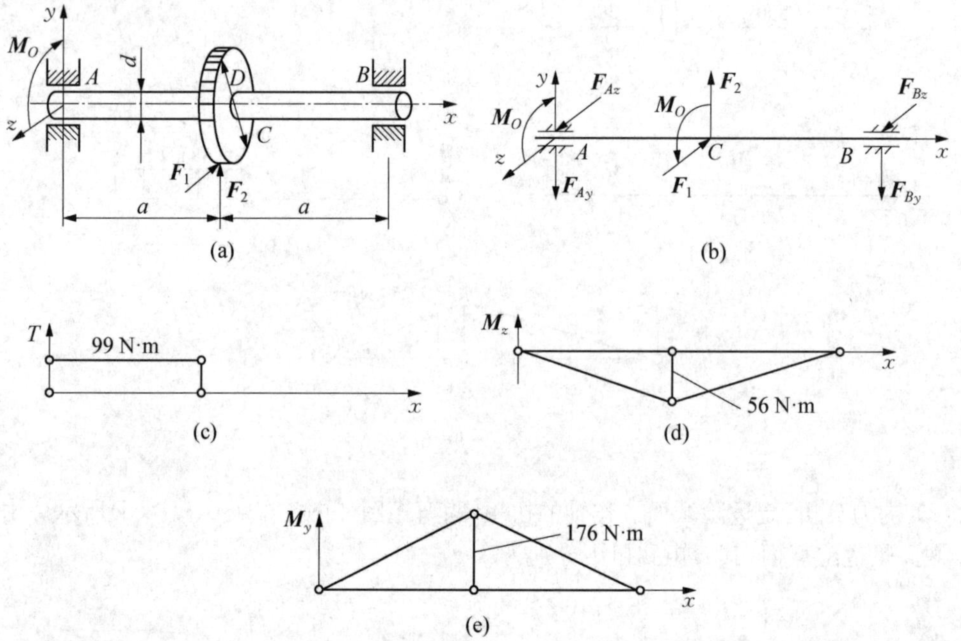

图 1-9-7

$$\boldsymbol{M}_{Cx} = \boldsymbol{F}_{Ay} \times a = 0.35 \times 0.16 = 0.056\ \mathrm{kN}$$
$$\boldsymbol{M}_{Cy} = \boldsymbol{F}_{Az} \times a = 1.1 \times 0.16 = 0.176\ \mathrm{kN}$$

(3) 强度计算　对于圆轴,危险截面 C 上两个相互垂直的弯矩可按矢量合成为一个合成弯矩,其作用平面仍在圆轴的纵向对称平面内,所产生的弯曲仍是平面弯曲,相应的弯曲正应力仍可按式(1-8-5)计算。因此,圆轴弯扭组合变形的强度计算公式(1-9-4)可以直接应用。

危险截面 C 的合成弯矩

$$\boldsymbol{M}_C = \sqrt{\boldsymbol{M}_{Cy}^2 + \boldsymbol{M}_{Cz}^2} = \sqrt{(0.176^2 + 0.056^2) \times 10^6} = 185 \times 10^3\ \mathrm{N \cdot mm} = 185\ \mathrm{N \cdot m}$$

将合弯矩 $\boldsymbol{M}_C$ 和扭矩 $\boldsymbol{M}_{\mathrm{n}}$ 代入式(1-9-4),有

$$\sigma_{xd^4} = \frac{\sqrt{\boldsymbol{M}_C^2 + \boldsymbol{M}_{\mathrm{n}}^2}}{W_z} = \frac{32\sqrt{(185^2 + 0.75 \times 99^2) \times 10^6}}{\pi d^3} \leqslant [\sigma] = 80 \times 10^3$$

$d \geqslant 2.96\ \mathrm{cm}$,为了加工方便,取 $d = 3\ \mathrm{cm}$。

小　　结

一、拉(压)与弯曲组合变形

(1) 杆件既发生拉伸(或压缩)变形,又发生弯曲变形,称为拉弯组合变形。

(2) 拉弯组合的强度准则为

$$\sigma_{\max} = \frac{\boldsymbol{F}_{\mathrm{N}}}{A} + \frac{\boldsymbol{M}_{\max}}{W_z} \leqslant [\sigma]$$

(3) 拉弯组合的强度计算。设计截面时,因强度准则含有截面 A 和抗弯截面系数 W_z 两个未知量,不易确定。一般先根据弯曲正应力强度准则进行初选,然后再按拉弯组合强度准则进行校核。

二、弯曲与扭转组合变形

(1) 杆件既发生弯曲变形,又发生扭转变形,称为弯扭组合变形。

(2) 圆轴弯扭组合的应力分析。由于弯扭组合变形中危险点上既有正应力,又有切应力。危险点属于二向应力状态,正应力与切应力已不能简单地进行叠加。根据应力状态分析和强度理论的讨论结果,塑性材料在弯扭组合变形这样的二向应力状态下,一般应用第三、第四强度理论建立的强度准则进行强度计算。

(3) 圆轴弯扭组合时的强度准则为

$$\sigma_{xd3} = \frac{\sqrt{\boldsymbol{M}^2 + \boldsymbol{M}_{\mathrm{n}}^2}}{W_z} \leqslant [\sigma]$$

$$\sigma_{xd4} = \frac{\sqrt{\boldsymbol{M}^2 + 0.75\boldsymbol{M}_{\mathrm{n}}^2}}{W_z} \leqslant [\sigma]$$

(4) 圆轴弯扭组合的强度计算。圆轴在两相互垂直平面内同时发生的平面弯曲变形,称为双向弯曲。双向弯曲可以合成为另一个平面内的平面弯曲变形,其另一平面内的弯矩称为合成弯矩。合成弯矩用式 $\boldsymbol{M} = \sqrt{\boldsymbol{M}_z^2 + \boldsymbol{M}_y^2}$ 计算。

如果圆轴发生双向弯曲与扭转组合变形,应计算合成弯矩。若轴的最大合成弯矩不易看出,需分别计算几个可能截面的合成弯矩并进行比较来确定。

思考题

1-9-1　试分析图 1-9-8 所示曲杆的 AB、BC、CD 段各发生什么变形?

1-9-2　压力机材料为铸铁,其受力如图 1-9-9 所示。从强度方面考虑,其横截面采用图 1-9-9 所示哪种截面形状较合理?

1-9-3　拉(压)与弯曲组合变形的危险截面是如何确定的? 危险点是如何确定的?

1-9-4　拉(压)与弯曲组合变形时的强度设计准则是怎样建立的? 弯扭组合变形时的强度设计准则是怎样建立的?

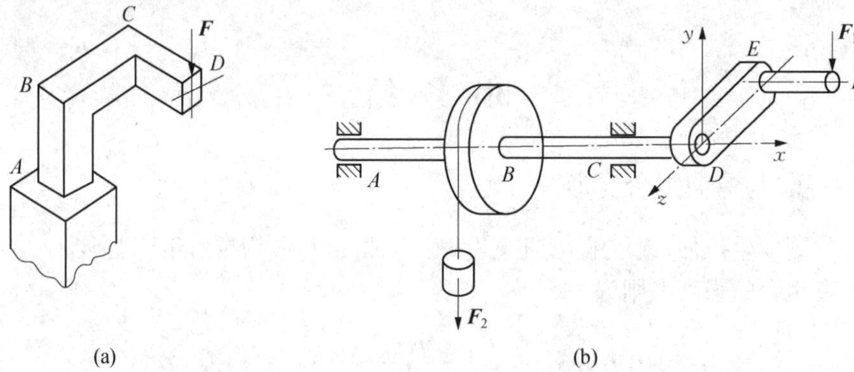

图 1-9-8

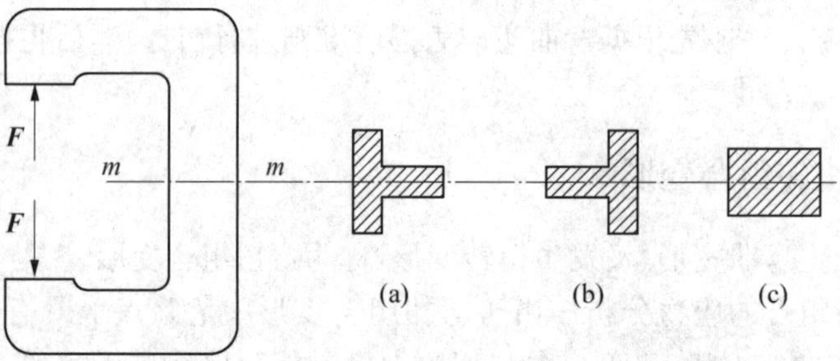

图 1-9-9

1-9-5 同时发生拉、弯、扭组合变形的圆截面杆件，按第三强度理论确定的强度设计准则是否可写下式？为什么？

$$\sigma_{xd^3}=\frac{\boldsymbol{F}_{\mathrm{N}}}{A}+\frac{\sqrt{\boldsymbol{M}_{\max}^{2}+\boldsymbol{M}_{\mathrm{n}}^{2}}}{\boldsymbol{W}_{z}}$$

习 题

1-9-1 如图 1-9-10 所示，若在正方形截面短柱的中间开一切槽，使横截面面积减小为原面积的一半，试计算最大正应力是不开槽时的多少倍。

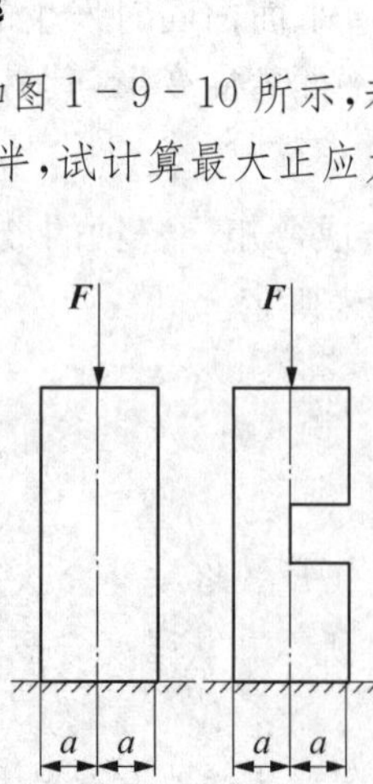

图 1-9-10

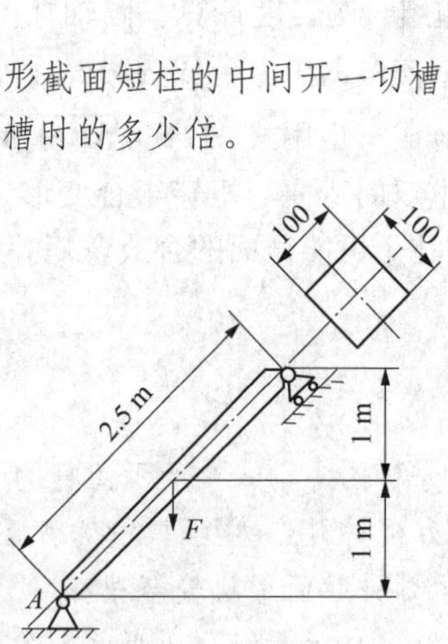

图 1-9-11

1-9-2 如图 1-9-11 所示，斜梁 AB，其横截面为正方形，边长为 100 mm，若 $F=3$ kN，

试求 AB 梁的最大拉应力和最大压应力。

1-9-3　夹具的形状尺寸如图 1-9-12 所示，已知夹紧力 $\boldsymbol{F}=2\ \text{kN}$，$l=50\ \text{mm}$，$b=10\ \text{mm}$，$h=20\ \text{mm}$，$[\sigma]=160\ \text{MPa}$，试按正应力强度准则校核夹具立柱的强度。

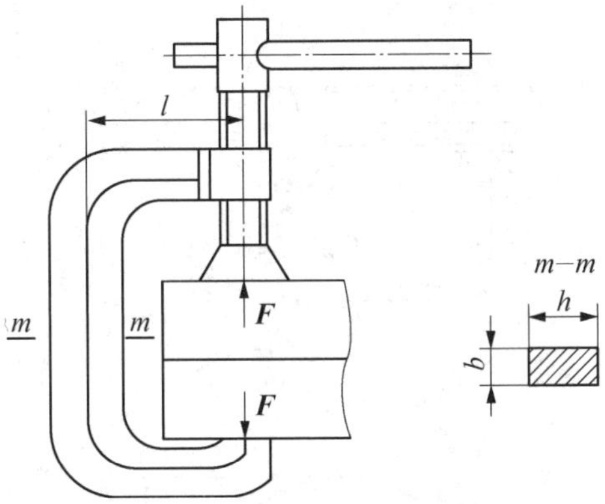

图 1-9-12

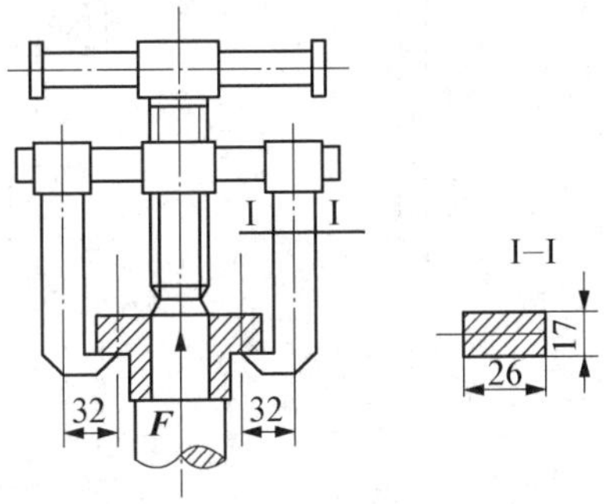

图 1-9-13

1-9-4　拆卸工具的两个爪杆由 45 号钢制成，$[\sigma]_{max}=160\ \text{MPa}$，爪杆的截面形状尺寸如图 1-9-13 所示，试按爪杆的正应力强度准则确定工具的最大拆卸力 $\boldsymbol{F}$。

1-9-5　图 1-9-14 所示简易起吊机，已知电葫芦自重与起吊重量总和 $\boldsymbol{G}=16\ \text{kN}$，横梁 AB 采用工字钢，$[\sigma]=120\ \text{MPa}$，梁长 $l=3.6\ \text{m}$，试按正应力强度准则为 AB 梁选择工字钢型号。

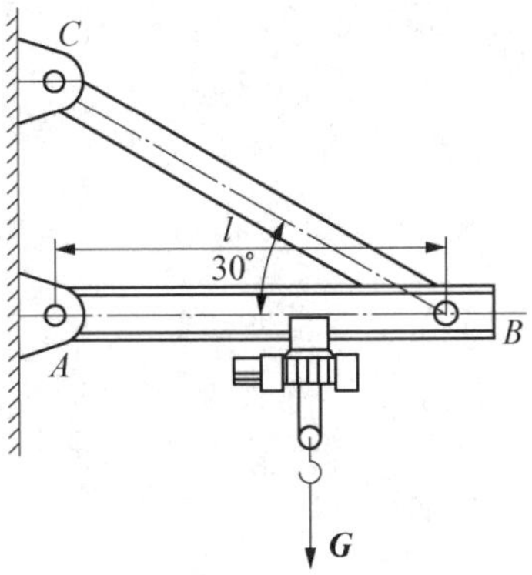

图 1-9-14

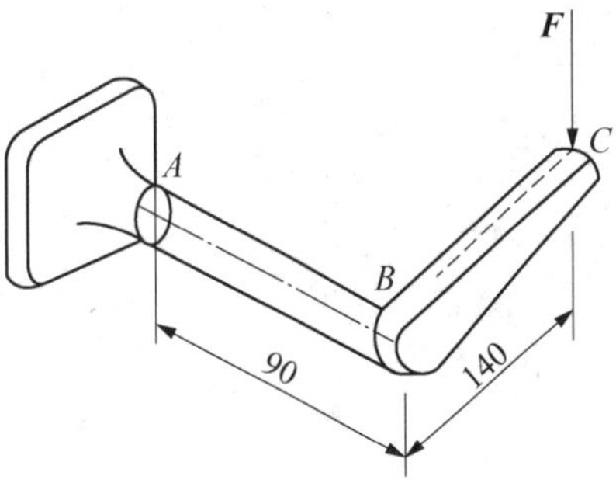

图 1-9-15

1-9-6　图 1-9-15 所示曲拐在 C 端受力 $\boldsymbol{F}=2\ \text{kN}$ 作用，其 AB 段圆截面的直径 $d=30\ \text{mm}$，许用应力 $[\sigma]=120\ \text{MPa}$，试按第三强度理论校核曲拐 AB 的强度。

1-9-7　绞车受力如图 1-9-16 所示，绞车轴径 $d=30\ \text{mm}$，材料的许用应力 $[\sigma]=100\ \text{MPa}$，试按第四强度理论确定绞车的许可载荷 $[\boldsymbol{G}]$。

1-9-8　图 1-9-17 所示圆片铣刀的切削力 $\boldsymbol{F}_\tau=2\ \text{kN}$，径向力 $\boldsymbol{F}_r=0.8\ \text{kN}$，铣刀轴的 $[\sigma]=100\ \text{MPa}$，试按第三强度理论设计铣刀轴的直径 d。

1-9-9　图 1-9-18 所示传动轴的轴径 $d=50\ \text{mm}$，轴上的 C、D 轮直径分别为 $d_C=150\ \text{mm}$，$d_D=300\ \text{mm}$，作用于 C 轮的圆周力 $\boldsymbol{F}_C=10\ \text{kN}$，轴材料的许用应力

$[\sigma]=120\ \mathrm{MPa}$，试按第四强度理论校核传动轴的强度。

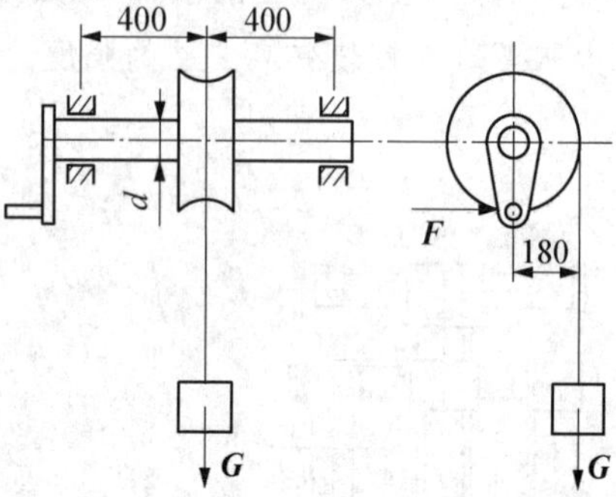

图 1-9-16

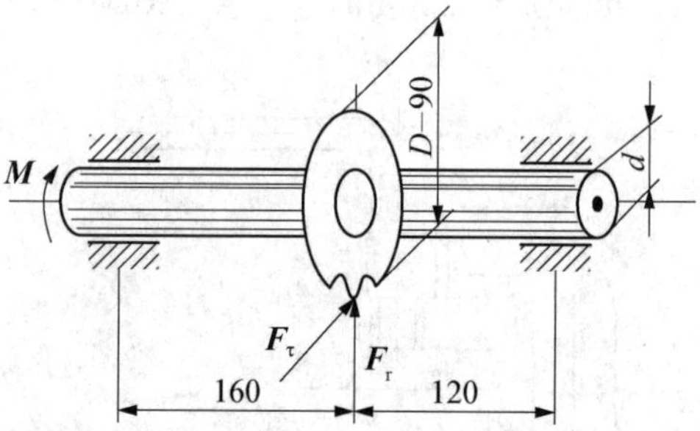

图 1-9-17

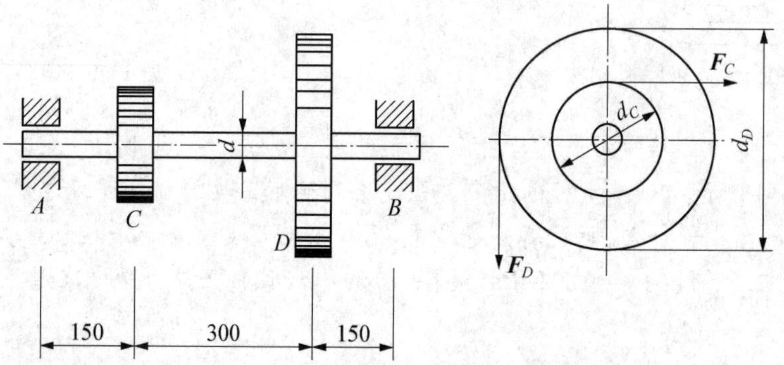

图 1-9-18

第二篇

机械工程材料与应用

绪　论

一、工程材料的定义、分类及基本性质

工程材料是指在满足一定的工作情况下，使用要求的形态和物理性状的物质，它是组成生产工具的物质基础。

工程材料是一种多品种的产业，目前世界上有 50 万种材料，8 000 多万种化合物，并以每年 25 万种的速度增加。我们这里主要指用于机械工程、电器工程、建筑工程、化工工程、航空航天工程等领域的材料，如图 2-0-1 所示。

- 工程材料
  - 金属材料
    - 黑色金属
      - 钢：碳钢、合金钢、特殊性能钢等
      - 铸铁：白口铸铁、灰铸铁、麻口铸铁等
    - 有色金属
      - 铜及其合金：纯铜、黄铜、青铜、白铜
      - 铝及其合金：纯铝、形变铝合金、铸造铝合金
      - 其他：轴承合金、镁合金、钛合金、镍合金
  - 高分子材料
    - 纤维：天然纤维、合成纤维
    - 橡胶：通用橡胶、特种橡胶
    - 塑料：通用塑料、工程塑料、特种塑料、粘胶剂
  - 无机非金属材料
    - 水泥
    - 玻璃
    - 耐火材料
    - 陶瓷：传统陶瓷、金属陶瓷、特种陶瓷
  - 复合材料
    - 树脂基、金属基、陶瓷基
      - 颗粒增强
      - 纤维增强
      - 晶须增强
      - 编织组织增强

图 2-0-1　材料分类

二、本课程的学习目的、任务

学习本课程的目的是使学生了解材料的化学成分、组织结构与性能之间的关系及其变化规律，从而了解材料强化的各种手段及其基本原理，掌握正确选择材料和合理使用的基本原则、方法和知识。正确设计采用热处理方案的基本知识，从而为机械类和近机械类各专业打好必要的专业技术理论基础。初步掌握工程材料主要成形方法的基本原理与工艺特点，获得具有初步选择常用工程材料、成形方法的能力和进行工艺分析的能力。

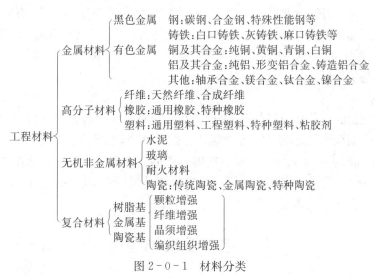

第一章　金属材料的力学性能

材料的力学性能是指材料在各种外力作用下表现出来的抵抗能力，它是机械零件设计和选材的主要依据。常用的力学性能有：强度、塑性、硬度、冲击韧度和疲劳强度等。

在外力的作用下，机械零件的力学负荷主要表现为材料内部的应力分布、变形方式、缺口效应等。根据载荷随时间的变化情况，可将其分为静载荷和动载荷两类。

1. 静载荷

若载荷从零开始缓慢地增加到某一定数值后保持不变或变动不大，则称为**静载荷**。如机床的重量对地面安装位置的作用即为静载荷。一般情况下，作用在机械零件上的静载荷有拉伸、压缩、剪切、扭转、弯曲等多种形式，并导致各种形式的变形发生；有时，一个机械零件可能同时受到几种不同形式的静载荷作用，此时零件将发生组合变形。例如，车床主轴在工作时，同时承受压缩、弯曲、扭转等三种基本变形；钻床立柱在工作时，同时承受拉伸、弯曲与扭转等多种基本变形。

2. 动载荷

随时间而变化的载荷称为**动载荷**，根据动载荷随时间变化的方式，可将其分为交变载荷与冲击载荷。交变载荷是指随时间作周期性变化的载荷，如处在正常工作过程中的齿轮轮齿、使用中的滚动轴承的滚动体等都受到随时间作周期性变化的交变载荷作用；冲击载荷是指物体的运动在瞬时内产生突然变化而形成的载荷，如锻造时锻锤的锤杆、急刹车时飞轮的轮轴等都受到冲击载荷的作用。

第一节　强度与塑性

一、低碳钢常温静载拉伸试验

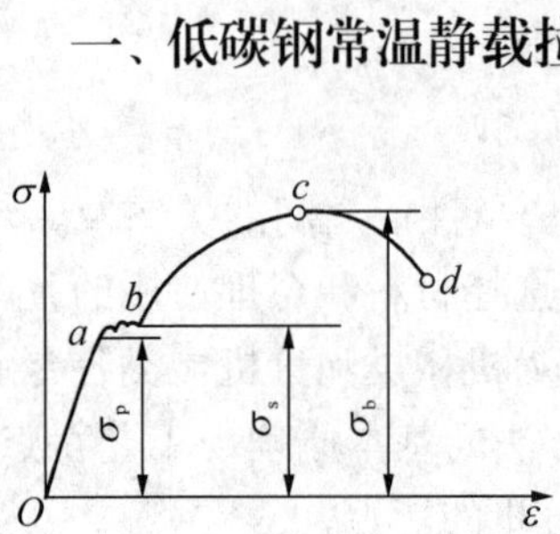

图 2-1-1

1. 拉伸曲线分析

材料因成分和组织不同，所获得的拉伸曲线也不相同。低碳钢的拉伸曲线如图 2-1-1 所示，可分为弹性变形阶段（*oa*）、屈服阶段（*ab*）、强化阶段（*bc*）及缩颈阶段（*cd*）。

1）弹性变形阶段（*oa*）

（1）*oa* 阶段：在拉伸曲线上，点 *a* 以前产生的变形是可以恢复的变形，称为弹性变形，点 *a* 对应了弹性变形阶段的极限值，称为弹性极限，以 σ_p 表示（单位为 MPa），对一些弹性零件如精密弹簧等，σ_p 是主要的性能指标。

(2) oa 段近似为一直线，直线的斜率代表弹性模量 E，弹性模量 E 是衡量材料产生弹性变形难易程度的指标。E 愈大，使其产生一定量弹性变形的应力也应愈大。弹性模量 E 主要决定于材料本身。工程上称为材料的刚度，表示材料弹性变形抗力的大小。弹性模量的大小主要取决于金属的本性（晶格类型和原子结构），而与金属的显微组织无关。基体金属一经确定，其弹性模量值就基本确定了。在材料不变的情况下，只有改变零件的截面尺寸或结构，才能改变它的刚度。

2) 屈服阶段

(1) 当应力超过 σ_s 时，试样除产生弹性变形外，开始出现塑性变形，此时若卸载，试样的伸长只能部分恢复。

(2) 当载荷增加到 σ_s 时，图形上出现平台，即载荷无明显增加，试样继续伸长，材料丧失了抵抗变形的能力，这种现象叫屈服。

(3) σ_s 为材料产生屈服时的最小应力，称为**屈服强度(屈服点)**。

$$\sigma_s = \frac{F_s}{A_0}(\text{MPa})$$

式中，F_s 为屈服时的最小载荷(N)；

A_0 为试样原始截面积(mm^2)。

其含义是：当 $\sigma \geqslant \sigma_s$ 时，认为材料开始产生塑性变形；当 $\sigma < \sigma_s$ 时，认为材料不产生塑性变形。零件发生塑性变形，意味着零件散失了对尺寸和公差的控制，因此工程中常根据 σ_s 确定材料的许用应力。

3) 强化阶段

(1) 在屈服阶段以后，欲使试样继续伸长，必须不断加载。即随着试样塑性变形增大，试样变形抗力也逐渐增加，这种现象称为变形强化（或称加工硬化）。

(2) 试样不可能承受无限大的应力而不破坏，材料在拉断前所承受的最大应力称为**抗拉强度** σ_b。

$$\sigma_b = F_b / A_0$$

式中，F_b 为试样断裂前所承受的最大载荷(N)。

其含义是：当 $\sigma \geqslant \sigma_b$ 时，材料将会断裂，当 $\sigma < \sigma_b$ 时，材料不会断裂。

4) 缩颈阶段

当应力达到 σ_b 时，试样就在某个薄弱部位形成缩颈，如图 2-1-1 所示。由于试样局部截面的逐渐减小，故应力也逐渐降低，当达到曲线上的点 d 时，试样发生断裂。

二、强度

强度是指材料在外力作用下抵抗破坏和断裂的能力。由于所受载荷的形式不同，金属材料的强度可分为抗拉强度、抗压强度、抗弯强度和抗剪强度等。各种强度间有一定的联系，而抗拉强度是最基本的强度指标。

材料受外力时，其内部产生了大小相等方向相反的内力，单位横截面积上的内力称为应力，用 σ 表示。通过拉伸试验可以测出材料的强度指标。金属材料的强度是用应力值来表示的。从拉伸曲线可以得出三个主要的强度指标:弹性极限、屈服强度和抗拉强度。

(1) 弹性极限　材料产生完全弹性变形时所承受的最大应力值,用符号 σ_p 表示。

(2) 屈服强度(屈服点)　材料产生屈服现象时的最小应力值,用符号 σ_s 表示。

(3) 抗拉强度　材料断裂前所能承受的最大应力值,用符号 σ_b 表示。

三、塑性

塑性是指金属材料在载荷作用下,产生塑性变形而不破坏的能力。金属材料的塑性也是通过拉伸试验测得的。常用的塑性指标有伸长率和断面收缩率。

(1) 伸长率　试样拉断后标距长度的伸长量与原始标距长度的百分比,用符号 δ 表示。

$$\delta = (L_1 - L_0)/L_0 \times 100\%$$

(2) 断面收缩率　试样拉断后,缩颈处横截面积的缩减量与原始横截面积的百分比,用符号 ψ 表示,

$$\psi = (A_0 - A_1)/A_0 \times 100\%$$

断面收缩率与试样尺寸无关,因此能更可靠地反映材料的塑性。材料的伸长率和断面收缩率愈大,则表示材料的塑性愈好。塑性好的材料,如铜、低碳钢,容易进行轧制、锻造、冲压等,塑性差的材料,如铸铁,不能进行压力加工,只能用铸造方法成形。而且用塑性较好的材料制成的机械零件,在使用中万一超载,能产生塑性变形而避免突然断裂,增加了安全可靠性。因此,大多数机械零件除要求具有较高的强度外,还必须有一定的塑性。

第二节　硬　度

硬度是衡量材料软硬程度的指标,它表示金属不大体积内抵抗变形或破裂的能力,是重要的力学性能指标。材料的硬度与强度之间有一定的关系,根据硬度可以大致估计材料的强度。因此,在机械设计中,零件的技术条件往往标注硬度。热处理生产中也常以硬度作为检验产品是否合格的主要依据。

硬度是通过硬度试验测得的。硬度试验方法简单、迅速,不需要专门的试样、不损坏工件,因此在生产和科研中得到广泛应用。测定硬度的方法很多,常用的有布氏硬度、洛氏硬度和维氏硬度试验方法。

一、布氏硬度

布氏硬度的测定是在布氏硬度机上进行的,其试验原理如图 2-1-2 所示。用直径为 D 的淬火钢球或硬质合金球做压头,在试验力 F 的作用下压入被测金属表面,保持规定的时间后卸除试验力,则在金属表面留下一压坑(压痕),用读数显微镜测量其压痕直径 d,求出压痕表面积,用试验力 F 除以压痕表面积 A 所得的商作为被测金属的布氏硬度值,用符号 HB 表示。

用淬火钢球作压头测得的硬度用符号 HBS 表示,适合于测量布氏硬度值小于 450 的材

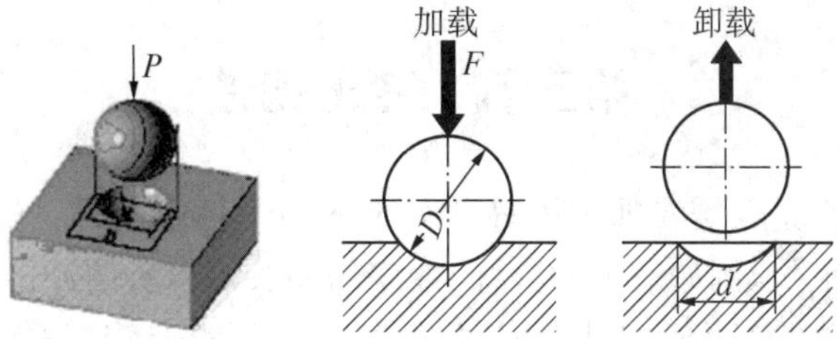

图 2-1-2

料;用硬质合金球作压头测得的硬度用符号 HBW 表示,适合于测量布氏硬度值 450～650 的材料。在硬度标注时,硬度值写在硬度符号的前面,例如 120HBS,表示用淬火钢球作压头测得材料的布氏硬度值为 120。我国目前布氏硬度机的压头主要是淬火钢球,故主要用来测定灰铸铁、有色金属以及经退火、正火和调质处理的钢材等的硬度。

布氏硬度压痕大,试验结果比较准确。但较大压痕有损试样表面,不宜用于成品件与薄件的硬度测试,而且布氏硬度整个试验过程较麻烦。

二、洛氏硬度

洛氏硬度的测定在洛氏硬度机上进行。与布氏硬度试验一样,洛氏硬度也是一种压入硬度试验,但它不是测量压痕面积,而是测量压痕的深度,以深度大小表示材料的硬度值。

用顶角为 120°的金刚石圆锥或直径为 1.588 mm 的淬火钢球作压头,先加初载荷,再加主载荷,将压头压入金属表面,保持一定时间后卸除主载荷,根据压痕的残余深度确定硬度值。硬度值,用符号 HR 表示。

为了能在同一洛氏硬度机上测定从软到硬的材料硬度,采用了由不同的压头和载荷组成的几种不同的洛氏硬度标尺,并用字母在 HR 后加以注明,常用的洛氏硬度是 HRA、HRB 和 HRC 三种。

表示洛氏硬度时,硬度值写在硬度符号的前面。便如,50HRC 表示用标尺 C 测得的洛氏硬度值为 50。

洛氏硬度试验操作简便迅速,可直接从硬度机表盘上读出硬度值。压痕小,可直接测量成品或较薄工件的硬度。但由于压痕较小,测得的数据不够准确,通常应在试样不同部位测定三点取其算术平均值。

三、维氏硬度

维氏硬度试验原理基本上与布氏硬度相同,也是根据压痕单位表面积上的载荷大小来计算硬度值。所不同的是采用相对面夹角为 136°的正四棱锥体金刚石作压头。

试验时,用选定的载荷 F 将压头压入试样表面,保持规定时间后卸除载荷,在试样表面压出一个四方锥形压痕,测量压痕两对角线长度,求其算术平均值,用以计算出压痕表面积,以压痕单位表面积上所承受的载荷大小表示维氏硬度值,用符号 HV 表示。

维氏硬度适用范围宽(5～1 000HV),可以测从极软到极硬材料的硬度,尤其适用于极薄工件及表面薄硬层的硬度测量(如化学热处理的渗碳层、渗氮层等),其结果精确可靠。缺点是测量较麻烦,工作效率不如洛氏硬度高。

第三节　冲击韧性

强度、塑性、硬度都是在缓慢加载即静载荷下的力学性能指标。实际上,许多机械零件常在冲击载荷作用下工作,例如锻锤的锤杆、冲床的冲头等。所谓冲击载荷是指以很快的速度作用于零件上的载荷。对承受冲击载荷的零件,不但要求有较高的强度,而且要求有足够的抵抗冲击载荷的能力。

金属材料在冲击载荷作用下抵抗破坏的能力称为**冲击韧度**。材料的冲击韧度值通常采用摆锤式一次冲击试验进行测定。冲击试验是在摆锤式冲击试验机上进行的,其试验原理如图 2-1-3 所示,其中图(a)为试样安放位置,图(b)为冲击试验原理图。

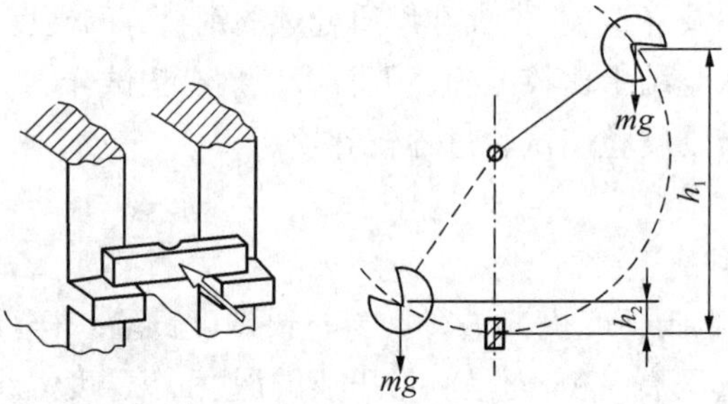

(a)　　(b)

图 2-1-3

将带有缺口的标准冲击试样安放在冲击试验机的支座上,试样缺口背向摆锤冲击方向。把质量为 m 的摆锤从一定高度 h_1 落下,将试样冲断,冲断试样后,摆锤继续升到 h_2 的高度。摆锤冲断试样所消耗的能量称为冲击吸收功,用符号 A_{KU} 表示。

冲击吸收功可从冲击试验机刻度盘上直接读出。将冲击吸收功除以试样缺口底部横截面积,即得到冲击韧度值,冲击韧度用符号 a_{KU} 表示,冲击韧度值是在大能量一次冲断试样条件下测得的性能指标。但实际生产中许多机械零件很少是受到大能量一次冲击而断裂,多数是在工作时承受小能量多次冲击后才断裂。材料在多次冲击下的破坏过程是裂纹产生和扩展的过程,是每次冲击损伤积累发展的结果,它与一次冲击有着本质的区别。

第四节　金属疲劳的概念

许多机械零件(如齿轮、弹簧、连杆、主轴等)都是在交变应力(即应力的大小、方向随时间作周期性变化)下工作。虽然应力通常低于材料的屈服强度,但零件在交变应力作用下长时间工作,也会发生断裂,这种现象称为疲劳断裂。疲劳断裂事先没有明显的塑性变形,断裂是突然发生的,很难事先觉察到,因此具有很大的危险性,常常造成严重的事故。

通过疲劳试验可测得材料所承受的交变应力 σ 与断裂前的应力循环次数 N 之间的关系曲线,称为疲劳曲线,如图 2-1-4 所示。由图可知,应力值愈低,断裂前应力循环次数愈多,当应力低于某一数值时,曲线与横坐标平行,表明材料可经受无数次应力循环而不断裂。

表示材料经受无数次应力循环而不破坏的最大应力称为疲劳强度。对称循环应力的疲劳强度用 σ_{-1} 表示。工程上规定，钢铁材料应力循环次数达到 107 次，有色金属应力循环次数达到 108 次时，不发生断裂的最大应力作为材料的疲劳强度。经测定，钢的 σ_{-1} 只有 σ_b 的 50%左右。

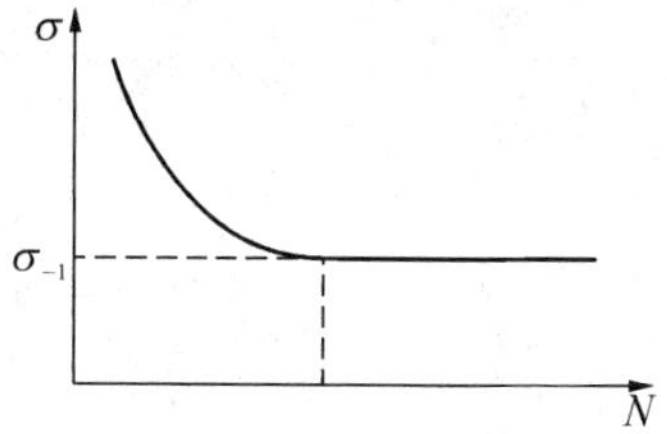

图 2-1-4

疲劳断裂的过程，往往是在零件的表面，有时也可能在零件的内部某一薄弱部位产生裂纹，在交变应力作用下，裂纹不断扩展，使材料的有效承载截面不断减小，最后产生突然断裂。提高疲劳强度的方法很多，如设计时，尽量避免尖角、缺口和截面突变，可避免应力集中引起的疲劳裂纹；还可以通过降低表面粗糙度和采用表面强化的方法（如表面淬火、喷丸处理、表面滚压等）来提高疲劳强度。

思考题

2-1-1　名词解释：抗拉强度、屈服强度、刚度、疲劳强度、冲击韧性、断裂韧性。

2-1-2　机械零件在工作条件下可能承受哪些负荷？这些负荷会对机械零件产生什么作用？

2-1-3　下列各种工件应该采用何种硬度试验方法来测定硬度？写出硬度符号：

锉刀，黄铜轴套，供应状态的各种碳钢钢材，硬质合金的刀片，耐磨工件的表面硬化层。

2-1-4　在什么条件下，布氏硬度比洛氏硬度试验好？

2-1-5　与静载荷相比，冲击载荷有何特点？

2-1-6　疲劳破坏是怎样产生的？提高零件疲劳强度的方法有哪些？

第二章　金属的基本知识

第一节　金属的晶体结构

一、晶体结构的基本概念

在金属晶体中,原子是按一定的几何规律作周期性规则排列。为了便于研究,人们把金属晶体中的原子近似地设想为刚性小球,这样就可将金属看成是由刚性小球按一定的几何规则紧密堆积而成的晶体,如图 2-2-1 所示,图中(a)、(b)、(c)分别为晶体、晶格和晶胞。

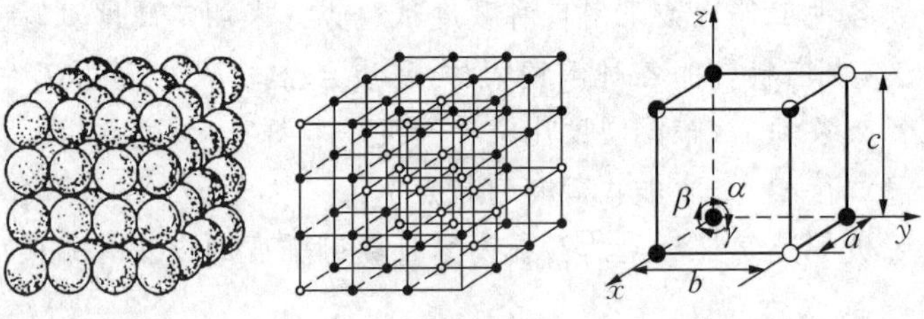

图 2-2-1

1. 晶格

为了研究晶体中原子的排列规律,假定理想晶体中的原子都是固定不动的刚性球体,并用假想的线条将晶体中各原子中心连接起来,便形成了一个空间格子,这种抽象的、用于描述原子在晶体中规则排列方式的空间格子称为**晶格**,如图 2-2-1 所示。晶体中的每个点叫作结点。

2. 晶胞

晶体中原子的排列具有周期性的特点,因此,通常只从晶格中选取一个能够完全反映晶格特征的、最小的几何单元来分析晶体中原子的排列规律,这个最小的几何单元称为**晶胞**,如图所示。实际上整个晶格就是由许多大小、形状和位向相同的晶胞在三维空间重复堆积排列而成的。

3. 晶格常数

晶胞的大小和形状常以晶胞的棱边长度 a、b、c 及棱边夹角 α、β、γ 来表示,如图所示。晶胞的棱边长度称为晶格常数,以埃(Å)为单位来表示,$1\ \text{Å} = 10^{-10}\ \text{m}$。

当棱边长度 $a = b = c$,棱边夹角 $\alpha = \beta = \gamma = 90°$ 时,这种晶胞称为简单立方晶胞。由简单立方晶胞组成的晶格称为简单立方晶格。

二、常见金属的晶格类型

由于金属键有很强的结合力，所以金属晶体中的原子都趋向于紧密排列，但不同的金属具有不同的晶体结构，大多数金属的晶体结构都比较简单，其中常见的有以下三种：

1. 体心立方晶格

体心立方晶格的晶胞是一个立方体，其晶格常数 $a=b=c$，在立方体的八个角上和立方体的中心各有一个原子，如图 2-2-2 所示。每个晶胞中实际含有的原子数为 $(1/8)\times 8+1=2$ 个。具有体心立方晶格的金属有铬(Cr)、钨(W)、钼(Mo)、钒(V)、α 铁(α-Fe)等。

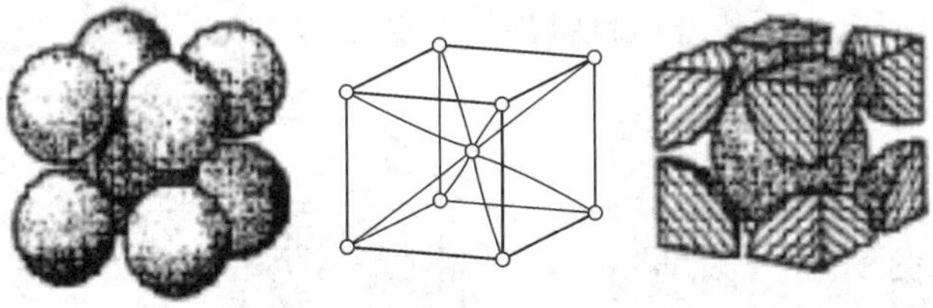

图 2-2-2

2. 面心立方晶格

面心立方晶格的晶胞也是一个立方体，其晶格常数 $a=b=c$，在立方体的八个角和立方体的六个面的中心各有一个原子，如图 2-2-3 所示。每个晶胞中实际含有的原子数为 $(1/8)\times 8+6\times(1/2)=4$ 个。具有面心立方晶格的金属有铝(Al)、铜(Cu)、镍(Ni)、金(Au)、银(Ag)、γ 铁(γ-Fe)等。

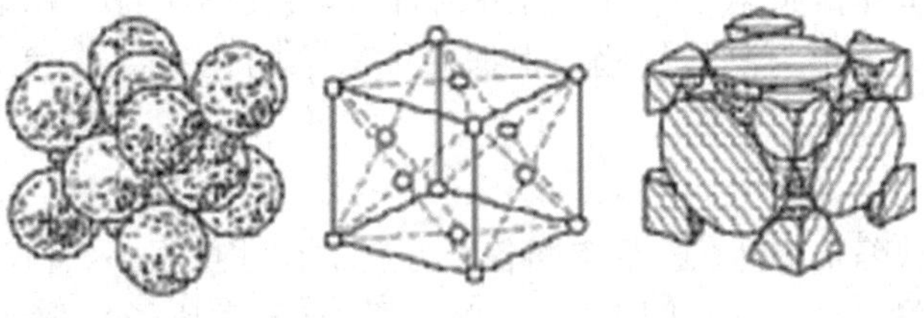

图 2-2-3

3. 密排六方晶格

密排六方晶格的晶胞是个正六方柱体，它是由六个呈长方形的侧面和两个呈正六边形的底面所组成。该晶胞要用两个晶格常数表示，一个是六边形的边长 a，另一个是柱体高度 c。在密排六方晶胞的十二个角上和上、下底面中心各有一个原子，另外在晶胞中间还有三个原子，如图 2-2-4 所示。每个晶胞中实际含有的原子数为 $(1/6)\times 12+(1/2)\times 2+3=6$ 个。具有密排六方晶格的金属有镁(Mg)、锌(Zn)、铍(Be)等。

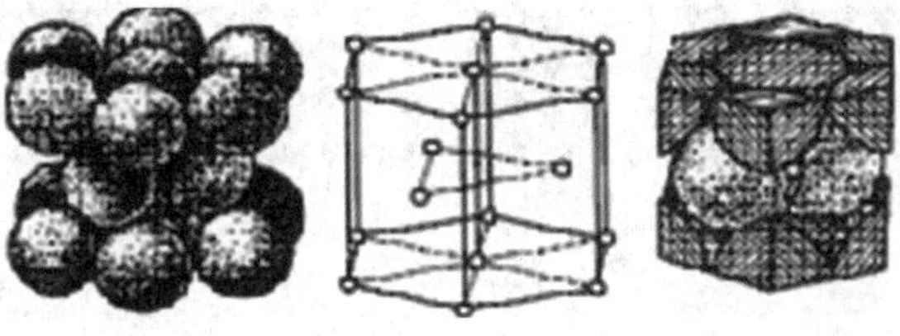

图 2-2-4

第二节　实际金属的结构特点

一、单晶体与多晶体

如果一块晶体,其内部的结晶方位完全一致,则这块晶体称为**单晶体**,如图 2-2-5(a)所示。单晶体在自然界几乎不存在,现在可用人工方法制成某些单晶体(如单晶硅)。实际工程上用的金属材料都是由许多颗粒状的位向不同的晶体组成的晶体,这种不规则的、颗粒状的小晶体称为晶粒,晶粒与晶粒之间的界面称为晶界,由许多晶粒组成的晶体称为**多晶体**,如图 2-2-5(b)所示。一般金属材料都是多晶体结构。

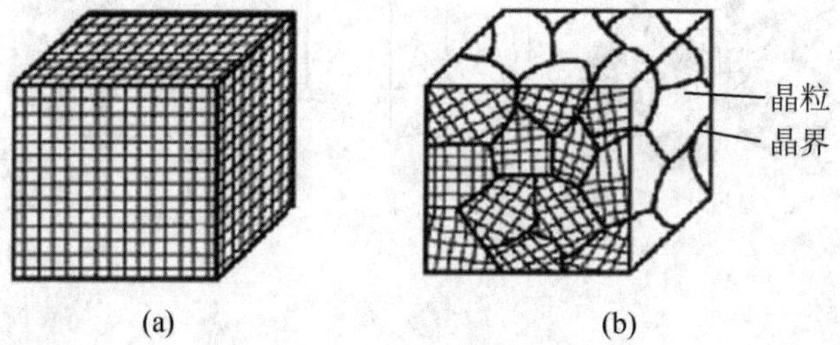

图 2-2-5

二、晶体缺陷

实际金属具有多晶体晶体,由于结晶条件等原因,会使晶体内部出现某些原子排列不规则的区域,这种区域被称为晶体缺陷。根据晶体缺陷的几何特点,可将其分为以下三种类型:

1. 点缺陷

点缺陷——点缺陷是一种在三维空间各个方向上尺寸都很小,且尺寸范围约为一个或几个原子间距的缺陷,包括空位、间隙原子、置换原子(异类原子),分别如图 2-2-6(a)、(b)、(c)所示。

点缺陷的形成,主要是由于原子在以各自的平衡位置为中心不停地做热振动的结果。各个原子的热振动能量并不相同,而且每个原子的热振动能量在不同的瞬间也是不同的。当某些原子振动的能量高到足以克服周围原子的束缚时,它们便有可能脱离原来的平衡位置,跳到晶界或晶格间隙处,形成间隙原子,并在原来的位置上形成空位。

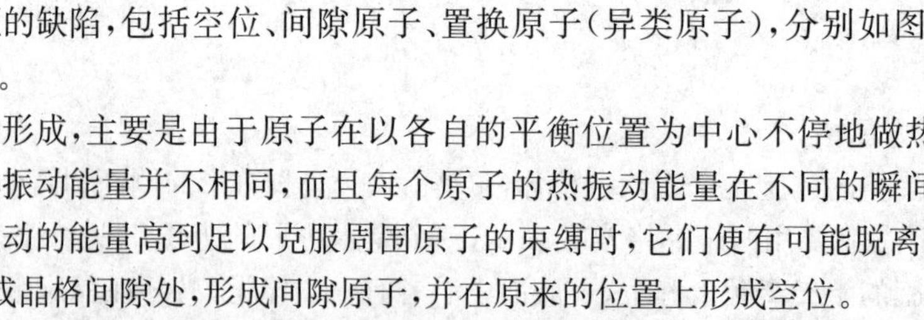

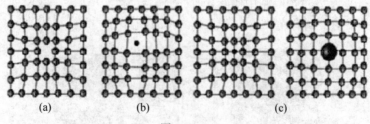

图 2-2-6

由图 2-2-6 可知，在点缺陷附近，由于原子间作用力的平衡被破坏，周围的其他原子发生靠拢或撑开的不规则排列，这种变化称之为晶格畸变。晶格畸变使晶体产生强度、硬度和电阻增加等变化。

2. 线缺陷

线缺陷是指在一个方向上的尺寸很大，另两个方向上尺寸很小的一种缺陷，主要是各种类型的位错。所谓位错是晶体中某处有一列或若干列原子发生了有规律的错排现象。位错的形式很多，其中简单而常见的刃型位错如图 2-2-7 所示。由图 2-2-7 可见，晶体的上半部多出一个原子面(称为半原子面)，它像刀刃一样切入晶体中，使上、下两部分晶体间产生了错排现象，因而称为刃型位错。*EF* 线称为位错线，在位错线附近晶格发生了畸变。

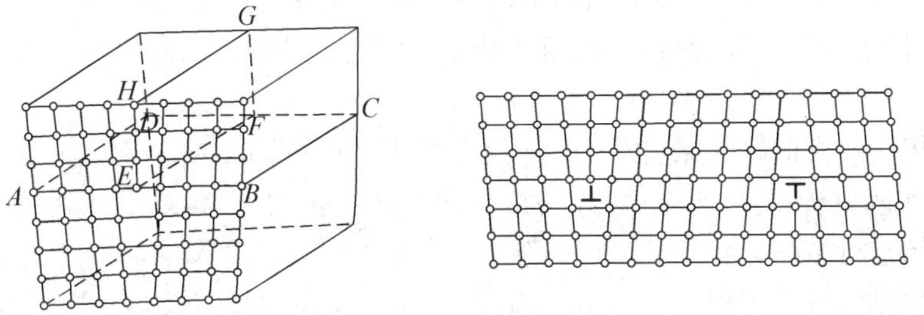

(a)　　　　(b)

图 2-2-7

位错的存在对金属的力学性能有很大的影响。例如冷变形加工后的金属，由于位错密度的增加，强度明显提高。

3. 面缺陷

面缺陷是指在两个方向上的尺寸很大，第三个方向上的尺寸很小而呈面状的缺陷。面缺陷的主要形式是各种类型的晶界，它是多晶体中晶粒之间的界面。由于各晶粒之间的位向不同，所以晶界实际上是原子排列从一种位向过渡到另一个位向的过渡层，在晶界处原子排列是不规则的，如图2-2-8 所示。

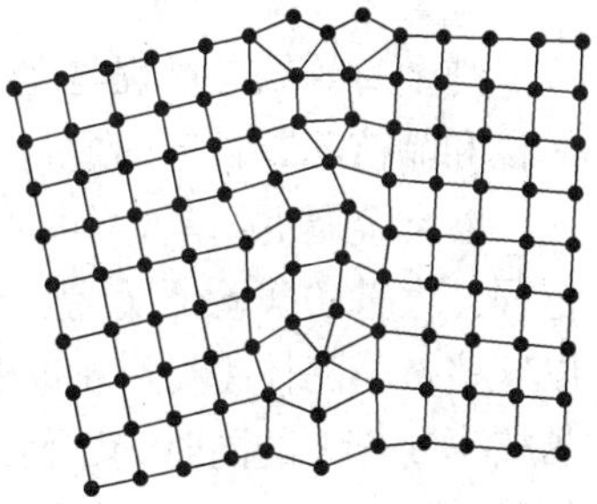

图 2-2-8

晶界的存在，使晶格处于畸变状态，在常温下对金属塑性变形起阻碍作用。所以，金属的晶粒愈细，则晶界愈多，对塑性变形的阻碍作用愈大，金属的强度、硬度愈高。

第三节　纯金属的结晶

大多数金属材料都是经过熔化、冶炼和浇铸得到的，即由液态金属冷却凝固而成。由于固态金属是晶体，故液态金属的凝固过程则称为结晶。金属结晶后的组织对金属的性能有很大影响。因此，研究金属的结晶过程，对改善金属材料的组织和性能具有重要的意义。

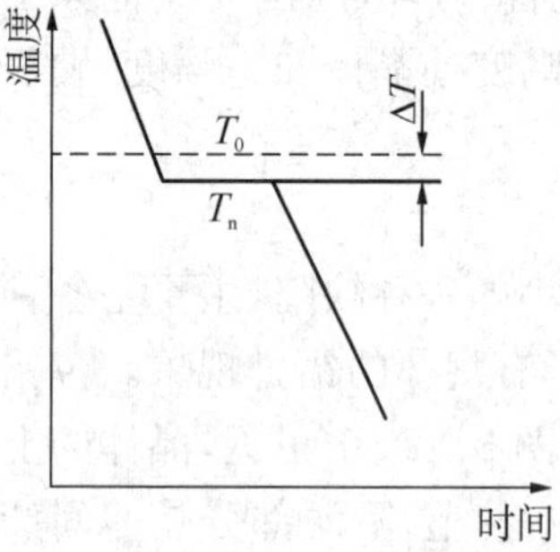

图 2-2-9

一、纯金属结晶的概念

液态金属的结晶过程可用热分析的方法来研究。即将金属加热到熔化状态,然后使其缓慢冷却,在冷却过程中,每隔一定时间测量一次温度,直至冷却到室温,然后将测量数据画在温度—时间坐标图上,便得到一条金属在冷却过程中温度与时间的关系曲线,如图 2-2-9 所示,这条曲线称为冷却曲线。由图 2-2-9 可知,液态金属随着冷却时间的延长,温度不断下降,但当冷却到某一温度时,在曲线上出现了一个水平线段,则其所对应的温度就是金属的结晶温度。金属结晶时释放出结晶潜热,补偿了冷却散失的热量,从而使结晶在恒温下进行。结晶完成后,由于散热,温度又继续下降。

金属在极其缓慢的冷却条件下(即平衡条件下)所测得的结晶温度称为理论结晶温度(T_0)。但在实际生产中,液态金属结晶时,冷却速度都较大,金属总是在理论结晶温度以下某一温度开始进行结晶,这一温度称为实际结晶温度(T_n)。金属实际结晶温度低于理论结晶温度的现象称为过冷现象。理论结晶温度与实际结晶温度之差称为过冷度,用 ΔT 表示,即 $\Delta T = T_0 - T_n$。

金属结晶时的过冷度与冷却速度有关,冷却速度愈大,过冷度就愈大,金属的实际结晶温度就愈低。实际上金属总是在过冷的情况下结晶的,所以,过冷度是金属结晶的必要条件。

二、结晶过程

纯金属的结晶过程是在冷却曲线上的水平线段所经历的时间内发生的。它是不断形成晶核和晶核不断长大的过程。

液态金属的结晶,不可能一瞬间完成,它必须经过一个由小到大,由局部到整体的发展过程。大量的实验证明,纯金属结晶时,首先是在液态金属中形成一些极微小的晶体,然后以这些微小晶体为核心不断吸收周围液体中的原子而不断长大,这些小晶体称为晶核。在晶核不断长大的同时,又会在液体中产生新的晶核并开始不断长大,直到液态金属全部消失,形成的晶体彼此接触为止。每个晶核长成一个晶粒,这样,结晶后的金属便是由许多晶粒所组成的多晶体结构,整个过程如图 2-2-10 所示。

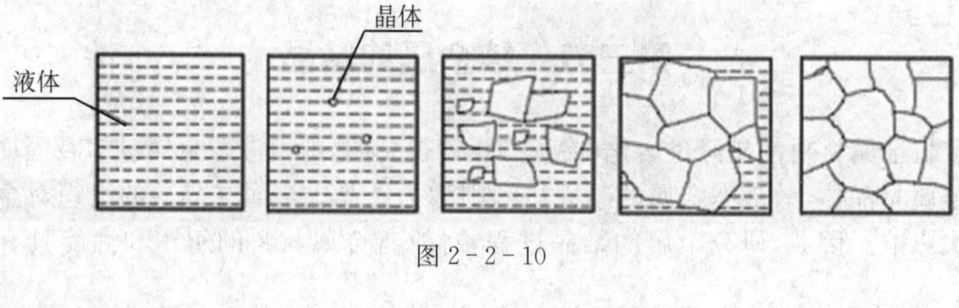

图 2-2-10

三、结晶后的晶粒大小

金属结晶后的晶粒大小对金属的力学性能影响很大。一般情况下，晶粒愈细小，金属的强度和硬度愈高，塑性和韧性也愈好。因此，细化晶粒是使金属材料强韧化的有效途径。

金属结晶时，一个晶核长成一个晶粒，在一定体积内所形成的晶核数目愈多，则结晶后的晶粒就愈细小。因此，工业生产中，为了获得细晶粒组织，常采用以下方法：

1. 增大过冷度

金属结晶时的冷却速度愈大，则过冷度愈大。实践证明，增加过冷度，使金属结晶时形成的晶核数目增多，则结晶后获得细晶粒组织。如在铸造生产中，常用金属型代替砂型来加快冷却速度，以达到细化晶粒的目的。

2. 进行变质处理

在实际生产中，提高冷却速度来细化晶粒的方法只适用小件或薄壁件的生产，对于大件或厚壁铸件，由于散热较慢，要在整个体积范围内获得大的冷却速度很困难，而且，冷却速度过大往往导致铸件变形或开裂。这时，为了得到细晶粒组织，可采用变质处理。

变质处理是在浇注前向液态金属中人为地加入少量被称为变质剂的物质，以起到晶核的作用，使结晶时晶核数目增多，从而使晶粒细化。例如，向铸铁中加入硅铁或硅钙合金，向铝硅合金中加入钠或钠盐等都是变质处理的典型实例。变质处理是一种细化晶粒的有效方法，因而在工业生产中得到了广泛的应用。

3. 采用振动处理

在金属结晶过程中，采用机械振动、超声波振动、电磁振动等方法，使正在长大的晶体折断、破碎，也能增加晶核数目，从而细化晶粒。

四、金属的同素异晶转变

大多数金属在结晶完成后，其晶格类型不再发生变化。但也有少数金属，如铁、钴、钛等，在结晶之后继续冷却时，还会发生晶体结构的变化，即从一种晶格转变为另一种晶格，这种转变称为金属的同素异晶转变。现以纯铁为例来说明金属的同素异晶转变过程。纯铁的冷却曲线如图 2-2-11 所示。

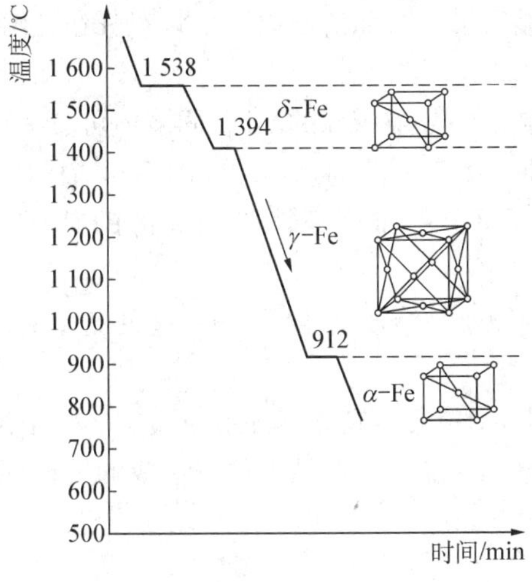

图 2-2-11

液态纯铁在1 538℃时结晶成具有体心立方晶格的δ－Fe;冷却到1 394℃时发生同素异晶转变,由体心立方晶格的δ－Fe转变为面心立方晶格的γ－Fe;继续冷却到912℃时又发生同素异晶转变,由面心立方晶格的γ－Fe转变为体心立方晶格的α－Fe。再继续冷却,晶格类型不再发生变化。纯铁的同素异晶转变过程可从图2－2－11中看出。

金属发生同素异晶转变时,必然伴随着原子的重新排列,这种原子的重新排列过程,实际上就是一个结晶过程,与液态金属结晶过程的不同点在于其是在固态下进行的,但它同样遵循结晶过程中的形核与长大规律。为了和液态金属的结晶过程相区别,一般称其为重结晶(二次结晶)。纯铁的同素异晶转变是钢铁材料能够进行热处理的理论依据,也是钢铁材料能获得各种性能的主要原因之一。

第四节　合金中的相结构

合金中具有同一化学成分且结构相同的均匀组成部分叫作相。合金中相与相之间有明显的界面。若合金是由成分、结构都相同的同一种晶粒构成的,各晶粒虽有界面分开,但它们仍属于同一种相;若合金是由成分、结构都不相同的几种晶粒构成的,则它们将属于不同的几种相。例如,纯铁在常温是由单相的α－Fe组成的。铁与碳形成铁碳合金,由于铁与碳相互作用形成一种化合物Fe_3C,这种Fe_3C的成分、结构与α－Fe完全不同,因此,在铁碳合金中就出现了一个新相Fe_3C,称为渗碳体。

合金的性能一般都是由组成合金的各相的成分、结构、形态、性能和各相的组合情况所决定的。因此,在研究合金的组织与性能之前,必须先了解合金组织中的相结构。

如果把合金加热到熔化状态,则组成合金的各组元即相互溶解成均匀的溶液。但合金溶液经冷却结晶后,由于各组元之间相互作用不同,固态合金中将形成不同的相结构,合金的结构可分为固溶体、金属化合物和机械混合物三大类。

一、固溶体

当合金由液态结晶为固态时,组元间仍能互相溶解而形成的均匀相,称为**固溶体**。

固溶体中含量较多的元素称为溶剂或溶剂金属,含量较少的元素称为溶质或溶质元素。固溶体保持其溶剂金属的晶格形式。而溶质以原子状态分布在溶剂的晶格中。

1. 固溶体的分类

按照溶质原子在溶剂晶格中分布情况的不同,固溶体可分为以下两类:

(1) 间隙固溶体　溶质原子溶入溶剂晶格的间隙而形成的固溶体,称为间隙固溶体。

由于溶质原子的介入,原子的排列规律受到局部的破坏,使晶格发生扭曲变形,如图2－2－12(a)所示。

(2) 置换固溶体　溶剂原子被溶质原子所置换,这种类型的固溶体称为置换固溶体,如图2－2－12(b)所示。

在金属材料的相结构中,形成置换固溶体的例子也不少,如某种不锈钢中,铬和镍原子代替部分铁原子而占据了γ－Fe晶格某些结点位置形成的置换固溶体。

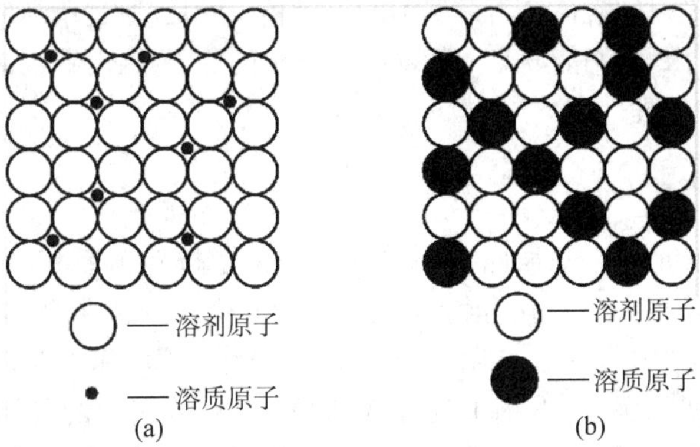

图 2-2-12

由于溶剂格的空隙有一定的限度，随着溶质原子的溶入，溶剂晶格将发生畸变，如图 2-2-13所示，其中图(a)为间隙固溶体，图(b)为置换固溶体。溶入的溶质原子越多，所引起的畸变就越大。当晶格畸变量超过一定数值时，溶剂的晶格就会变得不稳定，于是溶质原子就不能继续溶解，所以间隙固溶体的溶解度都有一定的限度。

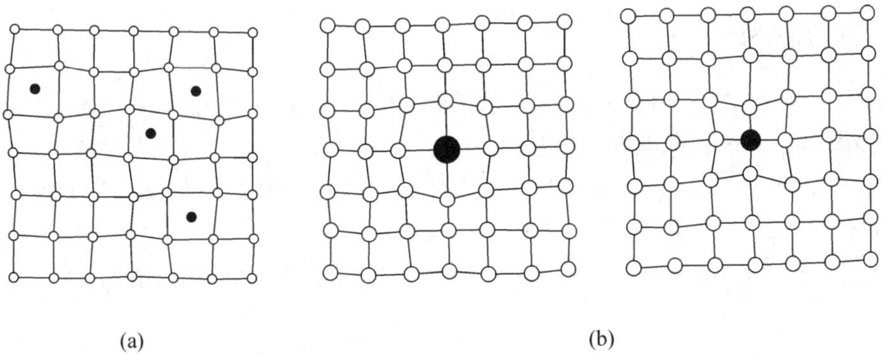

图 2-2-13

2. 固溶体的性能

由于固溶体的晶格发生畸变，使位错移动时所受到的阻力增大，结果使金属材料的强度、硬度增高。这种通过溶入溶质元素形成的固溶体，从而使金属材料的强度、硬度升高的现象，称为固溶强化。

固溶强化是提高金属材料机械性能的一种重要途径。例如，南京长江大桥的建筑中，大量采用的含锰为 $W_{Mn} = 1.30\% \sim 1.60\%$ 的低合金结构钢，就是由于锰的固溶强化作用提高了该材料的强度，从而大大节约了钢材，减轻了大桥结构的自重。

实践表明，适当掌握固溶体的中溶质含量，可以在显著提高金属材料的强度、硬度的同时，使其仍能保持相当好的塑性和韧性。例如，往铜中加入 19%的镍，可使合金材料的强度极限 σ_b 由 220 MPa 提高到 380～400 MPa，硬度由 44HBS 提高到 70HBS，而延伸率仍然能保持 50%左右。若用加工硬化的办法使纯铜达到同样的强化效果，其延伸率将低于 10%。

这就说明,固溶体的强度、韧性和塑性之间能有较好的配合,所以对综合机械性能要求较高的结构材料,几乎都是以固溶体作为最基本的组成相。可是,通过单纯的固溶强化所达到的最高强度指标仍然有限,仍不能满足人们对结构材料的要求,因而在固溶强化的基础上须再补充进行其他的强化处理。

二、金属化合物

组成合金的各组元的原子彼此按一定比例和一定位置关系相结合而形成的物质称为金属化合物。金属材料中的化合物可以分为金属化合物和非金属化合物两类。凡是由相当程度的金属键结合,并具有明显金属特性的化合物,称为金属化合物,它可以成为金属材料的组成相。例如,碳钢中的渗碳体(Fe_3C)、黄铜中的β相(CuZn),都属于金属化合物。凡是没有金属键结合,并且又有金属特性的化合物,称为非金属化合物。例如,碳钢中依靠离子键结合的 FeS 和 MnS 都是非金属化合物。非金属化合物是合金原材料或熔炼过程带来的杂质,它们数量虽少,对合金性能的影响一般都较坏,故也称非金属夹杂。

金属化合物的熔点较高,性能硬而脆。当合金中出现金属化合物时,通常能提高合金的强度、硬度和耐磨性,但会降低塑性和韧性。金属化合物是各类合金钢、硬质合金和许多有色金属的重要组成相。

三、机械混合物

组成合金的各组元在固态下既不相互溶解,又不形成化合物,而是按一定重量比、以混合方式存在,其结构形式称为**机械混合物**。

机械混合物可以是纯金属、固溶体或化合物各自的混合物,也可以是它们的混合物。

机械混合物不是单相组织,其性能介于组成相与相之间,且随组成相的形状、大小、数量及分布而变。

第五节　二元合金相图

一、二元合金相图的建立

固态合金的相结构有固溶体和金属化合物两类。但工程上常用合金在固态下的显微组织较多是由固溶体与少量化合物或由几种固溶体组成的多相组织。不同合金系的合金,在固态下必然具有不同的显微组织,对于同一合金系的合金,由于合金的成分和合金所处的温度不同,在固态下也会形成不同的显微组织。

合金相图又称为合金平衡图或合金状态图,它表示平衡状态下合金系中不同成分合金在不同温度下由哪些平衡相(或组织)组成,以及合金相之间平衡关系的图形。

根据合金相图,不仅可以看到不同成分的合金在室温下平衡组织,而且还可以了解它从高温液态以极缓慢冷却速度冷却到室温所经历的各种相变过程,同时相图还能预测其性能的变化规律。所以相图已成为研究合金中各种组织形成和变化规律的有效工具,在生产实践中，合金相图已是正确制订冶炼、铸造、锻压、焊接、热处理工艺的重要依据。

纯金属可以用一条表示温度的纵坐标把其在不同温度下的组织状态表示出来，纯铜的冷却曲线及相图如图 2-2-14 所示，纵坐标表示温度，1 点为纯铜冷却曲线上的结晶温度（1 083℃）在温度轴上的投影，即纯铜的相的转变温度（称为临界点）。1 点以上表示纯铜处于液体状态；1 点以下表示纯铜处于固体状态。所以纯金属的相图，只要用一条温度纵坐标轴就能表示。

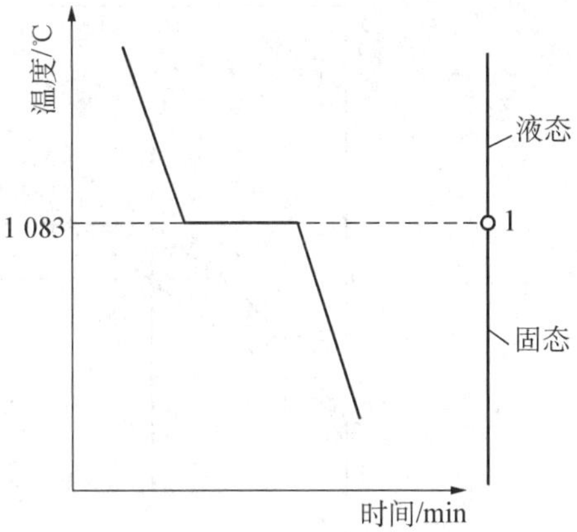

图 2-2-14

二元合金的组成相的变化不仅与温度有关，而且还与合金成分有关。因此就不能简单地用一个温度坐标轴表示，必须增加一个表示合金成分的横坐标。所以二元合金相图，是以温度为纵坐标、以合金成分为横坐标的平面图形。现以 Cu-Ni 合金相图为例来说明二元合金相图表示方法。

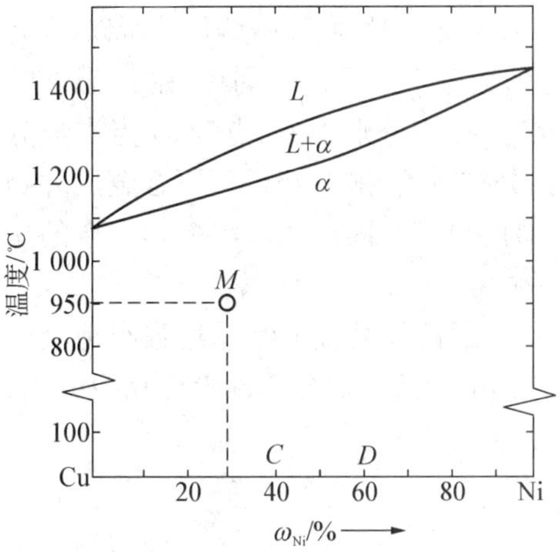

图 2-2-15

图 2-2-15 是 Cu-Ni 合金相图，图上纵坐标表示温度，横坐标表示合金成分。横坐标从左到右表示合金成分的变化，即 Ni 的含量由 0 向 100%逐渐增大；而 Cu 的含量相应地由 100%向 0 逐渐减少。在横坐标上任何一点都代表一种成分的合金，例如点 *C* 代表含 40%Ni 与 60%Cu 的合金；*D* 点代表含 60%Ni 与 40%Cu 的合金。通过成分坐标上的任一点作的垂线称为合金线，合金线上不同的点表示该成分合金处于某一温度下的相组成。因此，相图上的任意一点都代表某一成分的合金在某一温度时的相组成（或显微组织）。例如 *M* 点表示 30%Ni+70%Cu 的合金在 950℃时，其组织为单相 α 固溶体。

二、二元匀晶相图

凡是二元合金系中两组元在液态和固态下以任何比例均匀可相互溶解，即在固态下能形成无限固溶体时，其相图属于二元匀晶相图。例如，Cu-Ni 合金就属于这类相图。

如图 2-2-16 所示，当合金自高温液态缓慢冷却到 t_1 温度时，开始从液相中结晶出 α 固溶体，随着温度的下降，α 固溶体量不断增多，剩余液相量不断减少。直到温度降到 t_3 温度时，合金结晶终了，获得了 Cu 与 Ni 组成的 α 固溶体。

必须指出，在合金结晶过程中，结晶出的 α 固溶体成分和剩余的液相成分都与原来合金成分是不相同的。若要知道上述合金在结晶过程中某一温度时两相的成分，可通过该合金线上相当于该温度的点作水平线，此水平线与液相线及固相线的交点在成分坐标上的投影，即相应地表示该温度下液相和固相的成分。由图 2-2-16 可见，在 t_1 温度时液相与固相的

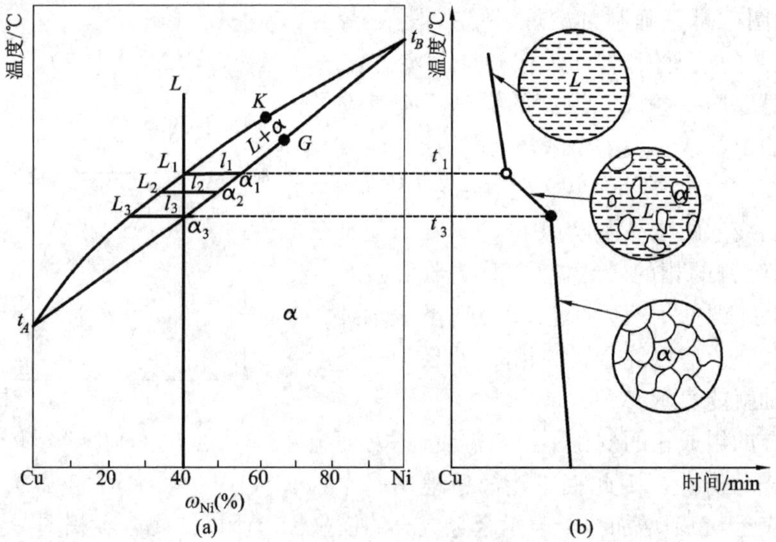

图 2-2-16

成分分别为 L_1 点和 α_1 点在成分坐标上的投影。其原因可解释为:当液相冷却到 t_1 温度时,结晶出 α_1 成分的固溶体;当 α_1 点成分的合金重新加热到 t_1 温度时,便开始熔化。所以,在 t_1 温度时,与成分为 L_1 的液相处于平衡状态的 α 固溶体的成分一定是 α_1。同理,在 t_2 温度时液、固两相的成分,在通过原子充分扩散而达到平衡状态时,应分别为 L_2 点和 α_2 点在成分坐标上的投影;在 t_3 温度时合金结晶终了,经过原子充分扩散后,最终获得与原合金成分相同(即 α_3 点在成分坐标上的投影——40%Ni+60%Cu)的单相 α 固溶体。固溶体合金的显微组织与纯金属类似,是由多面体的固溶体晶粒所组成的。

其他成分合金的结晶过程均与上述合金相似。可见,固溶体合金的结晶过程与纯金属不同,其特点是,合金在一定温度范围内进行结晶,已结晶的固溶体成分不断沿固相线变化,剩余液相成分不断沿液相线变化。

三、工程中主要二元合金相图及其转变特征

凡二元合金系中两组元在液态下能完全互溶,在固态下形成两种不同固相,并发生共晶转变的,其相图属于二元共晶相图。所谓共晶转变,是指一定成分的液相,在一定温度下同时结晶出两种不相同的固相的转变。

除共晶反应外,还包括其他几种,如表 2-2-1 所示。

表 2-2-1

相图类型	图形特征	转变式	说　明
匀晶转变	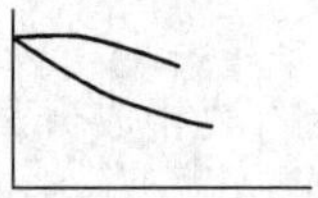	$L \rightleftharpoons \alpha$	一个液相 L 经过一个温度范围变为同一成分的固相 α

（续表）

相图类型	图形特征	转变式	说　明
共晶转变	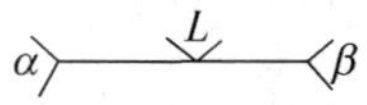	$L \rightleftharpoons \alpha + \beta$	恒温下，由液相 L 同时转变为不同成分的固相 α 和 β
共析转变	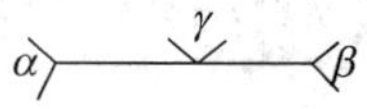	$\gamma \rightleftharpoons \alpha + \beta$	恒温下，由液相 γ 同时转变为不同成分的固相 α 和 β
包晶转变	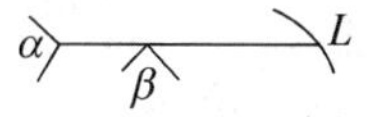	$\alpha + L \rightleftharpoons \beta$	恒温下，由液相 L 和一个固相 α 相互作用生成一个新的固相 β

思考题

2-2-1　晶体缺陷有哪些，对材料有哪些影响？

2-2-2　二元合金相图表达了合金的什么关系？

2-2-3　什么叫过冷现象、过冷度？过冷度与冷却速度有何关系？

2-2-4　何谓金属的同素异晶转变？试以纯铁为例说明金属的同素异晶转变。

2-2-5　何谓共晶转变和共析转变？以铁碳合金为例写出转变表达式。

2-2-6　常见的金属晶格类型有哪些？试绘图说明其特征。

2-2-7　实际金属中有哪些晶体缺陷？晶体缺陷对金属的性能有何影响？

2-2-8　什么叫过冷现象、过冷度？过冷度与冷却速度有何关系？

2-2-9　二元合金相图表达了合金的什么关系？

2-2-10　解释下列名词的含义：晶体，非晶体；晶格，晶胞，晶格常数；晶体的各向异性；点缺陷，线缺陷，面缺陷；亚晶粒，亚晶界，位错；单晶体，多晶体；固溶体，金属间化合物；固溶强化；结合键。

2-2-11　金属结晶的基本规律是什么？晶核的形核率和生长速率受到哪些因素的影响？

2-2-12　何谓共晶反应和共析反应？试比较二种反应的异同点。

第三章 铁碳合金及热处理

钢铁是现代工业中应用最广泛的金属材料。其基本组元是铁和碳，故统称为铁碳合金。由于碳的质量分数大于6.69%时，铁碳合金的脆性很大，已无实用价值。所以，实际生产中应用的铁碳合金其碳的质量分数均在6.69%以下。为了改善铁碳合金的性能，还可以在碳钢和铸铁的基础上加入合金元素形成合金钢和合金铸铁，以满足各类机械零件的需要。

第一节 铁碳合金的基本组织

纯铁塑性好，但强度低，很少用来制造机械零件。在纯铁中加入少量的碳形成铁碳合金，可使强度和硬度明显提高。铁和碳发生相互作用形成固溶体和金属化合物，同时固溶体和金属化合物又可组成具有不同性能的多相组织。因此，铁碳合金的基本组织有铁素体、奥氏体、渗碳体、珠光体和莱氏体。

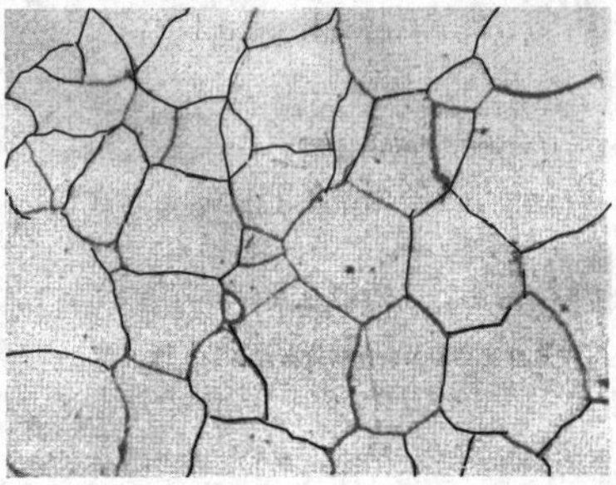

图2-3-1

一、铁素体

碳溶入α-Fe中形成的间隙固溶体称为铁素体，用符号F表示。铁素体具有体心立方晶格，这种晶格的间隙分布较分散，所以间隙尺寸很小，溶碳能力较差，在727℃时碳的溶解度最大为0.021 8%，室温时几乎为零。铁素体的塑性、韧性很好($\delta=30\sim50\%$)，但强度、硬度较低($\sigma_b=180\sim280$ MPa、$\sigma_s=100\sim170$ MPa、硬度为50～80HBS)。铁素体的显微组织如图2-3-1所示。

二、奥氏体

碳溶入γ-Fe中形成的间隙固溶体称为奥氏体，用符号A表示。奥氏体具有面心立方晶格，其致密度较大，晶格间隙的总体积虽较铁素体小，但其分布相对集中，单个间隙的体积较大，所以γ-Fe的溶碳能力比α-Fe大，727℃时溶解度为0.77%，随着温度的升高，溶碳量增多，1 148℃时其溶解度最大为2.11%。

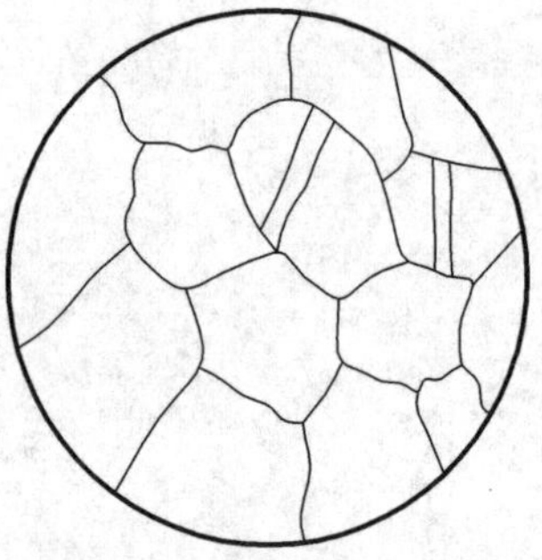

图2-3-2

奥氏体常存在于727℃以上，是铁碳合金中重要的高温相，强度和硬度不高，但塑性和韧性很好($\sigma_b\approx400$ MPa，$\delta\approx40\sim50\%$，硬度为160～200HBS)，易锻压成形。奥氏体的显微组织如图2-3-2所示。

三、渗碳体

渗碳体是铁和碳相互作用而形成的一种具有复杂晶体结构的金属化合物，常用化学分子式 Fe_3C 表示。渗碳体中碳的质量分数为 6.69%，熔点为 1 227℃，硬度很高(800 HBW)，塑性和韧性极低($\delta \approx 0$)，脆性大。渗碳体是钢中的主要强化相，其数量、形状、大小及分布状况对钢的性能影响很大。

四、珠光体

珠光体是由铁素体和渗碳体组成的多相组织，用符号 P 表示。珠光体中碳的质量分数平均为 0.77%，由于珠光体组织是由软的铁素体和硬的渗碳体组成，因此，它的性能介于铁素体和渗碳体之间，即具有较高的强度($\sigma_b = 770$ MPa)和塑性($\delta = 20 \sim 25\%$)，硬度适中(180HBS)。

五、莱氏体

碳的质量分数为 4.3%的液态铁碳合金冷却到 1 148℃时，同时结晶出奥氏体和渗碳体的多相组织称为莱氏体，用符号 Ld 表示。在 727℃以下莱氏体由珠光体和渗碳体组成，称为变态莱氏体，用符号 Ld' 表示。莱氏体的性能与渗碳体相似，硬度很高，塑性很差。

第二节　铁碳合金状态图（Fe－Fe_3C 相图）

Fe－Fe_3C 相图是指在极其缓慢的加热或冷却的条件下，不同成分的铁碳合金，在不同温度下所具有的状态或组织的图形。它是研究铁碳合金成分、组织和性能之间关系的理论基础，也是选材、制定热加工及热处理工艺的重要依据。由于碳的质量分数超过 6.69%的铁碳合金脆性很大，无实用价值，所以，对铁碳合金相图仅研究 Fe－Fe_3C 部分。此外，在相图的左上角靠近 δ－Fe 部分还有一部分高温转变，由于实用意义不大，将其简化，简化后的 Fe－Fe_3C 相图如图 2－3－3 所示。

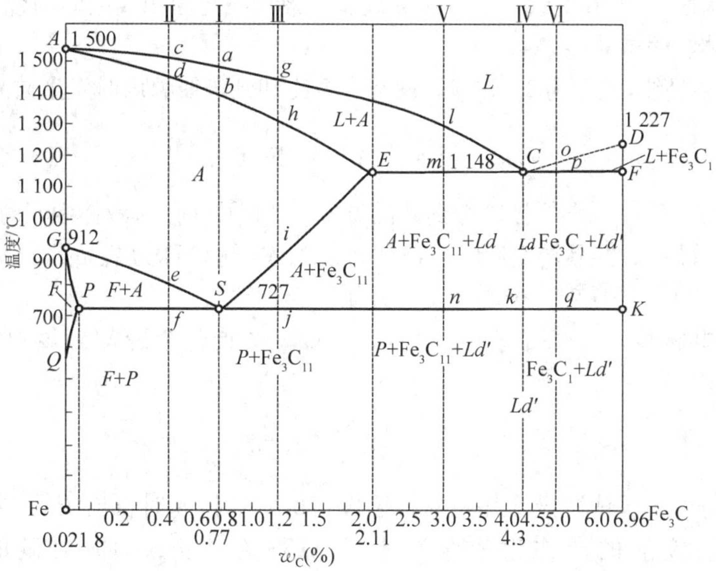

图 2－3－3

一、相图分析

$Fe-Fe_3C$ 相图纵坐标表示温度，横坐标表示成分，碳的质量分数由 0～6.69%，左端为纯铁的成分，右端为 Fe_3C 的成分。

1. 相图中的主要特性点

$Fe-Fe_3C$ 相图中主要特性点的温度、成分及其含义如表 2-3-1 所示。

表 2-3-1

特性点	t/℃	w_C(%)	含　义
A	1 538	0	纯铁的熔点
C	1 148	4.3	共晶点，$L_c \xrightleftharpoons{1\,148℃} Ld(A_E+Fe_3C)$
D	～1 227	6.69	渗碳体的熔点
E	1 148	2.11	碳在 $\gamma-Fe$ 中的最大溶解度
G	912	0	$\alpha-Fe \xrightleftharpoons{921℃} \gamma-Fe$，纯铁的同素异晶转变点
P	727	0.021 8	碳在 $\alpha-Fe$ 中的最大溶解度
S	727	0.77	共析点，$A_1 \xrightleftharpoons{727℃} P(F_P+Fe_3C)$
Q	600	0.008	碳在 $\alpha-Fe$ 中的溶解度

2. 相图中的主要特性线

ACD 线为液相线，在 *ACD* 线以上合金为液态，用符号 L 表示。液态合金冷却到此线时开始结晶，在 *AC* 线以下结晶出奥氏体，在 *CD* 线以下结晶出渗碳体，称为一次渗碳体，用符号 $Fe_3C_Ⅰ$ 表示。

AECF 线为固相线，在此线以下合金为固态。液相线与固相线之间为合金的结晶区域，这个区域内液体和固体共存。

ECF 线为共晶线，温度为 1 148℃。液态合金冷却到该线温度时发生共晶转变：

$$L_{4.3} \xrightleftharpoons{1\,148℃} A_{2.11}+Fe_3C_{6.69}$$

即点 C 成分的液态合金缓慢冷却到共晶温度(1 148℃)时，从液体中同时结晶出 E 点成分的奥氏体和渗碳体。共晶转变后的产物称为莱氏体，点 C 称为共晶点。凡是碳的质量分数为 2.11%～6.69%的铁碳合金均会发生共晶转变。

PSK 线为共析线，又称 A_1 线，温度为 727℃。铁碳合金冷却到该温度时发生共析转变：

$$A_{0.77} \xrightleftharpoons{727℃} F_{0.021\,8}+Fe_3C_{6.69}$$

即 S 点成分的奥氏体缓慢冷却到共析温度(727℃)时，同时析出 P 点成分的铁素体和渗碳体。共析转变后的产物称为珠光体，S 点称为共析点。凡是碳的质量分数为 0.021 8%～6.69%的铁碳合金均会发生共析转变。

ES 线是碳在 $\gamma-Fe$ 中的溶解度曲线，又称 Acm 线。碳在 $\gamma-Fe$ 中的溶解度随温度的下降而减小，在 1 148℃时溶解度为 2.11%，到 727℃时降为 0.77%。因此，凡 $w_c>0.77\%$ 的铁碳合金由 1 148℃冷却到 727℃的过程中，都有渗碳体从奥氏体中析出，这种渗碳体称为二次渗碳体，用符号 Fe_3C_{II} 表示。

GS 线，又称 A_3 线。是冷却时由奥氏体中析出铁素体的开始线。PQ 线是碳在 $\alpha-Fe$ 中的固态溶解度曲线。碳在 $\alpha-Fe$ 中的溶解度随温度下降而减小，在 727℃时溶解度为 0.021 8%，到 600℃时降为 0.008%。因此，铁碳合金从 727℃向下冷却时，多余的碳从铁素体中以渗碳体的形式析出，这种渗碳体称为三次渗碳体，用符号 Fe_3C_{III} 表示。因其数量极少，常予以忽略。

二、铁碳合金的分类

根据碳的质量分数和室温组织的不同，可将铁碳合金分为以下三类：

(1) 工业纯铁：$w_C\leqslant 0.021\,8\%$。

(2) 钢：$0.021\,8\%<w_C\leqslant 2.11\%$。

根据室温组织的不同，钢又可分为三种：共析钢，$w_C=0.77\%$；亚共析钢，$w_C=0.021\,8\%\sim 0.77\%$；过共析钢，$w_C=077\%\sim 2.11\%$。

(3) 白口铁：$2.11\%<w_C<6.69\%$。

根据室温组织的不同，白口铁又可分为三种：共晶白口铁，$w_C=4.3\%$；亚共晶白口铁，$w_C=2.11\%\sim 4.3\%$；过共晶白口铁，$w_C=4.3\%\sim 6.69\%$。

三、典型铁碳合金的结晶过程及组织

1. 共析钢的结晶过程及组织

图 2-3-3 中合金Ⅰ为 $w_C=0.77\%$ 的共析钢。共析钢在 a 点温度以上为液体状态(L)。当缓冷到 a 点温度时，开始从液态合金中结晶出奥氏体(A)，并随着温度的下降，奥氏体量不断增加，剩余液体的量逐渐减少，直到 b 点以下温度时，液体全部结晶为奥氏体。$b\sim s$ 点温度间为单一奥氏体的冷却，没有组织变化。继续冷却到 s 点温度(727℃)时，奥氏体发生共析转变形成珠光体(P)。在 s 点以下直至室温，组织基本不再发生变化，故共析钢的室温组织为珠光体(P)。共析钢的结晶过程如图 2-3-4 所示。

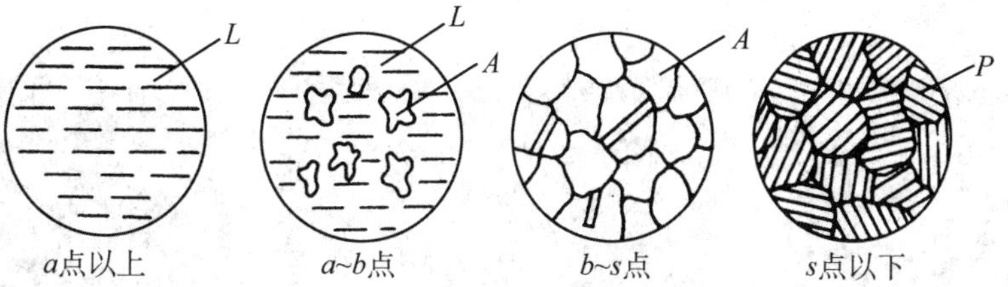

图 2-3-4

珠光体的显微组织如图 2-3-5 所示。在显微镜放大倍数较高时，能清楚地看到铁素体和渗碳体呈片层状交替排列的情况。由于珠光体中渗碳体量较铁素体少，因此渗碳体层片较铁素体层片薄。

图 2-3-5

2. 亚共析钢的结晶过程及组织

图 2-3-3 中合金Ⅱ为 $w_C = 0.45\%$ 的亚共析钢。合金Ⅱ在 e 点温度以上的结晶过程与共析钢相同。当降到 e 点温度时，开始从奥氏体中析出铁素体。随着温度的下降，铁素铁量不断增多，奥氏体量逐渐减少，铁素体成分沿 GP 线变化，奥氏体成分沿 GS 线变化。当温度降到 f 点(727℃)时，剩余奥氏体碳的质量分数达到 0.77%，此时奥氏体发生共析转变，形成珠光体，而先析出铁素体保持不变。这样，共析转变后的组织为铁素体和珠光体组成。温度继续下降，组织基本不变。室温组织仍然是铁素体和珠光体($F+P$)。其结晶过程如图 2-3-6 所示。

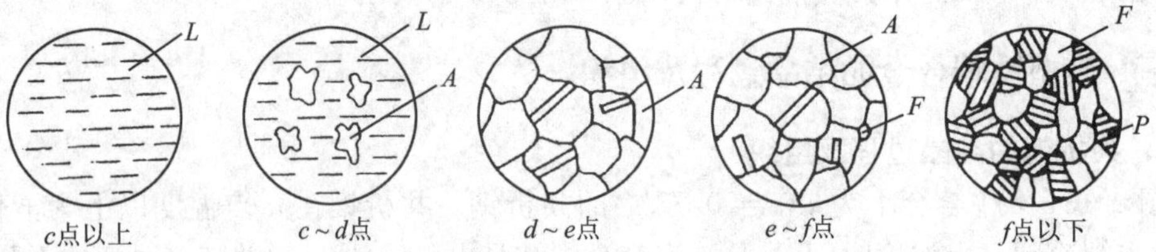

图 2-3-6

所有亚共析钢的室温组织都是由铁素体和珠光体组成，只是铁素体和珠光体的相对量不同。随着含碳量的增加，珠光体量增多，而铁素体量减少。其显微组织如图 2-3-7 所示。图 2-3-7 中白色部分为铁素体，黑色部分为珠光体，这是因为放大倍数较低，无法分辨出珠光体中的层片，故呈黑色。

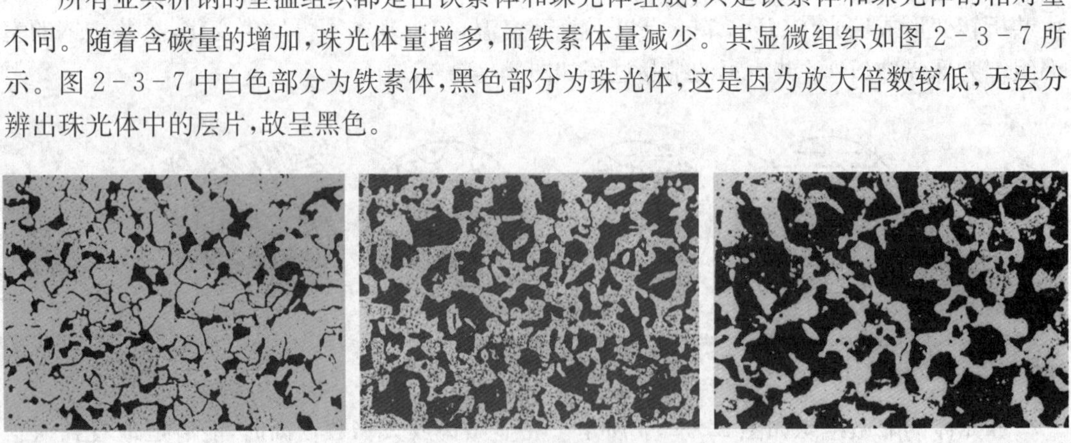

(a) (b) (c)

图 2-3-7

(a) w_C=0.1%　(b) w_C=0.25%　(c) w_C=0.6%

3. 过共析钢的结晶过程及组织

图 2-3-3 中合金Ⅲ为 $w_C=1.2\%$ 的过共析钢。合金Ⅲ在 i 点温度以上的结晶过程与共析钢相同。当冷却到 i 点温度时，开始从奥氏体中析出二次渗碳体。随着温度的下降，析出的二次渗碳体量不断增加，并沿奥氏体晶界呈网状分布，而剩余奥氏体碳含量沿 ES 线逐渐减少。当温度降到 j 点(727℃)时，剩余的奥氏体碳的质量分数降为 0.77%，此时奥氏体发生共析转变，形成珠光体，而先析出的二次渗碳体保持不变。温度继续下降，组织基本不变。所以，过共析钢的室温组织为珠光体和网状二次渗碳体($P+Fe_3C_{\mathrm{III}}$)。其结晶过程如图 2-3-8所示。

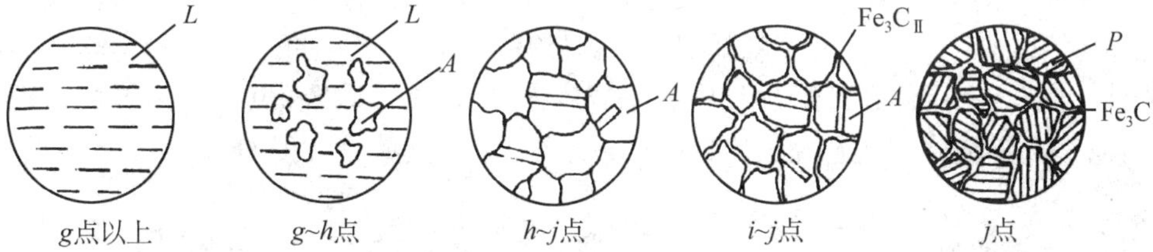

图 2-3-8

所有过共析钢的室温组织都是由珠光体和二次渗碳体组成。只是随着合金中含碳量的增加，组织中网状二次渗碳体的量增多。过共析钢的显微组织如图 2-3-9 所示。图 2-3-9 中层片状黑白相间的组织为珠光体，白色网状组织为二次渗碳体。

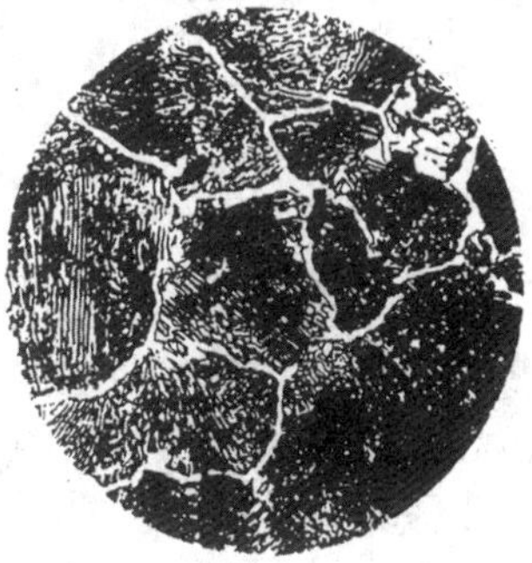

图 2-3-9

4. 共晶白口铁的结晶过程及组织

图 2-3-3 中合金Ⅳ为 $w_C=4.3\%$ 的共晶白口铁。合金Ⅳ在点 C 温度以上为液态，当温度降到点 C(1 148℃)时，液态合金发生共晶转变形成莱氏体，由共晶转变形成的奥氏体和渗碳体又称为共晶奥氏体、共晶渗碳体。随着温度的下降，莱氏体中的奥氏体将不断析出二次渗碳体，奥氏体的含碳量沿着 ES 线逐渐减少。当温度降到 k 点时，奥氏体中碳的质量分数降为 0.77%，奥氏体发生共析转变，形成珠光体。温度继续下降，组织基本不变。由于二次渗碳体与莱氏体中的渗碳体连在一起，难以分辨，故共晶白口铁的室温组织由珠光体和渗碳体组成，称为变态莱氏体(Ld')，其结晶过程如图 2-3-10 所示。

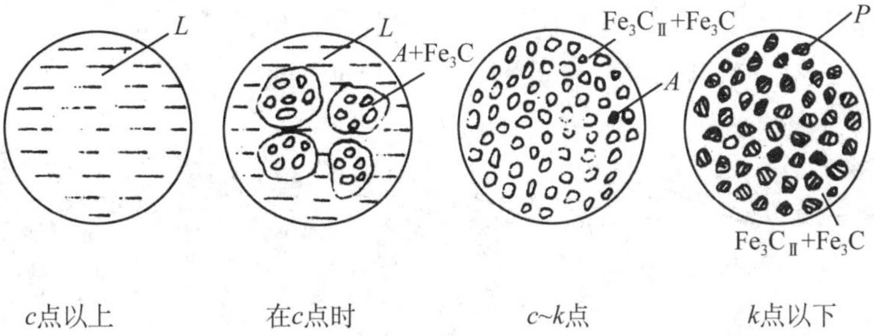

图 2-3-10

图 2-3-11

共晶白口铁的显微组织如图 2-3-11 所示。图中黑色部分为珠光体，白色基体为渗碳体。

5. 亚共晶白口铁的结晶过程及组织

图 2-3-13 中合金Ⅴ为 $w_C = 3.0\%$ 的亚共晶白口铁。合金在 l 点温度以上为液态，缓冷到 l 点温度时，开始从液体中结晶出奥氏体。随着温度的下降，奥氏体量不断增多，其成分沿 AE 线变化；液体量不断减少，其成分沿 AC 线变化。当温度降到 m 点(1 148℃)时，剩余液体碳的质量分数达到 4.3%，发生共晶转变，形成莱氏体。温度继续下降，奥氏体中不断析出二次渗碳体，并在 n 点温度(727℃)时，奥氏体转变成珠光体。同时，莱氏体在冷却过程中转变成变态莱氏体。所以亚共晶白口铁的室温组织为珠光体、二次渗碳体和变态莱氏体($P + Fe_3C_{Ⅱ} + Ld'$)，其结晶过程如图 2-3-12 所示。

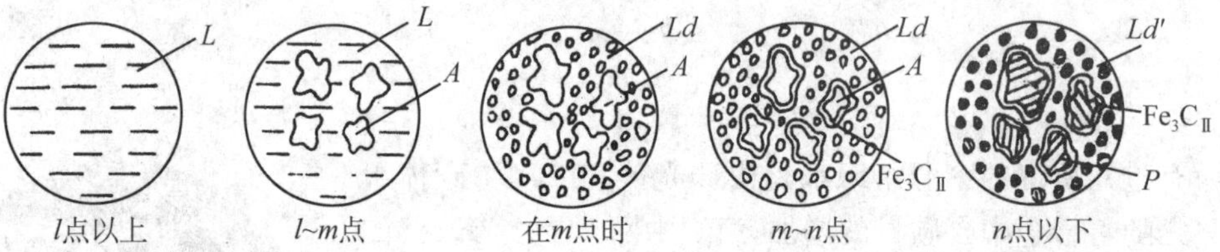

图 2-3-12

亚共晶白口铁的显微组织如图 2-3-13 所示。图中黑色块状或呈树枝状分布的为由初生奥氏体转变成的珠光体，基体为变态莱氏体。组织中的二次渗碳体与共晶渗碳体连在一起，难以分辨。

所有亚共晶白口铁的室温组织都是由珠光体和变态莱氏体组成。只是随着含碳量的增加，组织中变态莱氏体量增多。

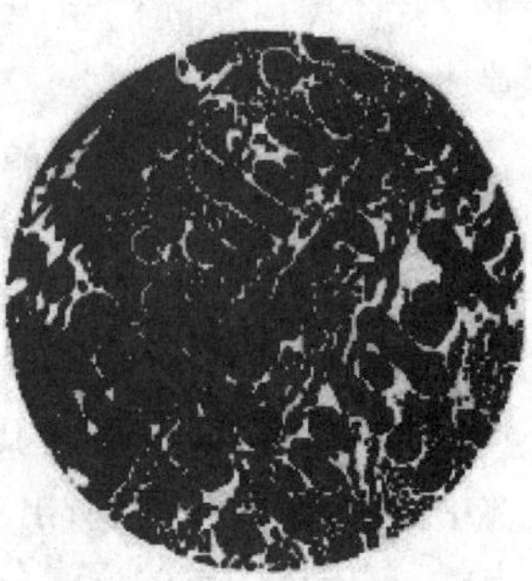

图 2-3-13

6. 过共晶白口铁的结晶过程及组织

图 2-3-3 中合金Ⅵ为 $w_C = 5.0\%$ 的过共晶白口铁。合金在 o 点温度以上为液体，冷却到 o 点温度时，开始从液体中结晶出板条状一次渗碳体。随着温度的下降，一次渗碳体量不断增多，液体量逐渐减小，其成分沿 DC 线变化。当冷却到 p 点温度时，剩余液体的碳的质量分数达到 4.3%，发生共晶转变，形成莱氏体。在随后的冷却中，莱氏体变成变态莱氏体，一次渗碳体不再发生变化，仍为板条状。所以，过共晶白口铁的室温组织为一次渗碳体和变态莱氏体($Ld' + Fe_3C_Ⅰ$)，其结晶过程如图 2-3-14 所示。

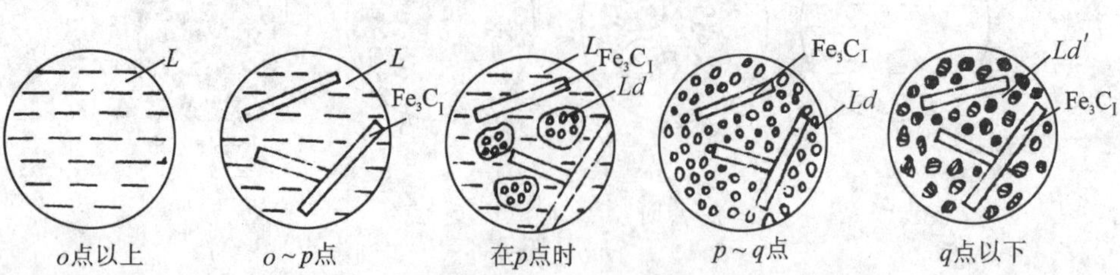

图 2-3-14

所有过共晶白口铁室温组织都是由一次渗碳体和变态莱氏体组成。只是随着含碳量的增加，组织中一次渗碳体量增多。过共晶白口铁的显微组织如图 2-3-15 所示。图中白色板条状为一次渗碳体，基体为变态莱氏体。

图 2-3-15

四、$Fe-Fe_3C$ 相图的应用

$Fe-Fe_3C$ 相图揭示了铁碳合金的组织随成分变化的规律，根据组织可以大致判断出力学性能，便于合理地选择材料。例如，建筑结构和型钢需要塑性、韧性好的材料，应选用低碳钢（$w_C \leqslant 0.25\%$）；机械零件需要强度、塑性及韧性都较好的材料，应选用中碳钢；工具需要硬度高、耐磨性好的材料，应选用高碳钢。而白口铁可用于需要耐磨、不受冲击、形状复杂的铸件，如拔丝模、冷轧辊、犁铧等。

$Fe-Fe_3C$ 铁碳相图不仅可作为选材的重要依据，还可作为制定铸造、锻造、焊接、热处理等热加工工艺的重要依据，如确定浇注温度、确定锻造温度范围及热处理的加热温度等。这些将在后续章节、后续课程详细介绍。

必须指出，铁碳相图是在极缓慢的加热或冷却条件下得到的，而实际生产中冷却速度较快，合金的相变温度与冷却后的组织都将与相图中不同。另外，通常使用的铁碳合金，除铁、碳两元素外，往往还含有多种杂质或合金元素，这些元素对相图将有影响，应予以考虑。

第三节　热处理的基本概念

一、概述

钢的热处理是指将钢在固态下采用适当的方式进行加热、保温和冷却，通过改变钢的内部组织结构而获得所需性能的工艺方法。钢的热处理工艺都包括加热、保温和冷却三个阶段，温度和时间是决定热处理工艺的主要因素，因此热处理工艺可以用温度-时间曲线来表示，如图 2-3-16 所示，该曲线称为钢的热处理工艺曲线。通过适当的热处理，不仅可以提高钢的使用性能，改善钢的工艺性能，而且能够充分发挥钢的性能潜力，提高机械产品的产量、质量和经济效益。据统计，在机床制造中有 60%～70%的零部件要经过热处理；在汽车、拖拉机制造中有 70%～90%的零部件要经过热处理；各种工具和滚动轴承等则 100%的要进行热处理。

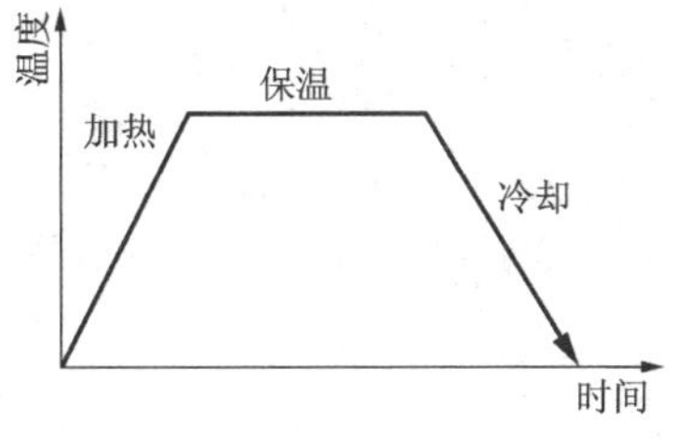

图 2-3-16

热处理工艺区别于其他加工工艺（如铸造、锻造、焊接等）的特征是不改变工件的形状，只改变材料的组织结构和性能。热处理工艺只适用于固态下能发生组织转变的材料，无固态相变的材料则不能用热处理来进行强化。

二、分类

根据加热、冷却方式的不同以及钢的组织和性能的变化特征不同，可将热处理工艺进行分类。

按照热处理工艺在零件生产过程中的位置和作用不同,又可以将热处理工艺分为预备热处理和最终热处理两类。预备热处理是指为后续加工(如切削加工、冲压加工、冷拔加工等)或热处理作准备的热处理工艺;最终热处理是指使工件获得所需性能的热处理工艺。

- 热处理
  - 普通热处理
    - 退火
    - 正火
    - 淬火
    - 回火
  - 表面热处理
    - 表面淬火
      - 感应加热表面淬火
      - 火焰加热表面淬火
      - 激光加热表面淬火
    - 表面化学热处理
      - 渗碳
      - 渗氮
      - 碳氮共渗
      - 渗金属等

三、相变点

实际热处理时,加热和冷却相变都是在不完全平衡的条件下进行的,相变温度与 $Fe-Fe_3C$ 相图中的相变点之间存在一定差异。由 $Fe-Fe_3C$ 相图可知,钢在平衡条件下的固态相变点分别为 $A1$、$A3$ 和 Acm。在实际加热和冷却条件下,钢发生固态相变时都有不同程度的过热度或过冷度。因此,为与平衡条件下的相变点相区别,而将在加热时实际的相变点分别称为 $Ac1$、$Ac3$、$Accm$,在冷却时实际的相变点分别称为 $Ar1$、$Ar3$、$Arcm$,如图 2-3-17 所示。

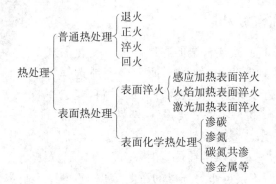

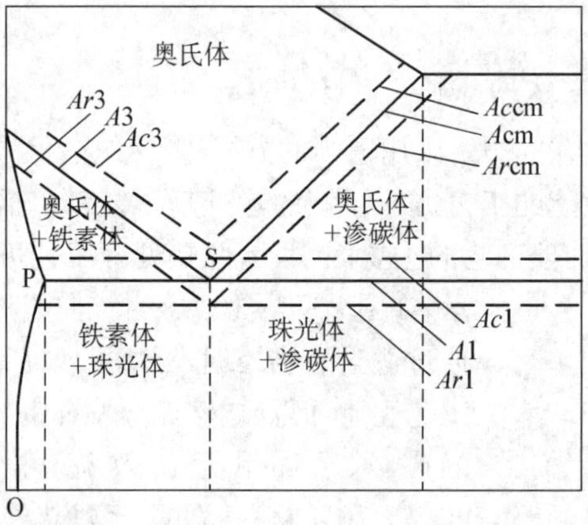

图 2-3-17

第四节 钢的热处理组织转变

一、钢在加热时的组织转变

加热是热处理过程中的一个重要阶段,其目的主要是使钢奥氏体化。下面以共析钢为例,研究钢在加热时的组织转变规律。

1. 奥氏体的形成过程

将共析钢加热至 $Ac1$ 温度时，便会发生珠光体向奥氏体的转变，其转变过程也是一个形核长大的过程，一般可分为四个阶段，如图 2－3－18 所示。

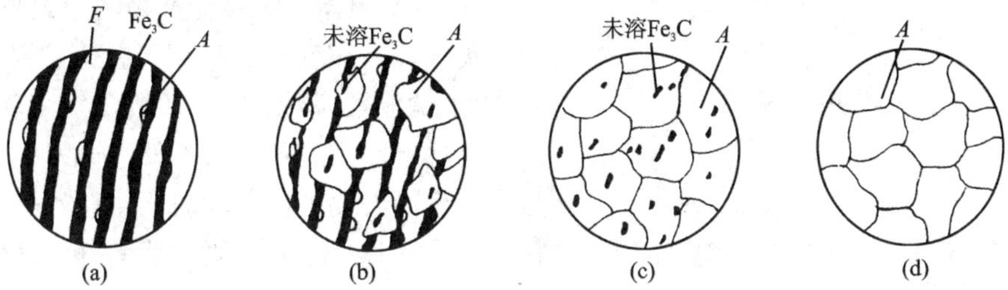

图 2－3－18

（a）奥氏体的形核　（b）奥氏体的长大　（c）残余渗碳体的溶解　（d）奥氏体成分的均匀化

1）奥氏体晶核的形成

奥氏体晶核优先在铁素体和渗碳体的两相界面上形成，这是因为相界面处成分不均匀，原子排列不规则，晶格畸变大，能为产生奥氏体晶核提供成分和结构两方面的有利条件。

2）奥氏体晶核的长大

奥氏体晶核形成后，依靠铁素体的晶格改组和渗碳体的不断溶解，奥氏体晶核不断向铁素体和渗碳体两个方向长大。与此同时，新的奥氏体晶核也不断形成并随之长大，直至铁素体全部转变为奥氏体为止。

3）残余渗碳体的溶解

在奥氏体的形成过程中，当铁素体全部转变为奥氏体后，仍有部分渗碳体尚未溶解（称为残余渗碳体），随着保温时间的延长，残余渗碳体将不断溶入奥氏体中，直至完全消失。

4）奥氏体成分均匀化

当残余渗碳体溶解后，奥氏体中的碳成分仍是不均匀的，在原渗碳体处的碳浓度比原铁素体处的要高。只有经过一定时间的保温，通过碳原子的扩散，才能使奥氏体中的碳成分均匀一致。

亚共析钢和过共析钢的奥氏体形成过程与共析钢基本相同，不同的是亚共析钢的平衡组织中除了珠光体外还有先析出的铁素体，过共析钢中除了珠光体外还有先析出的渗碳体。若加热至 $Ac1$ 温度，只能使珠光体转变为奥氏体，得到奥氏体＋铁素体或奥氏体＋二次渗碳体组织，称为不完全奥氏体化。只有继续加热至 $Ac3$ 或 $Accm$ 温度以上，才能得到单相奥氏体组织，即完全奥氏体化。

二、钢在冷却时的组织转变

$Fe-Fe_3C$ 相图中所表达的钢的组织转变规律是在极其缓慢的加热和冷却条件下测绘出来的，但在实际生产过程中，其加热速度、冷却方式、冷却速度等都有所不同，而且对钢的组织和性能都有很大影响。

钢经加热、保温后能获得细小的、成分均匀的奥氏体，然后以不同的方式和速度进行冷却，以得到不同的产物。在钢的热处理工艺中，奥氏体化后的冷却方式通常有等温冷却和连续冷却两种。等温冷却是将已奥氏体化的钢迅速冷却到临界点以下的给定温度进行保温，使其在该等温温度下发生组织转变，如图 2－3－19 中的曲线 1 所示；连续冷却是将已奥氏体

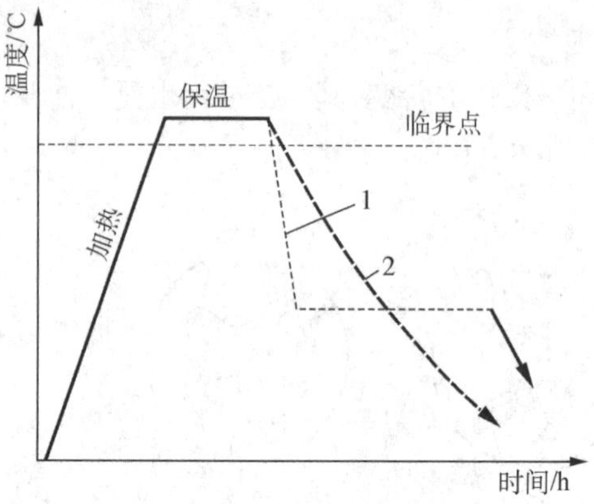

图 2-3-19

化的钢以某种冷却速度连续冷却,使其在临界点以下的不同温度进行组织转变,如图 2-3-19 中的曲线 2 所示。

1. 过冷奥氏体的转变产物的组织与性能

奥氏体在相变点 A1 以上是稳定相,冷却至 A1 以下就成了不稳定相,必然要发生转变。但并不是冷却至 A1 温度以下就立即发生转变,而是在转变前需要停留一段时间,这段时间称为孕育期。在 A1 温度以下暂时存在的不稳定的奥氏体称为过冷奥氏体。在不同的过冷度下,过冷奥氏体将发生珠光体型转变、贝氏体型转变、马氏体型转变等三种类型的组织转变。现以共析钢为例进行讨论。

1) 珠光体型转变

过冷奥氏体在 A1～550℃温度范围等温时,将发生珠光体型转变。由于转变温度较高,原子具有较强的扩散能力,转变产物为铁素体薄层和渗碳体薄层交替重叠的层状组织,即珠光体型组织。等温温度越低,铁素体层和渗碳体层越薄,层间距(一层铁素体和一层渗碳体的厚度之和)越小,硬度越高。为区别起见,这些层间距不同的珠光体型组织分别称为珠光体、索氏体和托氏体,用符号 P、S、T 表示,珠光体显微组织如图 2-3-20 所示。

图 2-3-20

2) 贝氏体型转变

过冷奥氏体在 550℃～M_s 温度范围等温时,将发生贝氏体型转变。由于转变温度较低,原子扩散能力较差,渗碳体已经很难聚集长大呈层状。因此,转变产物为由含碳过饱和的铁素体和弥散分布的渗碳体组成的组织,称为贝氏体,用符号 B 来表示。由于等温温度不同,贝氏体的形态也不同,分为上贝氏体($B_上$)和下贝氏体($B_下$)。上贝氏体组织形态呈羽毛状,强度较低,塑性和韧性较差。上贝氏体的显微组织如图 2-3-21 所示,在光学显微镜下,铁素体呈暗黑色,渗碳体呈亮白色。下贝氏体组织形态呈黑色针状,强度较高,塑性和韧性也较好,即具有良好的综合力学性能,其显微组织如图 2-3-22 所示。

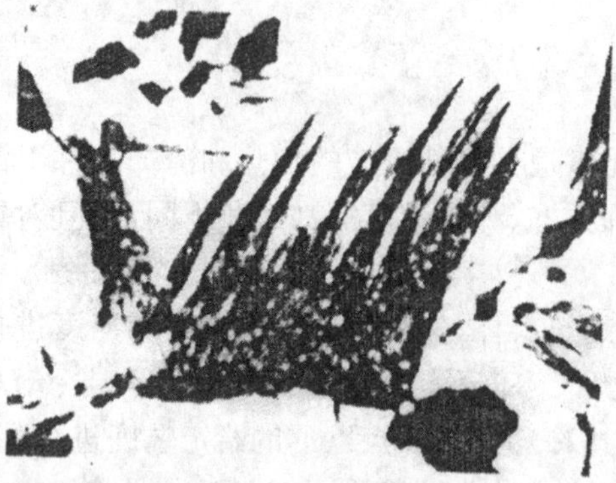

图 2-3-21

图 2-3-22

3）马氏体型转变

过冷奥氏体在 M_s 温度以下将产生马氏体型转变。马氏体是碳在 α－Fe 中溶解而形成的过饱和固溶体，用符号 M 表示。马氏体具有体心正方晶格，当发生马氏体型转变时，过冷奥氏体中的碳全部保留在马氏体中，形成过饱和的固溶体，产生严重的晶格畸变。

（1）马氏体的组织形态　马氏体的组织形态因其成分和形成条件而异，通常分为板条马氏体和针片状马氏体两种基本类型。

板条马氏体的显微组织如图 2－3－23 所示。它由一束束平行的长条状晶体组成，其单个晶体的立体形态为板条状。在光学显微镜下观察所看到的只是边缘不规则的块状，故亦称为块状马氏体。这种马氏体主要产生于低碳钢的淬火组织中。

图 2－3－23

图 2－3－24

针片状马氏体的显微组织如图 2－3－24 所示。它由互成一定角度的针状晶体组成，其单个晶体的立体形态呈双凸透镜状，因每个马氏体的厚度与径向尺寸相比很小，所以粗略地说是片状。因在金相磨面上观察到的通常都是与马氏体片成一定角度的截面，呈针状，故亦称为针状马氏体。这种马氏体主要产生于高碳钢的淬火组织中。

（2）马氏体的力学性能　马氏体具有高的硬度和强度，这是马氏体的主要性能特点。马氏体的硬度主要取决于含碳量，如图 2－3－25 所示，而塑性和韧性主要取决于组织。板条马氏体具有较高硬度、较高强度与较好塑性和韧性相配合的良好的综合力学性能。针片状马氏体具有比板条马氏体更高的硬度，但脆性较大，塑性和韧性较差。

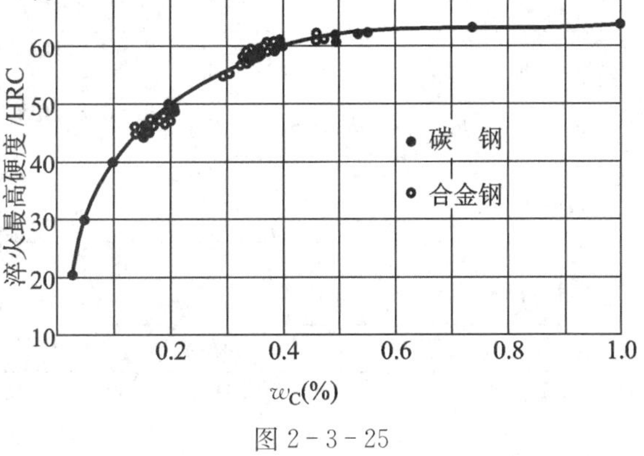

图 2－3－25

① 马氏体转变是在一定温度范围内进行的。在奥氏体的连续冷却过程中,冷却至 M_s 点时,奥氏体开始向马氏体转变,M_s 点称为马氏体转变的开始点;在以后继续冷却时,马氏体的数量随温度的下降而不断增多,若中途停止冷却,则奥氏体也停止向马氏体转变;冷却至 M_f 点时,马氏体转变终止,M_f 点称为马氏体转变的终了点。

② 马氏体转变是一个非扩散型转变。由于马氏体转变时的过冷度较大,铁、碳原子的扩散都极其困难,所以相变时只发生从 γ - Fe 到 α - Fe 的晶格改组,而没有原子的扩散,马氏体中的碳含量就是原奥氏体中的碳含量。

③ 马氏体转变的速度极快,瞬间形核,瞬间长大,其线长大速度接近于音速。由于马氏体的形成速度极快,新形成的马氏体可能因撞击作用而使已形成的马氏体产生微裂纹。

④ 马氏体转变具有不完全性。马氏体转变不能完全进行到底,即使过冷到 M_f 点以下,马氏体转变停止后,仍有少量的奥氏体存在。奥氏体在冷却过程中发生相变后,在环境温度下残存的奥氏体称为残余奥氏体,用符号"A"表示。

2. 过冷奥氏体的转变曲线

过冷奥氏体的转变产物决定于过冷奥氏体的转变温度,而转变温度又与冷却方式和冷却速度有关。在热处理中通常有等温冷却和连续冷却两种冷却方式,为了了解过冷奥氏体的转变量与转变时间的关系,必须了解过冷奥氏体的等温转变曲线和连续冷却曲线。

1) 过冷奥氏体的等温转变曲线

过冷奥氏体等温转变曲线是表示过冷奥氏体在不同过冷度下的等温过程中,转变温度、转变时间与转变产物量之间的关系曲线。因其形状与字母"C"的形状相似,所以又称为"C曲线",也称为"TTT"曲线。

过冷奥氏体等温转变曲线图是用实验方法建立的。以共析钢为例,等温转变曲线图的建立过程如下:将共析钢制成一定尺寸的试样若干,在相同条件下加热至 A_1 温度以上使其奥氏体化,然后分别迅速投入到 A_1 温度以下不同温度的等温槽中进行等温冷却。测出各试样过冷奥氏体转变开始和转变终了的时间,并把它们描绘在温度-时间坐标图上,再用光滑曲线分别连接各转变开始点和转变终了点,如图 2-3-26 所示。

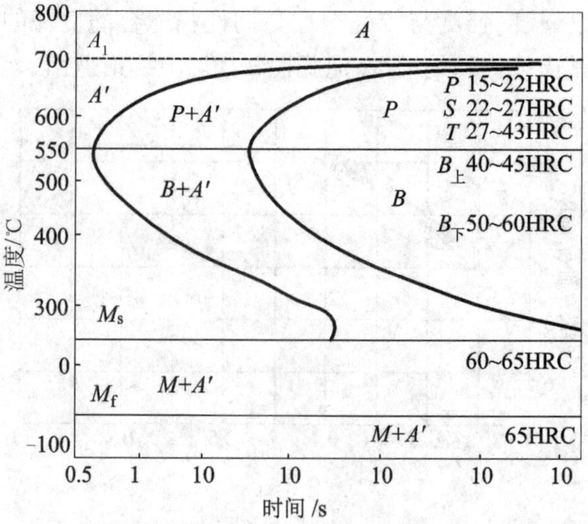

图 2-3-26

共析钢的过冷奥氏体等温转变曲线如图 2-3-27 所示。

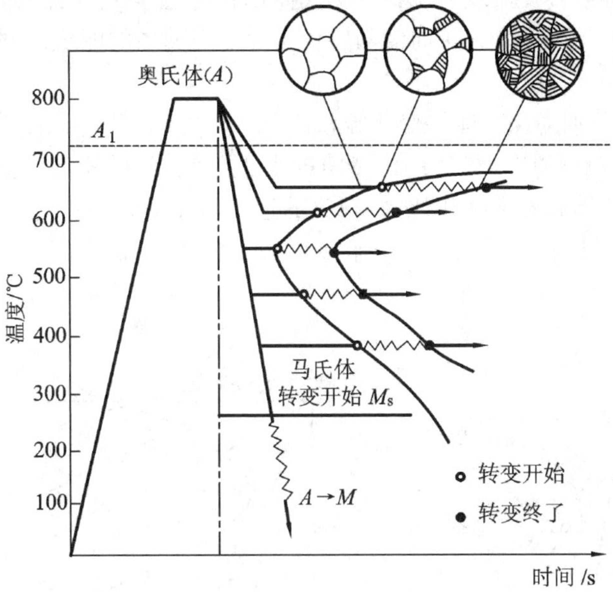

图 2-3-27

在 2-3-27 图中，A_1 为奥氏体向珠光体转变的相变点，A_1 以上区域为稳定奥氏体区。两条 C 形曲线中，左边的曲线为转变开始线，该线以左区域为过冷奥氏体区；右边的曲线为转变终了线，该线以右区域为转变产物区；两条 C 形曲线之间的区域为过冷奥氏体与转变产物共存区。水平线 M_s 和 M_f 分别为马氏体型转变的开始线和终了线。

由共析钢过冷奥氏体的等温转变曲线可知，等温转变的温度不同，过冷奥氏体转变所需孕育期的长短不同，即过冷奥氏体的稳定性不同。在约 550℃处的孕育期最短，表明在此温度下的过冷奥氏体最不稳定，转变速度也最快。

亚共析钢和过共析钢的过冷奥氏体在转变为珠光体之前，分别有先析出铁素体和先析出渗碳体的结晶过程。因此，与共析钢相比，亚共析钢和过共析钢的过冷奥氏体等温转变曲线图多了一条先析相的析出线，如图 2-3-28 所示。同时 C 形曲线的位置也相对左移，说明亚共析钢和过共析钢过冷奥氏体的稳定性比共析钢要差。

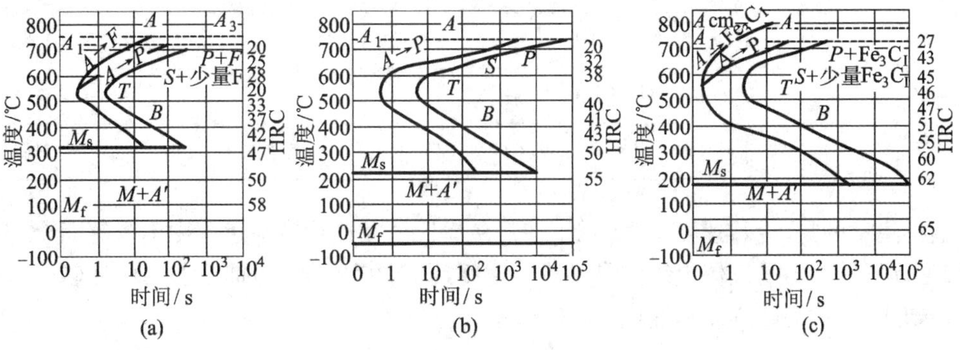

图 2-3-28

(a) 亚共析钢　(b) 共析钢　(c) 过共析钢

2）过冷奥氏体的连续转变曲线

过冷奥氏体的连续转变曲线表示钢经奥氏体化后，在不同冷却速度的连续冷却条件下，过冷奥氏体的转变开始及转变终了时间与转变温度之间关系的曲线。共析钢的过冷奥氏体连续转变曲线图如图 2-3-29 所示。

图中 P_s、P_f 线分别为珠光体转变开始和转变终了线，P_k 为珠光体转变中止线。当冷却曲线碰到 P_k 线时，奥氏体向珠光体的转变将被中止，剩余奥氏体将一直过冷至 M_s 以下转变为马氏体组织。与等温转变图相比，共析钢的连续转变曲线图中珠光体转变开始线和转变终了线的位置均相对右下移，而且只有 C 形曲线的上半部分，没有中温的贝氏体型转变区。

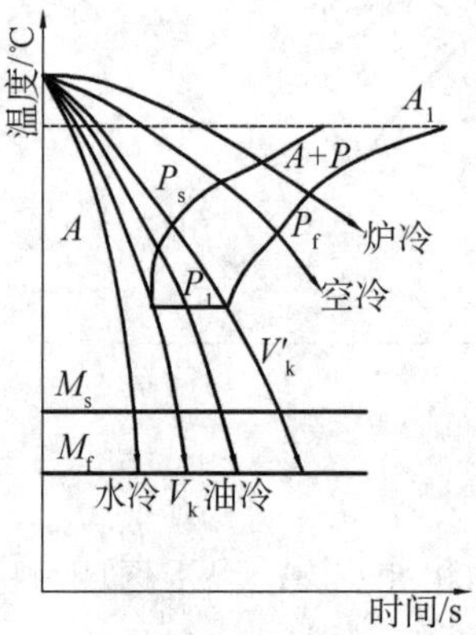

图 2-3-29

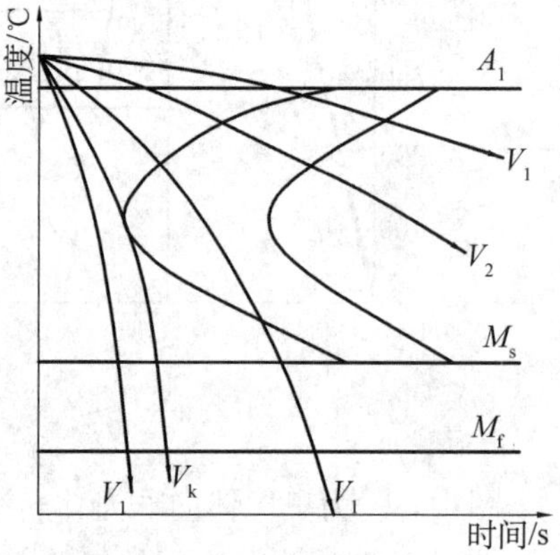

图 2-3-30

由于过冷奥氏体连续转变曲线的测定比较困难，所以在生产中常借用同种钢的等温转变曲线图来分析过冷奥氏体连续冷却转变产物的组织和性能。以共析钢为例，将连续冷却的冷却速度曲线叠加在等温转变图上，如图 2-3-30 所示。

根据各冷却曲线的相对位置，就可大致估计过冷奥氏体的转变情况，共析钢过冷奥氏体连续冷却转变产物的组织和硬度如表 2-3-2 所示。

表 2-3-2

冷却速度	冷却方法	转变产物	符　号	硬　度
V_1	炉冷	珠光体	P	170～220HBS
V_2	空冷	索氏体	S	25～35HRC
V_3	油冷	托氏体＋马氏体	$T+M$	45～55HRC
V_4	水冷	马氏体＋残余奥氏体	$M+A'$	55～65HRC

值得注意的是，冷却速度 V_k 表示了使过冷奥氏体在连续冷却过程中不分解而全部冷至 M_s 温度以下转变为马氏体组织的最小冷却速度，即钢在淬火时为抑制非马氏体转变所需的最小冷却速度，称为临界冷却速度。

第五节　钢的热处理工艺

一、钢的退火

将钢件加热到适当温度，保持一定时间，然后缓慢冷却的热处理工艺称为退火。钢经退火后将获得接近于平衡状态的组织，退火的主要目的是：降低硬度，提高塑性，以利于切削加工或继续冷变形；细化晶粒，消除组织缺陷，改善钢的性能，并为最终热处理作组织准备；消除内应力，稳定工作尺寸，防止变形与开裂。

退火的方法很多，通常按退火目的不同，分为完全退火、球化退火、去应力退火等。

1. 完全退火

将钢加热到完全奥氏体化后，随之缓慢冷却，获得接近平衡状态组织的热处理工艺称为完全退火。

完全退火的加热温度为 $Ac3$ 以上 30～50℃，保温时间按钢件的有效厚度计算。在箱式电炉中加热时，碳钢厚度不超过 25 mm 保温一小时，以后每增加 25 mm 延长半小时；合金钢每 20 mm 保温一小时。保温后的冷却一般是关闭电源让钢件在炉中缓慢冷却，当冷至 500～600℃时即可出炉空冷。

由于加热时钢的组织完全奥氏体化，在以后的缓冷过程中奥氏体全部转变为细小而均匀的平衡组织，从而降低钢的硬度，细化晶粒，充分消除内应力。

完全退火主要用于中碳钢和中碳合金钢的铸、焊、锻、轧制件等。对于过共析钢，因缓冷时沿晶界析出二次渗碳体，其显微形态为网状，空间形态为硬薄壳，会显著降低钢的塑性和韧性，并给以后的切削加工、淬火加热等带来不利影响。因此，过共析钢不宜采用完全退火。

2. 球化退火

使钢中碳化物球状化而进行的退火工艺称为球化退火。钢经球化退火后，将获得由大致呈球形的渗碳体颗粒弥散分布于铁素体基体上的球状组织，称为球状珠光体，如图 2-3-31 所示。

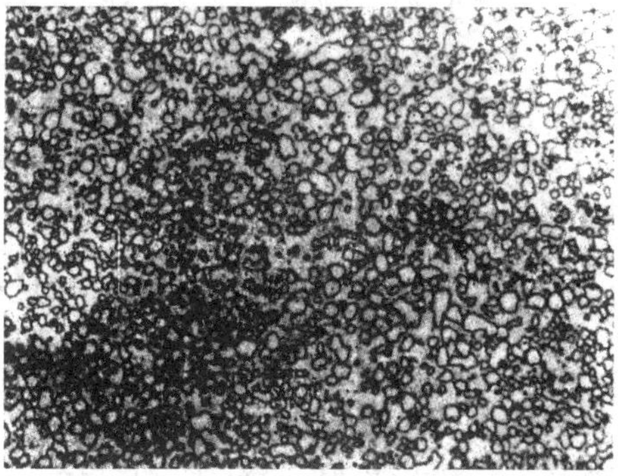

图 2-3-31

球化退火的加热温度为 $Ac1$ 以上 20～30℃，保温后的冷却有两种方式。普通球化退火时采用随炉缓冷，至 500～600℃出炉空冷；等温球化退火则先在 $Ar1$ 以下 20℃等温足够时间，然后再随炉缓冷至 500～600℃出炉空冷。

球化退火时，由于加热温度较低，渗碳体开始溶解但未全部溶解，层状碳化物断开为许多细小的点状碳化物，弥散分布在奥氏体的基体上。在随后的缓冷过程中，以未溶碳化物质点为核心，均匀地长成颗粒状的碳化物，形成球状组织。与层状珠光体相比，球状珠光体硬度低，塑性好，有利于切削加工，并且在以后的淬火过程中，奥氏体晶粒不容易长大，冷却时钢件产生变形和裂纹的倾向也小。

球化退火主要用于共析钢和过共析钢的锻轧件。若原始组织中存在有较多的渗碳体网，则应先进行正火消除渗碳体网后，再进行球化退火。

3. 去应力退火

为了去除由于塑性变形加工、焊接等而造成的应力以及铸件内存在的残余应力而进行的退火称为去应力退火。

去应力退火的加热温度一般为500～600℃，保温后随炉缓冷至室温。由于加热温度在*A*1以下，退火过程中一般不发生相变。去应力退火广泛用于消除铸件、锻件、焊接件、冷冲压件以及机加工件中的残余应力，以稳定钢件的尺寸，减少变形，防止开裂。

二、钢的正火

将钢件加热到*Ac*3(或*Accm*)以上30～50℃，保温适当的时间后，在静止的空气中冷却的热处理工艺称为正火。

正火的目的与退火相似，如细化晶粒，均匀组织，调整硬度等。与退火相比，正火冷却速度较快，因此，正火组织的晶粒比较细小，强度、硬度比退火后要略高一些。正火的主要应用范围有：

(1) 消除过共析钢中的碳化物网，为球化退火作好组织准备。

(2) 作为低、中碳钢和低合金结构钢消除应力，细化组织，改善切削加工性和淬火前的预备热处理。

(3) 用于某些碳钢、低合金钢工件在淬火返修时，消除内应力和细化组织，以防止重新淬火时产生变形和裂纹。

(4) 对于力学性能要求不太高的普通结构零件，正火也可代替调质处理作为最终热处理使用。常用退火和正火的加热温度范围和工艺曲线如图2-3-32所示。

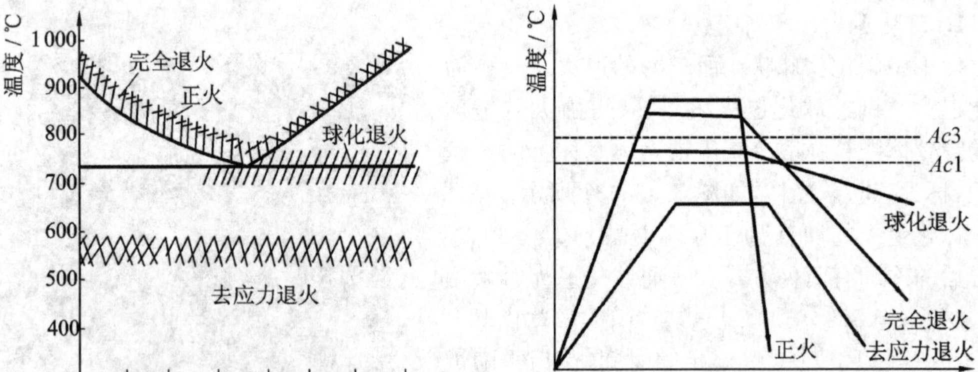

(a)　　　　(b)

图2-3-32

(a) 加热温度范围　(b) 工艺曲线

三、退火和正火的选择

退火与正火同属于钢的预备热处理，它们的工艺及其作用有许多相似之处，因此，在实际生产中有时两者可以相互替代，选用时主要从如下三个方面考虑。

1. 切削加工性考虑

一般地说钢的硬度在170～260HBS范围内时，切削加工性能较好。各种碳钢退火和正火后的硬度范围如图2-3-33所示，图中影线部分为切削加工性能较好的硬度范围。

由图2-3-33可见，碳的质量分数小于0.50%的结构钢选用正火为宜；碳的质量分数大于0.50%的结构钢选用完全退火为宜；而高碳工具钢则应选用球化退火作为预备热处理。

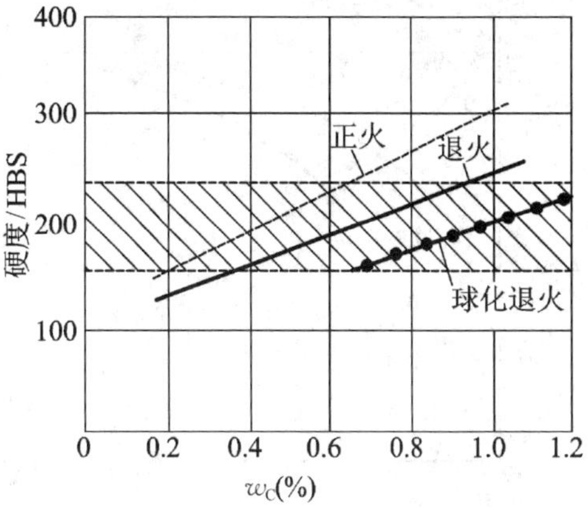

图2-3-33

2. 从零件的结构形状考虑

对于形状复杂的零件或尺寸较大的大型钢件，若采用正火冷却速度太快，可能产生较大内应力，导致变形和裂纹，因此宜采用退火。

3. 从经济性考虑

因正火比退火的生产周期短，成本低，操作简单，故在可能条件下应尽量采用正火，以降低生产成本。

四、钢的淬火

将钢件加热到$Ac3$或$Ac1$以上某一温度，保持一定时间，然后以适当的方式冷却获得马氏体或下贝氏体组织的热处理工艺称为淬火。

1. 钢的淬火工艺

1）淬火加热温度的选择

碳钢的淬火加热温度可根据$Fe-Fe_3C$相图来确定，适宜的淬火温度是：亚共析钢为$Ac3+(30\sim100)$℃，共析钢、过共析钢为$Ac1+(30\sim70)$℃，如图2-3-34所示。合金钢的淬火加热温度，可根据其相变点来选择，但由于大多数合金元素在钢中都具有细化晶粒的作用，因此合金钢的淬火加热温度可以适当提高。

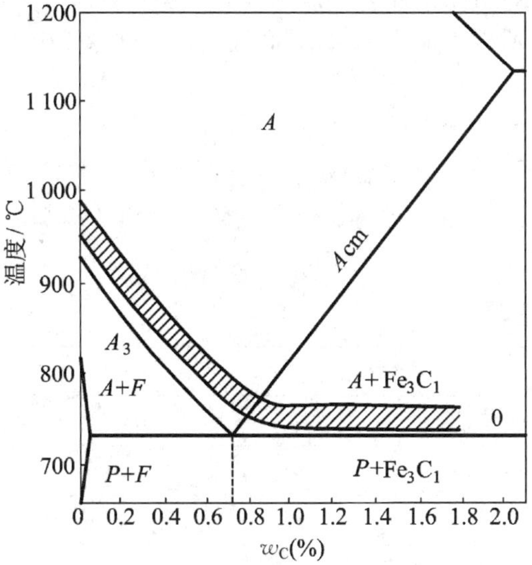

图2-3-34

2）加热保温时间的选择

淬火加热保温时间一般是根据钢件的材料、有效厚度、加热介质、装炉方式、装炉量等具体情况而定。

由于影响因素较多，进行确切的时间计算比较复杂，生产中一般是先根据热处理手册中的相关数据资料进行初步确定，然后再结合具体条件通过试验来最终确定。

3）淬火介质

钢件进行淬火冷却时所使用的介质称为淬火介质。淬火介质应具有足够的冷却能力、

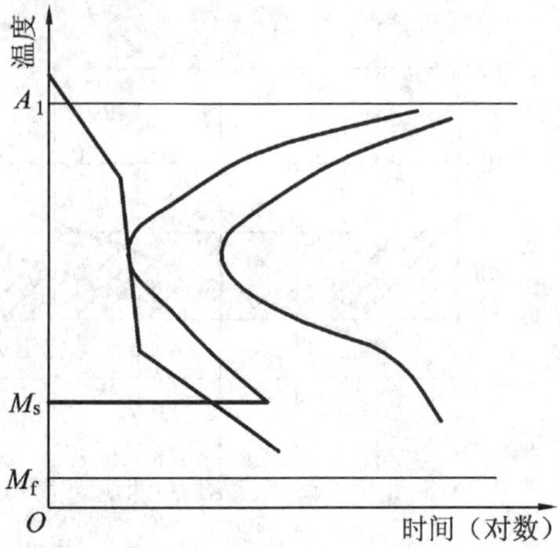

图 2-3-35

良好的冷却性能和较宽的使用范围，同时还应具有不易老化、不腐蚀零件、不易燃、易清洗、无公害、价廉等特点。

由碳钢的过冷奥氏体等温转变曲线图可知，为避免珠光体型转变，过冷奥氏体在 C 曲线的鼻尖处(550℃左右)需要快冷，而在 650℃以上或 400℃以下(特别是在 M_s 点附近发生马氏体转变时)并不需要快冷。钢在淬火时理想的冷却曲线如图 2-3-35 所示。能使工件达到这种理想的冷却曲线的淬火介质称为理想淬火介质。

目前生产中常用的淬火介质有水、水溶性的盐类和碱类、矿物油等，尤其是水和油最为常用。为保证钢件淬火后得到马氏体组织，淬火介质必须使钢件淬火冷却速度大于马氏体临界冷却速度。但过快的冷却速度会产生很大的淬火应力，引起变形和开裂。因此，在选择冷却介质时，既要保证得到马氏体组织，又要尽量减少淬火应力。

水在 650～400℃范围内冷却速度较大，这对奥氏体稳定性较小的碳钢来说极为有利；但在 300～200℃的温度范围内，水的冷却速度仍然很大，易使工件产生大的组织应力，而产生变形或开裂。在水中加入少量的盐，只能增加其在 650～400℃范围内的冷却能力，基本上不改变其在 300～200℃时的冷却速度。

油在 300～200℃范围内的冷却速度远小于水，对减少淬火工件的变形与开裂很有利，但在 650～400℃范围内的冷却速度也远比水要小，所以不能用于碳钢，而只能用于过冷奥氏体稳定性较大的合金钢的淬火。

熔盐的冷却能力介于油和水之间，它在高温区的冷却能力比油高，比水低；在低温区则比油低。可见熔盐是最接近理想的淬火冷却介质，但其使用温度高，操作时工作条件差，通常只用于形状复杂和变形要求严格的小件的分级淬火和等温淬火。常用淬火介质的冷却能力如表 2-3-3 所示。

表 2-3-3

淬火冷却介质	冷却能力(℃/s)	
	650～550℃	300～200℃
水(18℃)	600	270
10%NaCl 水溶液(18℃)	1 100	300
10%NaOH 水溶液(18℃)	1 200	300
10%Na_2CO_3 水溶液(18℃)	800	270
矿物机油	150	30
菜籽油	200	35
硝熔盐(200℃)	350	10

2. 淬火方法

为保证钢件淬火后得到马氏体，同时又防止产生变形和开裂，生产中应根据钢件的成分、形状、尺寸、技术要求以及选用的淬火介质的特性等，选择合适的淬火方法。常用的淬火方法如图 2－3－36 所示。

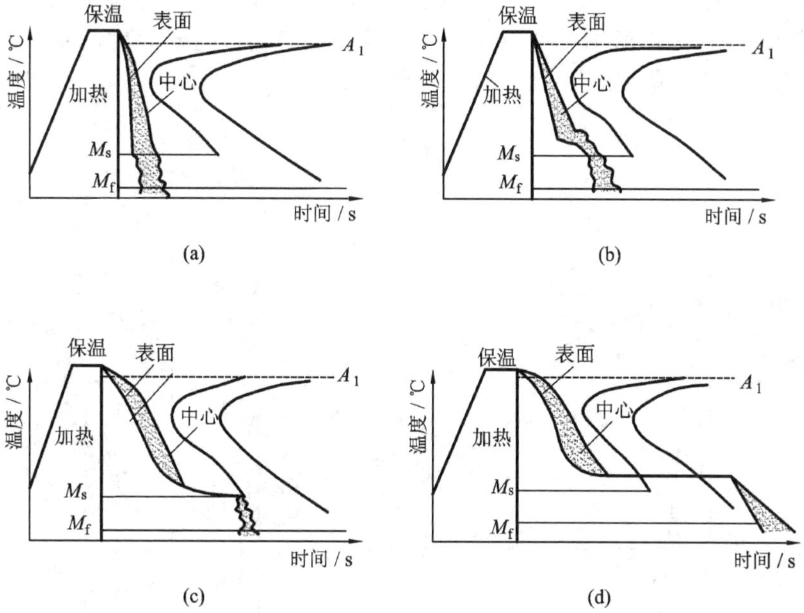

图 2－3－36

(a) 单介质淬火　(b) 双介质淬火　(c) 分级淬火　(d) 等温淬火

1）单介质淬火法

单介质淬火是将钢件奥氏体化后，浸入某一种淬火介质中连续冷却到室温的淬火，如碳钢件水冷、合金钢件油冷等。此法操作简单，但容易产生淬火变形与裂纹，主要适用于形状较简单的钢件。

2）双介质淬火法

双介质淬火是将钢件奥氏体化后，先浸入一种冷却能力强的介质，在钢件还未到达该淬火介质温度之前即取出，马上浸入另一种冷却能力弱的介质中冷却，如先水后油、先水后空气等。此法既能保证淬硬，又能减少产生变形和裂纹的倾向。但操作较难掌握，主要用于形状较复杂的碳钢件和形状简单截面较大的合金钢件。

3）分级淬火法

分级淬火法是把加热好的钢件先放入温度稍高于 M_s 点的盐浴或碱浴中，保持一定的时间，使钢件内外的温度达到均匀一致，然后取出钢件在空气中冷却，使之转变为马氏体组织。这种淬火方法可大大减少钢件的热应力和组织应力，明显地减少变形和开裂，但由于盐浴或碱浴的冷却能力较小，故此法只适用于截面尺寸比较小(一般直径或厚度小于 10 mm)的工件。

4）等温淬火法

等温淬火法是将钢件加热奥氏体化后，随即快冷到贝氏体转变温度区间(260～400℃)等温，使奥氏体转变为贝氏体的淬火工艺。此法产生的内应力很小，所得到的下贝氏体组织具有较高的硬度和韧性,但生产周期较长,常用于形状复杂,强度、韧性要求较高的小型钢件,如各种模具、成型刃具等。

3. 钢的淬透性与淬硬性

1）淬透性的概念

钢件淬火时,其截面上各处的冷却速度是不同的。表面的冷却速度最大,越到中心冷却速度越小,如图 2-3-37 所示。如果钢件中心部分低于临界冷却速度,则心部将获得非马氏体组织,即钢件没有被淬透,如图 2-3-37 所示。

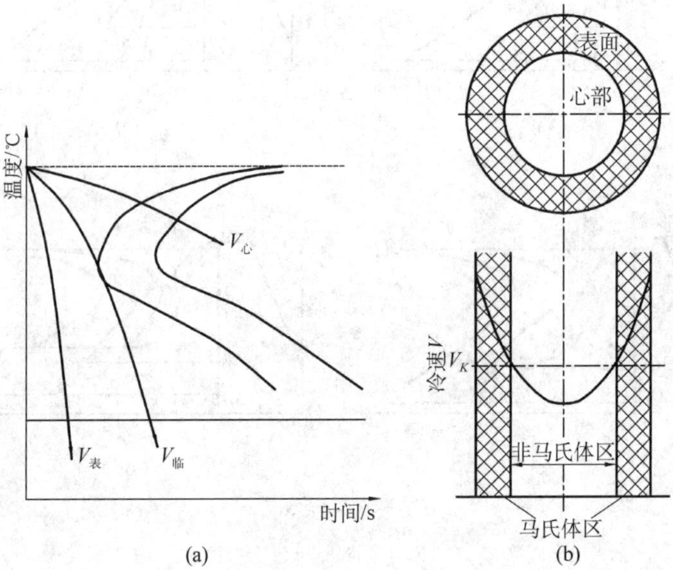

图 2-3-37

在规定条件下,决定钢材淬硬深度和硬度分布的特性称为钢的淬透性,通常以钢在规定条件下淬火时获得淬硬深度的能力来衡量。所谓淬硬深度,就是从淬硬的工作表面量至规定硬度处的垂直距离。

为了便于比较各种钢的淬透性,必须在统一标准的冷却条件下进行测定。测定淬透性的方法有很多,最常用的方法有两种。

(1) 临界直径法　临界直径法是将钢材在某种介质中淬火后,心部得到全部马氏体或50%马氏体的最大直径,以 D_0 表示。钢的临界直径愈大,表示钢的淬透性愈高。但淬火介质不同,钢的临界直径也不同,同一成分的钢在水中淬火时的临界直径大于在油中的临界直径,如图 2-3-38 所示即为不同直径的 45 钢在油中及水中淬火时的淬硬层深度。

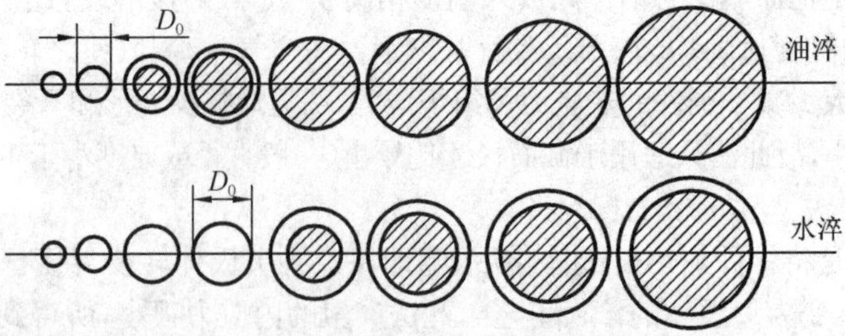

图 2-3-38

(2) 末端淬火法　是将一个标准尺寸的试棒加热到完全奥氏体化后放在支架上，从它的一端进行喷水冷却，然后在试棒表面上从端面起依次测定硬度，便可得到硬度随与距端面距离之间的变化曲线，如图 2-3-39 所示。

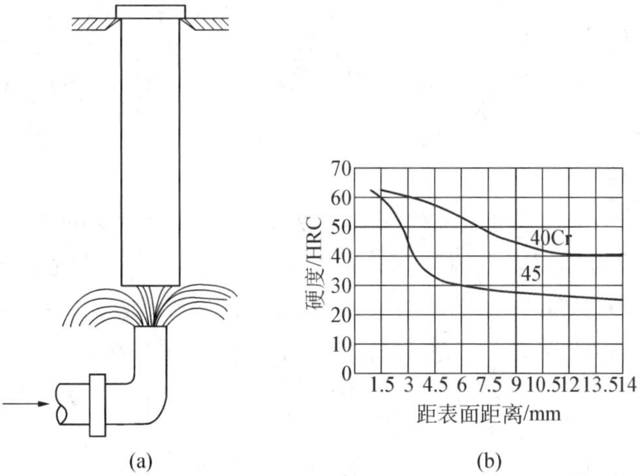

图 2-3-39

(a) 末端淬火法　(b) 淬透性曲线

各种常用钢的淬透性曲线均可以在手册中查到，比较钢的淬透性曲线便可以比较出不同钢的淬透性。从图 2-3-39 中可见，40Cr 钢的淬透性大于 45 钢。

2) 影响淬透性的因素

钢的淬透性主要取决于过冷奥氏体的稳定性。因此，凡影响过冷奥氏体稳定性的诸因素，都会影响钢的淬透性。

(1) 钢的化学成分　碳钢中含碳量越接近于共析成分，钢的淬透性越好。合金钢中绝大多数合金元素溶于奥氏体后，都能提高钢的淬透性。

(2) 奥氏体化温度及保温时间　适当提高钢的奥氏体化温度或延长保温时间，可使奥氏体晶粒更粗大，成分更均匀，增加过冷奥氏体的稳定性，提高钢的淬透性。

3) 淬透性的实用意义

淬透性对钢热处理后的力学性能有很大影响。若钢件被淬透，经回火后整个截面上的性能均匀一致；若淬透性差，钢件未被淬透，经回火后钢件表里性能不一，心部强度和韧性均较低。因此，钢的淬透性是一项重要的热处理工艺性能，对于合理选用钢材和正确制定热处理工艺均具有重要意义。

对于多数的重要结构件，如发动机的连杆和连杆螺钉等，为获得良好的使用性能和最轻的结构重量，调质处理时都希望能淬透，需要选用淬透性足够的钢材；对于形状复杂、截面变化较大的零件，为减少淬火应力和变形与裂纹，淬火时宜采用冷却较缓和的淬火介质，也需要选用淬透性较好的钢材；而对于焊接结构件，为避免在焊缝热影响区形成淬火组织，使焊接件产生变形和裂纹，增加焊接工艺的复杂性，不应选用淬透性较好的钢材。

4) 淬硬性的概念

淬硬性是钢在理想条件下进行淬火硬化所能达到的最高硬度的能力。钢的淬硬性主要取决于钢在淬火加热时固溶于奥氏体中的含碳量，奥氏体中含碳量愈高，则其淬硬性越好。

淬硬性与淬透性是两个意义不同的概念,淬硬性好的钢,其淬透性并不一定好。

4. 钢的淬火缺陷

1) 过热与过烧

淬火加热温度过高或保温时间过长,晶粒过分粗大,以致钢的性能显著降低的现象称为过热。工件过热后可通过正火细化晶粒予以补救。若加热温度达到钢的固相线附近时,晶界氧化和开始部分熔化的现象称为过烧。工件过烧后无法补救,只能报废。防止过热和过烧的主要措施是正确选择和控制淬火加热温度和保温时间。

2) 变形与开裂

工件淬火冷却时,由于不同部位存在着温度差异及组织转变的不同时性所引起的应力称为淬火冷却应力。当淬火应力超过钢的屈服点时,工件将产生变形;当淬火应力超过钢的抗拉强度时,工件将产生裂纹,从而造成废品。为防止淬火变形和裂纹,需从零件结构设计、材料选择、加工工艺流程、热处理工艺等各方面全面考虑,尽量减少淬火应力,并在淬火后及时进行回火处理。

3) 氧化与脱碳

工件加热时,介质中的氧、二氧化碳和水等与金属反应生成氧化物的过程称为氧化。而加热时由于气体介质和钢铁表层碳的作用,使表层含碳量降低的现象称为脱碳。氧化脱碳使工件表面质量降低,淬火后硬度不均匀或偏低。防止氧化脱碳的主要措施是采用保护气氛或可控气氛加热,也可在工作表面涂上一层防氧化剂。

4) 硬度不足与软点

钢件淬火硬化后,表面硬度低于应有的硬度,称为硬度不足;表面硬度偏低的局部小区域称为软点。引起硬度不足和软点的主要原因有淬火加热温度偏低、保温时间不足、淬火冷却速度不够以及表面氧化脱碳等。

五、钢的回火

将淬火钢件重新加热到 $A1$ 以下的某一温度,保温一定的时间,然后冷却到室温的热处理工艺称为回火。

淬火和回火是在生产中广泛应用的热处理工艺,这两种工艺通常紧密地结合在一起,是强化钢材、提高机械零件使用寿命的重要手段。通过淬火和适当温度的回火,可以获得不同的组织和性能,满足各类零件或工具对于使用性能的要求。

1. 回火的目的

钢件经淬火后虽然具有高的硬度和强度,但脆性较大,并存在较大的淬火应力,一般情况下必须经过适当的回火后才能使用。

回火的目的主要有以下几个方面:

(1) 降低脆性,减少或消除内应力,防止工件的变形和开裂。

(2) 稳定组织,调整硬度,获得工艺所要求的力学性能。

(3) 稳定工件尺寸,满足各种工件的使用性能要求。淬火马氏体和残余奥氏体都是非平衡组织,具有不稳定性,会自发地向稳定的平衡组织(铁素体和渗碳体)转变,从而引起工件的尺寸和形状改变。通过回火可使淬火马氏体和残余奥氏体转变为较稳定的组织,以保证工件在使用过程中不发生尺寸和形状的变化。

(4) 对于某些高淬透性的合金钢，空冷时即可淬火成马氏体组织，通过回火可使碳化物聚集长大，降低钢的硬度，以利于切削加工。

对于未经过淬火处理的钢，回火一般是没有意义的。而淬火钢不经过回火是不能直接使用的，为了避免工件在放置和使用过程中发生变形与开裂，淬火后应及时进行回火。

2. 淬火钢的回火转变

1) 淬火钢回火时的组织转变

钢经淬火后的组织（马氏体＋残余奥氏体）为不稳定组织，有着自发向稳定组织转变的倾向。但在室温下，这种转变的速度极其缓慢。回火加热时，随着温度的升高，原子活动能力加强，使组织转变能较快地进行。淬火钢在回火时的组织转变可以分为马氏体的分解、残余奥氏体的转变、碳化物类型的转变和渗透体的聚集长大等四个阶段，如图 2－3－40 所示。

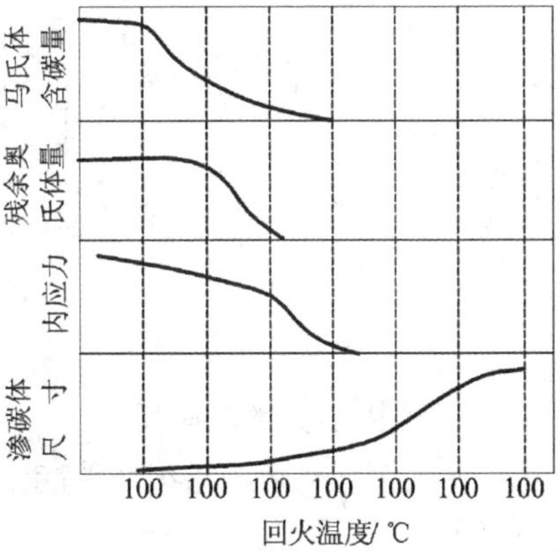

图 2－3－40

(1) 马氏体的分解（＜200℃）　淬火钢在 100℃以下回火时，由于温度较低，原子的活动能力较弱，钢的组织基本不发生变化。马氏体分解主要发生在 100～200℃，此时马氏体中过饱和的碳原子将以 ε 碳化物（Fe_xC）的形式析出，使马氏体的过饱和度降低。析出的 ε 碳化物以极细小的片状分布在马氏体的基体上，这种组织称为回火马氏体，用符号“$M_{回}$”表示。马氏体的分解过程将持续到 350℃左右。

(2) 残余奥氏体的分解（200～300℃）　由于马氏体的分解，过饱和度的下降，减轻了对残余奥氏体的压力，因而残余奥氏体开始发生分解，形成过饱和 α 固溶体和 ε 碳化物，其组织与同温度下马氏体的回火产物一样，同样是回火马氏体组织。

(3) 碳化物的转变（250～400℃）　随着温度的升高，ε 碳化物开始与 α 固溶体脱溶，并逐步转变为稳定的渗碳体（Fe_3C）。到达 350℃左右，马氏体中的碳含量已基本下降到铁素体的平衡成分，内应力大量消除，形成了在保持马氏体形态的铁素体基体上分布着细粒状渗碳体的组织，称为回火托氏体，用符号“$T_{回}$”表示。

(4) 渗碳体的聚集长大和铁素体的再结晶（＞450℃）　在这一阶段的回火过程中，随着回火温度的升高，渗碳体颗粒通过聚集长大而形成较大的颗粒状。同时，保持马氏体形态的铁素体开始发生再结晶，形成多边形的铁素体晶粒。这种由颗粒状渗碳体与多边形铁素体组成的组织称为回火索氏体，用符号“$S_{回}$”表示。

2) 淬火钢回火时的性能变化

在回火过程中，随着淬火钢的组织变化，钢的力学性能也会发生相应的变化。随着回火温度的升高，钢的强度和硬度下降，而塑性和韧性提高，如图 2－3－41 所示。

在 200℃以下，由马氏体中析出大量弥散分布的 ε 碳化物，具有强化基体的作用，使钢的硬度不会下降，有时甚至会使某些高碳钢的硬度有所提高；在 200～350℃时，对于高碳钢来说，由于残余奥氏体转变为回火马氏体，会使硬度提高，而对于低、中碳钢来说，由于残余奥氏体的量相对较少，则硬度会缓慢下降；在 350℃以上时，由于渗碳体的颗粒的粗大化以及马氏体逐渐转变为铁素体，使钢的硬度直线下降。

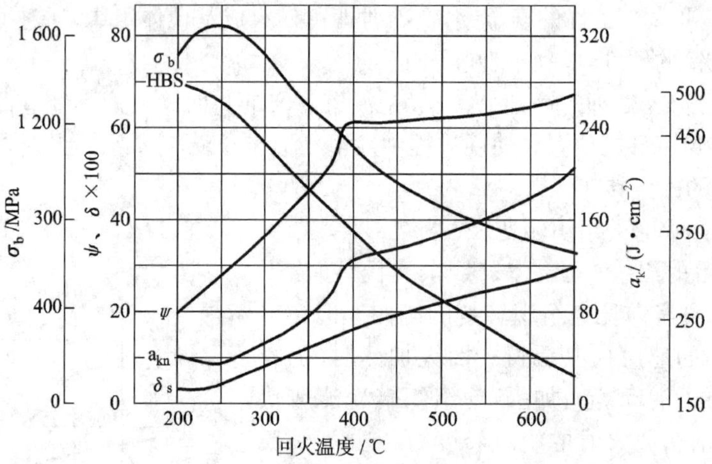

图 2-3-41

3. 回火的分类与应用

淬火钢回火后的组织和性能主要取决于回火温度。根据回火温度的不同,可将回火分为以下三类:

1) 低温回火

低温回火的温度为 150～250℃,其目的是保持淬火钢的高硬度和高耐磨性,降低淬火应力,减少钢的脆性。低温回火后的组织为回火马氏体,其硬度一般为 58～64 HRC。低温回火主要用于刃具、量具、冷作模具、滚动轴承、渗碳淬火件等。

2) 中温回火

中温回火的温度为 350～500℃,其目的是获得高的弹性极限、高的屈服强度和较好的韧性。中温回火后的组织为回火托氏体,其硬度一般为 35～50 HRC。中温回火主要用于弹性零件及热锻模具等。

3) 高温回火

高温回火的温度为 500～650℃,其目的是获得良好的综合力学性能,即在保持较高强度和硬度的同时,具有良好的塑性和韧性。通常把钢件淬火及高温回火的复合热处理工艺称为"调质处理",简称"调质"。高温回火后的组织为回火索氏体,硬度一般为 220～330 HBS。高温回火主要用于各种重要的结构零件,如螺栓、连杆、齿轮及轴类等。

生产中制定回火工艺时,首先根据工件所要求的硬度范围确定回火温度。然后再根据工件材料、尺寸、装炉量和加热方式等因素确定回火时间。回火时的冷却一般为空冷,某些具有高温回火脆性的合金钢高温回火时必须快冷。

4. 回火脆性

淬火钢在某些温度区间回火或从回火温度缓慢冷却通过该温度区间时产生的冲击韧度显著降低的现象称为回火脆性,如图 2-3-42 所示。

淬火钢在 250～350℃回火时所产生的回火脆性称为第一类回火脆性,也称为低温回火脆性,几乎所有的淬火钢在该温度范围内回火时,都产生不同程度的回火脆性。第一类回火脆性一旦产生就无法消除,因此生产中一般不在此温度范围内回火。

淬火钢在 450～650℃温度范围内回火后出现的回火脆性称为第二类回火脆性,也称为高温回火脆性。这类回火脆性主要发生在含有 Cr、Ni、Mn、Si 等元素的合金钢中，当淬火后在上述温度范围内长时间保温或以缓慢的速度冷却时，便发生明显的回火脆性。但回火后采取快冷时，这种回火脆性的发生就会受到抑制或消失。

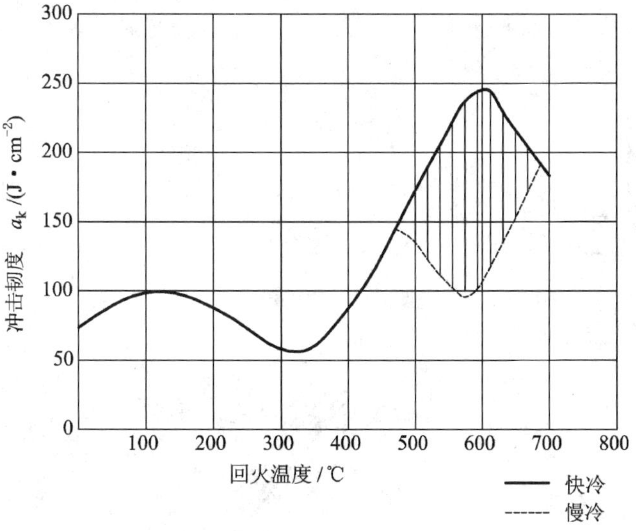

图 2－3－42

六、钢的表面热处理

某些在冲击载荷、交变载荷及摩擦条件下工作的机械零件，如主轴、齿轮、曲轴等，其某些工作表面要承受较高的应力，要求工件的这些表面层具有高的硬度、耐磨性及疲劳强度，而工件的心部要求具有足够的塑性和韧性。为此，生产中常常采用表面热处理的方法，以达到强化工件表面的目的。

仅对工件表层进行热处理以改变其组织和性能的工艺称为表面热处理，常用的表面热处理方法包括表面淬火和化学热处理两类。

1. 钢的表面淬火

将工件的表层迅速加热到淬火温度进行淬火的工艺方法称为表面淬火。工件经表面淬火后，表层得到马氏体组织，具有高的硬度和耐磨性，而心部仍为淬火前的组织，具有足够的强度和韧性。

根据加热方法的不同，常用的表面淬火有感应加热表面淬火、火焰加热表面淬火、激光加热表面淬火、电接触加热表面淬火等，其中以感应加热表面淬火和火焰加热表面淬火应用最广泛。

1）感应加热表面淬火

利用感应电流通过工件所产生的热效应，使工件表面迅速加热并进行快速冷却的淬火工艺称为感应加热表面淬火。

感应加热表面淬火的基本原理如图 2－3－43 所示，工件放入用空心紫铜管绕成的感应器内，给感应器通入一定频率的交流电，周围便存在同频率的交变磁场，于是在工件内部产生同频率的感应电流（涡流）。由于感应电流的集肤效应（电流集中分布在工件表面）和热效应,使工件表层迅速加热到淬火温度,而心部则仍处于相变点温度以下,随即快速冷却,从而达到表面淬火的目的。

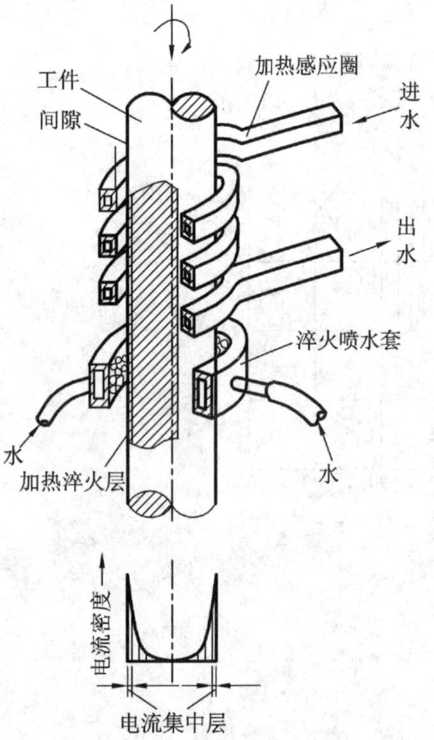

图 2-3-43

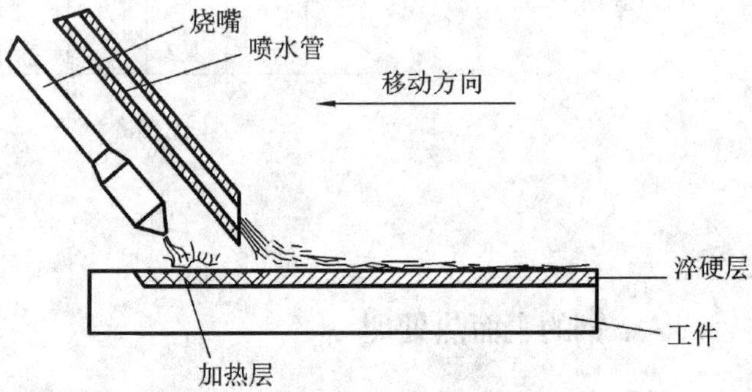

图 2-3-44

2）火焰加热表面淬火

火焰加热表面淬火是采用氧-乙炔(或其他可燃气体)火焰,喷射在工件的表面上,使其快速加热,当达到淬火温度时立即喷水冷却,从而获得预期的硬度和有效淬硬层深度的一种表面淬火方法,如图 2-3-44 所示。

火焰加热表面淬火工件的材料,常选用中碳钢(如 35、40、45 钢等)和中碳低合金钢(如 40Cr、45Cr 等)。若碳的质量分数太低,则淬火后硬度较低;若碳和合金元素的质量分数过高,则易淬裂。火焰加热表面淬火法还可用于对铸铁件(如灰铸铁、合金铸铁等)进行表面淬火。

火焰加热表面淬火的有效淬硬深度一般为 2～6 mm,若要获得更深的淬硬层,往往会引起工件表面的严重过热,而且容易使工件产生变形或开裂现象。

3）激光加热表面淬火

激光加热表面淬火是将激光束照射到工件表面上,在激光束能量的作用下,使工件表面迅速加热到奥氏体化状态,当激光束移开后,由于基体金属的大量吸热而使工件表面获得急速冷却,以实现工件表面自冷淬火的工艺方法。

激光是一种高能量密度的光源,能有效地改善材料表面的性能。激光能量集中,加热点准确,热影响区小,热应力小;可对工件表面进行选择性处理,能量利用率高,尤其适合于大尺寸工件的局部表面加热淬火;可对形状复杂或深沟、孔槽的侧面等进行表面淬火,尤其适合于细长件或薄壁件的表面处理。

激光加热表面淬火的淬硬层一般为 0.2～0.8 mm。激光淬火后，工件表层组织由极细的马氏体、超细的碳化物和已加工硬化的高位错密度的残余奥氏体组成，工件表层与基体之间为冶金结合，状态良好，能有效防止表层脱落。淬火后形成的表面硬化层，硬度高且耐磨性良好，热处理变形小，表面存在有高的残余压应力，疲劳强度高。

2. 钢的化学热处理

化学热处理是将工件置于一定温度的活性介质中保温，使一种或几种元素渗入它的表层，以改变其化学成分、组织和性能的热处理工艺。

化学热处理的方法很多，包括渗碳、渗氮、碳氮共渗以及渗金属等。但无论哪种方法都是通过以下三个基本过程来完成的：

(1) 分解　化学介质在一定的温度下发生分解，产生能够渗入工件表面的活性原子。

(2) 吸收　吸收就是活性原子进入工件表面溶于铁形成固溶体或形成化合物。

(3) 扩散　渗入的活性原子由表面向中心扩散，形成一定厚度的扩散层。

上述基本过程都和温度有关，温度越高，各过程进行的速度越快，其扩散层越厚。但温度过高会引起奥氏体晶粒的粗大化，而使工件的脆性增加。

1) 钢的渗碳

渗碳是为了增加钢件表层的含碳量和一定的碳浓度梯度，将钢件在渗碳介质中加热并保温使碳原子渗入表层的化学热处理工艺。渗碳的目的是提高工件表面的硬度、耐磨性及疲劳强度，并使其心部保持良好的塑性和韧性。

(1) 渗碳用钢　为保证工件渗碳后表层具有高的硬度和耐磨性，而心部具有良好的韧性，渗碳用钢一般为碳的质量分数为 0.1%～0.25%的低碳钢和低碳合金钢。

(2) 渗碳方法　根据采用的渗碳剂不同，渗碳方法可分为固体渗碳、液体渗碳和气体渗碳三种。其中气体渗碳的生产率高，渗碳过程容易控制，在生产中应用最广泛。

气体渗碳就是工件在气体渗碳介质中进行渗碳的工艺，如图 2-3-45 所示。

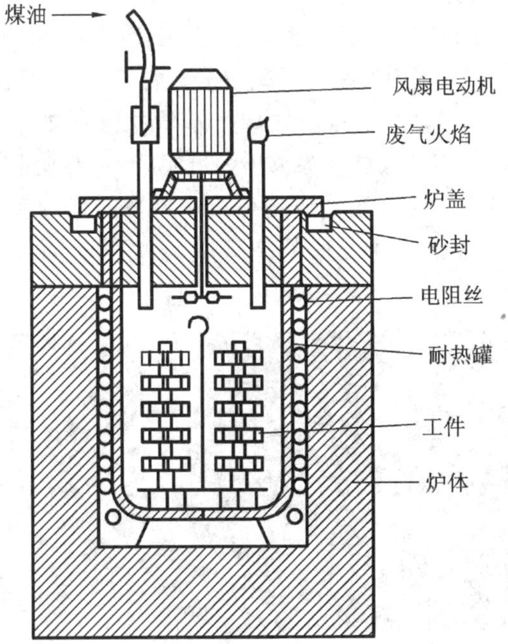

图 2-3-45

将装挂好的工件放在密封的渗碳炉内,滴入煤油、丙酮或甲醇等渗碳剂并加热到900～950℃,渗碳剂在高温下分解,产生的活性碳原子渗入工件表面并向内部扩散形成渗碳层,从而达到渗碳目的。渗碳层深度主要取决于渗碳时间,一般按每小时0.10～0.15 mm估算,或用试棒实测确定。

固体渗碳是把工件和固体渗碳剂装入渗碳箱中,用盖子和耐火泥封好后,送入炉中加热到900～950℃,保温一定的时间后出炉,零件便获得了一定厚度的渗碳层,如图2-3-46所示。

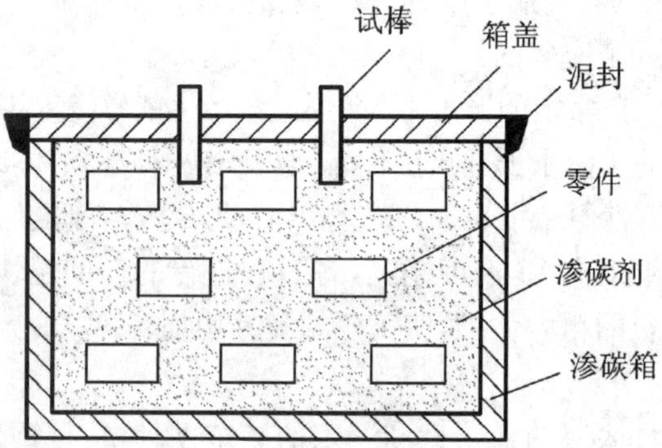

图2-3-46

固体渗碳剂通常是由一定粒度的木炭和少量的碳酸盐($BaCO_3$ 或 Na_2CO_3)混合组成。木炭提供渗碳所需要的活性碳原子,碳酸盐只起催化作用。在渗碳温度下,固体渗碳剂分解出来的不稳定的CO,能在钢件表面发生气相反应,产生活性碳原子[C],并为钢件的表面所吸收,然后向钢的内部扩散而进行渗碳。

固体渗碳的优点是设备简单,容易实现。与气体渗碳法相比,固体渗碳法的渗碳速度慢,劳动条件差,生产率低,质量不易控制。

(3) 渗碳后的组织　工件经渗碳后,含碳量从表面到心部逐步减少,表面碳的质量分数可达0.80%～1.05%,而心部仍为原来的低碳成分。若工件渗碳后缓慢冷却,从表面到心部的组织为珠光体+网状二次渗碳体、珠光体、珠光体+铁素体,如图2-3-47所示。渗层的共析成分区与原始成分区之间的区域称为渗层的过渡区,通常规定,从工件表面到过渡区一半处的厚度称为渗碳层厚度。渗碳层的厚度取决于零件的尺寸和工作条件,一般为0.5～2.5 mm。渗碳层太薄,易造成工件表面的疲劳脱落;渗碳层太厚,则经不起冲击载荷的作用。

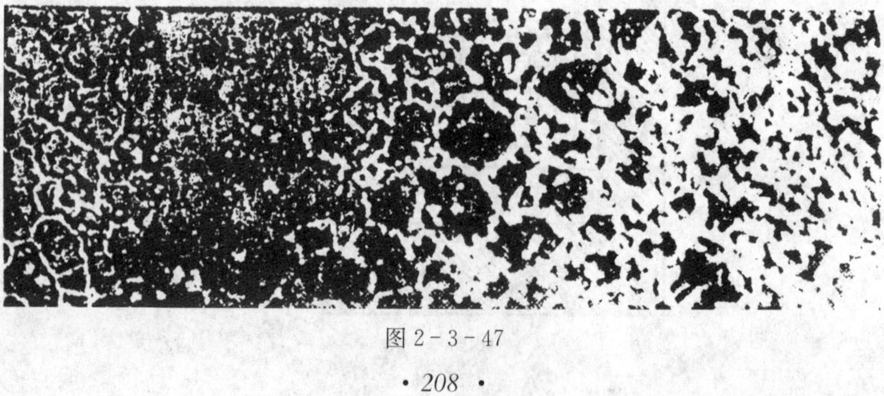

图2-3-47

(4) 渗碳后的热处理　工件渗碳后的热处理工艺通常为淬火及低温回火。根据工件材料和性能要求的不同,渗碳后的淬火可采用直接淬火或一次淬火,如图 2-3-48 所示。工件经渗碳淬火及低温回火后,表层组织为回火马氏体和细粒状碳化物,表面硬度可高达 58～64 HRC;心部组织决定于钢的淬透性,常为低碳马氏体或珠光体+铁素体组织,硬度较低,体积膨胀较小,会在表层产生压应力,有利于提高工件的疲劳强度。因此,工件经渗碳淬火及低温回火后表面具有高的硬度和耐磨性,而心部具有良好的韧性。

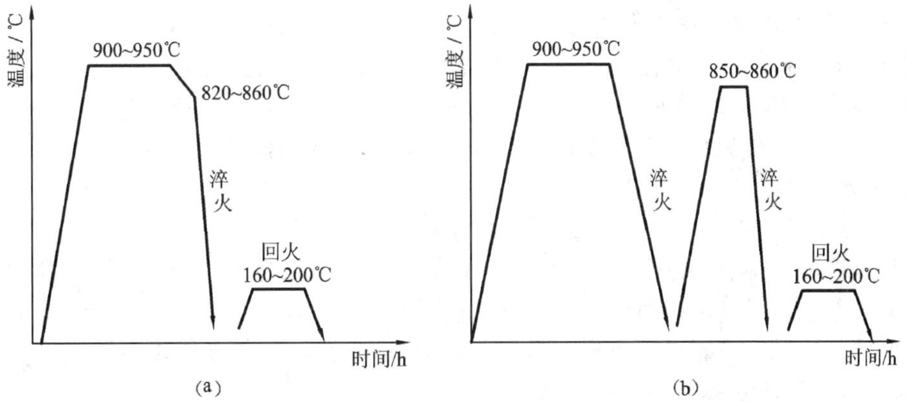

图 2-3-48

(a) 渗碳后直接淬火　(b) 渗碳后一次淬火

2) 钢的渗氮

渗氮也称氮化,是在一定温度下(一般在 $Ac1$ 温度以下)使活性氮原子渗入工件表面的化学热处理工艺。渗氮的目的是提高工件的表面硬度、耐磨性以及疲劳强度和耐蚀性。

(1) 渗氮用钢　对于以提高耐蚀性为主的渗氮,可选用优质碳素结构钢,如 20、30、40 钢等;对于以提高疲劳强度为主的渗氮,可选用一般合金结构钢,如 40Cr、42CrMo 等;而对于以提高耐磨性为主的渗氮,一般选用渗氮专用钢 38CrMoAlA。

渗氮用钢主要是合金钢,Al、Cr、Mo、V、Ti 等合金元素极易与氮形成颗粒细小、分布均匀、硬度很高而且稳定的氮化物,如 AlN、CrN、MoN、VN、TiN 等,这些氮化物的存在,对渗氮钢的性能起着重要的作用。

(2) 渗氮方法　常用的渗氮方法有气体渗氮和离子渗氮等,其中在工业生产中应用最广泛的是气体渗氮法。

气体渗氮在专门的氮化炉中进行,是利用氨在 500～600℃ 的温度下分解,产生活性氮原子,分解反应如下:

$$2NH_3 \longrightarrow 3H_2 + 2[N]$$

分解出的活性氮原子被工件表面吸收并向内层扩散,形成一定深度的渗氮层。当达到要求的渗氮层深度后,工件随炉降温到 200℃ 停止供氨,即可出炉空冷。

为保证工件心部的力学性能,渗氮前工件应进行调质处理。

(3) 渗氮的特点与应用　与渗碳相比,渗氮后工件无需淬火便具有高的硬度、耐磨性和热硬性,良好的抗蚀性和高的疲劳强度,同时由于渗氮温度低,工件的变形小。但渗氮的生产周期长,一般要得到 0.3～0.5 mm 的渗氮层,气体渗氮时间约需 30～50 小时,成本较高;

渗氮层薄而脆，不能承受冲击。因此，渗氮主要用于要求表面高硬度，耐磨、耐蚀、耐高温的精密零件，如精密机床主轴、丝杆、镗杆、阀门等。

3）钢的碳氮共渗与氮碳共渗

碳氮共渗是在一定温度下同时将碳、氮渗入工件表层奥氏体中并以渗碳为主的化学热处理工艺。碳氮共渗有气体碳氮共渗和液体碳氮共渗两种，目前常用的是气体碳氮共渗。气体碳氮共渗工艺与渗碳基本相似，常用渗剂为煤油＋氮气等，加热温度为 820～860℃。与渗碳相比，碳氮共渗加热温度低，零件变形小，生产周期短，渗层具有较高的硬度、耐磨性和疲劳强度，常用于汽车变速箱齿轮和轴类零件。

碳氮共渗即低温碳氮共渗，是使工件表层渗入氮和碳并以渗氮为主的化学热处理工艺。它所用渗剂为尿素，加热温度为 560～570℃，时间仅为 1～4 h。与一般渗氮相比，渗层硬度较低，脆性小，故也称为软氮化。氮碳共渗不仅适用于碳钢和合金钢，也可用于铸铁，常用于模具、高速钢刃具以及轴类零件。

4）钢的渗硼和渗硫

渗硼是将钢件置于渗硼介质中，加热至 800～1 000℃，保温 1～6 h，使活性硼原子[B]渗入钢件表层，获得高硬度、高耐磨性和良好的耐热性。为提高工件的心部性能，渗硼后应进行调质处理。结构钢渗硼后可代替工具钢制造刃具和模具；一般碳钢渗硼后可代替高合金耐热钢、不锈钢制造耐热、耐蚀零件。

渗硫是向工件表层渗入硫的过程。低温(150～250℃)电解渗硫可降低钢的摩擦系数，提高钢的抗咬合性能，但不能提高钢的硬度，一般用于碳素工具钢、渗碳钢、低合金工具钢、滚动轴承钢等制造的零件；中温(520～600℃)硫氨共渗能获得良好的减摩、耐磨和抗疲劳性能，对各类刃具和模具有良好的强化效果，并显著提高其使用性能。

思考题

2-3-1 解释下列名词：

渗碳体，铁素体，奥氏体，珠光体，莱氏体(Ld 和 Ld')。

2-3-2 简述 Fe－Fe_3C 相图中的三个基本反应：共晶反应及共析反应，写出反应式，注出含碳量和温度。

2-3-3 画出 Fe－Fe_3C 相图，并进行以下分析：

(1) 标注出相图中各区域的组织组成物和相组成物。

(2) 分析 0.4%C 亚共析钢的结晶过程及其在室温下组织组成物与相组成物的相对重量；合金的结晶过程及其在室温下组织组成物与相组成物的相对重量。

2-3-4 过冷奥氏体在不同的温度等温转变时，可得到哪些转变产物？试列表比较它们的组织和性能。

2-3-5 什么是马氏体？其组织形态和性能取决于什么因素？

2-3-6 马氏体转变有何特点？为什么说马氏体转变是一个不完全的转变？

2-3-7 退火的主要目的是什么？生产中常用的退火方法有哪几种？.

2-3-8 什么是钢的淬透性和淬硬性？它们对于钢材的使用各有何意义？

2-3-9 回火的目的是什么？为什么淬火工件务必要及时回火？

2-3-10 渗碳的目的是什么？为什么渗碳零件均采用低碳钢或低碳合金钢钢制造？

第四章　常用工业材料

钢是常用的工业材料，其分类方法有很多，常用的分类方法如下：

1. 按化学成分分类

- 钢
  - 碳钢
    - 低碳钢（$\omega_C \leqslant 0.25\%$）
    - 中碳钢（$0.25\% < \omega_C \leqslant 0.60\%$）
    - 高碳钢（$\omega_C > 0.60\%$）
  - 合金钢
    - 低合金钢（$\omega_{Me} \leqslant 5\%$）
    - 中合金钢（$5\% < \omega_{Me} \leqslant 10\%$）
    - 高合金钢（$\omega_{Me} > 10\%$）

其中，ω_{Me}为合金元素总含量。

2. 按用途分类

- 钢
  - 结构钢
    - 工程结构钢
      - 建筑用钢
      - 桥梁用钢
      - 船舶用钢
      - 车辆用钢
    - 机器结构钢
      - 调用钢
      - 渗碳钢
      - 弹簧钢
      - 滚动轴承钢
      - 铸钢
  - 工具钢
    - 刃具钢
    - 模具钢
    - 量具钢
  - 特殊性能钢
    - 不锈钢
    - 耐热钢
    - 耐磨钢

3. 按质量分类

- 普通钢　（$\omega_P \leqslant 0.045\%$，$\omega_C \leqslant 0.05\%$）
- 优质钢　（ω_P，ω_S 均 $\leqslant 0.035\%$）
- 高级优质钢　（ω_P，ω_S 均 $\leqslant 0.025\%$）

4. 按冶炼方法分类

- 平炉钢
- 转炉钢
- 电炉钢

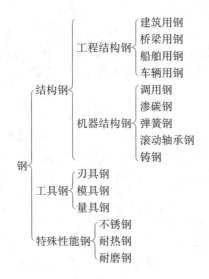

5. 按金相组织分类

(1) 按退火组织分类

- 亚共析钢
- 共析钢
- 过共析钢

(2) 按正火组织分类

- 珠光体钢
- 贝氏体钢
- 马氏体钢
- 奥氏体钢

第一节 碳素钢

碳含量小于2.11%的铁碳合金称为碳素钢,简称碳钢。碳素钢容易冶炼,价格低廉,易于加工,性能上能满足一般机械零的使用要求,因此是工业中用量最大的金属材料。

一、杂质元素对钢性能的影响

实际使用的碳素钢并不是单纯的铁碳合金,其中还含有少量的锰、硅、硫、磷等杂质元素,它们的存在对钢的性能有一定的影响。

1. 锰的影响

锰来自于生铁和脱氧剂,在钢中是一种有益的元素,其含量一般在0.8%以下。锰能溶入铁素体中形成固溶体,产生固溶强化,提高钢的强度和硬度;少部分的锰则溶于Fe_3C,形成合金渗碳体;锰能增加组织中珠光体的相对量,并使其变细;锰还能与硫形成MnS,以减轻硫的有害作用。

2. 硅的影响

硅也是来自于生铁和脱氧剂,在钢中也是一种有益的元素,其含量一般在0.4%以下。硅和锰一样能溶入铁素体中,产生固溶强化,使钢的强度、硬度提高,但使塑性和韧性降低。当硅含量不多,在碳素钢中仅作为少量杂质存在时,对钢的性能影响亦不显著。

3. 硫的影响

硫是由生铁和燃料带入的杂质元素,在钢中是一种有害的元素。硫在钢中不溶于铁,而与铁化合形成化合物FeS, FeS与Fe能形成低熔点共晶体,熔点仅985℃,且分布在奥氏体的晶界上。当钢材在1 000~1 200℃进行压力加工时,共晶体已经熔化,并使晶粒脱开,钢材变脆,这种现象称为热脆性,为此,钢中硫的含量必须严格控制。在钢中增加锰含量,使之与硫形成MnS(熔点1 620℃),可消除硫的有害作用,避免热脆现象。

4. 磷的影响

磷是由生铁带入钢中的有害杂质元素。磷在钢中能全部溶入铁素体,使钢的强度、硬度有所提高,但却使室温下钢的塑性、韧性急剧降低,使钢变脆。这种情况在低温时更为严重,因此称为冷脆性。所以,钢中的磷含量也应严格控制。

总之,钢中锰、硅是有益的元素,允许一定的含量,而硫、磷是有害的元素,应严格控制其含量。但是,在易切钢中适当提高硫、磷的含量,使切屑易断,可改善切削加工性能。

二、碳素钢的分类

碳素钢的分类方法很多，常用的分类方法有以下 3 种。

1. 按含碳量分类

含碳量是指碳素钢中含碳的质量分数，碳素钢按含碳量可分为 3 类：

(1) 低碳钢，$\omega_C \leqslant 0.25\%$。

(2) 中碳钢，$0.25\% < \omega_C \leqslant 0.060\%$。

(3) 高碳钢，$\omega_C > 0.060\%$。

2. 按用途分类

(1) 碳素结构钢　主要用于制造各种机械零件和工程结构。这类钢一般属于低、中碳素钢。

(2) 碳素工具钢　主要用于制造各种刃具、量具和模具。这类钢含碳量较高，一般属于高碳素钢。

3. 按质量分类

按碳素钢的质量分类，即按碳素钢中杂质硫和磷的含量分类，碳素钢可分为以下 3 类：

(1) 普通碳素钢　$\omega_P \leqslant 0.045\%$，$\omega_S \leqslant 0.05\%$。

(2) 优质碳素钢　$\omega_P \leqslant 0.035\%$，$\omega_S \leqslant 0.035\%$。

(3) 高级优质碳素钢　$\omega_P \leqslant 0.025\%$，$\omega_S \leqslant 0.025\%$。

三、碳素钢的特点

碳素钢是指含碳量 $\omega_C < 2.11\%$ 的铁碳合金，常用的工业碳素钢 $\omega_C < 1.4\%$。

碳素钢的特点是：

(1) 含碳量越高，强度、硬度越高，塑性越低。

(2) 碳钢的淬透性低，回火稳定性差，使其应用受到限制。

碳钢淬火时需要较大的冷却速度，故易产生淬火变形和开裂现象。

所以对零件尺寸较大，要求获得较厚淬硬层，或要求强度、硬度、塑性、韧性较高。

对形状复杂或要求变形小的零件，碳钢难以胜任。

(3) 碳钢在高温或低温下，性能会显著变低。

(4) 碳钢价格便宜，成型工艺和热处理工艺较简单。因而在许多场合下都应考虑使用。

四、碳素铸钢

某些形状复杂的零件，工艺上难以用锻压的方法进行生产，性能上用力学性能较低的铸铁材料又难以满足要求，此时常采用铸钢件。工程上常采用碳素铸钢制造，其碳的质量分数一般为 0.15～0.60%。碳素铸钢的牌号用“铸钢”两字汉语拼音的第一个字母“ZG”加两组数字表示，第一组数字为最小屈服强度值，第二组数字为最小抗拉强度值。如 ZG 310－570 表示最小屈服强度为 310 MPa，最小抗拉强度为 570 MPa 的碳素铸钢。

五、碳钢的编号

碳钢编号的原则主要有两条：

(1) 根据编号可大致看出钢的成分。

(2) 根据编号可大致看出钢的用途。

碳钢的编号方法如表 2-4-1 所示。

表 2-4-1 碳钢的编号方法

分类	编号方法	
	举例	说明
碳素结构钢	Q225-A·F	Q为"屈"字汉语拼音首位字母,后面的数字为钢的屈服点(σ_s)数值(MPa)(钢材厚度或直径不大于16 mm);A、B、C、D为质量等级,从左至右质量依次提高;F、b、Z、TZ分别表示沸腾钢、半镇静钢、镇静钢和特殊镇静钢。 如Q235-A·F即表示屈服点数值为235 MPa的A级沸腾钢。
优质碳素结构钢	45 60Mn	两位数字代表平均含碳量的万分数,如钢号45表示平均含碳量为0.45%的优质碳素结构钢;高级优质碳素结构钢则在优质钢牌号后加A,如45A等。 另一类含锰量为0.7%~1%的碳素钢亦属高级优质系列,但要在数字后加Mn,如60Mn。
碳素工具钢	T8 T8A	T为"碳"字汉语拼音字首,后面的数字表示钢平均含碳量的千分数。 高级优质工具钢也是在优质钢牌号后加A或Mn,如T10A、T8Mn等。
一般工程用铸造碳钢	ZG200-400	ZG代表铸钢,其后第一组数字为钢的屈服点(σ_s)数值(MPa);第二位数字为钢的抗拉强度(σ_b)数值(MPa)。如ZG200-400表示屈服点为200 MPa、抗拉强度为400 MPa的碳素铸钢。

第二节 合金钢

所谓合金钢就是在化学成分上特别添加合金元素用以保证一定的生产、加工工艺和所要求的组织与性能的铁基合金。随着现代工业和科学技术的迅速发展,合金钢在机械制造中的应用日益广泛。一些在恶劣环境中使用的设备以及承受复杂交变应力、冲击载荷和在摩擦条件下工作的工件更是广泛使用合金钢材料。

碳钢虽然价格低廉,容易加工。但是碳钢具有淬透性低、回火稳定性差、基本组成相强度低等缺点,使其应用受到了一定的限制。例如,用碳钢制成的零件尺寸不能太大,因为尺寸愈大,淬硬层愈浅,表面硬度也愈低,同时其他力学性能变差;对于汽车半轴、汽轮机叶片、汽车和拖拉机上的活塞销、传动齿轮等,它们所要求的表层和心部的力学性能较高,选用碳钢会因淬透性不够,而使心部组织达不到性能要求;用碳素工具钢制成的刀具,经淬火和低温回火后,虽然能获得高的硬度,但耐磨性较差,刃部受热超过200℃就软化而丧失切削能力;对于要求耐磨,切削速度较高,刃部受热超过200℃的一些刀具,不得不选用合金工具钢、高速钢或硬质合金。此外,碳钢无法满足某些特殊的性能要求,如耐热性、耐低温性、耐腐蚀性、高磁性、无磁性、高耐磨性等,而某些合金钢却具备这些性能。

合金钢性能虽好,但也存在不足之处,例如,在钢中加入合金元素会使其冶炼、铸造、锻造、焊接及热处理等工艺趋于复杂,成本提高。因此当碳钢能满足使用要求时,应尽量选用碳钢,以降低生产成本。

一、合金钢的分类与编号

1. 合金钢的分类

合金钢种类繁多，为了便于生产、选材、管理及研究，根据某些特性，从不同角度出发可以将其分成若干种类。

1）按用途分类

（1）合金结构钢　可分为机械制造用钢和工程结构用钢等，主要用于制造各种机械零件、工程结构件等。

（2）合金工具钢　可分为刃具钢、模具钢、量具钢三类，主要用于制造刃具、模具、量具等。

（3）特殊性能钢　可分为抗氧化用钢、不锈钢、耐磨钢、易切削钢等。

2）按合金元素含量分类

（1）低合金钢　合金元素的总含量在5％以下。

（2）中合金钢　合金元素的总含量在5％～10％之间。

（3）高合金钢　合金元素的总含量在10％以上。

3）按金相组织分类

（1）按平衡组织或退火组织分类，可以分为亚共析钢、共析钢、过共析钢和莱氏体钢。

（2）按正火组织分类，可以分为珠光体钢、贝氏体钢、马氏体和奥氏体钢。

4）其他分类方法

除上述分类方法外，还有许多其他的分类方法，如按工艺特点可分为铸钢、渗碳钢、易切削钢等；按质量可以分为普通质量钢、优质钢和高级质量钢，其区别主要在于钢中所含有害杂质(S、P)的多少。

2. 合金钢的特点

（1）合金钢比碳有更高的强度和韧性。

（2）合金钢的淬硬性主要取决于含碳量，比碳钢的淬透性高。

（3）具有较高的热硬性及耐热、耐蚀、抗磨、磁性等。

（4）合金钢价格较贵，工艺及热处理工艺也较复杂。

3. 合金钢的编号

我国的合金钢编号，常采用数字＋化学元素＋数字的方法，化学元素采用元素中文名称或化学符号。化学成分的表示方法如下：

（1）碳含量　一般以平均碳含量的万分之几表示。如平均碳含量为0.50％，则表示为50；不锈钢、耐热钢、高速钢等高合金钢，其碳含量一般不标出，但如果几个钢的合金元素相同，仅碳含量不同，则将碳含量用千分之几表示。合金工具钢平均碳含量≥1.00％时，其碳含量不标出，碳含量＜1.00％时，用千分之几表示。

（2）金元素含量　除铬轴承钢和低铬工具钢外，合金元素含量一般按以下原则表示：含量小于1.5％时，钢号中仅表明元素种类，一般不表明含量；平均含量在1.50％～2.49％，2.50％～3.49％，…，22.50％～23.49％等时，分别表示为2，3，…，23等；为避免铬轴承钢与其他合金钢表示方法的重复，含碳量不予标出，铬含量以千分之几表示，并冠以用途名称，如平均铬含量为1.5％的铬轴承钢，其牌号写为“滚铬15”或“GCr15”，低铬工具钢的铬含量也以千分之几表示,但在含量前加个"0",如平均含铬量为0.6%的低铬工具钢,其牌号写为"铬06"或"Cr06";易切削钢前冠以汉字"易"或符号"Y";各种高级优质钢在钢号之后叫作"高"或"A"。

二、合金结构钢

用于制造各类机械零件以及建筑工程结构的钢称之为结构钢。碳素结构钢的冶炼及加工工艺简单、成本低,这类钢的生产量在全部结构钢中占有很大比例。但随着工业和科学技术的发展,一般碳素结构钢难以满足重要机械构件和机器零件的需要,对于形状复杂、截面较大、要求淬透性较好以及力学性能要求高的工件就必须采用合金结构钢制造。

合金结构钢主要包括低合金结构钢、易切削钢、调质钢、渗碳钢、弹簧钢、滚动轴承钢等。合金结构钢的成分特点,是在碳素结构钢的基础上适当地加入一种或多种合金元素,例如Cr、Mn、Si、Ni、Mo、W、V、Ti等。合金元素除了保证有较高的强度或较好的韧性外,另一重要作用是提高钢的淬透性,使机械零件在整个截面上得到均匀一致的、良好的综合力学性能,在具有高强度的同时又有足够的韧性。

1. 低合金结构钢

低合金结构钢是一种低碳结构用钢,合金元素含量较少,一般在3%以下,主要起细化晶粒和提高强度的作用。这类钢的强度显著高于相同碳含量的碳素钢,所以常称其为低合金高强度钢。它还具有较好的韧性、塑性以及良好的焊接性和耐蚀性。最初用于桥梁、车辆和船舶等行业,现在它的应用范围已经扩大到锅炉、高压容器,油管、大型钢结构以及汽车、拖拉机、挖土机械等产品方面。

采用低合金结构钢的目的主要是为了减轻结构重量,保证使用可靠、耐久。这类钢具有良好的力学性能,特别是具有较高的屈服强度。例如低合金结构钢的$\sigma_s = 300 \sim 400$ MPa。而碳素结构钢(Q235钢)的$\sigma_s = 240 \sim 260$ MPa,所以若用低合金结构钢来代替碳素结构钢就可在相同载荷条件下使结构件重量减轻20~30%。低合金结构钢具有良好的塑性($\delta > 20\%$),便于冲压成型。此外,还具有比碳素结构钢更低的冷脆临界温度。这对在北方高寒地区使用的构件及运输工具,具有十分重要的意义。

低合金结构钢一般是在热轧退火(或正火)状态下使用。焊接后不再进行热处理,由于对加工性能和焊接性的要求,决定了它的碳含量不能超过0.2%。这类钢的使用性能主要依靠加入少量的Mn、Ti、V、Nb、Cu、P等合金元素来满足。Mn是强化基体元素,其含量一般在1.8%以下,含量过高将显著降低钢的塑性和韧性,也会影响其焊接性能。Ti、V、Nb等元素在钢中能形成微细碳化物,起细化晶粒和弥散强化作用,提高钢的屈服极限、强度极限以及低温冲击韧性。Cu、P可提高钢对大气的抗蚀能力,比碳素结构钢约高2~3倍。

2. 渗碳钢

用于制造渗碳零件的钢称为渗碳钢。渗碳钢的碳含量一般在0.10~0.25%之间,属于低碳钢。低的碳含量可保证渗碳零件心部具有足够的韧性和塑性。碳素渗碳钢的淬透性低,零件心部的硬度和强度,在热处理前后差别不大。而合金渗碳钢则不然,因其淬透性高,零件心部的硬度和强度,在热处理前后差别较大,可通过热处理使渗碳件的心部达到较显著的强化效果。

合金渗碳钢中所含的主要合金元素有铬($<2\%$)、镍($<4\%$)、锰($<2\%$)和硼

(<0.005%)等，其主要作用是提高钢的淬透性，改善渗碳零件心部组织和性能，同时还能提高渗碳层的性能(如强度、韧性及塑性)，其中镍的作用最为显著。除上述合金元素外，在合金渗碳钢中，还加入少量的钒(<0.2%)、钨(<1.2%)、钼(<0.6%)、钛(0.1%)等碳化物形成元素，具有细化晶粒、抑制钢件在渗碳时产生过热的作用。

低淬透性合金渗碳钢，如 15Cr、20Cr、15Mn2、20Mn2 等，经渗碳、淬火与低温回火后心部强度较低，强度与韧性配合较差。一般可用作受力不太大，不需要高强度的耐磨零件，如柴油机的凸轮轴、活塞销、滑块、小齿轮等。低淬透性合金渗碳钢渗碳时，心部晶粒容易长大，特别是锰钢，如性能要求较高时，可在渗碳后进行两次淬火处理。

中淬透性合金渗碳钢，如 20CrMnTi、12CrNi3A、20CrMnMo、20MnVB 等，合金元素的总含量≤4%，其淬透性和力学性能均较高。常用作承受中等动载荷的受磨零件，如变速齿轮、齿轮轴、十字销头、花键轴套、气门座、凸轮盘等。由于含有 Ti、V、Mo 等合金元素，渗碳时奥氏体晶粒的长大倾向较小，渗碳后预冷到 870℃左右直接淬火，经低温回火后具有较好的力学性能。

高淬透性合金渗碳钢，如 12Cr2Ni4A，18Cr2Ni4W 等，合金元素总含量约在 4%～6%之间，淬透性很大，经渗碳、淬火与低温回火后心部强度高，强度与韧性配合好。常用作承受重载和强烈磨损的大型、重要零件，如内燃机车的主动牵引齿轮、柴油机曲轴、连杆及缸头精密螺栓等。由于这类钢含有较高的合金元素，其 C 曲线大大右移，因而在空气中冷却也能获得马氏体组织。同时，马氏体转变温度大为下降，渗碳层在淬火后保留有大量的残余奥氏体。为了减少淬火后残余奥氏体量，可在淬火前先进行高温回火使碳化物球化，或在淬火后采用冷处理。

3. 调质钢

调质钢是指经过调质处理后使用的碳素结构钢和合金结构钢。多数调质钢属于中碳钢，调质处理后，其组织为回火索氏体。调质钢具有高的强度、良好的塑性与韧性，即具有良好的综合力学性能，常用于制造汽车、拖拉机、机床及其他要求具有良好综合力学性能的各种重要零件，如柴油机连杆螺栓、汽车底盘上的半轴以及机床主轴等。

调质钢要获得具有良好综合力学性能的回火索氏体组织，其前提是在淬火后必须获得马氏体组织，因此调质效果与钢的淬透性有着密切的关系。若淬透性不足，淬火后就不能获得足够厚度的淬硬层，不能获得足够数量的马氏体，即使回火后硬度合格，其他力学性能(如屈服极限，疲劳强度)却会显著下降。对调质钢淬透性的要求应根据零件的受力情况而定，如连杆是单向均匀受拉、压或剪切应力的零件，要求淬火后保证心部获得 90%以上的马氏体组织；传动轴是承受扭转或弯曲应力的零件，因弯、扭时应力由表面至心部逐渐减小，因而只要求淬火后离表面 1/4 半径处保证获得 80%以上的马氏体组织。重要的螺栓类零件主要承受拉应力，但应力不均匀，表层受预紧力作用，应力较大，而心部应力较小，故心部马氏体量可要求低些。如经调质处理的汽车连杆螺栓，淬火时要求离表面 1/2 半径处保证获得 90%以上马氏体，心部约含 70%左右马氏体即可。受力小的零件对马氏体量与淬硬层深度要求，还可作进一步降低。

合金调质钢中含有 Cr、Ni、Mn、Ti 等的合金元素，其主要作用是提高钢的淬透性，并使调质后的回火索氏体组织得到强化。实际上，这些元素大多溶于铁索体中，使铁素体得到强化。调质钢中合金元素的含量能使铁素体得到强化而不明显降低其韧性，甚至有的还能同时提高其韧性。调质钢中的Mo、V、Al、B等合金元素,其含量一般是较少,特别是B的含量极少。Mo所起的主要作用是防止合金调质钢在高温回火时产生第二类向火脆性;V的作用是阻碍高温奥氏体晶粒长大;Al的主要作用是能加速合金调质钢的氮化过程;微量的B能强烈地使等温转变曲线向右移,显著提高合金调质钢的淬透性。

4. 弹簧钢

弹簧是各种机械和仪表中的重要零件,主要利用弹性变形时所储存的能量来起到缓和机械上的震动和冲击作用。由于弹簧一般是在动负荷条件下使用,因此要求弹簧钢必须具有高的抗拉强度、高的屈强比,高的疲劳强度(尤其是缺口疲劳强度),并有足够的塑性、韧性以及良好的表面质量,同时还要求有较好的淬透性和低的脱碳敏感性,在冷热状态下容易绕卷成型。

弹簧大体上可分为热成型弹簧与冷成型弹簧两大类。热成型弹簧一般用于制造大型弹簧或形状复杂的弹簧,钢材在热成型之前不具备弹簧所要求的性能,热成型之后,进行淬火及中温回火,以获得所要求的性能。在成型及热处理过程中,要特别注意防止表面氧化脱碳及伤痕;冷成型弹簧是先通过冷变形或热处理,使钢材具备一定性能后,再用冷成型方法制成一定形状的弹簧。

合金弹簧钢的碳含量在0.45%～0.75%之间,所含的合金元素有Si、Mn、Cr、W、V等,主要作用是提高钢的淬透性和回火稳定性,强化铁素体和细化晶粒,有效地改善弹簧钢的力学性能,提高弹性极限、屈强比。其中Cr、W、V还有利于提高弹簧钢的高温强度,但Si的加入,使钢再加热时容易脱碳,使疲劳强度大为下降,因此在热处理时应注意防止脱碳。

5. 滚动轴承钢

用于制造滚动轴承的钢称为滚动轴承钢。滚动轴承在工作时,滚动体和内套均受周期性交变载荷作用,由于接触面积小,其接触应力可达3 000～3 500 MPa,循环受力次数可达数万次每分钟。在周期载荷作用下,在套圈和滚动体表面都会产生小块金属剥落而导致疲劳破坏。滚动体和套圈的接触面之间既有滚动,也有滑动,因而轴承往往因摩擦造成的过度磨损而丧失精度。根据滚动轴承的工作条件,要求滚动轴承钢具有高而均匀的硬度和耐磨性,高的弹性极限和接触疲劳强度,足够的韧性和淬透性,同时在大气或润滑剂中具有一定的抗蚀能力。此外,对钢的纯度(非金属夹杂物等),组织均匀性,碳化物的分布状况,以及脱碳程度等都有严格的要求,否则这些缺陷将会显著缩短轴承的寿命。

为了保证滚动轴承钢的高硬度、高耐磨性和高强度,碳含量应较高。加入0.40%～1.66%的铬是为了提高钢的淬透性。含铬1.50%时,厚度为25 mm以下零件在油中可淬透。铬与碳所形成的3C合金渗碳体比一般Fe_3C稳定,能阻碍奥氏体晶粒长大,减小钢的过热敏感性,使淬水后能获得细针状或隐晶马氏体组织,而增加钢的韧性。Cr还有利于提高低温回火时的回火稳定性。含Cr量过高(>1.65%)时,会增加淬火钢中残余奥氏体量和碳化物分布不均匀性,其结果影响了轴承的使用寿命和尺寸稳定性。因此,铬轴承钢中含铬量以0.40%～1.65%范围为宜。

滚动轴承钢的热处理工艺主要为球化退火、淬火和低温回火。

球化退火是预备热处理,其目的是获得粒状珠光体,使钢锻造后的硬度降低,以利于切削加工,并为零件的最后热处理作组织准备。经退火后钢的组织为球化体和均匀分布的过剩的细粒状碳化物,硬度低于210 HBS,具有良好的切削加工性。球化退火工艺为:将钢材加热到 790～800℃,在 710～720℃保温 3～4 小时,而后炉冷。

淬火和低温回火是最后决定轴承钢性能的重要热处理工序,GCr15 钢的淬火温度要求十分严格,如果淬火加热温度过高(≥850℃),将会使残余奥氏体量增多,并会因过热而淬得粗片状马氏体,使钢的冲击韧度和疲劳强度急剧降低。淬火后应立即回火,回火温度为 150～160℃,保温 2～3 小时,经热处理后的金相组织为极细的回火马氏体、分布均匀的细粒状碳化物及少量的残余奥氏体,回火后硬度为 61～65 HRC。

6. 易切削钢

在钢中附加一种或几种合金元素,以提高其切削加工性,这类钢称为易切削钢。目前常用的附加元素有硫、铅、钙、磷等。

硫在钢中与锰、铁可形成(Mn, Fe)S 夹杂物,会中断基体的连续性,促使形成卷曲半径小而短的切屑,减少切屑与刀具的接触面积;还能起减摩作用,降低切屑与刀具之间的摩擦系数,并且使切屑不黏附在刀刃上。因此,硫能降低切削力和切削热,减少刀具磨损,提高表面光洁度和刀具寿命,改善排屑性能。中碳钢的切削加工性通常是随硫含量的提高而不断改善。硫化锰的形状呈圆形而且分布均匀时,钢的切削加工性更好。但是钢中含硫量过多增加,会导致热加工性能进一步变坏,如造成纤维组织,呈现各向异性;产生低熔点共晶,引起热脆。易切钢中硫含量应限定在 0.08%～0.30%,并适当提高锰的含量(0.6%～1.55%)。铅在钢中孤立地呈细小颗粒(3 μm)均匀分布时,能改善钢的切削加工性。铅含量一般控制在 0.15%～0.25%,过多时将引起严重的偏析,形成粗粒的铅夹杂而削弱它对切削加工性的有利作用。与硫易切钢相比,铅易切钢可得到较高的力学性能。但铅易切钢容易产生密度偏析,并且在 300℃以上由于铅的熔化而使铅易切钢的力学性能恶化。

此外,加入微量的钙(0.001%～0.005%)能改善钢在高速切削下的切削加工性。这是因为它在钢中能形成高熔点(约 1 300～1 600℃之间)的钙-铝-硅的复合氧化物(钙铝硅酸盐)附在刀具上,形成薄而具有减摩作用的保护膜,从而防止刀具磨损,显著地延长高速切削刀具的寿命。

三、合金工具钢

用于制造刃具、模具、量具等工具的钢称为工具钢。

1. 刃具钢

刃具钢主要指制造车刀、铣刀、钻头等切削刀具的钢种。刀具的任务就是将钢材或坯料通过切割,加工成为工件。在切削时,刀具受到工件的压应力和弯曲应力,刃部与切屑之间发生相对摩擦,产生热量,使温度升高;切削速度愈大,温度愈高,有时可达 500～600℃;一般冲击作用较小。根据刀具工作条件,对刃具钢提出如下性能要求:

(1) 高硬度　只有刀具的硬度高于被切削材料的硬度时,才能顺利地进行切削。切削金属材料所用刃具的硬度,一般都在 60 HRC 以上。刃具钢的硬度主要取决于马氏体中的含碳量,因此,刃具钢的碳含量都较高,一般为 0.6%～1.5%。

(2) 高耐磨性　耐磨性实际上是反映一种抵抗磨损的能力,当磨损量超越所规定的尺寸公差范围时,刃部就丧失了切削能力,刀具不能继续使用。因此,耐磨性亦可被理解为抵抗尺寸公差损耗的能力,耐磨性的高低,直接影响着刀具的使用寿命。硬度愈高、其耐磨性愈好。在硬度基本相同情况下,碳化物的硬度、数量、颗粒大小、分布情况对耐磨性有很大影响。实践证明,一定数量的硬而细小的碳化物均匀分布在强而韧的金属基体中,可获得较为良好的耐磨性。

(3) 高热硬性　所谓热硬性是指刃部受热升温时,刃具钢仍能维持高硬度(大于60 HRC)的能力,热硬性的高低与回火稳定性和碳化物的弥散程度等因素有关。在刃具钢中加入W、V、Nb等,将显著提高钢的热硬性,如高速钢的热硬性可达600℃左右。

此外,刃具钢还要求具有一定的强度、韧性和塑性,以免刃部在冲击、震动载荷作用下,突然发生折断或剥落。

常用的碳素工具钢有T7A、T8A、T10A、T12A等,其碳含量约为0.65%~1.3%。碳素工具钢经适当的热处理后,能达到60 HRC以上的硬度和较高的耐磨性。此外,碳素工具钢加工性能良好,容易锻造和切削加工,价格低廉,因此,在工具生产中占有较大的比重,其生产量约占全部工具的60%。碳素工具钢用途广泛,不仅用作刀具,还可用作模具和量具。

常用的低合金刃具钢有9SiCr、9Mn2V、CrWMn等,高速钢的主要特性是具有良好的热硬性,当切削温度高达600℃左右时硬度仍无明显下降,能以比低合金工具钢更高的切削速度进行切削加工。W18Cr4V钢的应用很广,适于制造一般高速切削用车刀、刨刀、钻头、铣刀等。W6Mo5Cr4V2为生产中广泛应用的另一种高速钢,其热塑性、使用状态的韧性、耐磨性等均优于W18Cr4V钢,热硬性不相上下,并且碳化物细小,分布均匀,密度小,价格便宜,但磨削加工性稍差,脱碳敏感性较大。W6Mo5Cr4V2的淬火温度为1 220~1 240℃,可用于制造要求耐磨性和韧性很好配合的高速切削刀具如丝锥、钻头等。

2. 模具钢

用于制造各类模具的钢称为模具钢。

冷作模具包括拉延模、拔丝模或压弯模、冲裁模、冷镦模和冷挤压模等,均属于在室温冷下对金属进行变形加工的模具,也称为冷变形模具。由其工作条件可知,冷作模具钢所要求的性能主要是高的硬度、良好的耐磨性以及足够的强度和韧性。

热作模具包括热锻模、热镦模、热挤压模、精密锻造模、高速锻模等,均属于在受热状态下对金属进行变形加工的模具,也称为热变形模具。由于热作模具是在非常苛刻的条件下工作,承受压应力、张应力、弯曲应力及冲击应力,还经受到强烈的摩擦,因此必须具有高的强度以及与韧性的良好配合,同时还要有足够的硬度和耐磨性;工作时经常与炽热的金属接触,型腔表面温度高达400~600℃,因此必须具有高的回火稳定性;工作中反复受到炽热金属的加热和冷却介质冷却的交替作用,极易引起“龟裂”现象,即所谓“热疲劳”,因此还必须具有抗热疲劳能力。此外,由于热作模具一般尺寸较大,因而还要求热作模具钢具有高的淬透性和热导性。

3. 量具钢

根据量具的工作性质,其工作部分应有高的硬度(≥56 HRC)与耐磨性,某些量具要求热处理变形小,在存放和使用的过程中,尺寸不能发生变化,始终保持其高的精度,并要求有好的加工工艺性。

四、特殊性能钢

特殊性能钢是指不锈钢、耐热钢、耐磨钢等一些具有特殊化学和物理性能的钢。

第三节　铸　铁

铸铁是$\omega_C>2.11\%$的铁碳合金。它是以铁、碳、硅为主要组成元素，并比碳钢含有较多的锰、硫、磷等杂质元素的多元合金。铸铁件生产工艺简单，成本低廉，并且具有优良的铸造性、切削加工性、耐磨性和减振性等。因此，铸铁件广泛应用于机械制造、冶金、矿山及交通运输等部门。按质量百分比统计，在各类机械中，铸铁件约占40%～70%，在机床和重型机械中，则达到60%～90%。

一、成分与组织特点

1. 铸铁成分

工业上常用铸铁的成分(质量分数)一般为含碳2.5%～4.0%、含硅1.0%～3.0%、含锰0.5%～1.4%、含磷0.01%～0.5%、含硫0.02%～0.2%。为了提高铸铁的力学性能或某些物理、化学性能，还可以添加一定量的Cr、Ni、Cu、Mo等合金元素，得到合金铸铁。

铸铁中的碳主要是以石墨(G)形式存在的，所以铸铁的组织是由钢的基体和石墨组成的。铸铁的基体有珠光体、铁素体、珠光体加铁素体三种，它们都是钢中的基体组织。因此，铸铁的组织特点，可以看作是在钢的基体上分布着不同形态的石墨。

2. 铸铁的性能特点

铸铁的力学性能主要取决于铸铁的基体组织及石墨的数量、形状、大小和分布。石墨的硬度仅为3～5 HBS，抗拉强度约为20 MPa，伸长率接近于零，故分布于基体上的石墨可视为空洞或裂纹。由于石墨的存在，减少了铸件的有效承载面积，且受力时石墨尖端处产生应力集中，大大降低了基体强度的利用率。因此，铸铁的抗拉强度、塑性和韧性比碳钢低。

由于石墨的存在，使铸铁具有了一些碳钢所没有的性能，如良好的耐磨性、消振性、低的缺口敏感性以及优良的切削加工性能。此外，铸铁的成分接近共晶成分，因此铸铁的熔点低，约为1 200℃左右，液态铸铁流动性好，此外由于石墨结晶时体积膨胀，所以铸造收缩率低，其铸造性能优于钢。

二、铸铁的石墨化及影响因素

1. 铁碳合金双重相图

碳在铸件中存在的形式有渗碳体(Fe_3C)和游离状态的石墨(G)两种。渗碳体是由铁原子和碳原子所组成的金属化合物，它具有较复杂的晶格结构。石墨的晶体结构为简单六方晶格，如图2-4-1所示。晶体中碳原子量呈层状排列，同一层上的原子间为共价键结合，原子间距为1.42 Å，结合力强。层与层之间为分子键，而间距为3.40 Å，结合力较弱。

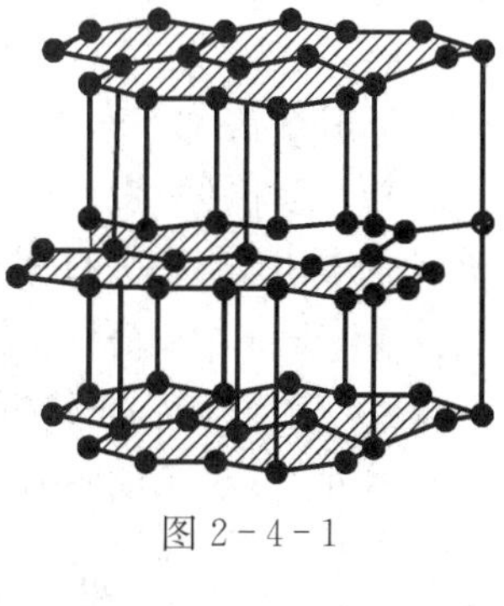

图2-4-1

若将渗碳体加热到高温，则可分解为铁素体或奥氏体与石墨,即 $Fe_3C \rightarrow F(A)+G$。这表明石墨是稳定相,而渗碳体仅是介(亚)稳定相。成分相同的铁液在冷却时,冷却速度越慢,析出石墨的可能性越大;冷却速度越快,析出渗碳体的可能性越大。因此。描述铁碳合金结晶过程的相图应有两个,即前述的 Fe-Fe_3C 相图(它说明了介稳定相 Fe_3C 的析出规律)和 Fe-G 相图(它说明了稳定相石墨的析出规律)。为了便于比较和应用,习惯上把这两个相图画在一起,称为铁碳合金双重相图,如图 2-4-2 所示。图中实线表示 Fe-Fe_3C相图,虚线表示 Fe-G 相图,凡虚线与实线重合的线条都用实线表示。

由图可见,虚线均位于实线的上方或下方,这表明 Fe-G 相图较 Fe-Fe_3C 相图更为稳定,以及碳在奥氏体和铁素体中溶解度较小。

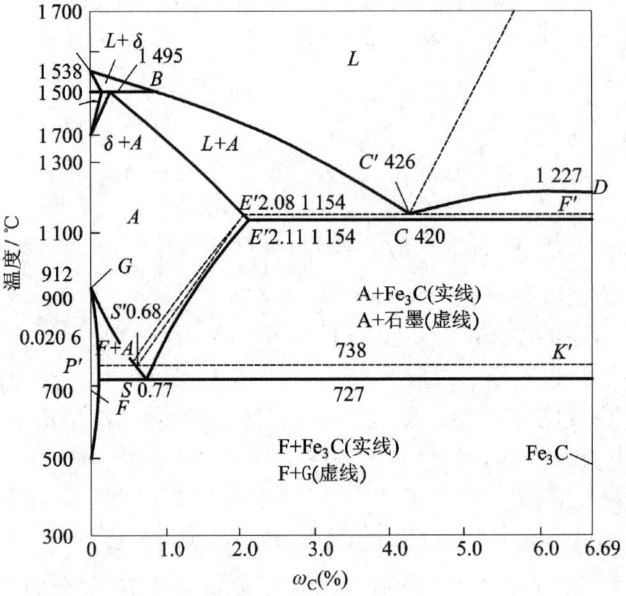

图 2-4-2

2. 石墨化过程

(1) 石墨化方式　铸铁组织中石墨的形成过程称为石墨化过程。铸铁的石墨化有以下两种方式:

① 按照 Fe-G 相图,从液态和固态中直接析出石墨。在生产中经常出现的石墨飘浮现象,就证明了石墨可从铁液中直接析出。

② 按照 Fe-Fe_3C 相图结晶出渗碳体,随后渗碳体在一定条件下分解出石墨。在生产中,白口铸铁经高温退火后可获得可锻铸铁,就证实了石墨也可由渗碳体分解得到。

(2) 石墨化过程　现以过共晶合金的铁液为例,当它以极缓慢的速度冷却,并全部按 Fe-G相图进行结晶时,则铸铁的石墨化过程可分为三个阶段:

第一阶段(液相-共晶阶段):从液体中直接析出石墨,包括过共晶液相沿着液相线 C′D′ 冷却时析出的一次石墨 GI,以及共晶转变时形成的共晶石墨 G 共晶,反应式可写成:L → LC + GI, LC → AE + G 共晶。

第二阶段(共晶-共析阶段):过饱和奥氏体沿着 E′S′线冷却时析出的二次石墨 GⅡ,其反应式可写成:AE → AS′ + GⅡ。

第三阶段(共析阶段):在共析转变阶段,由奥氏体转变为铁素体和共析石墨G共析,其反应式可写成:AS→FP+G共析。

上述成分的铁液若按 $Fe-Fe_3C$ 相图进行结晶,然后由渗碳体分解出石墨,则其石墨化过程同样可分为三个阶段:第一阶段:一次渗碳体和共晶渗碳体在高温下分解而析出石墨;第二阶段:二次渗碳体分解而析出石墨;第三阶段:共析渗碳体分解而析出石墨。

石墨化过程是原子扩散过程,所以石墨化的温度愈低,原子扩散愈难,因而愈不易石墨化。显然,由于石墨化程度的不同,将获得不同基体的铸铁组织。

3. 影响石墨化的因素

影响铸铁石墨化的主要因素是化学成分和结晶过程中的冷却速度。

1) 化学成分的影响

化学成分的影响主要为碳、硅、锰、硫、磷的影响,具体影响如下:

(1) 碳和硅　碳和硅是强烈促进石墨化的元素,铸铁中碳和硅的含量愈高,便越容易石墨化。这是因为随着含碳量的增加,液态铸铁中石墨晶核数增多,所以促进了石墨化。硅与铁原子的结合力较强,硅溶于铁素体中,不仅会削弱铁、碳原子间的结合力,而且还会使共晶点的含碳量降低,共晶温度提高,这都有利于石墨的析出。

实践表明,铸铁中硅的质量分数每增加1%,共晶点碳的质量分数相应降低0.33%。为了综合考虑碳和硅的影响,通常把含硅量折合成相当的含碳量,并把这个碳的总量称为碳当量,即 w_{C_E}。

(2) 锰　锰是阻止石墨化的元素。但锰与硫能形成硫化锰,减弱了硫的有害作用,结果又间接地起着促进石墨化的作用,因此,铸铁中含锰量要适当。

(3) 硫　硫是强烈阻止石墨化的元素,硫不仅增强铁、碳原子的结合力,而且形成硫化物后,常以共晶体形式分布在晶界上,阻碍碳原子的扩散。此外,硫还降低铁液的流动性和促使高温铸件开裂。所以硫是有害元素,铸铁中含硫量愈低愈好。

(4) 磷　磷是微弱促进石墨化的元素,同时它能提高铁液的流动性,但形成的 Fe_3P 常以共晶体形式分布在晶界上,增加铸铁的脆性,使铸铁在冷却过程中易于开裂,所以一般铸铁中磷含量也应严格控制。

2) 冷却速度的影响

在实际生产中,往往存在同一铸件厚壁处为灰铸铁,而薄壁处却出现白口铸铁。这种情况说明,在化学成分相同的情况下,铸铁结晶时,厚壁处由于冷却速度慢,有利于石墨化过程的进行,薄壁处由于冷却速度快,不利于石墨化过程的进行。

冷却速度对石墨化程度的影响,可用铁碳合金双重相图进行解释:由于 $Fe-G$ 相图较 $Fe-Fe_3C$ 相图更为稳定,因此成分相同的铁液在冷却时,冷却速度越缓慢,即过冷度较小时,越有利于按 $Fe-G$ 相图结晶,析出稳定相石墨的可能性就愈大。相反,冷却速度越快,即过冷度增大时,越有利于按 $Fe-Fe_3C$ 相图结晶,析出介稳定相渗碳体的可能性就越大。

根据上述影响石墨化的因素可知,当铁液的碳当量较高,结晶过程中的冷却速度较慢时,易于形成灰铸铁。相反,则易形成白口铸铁。

三、铸铁的分类

1. 按石墨化程度分类

根据铸铁在结晶过程中石墨化过程进行的程度可分为三类:

(1) 白口铸铁　它是第一、二、三阶段的石墨化过程全部被抑制，而完全按照 $Fe-Fe_3C$ 相图进行结晶而得到的铸铁，其中的碳几乎全部以 Fe_3C 形式存在，断口呈银白色，故称为白口铸铁。此类铸铁组织中存在大量莱氏体，性能是硬而脆，切削加工较困难。除少数用来制造不需加工的硬度高、耐磨零件外，主要用作炼钢原料。

(2) 灰口铸铁　它是第一、二阶段石墨化过程充分进行而得到的铸铁，其中碳主要以石墨形式存在，断口呈灰银白色，故称灰口铸铁，是工业上应用最多最广的铸铁。

(3) 麻口铸铁　它是第一阶段石墨化过程部分进行而得到的铸铁，其中一部分碳以石墨形式存在，另一部分以 Fe_3C 形式存在，其组织介于白口铸铁和灰口铸铁之间，断口呈黑白相间构成麻点，故称为麻口铸铁。该铸铁性能硬而脆、切削加工困难，故工业上使用也较少。

2. 按灰口铸铁中石墨形态分类

根据灰口铸铁中石墨存在的形态不同，可将铸铁分为以下四种。

(1) 灰铸铁　铸铁组织中的石墨呈片状。这类铸铁力学性能较差，但生产工艺简单，价格低廉，工业上应用最广。

(2) 可锻铸铁　铸铁中的石墨呈团絮状。其力学性能好于灰铸铁，但生产工艺较复杂，成本高，故只用来制造一些重要的小型铸件。

(3) 球墨铸铁　铸铁组织中的石墨呈球状。此类铸铁生产工艺比可锻铸铁简单，且力学性能较好，故得到广泛应用。

(4) 蠕墨铸铁　铸铁组织中的石墨呈短小的蠕虫状。蠕墨铸铁的强度和塑性介于灰铸铁和球墨铸铁之间。此外，它的铸造性、耐热疲劳性比球墨铸铁好，因此可用来制造大型复杂的铸件，以及在较大温度梯度下工作的铸件。

四、常用铸铁

1. 灰铸铁

1) 灰铸铁的化学成分

铸铁中碳、硅、锰是调节组织的元素，磷是控制使用的元素，硫是应限制的元素。目前生产中，灰铸铁的化学成分范围一般为：$w_C = 2.7\% \sim 3.6\%$，$w_{Si} = 1.0\% \sim 2.5\%$，$w_{Mn} = 0.5\% \sim 1.3\%$，$w_P \leqslant 0.3\%$，$w_S \leqslant 0.15\%$。

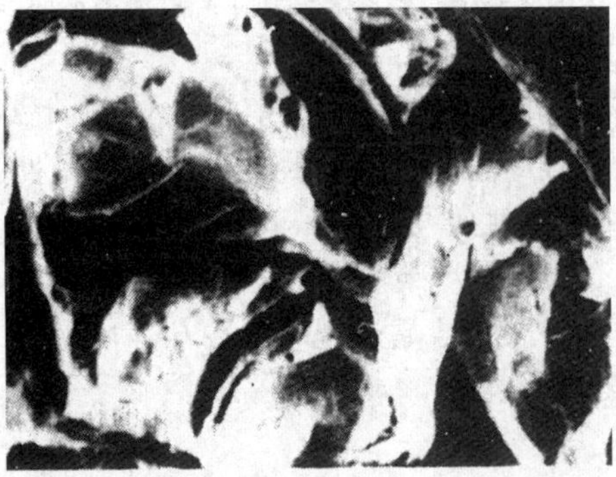

图 2-4-3

2) 灰铸铁的组织

灰铸铁是第一阶段和第二阶段石墨化过程都能充分进行时形成的铸铁，它的显微组织特征是片状石墨分布在各种基体组织上。

从灰铸铁中看到的片状石墨，实际上是一个立体的多枝石墨团。由于石墨各分枝都长成翘曲的薄片，在金相磨片上所看到的仅是这种多枝石墨团的某一截面，因此呈孤立的长短不等的片状(或细条状)石墨，其立体形态如图 2-4-3 所示。

由于第三阶段石墨化程度的不同，可以获得

三种不同基体组织的灰铸铁。

(1) 铁素体灰铸铁　若第一、第二和第三阶段石墨化过程都充分进行，则获得的组织是铁素体基体上分布片状石墨，如图 2-4-4(a)所示。

(2) 珠光体灰铸铁　若第一和第二阶段石墨化过程均能充分进行，而第二阶段石墨化过程完全没有进行，则获得的组织是珠光体基体上分布片状石墨，如图 2-4-4(b)所示。

(3) 珠光体+铁素体灰铸铁　若第一和第二阶段石墨化过程均能充分进行，而第三阶段石墨化过程仅部分进行，则获得的组织是珠光体加铁素体基体上分布片状石墨，如图 2-4-4(c)所示。

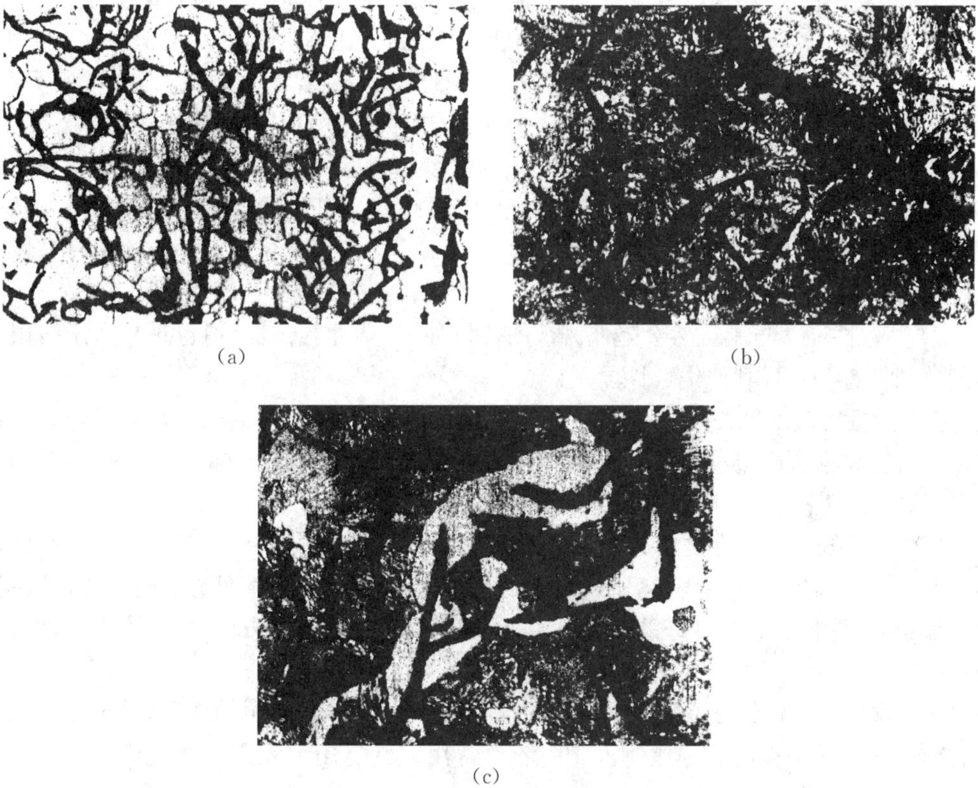

图 2-4-4

(a) 铁素体灰铸铁　(b) 珠光体灰铸铁　(c) 铁素体+珠光体灰铸铁

如果第三阶段石墨化过程完全没有进行，且第二阶段和第一阶段石墨化过程也仅部分进行，甚至完全没有进行，则将获得麻口铸铁甚至白口铸铁。

各阶段的石墨化过程能否进行和进行的程度如何，完全取决于影响石墨化的因素。图 2-4-5 表示在砂型铸造条件下，影响石墨化两个主要因素——铸

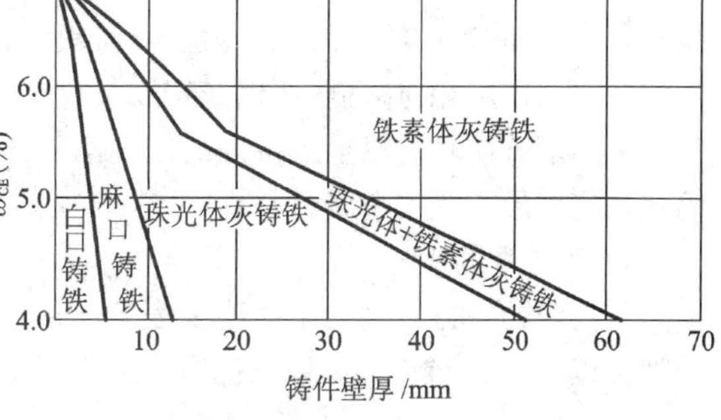

图 2-4-5

件壁厚(冷却速度)和化学成分(碳、硅总量)对铸件组织的影响。

3) 灰铸铁的性能特点

(1) 力学性能　灰铸铁组织相当于以钢为基体加片状石墨。基体中含有比钢更多的硅、锰等元素,这些元素可溶于铁素体中而使基体强化。因此,其基体的强度与硬度不低于相应的钢。片状石墨的强度、塑性、韧性几乎为零,可近似地把它看成是一些微裂纹,它不仅割断了基体的连续性,缩小了承受载荷的有效截面,而且在石墨片的尖端处导致应力集中,使材料形成脆性断裂。故灰铸铁的抗拉强度、塑性、韧性和弹性模量远比相应基体的钢低,如图 2-4-6 所示。石墨片的数量愈多,尺寸愈粗大,分布愈不均匀,对基体的割裂作用和应力集中现象愈严重,则铸铁的强度、塑性与韧性就愈低。

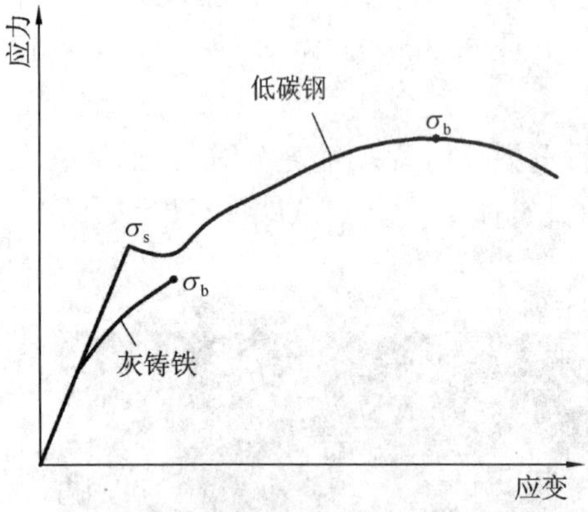

图 2-4-6

由于灰铸铁的抗压强度 σ_b、硬度与耐磨性主要取决于基体,石墨的存在对其影响不大,故灰铸铁的抗压强度一般是其抗拉强度的 3～4 倍。同时,珠光体基体比其他两种基体的灰铸铁具有较高的强度、硬度与耐磨性。

(2) 其他性能　石墨虽然会降低铸铁的抗拉强度、塑性和韧性,但也正是由于石墨的存在,使铸铁具有一系列其他优良性能。

① 铸造性能良好　由于灰铸铁的碳当量接近共晶成分,故与钢相比,不仅熔点低,流动性好,而且铸铁在凝固过程中要析出比容较大的石墨,部分地补偿了基体的收缩,从而减小了灰铸铁的收缩率,所以灰铸铁能浇铸形状复杂与壁薄的铸件。

② 减摩性好　减摩性是指减少对偶件被磨损的性能。灰铸铁中石墨本身具有润滑作用,而且当它从铸铁表面掉落后,所遗留下的孔隙具有吸附和储存润滑油的能力,使摩擦面上的油膜易于保持而具有良好的减摩性。所以承受摩擦的机床导轨、汽缸体等零件可用灰铸铁制造。

③ 减振性强　铸铁在受震动时,石墨能阻止震动的传播,起缓冲作用,并把震动能量转变为热能,灰铸铁减振能力约比钢大 10 倍,故常用作承受压力和震动的机床底座、机架、机床床身和箱体等零件。

④ 切削加工性良好　由于石墨割裂了基体的连续性,使铸铁切削时容易断屑和排屑,且石墨对刀具具有一定润滑作用,故可使刀具磨损减少。

⑤ 缺口敏感性小　钢常因表面有缺口(如油孔、键槽、刀痕等)造成应力集中,使力学性能显著降低,故钢的缺口敏感性大。灰铸铁中石墨本身已使金属基体形成了大量缺口,致使外加缺口的作用相对减弱,所以灰铸铁具有小的缺口敏感性。

由于灰铸铁具有以上一系列的优良性能,而且价廉,易于获得,故在目前工业生产中,它仍然是应用最广泛的金属材料之一。

4) 灰铸铁的牌号

灰铸铁的牌号以其力学性能来表示。依照 GB 5612-85《铸铁牌号表示方法》,灰铸铁的牌号以"HT"起首,其后以三位数字来表示,其中"HT"表示灰铸铁,数字为其最低抗拉强度值。例如，HT200，表示以 φ30 mm 单个铸出的试棒测出的抗拉强度值大于 200 MPa（但小于 300 MPa）。依照 GB 5675－85，灰铸铁共分为 HT100、HT150、HT200、HT250、HT300、HT350 六个牌号。其中，HT100 为铁素体灰铸铁，HT150 为珠光体—铁素体灰铸铁，HT200 和 HT250 为珠光体灰铸铁，HT300 和 HT350 为孕育铸铁。

2. 球墨铸铁

1）球墨铸铁的成分

球墨铸铁的化学成分与灰铸铁相比，其特点是含碳与含硅量高，含锰量较低，含硫与含磷量低，并含有一定量的稀土与镁。

由于球化剂镁和稀土元素都起阻止石墨化的作用，并使共晶点右移，所以球墨铸铁的碳当量较高。一般 $w_C = 3.6\% \sim 4.0\%$，$w_{Si} = 2.0\% \sim 3.2\%$。

锰有去硫、脱氧的作用，并可稳定和细化珠光体。故要求珠光体基体时，$w_{Mn} = 0.6\% \sim 0.9\%$；要求铁素体基体时，$w_{Mn} < 0.6\%$。

硫、磷是有害元素，其含量愈低愈好。硫不但易形成 MgS、Ce_2S_3 等消耗球化剂，引起球化不良，而且还会形成夹杂等缺陷，而磷会降低球墨铸铁的塑性。一般原铁水液中 $w_S < 0.07\%$，$w_P < 0.1\%$。

2）球墨铸铁的组织

球墨铸铁的组织特征：球铁的显微组织由球形石墨和金属基体两部分组成。随着成分和冷速的不同，球铁在铸态下的金属基体可分为铁素体、铁素体＋珠光体、珠光体三种，如图 2－4－7所示。在光学显微镜下观察时，石墨的外观接近球形。

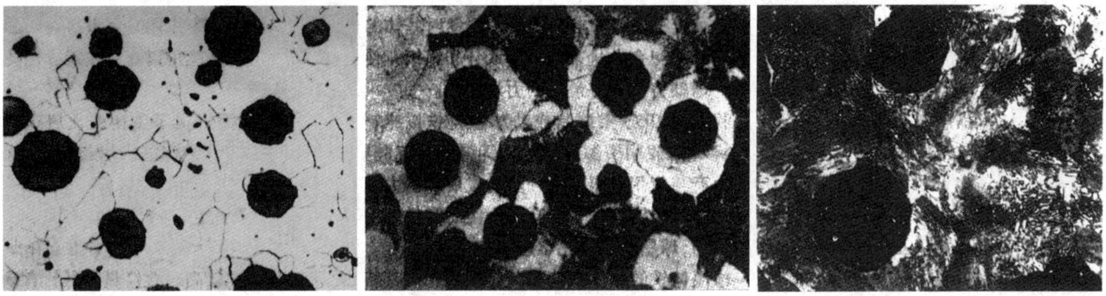

(a) 铁素体球墨铸铁　　(b) 铁素体＋珠光体球墨铸铁　　(c) 珠光体球墨铸铁

图 2－4－7

3）球墨铸铁的性能特点

（1）力学性能　由于球墨铸铁中的石墨呈球状，因此，球墨铸铁的基体强度利用率可高达 70%～90%，而灰铸铁的基体强度利用率仅为 30%～50%。所以球墨铸铁的抗拉强度、塑性、韧性不仅高于其他铸铁，而且可与相应组织的铸钢相媲美，如疲劳极限接近一般中碳钢；而冲击疲劳抗力则高于中碳钢；特别是球墨铸铁的屈强比几乎比钢提高一倍，一般钢的屈强比为 0.35～0.50，而球墨铸铁的屈强比达 0.7～0.8。在一般机械设计中，材料的许用应力是按屈服强度来确定的，因此，对于承受静载荷的零件，用球墨铸铁代替铸钢，就可以减轻机器重量。但球墨铸铁的塑性与韧性却低于钢。

球墨铸铁中的石墨球愈小、愈分散，球墨铸铁的强度、塑性、与韧性愈好，反之则差。球墨铸铁的力学性能还与其基体组织有关。铁素体基体具有高的塑性和韧性,但强度与硬度较低,耐磨性较差。珠光体基体强度较高,耐磨性较好,但塑性、韧性较低。铁素体+珠光体基体的性能介于前两种基体之间。经热处理后,具有回火马氏体基体的硬度最高,但韧性很低;下贝氏体基体则具有良好的综合力学性能。

(2) 其他性能　由于球墨铸铁有球状石墨存在,使它具有近似于灰铸铁的某些优良性能,如铸造性能、减摩性、切削加工性等。但球墨铸铁的过冷倾向大,易产生白口现象,而且铸件也容易产生缩松等缺陷,因而球墨铸铁的熔炼工艺和铸铁工艺都比灰铸铁要求高。

4) 球墨铸铁的牌号

我国球墨铸铁牌号的表示方法是用"QT"代号及其后面的两组数字组成。"QT"为球铁二字的汉语拼音字头,第一组数字代表最低抗拉强度值,第二组数字代表最低伸长率值。

球墨铸铁通过热处理可获得不同的基体组织,其性能可在较大范围内变化,加上球墨铸铁的生产周期短,成本低(接近于灰铸铁),因此,球墨铸铁在机械制造业中得到了广泛的应用。它成功地代替了不少碳钢、合金钢和可锻铸铁,用来制造一些受力复杂,强度、韧性和耐磨性要求高的零件。如具有高强度与耐磨性的珠光体球墨铸铁,常用来制造拖拉机或柴油机中的曲轴、连杆、凸轮轴,各种齿轮、机床的主轴、蜗杆、蜗轮、轧钢机的轧辊、大齿轮及大型水压机的工作缸、缸套、活塞等。具有高的韧性和塑性铁素体基体的球墨铸铁,常用来制造受压阀门、机器底座、汽车的后桥壳等。

第四节　铜、铝及合金

一、铜及合金

1. 工业纯铜的性质

纯铜又称紫铜,它的相对密度为 8.96 g/cm^3,熔点为 1 083.4℃。纯铜的导电性和导热性优良,仅次于银而居于第二位。纯铜具有面心立方晶格,无同素异构转变,强度不高,硬度很低,塑性极好,并有良好的低温韧性,可以进行冷、热压力加工。

纯铜具有很好的化学稳定性,在大气、淡水及冷凝水中均有优良的抗蚀性。但在海水中的抗蚀性较差,易被腐蚀。纯铜在含有 CO_2 的湿空气中,表面将产生碱性碳酸盐的绿色薄膜,又称铜绿。

工业纯铜中常有 0.1%~0.5%的杂质(铅、铋、氧、硫、磷等),它们使铜的导电能力降低。另外,铅、铋杂质能与铜形成熔点很低的共晶体(Cu+Pb)和(Cu+Bi),共晶温度分别为326℃和 270℃。当铜进行热加工时,这些共晶体发生熔化,破坏了晶界的结合,而造成脆性破裂,这种现象叫热脆。相反,硫、氧也能与铜形成($Cu+Cu_2S$)和($Cu+Cu_2O$)共晶体,它们的共晶温度分别为 1 067℃和 1 065℃,虽不会引起热脆性。但由于 Cu_2S 和 Cu_2O 均为脆性化合物,冷加工时易产生破裂,这种现象称为冷脆。铜的杂质是有规定的,我国工业纯铜有四个牌号,它们是 T_1(w_{Cu} = 99.95%), T_2(w_{Cu} = 99.90%), T_3(w_{Cu} = 99.70%), T_4(w_{Cu} =99.50%)。

纯铜主要用于导电、导热及兼有耐蚀性的器材,如电线、电缆、电刷、防磁器械、化工用传热或深冷设备等。纯铜是配制铜合金的原料,铜合金具有比纯铜好的强度及耐蚀性,是电气仪表、化工、造船、航空、机械等工业部门中的重要材料。

2. 铜合金的分类

铜合金的分类通常有下列两种分法：

(1) 按化学成分　铜合金可分为黄铜、青铜及白铜(铜镍合金)三大类，在机器制造业中，应用较广的是黄铜和青铜。

黄铜是以锌为主要合金元素的铜-锌合金。其中不含其他合金元素的黄铜称普通黄铜(或简单黄铜)，含有其他合金元素的黄铜称为特殊黄铜(或复杂黄铜)。

青铜是以除锌和镍以外的其他元素作为主要合金元素的铜合金。按其所含主要合金元素的种类可分为锡青铜、铅青铜、铝青铜、硅青铜等。

(2) 按生产方法　铜合金可分为压力加工产品和铸造产品两类。

二、铝及合金

1. 工业纯铝性能

工业上使用的纯铝，一般指其纯度为 99%～99.99%。纯铝具有下述性能特点：

(1) 纯铝的密度较小(约 2.7 g/cm^3)；熔点为 660℃；具有面心立方晶格；无同素异晶转变，故铝合金的热处理原理和钢不同。

(2) 纯铝的导电性、导热性很高，仅次于银、铜、金。在室温下，铝的导电能力为铜的 62%，但按单位质量导电能力计算，则铝的导电能力约为铜的 200%。

(3) 纯铝是无磁性、无火花材料，而且反射性能好，既可反射可见光，也可反射紫外线。

(4) 纯铝的强度很低(σ_b 为 80～100 MPa)，但塑性很高($\delta = 35\% \sim 40\%$，$\psi = 80\%$)。通过加工硬化，可使纯铝的硬度提高(σ_b 为 150～200 MPa)，但塑性下降($\psi = 50\% \sim 60\%$)。

(5) 在空气中，铝的表面可生成致密的氧化膜。它可隔绝空气，故在大气中具有良好的耐蚀性。但铝不能耐酸、碱、盐的腐蚀。

工业纯铝的主要用途是：代替贵重的铜合金，制作导线。配制各种铝合金以及制作要求质轻、导热或耐大气腐蚀但强度要求不高的器具。

2. 工业纯铝分类

工业纯铝分为纯铝($99\% < w_{Al} < 99.85\%$)和高纯铝($w_{Al} > 99.85\%$)两类。纯铝分为未压力加工产品(铸造纯铝)及压力加工产品(变形铝)两种。按 GB/T 8063－94 规定，铸造纯铝牌号由“Z”和铝的化学元素符号及表明铝含量的数字组成，例如 ZA199.5 表示 $w_{Al} = 99.5\%$ 的铸造纯铝；变形铝按 GB/T 16474－1996 规定，其牌号用四位字符体系的方法命名，即用 1××× 表示，牌号的最后两位数字表示最低铝百分含量中小数点后面两位数字，牌号第二位的字母表示原始纯铝的改型情况，如果字母为 A，则表示为原始纯铝。例如，牌号 1A30 的变形铝表示 $w_{Al} = 99.30\%$ 的原始纯铝，若为其他字母，则表示为原始纯铝的改型。按 GB/T 3190－1996 规定，我国变形铝的牌号有 1A50、1A30 等，高纯铝的牌号有 1A99、1A97、1A93、1A90、1A85 等。

3. 铝合金的分类

铝合金可分为变形铝合金和铸造铝合金两大类。变形铝合金是将合金熔融铸成锭子后，再通过压力加工(轧制、挤压、模锻等)制成半成品或模锻件，故要求合金应有良好的塑性变形能力。铸造铝合金则是将熔融的合金直接铸成复杂的甚至是薄壁的成型件，故要求合金应具有良好的塑性变形能力。铸造铝合金则是将熔融的合金直接铸成形状复杂的甚至是薄壁的成型体,故要求合金应具有良好的铸造流动性。

1）铸造铝合金

铸造铝合金要求具有良好的铸造性能,因此,合金组织中应有适当数量的共晶体。铸造铝合金的合金元素含量一般高于变形铝合金。常用的铸造铝合金中,合金元素总量约为8%~25%。铸造铝合金有铝硅系、铝铜系、铝镁系、铝锌系四种,其中以铝硅系合金应用最广。

2）变形铝合金

变形铝合金可按其性能特点分为铝锰系、铝镁系、铝铜镁系、铝铜镁锌系、铝铜镁硅系等。这些合金常经冶金厂加工成各种规格的板、带、线、管等型材供应。

第五节　滑动轴承合金

滑动轴承是指支承轴和其他转动或摆动零件的支承件。它是由轴承体和轴瓦两部分构成的。轴瓦可以直接由耐磨合金制成,也可在钢体上浇铸一层耐磨合金内衬制成。用来制造轴瓦及其内衬的合金,称为轴承合金。

滑动轴承支承着轴进行工作。当轴旋转时,轴与轴瓦之间产生相互摩擦和磨损,轴对轴承施有周期性交变载荷,有时还伴有冲击等。滑动轴承的基本作用是将轴准确地定位,并在载荷作用下支承轴颈而不被破坏,因此,对滑动轴承的材料有很高要求。

一、滑动轴承合金的性能要求

(1) 具有良好的减摩性　良好的减摩性应综合体现以下性能:

① 摩擦系数低。

② 磨合性(跑合性)好　磨合性是指在不长的工作时间后,轴承与轴能自动吻合,使载荷均匀作用在工作面上,避免局部磨损。这就要求轴承材料硬度低、塑性好。同时还可使外界落入轴承间的较硬杂质陷入软基体中,减少对轴的磨损。

③ 抗咬合性好　这是指摩擦条件不良时,轴承材料不致与轴粘着或焊合。

(2) 具有足够的力学性能　滑动轴承合金要有较高的抗压强度和疲劳强度,并能抵抗冲击和振动。

(3) 滑动轴承合金还应具有良好的导热性、小的热膨胀系数、良好的耐蚀性和铸造性能。

二、滑动轴承合金的组织特征

为满足上述要求,轴承合金的成分和组织应具备如下特点。

(1) 轴承材料基体应与钢铁互溶性小　因轴颈材料多为钢铁,为减少轴瓦与轴颈的粘着性和擦伤性,轴承材料的基体应采用对钢铁互溶性小的金属,即与金属铁的晶体类型、晶格常数、电化学性能等差别大的金属,如锡、铅、铝、铜、锌等。这些金属与钢铁配对运动时,与钢铁不易互溶或形成化合物。

(2) 轴承合金组织应软硬兼备　金相组织应由多个相组成,如软基体上分布着硬质点,

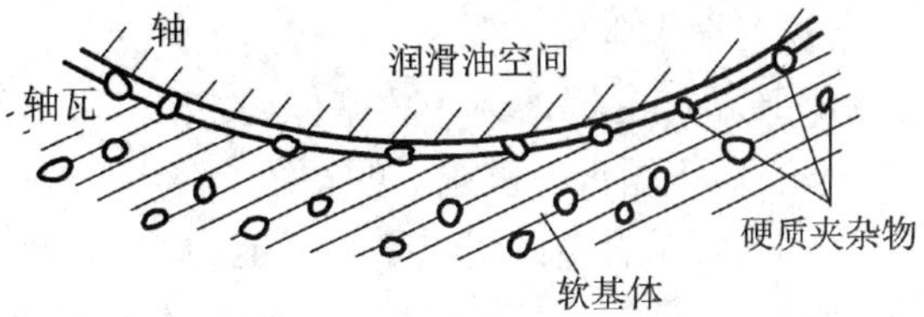

图 2-4-8

或硬基体上嵌镶软颗粒，如图 2-4-8 所示。

机器运转时，软的基体很快被磨损而凹陷下去，减少了轴与轴瓦的接触面积，硬的质点比较抗磨便凸出在基体上，这时凸起的硬质点支撑轴所施加的压力，而凹坑能储存润滑油，可降低轴和轴瓦之间的摩擦系数，减少轴颈和轴瓦的磨损。同时，软基体具有抗冲击、抗振和较好的磨合能力。此外，软基体具有良好的嵌镶能力，润滑油中的杂质和金属碎粒能够嵌入轴瓦内而不致划伤轴颈表面。

硬基体上分布软质点的组织，也可达到同样的目的，该组织类型的轴瓦具有较大的承载能力，但磨合能力较差。

三、常用的滑动轴承合金

滑动轴承的材料主要是有色金属。常用的有锡基轴承合金、铅基轴承合金、铜基轴承合金、铝基轴承合金等。

1. 锡基轴承合金与铅基轴承合金(巴氏合金)

(1) 锡基轴承合金(锡基巴氏合金)　它是以锡为基体元素，加入锑、铜等元素组成的合金。其显微组织中暗色基体是锑溶入锡所形成的 α 固溶体(硬度为 24～30 HBS)，作为软基体；硬质点是以化合物 SnSb 为基体的 β 固溶体(硬度为 110 HBS，呈白色方块状)以及化合物 Cu_3Sn(呈白色星状)和化合物 Cu_6Sn_5(呈白色针状或粒状)。化合物 Cu_3Sn 和 Cu_6Sn_5 首先从液相中析出，其密度与液相接近，可形成均匀的骨架，防止密度较小的 β 相上浮，以减少合金的比密度偏析。

锡基轴承合金摩擦系数小，塑性和导热性好，是优良的减摩材料，常用作重要的轴承，如汽轮机、发动机、压气机等巨型机器的高速轴承。它的主要缺点是疲劳强度较低，且锡较稀少，因此这种轴承合金价格最贵。

(2) 铅基轴承合金(铅基巴氏合金)　它是铅一锑为基体的合金。加入锡能形成 SnSb 硬质点，并能大量溶入铅中而强化基体，故可提高铅基合金的强度和耐磨性。加铜可形成 Cu_2Sb 硬质点，并防止比密度偏析。铅基轴承合金的显微组织中，黑色软基体为$(\alpha+\beta)$共晶体(硬度为 7～8 HBS)，α 相是锑溶入铅所形成的固溶体，β 相是以 SnSb 化合物为基的含铅的固溶体。硬质点是初生的 β 相(白色方块状)及化合物 Cu_2Sb(白色针状或晶状)。

铅基轴承合金的强度、塑性、韧性及导热性、耐蚀性均较锡基合金低，且摩擦系数较大，但价格较便宜。因此，铅基轴承合金常用来制造承受中、低载荷的中速轴承。如汽车、拖拉机的曲轴，连杆轴承及电动机轴承。

2. 铜基轴承合金

有许多种铸造青铜和铸造黄铜均可用作轴承合金，其中应用最多的是锡青铜和铅青铜，铅青铜中常用的有 ZCuPb30，铅含量 $w_{Pb}=30\%$，其余为铜。铅不溶于铜中，其室温显微组织为 Cu+Pb，铜为硬基体，颗粒状铅为软质点，是硬基体上分布软质点的轴承合金，这类合金可以制造承受高速、重载的重要轴承，如航空发动机、高速柴油机等轴承。

锡青铜中常用ZCuSn10P1,其成分为$w_{Sn}=10\%$, $w_P=1\%$,其余为w_{Cu}。室温组织为$\alpha+\delta+Cu_3P$, α固溶体为软基体,δ相及Cu_3P为硬质点,该合金硬度高,适合制造高速、重载的汽轮机、压缩机等机械上的轴承。

铜基轴承合金的优点是承载能力大,耐疲劳性能好,使用温度高,优良的耐磨性和导热性,它的缺点主要是顺应性和嵌镶性较差,对轴颈的相对磨损较大。

3. 铝基轴承合金

铝基轴承合金密度小,导热性好、疲劳强度高,价格低廉,广泛应用于高速负荷条件下工作的轴承上。按化学成分可分为铝锡系(Al-20%Sn-1%Cu)、铝锑系(Al-4%Sb-0.5%Mg)和铝石墨系(Al-8Si合金基体+3%~6%石墨)三类。

铝锡系铝基轴承合金具有疲劳强度高、耐热性和耐磨性良好等优点,因此适宜制造高速、重载条件下工作的轴承。铝锑系铝基轴承合金适用于载荷不超过20 MPa、滑动线速度不大于10 m/s工作条件下的轴承。铝石墨系轴承合金具有优良的自润滑作用和减震作用以及耐高温性能,适用于制造活塞和机床主轴的轴承。

思考题

2-4-1 解释下列钢的牌号含义、类别及热处理方法:

20CrMnTi, 40Cr, 4Cr13, 16Mn, T10A, 1Cr18Ni9Ti, Cr12MoV, W6Mo5Cr4V2, 38CrMoAlA, 5CrMnMo, GCr15, 55Si2Mn

2-4-2 什么是热脆与冷脆?

2-4-3 根据括号内提供的钢号(08F, 20, T8, T12, 65Mn, 45)选择下列工件所采用的材料:冷冲压件,螺钉,齿轮,小弹簧,锉刀。

2-4-4 铸铁分为哪几类?其最基本的区别是什么?

2-4-5 影响石墨化的因素有哪些?是如何影响的?

附　　录

附录 A　常用截面的几何性质

截面形状	惯性矩	抗弯截面系数
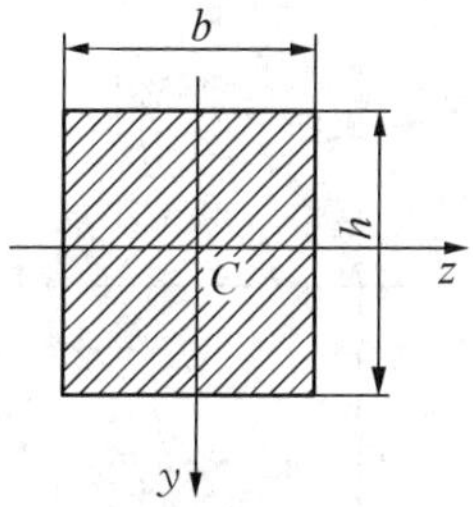	$I_z = \frac{bh^3}{12}$ $I_r = \frac{hb^3}{12}$	$W_z = \frac{bh^2}{6}$
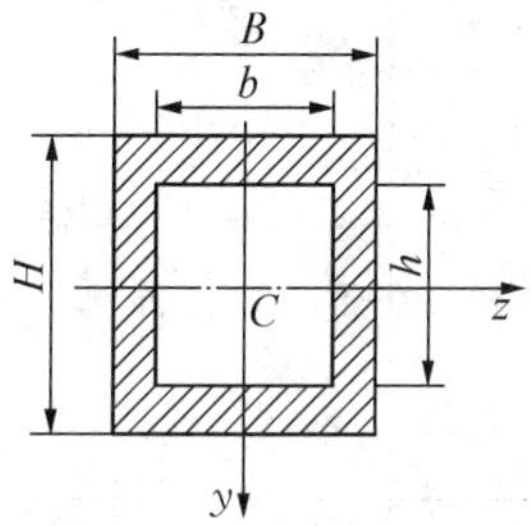	$I_z = \frac{BH^3 - bh^3}{12}$ $I_r = \frac{HB^3 - hb^3}{12}$	$W_z = \frac{BH^3 - bh^3}{6H}$
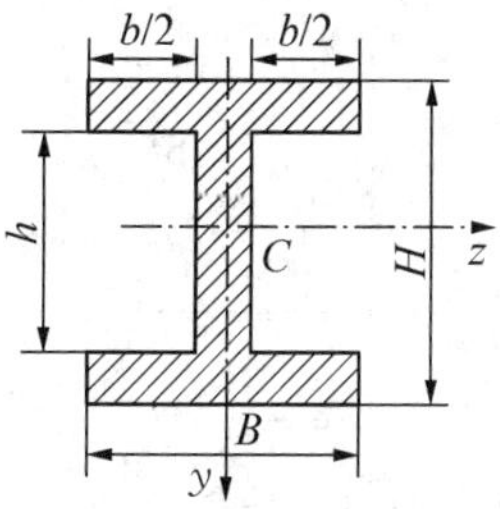	$I_x = \frac{BH^3 - bh^3}{12}$	$W_x = \frac{BH^3 - bh^3}{6H}$
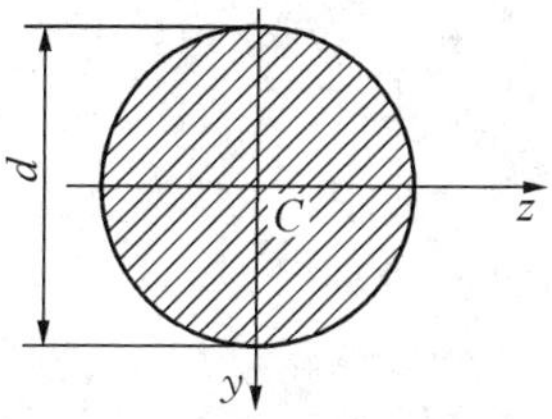	$I_x = I_y = \frac{\pi d^4}{64}$	$W_x = \frac{\pi d^3}{32}$

(续表)

截面形状	惯性矩	抗弯截面系数
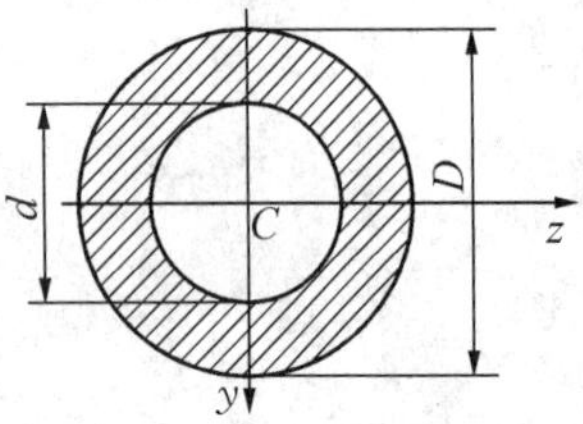	$I_x = I_y = \frac{\pi D^4}{64}(1-a^4)$	$W_x = \frac{\pi D^3}{32}(1-a^4)$

附录B　梁在简支载荷作用下的变形

序号	梁的简图	挠曲线方程	端截面转角	最大挠度
1	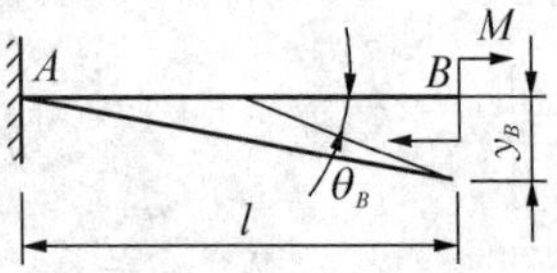	$y=-\frac{Mx^2}{2EI}$	$\theta_B=-\frac{Ml}{EI}$	$y_B=-\frac{Ml^2}{2EI}$
2	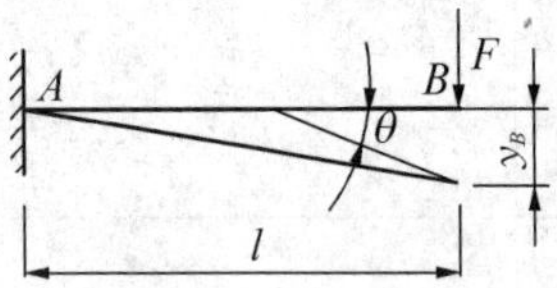	$y=-\frac{Fx^2}{6EI}(3l-x)$	$\theta_B=-\frac{Fl^2}{2EI}$	$y_B=-\frac{Fl^3}{3EI}$
3	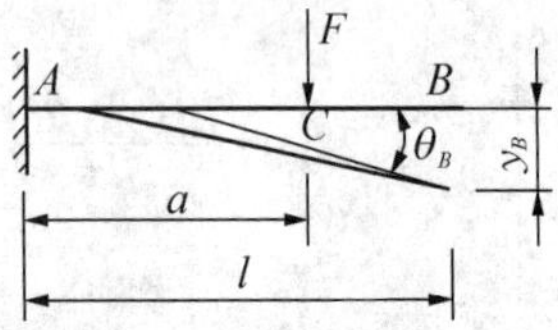	$y=-\frac{Fx^2}{6EI}(3a-x)$ $(0\leqslant x\leqslant a)$ $y=-\frac{Fa^2}{6EI}(3x-a)$ $(a\leqslant x\leqslant l)$	$\theta_B=-\frac{Fa^2}{2EI}$	$y_B=-\frac{Fa^2}{6EI}(3l-a)$
4	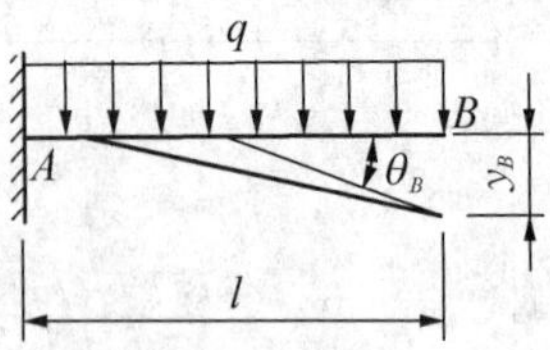	$y=-\frac{qx^2}{24EI}(x^2-4lx+6l^2)$	$\theta_B=-\frac{ql^3}{6EI}$	$y_B=-\frac{ql^4}{8EI}$
5	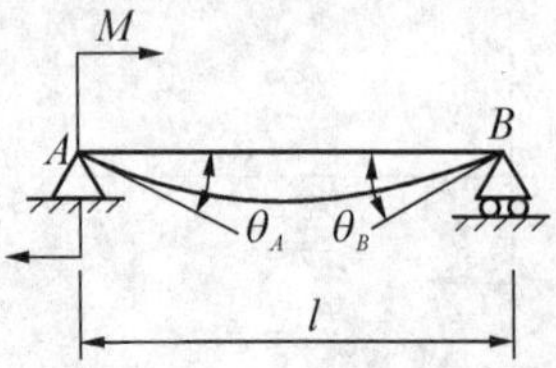	$y=-\frac{Mx}{6EIl}(l-x)(2l-x)$	$\theta_A=-\frac{Ml}{3EI}$ $\theta_B=\frac{Ml}{6EI}$	$x=\left(1-\frac{1}{\sqrt{3}}\right)l$ $y_{max}=-\frac{Ml^2}{9\sqrt{3}EI}$ $x=\frac{l}{2}$，$y_{l/2}=-\frac{Ml^2}{16EI}$

（续表）

序号	梁的简图	挠曲线方程	端截面转角	最大挠度
6	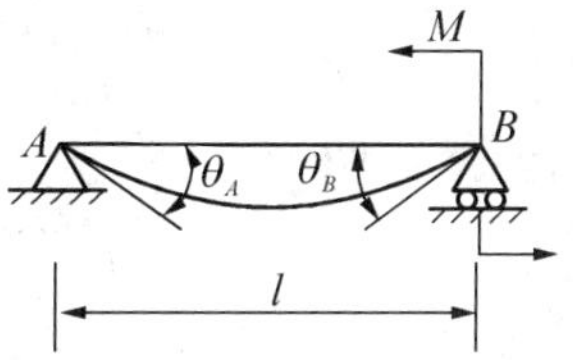	$y=-\frac{Mx}{6EIl}(l^2-x^2)$	$\theta_A=-\frac{Ml}{6EI}$ $\theta_B=\frac{Ml}{3EI}$	$x=\frac{l}{\sqrt{3}}$ $y_{\max}=-\frac{Ml^2}{9\sqrt{3}EI}$ $x=\frac{l}{2}$，$y_{l/2}=-\frac{Ml^2}{16EI}$
7	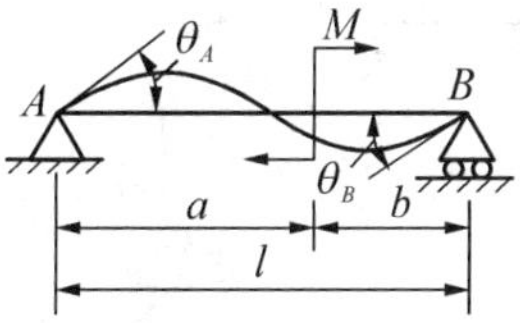	$y=\frac{Mx}{6EIl}(l^2-3b^2-x^2)$ $(0\leqslant x\leqslant a)$ $y=\frac{M}{6EIl}[-x^3+3l(x-a)^2+(l^2-3b^2)x]$ $(a\leqslant x\leqslant l)$	$\theta_A=\frac{M}{6EIl}(l^2-3b^2)$ $\theta_B=\frac{M}{6EIl}(l^2-3a^2)$	
8	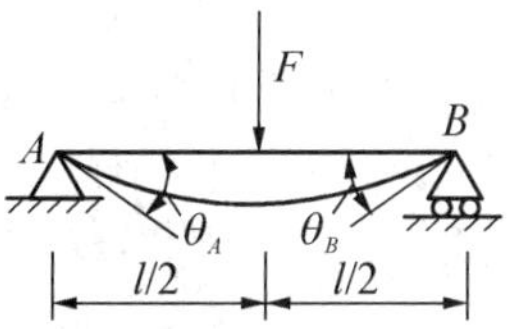	$y=-\frac{Fx}{48EI}(3l^2-4x^2)$ $\left(0\leqslant x\leqslant\frac{l}{2}\right)$	$\theta_A=-\theta_B=-\frac{Fl^2}{16EI}$	$y_{\max}=-\frac{Fl^3}{48EI}$
9	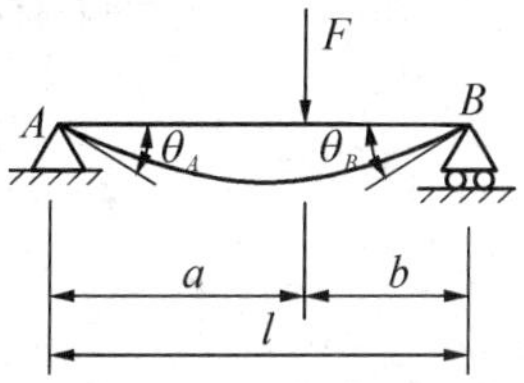	$y=-\frac{Fbx}{6EIl}(l^2-x^2-b^2)$ $(0\leqslant x\leqslant a)$ $y=-\frac{Fb}{6EIl}\left[\frac{l}{b}(x-a)^3+(l^2-b^2)x-x^3\right]$ $(a\leqslant x\leqslant l)$	$\theta_A=-\frac{Fab(l+b)}{6EIl}$ $\theta_B=\frac{Fab(l+a)}{6EIl}$	设 $a>b$，$x=\sqrt{\frac{l^2-b^2}{3}}$ 处 $y_{\max}=-\frac{Fb\sqrt{(l^2-b^2)^3}}{9\sqrt{3}EIl}$ 在 $x=\frac{1}{2}$ 处， $y_{l/2}=-\frac{Fb(3l^2-4b^2)}{48EI}$
10	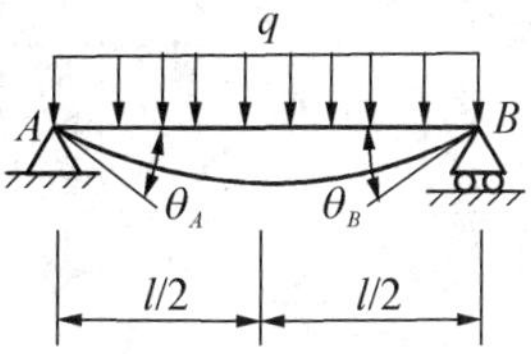	$y=-\frac{qx}{24EI}(l^2-2lx^2+x^3)$	$\theta_A=-\theta_B$ $=-\frac{ql^3}{24EI}$	$y_{\max}=-\frac{5ql^4}{384EI}$
11	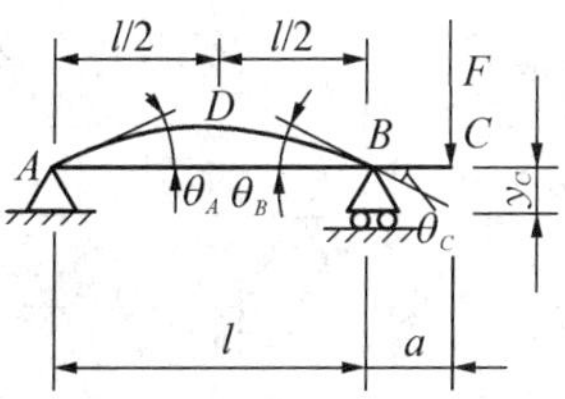	$y=\frac{Fax}{6EIl}(l^2-x^2)$ $(0\leqslant x\leqslant l)$ $y=-\frac{F(x-l)}{6EI}[a(3x-l)-(x-l)^2]$ $(l\leqslant x\leqslant (l+a))$	$\theta_A=-\frac{1}{2}\theta_B$ $=\frac{Fal}{6EI}$ $\theta_B=-\frac{Fal}{3EI}$ $\theta_C=-\frac{Fa}{6EI}(2l+3a)$	$y_C=-\frac{Fa^2}{3EI}(l+a)$

(续表)

序号	梁的简图	挠曲线方程	端截面转角	最大挠度
12	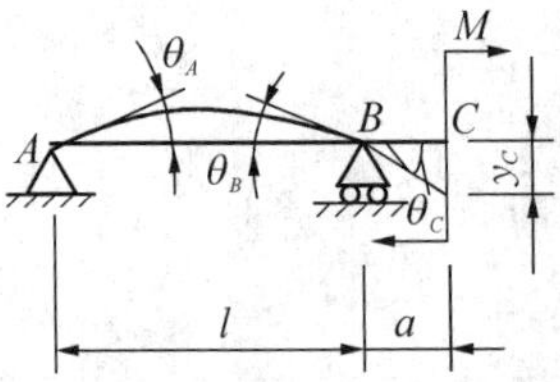	$y=-\frac{Mx}{6EIl}(x^2-l^2)$ $(0\leqslant x\leqslant l)$ $y=-\frac{M}{6EI}(3x^2-4xl+l^2)$ $(l\leqslant x\leqslant (l+a))$	$\theta_A=-\frac{1}{2}\theta_B=\frac{Ml}{6EI}$ $\theta_B=-\frac{Ml}{3EI}$ $\theta_C=-\frac{M}{3EI}(l+3a)$	$y_C=-\frac{Ma}{6EI}(2l+3a)$

附录C 型钢表

一、热轧等边角钢(YB166-65)

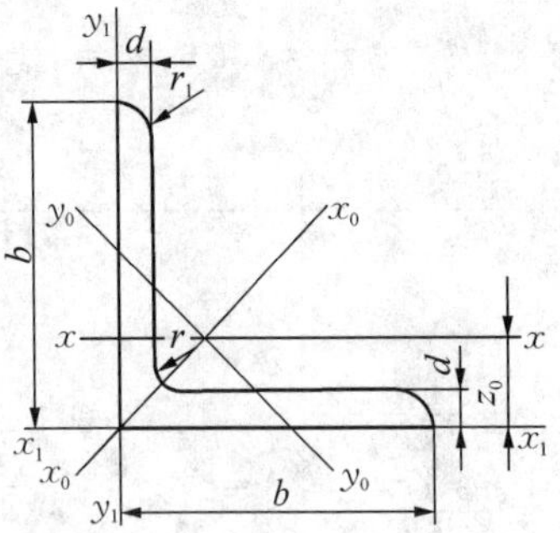

符号意义：

b——边宽；

d——边厚；

r——内圆弧半径；

r_1——边端内弧半径；

r_2——边端外弧半径；

r_0——顶端圆弧半径；

I——惯性矩；

i——惯性半径；

W——截面系数；

z_0——重心距离。

角钢号数	尺寸/mm			截面面积/cm^2	理论重量/(kg/m)	外表面积/(m^2/m)	参考数值										z_0/cm
							$x-x$			x_0-x_0			y_0-y_0			x_1-x_1	
	b	d	r				I_x/cm^4	i_x/cm	W_x/cm^3	I_{x0}/cm^4	i_{x0}/cm	W_{x0}/cm^3	I_{y0}/cm^4	i_{y0}/cm	W_{y0}/cm^3	I_{x1}/cm^4	
2	20	3	3.5	1.132	0.889	0.073	0.40	0.59	0.29	0.63	0.75	0.45	0.17	0.39	0.20	0.81	0.60
		4		1.459	1.145	0.077	0.50	0.58	0.36	0.78	0.73	0.55	0.22	0.38	0.24	1.09	0.64
2.5	25	3		1.432	1.124	0.098	0.82	0.76	0.46	1.29	0.95	0.73	0.34	0.49	0.33	1.57	0.73
		4		1.859	1.459	0.097	1.03	0.74	0.59	1.62	0.93	0.92	0.43	0.43	0.40	2.11	0.76
3.0	30	3	4.5	1.749	1.373	0.117	1.46	0.91	0.68	2.31	1.15	1.09	0.61	0.59	0.51	2.71	0.85
		4		2.276	1.786	0.117	1.84	0.90	0.87	2.92	1.13	1.37	0.77	0.58	0.62	3.63	0.89
3.6	36	3		2.109	1.656	0.141	2.58	1.11	0.99	4.09	1.39	1.61	1.07	0.71	0.76	4.68	1.00
		4		2.756	2.163	0.141	3.29	1.09	1.28	5.22	1.38	2.05	1.37	0.70	0.93	6.25	1.04
		5		3.382	2.654	0.141	3.95	1.08	1.56	6.24	1.36	2.45	1.65	0.70	1.09	7.84	1.07

（续表）

角钢号数	尺寸/mm b	尺寸/mm d	尺寸/mm r	截面面积/cm²	理论重量/(kg/m)	外表面积/(m²/m)	参考数值 x - x I_x/cm⁴	x - x i_x/cm	x - x W_x/cm³	$x_0 - x_0$ I_{x0}/cm⁴	$x_0 - x_0$ i_{x0}/cm	$x_0 - x_0$ W_{x0}/cm³	$y_0 - y_0$ I_{y0}/cm⁴	$y_0 - y_0$ i_{y0}/cm	$y_0 - y_0$ W_{y0}/cm³	$x_1 - x_1$ I_{x1}/cm⁴	z_0/cm
4.0	40	3	5	2.359	1.852	0.157	3.59	1.23	1.23	5.69	1.55	2.01	1.49	0.79	0.96	6.41	1.09
		4		3.086	2.422	0.157	4.60	1.22	1.60	7.29	1.54	2.58	1.91	0.79	1.19	8.56	1.13
		5		3.791	2.976	0.156	5.53	1.21	1.96	8.76	1.52	3.10	2.30	0.78	1.39	10.74	1.17
4.5	45	3		2.659	2.088	0.177	5.17	1.40	1.58	8.20	1.76	2.58	2.14	0.90	1.24	9.12	1.22
		4		3.486	2.736	0.177	6.65	1.38	2.05	10.56	1.74	3.32	2.75	0.89	1.54	12.18	1.26
		5		4.292	3.369	0.176	8.04	1.37	2.51	12.74	1.72	4.00	3.33	0.88	1.81	15.25	1.30
		6		5.076	3.985	0.176	9.33	1.36	2.95	14.76	1.70	4.64	3.89	0.88	2.06	18.36	1.33
5	50	3	5.5	2.971	2.332	0.197	7.18	1.55	1.96	11.37	1.96	3.22	2.98	1.00	1.57	12.50	1.34
		4		3.897	3.059	0.197	9.26	1.54	2.56	14.70	1.94	4.16	3.82	0.99	1.96	16.69	1.38
		5		4.803	3.770	0.196	11.21	1.53	3.13	17.79	1.92	5.03	4.64	0.98	2.31	20.90	1.42
		6		5.688	4.465	0.196	13.05	1.52	3.68	20.68	1.91	5.85	5.42	0.98	2.63	25.14	1.46
5.6	56	3	6	3.343	2.624	0.221	10.19	1.75	2.48	16.14	2.20	4.08	4.24	1.13	2.02	17.56	1.48
		4		4.390	3.446	0.220	13.18	1.73	3.24	20.92	2.18	5.28	5.26	1.11	2.52	23.43	1.53
		5		5.415	4.251	0.220	16.02	1.72	3.97	25.42	2.17	6.42	6.61	1.10	2.98	29.33	1.57
		8		8.367	6.568	0.219	23.63	1.68	6.03	37.37	2.11	9.44	9.89	1.09	4.16	47.24	1.68
6.3	63	4	7	4.978	3.907	0.248	19.03	1.96	4.13	30.17	2.46	6.78	7.89	1.26	3.29	33.33	1.70
		5		6.143	4.822	0.248	23.17	1.94	5.08	36.77	2.45	8.25	9.57	1.25	3.90	41.73	1.74
		6		7.288	5.721	0.247	27.12	1.93	6.00	43.03	2.43	9.66	11.20	1.24	4.46	50.14	1.78
		8		9.515	7.469	0.247	34.46	1.90	7.75	54.56	2.40	12.25	14.33	1.23	5.47	67.11	1.85
		10		11.657	9.151	0.246	41.09	1.88	9.39	64.85	2.36	14.56	17.33	1.22	6.36	84.31	1.93
7	70	4	8	5.570	4.372	0.275	26.39	2.18	5.14	41.80	2.74	8.44	10.99	1.40	4.17	45.74	1.86
		5		6.875	5.397	0.275	32.21	2.16	6.32	51.08	2.73	10.32	13.34	1.39	4.95	57.21	1.91
		6		8.160	6.406	0.275	37.77	2.15	7.48	59.93	2.71	12.11	15.61	1.38	5.67	68.73	1.95
		7		9.424	7.398	0.275	43.09	2.14	8.59	68.35	2.69	13.81	17.82	1.38	6.34	80.29	1.99
		8		10.667	8.373	0.274	48.17	2.12	9.68	76.37	2.68	15.43	19.98	1.37	6.98	91.92	2.03
7.5	75	5	9	7.367	5.818	0.295	39.97	2.33	7.32	63.30	2.92	11.94	16.63	1.50	5.77	70.56	2.04
		6		8.797	6.905	0.294	46.95	2.31	8.64	74.38	2.90	14.02	19.51	1.49	6.67	84.55	2.07
		7		10.160	7.976	0.294	53.57	2.30	9.93	84.96	2.89	16.02	22.18	1.48	7.44	98.71	2.11
		8		11.503	9.030	0.294	59.96	2.28	11.20	95.07	2.88	17.03	24.86	1.47	8.19	112.97	2.15
		10		14.126	11.089	0.293	71.98	2.26	13.64	113.92	2.84	21.49	30.05	1.46	9.56	141.71	2.22
8	80	5		7.912	6.211	0.315	48.79	2.48	8.34	77.33	3.13	13.67	20.25	1.60	6.66	85.36	2.15
		6		9.397	7.376	0.314	57.35	2.47	9.87	90.98	3.11	16.08	23.72	1.59	7.65	102.50	2.19
		7		10.860	8.525	0.314	65.58	2.48	11.37	104.07	3.10	18.40	27.09	1.58	8.58	119.70	2.23
		8		12.303	9.658	0.314	73.49	2.44	12.83	116.60	3.03	20.61	30.39	1.57	9.46	136.97	2.27
		10		15.126	11.874	0.313	88.43	2.42	15.64	140.09	3.04	24.76	36.77	1.56	11.08	171.74	2.35

(续表)

角钢号数	尺寸/mm			截面面积/cm²	理论重量/(kg/m)	外表面积/(m²/m)	参考数值										z_0/cm
							$x-x$			x_0-x_0			y_0-y_0			x_1-x_1	
	b	d	r				I_x/cm⁴	i_x/cm	W_x/cm³	I_{x0}/cm⁴	i_{x0}/cm	W_{x0}/cm³	I_{y0}/cm⁴	i_{y0}/cm	W_{y0}/cm³	I_{x1}/cm⁴	
9	90	6	10	10.637	8.350	0.354	82.77	2.79	12.61	131.26	3.51	20.63	34.28	1.80	9.95	145.87	2.44
		7		12.301	9.656	0.354	94.83	2.78	14.54	150.47	3.50	23.64	39.18	1.78	11.19	170.30	2.48
		8		13.944	10.946	0.353	106.47	2.76	16.42	168.97	3.48	26.55	43.97	1.78	12.35	194.80	2.52
		10		17.167	13.476	0.353	128.58	2.74	20.07	203.90	3.45	32.04	53.26	1.76	14.52	244.07	2.59
		12		20.306	15.940	0.352	149.22	2.71	23.57	236.21	3.41	37.12	62.22	1.75	16.49	293.76	2.67
10	100	6	12	11.932	9.366	0.393	114.95	3.10	15.68	181.98	3.90	25.74	47.92	2.00	12.69	200.07	2.67
		7		13.796	10.830	0.393	131.86	3.09	18.10	208.97	3.89	29.55	54.74	1.99	14.26	233.54	2.71
		8		15.638	12.276	0.393	148.24	3.08	20.47	235.07	3.88	33.24	61.41	1.98	15.75	267.09	2.76
		10		19.261	15.120	0.392	179.51	3.05	25.06	284.68	3.84	40.26	74.35	1.96	18.54	334.43	2.84
		12		22.800	17.898	0.391	208.90	3.03	29.48	330.95	3.81	46.80	86.84	1.95	21.08	402.34	2.91
		14		26.256	20.611	0.391	236.53	3.00	33.73	374.06	3.77	52.90	99.00	1.94	23.44	470.75	2.99
		16		29.627	23.257	0.390	262.53	2.98	37.82	414.16	3.74	58.57	110.89	1.94	25.63	539.80	3.06

注：1. $r_1 = 1/3d$，$r_2 = 0$，$r_0 = 0$

2. 角钢长度：

钢号	2～4 号	4.5～8 号	9～14 号	16～20 号
长度	3～9 m	4～12 m	4～19 m	6～19 m

3. 一般采用的材料：Q215　Q235　Q275　Q2315F

二、热轧普通工字钢(GB 706－1065)

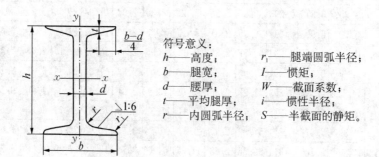

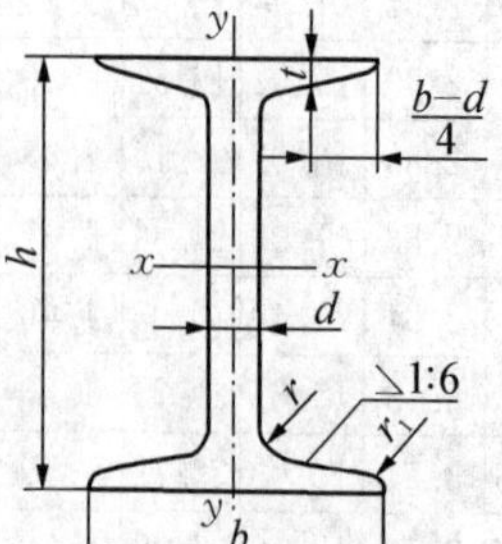

符号意义：

h——高度；　r_1——腿端圆弧半径；

b——腿宽；　I——惯矩；

d——腰厚；　W——截面系数；

t——平均腿厚；　i——惯性半径；

r——内圆弧半径；　S——半截面的静矩。

型号	尺寸/mm						截面面积/cm²	理论重量/(kg/m)	参考数值						
									x-x				y-y		
	h	b	d	t	r	r_1			I_x/cm⁴	W_x/cm³	i_x/cm	$I_x:S_x$	I_y/cm⁴	W_y/cm³	i_y/cm
10	100	68	4.5	7.6	6.5	3.3	14.3	11.2	245	49	4.14	8.59	33	9.72	1.52
12.6	126	74	5	8.4	7	3.5	18.1	14.2	488.43	77.529	5.195	10.85	46.906	12.677	1.609
14	140	80	5.5	9.1	7.5	3.8	21.5	16.9	712	102	5.76	12	64.4	16.1	17.3
16	160	88	6	9.9	8	4	26.1	20.5	1 130	141	6.68	13.8	93.1	21.2	1.89
18	180	94	6.5	10.7	8.5	4.3	30.6	24.1	1 660	185	7.36	15.4	122	26	2
20a	200	100	7	11.4	9	4.5	35.5	27.9	2 370	237	8.15	17.2	158	31.5	2.12
20b	200	102	9	11.4	9	4.5	39.5	31.1	2 500	250	7.96	16.9	169	33.1	2.06
22a	220	110	7.5	12.3	9.5	4.8	42	33	3 400	309	8.99	18.9	225	40.9	2.31
22b	220	112	9.5	12.3	9.5	4.8	46.4	36.4	3 570	325	8.78	18.7	239	42.7	2.27
25a	250	116	8	13	10	5	48.5	38.1	5 023.54	401.88	10.18	21.58	280.046	48.283	2.403
25b	250	118	10	13	10	5	53.5	42	5 283.96	422.72	9.938	21.27	309.297	52.423	2.404
28a	280	122	8.5	13.7	10.5	5.3	55.45	43.4	7 114.14	508.15	11.32	24.62	345.051	56.565	2.495
28b	280	124	10.5	13.7	10.5	5.3	61.05	47.9	7 480	534.29	11.08	24.24	379.496	61.209	2.493
32a	320	130	9.5	15	11.5	5.8	67.05	52.7	11 075.5	692.2	12.84	27.46	459.93	70.758	2.619
32b	320	132	11.5	15	11.5	5.8	73.45	57.7	11 621.4	726.33	12.58	27.09	501.53	75.989	2.614
32c	320	134	13.5	15	11.5	5.8	79.95	62.8	12 167.5	760.47	12.34	26.77	543.81	81.166	2.608
36a	360	136	10	15.8	12	6	76.3	59.9	15 760	875	14.4	30.7	552	81.2	2.69
36b	360	138	12	15.8	12	6	83.5	65.6	16 530	919	14.1	30.3	582	84.3	2.64
36c	360	140	14	15.8	12	6	90.7	71.2	17 310	962	13.8	29.9	612	87.4	2.6
40a	400	142	10.5	16.5	12.5	6.3	86.1	67.6	21 720	1 090	15.9	34.1	660	93.2	2.77
40b	400	144	12.5	16.5	12.5	6.3	94.1	73.8	22 780	1 140	15.6	33.6	692	96.2	2.71
40c	400	146	14.5	16.5	12.5	6.3	102	80.1	23 850	1 190	15.2	33.2	727	99.6	2.65
45a	450	150	11.5	18	13.5	6.8	102	80.4	32 240	1 430	17.7	38.6	855	114	2.89
45b	450	152	13.5	18	13.5	6.8	111	87.4	33 760	1 500	17.4	38	894	118	2.84
45c	450	154	15.5	18	13.5	6.8	120	94.5	35 280	1 570	17.1	37.6	938	122	2.79
50a	500	158	12	20	14	7	119	93.6	46 470	1 860	19.7	42.8	1 120	142	3.07
50b	500	160	14	20	14	7	129	101	48 560	1 940	19.4	42.4	1 170	146	3.01
50c	500	162	16	20	14	7	139	109	50 640	2 080	19	41.8	1 220	151	2.96
56a	560	166	12.5	21	14.5	7.3	135.25	106.2	65 585.6	2 342.31	22.02	47.73	1 370.16	165.08	3.182
56b	560	168	14.5	21	14.5	7.3	146.45	115	68 512.5	2 446.69	21.63	47.17	1 486.75	174.25	3.162
56c	560	170	16.5	21	14.5	7.3	157.35	123.9	71 439.4	2 551.41	21.27	46.66	1 558.39	183.34	3.158
63a	630	176	13	22	15	7.5	154.9	121.6	93 916.2	2 981.47	24.62	54.17	1 700.55	193.24	3.314
63b	630	178	15	22	15	7.5	167.5	131.5	98 083.6	3 163.98	24.2	53.51	1 812.07	203.6	3.289
63c	630	180	17	22	15	7.5	180.1	141	102 251.1	3 298.42	23.82	52.92	1 924.91	213.88	3.268

注：1. 工字钢钢长度：10～18 号，长 5～19 m；20～63 号，长 6～19 m。

2. 一般采用的材料：Q215　Q235　Q275　Q2315F

附录D　习题答案

第一篇

第二章

1-2-1　$\boldsymbol{F}=3.11\ \text{kN}$，$\alpha=6.74°$

1-2-2　$\boldsymbol{F}=322.49\ \text{kN}$

1-2-3　$\boldsymbol{F}_{NA}=346.42\ \text{kN}$，$\boldsymbol{F}_{NB}=200\ \text{N}$

1-2-4　(a) $\boldsymbol{F}_{AB}=\frac{\sqrt{3}}{3}\boldsymbol{G}$，$\boldsymbol{F}_{AC}=\frac{2\sqrt{3}}{3}\boldsymbol{G}$，

(b) $\boldsymbol{F}_{AB}=\boldsymbol{F}_{Ac}=\sqrt{\frac{3}{3}}\boldsymbol{G}$

1-2-5　(略)

1-2-6　(略)

1-2-7　(a) $\boldsymbol{M}_0=\boldsymbol{F}l\sin\beta$

(b) $\boldsymbol{M}_0=\boldsymbol{F}l\sin\beta$

(c) $\boldsymbol{M}_0=\boldsymbol{F}\sqrt{a^2+b^2}\sin\alpha$

(d) $\boldsymbol{M}_0=\boldsymbol{F}\sqrt{a^2+b^2}\sin\alpha$

1-2-8　$\boldsymbol{M}_A(\boldsymbol{F}_1)=-\boldsymbol{F}_1[(b-r\sin\alpha)\sin\alpha+(a-r\cos\alpha)\cos\alpha]$

$\boldsymbol{M}_A(\boldsymbol{F}_2)=-\boldsymbol{F}_2[(b+r\sin\beta)\sin\beta+(a+r\cos\beta)\cos\beta]$

1-2-9　$\boldsymbol{F}_{NA}=\boldsymbol{F}_{NB}=342.85\ \text{N}$

1-2-10　$\boldsymbol{F}_N=100\ \text{N}$

1-2-11　(略)

第三章

1-3-1　(a) $\boldsymbol{F}_{Ax}=2\boldsymbol{G}$，$\boldsymbol{F}_{Ay}=-\boldsymbol{G}$，$\boldsymbol{F}_{BC}=2\sqrt{2}\boldsymbol{G}$

(b) $\boldsymbol{F}_{Ax}=-\boldsymbol{G}$，$\boldsymbol{F}_{Ay}=0$，$\boldsymbol{F}_{BC}=-\sqrt{2}\boldsymbol{G}$

1-3-2　$\boldsymbol{F}_{Ax}=29.44\ \text{kN}$，$\boldsymbol{F}_{Ay}=7\ \text{kN}$，$\boldsymbol{F}_{CB}=34\ \text{kN}$，

1-3-3　(a) $\boldsymbol{F}_{Ax}=0$，$\boldsymbol{F}_{Ay}=\frac{1}{3}\boldsymbol{F}$，$\boldsymbol{F}_B=\frac{2}{3}\boldsymbol{F}$

(b) $\boldsymbol{F}_{Ax}=0$，$\boldsymbol{F}_{Ay}=-\boldsymbol{F}$，$\boldsymbol{F}_B=2\boldsymbol{F}$

(c) $\boldsymbol{F}_A=2\boldsymbol{F}$，$\boldsymbol{F}_{Ay}=-2\boldsymbol{F}$，$\boldsymbol{F}_B=\boldsymbol{F}$

(d) $\boldsymbol{F}_{Ax}=0$，$\boldsymbol{F}_{Ay}=\boldsymbol{F}$，$\boldsymbol{F}_B=0$

(e) $\boldsymbol{F}_{Ax}=0$，$\boldsymbol{F}_{Ay}=qa$，$\boldsymbol{F}_B=2qa$

(f) $\boldsymbol{F}_{Ax}=0$，$\boldsymbol{F}_{Ay}=\frac{11}{6}qa$，$\boldsymbol{F}_B=\frac{13}{6}qa$

(g) $\boldsymbol{F}_{Ax}=0$，$\boldsymbol{F}_{Ay}=2qa$，$\boldsymbol{F}_A=\frac{7}{2}qa^2$

(h) $\boldsymbol{F}_{Ax}=0$，$\boldsymbol{F}_{Ay}=3qa$，$\boldsymbol{F}_B=3qa^2$

1-3-4　$\boldsymbol{F}=194\ \text{N}$

1-3-5　$\boldsymbol{G}_{P\max}=7.41\ \text{kN}$

1-3-6　$l_{\min}=25.2\ \text{m}$

1-3-7　$\boldsymbol{F}_{Ax}=-\frac{4}{3}\boldsymbol{F}$，$\boldsymbol{F}_{Ay}=\frac{1}{2}\boldsymbol{F}$，$\boldsymbol{F}_{Bx}=\frac{1}{3}\boldsymbol{F}$，$\boldsymbol{F}_{By}=\frac{1}{2}\boldsymbol{F}$

1-3-8 (a) $F_A=\frac{1}{2}qa$，$F_B=qa$，$F_C=\frac{1}{2}qa$，$F_D=\frac{1}{2}qa$

(b) $F_A=-\frac{3}{2}qa$，$F_B=3qa$，$F_C=\frac{1}{2}qa$，$F_D=\frac{1}{2}qa$

1-3-9 $M=42.43\ \text{N}\cdot\text{m}$

1-3-10 $G=\frac{Pl}{a}$

1-3-11 （略）

1-3-12 (a) 下滑

(b) $F\geqslant 0.83G$

1-3-13 $\alpha_{\min}=\text{arccot}\ 2\mu$

1-3-14 $F_{\min}=425\ \text{N}$

1-3-15 $\mu_s=0.02$

1-3-16 $F_{\min}=\frac{Gr(b-\mu_s c)}{aR\mu}$

1-3-17 $a=\frac{b}{2\mu}$

第四章

1-4-1 $F_{1x}=0$，$F_{1y}=0$，$F_{1z}=2\ \text{kN}$

$F_{2x}=-0.9\ \text{kN}$，$F_{2y}=1.43\ \text{kN}$，$F_{2z}=-1.1\ \text{kN}$

$F_{3x}=0$，$F_{3y}=3.2\ \text{kN}$，$F_{3z}=-2.4\ \text{kN}$

1-4-2 $F_\tau=907.7\ \text{N}$，$F_r=342\ \text{N}$，$F_a=243.2\ \text{N}$

1-4-3 $M_z=-101.5\ \text{N}$

1-4-4 $G_x=177\ \text{N}$，$G_y=-177\ \text{N}$，$G_z=-433\ \text{N}$

$M_x=-34.6\ \text{N}\cdot\text{m}$，$M_y=-108\ \text{N}\cdot\text{m}$，$M_z=30\ \text{N}\cdot\text{m}$

1-4-5 $F_{Ax}=4\,017\ \text{N}$，$F_{Az}=-1\,462\ \text{N}$

$F_{Bx}=7\,890\ \text{N}$，$F_{Bz}=-2\,872\ \text{N}$

1-4-6 $T_2=3\,333.3\ \text{N}$，$t_2=1\,666.7\ \text{N}$

$F_{Ax}=-3\,247.6\ \text{N}$，$F_{Az}=0$

$F_{Bx}=-1\,082.5\ \text{N}$，$F_{Bz}=5\,000\ \text{N}$

1-4-7 $F_{2\tau}=1\,000\ \text{N}$，$F_{1r}=182\ \text{N}$

$F_{2r}=364\ \text{N}$，$F_{Ax}=148\ \text{N}$

1-4-8 $F_{Ax}=-1.37\ \text{kN}$，$F_{Az}=793\ \text{kN}$

$F_{Bx}=-1.38\ \text{kN}$，$F_{Bz}=-1.98\ \text{kN}$

$F_\tau=2.75\ \text{kN}$

1-4-9 (a) $x_c=0$，$y_c=75\ \text{mm}$

(b) $x_c=53.5\ \text{mm}$，$y_c=0$

(c) $x_c=2.12\ \text{mm}$，$y_c=7.12\ \text{mm}$

第五章

1-5-1 (a) $F_{N1}=12\ \text{kN}$，$F_{N2}=-8\ \text{kN}$

(b) $F_{N1}=8\ \text{kN}$，$F_{N2}=-12\ \text{kN}$，$F_{N3}=-2\ \text{kN}$

1-5-2 (a) $F_{NAB}=10\ \text{kN}$，$F_{NBC}=-30\ \text{kN}$

(b) $F_{NAB}=-5\ \text{kN}$，$F_{NBC}=10\ \text{kN}$，$F_{NCD}=4\ \text{kN}$

1-5-3 $\sigma_1=50\ \text{Mpa}$；$\sigma_2=-100\ \text{Mpa}$

1-5-4 $\sigma_{max} = 40$ MPa

1-5-5 $\sigma_{max} = 66.7$ MPa $< [\sigma]$,所以强度足够

1-5-6 $b = 14.14$ mm, $h = 28.28$ mm

1-5-7 $d = 20$ mm

1-5-8 对于钢杆 $G_1 = 103.9$ kN
对于木杆 $G_2 = 86.6$ kN
所以$[\boldsymbol{G}] = 86.6$ kN

1-5-9 $[\boldsymbol{F}] = 25.68$ kN

1-5-10 $\Delta l = -0.025$ mm

1-5-11 $\sigma = 60$ MPa, $\Delta l = 0.15$ mm

1-5-12 (1) $x = 1.2$ m
(2) $\sigma_1 = 30$ MP, $\sigma_2 = 22.5$ MPa

1-5-13 $E = 204.73$ GPa, $\sigma_s = 216.56$ MPa
$\sigma_b = 407.64$ MPa, $\delta = 24\%$;
$\psi = 52.4\%$

1-5-14 $[\sigma] = 120$ MPa
$\sigma_{max} = 63.67$ MPa $< [\sigma]$,所以强度足够

1-5-15 按强度准则设计 $A_1 \geqslant 200\ \text{mm}^2$,
按变形条件设计 $A_2 \geqslant 180\ \text{mm}^2$;
所以 $A = 200\ \text{mm}^2$

1-5-16 $\sigma_{BC} = 20$ MPa, $\sigma_{CA} = 40$ MPa

1-5-17 $[\boldsymbol{F}] = 695$ kN

1-5-18 $[\boldsymbol{F}] = 30$ kN

第六章

1-6-1 $\boldsymbol{F} = 36.2$ kN

1-6-2 $\tau = 44.8$ MPa $< [\tau]$, $\sigma_{bs} = 140.6$ MPa $< [\sigma_{bs}]$,所以强度满足

1-6-3 $l = 95.2$ mm

1-6-4 $\tau = 105$ MPa $< [\tau]$, $\sigma_{bs} = 141.2$ MPa $< [\sigma_{bs}]$,所以强度满足

1-6-5 $[\boldsymbol{F}] = 432$ N

1-6-6 $d = 34$ mm, $t = 10.4$ mm

第七章

1-7-2 (2) $\tau_{max} = 47.4$ MPa
(3) $\tau_1 = 29.68$ MPa

1-7-3 $P = 18.1$ kW

1-7-4 $d_1 = 45.6$ mm; $D = 54.3$ mm;
$d = 43$ mm; 59.4%

1-7-5 $[\boldsymbol{M}] = 216$ kN·m

1-7-6 (1) $\tau_{max} = 81.5$ MPa, $\theta = 2.3°/\text{m}$
(2) $\tau_A = 81.5$ MPa, $\gamma_A = 1.02 \times 10^{-3}$
$\tau_B = 48.9$ MPa, $\gamma_B = 0.61 \times 10^{-3}$
$\tau_C = 0$, $\gamma_C = 0$

1-7-7 $\tau_{max} = 80$ MPa
$\varphi_{AB} = 0.004$ rad, $\varphi_{BC} = -0.005$ rad, $\varphi_{AC} = -0.001$ rad

1-7-8　$d = 72.65\ \text{mm}$

1-7-9　BC 段：$\tau_{max} = 21.3\ \text{MPa} < [\tau]$，$\theta_{max} = 0.435°/\text{m}$

AC 段：$\tau_{max} = 49.4\ \text{MPa} < [\tau]$，$\theta_{max} = 1.767°/\text{m}$

第八章

1-8-5　$\sigma_{max} = 122.2\ \text{MPa} < [\sigma]$，所以梁的强度足够

1-8-6　$[F] = 10\ \text{kN}$

1-8-7　$\alpha = 0.82$，$d = 51.2\ \text{mm}$

1-8-8　$W_Z = 50\ \text{cm}^3$，选 10 号工字钢

1-8-9　$\sigma_{max} = 127.6\ \text{MPa} < [\sigma]$，所以梁的强度足够

1-8-10　$h_1 = 35.3\ \text{mm}$，$b_1 = 11.8\ \text{mm}$，

$h_2 = 36.6\ \text{mm}$，$b_2 = 12.2\ \text{mm}$

1-8-11　$\sigma_{max}^{+} = 37.5\ \text{MPa} < [\sigma^{+}]$，$\sigma_{max}^{-} = 112.5\ \text{MPa} < [\sigma^{-}]$，梁的强度满足

1-8-12　$\sigma_{max}^{+} = 27\ \text{MPa} < [\sigma^{+}]$，$\sigma_{max}^{-} = 63\ \text{MPa} < [\sigma^{-}]$，梁的强度满足

1-8-13　$\sigma_{max} = 114.5\ \text{MPa} < [\sigma^{+}]$，$\tau_{max} = 18.1\ \text{MPa} < [\tau]$，梁的强度满足

1-8-14　$x = \dfrac{16}{3}\ \text{m}$

1-8-15　(a) $y_{max} = y_C = \dfrac{Fl^3}{24EI}$，$\theta_{max} = \theta_B = \dfrac{13Fl^2}{48EI}$

(b) $y_{max} = y_B = \dfrac{7Fl^3}{48EI}$，$\theta_{max} = \theta_B = \dfrac{3Fl^2}{8EI}$

(c) $y_{max} = y_C = \dfrac{43ql^4}{384EI}$，$\theta_{max} = \theta_A = \dfrac{15ql^3}{24EI}$

(d) $y_{max} = y_D = \dfrac{Fl^3}{6EI}$；$\theta_{max} = \theta_D = \dfrac{13Fl^2}{14EI}$

1-8-16　$y_{max} = 9.7\ \text{mm} < [y]$，所以梁的强度足够

1-8-17　$I_z = 1\,500\ \text{cm}^4$，选 20a 号槽钢

1-8-18　(a) $\boldsymbol{F}_A = \dfrac{5ql}{8}$，$\boldsymbol{F}_B = \dfrac{3ql}{8}$，$\boldsymbol{M}_A = \dfrac{ql^2}{8}$

(b) $\boldsymbol{F}_A = \dfrac{59F}{16}$，$\boldsymbol{F}_B = -\dfrac{43F}{16}$，$\boldsymbol{M}_A = \dfrac{19Fl}{16}$

第九章

1-9-1　8 倍

1-9-2　$\sigma_{max}^{+} = 6.75\ \text{MPa}$，$\sigma_{max}^{-} = 6.99\ \text{MPa}$

1-9-3　$\sigma_{max} = 160\ \text{MPa} = [\sigma^{-}]$，所以强度足够

1-9-4　$\boldsymbol{F} \leqslant 16.87\ \text{kN}$

1-9-5　初选 $\boldsymbol{W}_z = 120\ \text{cm}^3$，选择 16 号工字钢

校核 $\sigma_{max} = 107.3\ \text{MPa} < [\sigma]$，所以强度足够

1-9-6　$\sigma_{xd3} = 123.3\ \text{MPa} > [\sigma]$，$\dfrac{\sigma_{xd3} - [\sigma]}{[\sigma]}\% = 2.75\% < 5\%$，所以强度足够

1-9-7　$[\boldsymbol{G}] = 1.06\ \text{kN}$

1-9-8　$d \geqslant 24.2\ \text{mm}$

1-9-9　C 截面为危险截面，$\sigma_{xd4} = 105\ \text{MPa} < [\sigma]$，所以强度足够

参 考 文 献

[1] 张秉荣.工程力学[M].2版.北京:机械工业出版社,2010.
[2] 刘思俊.工程力学[M].2版.北京:机械工业出版社,2012.
[3] 穆能伶.工程力学[M].2版.北京:机械工业出版社,2011.
[4] 范钦珊.工程力学[M].北京:机械工业出版社,2007.
[5] 张至丰.工程材料及成形技术基础[M].北京:机械工业出版社,2012.
[6] 严绍华.材料成型工艺基础[M].北京:清华大学,2001.
[7] 王爱珍.机械工程材料成型技术[M].北京:航空航天大学出版社,2005.
[8] 齐乐华.工程材料与机械制造基础[M].北京:高等教育出版社,2006.
[9] 沈其文.材料成型工艺基础[M].武汉:华中科技大学出版社,2003.
[10] 朱莉,王运炎.机械工程材料[M].北京:机械工业出版社,2005.

高等职业教育“十三五”规划教材

高　职　高　专　教　育　精　品　教　材

机械工程基础

（下册）

主　编　杨　萍

副主编　陈玉冬

陈文军

陈玉林

上海交通大學出版社

SHANGHAI JIAO TONG UNIVERSITY PRESS

内容提要

本教材本着“突出技能，重在实用，淡化理论，够用为度”的指导思想，结合本课程的具体情况和教学实践、工程实践，将原工程力学、工程材料及成型技术基础、机械设计基础等三门课程内容有机地融合在一起。

教材分为上、下两册。《机械工程基础》(上册)分为工程力学和工程材料两篇，主要内容包括：构件静力学基础，力的投影和平面力偶，平面任意力系，空间力系和重心，轴向拉伸与压缩剪切与挤压，圆轴扭转，梁的弯曲，组合变形的强度计算，金属材料的力学性能，金属的基本知识，铁碳合金及热处理和常用工业材料。《机械工程基础》(下册)介绍了：机械设计基础概论，平面连杆机构，凸轮及间隙运动机构，带传动和链传动，齿轮传动，蜗杆传动和螺旋传动，齿轮系和减速器，连接，轴和轴承。

本书特色：精选内容、强调应用、理论简明、方便教学，尤其适应于培养应用型人才的高职高专院校。可作为高职教育机械制造类专业的教学用书，也可作为成人高校教学用书以及工程技术人员参考用书。

图书在版编目(CIP)数据

机械工程基础/杨萍主编.—上海：上海交通大学出版社，2016(2024重印)
ISBN 978-7-313-13482-0

Ⅰ.①机… Ⅱ.①杨… Ⅲ.①机械工程-高等职业教育-教材
Ⅳ.①TH

中国版本图书馆CIP数据核字(2015)第167232号

机械工程基础(下册)

主　　编：杨　萍
出版发行：上海交通大学出版社　　地　　址：上海市番禺路951号
邮政编码：200030　　电　　话：021-64071208
印　　制：上海万卷印刷股份有限公司　　经　　销：全国新华书店
开　　本：787mm×1092mm　1/16　　总 印 张：28.75
总 字 数：684千字
版　　次：2016年1月第1版　　印　　次：2024年2月第5次印刷
书　　号：ISBN 978-7-313-13482-0
总定价(上、下册)：82.00元

前　言

教材是教学的依据，是教师多年教学经验的沉淀，是教改成果的体现，也是教改的重点和难点。本书按照高校教改的要求，贯彻落实教育部推出的“高等学校教学质量与教学改革工程”，结合高职高专教学特点，本着“突出技能，重在实用，淡化理论，够用为度”的指导思想，将原工程力学、工程材料及成型技术基础、机械设计基础三门课程有机地融合在一起。本教材分为上下两册，重点考虑了以下几点：

1. 引入了大量的工程实例，突出从工程构件与结构到力学模型作相应的力学分析，以力学模型的理论分析到解决工程实际问题为基本思路，力求在提高读者学习中增强工程意识和责任意识。每一章都有实际工程案例，做到了工学结合，学用统一，同时提高了学生解决实际问题的能力。

2. 教材完全遵循“提出问题-新知识-解决问题”的思路进行编写的，以化学成分、工艺→组织、结构→性能→用途为主线，将金属与非金属材料结合在一起，既突出共性，又兼顾个性，从理论上简明扼要地论述了材料成分、结构、组织与性能的关系，着重叙述了常用工程材料的成分、结构、性能和用途，并从选材和材料改性等方面介绍了工程材料的实际应用。

3. 在机械设计基础部分，简化公式的理论推导，重点介绍工程实际应用必须的内容。主要包括各种常用机构的工作原理、特点和应用，通用零部件的工作原理、特点以及选用设计方法等。

4. 本教材是一本完全面向学生的教材，在保证内容完整和理论严谨的同时力争用通俗的语言向读者进行解释。是一本既适合学生学习，又适合教师教学的教材，亦可作为高职高专相关专业的教材和有关专业人员的参考书。适用学时数为 80～90 学时。

本书由杨萍主编主审，陈玉冬、陈文军和陈玉林担任副主编。在本书编写过程中,得到了上海交通大学安丽桥老师的协助,并提出宝贵意见。在此表示衷心感谢。

限于编者的水平,书中错误和不当之处在所难免,恳请读者提出宝贵意见。

目　　录

第三篇　机械设计基础

绪论 …… 3

第一章　机械设计基础概论 …… 5
第一节　机械传动的功用 …… 5
第二节　机械零件的失效形式及设计计算准则 …… 15
第三节　机械设计的基本要求和一般过程序 …… 19
习题 …… 20

第二章　平面连杆机构 …… 23
第一节　平面连杆机构的基本类型及应用 …… 23
第二节　平面四杆机构的基本特性 …… 29
第三节　图解法设计简单平面四杆机构 …… 32
习题 …… 34

第三章　凸轮及间隙运动机构 …… 37
第一节　凸轮机构的应用与基本类型 …… 37
第二节　从动件常用的运动规律 …… 39
第三节　图解法设计盘形凸轮的轮廓曲线 …… 42
第四节　常用间隙运动机构简介 …… 44
习题 …… 51

第四章　带传动和链传动 …… 53
第一节　带传动概述 …… 53
第二节　带传动的工作原理、类型及特点 …… 59
第三节　普通 V 带传动的设计计算 …… 65
第四节　带传动的张紧、安装与维护 …… 70
第五节　链传动 …… 72

习题 …… 78

第五章 齿轮传动 …… 79
第一节 齿轮传动的特点和类型 …… 79
第二节 渐开线及渐开线齿廓 …… 81
第三节 渐开线标准直齿圆柱齿轮的基本参数及几何尺寸 …… 82
第四节 渐开线齿轮的啮合传动 …… 85
第五节 渐开线齿轮的切齿原理与根切现象 …… 86
第六节 变位齿轮传动简介 …… 89
第七节 标准斜齿圆柱齿轮传动 …… 90
第八节 标准直齿圆锥齿轮传动简介 …… 94
第九节 齿轮的失效形式及齿轮传动设计准则 …… 97
第十节 齿轮轮齿强度计算 …… 100
第十一节 齿轮的结构设计 …… 109
习题 …… 115

第六章 蜗杆传动与螺旋传动 …… 117
第一节 蜗杆传动的组成与特点 …… 117
第二节 蜗杆传动的主要参数及几何尺寸 …… 118
第三节 蜗杆传动的失效、材料、散热与润滑 …… 122
第四节 蜗杆与蜗轮的结构 …… 127
第五节 螺旋传动简介 …… 128
习题 …… 130

第七章 齿轮系和减速器 …… 131
第一节 轮系及其分类 …… 131
第二节 定轴轮系的传动比 …… 131
第三节 周转轮系及其传动比 …… 133
第四节 混合轮系及其传动比 …… 135
第五节 轮系的功用 …… 136
习题 …… 137

第八章 连接 …… 139
第一节 键和销连接 …… 139
第二节 螺纹连接 …… 144
第三节 联轴器和离合器 …… 154
习题 …… 161

第九章 轴和轴承 …… 163
第一节 轴的分类、轴设计的基本准则 …… 163
第二节 轴的结构设计与强度计算 …… 165
第三节 轴承 …… 176
习题 …… 193

附录 …… 195
附录 A 普通螺纹基本尺寸 …… 195
附录 B TL 型弹性套柱销联轴器 …… 196
附录 C 圆锥滚子轴承 …… 197
附录 D 深沟球轴承 …… 198

参考文献 …… 200

第三篇

机械设计基础

绪　　论

一、机械设计基础研究的内容

一部完整的机器就其基本组成来讲，一般都有原动机、工作机和传动装置三大部分。传动装置是机械中的重要组成部分之一，用以传递运动和动力，并以机械传动应用最广，机械传动通常由各种机构和零件组成。

常用机构有连杆机构、凸轮机构、间歇运动机构、齿轮机构等。零件可分为通用零件和专用零件两类。通用零件是在各种机器中都经常使用的零件，如带、带轮、链轮、链条、螺栓、键、轴、齿轮等；专用零件时仅在特定类型机器中使用的零件，如内燃机中的活塞、曲轴等。

机械设计基础主要研究机械中的常用机构和通用零件的工作原理、结构特点、基本的设计理论和计算方法以及一些标准零部件的选用和维护。

二、学习机械设计基础的作用和任务

机械设计基础是高等学校工科有关专业的一门重要的技术基础课程，为相关专业的学生学习专业机械设备课程提供必要的理论基础。学习机械设计基础，使从事工艺、运行、管理的技术人员，在了解各种机械的传动原理、设备的正确使用和维护及设备的故障分析等方面获得必要的基础知识。

机械设计基础课程是许多理论和实际知识的综合运用，其先修课程主要是机械制图、工程材料、机械制造基础、金属工艺学、工程力学等。机械设计基础在教学中有承上启下的作用，是机械工程师及机械管理工程师的必修课程。

通过该课程的学习，使学生了解常用机构的工作原理、运动特性及机械设计的基本理论和方法；基本掌握通用零件的工作原理、选用和维护等方面的知识；培养学生初步具有运用标准和手册、查阅相关技术资料、进行一般参数的通用零件和简单机械传动装置的设计计算能力，为学习后续专业课程打好基础。

三、机械设计基础的学习方法

机械设计基础是一门具有很强理论性和实践性的课程。学习中要理论联系实际，注意观察各种机械设备，掌握各种机构和零部件的基本原理和结构；学习机构、零部件的特点和设计方法时，要从机器总体出发，将各章节的各种机构、通用零件联系起来，防止孤立、片面地学习各章内容；理解经验公式、参数、简化计算的使用条件，重视结构设计分析及方案选用。

四、本篇的主要内容

机械设计基础主要内容有:第一章概论,主要内容为机械设计的基本要求和一般过程等;第二章和第三章为常用机构部分,内容包括平面连杆机构、凸轮机构和间歇机构;第四章至第六章为传动部分,内容包括带传动、链传动、齿轮传动、蜗杆传动;第七章内容是轮系和减速器;第八章为连接部分,内容包括螺纹连接、键销连接、联轴器、减速器;第九章为轴系部分,内容包括轴、滑动轴承和滚动轴承。

第一章　机械设计基础概论

第一节　机械传动的功用

人们在长期的生产实践中，创造发明了各种机器，并通过机器的不断改进，减轻人们的体力劳动，提高劳动生产率，而且有些还能完成用人力无法达到的某些生产要求。早在公元31年东汉时期发明的水排为当时的炼铁业提供了带动风箱鼓风的机械装置，如图3-1-1所示，它应用了水力学原理和复杂的连杆机构。如图3-1-2所示用于舂米的连机碓则采用了凸轮机构。从古代的指南车（见图3-1-3），计里鼓车中（见图3-1-4）我们看到了现

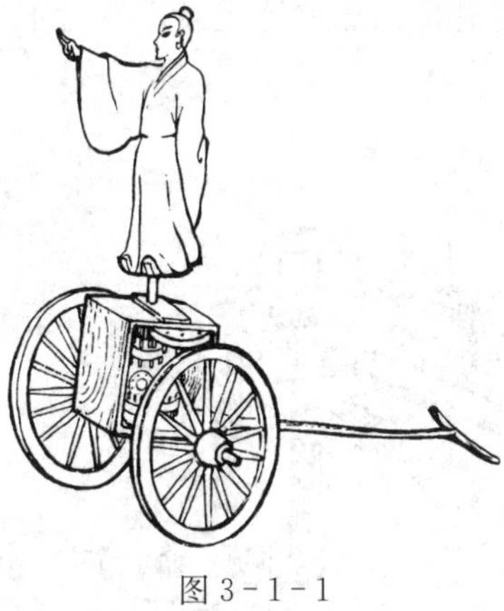

图3-1-1

图3-1-2

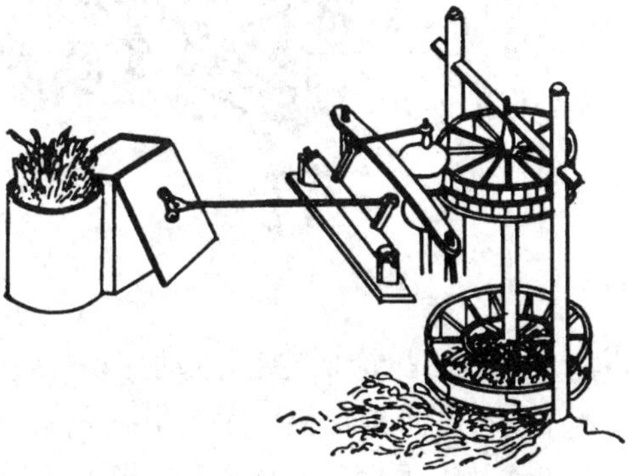

图3-1-3

图3-1-4

代齿轮的雏形,当时对齿轮及齿轮系的应用已达到了一个相当的水平。而现代的汽车、飞机、洗衣机、数控机床、机器人等机器的发明和使用,则给我们的生产和生活带来了极大的方便。人们的生活是越来越离不开机器了。

纵观从古至今林林总总的机器,我们发现,所有机器的作用无非是进行能量转换或完成特定的机械功能,用以减轻人或代替人的劳动。不同之处在于随着生产和科学技术的发展,机器的种类,形式更加多样化,而功能则越来越贴近人们的生活。但无论机器如何变化,按其基本组成都可以分为动力源、传动机构、执行机构三部分,随着现代科学技术的发展,也可将控制器作为第四部分。所谓控制器既包括机械控制装置,也包括电子控制系统在内。在各种机器中,传动机构和执行机构在使用中最主要的目的是为了实现速度、方向或运动状态的改变,或实现特定运动规律的要求。毫无疑问,传动机构和执行机构在实现机器的各种功能中担当着最重要的角色。

如图 3-1-5 所示的单缸内燃机,它由机架(气缸体)1、曲柄 2、连杆 3、活塞 4、进气阀 5、排气阀 6、推杆 7、凸轮 8 和齿轮 9、10 组成。当燃烧的气体推动活塞 4 作往复运动时,通过连杆 3 使曲柄 2 作连续转动,从而将燃气的压力能转换为曲柄的机械能。齿轮、凸轮和推杆的作用是按一定的运动规律按时开闭阀门,完成吸气和排气。这种内燃机中有 3 种机构:①曲柄滑块机构,由活塞 4、连杆 3、曲柄 2 和机架 1 构成,作用是将活塞的往复直线运动转换成曲柄的连续转动;②齿轮机构,由齿轮 9、10 和机架 1 构成,作用是改变转速的大小和方向;③凸轮机构,由凸轮 8、推杆 7 和机架 1 构成,作用是将凸轮的连续转动变为推杆的往复移动,完成有规律地启闭阀门的工作。

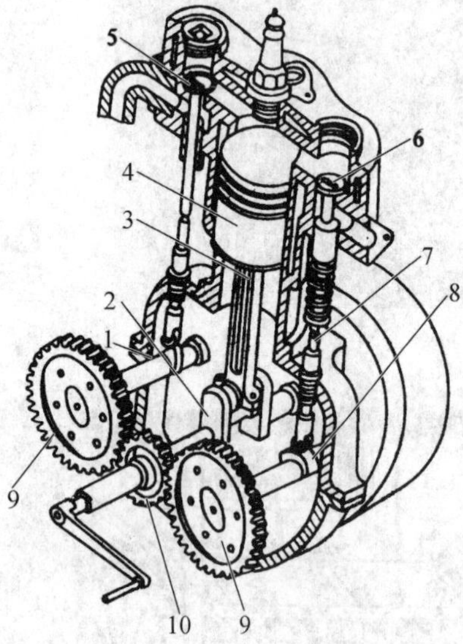

图 3-1-5

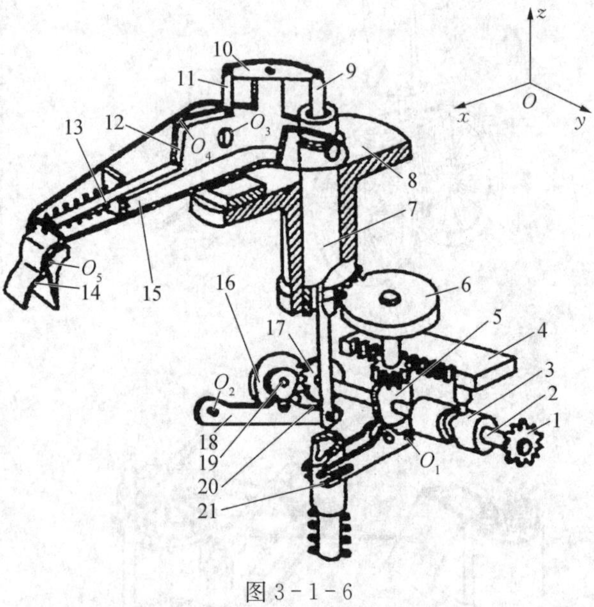

图 3-1-6

图 3-1-6 为一个机械手,它由手轮 1 带动轴 2 及圆柱凸轮 3 转动,推动移动杆,从而带动齿条 4 作往复运动,带动小齿轮及不完全齿轮 6 转动,从而带动机械手转盘 8 及圆柱凸轮作 xy 平面内的间歇转动,带动机器手臂同时完成转动及上下摆动。而手爪的抓放则通过手轮 1 带动轴 2 上的不完全齿轮 17 与不完全齿轮 16 的啮合并带动同轴的盘形凸轮 19 作间

歇转动，带动摆杆 18 摆动从而推动杆 9 作上下运动，通过杠杆 10、连杆 11、12、弹簧杆 13，完成手的张合动作。由这台机器中，可以看到的机构有：圆柱凸轮机构，齿轮齿条机构，不完全齿轮机构，摆动凸轮机构，曲柄滑块机构和滚子凸轮机构。

如图 3-1-7 所示的牛头刨床中，有带传动机构（图中未画出）、齿轮机构，它们主要用于实现运动速度的改变，将电动机的高速变为工作机所需的较低的转速；曲柄导杆机构，将大齿轮的转动变为刨刀的往复运动，并满足工作行程等速，非工作行程急回的要求；曲柄摇杆机构和棘轮机构保证工作台的进给，三个螺旋机构 M_1、M_2、M_3，分别完成刀具的上下，工作台的上下及刀具行程的位置调整功能。

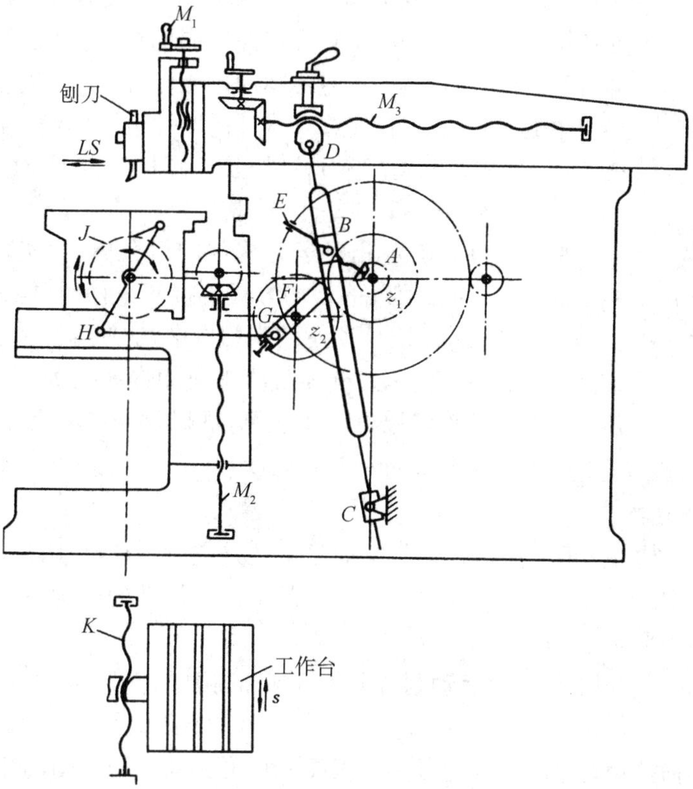

图 3-1-7

以上机器中的齿轮机构、凸轮机构、棘轮机构、带传动机构、曲柄滑块机构、曲柄导杆机构等，由于在各种机器中都有大量使用，故称为常用机构。这些机构在机器中的主要作用是传递运动和动力，实现运动形式或速度的变化。通过对不同机器的分析，可以这样认为，机器是若干机构的组合体。

一、基本概念

（1）机器——根据某种使用要求而设计的一种执行机械运动的装置，可用来变换或传递能量、物料和信息。

（2）机构——一种用来传递运动和动力的可动的装置。

很显然，机器和机构最明显的区别是：机器能作有用功，而机构不能，机构仅能实现预期的机械运动。两者之间也有联系,机器是由几个机构组成的系统,最简单的机器只有一个机构。

(3) 机械——机器和机构的统称。

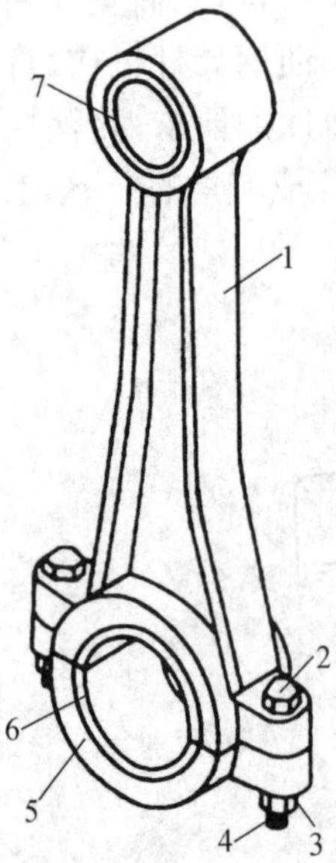

图 3-1-8

二、运动副及其分类

1. 运动副的概念

通过前面的分析,我们知道了机构能够实现运动速度、方向及形式的变换,而实现这些功能,则需要组成机构的各个部分共同的协调工作,即各部分之间的运动相对确定,这些具有确定的相对运动的单元体称为构件。与机器中的零件不同的是:零件是制造的基本单元体,而构件则是机构中的基本运动单元体,构件可以是单一零件,如内燃机中的曲轴,也可以是多个零件的刚性组合体,如内燃机的连杆(见图 3-1-8)、是由连杆体 1、连杆盖 5、螺栓 2、螺母 3、开口销 4、轴瓦 6 和轴套 7 等多个零件构成的一个构件。

机构是具有确定相对运动构件的组合体,为实现机构的各种功能,各构件之间必须以一定的方式连接起来,并且能具有确定的相对运动。在如图 3-1-5 所示的内燃机中,活塞与缸体组成可相对移动的连接;活塞和连杆、连杆和曲轴、曲轴和机架分别组成可相对转动的连接。这种两构件通过直接接触,既保持联系又能相对运动的连接,称为**运动副**,也可以说运动副就是两构件间的可动连接。

2. 运动副的分类

根据运动副各构件之间的相对运动是平面运动还是空间运动,可将运动副分成平面运动副和空间运动副。所有构件都只能在相互平行的平面上运动的机构称为平面机构,平面机构的运动副称为平面运动副。

按两构件间的接触特性,**平面运动副**可分为**低副**和**高副**。

1) 低副

两构件间为面接触的运动副称为低副。根据构成低副的两构件间的相对运动特点,又分为**转动副**和**移动副**。

两构件只能作相对转动的运动副为转动副。如图 3-1-9(a)、(b)所示,轴承与轴颈的连接,铰链连接等都属转动副。

移动副是两构件只能沿某一轴线相对移动的运动副,如图 3-1-9(c)、(d)所示。

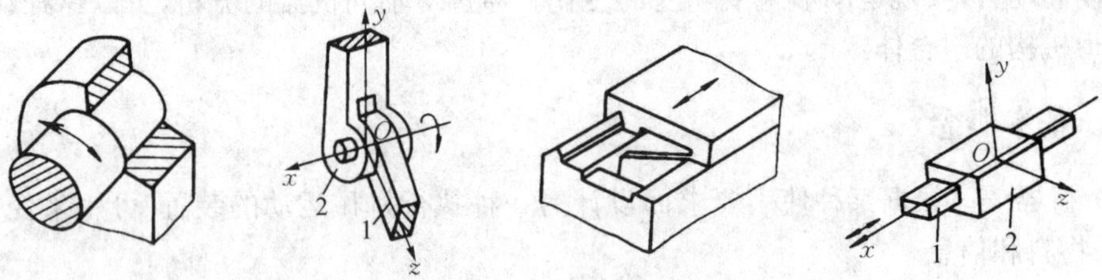

(a) (b) (c) (d)

图 3-1-9

2）高副

两构件间为点、线接触的运动副称为高副，如图 3－1－10 所示的车轮与钢轨、凸轮与从动件、齿轮啮合等均为高副。

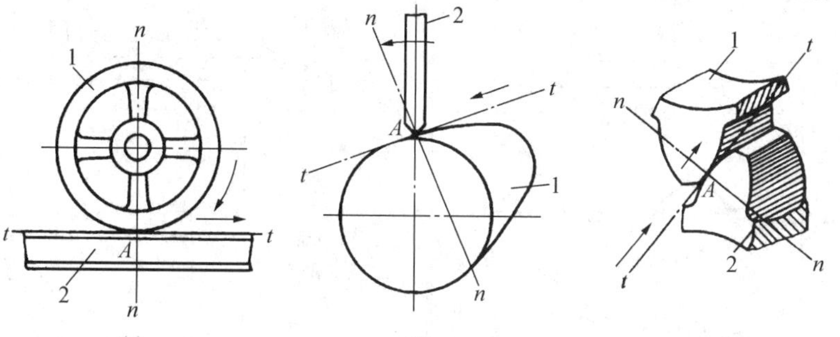

图 3－1－10

常用的运动副还有球面副(球面铰链)，如图 3－1－11(a)所示；螺旋副，如图 3－1－11(b)所示，均为**空间运动副**。

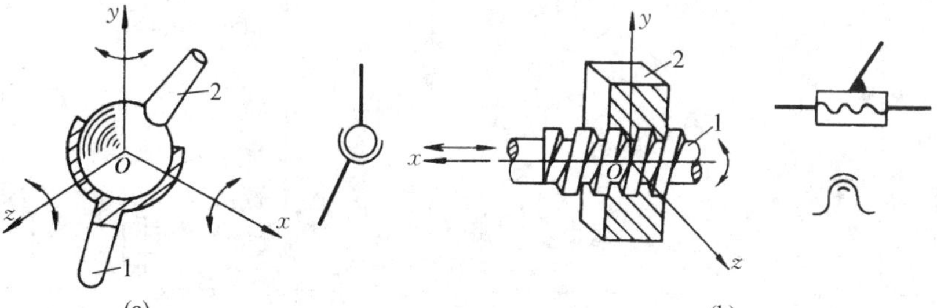

图 3－1－11

三、平面机构的运动简图

1. 机构运动简图的概念

对机构进行分析，目的在于了解机构的运动特性，即组成机构的各构件是如何工作的，故只需要考虑与运动有关的构件数目、运动副类型及相对位置，而无需考虑机构的真实外形和具体结构，因此常用一些简单的线条和符号画出图形进行方案讨论和运动、受力分析。这种撇开实际机构中与运动关系无关的因素，并用按一定比例及规定的简化画法表示各构件间相对运动关系的工程图形称为**机构运动简图**。如图 3－1－12 为内燃机的运动简图。

只要求定性地表示机构的组成及运动原理而不严格按比例绘制的机构图形称为机构示意图。

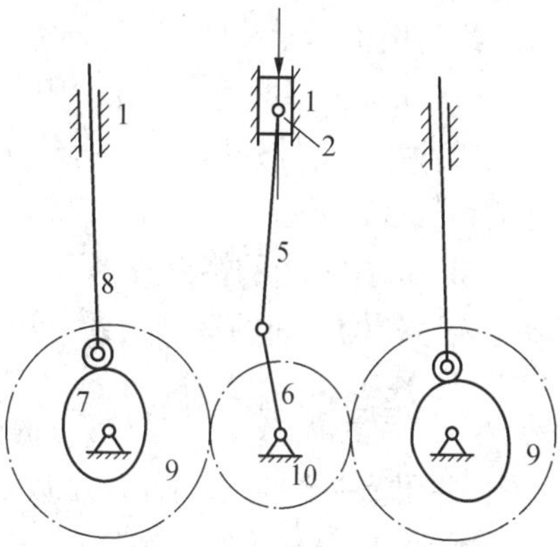

图 3－1－12

2. 运动副及构件的规定表示方法

常用构件和运动副的简图符号如表 3-1-1 所示。

表 3-1-1 机构运动简图符号(摘自 GB 4460—84)

名称		简图符号	名称		简图符号
构件	轴、杆		机架	机架	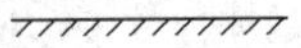
构件	三副元素构件	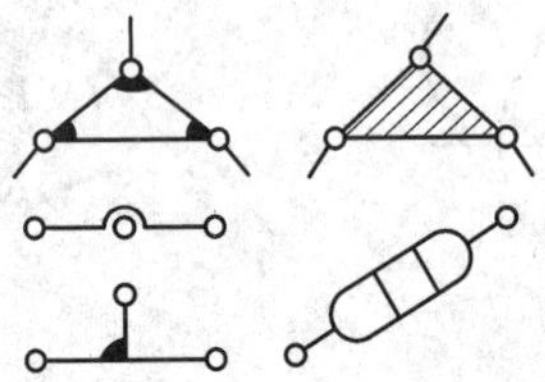	机架	机架是转动副的一部分	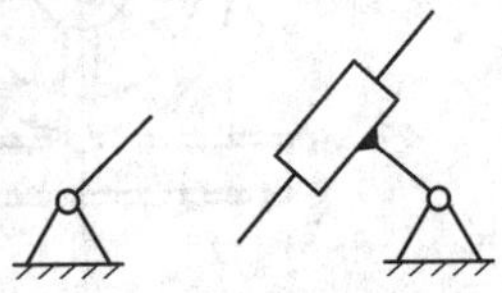
构件	构件的永久连接	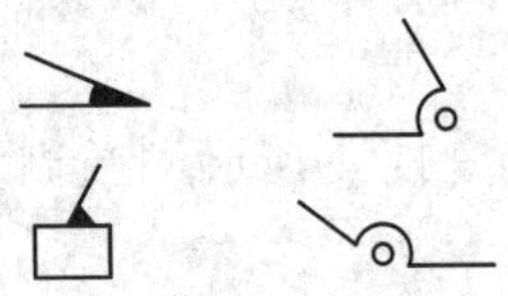	机架	机架是移动副的一部分	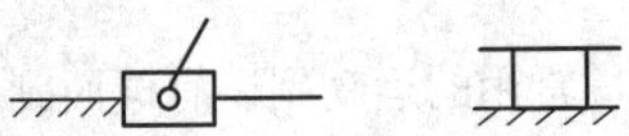
平面低副	转动副	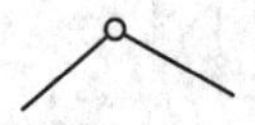	平面高副	齿轮副 外啮合	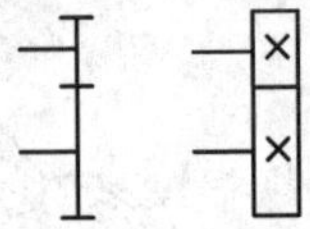
			平面高副	齿轮副 内啮合	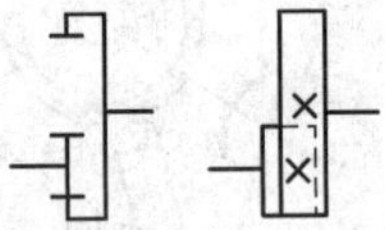
平面低副	移动副	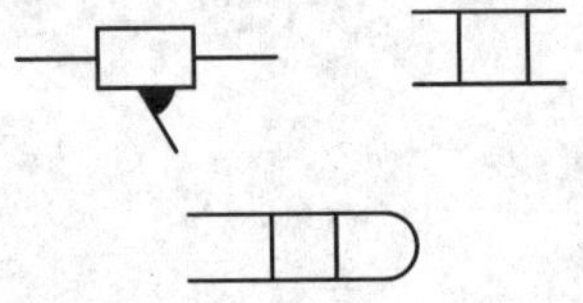	平面高副	凸轮副	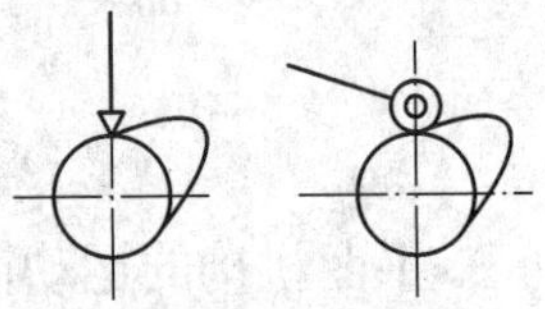

3. 机构运动简图的绘制

绘制机构运动简图,首先应先了解清楚机构的构造和运动情况,再按下列步骤进行:

(1) 分析机构的组成,分清固定件(机架),确定原动件及从动件的数目。

(2) 由主动件开始,循着运动路线,依次分析构件间的相对运动形式,并确定运动副的类型和数目。

(3) 选择适当的视图投影平面,确定固定件、主动件及各运动副间的相对位置,以便清楚地表达各构件间的运动关系。通常选择与构件运动平行的平面作为投影面。

(4) 按适当的比例尺,$\mu_1 = \dfrac{构件实际长度 / \mathrm{m}}{构件图示长度 / \mathrm{mm}}$,用规定的符号和线条绘制机构的运动简图,并用箭头注明原动件及用数字标出构件号。

例 3-1-1 绘制如图 3-1-5 所示内燃机的机构运动简图。

解:(1) 分清固定件(机架),确定原动件、从动件及数目。

由图 3-1-5 可知,气缸体 1 是机架,缸内活塞 4 是原动件。曲柄 2、连杆 3、推杆 7(两个)、凸轮 8(两个)和齿轮 9(两个)、10 是从动件。

(2) 确定运动副类型和数目。

由活塞开始,机构的运动路线见下框图:

活塞 → 连杆 → 曲柄 ~ 小齿轮 → 大齿轮 ~ 凸轮 → 滚子 → 推杆

注:符号~表示两构件同轴。

活塞与机架构成移动副,活塞与连杆构成转动副;连杆 3 与曲柄 2 构成转动副;小齿轮 10 与大齿轮 9(两个)构成高副,凸轮与滚子(两处)构成高副;滚子与推杆(两处)7 构成转动副;推杆 7 与机架(两处)构成移动副。曲柄、大、小齿轮、凸轮与机架(六处)分别构成转动副。

(3) 选择适当投影面,这里选择齿轮的旋转平面为正投影面,确定各运动副之间的相对位置。

(4) 选择恰当的比例尺,按照规定的线条和符号,绘制出该机构的运动简图,并注明原动件及标注构件号(见图 3-1-12)。

4. 平面机构的自由度

1) 自由度

由上述分析可知,两个构件以不同的方式相互连接,就可以得到不同形式的相对运动。而没有用运动副连接的作平面运动的构件,独自的平面运动有 3 个,即沿 x 轴方向和 y 轴方向的两个移动以及在 xOy 平面上绕任意点的转动(见图 3-1-13),构件的这种独立运动称为**自由度**。作平面运动的自由构件具有 3 个独立的运动,即具有 3 个自由度。

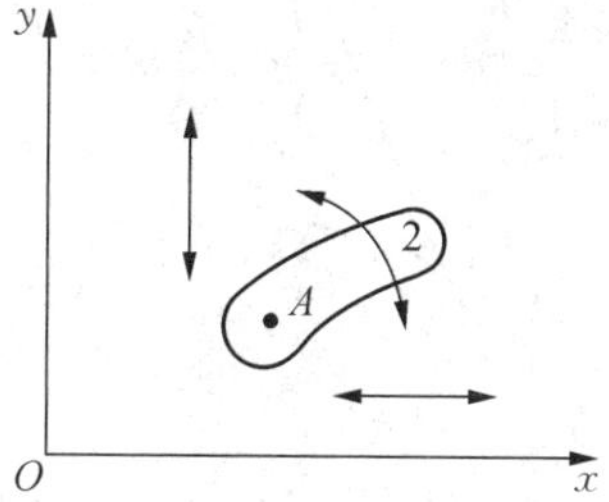

图 3-1-13

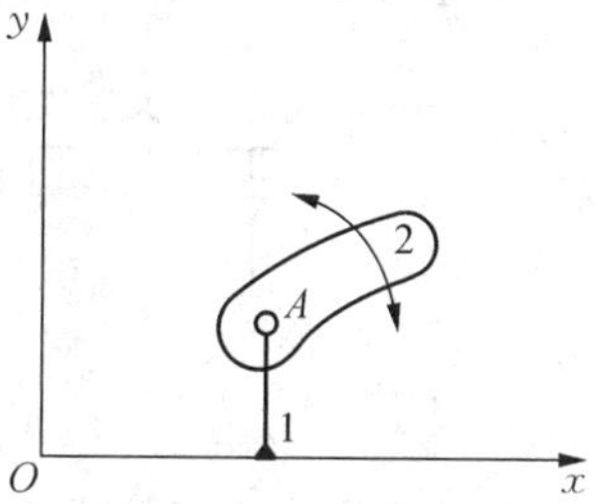

图 3-1-14

2) 约束

当两构件之间通过某种方式连接而形成运动副时,如图 3-1-14 所示,构件 2 与固定连接在坐标轴上的构件 1 在点 A 铰接,构件 2 沿 x 轴方向和沿 y 轴方向的独立运动受到限制。这种限制构件独立运动的作用称为**约束**。

对平面低副,由于两构件之间只有一个相对运动,即相对移动或相对转动,说明平面低副构成受到两个约束,因此有低副连接的构件将失去 2 个自由度。

对平面高副,如齿轮副或凸轮副[见图 3-1-10(b)、(c)]构件 2 可相对构件 1 绕接触点转动,又可沿接触点的切线方向移动,只是沿公法线方向的运动被限制。可见组成高副时的约束为 1,即失去 1 个自由度。

3) 机构自由度的计算

机构相对机架(固定构件)所具有的独立运动数目,称为**机构的自由度**。

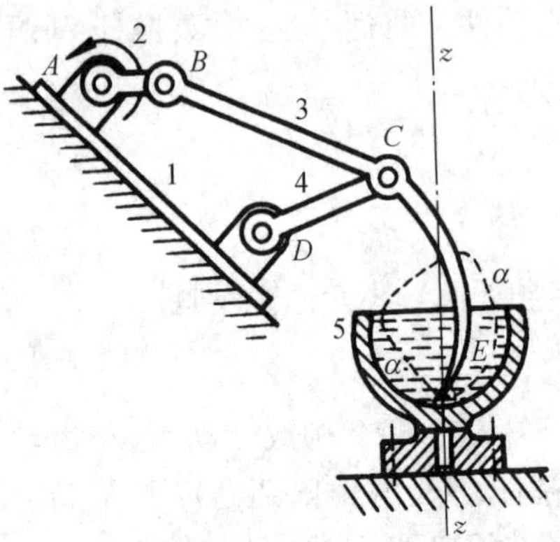

图 3-1-15

在平面机构中，设机构的活动构件数为 n，在未组成运动副之前，这些活动构件共有 $3n$ 个自由度。用运动副连接后便引入了约束，并失去了自由度，一个低副因有两个约束而将失去两个自由度，一个高副有一个约束而失去一个自由度，若机构中共有 P_L 个低副、P_H 个高副，则平面机构的自由度 F 的计算公式为

$$F = 3n - 2P_L - P_H \qquad (3-1-1)$$

如图 3-1-15 所示的搅拌机，其活动构件数 $n=3$，低副数 $P_L=4$，高副数 $P_H=0$，则该机构的自由度为

$$F = 3n - 2P_L - P_H = 3\times3 - 2\times4 - 0 = 1$$

4) 平面机构自由度计算的注意事项

(1) 复合铰链　两个以上的构件共用同一转动轴线所构成的转动副，称为**复合铰链**。

如图 3-1-16 所示为三个构件在点 A 形成复合铰链。从左视图可见，这三个构件实际上构成了轴线重合的两个转动副，而不是一个转动副，故转动副的数目为 2 个。推而广之，对由 k 个构件在同一轴线上形成的复合铰链，转动副数应为 $k-1$ 个，计算自由度时应注意这种情况。

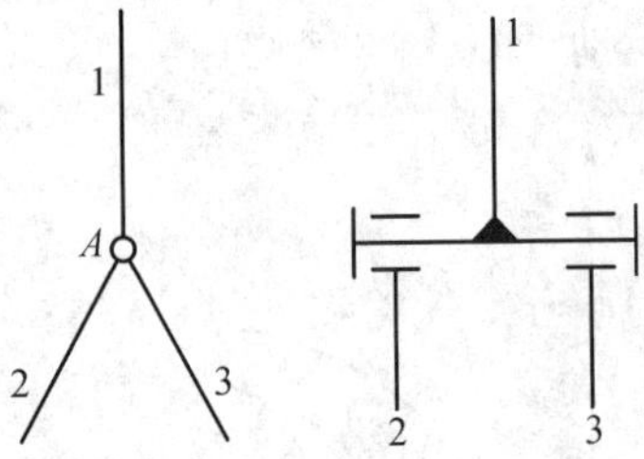

图 3-1-16

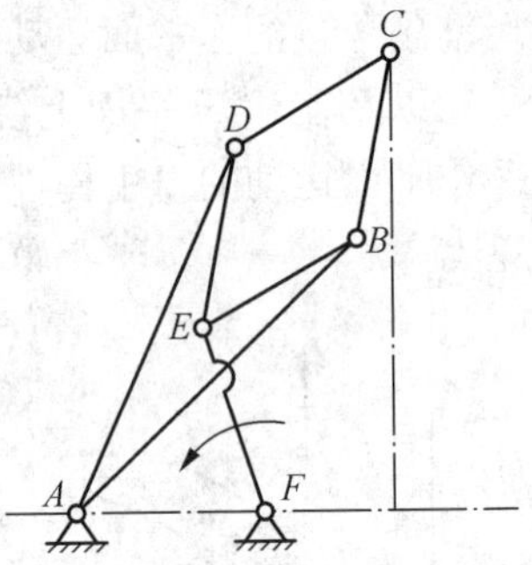

图 3-1-17

图 3-1-17 所示的直线机构中，A、B、E、D 四点均为由三个构件组成的复合铰链，每处应有两个转动副，因此，该机构 $n=7$，$P_L=10$，$P_H=0$，其自由度为

$$F = 3n - 2P_L - P_H = 3\times7 - 2\times10 - 0 = 1$$

(2) 局部自由度　与机构整体运动无关的构件的独立运动称为**局部自由度**。

在计算机构自由度时，局部自由度应略去不计。如图 3-1-18(a)所示的凸轮机构中，滚子绕本身轴线的转动，完全不影响从动件 2 的运动输出，因而滚子转动的自由度属局部自由度。在计算该机构的自由度时，应将滚子与从动件 2 看成一个构件，如图 3-1-18(b)所示，由此，该机构的自由度为

$$F = 3n - 2P_L - P_H = 3\times2 - 2\times2 - 1 = 1$$

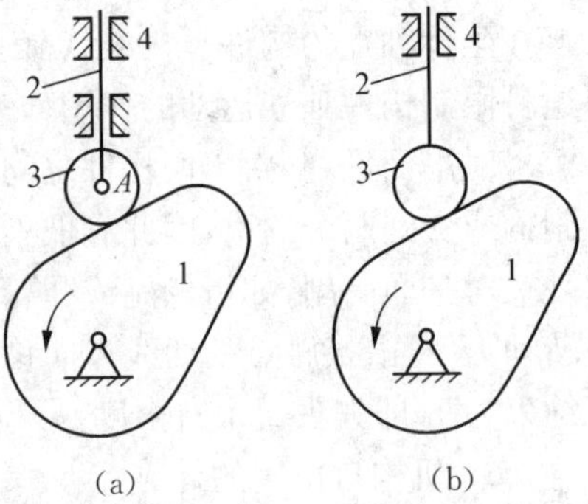

图 3-1-18

局部自由度虽不影响机构的运动关系，但可以变滑动摩擦为滚动摩擦，从而减轻了由于高副接触而引起的摩擦和磨损。因此，在机械中常见具有局部自由度的结构，如滚动轴承、滚轮等。

(3) 虚约束　机构中不产生独立限制作用的约束称为**虚约束**。

在计算自由度时，应先去除虚约束。虚约束常出现在下面几种情况中：

① 两构件在连接点上的运动轨迹重合，则该运动副引入的约束为虚约束。

如图 3－1－19(b)所示机构中，由于 EF 平行并等于 AB 及 CD，杆 5 上点 E 的轨迹与杆 3 上点 E 的轨迹完全重合，因此，由 EF 杆与杆 3 连接点上产生的约束为虚约束，计算时，应将其去除，如图 3－1－19(a)所示。这样，该机构的自由度为

$$F = 3n - 2P_L - P_H = 3 \times 3 - 2 \times 4 - 0 = 1$$

但如果不满足上述几何条件，则 EF 杆带入的约束则为有效约束，如图 3－1－19(c)所示。此时机构的自由度为

$$F = 3n - 2P_L - P_H = 3 \times 4 - 2 \times 6 - 0 = 0$$

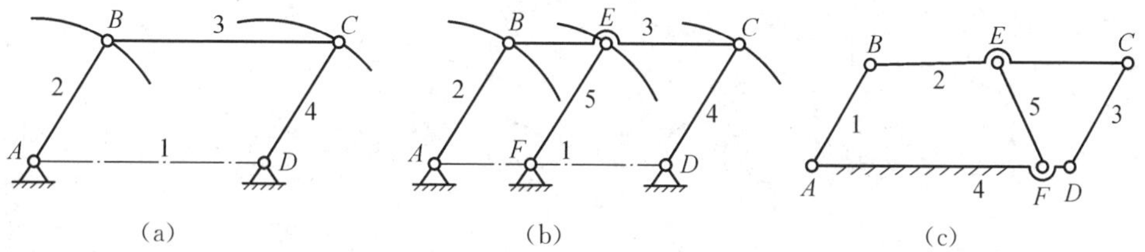

图 3－1－19

② 两个构件组成多个轴线重合的转动副，如图 3－1－20(a)所示，或如果两个构件组成多个方向一致的移动副时，如图 3－1－20(b)、(c)所示，只需考虑其中一处的约束，其余的均为虚约束。

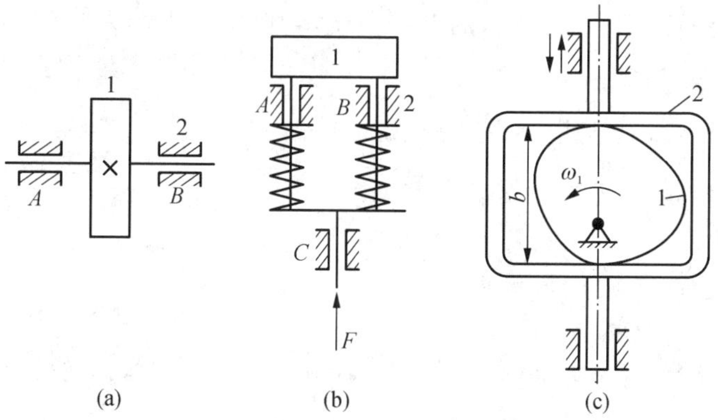

图 3－1－20

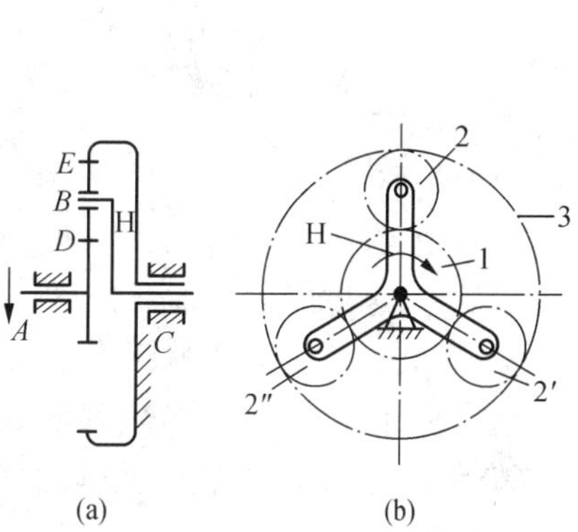

图 3－1－21

③ 机构中对运动不起作用的对称部分引入的约束为虚约束。

如图 3－1－21 所示的行星轮系，从传递运动而言，只需要一个齿轮 2 即可满足传动要求，装上三个相同的行星轮的目的在于使机构的受力均匀，因此，其余两个行星轮引入的高

副均为虚约束,应除去不计,该机构的自由度

$$F = 3n - 2P_L - P_H = 3 \times 3 - 2 \times 3 - 2 = 1 (C\text{处为复合铰链})$$

虚约束虽对机构运动不起约束作用,但能改善机构的受力情况,提高机构的刚性,因而在结构设计中被广泛采用。应注意的是,虚约束对机构的几何条件要求较高,故对制造,安装精度要求较高,当不能满足几何条件时,如图 3-1-20(c)所示,虚约束就会变成实约束而使机构不能运动。

例 3-1-2 计算如图 3-1-22(a)所示的筛料机构的自由度。

解:(1) 检查机构中有无三种特殊情况 由图中可知,机构中滚子自转为局部自由度;顶杆 DF 与机架组成两条路重合的移动副 E'、E,故其中之一为虚约束;C 处和 G 处为复合铰链。去除局部自由度和虚约束以后,应按图 3-1-22(b)计算自由度。

(2) 计算机构自由度 机构中的可动构件数为 $n = 7$, $P_L = 9$, $P_H = 1$,故该机构的自由度为

$$F = 3n - 2P_L - P_H = 3 \times 7 - 2 \times 9 - 1 \times 1 = 2$$

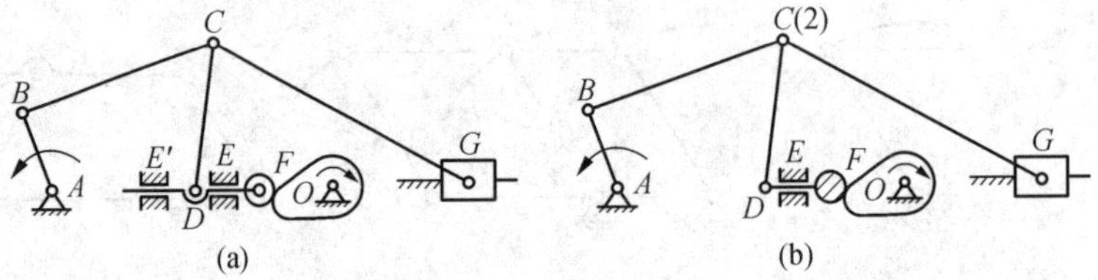

图 3-1-22

5. 机构具有确定运动的条件

机构能否实现预期的运动输出,取决于其运动是否具有可能性和确定性。

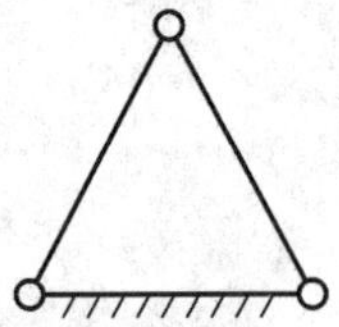

图 3-1-23

如图 3-1-23 所示,由 3 个构件通过 3 个转动副连接而成的系统就没有运动的可能性,因其自由度为 $F = 3n - 2P_L - P_H = 3 \times 2 - 2 \times 3 - 0 = 0$,故不能称其为机构。图 3-10-24 所示的五杆系统,若取构件 1 作为原动件,其自由度为

$$F = 3n - 2P_L - P_H = 3 \times 4 - 2 \times 5 - 0 = 2$$

当构件 1 处于图示位置时,构件 2、3、4 则可能处于实线位置,也可能处于虚线位置。显然,从动件的运动是不确定的,故也不能称其为机构。如果给出 2 个主动件,即同时给定构件 1、4 的位置,则其余从动件的位置就唯一确定了,如图 3-1-24 中实线所示,此时,该系统则可称为机构。

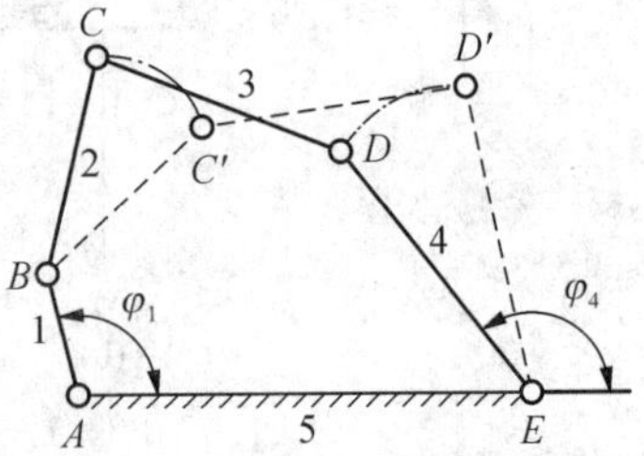

图 3-1-24

当原动件的位置确定以后,其余从动件的位置也随之确定,则称机构具有确定的相对运动。那么究竟取一个还是几个构件作主动件,这取决于机构的自由度。

机构的自由度就是机构具有的独立运动的数目。

因此,当平面机构的自由度大于或等于 1 同时机构的原动件数等于自由度数时,机构就

具有确定的相对运动。

在分析机构或设计新机构时，一般可以用自由度计算来检验所作的运动简图是否满足具有确定运动的条件，以避免机构组成原理错误。如图 3-1-25(a)所示的构件组合体，其自由度为

$$F = 3n - 2P_{L} - P_{H} = 3\times3 - 2\times4 - 1 = 0$$

说明此构件系统不是机构，从动件无法实现预期的运动。图 3-1-25(b)、(c)为改进方案，经计算，自由度 $F = 3n - 2P_{L} - P_{H} = 3\times4 - 2\times5 - 1 = 1$，故满足机构具有确定运动的条件。

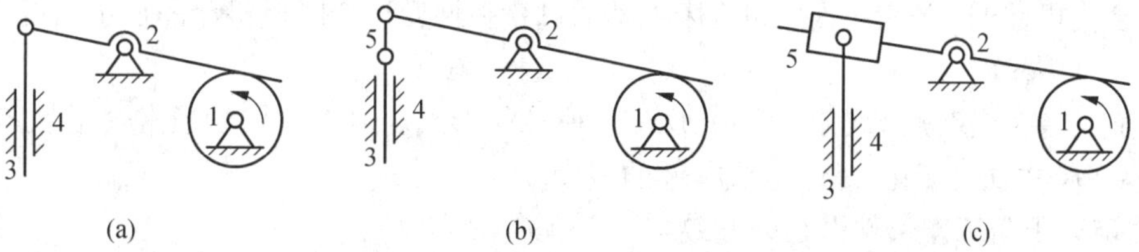

图 3-1-25

机构具有唯一确定运动的条件是机构的原动件数等于机构的自由度数，不满足这一条件，即原动件数小于机构的自由度数时，机构的运动是不确定的，通常在机构的设计中这种情况是不允许出现的。但在有些场合中，利用机构运动的不确定性来设计机构的，则可以使机构大为简化，达到事半功倍的目的。机构运动不确定时，机构此时的运动受最小阻力定律的支配，即机构将优先沿着阻力最小的方向运动。

图 3-1-26 为利用这一原理设计的送料机构，它由曲柄 1、连杆 2、摇杆 3、滑块 4 和机架 5 组成。机构的自由度为 2，但原动件只有一个(曲柄 1)，故其运动不确定。但根据最小阻力定律可知，机构将沿着阻力最小的方向运动。因此，推程时，摇杆将首先沿逆时针方向转动，直到推爪 3′碰上挡销 a'为止，这一过程使推爪向下运动，并插入工件的凹槽中。此后，摇杆 3 要先沿顺时针方向转动，直到推爪 3′碰上挡销 a''为止，这一过程使推爪向上抬起脱离工件。此后，摇杆 3 又与滑块 4 成为一体，一道返回。如此连续运动将工件一个个地推送向前。此机构适用于推送轻型、小件物品，机构简单、紧凑。

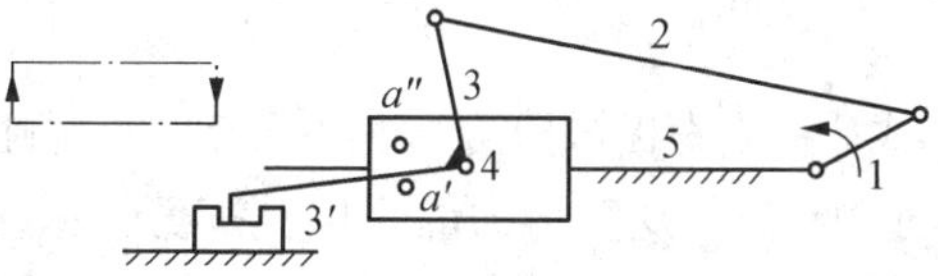

图 3-1-26

第二节　机械零件的失效形式及设计计算准则

机械零件丧失预定功能或预定功能指标下降到许用值以下的现象，称为机械零件的失效。由于强度不够引起的破坏是最常见的零件失效形式，但并不是零件失效的唯一形式。进行机械零件设计时必须根据零件的失效形式分析其原因，提出相应防止或减轻失效的措施，依据不同的失效形式提出不同的设计计算准则。

一、零件的失效形式

机械零件最常见的失效形式有 4 种：

1. 断裂

机械零件的断裂通常有以下两种情况：①零件在外载荷的作用下，某一危险截面上的应力超过零件的强度极限时将发生断裂(如螺栓的折断)；②零件在循环变应力的作用下，危险截面上的应力超过零件的疲劳强度而发生疲劳断裂。

2. 过量变形

当零件的应力超过材料的屈服极限时，零件将发生塑性变形。当零件的弹性变形量过大时也会使机器的工作不正常，如机床主轴的过量弹性变形会降低机床的加工精度。

3. 表面失效

表面失效主要有疲劳点蚀、磨损、压溃和腐蚀等形式。表面失效后通常会增加零件的摩擦，使零件尺寸发生变化，最终造成零件的报废。

4. 破坏正常工作条件引起的失效

有些零件只有在一定的工作条件下才能进行正常工作，否则会引起失效。如带传动因过载发生打滑，从而使机器不能正常地工作。

二、机械零件的设计计算准则

1. 强度准则

要求机械零件的工作应力 σ 不超过许用应力 $[\sigma]$，其典型的计算公式为

$$\sigma \leqslant [\sigma] = \frac{\sigma_{\lim}}{S}$$

式中：$\sigma_{\lim}$ 为极限应力，对受静应力的脆性材料取其强度极限；对受静应力的塑性材料取其屈服极限；对受变应力的零取其疲劳极限。S 为安全系数。

2. 刚度准则

机械零件在受载荷时要发生弹性变形，刚度是受外力作用的材料、机械零件或结构抵抗变形的能力。材料的刚度由使其产生单位变形所需的外力值来度量。机械零件的刚度取决于它的弹性模量 E 或切变模量 G、几何形状和尺寸，以及外力的作用形式等。分析机械零件的刚度是机械设计中的一项重要工作。对于一些需要严格限制变形的零件(如机翼、机床主轴等)，须通过刚度分析来控制变形。我们还需要通过控制零件的刚度以防止发生振动或失稳。另外，如弹簧，须通过控制其刚度为某一合理值以确保其特定功能。刚度准则是要求零件受载荷后的弹性变形量不大于允许弹性变形量。刚度准则的表达式为

$$y \leqslant [y]$$

式中：y 是弹性变形量，如挠度、纵向伸长(缩短)；$[y]$ 为相应的许用弹性变形量。零件的弹性变形量可由理论计算或经实验得到，许用变形量则取决于零件的用途，根据理论分析或经验确定。

3. 耐热性准则

由于摩擦等原因，机械在运转时，机械零件和润滑剂的温度一般会升高。过高的工作温

度将导致润滑效果下降，同时，还会引起零件的热变形、硬度和强度下降，甚至损坏。如在高温时，金属机械零件可能发生胶合、卡死；塑料等非金属机械零件可能发生软化，甚至熔化等，在某些场合还会引起热应力。耐热性准则一般是控制机械零件的工作温度不要超过许用值，以保证零部件正常工作，其表达式是

$$t \leqslant [t]$$

为了改善散热性能、控制温升，必要时可以采用水冷或气冷等措施。

4. 振动稳定性准则

当激励的频率等于物体固有频率时，物体振幅最大，激励的频率与固有频率相差越大，物体的振幅越小。激励的频率接近物体的固有频率时，受迫振动的振幅会很大，这种现象叫做共振。振动稳定性指机械零件在机器运转时避免发生共振的品质。

为了延长机器的寿命，为了避免轴和机器的损坏，应验算轴的振动稳定性，特别是高速机器的轴。振动稳定性准则要求机械零件的固有频率应与激励的频率错开，保证不发生共振。

设机器中受激励作用的零部件的固有频率为 f，激励力的频率为 f_p，一般要求

$$f_p < 0.85f \text{ 或 } f_p > 1.15f$$

改变机械零件的刚度和质量可以改变其固有频率。增大机械零件的刚度和减小其质量，提高其固有频率；减小机械零件的刚度和增大其质量则降低机械零件的固有频率。有时，机器运转时为了防止共振要调节转速。

轴产生共振的主要原因是：由于材料内部质量不均匀，加之制造和安装的误差，使其质心和它的旋转中心产生偏差，轴旋转时产生惯性力，这个惯性力使转子做强迫振动。轴在引起共振时的速度称为临界速度。在临界速度下，这个惯性力的频率等于或几倍于转子的固有频率，因此发生共振。

5. 寿命准则

为了保证机器在一定寿命期限内正常工作，在设计机械零件时必然要对机械零件的寿命提出要求。需要说明的是，在机器寿命期限内，零件是可以更换的，也就是说某些机械零件的寿命可以比机器的寿命短。机械零件的寿命主要受材料的疲劳、磨损和腐蚀影响。

为了避免发生零件疲劳引起的失效，如疲劳断裂，应根据机械零件寿命对应的疲劳极限计算疲劳强度。即根据寿命要求，结合零件转速等具体情况，应计算出应力循环次数为 N 时的疲劳极限，再代入强度条件式，计算疲劳强度。当满足疲劳强度时，可以保证机械零件在破坏前的应力循环次数达到寿命要求。

磨损一般是不可避免的。在一定条件下，腐蚀也是不可避免的，如桥梁结构件和地埋钢质管道等。在设计时，主要是保证机械零件在寿命内，不要发生过度的磨损和腐蚀。磨损发生的机理尚为完全被人们掌握，影响磨损的因素也比较多，一般根据摩擦学设计原理来改善摩擦副的耐磨性。主要措施有：合理选择摩擦副材料；合理选择润滑剂和添加剂；控制摩擦副的工作条件，如压强、滑动速度和温升。

到目前为止，还没有实用、有效的腐蚀寿命计算方法，通常从材料选择及防腐处理方面采取措施。如选用耐腐蚀的材料，采用表面镀层、喷涂、磷化等处理。

6. 可靠性准则

可靠性是产品在规定的条件下和规定的时间内,完成规定功能的能力。产品的质量一般应包含性能指标和可靠性指标。机械产品的性能指标是指产品具有的技术指标,如机械的功率、转矩、工作力、工作速度等。如果只有性能指标,没有可靠性指标,产品的性能指标也得不到保证。例如,一架技术先进的飞机,如果可靠性不高,势必经常发生故障,影响正常飞行和增加维修费用,甚至可能造成严重的事故。产品的可靠性用可靠度 $R(t)$ 来衡量。可靠度的定义是:产品在规定的条件下和规定的时间内完成规定功能的概率。可靠度是时间的函数。有一批数量为 n 的相同产品,在 $t=0$ 开始工作,随着时间的延续,失效的件数 $n_0(t)$ 在增加,正常工作的件数 $n_i(t)$ 在减少,在任意时刻 t 产品可靠度为

$$R(t)=\frac{n_i(t)}{n}$$

若某产品工作至3 000小时的可靠度 $R(t)=0.96$,则表示有96%的产品可以正常工作到3 000小时以上,对具体一件产品来讲,其工作到3 000小时的概率为96%。

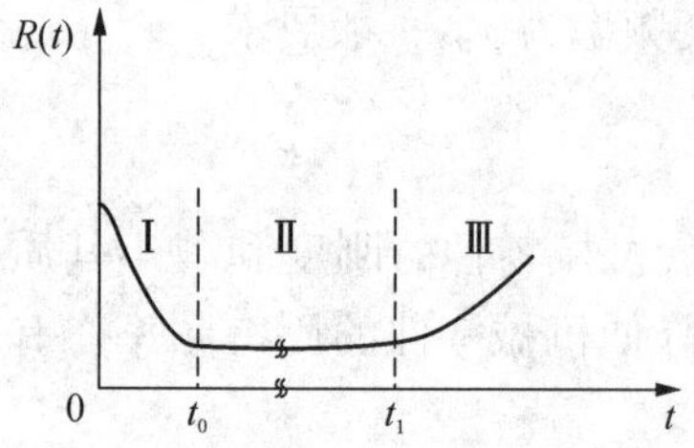

图 3-1-27

零部件的失效率和时间的关系一般如图3-1-27所示。可以用试验的方法求得失效率曲线。失效率曲线反映产品总体寿命期失效率的情况。从失效曲线可以看出,失效大体可以分为三个阶段。

第Ⅰ阶段为早期失效阶段,曲线为递减型。产品投入使用的早期,失效率较高而下降很快。其原因主要是设计、制造、贮存、运输等形成的缺陷,以及调试、跑合、起动不当等人为因素所造成的。当这些由于先天不良引起的失效发生后,设备运转逐渐正常,则失效率就趋于稳定。应该尽量设法避免零件的早期失效,降低失效率和早期失效阶段的时间 t_0。

第Ⅱ阶段为偶然失效阶段,其失效率缓慢增长。失效主要由非预期的过载、误操作、意外的天灾等偶然因素所造成。由于失效原因多属偶然,故称为偶然失效阶段。降低偶然失效期的失效率则能提高有效寿命,所以应注意提高产品的质量,精心使用维护。

第Ⅲ阶段为损坏失效阶段,其失效率是递增型。在 t_1 以后失效率明显上升。这是由于产品已经老化,疲劳、磨损、蠕变、腐蚀等所谓有耗损的原因所引起的,故称为耗损失效期。针对这一阶段失效的原因,应该注意检查、监控等,提前维修,使失效率仍不上升。

7. 精度准则

对于高精度的机械零件、机构或设备,要求其运动误差小于许用值。例如在精密机械中,导轨的直线性误差、主轴的径向跳动误差、齿轮传动的转角误差等,必须要有一定的精度要求。可以根据机器和零件的功能要求,选用合适的公差与配合,即进行精度设计,并能正确地标注到图样上。还可以按照零件图给定的公差值,求出机构的误差,与要求的机构精度比较。

第三节　机械设计的基本要求和一般过程序

一、机械设计一般过程

1. 明确任务阶段

设计任务一般是以任务书的形式下达的，其中明确规定有：机器的用途、主要性能参数范围、工作环境条件、特殊要求、生产批量、预期成本、完成期限、承制单位等内容。一般是由主管单位、用户提出。

2. 方案设计阶段

方案设计阶段的工作一般有如下几项：

(1) 机器工作原理选择。

(2) 机器的运动设计。

(3) 机器的动力设计。

3. 技术设计阶段

(1) 总体设计阶段：根据工作原理绘制机器的机构运动简图，这是图纸设计的第一阶段。在这个阶段，要考虑各个机构主要零件的大体位置。同时，为了拟订机器的总体布置，需要分析比较各种可能的传动方案。

(2) 结构设计阶段：考虑和决定各部分的相对位置和连接方法，零件的具体形状、尺寸、安装等一系列问题，把机构运动简图变成具体的装配图(或结构图)，这是图纸设计的第二个阶段。

(3) 零件设计阶段：装配图只确定了机器的总体尺寸、各个零部件的相对位置及配合关系，而没有反映出各个零件的全部尺寸、结构等。零件设计阶段就是把机器的所有零件(标准件除外)拆分出来，绘制成零件图，为加工提供依据。

(4) 技术文件制定：完成图纸滞后，必须完成一系列的技术文件，应包括各种明细表、系统图、设计说明书和使用说明书。

4. 施工设计阶段(工艺设计)

二、机械设计的基本要求

机器在设计中应该满足的基本要求：

1. 使用性要求

使用性要求即功能性要求，指要产品实现预定的功能，就要满足其运动和动力性能的要求。

2. 经济性要求

提高设计制造的经济性的途径有 4 条：

(1) 使产品系列化、标准化、通用化。

(2) 运用现代化设计制造方法。

(3) 科学管理。提高使用经济性的途径有 3 条：①提高机械化、自动化水平；②提高机械效率；③延长使用寿命。

(4) 防止无意义的损耗。

3. 安全性要求

安全性要求有3个含义：

(1) 设备本身不因过载、失电以及其他偶然因素而损坏。

(2) 切实保障操作者的人身安全(劳动保护性)。

(3) 不会对环境造成破坏。

4. 工艺性要求

工艺性要求包含两个方面，一是装配工艺性，一是零件加工工艺性。

5. 可靠性要求

随着机械系统日益复杂化、大型化、自动化及集成化，要求机械系统在预定的环境条件下和寿命期限内，具有保持正常工作状态的性能，这就称为可靠性。

6. 其他特殊要求

针对某一具体的机器，都有一些特殊的要求。例如：飞机结构重量要轻、食品等机械不得对产品造成污染等。

三、机械零件设计的一般步骤

(1) 根据零件的使用要求(如功率、转速等)，选择零件的类型及结构形式，并拟定计算简图。

(2) 分析作用在零件上的载荷(拉力、压力和剪切力)。

(3) 根据零件的工作条件，按照相应的设计准则，确定许用应力。

(4) 分析零件的主要失效形式，按照相应的设计准则，确定零件的基本尺寸。

(5) 按照结构工艺性、标准化的要求，设计零件的结构及其尺寸。

(6) 绘制零件的工作图，拟定必要的技术条件，编写计算说明书。

习 题

3-1-1 试判别下述结论是否正确，并说明理由。

(1) 机构中每个可动构件都应该有自由度，如图3-1-15所示的搅面机机构有三个可动构件，所以搅面机有三个自由度。

(2) 如图3-1-28(a)中构件1相对于构件2能沿切向A_t移动，沿法向A_n向上移动和绕接触点A转动，所以构件1与2组成的运动副保留三个相对运动。

(3) 如图3-1-28(b)中构件1与2在A两处接触，所以构件1与2组成两个高副。

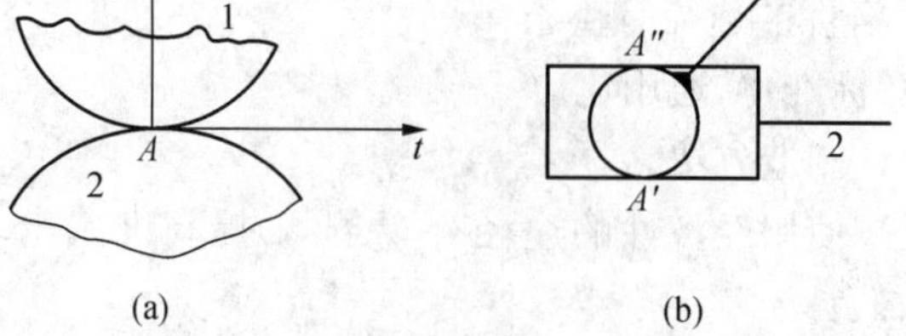

图3-1-28

3-1-2　如图 3-1-29 所示的曲轴 1 与机座 2,曲轴两端中心线不重合,加工误差为 Δ,试问装配后两构件能否相对转动,并说明理由。

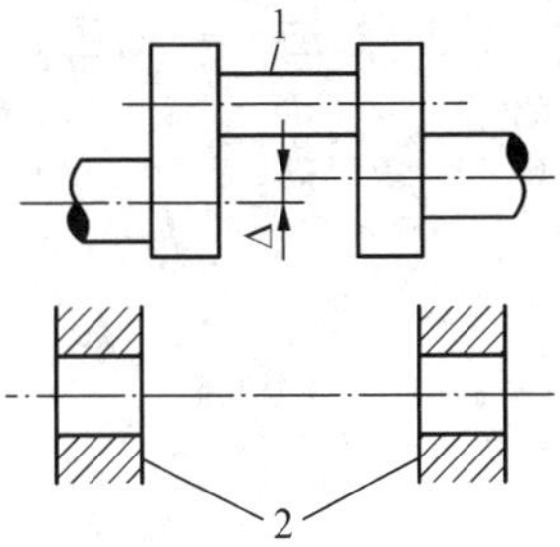

图 3-1-29

3-1-3　局部自由度不影响整个机构运动,虚约束不限制构件独立运动,为什么实际机构中还采用局部自由度、虚约束的结构?

3-1-4　吊扇的扇叶与吊架、书桌的桌身与抽斗,机车直线运动时的车轮与路轨,各组成哪一类运动副,请分别画出。

3-1-5　绘制图 3-1-30 中各机构的运动简图。

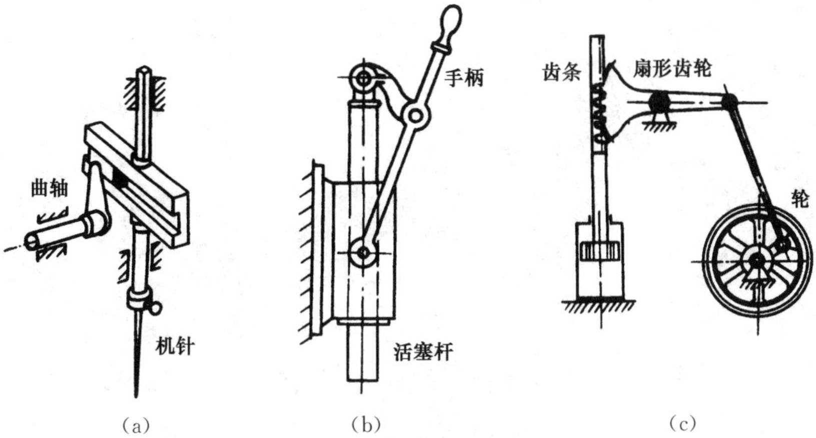

图 3-1-30

3-1-6　指出图 3-1-31 中各机构中的复合铰链、局部自由度和虚约束,计算机构的自由度,并判定它们是否有确定的运动(标有箭头的构件为原动件)。

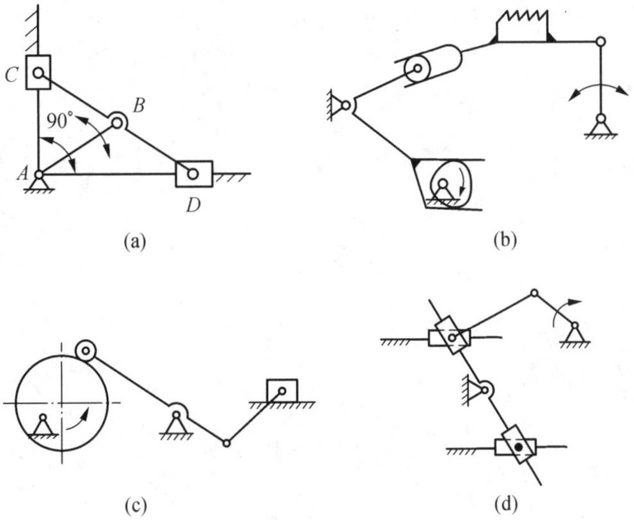

图 3-1-31

3-1-7 试问图3-1-32中各机构在组成上是否合理？如果不合理,请针对错误提出修改方案。

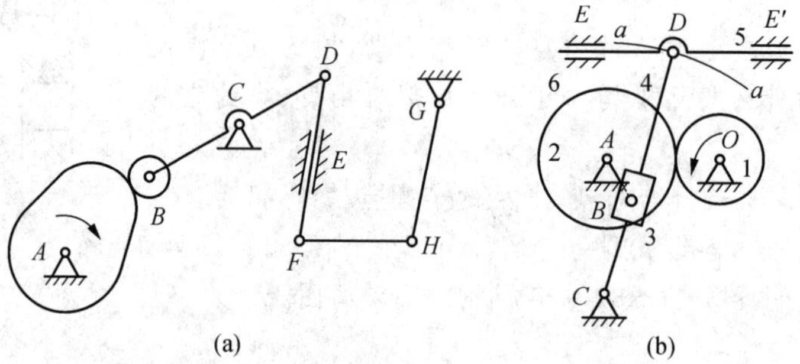

图3-1-32

第二章　平面连杆机构

第一节　平面连杆机构的基本类型及应用

平面连杆机构是由若干构件通过低副连接而成的平面机构，也称平面低副机构。

平面连杆机构广泛应用于各种机械和仪表中，因此，其优缺点显得尤为重要。平面连杆机构的主要优点是：①由于运动副是低副，面接触，因此传力时压强小，磨损较轻，承载能力较强；②构件的形状简单，易于加工，构件之间的接触由构件本身的几何约束来保持，故工作可靠；③可实现多种运动形式及其转换，满足多种运动规律的要求；④利用平面连杆机构中的连杆可满足多种运动轨迹的要求。平面连杆机构的主要缺点是：①由于低副中存在间隙，机构不可避免地存在着运动误差，精度不高；②主动构件匀速运动时，从动件通常为变速运动，故存在惯性力，不适用于高速场合。

平面机构常以其组成的构件（杆）数来命名，如由四个构件通过低副连接而成的机构称为四杆机构，而五杆或五杆以上的平面连杆机构称为多杆机构。四个机构是平面连杆机构中最常见的形式，也是多杆机构的基础。

一、平面四杆机构的基本形式

构件间的运动副均为转动副连接的四杆机构，是四杆机构的基本形式，称为铰链四杆机构，如图 3-2-1 所示。由三个活动构件和一个固定构件（即机架）组成。其中，杆 AD 是机架，与机架相对的杆（杆 BC）称为连杆，与机架相联的构件（杆 AB 和杆 CD）称为连架杆，能绕机架作 360°回转的连架杆称为曲柄，只能在小于 360°范围内摆动的连架杆称为摇杆。

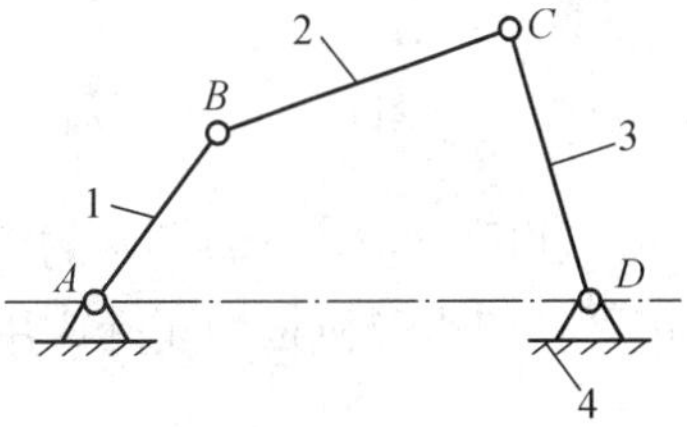

图 3-2-1

根据两连架杆的运动形式的不同，铰链四杆机构可分为三种基本形式并以其连架杆的名称组合来命名。

1. 曲柄摇杆机构

两连架杆中一个为曲柄另一个为摇杆的四杆机构，称为**曲柄摇杆机构**。曲柄摇杆机构中，当以曲柄为原动件时，可将曲柄的匀速转动变为从动件的摆动。如图 3-2-2 所示的雷达天线机构，当原动件曲柄 1 转动时，通过连杆 2，使与摇杆 3 固结的抛物面天线作一定角度的摆动，以调整天线的俯仰角度。图 3-2-3 为汽车前窗的刮雨器，当主动曲柄 AB 回转时，从动摇杆做往复摆动，利用摇杆的延长部分实现刮雨动作。也有以摇杆为主动件，曲柄为从动件的曲柄摇杆机构。如图 3-2-4 所示的缝纫机的踏板机构，踏板为主动件，当脚蹬踏板时，可将踏板的摆动变为曲柄即缝纫机皮带轮的匀速转动。

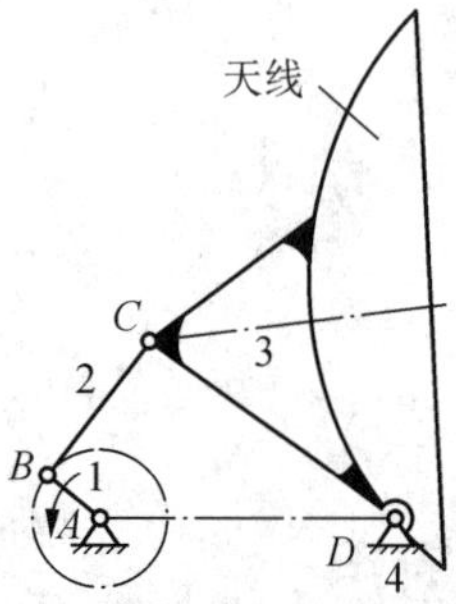

图 3-2-2

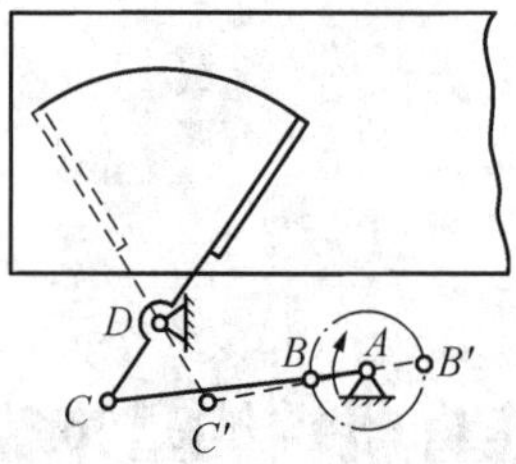

图 3-2-3

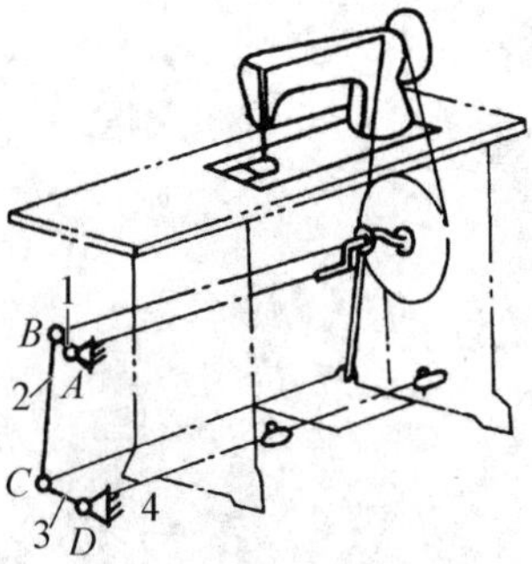

图 3-2-4

2. 双曲柄机构

两连架杆均为曲柄的四杆机构称为**双曲柄机构**。通常，主动曲柄匀速转动时，从动曲柄作同向变速转动，如图 3-2-5 所示的惯性筛机构，当曲柄 1 匀速转动时，曲柄 3 作变速转动，通过构件 5 使筛子 6 获得加速度，从而将被筛选的材料分离。在双曲柄机构中，若相对的两杆长度分别相等，则称为平行双曲柄机构或平行四边形机构，若两曲柄转向相同且角速度相等，则称为正平行四边形机构，如图 3-2-6(a)所示；两曲柄转向相反且角速度不同，则为反平行四边形机构，如图 3-2-6(b)所示。

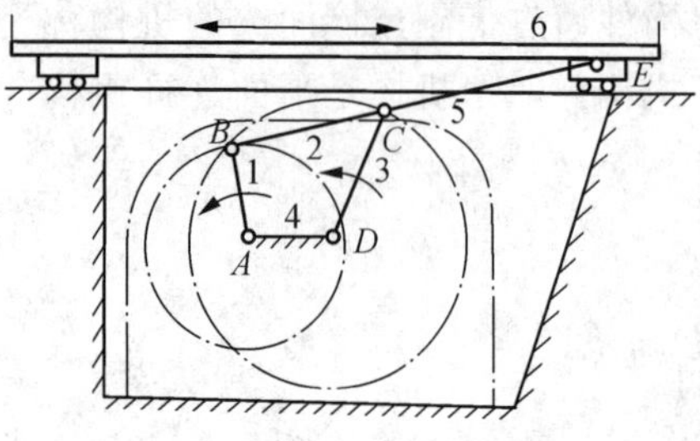

图 3-2-5

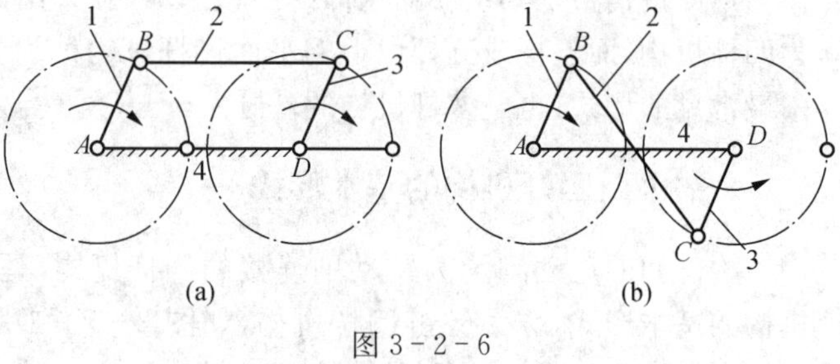

图 3-2-6

如图 3-2-7(a)所示的机车车轮联动机构和图 3-2-7(b)所示的摄影车座斗机构就是正平行四边形机构的实际应用，由于两曲柄作等速同向转动，从而保证了机构的平稳运行。

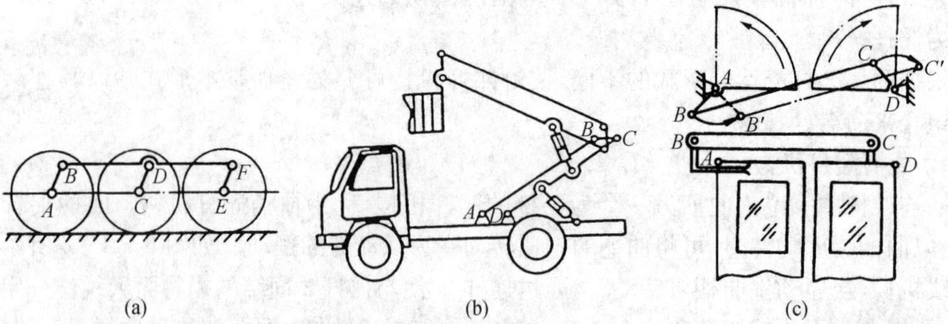

图 3-2-7

如图 3-2-7(c)所示的车门启闭机构，是反平行四边机构的一个应用，但 *AD* 与 *BC* 不平行，因此，两曲柄作不同速反向转动，从而保证两扇门能同时开启或关闭。

另外，对平行双曲柄机构，无论以哪个构件为机架都是双曲柄机构。但若取较短构件作机架，则两曲柄的转动方向始终相同。

3. 双摇杆机构

两连架杆均为摇杆的铰链四杆机构称为**双摇杆机构**。图 3-2-8(a)所示为港口起重机，当杆 *CD* 和杆 *BA* 摆动时，连杆 *CB* 上悬挂重物的点 *M* 在近似水平直线上移动。如图 3-2-8(b)所示的电风扇的摇头机构中，电机装在摇杆 4 上，铰链 *A* 处装有一个与连杆 1 固结在一起的蜗轮。电机转动时，电机轴上的蜗杆带动蜗轮迫使连杆 1 绕点 *A* 作整周转动，从而使连架杆 2 和 4 作往复摆动，达到风扇摇头的目的。

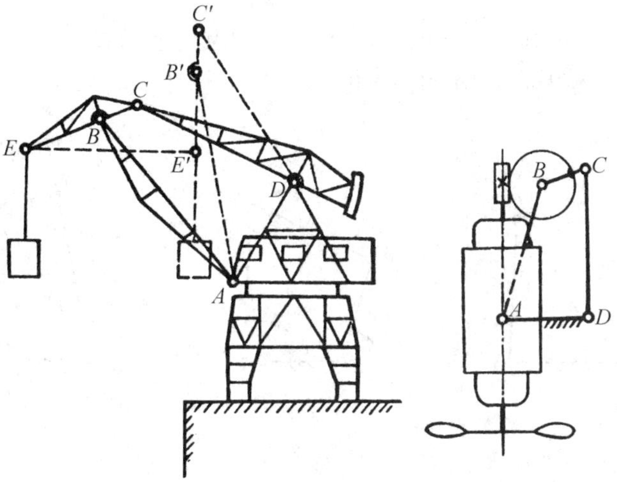

(a)　　(b)

图 3-2-8

如图 3-2-9(a)、(b)所示的飞机起落架及汽车前轮的转向机构等也均为双摇杆机构的实际应用。汽车前轮的转向机构中，两摇杆的长度相等，称为等腰梯形机构，它能使与摇杆固定连接的两前轮轴转过的角度不同，使车轮转弯时，两前轮的轴线与后轮轴的延长线交

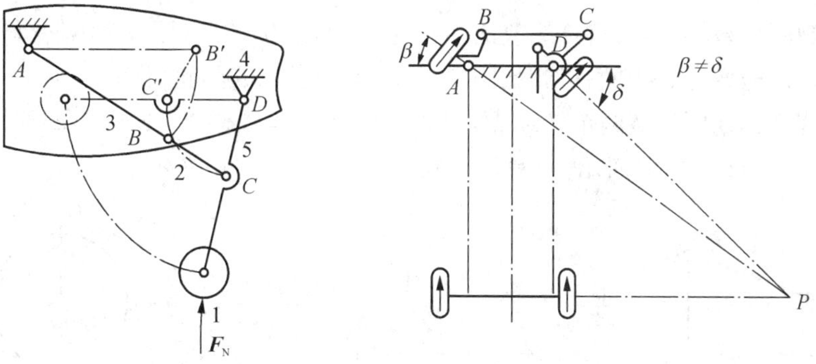

(a)　　(b)

图 3-2-9

于点 P,汽车四轮同时以点 P 为瞬时转动中心,各轮相对地面近似于纯滚动,保证了汽车转弯平稳并减少了轮胎磨损。

二、四杆机构的演化

生产中广泛应用的各种四杆机构,都可认为是从铰链四杆机构演化而来的。下面通过实例介绍四杆机构的演化方法。

1. 曲柄摇杆机构的演化

1) 改变机架

曲柄摇杆机构可以说是所有四杆机构的基础。如图 3-2-10(a)所示的曲柄摇杆机构,通过改变机架,且当铰链四杆机构满足一定条件时,即可得到双曲柄机构和双摇杆机构。

(1) 以杆 1 作机架得到双曲柄机构如图 3-2-10(b)所示。

(2) 以杆 3 作机架得到双摇杆机构如图 3-2-10(c)所示。

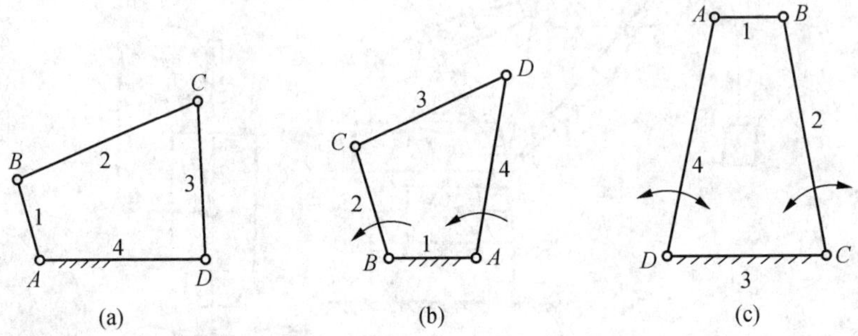

图 3-2-10

2) 改变运动副尺寸

(1) 将运动副 D 尺寸扩大,大于摇杆做成一环形槽,摇杆做成弧形滑块得到曲柄弧形滑块机构如图 3-2-11(c)所示。

(2) 扩大到无穷大,环形槽变成直槽,摇杆的运动变成直线运动,摇杆变成滑块,得到偏置曲柄滑块机构如图 3-2-11(d)所示。

3) 改变运动副类型

(1) 以高副代替转动副,将杆 3 改成滚子,得到如图 3-2-11(e)所示的机构。

(2) 将环形槽变为曲线槽,得到如图 3-2-11(f)所示的凸轮机构。

(3) 以两个移动副代替两个转动副,可得双转块机构如图 3-2-12(a)所示,曲柄移动导杆机构如图 3-2-13(a)所示,双滑块机构如图 3-2-14(a)所示。

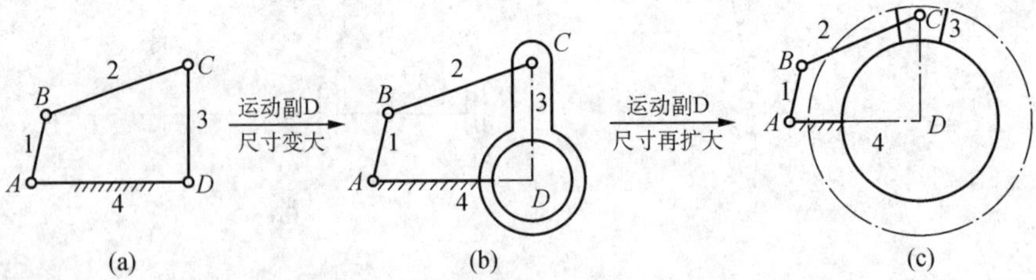

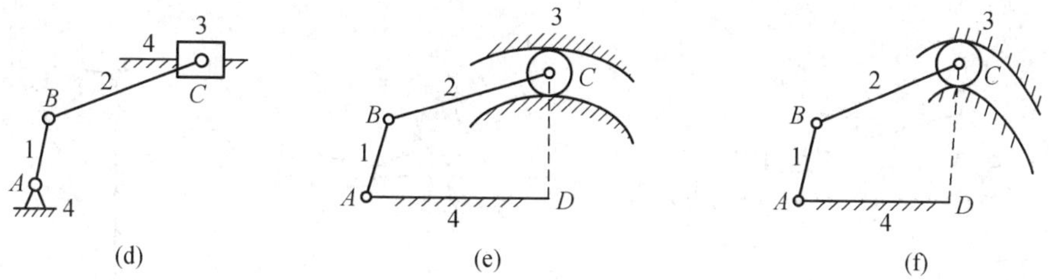

图 3-2-11

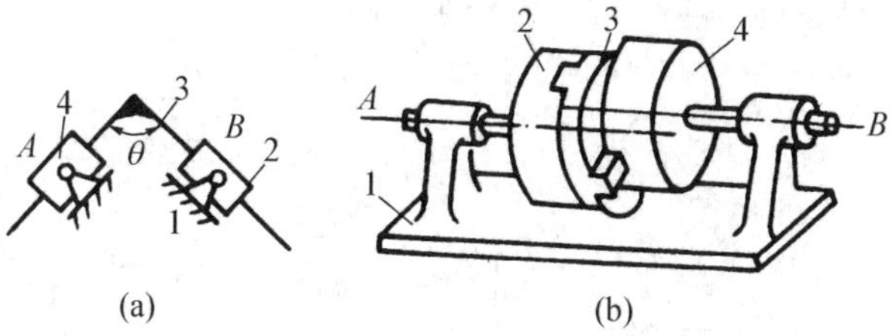

图 3-2-12

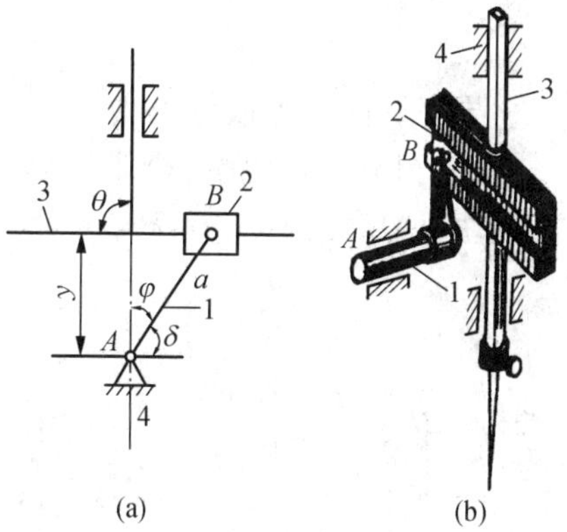

图 3-2-13

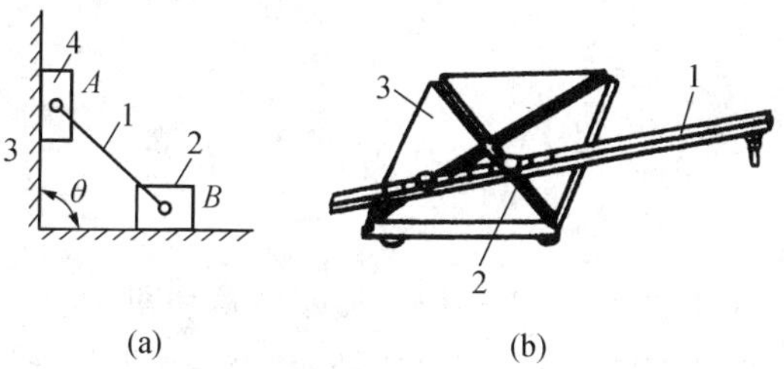

图 3-2-14

图 3-2-12(b)所示的十字沟槽联轴节、图 3-2-13(b)所示的缝纫机刺布机构及图 3-2-14(b)所示的椭圆仪分别是它们的应用实例。

2. 曲柄滑块机构的演化

由曲柄摇杆机构演化而来的偏置曲柄滑块机构，按照上述的方法，又可得到更多的具有滑块的四杆机构。

1) 改变机架

(1) 使滑块导路与曲柄转动中心的偏距为零，可得对心曲柄滑块机构如图 3-2-15(a)所示。

曲柄滑块机构在锻压机、空压机、内燃机及各种冲压机器中得到广泛应用，如前述的内燃机中的活塞连杆机构，就是曲柄滑块机构。

(2) 以杆 1 作机架，杆 $l_1 < l_2$ 时，可得转动导杆机构如图 3-2-15(b) 所示；杆 $l_1 > l_2$ 时，可得摆动导杆机构如图 3-2-15(c) 所示。

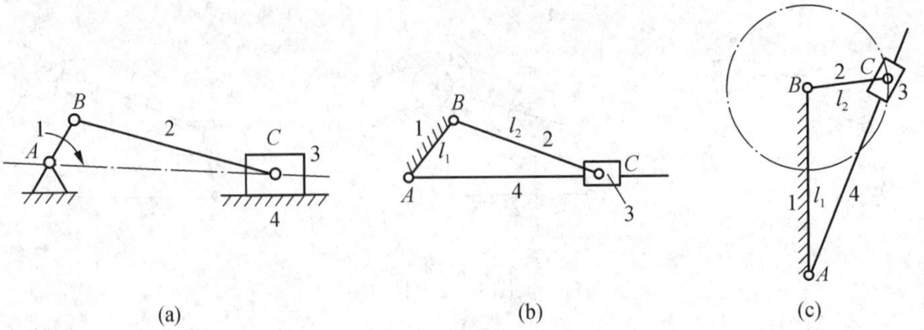

图 3-2-15

导杆机构具有很好的传力性能,常用于插床、牛头刨床和送料装置等机械设备中。图 3-2-16 所示为爬杆机器人,这种机器人模仿尺蠖的动作向上爬行,其爬行机构就是曲柄滑块机构。图 3-2-17(a)、(b)所示分别为插床主机构和刨床主机构。

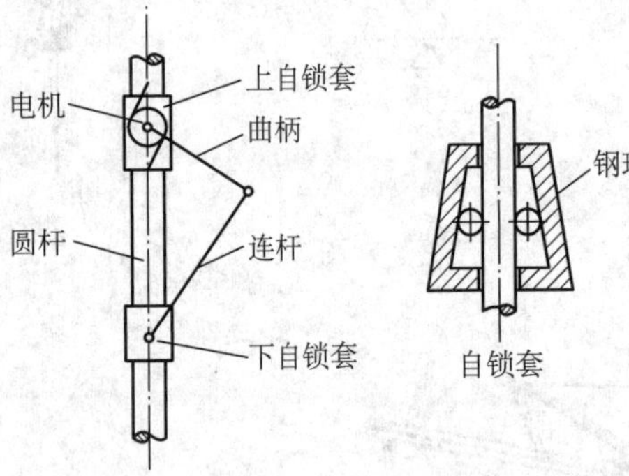

图 3-2-16

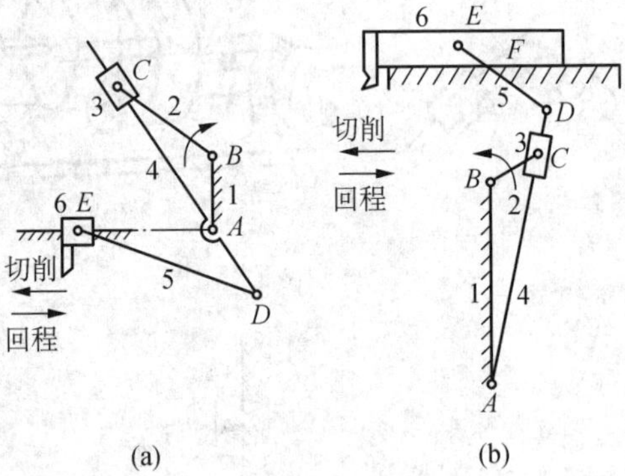

图 3-2-17

(3) 以杆 2 作机架,得到如图 3-2-18(a)所示的摇块机构。

(4) 以滑块作机架,得到如图 3-2-18(b)所示的定块机构。

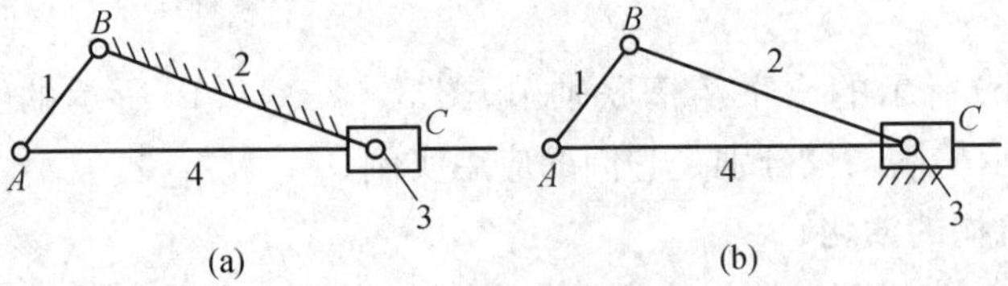

图 3-2-18

摇块机构常用于摆缸式原动机和气、液压驱动装置中,如图 3-2-19 所示的货车翻斗机构及如图 3-2-20 所示的液压泵。

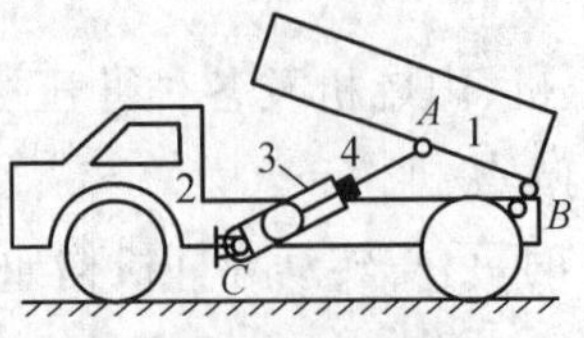

图 3-2-19

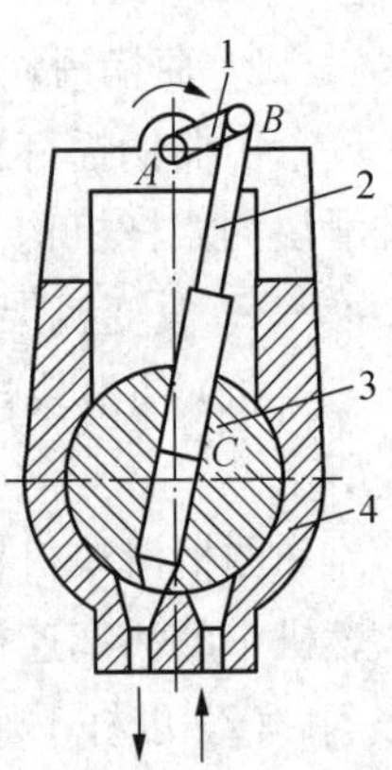

图 3-2-20

2）改变运动副尺寸

（1）扩大转动副 C 的半径，使其超过杆 2 的长度，将杆 2 改成滑块 2 在环形槽 3 内绕点 C 转动可得到移动环形导杆机构，如图 3－2－21(b)所示。

（2）转动副 C 扩大到无穷大，环形槽变成直槽，可得到移动导杆机构，如图 3－2－21(c)所示。

（3）将转动副 B 扩大并超过杆 1 的长度，杆 1 变成了圆盘 1，可得到偏心轮机构如图 3－2－21(d)所示。

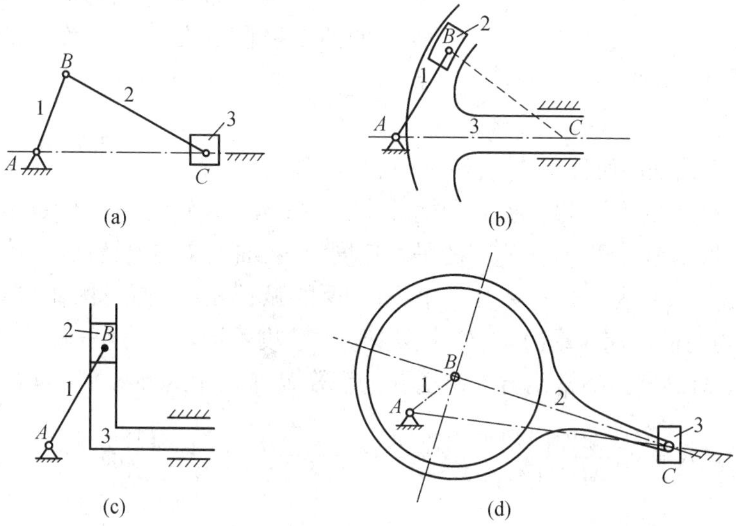

图 3－2－21

偏心轮机构，实际上就是曲柄滑块机构，偏心圆盘的偏心距 AB 即为曲柄的长度。这种结构解决了由于曲柄过短，不能承受较大载荷的问题。多用于承受较大载荷的机械中，如破碎机、剪床及冲床等。

实际上，还可以将上述各机构进行不同的组合，从而得到更多及功能各异的机构。

第二节　平面四杆机构的基本特性

一、铰链四杆机构有曲柄的条件

铰链四杆机构三种基本形式的区别在于连架杆是否为曲柄。由于用低副连接的两构件无论固定其中哪一个，其相对运动不变，根据四杆机构的演化原理，存在曲柄的充要条件如下：

（1）最长杆与最短杆的长度之和小于或等于其余两杆长度之和；

（2）最短杆或其相邻杆为机架。

根据有曲柄的条件可知，(1)当最长杆与最短杆长度之和大于其余两杆之和时，只能得到双摇杆机构；(2)当最长杆与最短杆长度之和小于或等于其余两杆长度之和时，有：①最短杆为机架时，得到双曲柄机构；②最短杆的相邻杆为机架时，得到曲摇杆机构；③最短杆的相对杆为机架时,得到双摇杆机构。

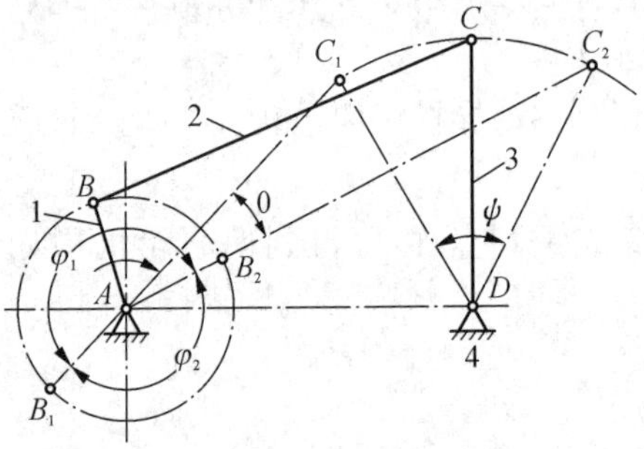

图 3-2-22

二、平面四杆机构的运动特性

1. 平面四杆机构的极位、极位夹角、最大摆角

以图 3-2-22 所示的曲柄摇杆机构为例,当曲柄为原动件时,摇杆作往复摆动的左、右两个极限位置,称为**极位**;曲柄在摇杆处于两极位时的对应位置所夹的锐角称为**极位夹角**,用 θ 表示;摇杆的两个极位所夹的角度称为**最大摆角**,用 ψ 表示。

2. 急回特性

图中,当主动曲柄顺时针从 AB_1 转到 AB_2,转过角度 $\varphi_1=180^{\circ}+\theta$,摇杆从 C_1D 转到 C_2D,时间为 t_1,点 C 的平均速度为 v_1。曲柄继续顺时针从 AB_2 转到 AB_1,转过角度 $=180^{\circ}-\theta$,摇杆从 C_2D 回到 C_1D,时间为 t_2,点 C 的平均速度为 v_2,曲柄是等速转动,其转过的角度与时间成正比,因 $\varphi_1>\varphi_2$,故 $t_1>t_2$,由于摇杆往返的弧长相同,而时间不同,$t_1>t_2$,所以 $v_2>v_1$,说明当曲柄等速转动时,摇杆来回摆动的速度不同,返回速度较大,机构的这种性质,称为机构的**急回特性**,通常用行程速度变化系数 K 来表示这种特性,即

$$K=\frac{\text{从动件回程平均速度}}{\text{从动件工作平均速度}}=\frac{C_1C_2/t_2}{C_2C_1/t_1}=\frac{t_1}{t_2}=\frac{180^{\circ}+\theta}{180^{\circ}-\theta} \tag{3-2-1}$$

$$\theta=180^{\circ}\frac{K-1}{K+1} \tag{3-2-2}$$

式(3-2-1)表明,机构的急回程度取决于极位夹角的大小,只要 θ 不等于零,即 $K>1$,则机构具有急回特性;θ 越大,K 值越大,机构的急回作用就越显著。

对于对心曲柄滑块机构,因 $\theta=0^{\circ}$,则 $K=1$,机构无急回特性;而对偏置式曲柄滑块机构和摆动导杆机构,因 $\theta\neq0^{\circ}$,则 $K>1$,机构有急回特性。

四杆机构的急回特性可以节省非工作循环时间,提高生产效率,如牛头刨床中退刀速度明显高于工作速度,就是利用了摆动导杆机构的急回特性。

机构设计过程中,常常根据该机械的急回要求先给出 K 值,然后由式(3-2-2)算出极位夹角,再确定各构件的尺寸。

三、平面四杆机构的传力特性

平面四杆机构在生产中需要同时满足机器传递运动和动力的要求,具有良好的传力性能,可以使机构运转轻快,提高生产效率。要保证所设计的机构具有良好的传力性能,应从以下几个方面加以注意:

1. 压力角和传动角

衡量机构传力性能的特性参数是压力角。在不计摩擦力、惯性力和杆件的重力时,从动件上受力点的速度方向与所受作用力方向之间所夹的锐角,称为机构的**压力角**,用 α 表示;它的余角 γ 称为**传动角**。

在如图 3-2-23 所示的曲柄摇杆机构中，如不考虑构件的重量和摩擦力，则连杆是二力杆，主动曲柄通过连杆传给从动杆的力 $\boldsymbol{F}$ 沿 BC 方向。受力点 C 的速度方向与 $\boldsymbol{F}$ 所夹的锐角即为机构在此位置的压力角 α，$\boldsymbol{F}$ 可分解为沿点 C 速度方向的有效分力 $\boldsymbol{F}_t = \boldsymbol{F}\cos\alpha = \boldsymbol{F}\sin\gamma$ 和沿杆方向的有害分力 $\boldsymbol{F}_n = \boldsymbol{F}\sin\alpha = \boldsymbol{F}\cos\gamma$。显然，$\alpha$ 越小或者 γ 越大，有效分力越大，对机构传动越有利。α 和 γ 是反映机构传动性能的重要指标。由于角 γ 更便于观察和测量，工程上常以传动角来衡量连杆机构的传动性能。

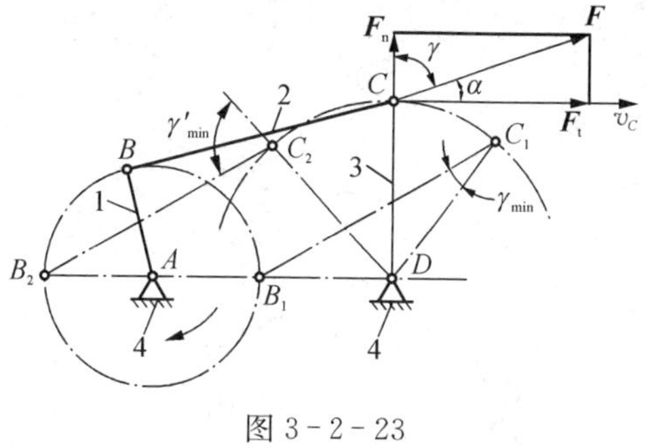

图 3-2-23

在机构运动过程中，压力角和传动角的大小是随机构位置而变化的，为保证机构的传力性能良好，设计时须限定最小传动角或最大压力角 α_{max}。通常取 $\gamma_{min} \geqslant 40° \sim 50°$。为此，必须确定 $\gamma = \gamma_{min}$ 时机构的位置并检验 γ_{min} 的值是否小于上述的最小允许值。

铰链四杆机构在曲柄与机架共线的两位置处将出现最小传动角。

对于曲柄滑块机构，当主动件为曲柄时，最小传动角出现在曲柄与机架垂直的位置，如图 3-2-24 所示。

图 3-2-25 所示的导杆机构，由于在任何位置时主动曲柄通过滑块传给从动杆的力的方向，与从动杆受力的速度方向始终一致，所以传动角始终等于 90°。

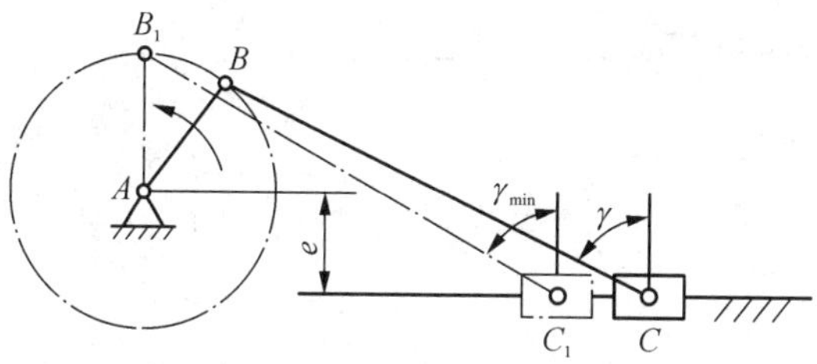

图 3-2-24

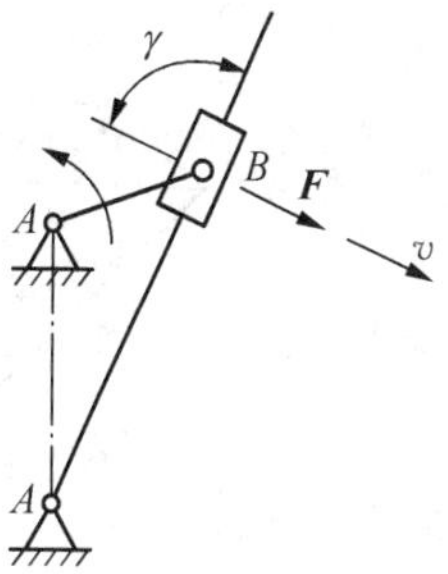

图 3-2-25

2. 死点

如图 3-2-26 所示的曲柄摇杆机构中，当摇杆为主动件时，在曲柄与连杆共线的位置出现传动角等于零的情况，这时不论连杆 BC 对曲柄 AB 的作用力有多大，都不能使杆 AB 转动，机构的这种位置(图中虚线所示位置)称为**死点**。机构在死点位置，出现从动件转向不定或者卡死不动的现象，如缝纫机踏板采用曲柄摇杆机构，它在死点位置，出现从动件曲柄正逆转向不定[见图 3-2-27(a)]或者从动件卡死不动[见图 3-2-27(b)]的现象。

曲柄滑块机构中，以滑块为主动件、曲柄为从动件时，死点位置是连杆与曲柄共线位置。

摆动导杆机构中，导杆为主动件、曲柄为从动件时，死点位置是导杆与曲柄垂直的位置。

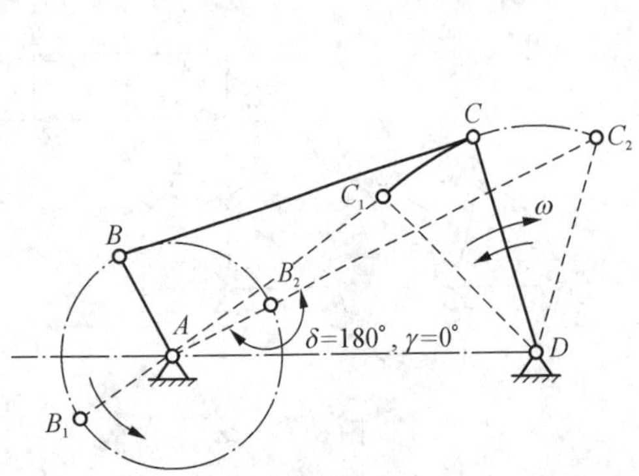

图 3-2-26

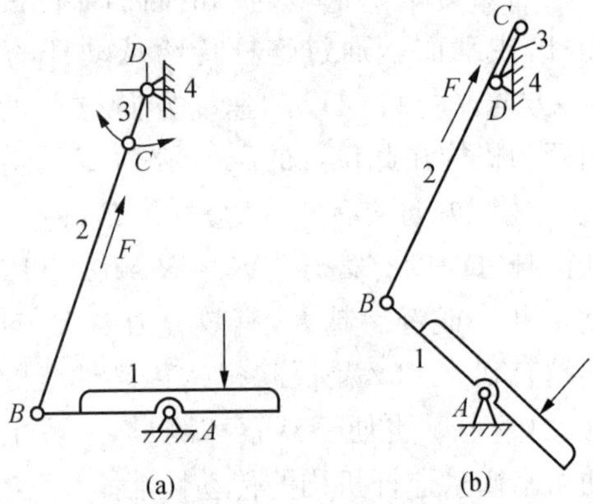

图 3-2-27

对传动而言，机构设计中应设法避免或通过死点位置，工程上常利用惯性法使机构渡过死点，如图 3-2-4 所示的缝纫机，曲柄与大皮带轮为同一构件，利用皮带轮的惯性使机构渡过死点。图 3-2-28 所示的机车车轮联动机构，当一个机构处于死点位置时，可借助另一个机构来越过死点。对有夹紧或固定要求的机构，则可在设计中利用死点的特点，来达到目的。如图 3-2-29 所示的飞机起落架，当机轮放下时，杆 BC 与杆 CD 共线，机构处在死点位置，地面对机轮的力不会使杆 CD 转动，使飞机降落可靠。图 3-2-30 所示的夹具，工件夹紧后 BCD 成一条线，工作时工件的反力再大，也不能使机构反转，使夹紧牢固可靠。

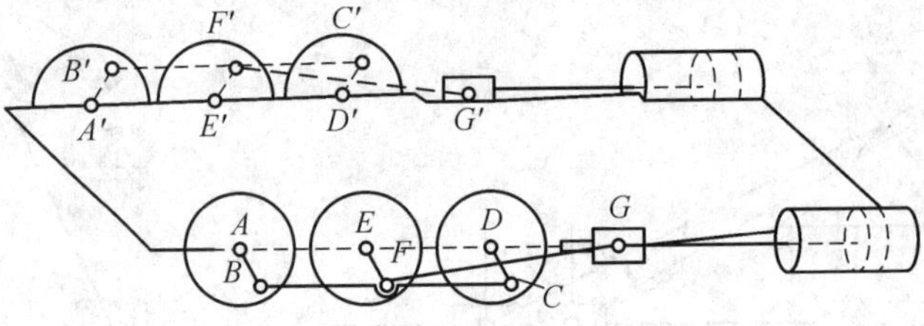

图 3-2-28

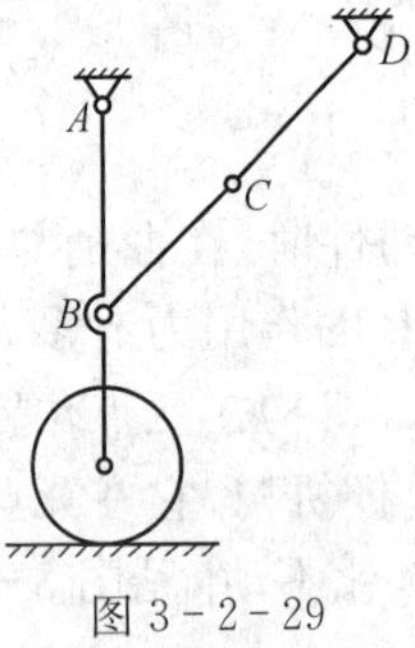

图 3-2-29

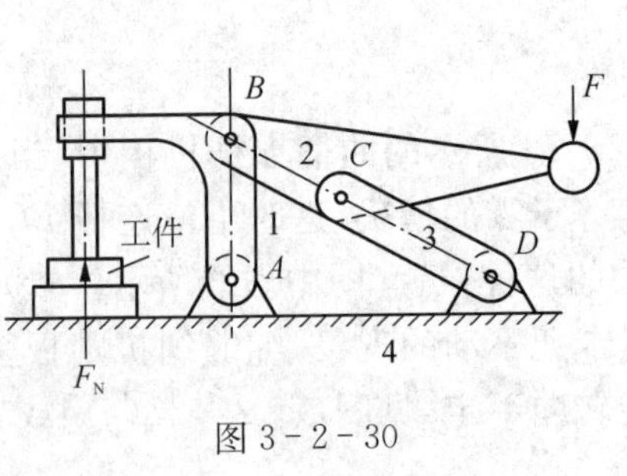

图 3-2-30

第三节　图解法设计简单平面四杆机构

平面四杆机构设计的主要任务是：根据机构的工作要求和设计条件选定机构形式及确定各构件的尺寸参数。一般可归纳为两类问题：

(1) 实现给定的运动规律。如要求满足给定的行程速度变化系数以实现预期的急回特性或实现连杆的几个预期的位置要求。

(2) 实现给定的运动轨迹。如要求连杆上的某点具有特定的运动轨迹，如起重机中吊钩的轨迹为一水平直线、搅面机上点 E 的曲线轨迹等。

为了使机构设计得合理、可靠，还应考虑几何条件和传力性能要求等。

设计方法有图解法、解析法和实验法。三种方法各有特点，图解法和实验法直观、简单，但精度较低，可满足一般设计要求；解析法精确度高，适于用计算机计算，随着计算机的普及，计算机辅助设计四杆机构已成必然趋势。下面主要介绍图解法。

1. 按给定连杆位置设计四杆机构

1) 按连杆的三个位置设计四杆机构

如图 3-2-31 所示，已知连杆的长度 BC 以及它运动中的三个必经位置 BC，要求设计该铰链四杆机构。

图形分析：由于连杆上的点 B 和点 C 分别与曲柄和摇杆上的点 B 和点 C 重合，而点 B 和点 C 的运动轨迹则是以曲柄和摇杆的固定铰链中心为圆心的一段圆弧，所以只要找到这两段圆弧的圆心，此设计即大功告成，由此将四杆机构的设计转化为已知圆弧上的三点求圆心的问题。

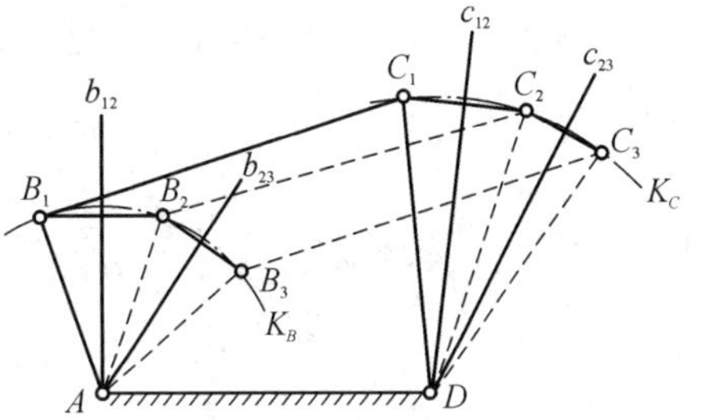

图 3-2-31

设计步骤：

(1) 选取适当的比例尺。

(2) 确定点 B 和点 C 轨迹的圆心 A 和 D。

由于 B_1、B_2、B_3 三点位于以 A 为圆心的同一圆弧上，故运用已知三点求圆心的方法(见图 3-2-31)作 B_1B_2、B_2B_3 的垂直平分线 b_{12}、b_{23}，其交点就是固定铰链中心 A。用同样的方法做 C_1C_2、C_2C_3 的垂直平分线，其交点便是另一固定铰链中心 D。

(3) 连接 AB_1C_1D，则 AB_1C_1D 即为所要设计的四杆机构(见图 3-2-31)。

(4) 量出 AB 和 CD 长度，由比例尺求得曲柄和摇杆的实际长度。

$$l_{AB}=\mu_1\times AB,\ l_{CD}=\mu_1\times CD$$

2) 按连杆的两个位置设计四杆机构

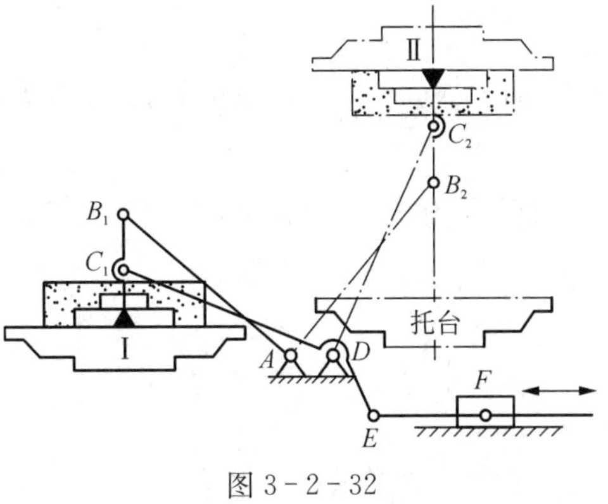

图 3-2-32

由上面的分析可知，若已知连杆的两个位置，同样可转化为已知圆弧上两点求圆心的问题，而此时的圆心可以为两点中垂线上的任意一点，故有无穷多解。这一问题，在实际设计中，是通过给出辅助条件来加以解决的。

例 3-2-1　设计一砂箱翻转机构。翻台在位置Ⅰ处造型，在位置Ⅱ处起模，翻台与连杆 BC 固定连接成一体，$l_{BC}=0.5\text{ m}$，机架 AD 为水平位置，如图 3-2-32 所示。

解：由题意可知此机构的两连杆位置，图形分析同前。

作图步骤如下：

(1) $\mu_L = 0.1$ m/mm，则 $BC = l_{BC}/\mu_1 = 0.5/0.1 = 5$ mm，在给定位置作 B_1C_1、B_2C_2；

(2) 作 B_1B_2 的中垂线 b_{12}、C_1C_2 的中垂线 c_{12}；

(3) 按给定机架位置作水平线，与 b_{12}、c_{12} 分别相交得点 A、D；

(4) 连接 AB 和 CD，即得到各构件的长度为：

$$l_{AB} = \mu_1 \times AB = 0.1 \times 25 = 2.5 \text{ m}$$
$$l_{CD} = \mu_1 \times CD = 0.1 \times 27 = 2.7 \text{ m}$$
$$l_{AD} = \mu_1 \times AD = 0.1 \times 8 = 0.8 \text{ m}$$

2. 按给定的行程速度变化系数设计四杆机构

例 3-2-2 设已知行程速度变化系数 K、摇杆长度 l_{CD}、最大摆角 ψ，试用图解法设计此曲柄摇杆机构。

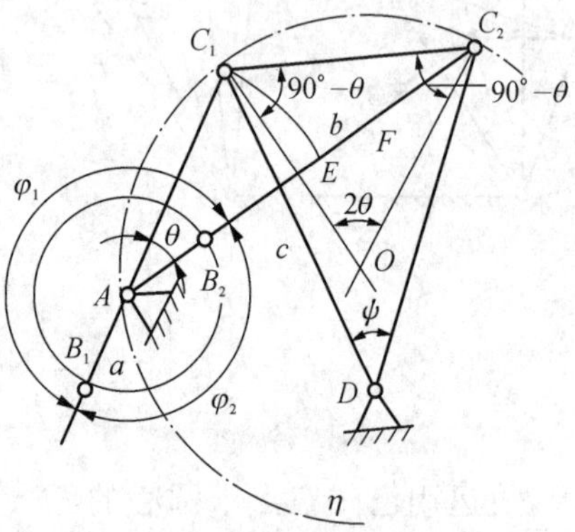

图 3-2-33

解：图形分析： 由曲柄摇杆机构处于极位时的几何特点我们已经知道(见图 3-2-22)，在已知 l_{CD}、ψ 的情况下，只要能确定固定铰链中心 A 的位置，则可由确定出曲柄的长和连杆的长度，即设计的实质是确定固定铰链中心 A 的位置。这样就把设计问题转化为确定点 A 位置的几何问题了。

设计步骤：

(1) 由式(3-2-2)计算出极位夹角 θ。

(2) 任取适当的长度比例尺 μ_L，求出摇杆的尺寸 CD，根据摆角做出摇杆的两个极限位置 C_1D 和 C_2D，如图 3-2-33 所示。

(3) 连接 C_1C_2 为底边，作 $\angle C_1C_2O = \angle C_2C_1O = 90° - \theta$ 的等腰三角形，以顶点 O 为圆心，C_1O 为半径作辅助圆，由图 3-2-33 可知，此辅助圆上 C_1C_2 所对的圆心角等于 2θ，故其圆周角为 θ。

(4) 在辅助圆上任取一点 A，连接 AC_1、AC_2，即能求得满足 K 要求的四杆机构。

$$l_{AB} = \mu_L(AC_2 - AC_1)/2$$
$$l_{BC} = \mu_L(AC_2 + AC_1)/2$$

应注意：由于点 A 是任意取的，所以有无穷解，只有加上辅助条件，如机架 AD 长度或位置，或最小传动角等，才能得到唯一确定解。

由上述分析可见，按给定行程速度变化系数设计四杆机构的关键问题是：已知弦长求作一圆，使该弦所对的圆周角为一给定值。

习 题

3-2-1 铰链四杆机构有哪几种类型，如何判别？它们各有什么运动特点？

3-2-2　下列概念是否正确，若不正确，请订正。

(1) 极位夹角就是从动件在两个极限位置的夹角。

(2) 压力角就是作用于构件上的力和速度的夹角。

(3) 传动角就是连杆与从动件的夹角。

3-2-3　加大四杆机构原动件的驱动力，能否使该机构越过死点位置？应采用什么方法越过死点位置？

3-2-4　根据图 3-2-34 中注明的尺寸，判别每个四杆机构的类型。

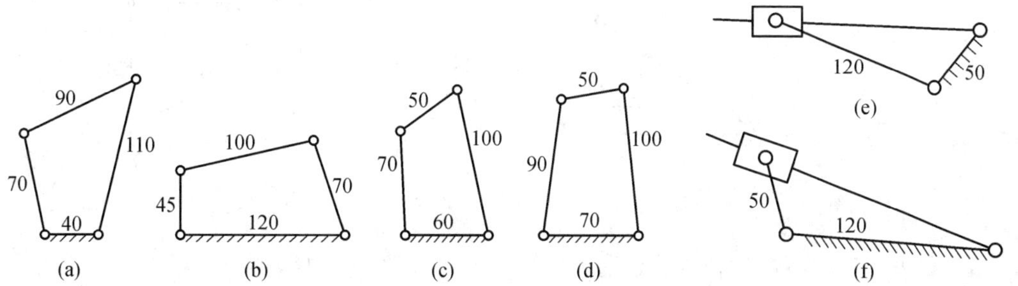

图 3-2-34

3-2-5　图示各四杆机构中，原动件 1 作匀速顺时针转动，从动件 3 由左向右运动时，要求

(1) 各机构的极限位置图，并量出从动件的行程；

(2) 计算各机构行程速度变化系数；

(3) 作出各机构出现最小传动角(最大压力角)时的位置图，并量出其大小。

3-2-6　如图 3-2-35 所示各四杆机构中，构件 3 为原动件、构件 1 为从动件，试作出该机构的死点位置。

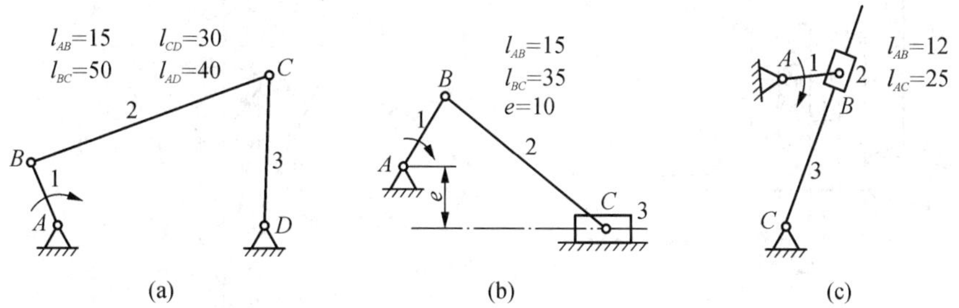

图 3-2-35

3-2-7　图 3-2-36 所示铰链四杆机构 $ABCD$ 中，AB 长为 A，欲使该机构成为曲柄摇杆机构、双摇杆机构，A 的取值范围分别为多少？

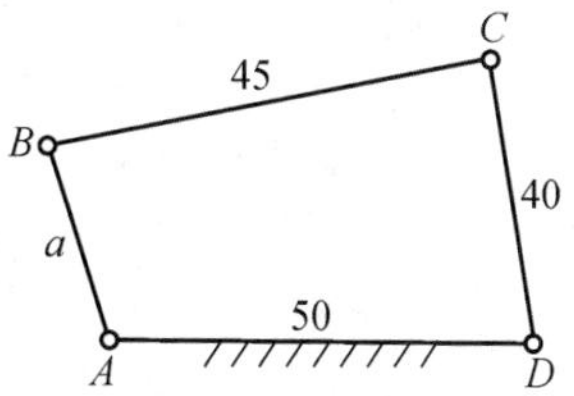

图 3-2-36

3-2-8 如图3-2-37所示的偏置曲柄滑块机构,已知行程速度变化系数 $K=1.5$ mm,滑块行程 $H=50$ mm,偏距 $e=20$ mm,试用图解法求:

(1) 曲柄长度和连杆长度;

(2) 曲柄为主动件时机构的最大压力角和最大传动角;

(3) 滑块为主动件时机构的死点位置。

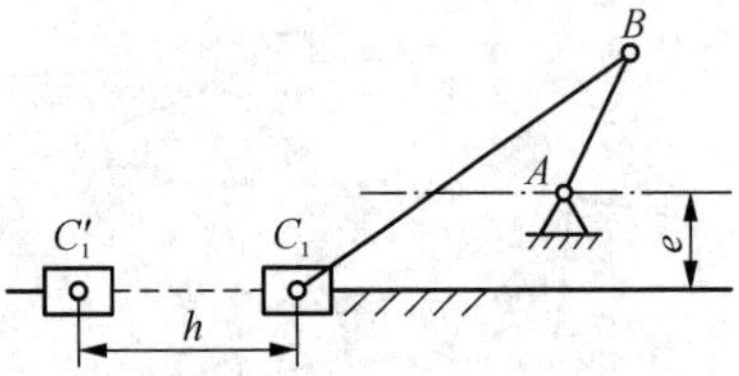

图3-2-37

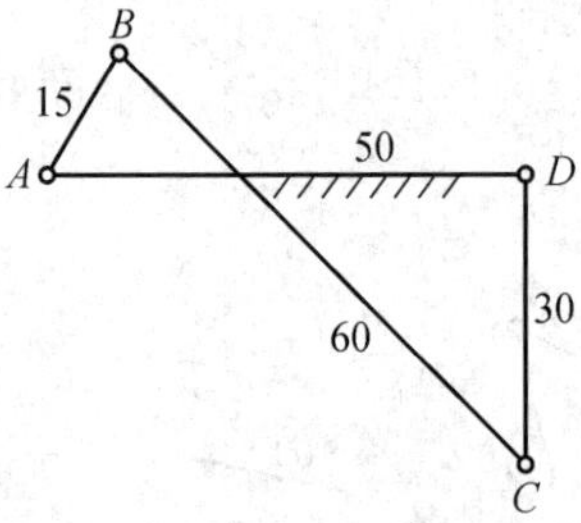

图3-2-38

3-2-9 已知铰链四杆机构(见图3-2-38)各构件的长度,试问:

(1) 这是铰链四杆机构基本形式中的何种机构?

(2) 若以 AB 为主动件,此机构有无急回特性?为什么?

(3) 当以 AB 为主动件时,此机构的最小传动角出现在机构何位置(在图上标出)?

3-2-10 参照图3-2-39设计一加热炉门启闭机构。已知炉门上两活动铰链中心距为500 mm,炉门打开时,门面朝上,固定铰链设在垂直线 yy 上,其余尺寸如图所示。

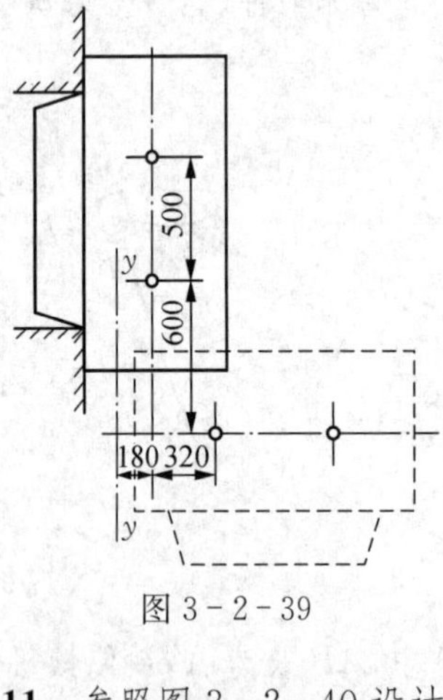

图3-2-39

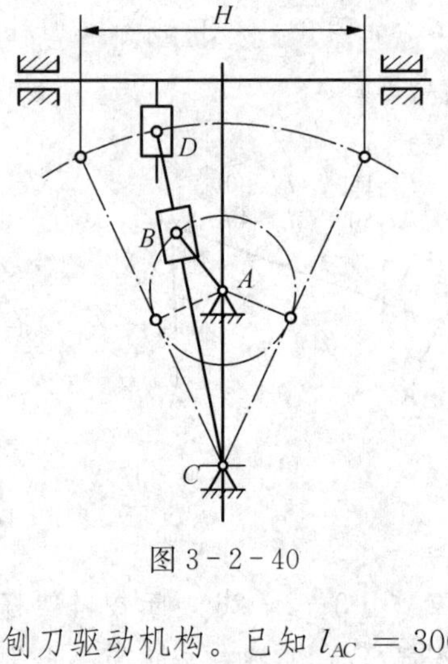

图3-2-40

3-2-11 参照图3-2-40设计一牛头刨床刨刀驱动机构。已知 $l_{AC}=300$ mm,行程 $H=450$ mm,行程速度变化系数 $K=2$。

第三章　凸轮及间隙运动机构

本章介绍凸轮机构的类型、特点、应用及盘形凸轮的设计。

第一节　凸轮机构的应用与基本类型

凸轮是一种具有曲线轮廓或凹槽的构件，它通过与从动件的高副接触，在运动时可以使从动件获得连续或不连续的任意预期运动。在第1章介绍中，我们已经看到。凸轮机构在各种机械中有大量的应用。即使在现代化程度很高的自动机械中，凸轮机构的作用也是不可替代的。

凸轮机构由凸轮、从动件和机架三部分组成，结构简单、紧凑，只要设计出适当的凸轮轮廓曲线，就可以使从动件实现任意的运动规律。在自动机械中，凸轮机构常与其他机构组合使用，充分发挥各自的优势，扬长避短。由于凸轮机构是高副机构，易于磨损；磨损后会影响运动规律的准确性，因此只适用于传递动力不大的场合。

图3-3-1为自动机床中的横向进给机构，当凸轮等速回转一周时，凸轮的曲线外廓推动从动件带动刀架完成以下动作：车刀快速接近工件，等速进刀切削，切削结束刀具快速退回，停留一段时间再进行下一个运动循环。

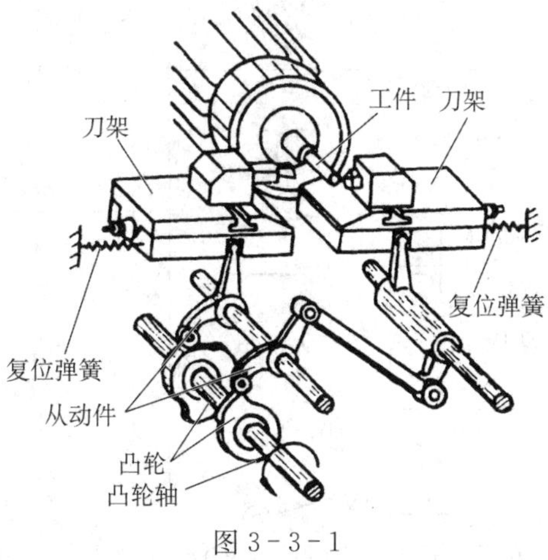

图3-3-1

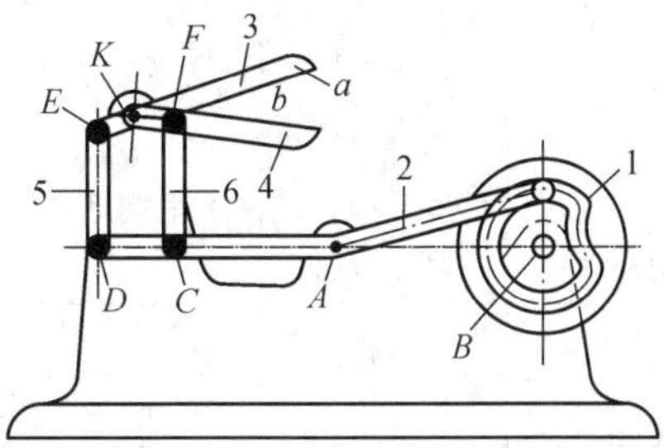

图3-3-2

图3-3-2为糖果包装剪切机构，它采用了凸轮—连杆机构，凸轮1绕定轴B转动，摇杆2与机架铰接于点A。构件5和6与构件2组成转动副D和C，与构件3和4(剪刀)组成转动副E和F。构件3和4绕定轴K转动。凸轮1转动时，通过构件2、5、和6，使剪刀打开或关闭。

图 3-3-3 所示为内燃机中的阀门启闭机构,图 3-3-4 所示为缝纫机的挑线机构等,都是凸轮机构具体应用的实例。由以上各例可见,凸轮机构在各种机器中的应用是相当广泛的,了解凸轮机构的有关知识是非常必要的。

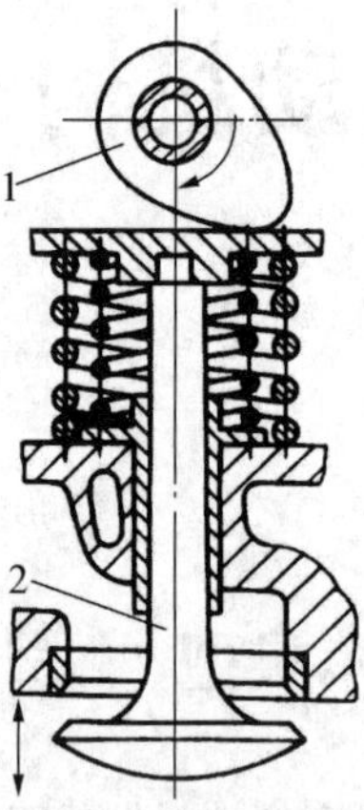

图 3-3-3

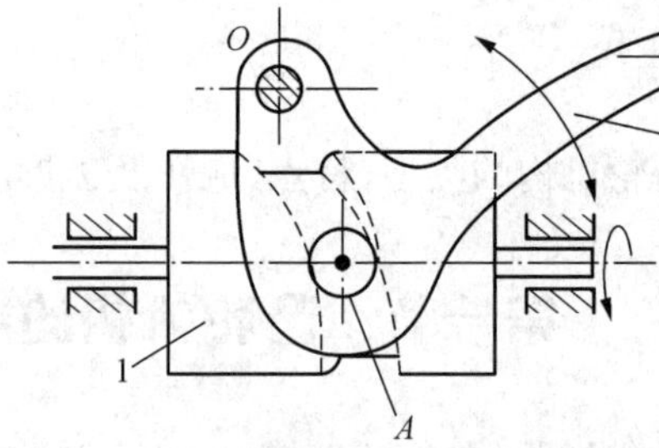

图 3-3-4

按照凸轮及从动件的形状,凸轮机构的分类如表 3-3-1 所示。

表 3-3-1　凸轮机构的分类

盘形凸轮机构			圆柱凸轮机构	移动凸轮机构	锁合方式
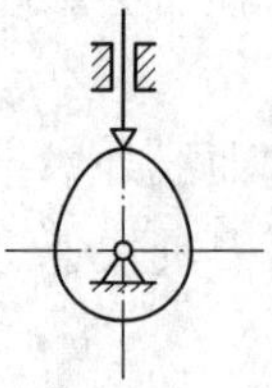 尖顶对心直动从动件	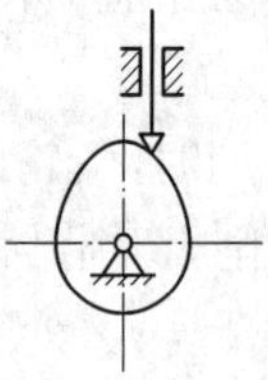 尖顶偏置直动从动件	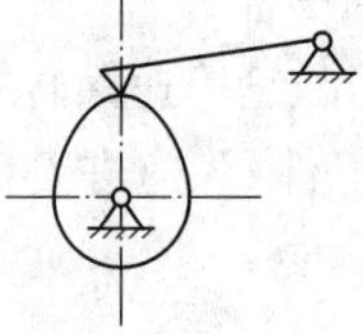 尖顶摆动从动件	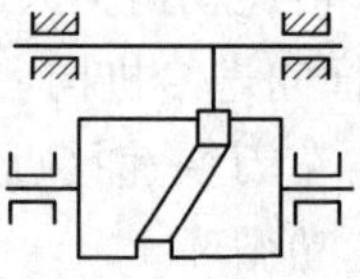 移动从动件	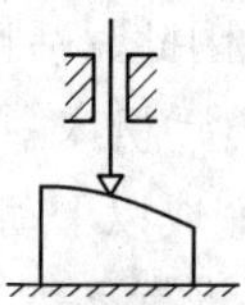 尖顶移动从动件	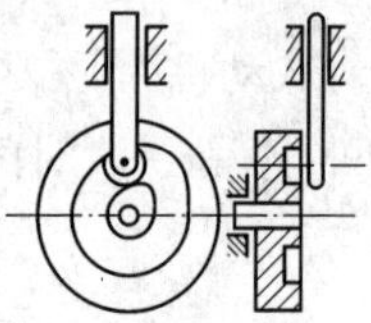 形锁合
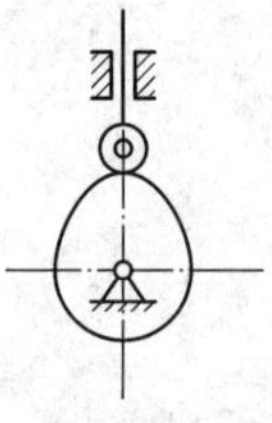 滚子对心直动从动件	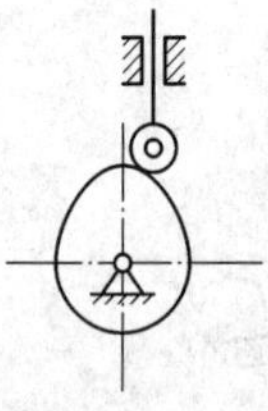 滚子偏置直动从动件	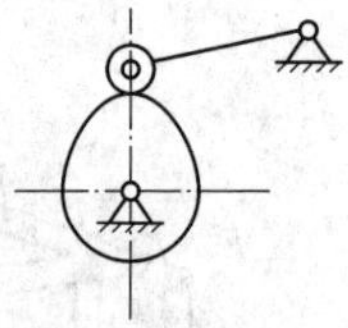 滚子摆动从动件	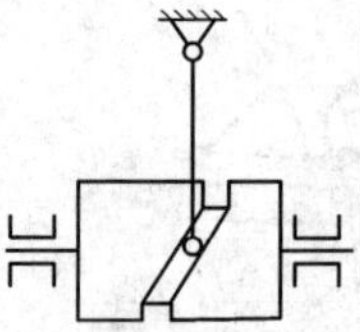 摆动从动件	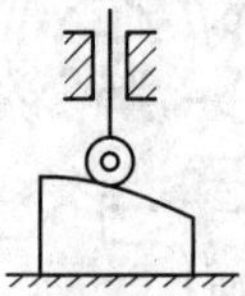 滚子直动从动件	
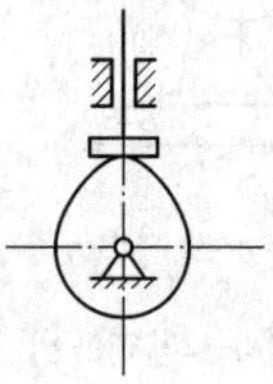 平底对心直动从动件	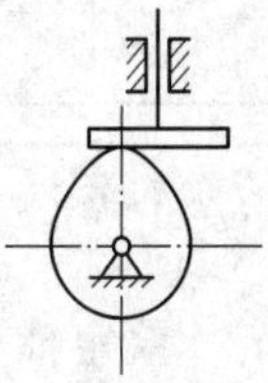 平底偏置直动从动件	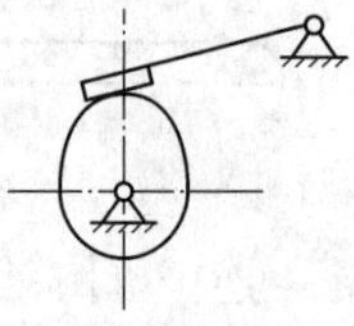 平底摆动从动件	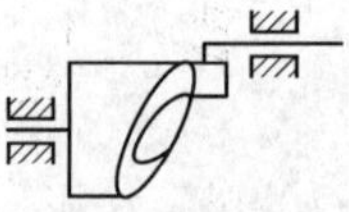 移动从动件	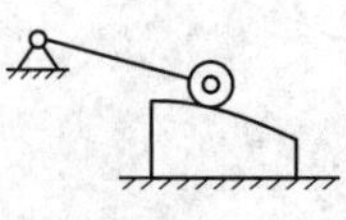 滚子摆动从动件	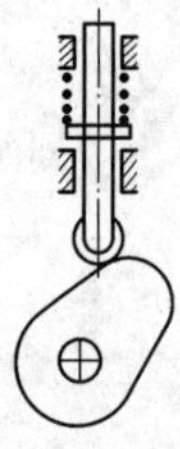 力锁合

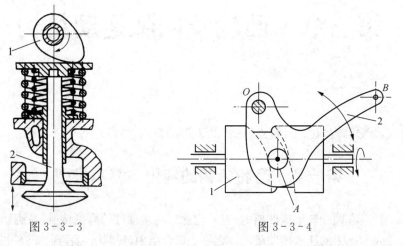

第二节　从动件常用的运动规律

凸轮机构设计的主要任务是保证从动件按照设计要求实现预期的运动规律，因此确定从动件的运动规律是凸轮设计的前提。

一、平面凸轮机构的工作过程和运动参数

图 3-3-5(a)为一对心直动尖顶从动件盘形凸轮机构。以凸轮轮廓的最小向径 r_b 为半径所作的圆称为**基圆**，r_b 为**基圆半径**，凸轮以等角速度 ω 逆时针转动。在图示位置，尖顶与点 A 接触，点 A 是基圆与开始上升的轮廓曲线的交点，此时，从动件的尖顶离凸轮轴最近。凸轮转动时，向径增大，从动件被凸轮轮廓推向上，到达向径最大的点 B 时，从动件距凸轮轴心最远，这一过程称为**推程**。与之对应的凸轮转角 δ_0 称为**推程运动角**，从动件上升的最大位移 h 称为**行程**。当凸轮继续转过 δ_s 时，由于轮廓 BC 段为一向径不变的圆弧，从动件停留在最远处不动，此过程称为**远停程**，对应的凸轮转角 δ_s 称为**远停程角**。当凸轮又继续转过 δ_0' 角时，凸轮向径由最大减至 r_b，从动件从最远处回到基圆上的点 D，此过程称为**回程**，对应的凸轮转角 δ_0' 称为**回程运动角**。当凸轮继续转过 δ_s' 角时，由于轮廓 DA 段为向径不变的基圆圆弧，从动件继续停在距轴心最近处不动，此过程称为**近停程**，对应的凸轮转角 δ_s' 称为**近停程角**。此时，$\delta_0+\delta_s+\delta_0'+\delta_s'=2\pi$，凸轮刚好转过一圈，机构完成一个工作循环，从动件则完成一个“升-停-降-停”的运动循环。

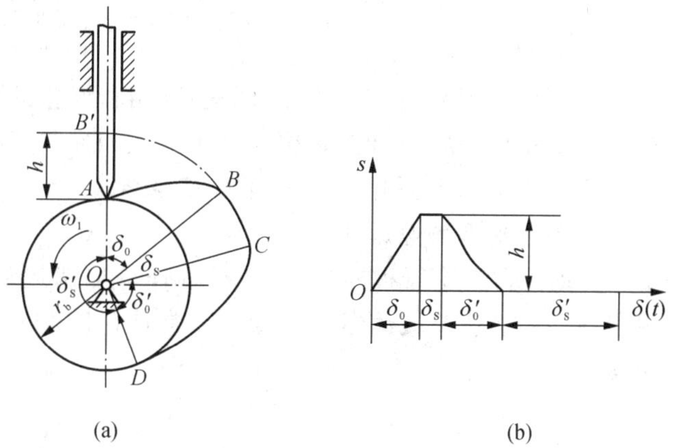

图 3-3-5

上述过程可以用从动件的位移曲线来描述。以从动件的位移 s 为纵坐标，对应的凸轮转角为横坐标，将凸轮转角或时间与对应的从动件位移之间的函数关系用曲线表达出来的图形称为从动件的**位移线图**，如图 3-3-5(b)所示。

从动件在运动过程中，其位移 s、速度 v、加速度 a 随时间 t（或凸轮转角）的变化规律，称为从动件的运动规律。由此可见，从动件的运动规律完全取决于凸轮的轮廓形状。工程中，从动件的运动规律通常是由凸轮的使用要求确定的。因此，根据实际要求的从动件运动规律所设计凸轮的轮廓曲线，完全能实现预期的生产要求。

二、从动件常用的运动规律

常用的从动件运动规律有等速运动规律，等加速等减速运动规律、余弦加速度运动规律以及正弦运动规律等。

1. 等速运动规律

从动件推程或回程的运动速度为常数的运动规律，称为**等速运动规律**，其运动规律线图

如图 3-3-6 所示。

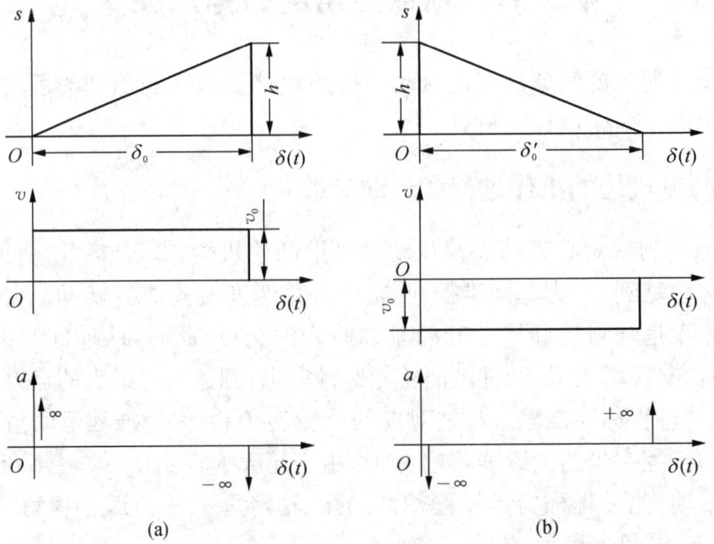

图 3-3-6

由图可知,从动件在推程(或回程)开始和终止的瞬间,速度有突变,其加速度和惯性力在理论上为无穷大,致使凸轮机构产生强烈的冲击、噪声和磨损,这种冲击为刚性冲击。因此,等速运动规律只适用于低速、轻载的场合。

2. 等加速等减速运动规律

从动件在一个行程 h 中,前半行程作等加速运动,后半行程作等减速运动,这种运动规律称为**等加速等减速运动规律**。通常加速度和减速度的绝对值相等,其运动规律线图如图 3-3-7 所示。

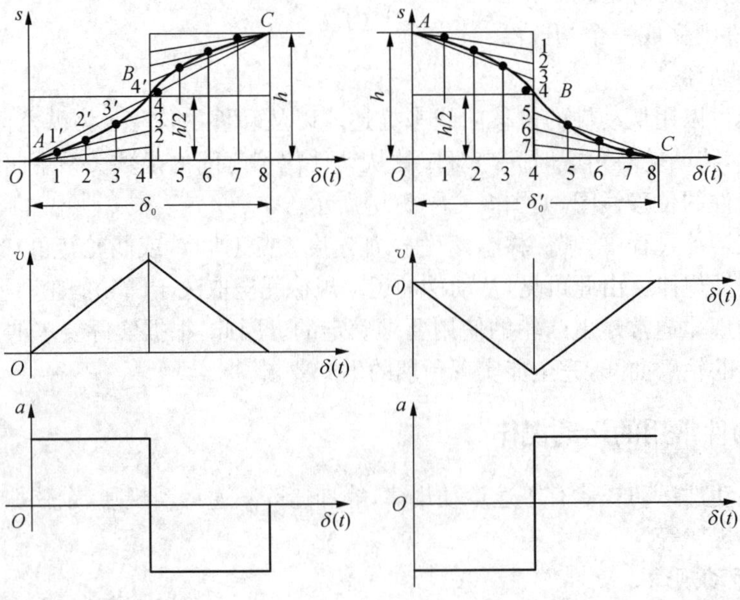

图 3-3-7

由运动线图可知，这种运动规律的加速度在 A、B、C 三处存在有限的突变，因而会在机构中产生有限的冲击，这种冲击称为柔性冲击。与等速运动规律相比，其冲击程度大为减小。因此，等加速等减速运动规律适用于中速、中载的场合。

3. 简谐运动规律(余弦加速度运动规律)

当一质点在圆周上匀速运动时，它在该圆直径上投影的运动规律称为**简谐运动**。因其加速度运动曲线为余弦曲线故也称**余弦运动规律**，其运动规律线图如图 3－3－8 所示。

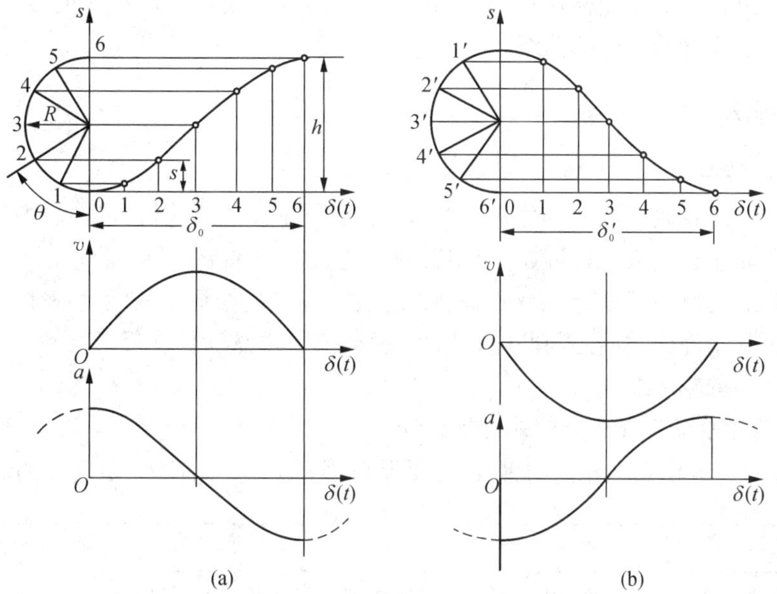

图 3－3－8

由加速度线图可知，此运动规律在行程的始末两点加速度存在有限突变，故也存在柔性冲击，只适用于中速场合。但当从动件作无停歇的升-降-升连续往复运动时，则得到连续的余弦曲线，柔性冲击被消除，这种情况下可用于高速场合。

4. 摆线运动规律(正弦加速度运动规律)

当一圆沿纵轴作匀速纯滚动时，圆周上某定点 A 的运动轨迹为一摆线，而定点 A 运动时在纵轴上投影的运动规律即为摆线运动规律。因其加速度按正弦曲线变化，故又称**正弦加速度运动规律**，其运动规律线图如图 3－3－9 所示。

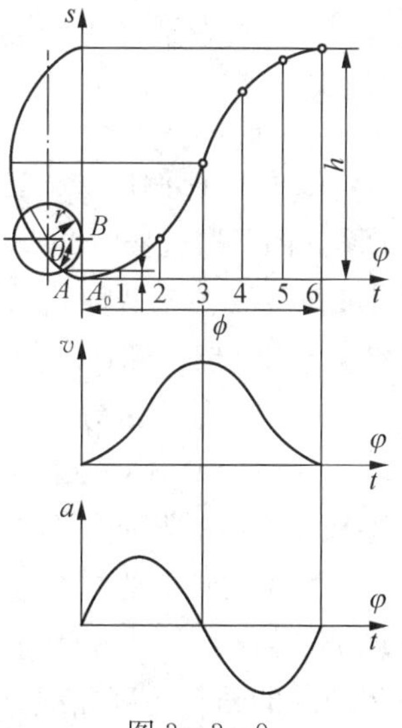

图 3－3－9

从动件按正弦加速度规律运动时，在全行程中无速度和加速度的突变，因此不产生冲击，适用于高速场合。

以上介绍了从动件常用的运动规律，实际生产中还有更多的运动规律，如复杂多项式运动规律、改进型运动规律等，了解从动件的运动规律，便于我们在凸轮机构设计时，根据机器的工作要求进行合理选择。

第三节 图解法设计盘形凸轮的轮廓曲线

根据机器的工作要求，在确定了凸轮机构的类型及从动件的运动规律、凸轮的基圆半径和凸轮的转动方向后，便可开始凸轮轮廓曲线的设计了。凸轮轮廓曲线的设计方法有图解法和解析法。图解法简单直观，但不够精确，只适用于一般场合；解析法精确，但计算量大，随着计算机辅助设计的迅速推广应用，解析法设计将成为设计凸轮机构的主要方法。以下只介绍用图解法设计凸轮轮廓曲线。

一、图解法

1. 图解法的原理

图解法绘制凸轮轮廓曲线的原理是“反转法”，即在整个凸轮机构(凸轮、从动件、机架)上加一个与凸轮角速度大小相等、方向相反的角速度($-\omega$)，于是凸轮静止不动，而从动件则与机架(导路)一起以角速度($-\omega$)绕凸轮转动，且从动件仍按原来的运动规律相对导路移动(或摆动)。因从动件尖顶始终与凸轮轮廓保持接触，所以从动件在反转行程中，其尖顶的运动轨迹就是凸轮的轮廓曲线。

2. 尖顶直动从动件盘形凸轮轮廓的设计

例 3-3-1 设已知凸轮逆时针回转，其基圆半径 $r_b = 30$ mm，从动件的运动规律为

凸轮转角	0°～180°	180°～300°	300°～360°
从动件的运动规律	等速上升 30 mm	等加速等减速下降回到原处	停止不动

试设计此凸轮轮廓曲线。

解：设计步骤如下：

(1) 选取适当比例尺作位移线图　选取长度比例尺和角度比例尺为

$$\mu_L = 2,\ \mu_\delta = 6(°/\text{mm})$$

按角度比例尺在横轴上由原点向右量取 30 mm、20 mm、10 mm 分别代表推程角 180°、回程角 120°、近停程角 60°。每 30°取一等分点等分推程和回程，得分点 1、2、…、10，停程不必取分点，在纵轴上按长度比例尺 $r_b/\mu_L = 30/2 = 15$ mm 向上截取 15 mm 代表推程位移 30 mm。按已知运动规律作位移线图，如图 3-3-10(a) 所示。

(2) 作基圆取分点　任取一点 O 为圆心，以点 B 为从动件尖顶的最低点，由长度比例尺取 $r_b = 15$ mm 作基圆。从点 B 开始，按($-\omega$) 方向取推程角、回程角和近停程角，并分成与位移线图对应的相同等分，得分点 B_1、B_2、…、B_{11} 与点 B 重合。

(3) 画轮廓曲线　连接 OB_1 并在延长线上取 $B_1B_1' = 11'$ 得点 B'_1，同样在 OB_2 延长线上取 $B_2B_2' = 22'$，…，直到点 B_{10} 与基圆上点 B_{10}' 重合。将 B_1'、B_2'…、B_{10}' 连接为光滑曲线，即得所求的凸轮轮廓曲线，如图 3-3-10(b) 所示。

若从动件为滚子，则可把尖顶看作是滚子中心，其运动轨迹就是凸轮的理论轮廓曲线，凸轮的实际轮廓曲线是与理论轮廓曲线相距滚子半径 r_T 的一条等距曲线，应注意的是，凸

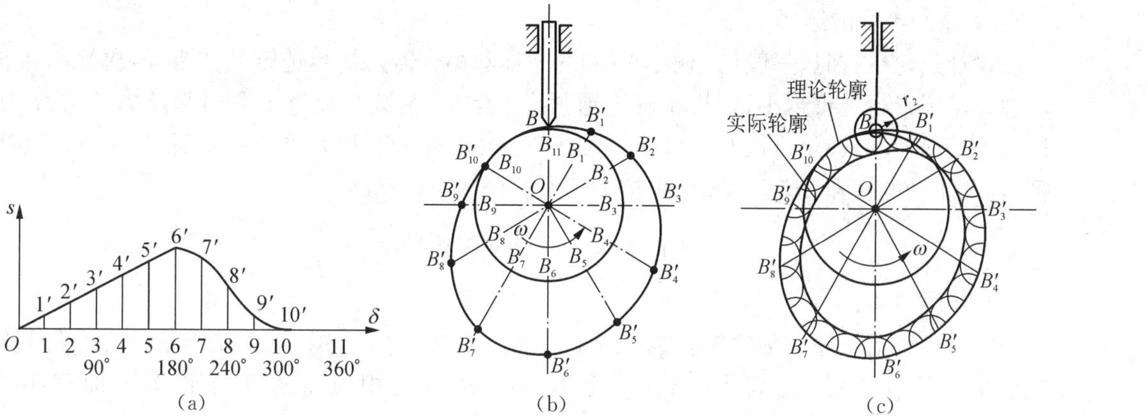

图 3-3-10

轮的基圆指的是理论轮廓线上的基圆，如图 3-3-10(c)所示。

对于其他从动件凸轮曲线的设计，可参照上述方法。

二、盘形凸轮机构设计的几个基本参数

1. 压力角及其校核

凸轮对从动件的驱动力 F 与从动件受力点的速度方向所夹的锐角 α 称为**压力角**。$\boldsymbol{F}$ 可分解为两个分力 $\boldsymbol{F}_1$、$\boldsymbol{F}_2$。由图 3-3-11 可知 $\boldsymbol{F}_1=\boldsymbol{F}\cos\alpha$，$\boldsymbol{F}_2=\boldsymbol{F}\sin\alpha$，压力角 α 越大，则有害分力 $\boldsymbol{F}_2$ 越大，机构的传力性能越差，当增大到某一数值时，无论凸轮给从动件的驱动力多大，都不能推动从动件，即机构发生自锁。为保证凸轮机构正常工作并具有一定的传动效率，必须对压力角加以限制。根据理论分析和实际经验，推程时，直动从动件取许用压力角 $[\alpha]=30°$，摆动从动件取 $[\alpha]=35°\sim45°$；回程时取 $[\alpha]=70°\sim80°$。凸轮轮廓曲线上各点的压力角一般是变化的，在设计时应使最大压力角不超过许用值。

凸轮轮廓绘制完成后，必须校核凸轮的压力角，以检查最大压力角是否在许用范围内。用图解法检查时，在凸轮理论轮廓比较陡的地方取几点进行测量，检查方法如图 3-3-12 所示。将量角器底边与凸轮工作轮廓切于点 A，且使 90°刻线通过切点 A，该刻线即代表接触点的法线，它与从动件导路中心线间的夹角 α 即为切点 A 处的压力角。

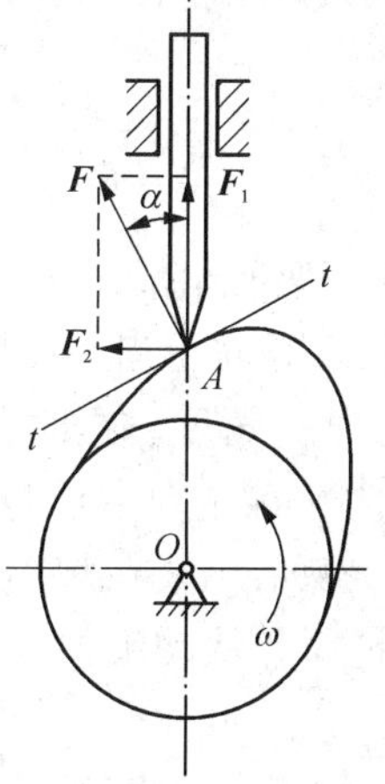

图 3-3-11

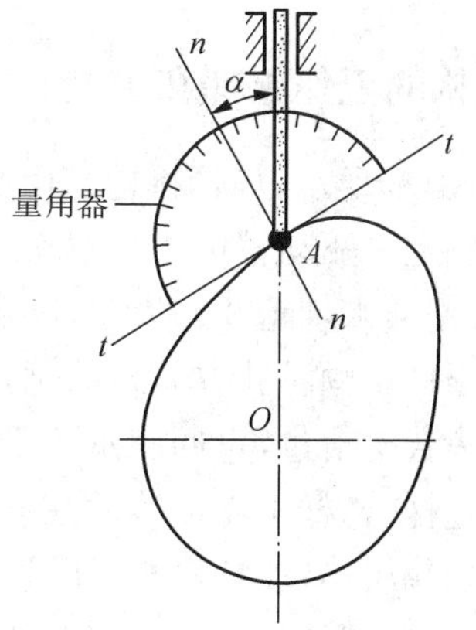

图 3-3-12

2. 基圆半径的选择

设计凸轮机构时,一般是先根据机构的布局和结构需要初步选定基圆半径,再绘制凸轮轮廓。基圆半径选得越小,则凸轮机构越紧凑。但是,基圆半径过小会引起压力角增大,机构工作情况变坏,甚至机构发生自锁。根据凸轮与凸轮轴装配要求,基圆半径应大于轴的半径,当凸轮轴的直径 d 为已知时,可按下述经验公式确定基圆半径:

$$r_b \geqslant 0.9d + (4 \sim 10)\text{mm}$$

3. 滚子半径

滚子半径对凸轮实际轮廓有很大影响。如图 3-3-13 所示:设凸轮理论轮廓外凸部分的最小曲率半径用 ρ_{min} 表示,滚子半径用 r_T 表示,则相应位置实际轮廓的曲率半径 $\rho' = \rho_{min} - r_T$。

当 $\rho_{min} > r_T$ 时[见图 3-3-13(a)],$\rho' > 0$,凸轮工作轮廓为一平滑曲线;当 $\rho_{min} = r_T$ 时[见图 3-3-13(b)],$\rho' = 0$,凸轮工作轮廓上产生尖点,尖点处磨损后改变从动件原定的运动规律;当 $\rho_{min} < r_T$ 时[见图 3-3-13(c)],ρ' 为负值,则凸轮工作轮廓曲线出现相交。图中自交部分的轮廓曲线在实际加工时将被切去,使这一部分运动规律无法实现,即出现“失真”。为了使凸轮轮廓在任何位置既不变尖又不相交,滚子半径必须小于理论轮廓外凸部分的最小曲率半径,通常取 $r_T \leqslant 0.8\rho_{min}$。

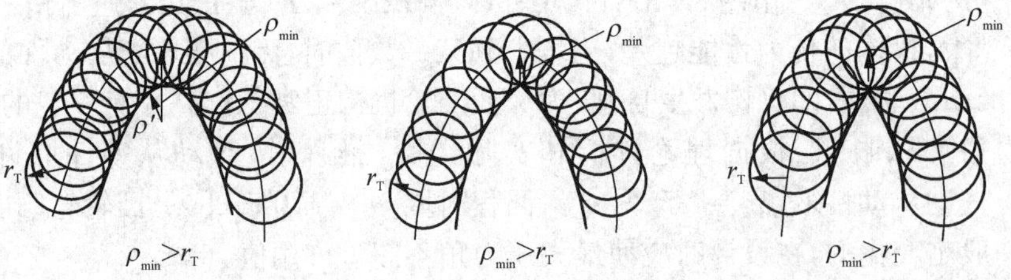

(a) (b) (c)

图 3-3-13

第四节 常用间隙运动机构简介

一、棘轮机构的工作原理和类型

如图 3-3-14(a)所示,棘轮机构是由棘轮、棘爪及机架所组成。主动杆 1 空套在与棘轮 3 固连的从动轴上。驱动棘爪 4 与主动杆 1 用转动副 A 相联。当主动杆 1 逆时针方向转动时,驱动棘爪 4 便插入棘轮 3 的齿槽,使棘轮跟着转过某一角度。这时止回棘爪 5 在棘轮的齿背上滑过。当杆 1 顺时针方向转动时,止回棘爪 5 阻止棘轮发生顺时针方向转动,同时棘爪 4 在棘轮的齿背上滑过,止回棘爪 5 上装有扭簧,使棘爪压紧在棘轮齿面上,所以此时棘轮静止不动。这样,当杆 1 作连续的往复摆动时,棘轮 3 和从动轴便作单向的间歇转动。杆 1 的摆动可由凸轮机构、连杆机构或电磁装置等得到。

按照结构特点,常用的棘轮机构有下列两大类:

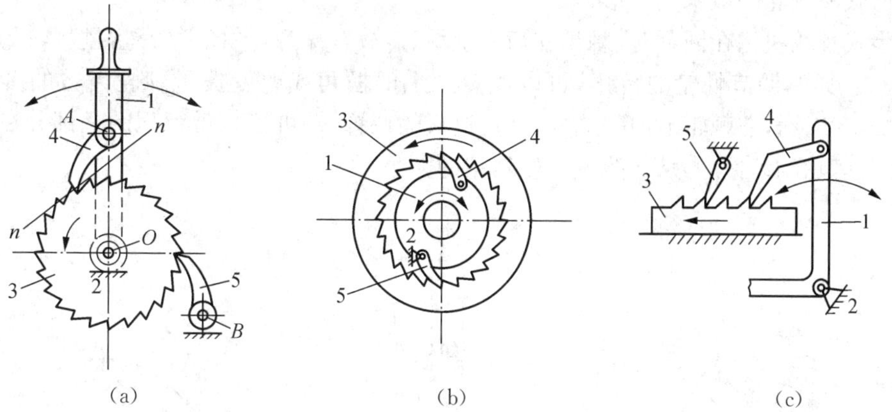

图 3-3-14

1. 轮齿式棘轮机构

轮齿式棘轮机构有外啮合[见图 3-3-14(a)]、内啮合[见图 3-3-14(b)]两种形式。当棘轮的直径为无穷大时，变为棘条[见图 3-3-14(c)]，此时棘轮的单向转动变为棘条的单向移动。

根据棘轮的运动方向可分为单向式棘轮机构和双向式棘轮机构两种。

1）单向式棘轮机构

单向式棘轮机构可分为单动式和双动式两种，图 3-3-14 所示为单动式棘轮机构，它的特点是摇杆向一个方向摆动时，棘轮沿同方向转过某一角度；而摇杆反向摆动时，棘轮静止不动。图 3-3-15 所示为双动式棘轮机构，当摇杆往复摆动时，都能使棘轮沿单一方向转动。单向式棘轮采用的是不对称齿形，常用的有锯齿形齿[见图 3-3-15(a)]、直线形三角齿[见图 3-3-16(b)]、圆弧形三角齿[见图 3-3-16(c)]和矩形齿[见图 3-3-16(d)]。

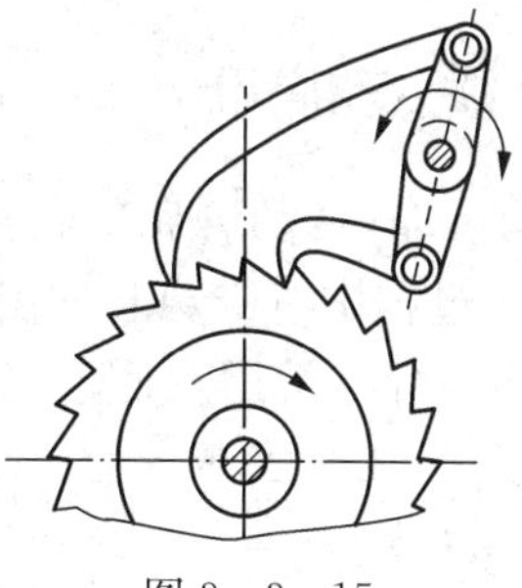

图 3-3-15

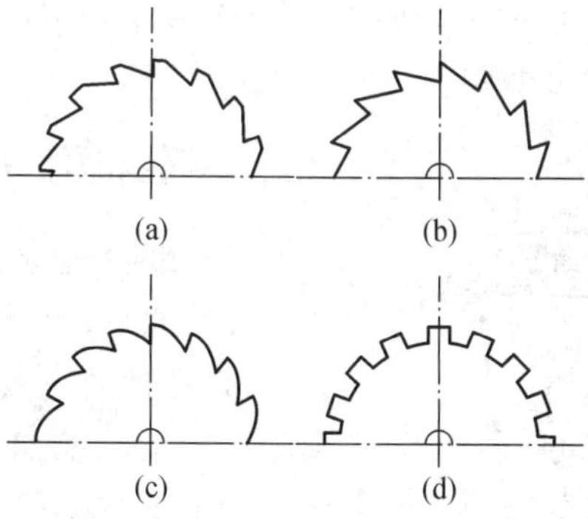

图 3-3-16

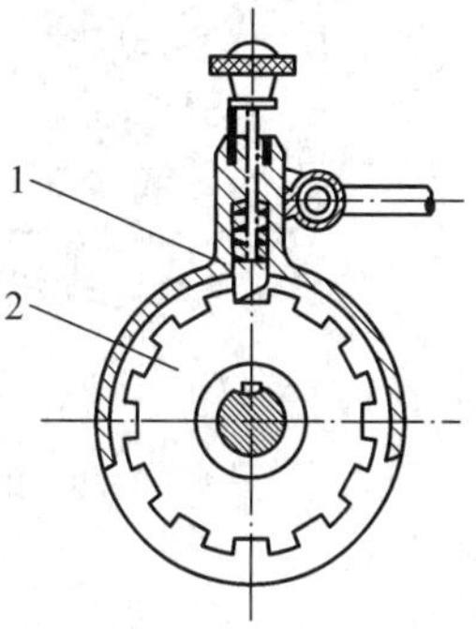

图 3-3-17

2）双向式棘轮机构

双向式棘轮机构（见图 3-3-17）的特点是当棘爪 1 在图示位置时，棘轮 2 沿逆时针方向间歇运动；若将棘爪提起（销子拔出），并绕本身轴线转 180°后放下（销子插入），则可实现棘轮沿顺时针方向间歇运动。

双向式的棘轮一般采用矩形齿。

轮齿式棘轮机构在回程时,棘爪在齿面上滑过,故有噪音,平稳性较差,且棘轮的步进转角又较小。如要调节棘轮的转角,可以改变棘爪的摆角或改变拨过棘轮齿数的多少。如图 3-3-18 所示,在棘轮上加一遮板,变更遮板的位置,即可使棘爪行程的一部分在遮板上滑过,不与棘轮的齿接触,从而改变棘轮转角的大小。

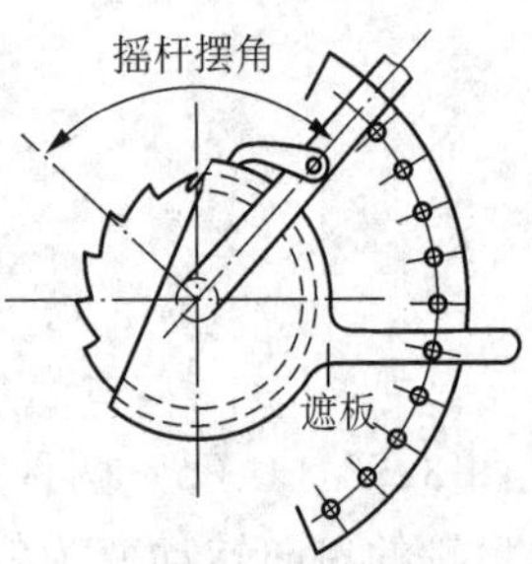

图 3-3-18

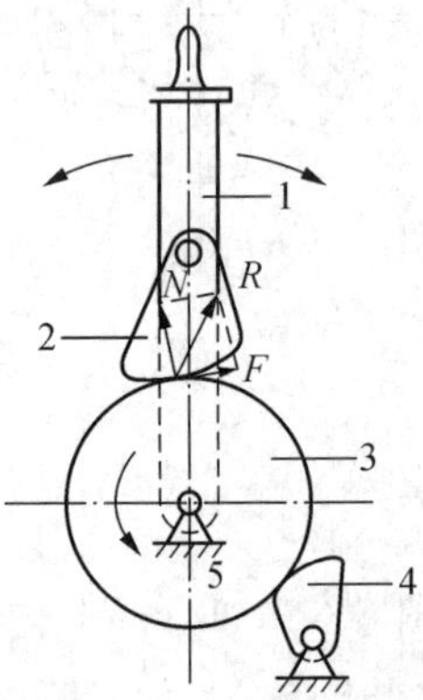

图 3-3-19

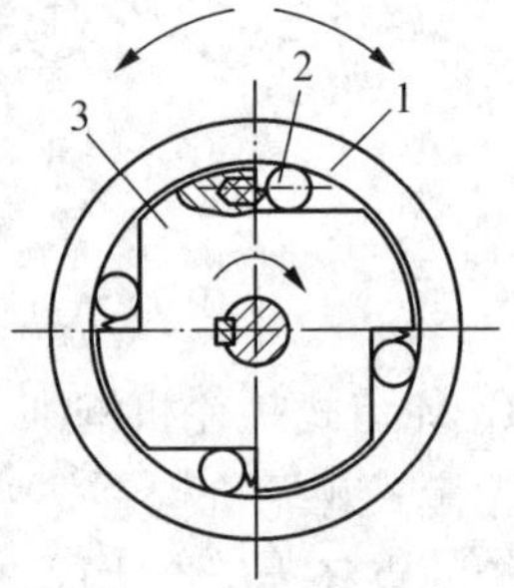

图 3-3-20

2. 摩擦式棘轮机构

图 3-3-19 所示为摩擦式棘轮机构,它的工作原理与轮齿式棘轮机构相同,只不过用偏心扇形块代替棘爪,用摩擦轮代替棘轮。当杆 1 逆时针方向摆动时,扇形块 2 楔紧摩擦轮 3 成为一体,使轮 3 也一同逆时针方向转动,这时止回扇形块 4 打滑;当杆 1 顺时针方向转动时,扇形块 2 在轮 3 上打滑,这时止回扇形块 4 楔紧,以防止 3 倒转。这样当杆 1 作连续反复摆动时,轮 3 便得到单向的间歇运动。

常用的摩擦式棘轮机构如图 3-3-20 所示,当构件 1 顺时针方向转动时,由于摩擦力的作用使滚子 2 楔紧在构件 1、3 的狭隙处,从而带动构件 3 一起转动;当构件 1 逆时针方向转动时,滚子松开,构件 3 静止不动。

二、棘轮机构的优、缺点和应用

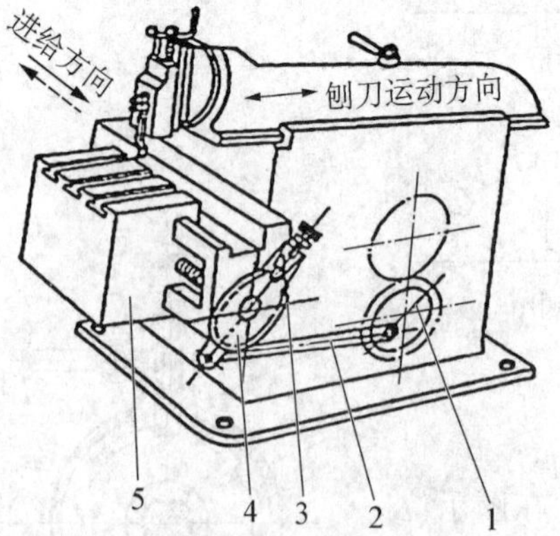

图 3-3-21

轮齿式棘轮机构运动可靠,从动棘轮的转角容易实现有级的调节,但在工作过程中有噪声和冲击,棘齿易磨损,在高速时尤其严重,所以常用在低速、轻载下实现间歇运动。例如在图 3-3-21 所示的牛头刨床工作台的横向进给机构中,运动由一对齿轮传到曲柄 1,再经连杆 2 带动摇杆 3 作往复摆动;摇杆 3 上装有棘爪,从而推动棘轮 4 作单向间歇转动;由于棘轮与螺杆固定连接,从而又使螺母 5(工作台)作进给运动。若改变曲柄的长度,就可以改变棘爪的摆角,以调节进给量。

图 3-3-22 所示为 Z7105 钻孔攻丝机的棘轮转位机构。蜗杆 1 经蜗轮 2 带动分配轴上的定位凸轮 3，使摆杆 4 上的定位块离开定位盘以上的 V 形槽，这时分度凸轮 6 推动杠杆 7 带动连杆 8，装在连杆 8 上的棘爪便推动棘轮 9 顺时针方向转动，从而使工作盘 10 实现转位运动。转位完毕，定位凸轮 3 和拉簧 11 使定位块再次插入定位盘 5 的 V 形槽中进行定位。

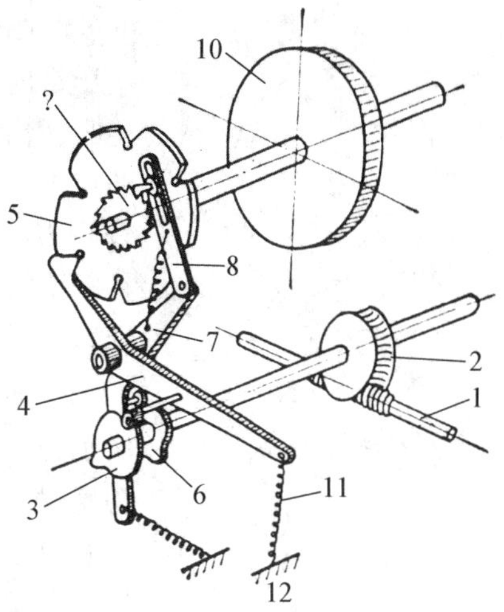

图 3-3-22

棘轮棘爪机构还可以用来实现快速的超越运动。如图 3-3-23 所示，运动由蜗杆 1 传到蜗轮 2，通过装在蜗轮 2 上的棘爪 3 使棘轮 4 逆时针方向转动，棘轮与输出轴 5 固定连接，由此得到轴 5 的慢速转动。当需要轴 5 快速转动时，可逆时针转动手轮，这时由于手动速度大于由蜗轮蜗杆传动的速度，所以棘爪在棘轮上打滑，从而在蜗杆蜗轮继续转动的情况下，可用快速手动来实现超越运动。

此外，棘轮机构还可以用来做计数器。如图 3-3-24 所示，当电磁铁 1 的线圈通入脉冲直流信号电流时，电磁铁吸动衔铁 2，把棘爪 3 向右拉动，棘爪在棘轮 5 的齿上滑过；当断开信号电流时，借助弹簧 4 的恢复力作用，使棘爪向左推动，这时棘轮转过一个齿，表示计入一个数字，重复上述动作，便可实现数字计入运动。

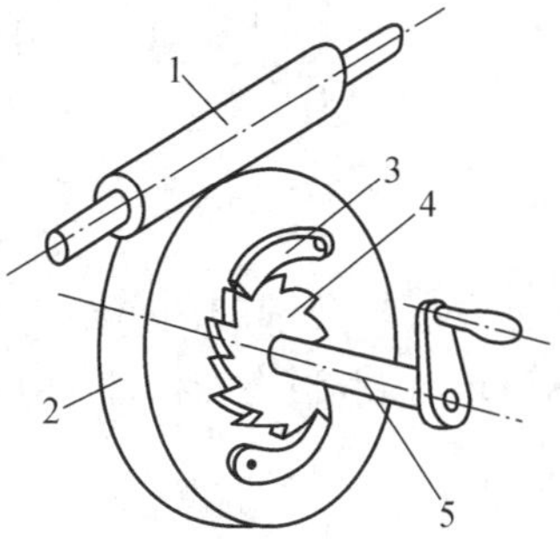

图 3-3-23

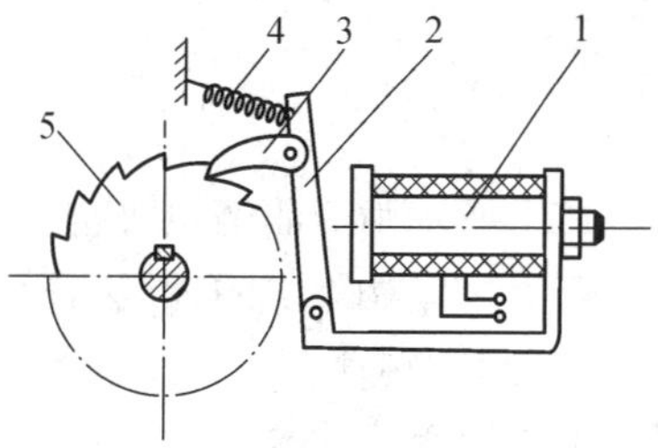

图 3-3-24

在起重机、绞盘等机械装置中，还常利用棘轮机构使提升的重物能停止在任何位置上，以防止由于停电等原因造成事故。

摩擦式棘轮机构传递运动较平稳，无噪音，从动构件的转角可作无级调节，常用来做超越离合器，在各种机械中实现进给或传递运动。但运动准确性差，不宜用于运动精度要求高的场合。

三、槽轮机构

1. 槽轮机构的工作原理和类型

如图 3-3-25 所示，槽轮机构由具有径向槽的槽轮 2 和具有圆销的构件 1 以及机架所组成。当构件 1 的圆销 G 未进入槽轮 2 的径向槽时，由于槽轮 2 的内凹锁住弧 S_2 被构件 1

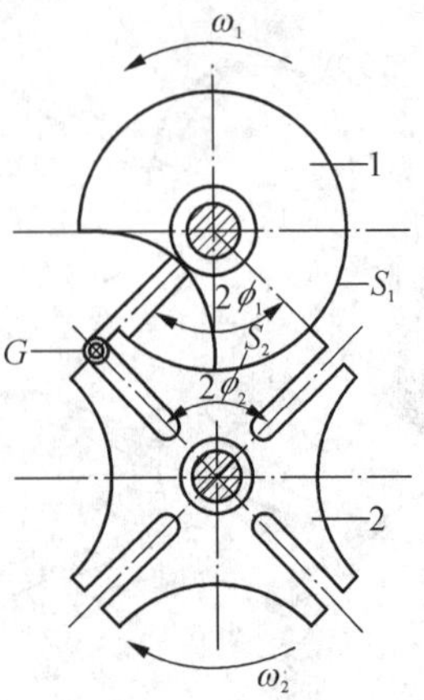

图 3-3-25

的外凸圆弧 S_1 卡住，故槽轮 2 静止不动。图 3-3-25 所示为圆销 G 开始进入槽轮径向槽的位置，这时锁住弧 S_2 被松开，因而圆销 G 能驱使槽轮沿与构件 1 相反的方向转动。当圆销 G 开始脱出槽轮的径向槽时，槽轮的另一内凹锁住弧又被构件 1 的外凸圆弧卡住，致使槽轮 2 又静止不动，直至构件 1 的圆销 G 再进入槽轮 2 的另一径向槽时，两者又重复上述的运动循环。这样，当主动构件 1 作连续转动时，槽轮 2 便得到单向的间歇转动。

平面槽轮机构有两种形式：一种是外槽轮机构，如图 3-3-25 所示，其槽轮上径向槽的开口是自圆心向外，主动构件与槽轮转向相反；另一种是内槽轮机构，如图 3-3-26 所示，其槽轮上径向槽的开口是向着圆心的，主动构件与槽轮的转向相同，这两种槽轮机构都用于传递平行轴的运动。

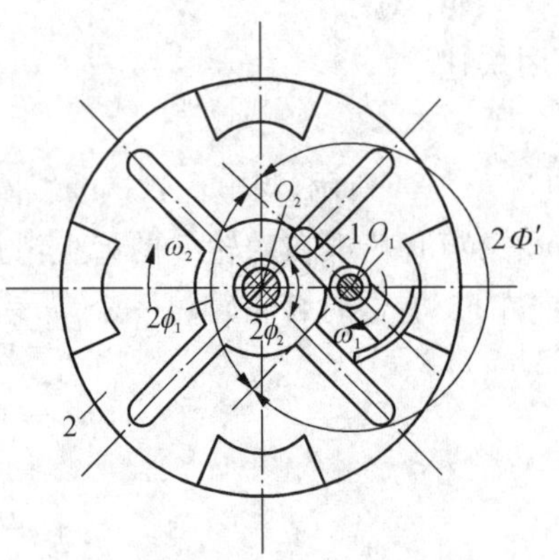

图 3-3-26

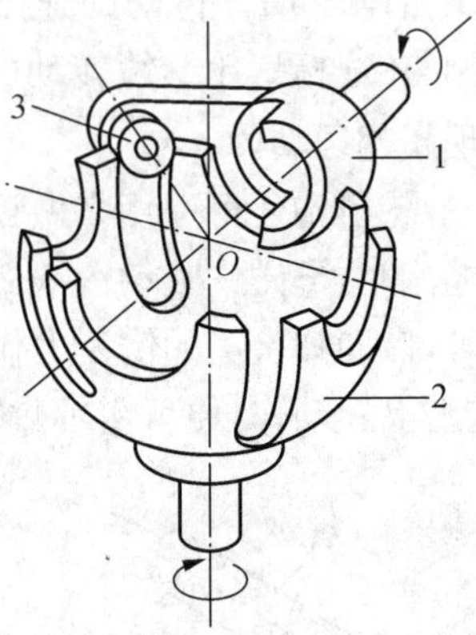

图 3-3-27

图 3-3-27 所示为球面槽轮机构，它是用于传递两垂直相交轴的间歇运动机构，从动槽轮 2 呈半球形，主动构件 1 的轴线与销 3 的轴线都通过球心 O，当主动构件 1 连续转动时，球面槽轮 2 得到间歇转动。

2. 槽轮机构的运动系数

在图 3-3-25 所示的外槽轮机构中，为了使槽轮开始转动瞬时和终止转动瞬时的角速度为零，以避免刚性冲击，圆销开始进入径向槽或自径向槽脱出时，径向槽的中心线应切于圆销中心运动的圆周，因此，设 z 为均匀分布的径向槽数，则由图 3-3-25 得槽轮 2 转动时构件 1 的转角 $2\phi_1$ 为

$$2\phi_1 = \pi - 2\phi_2 = \pi - \frac{2\pi}{z}$$

在一个运动循环内，槽轮 2 运动的时间 t_d，与构件 1 运动的时间 t 之比称为**运动系数 $\boldsymbol{\tau}$**。当构件 1 等速转动时，这个时间比可以用转角比来表示。对于只有一个圆销的槽轮机构，t_d 和 t 各对应于构件 1 回转 $2\phi_1$ 和 2π，因此，槽轮机构的运动系数 τ 为

$$\tau = \frac{t_d}{t} = \frac{2\phi_1}{2\pi} = \frac{\pi - \dfrac{2\pi}{z}}{2\pi} = \frac{z-2}{2z} \qquad (3-3-1)$$

由于运动系数 τ 必须大于零(因 $\tau=0$ 表示槽轮始终不动),所以由上式可知,径向槽的数目 z 应大于2。又由式(3-3-1)可知,这种槽轮机构的运动系数总小于0.5,也就是说,槽轮运动的时间总小于静止的时间。

如果主动构件1装上若干个圆销,则可以得到 $\tau>0.5$ 的槽轮机构。设均匀分布的圆销数目为 k,则此时槽轮在一个循环中的运动时间比只有一个圆销时增加 k 倍,因此

$$\tau=\frac{kt_{\mathrm{d}}}{t}=\frac{k(z-2)}{2z} \tag{3-3-2}$$

由于运动系数 τ 应小于1(因 $\tau=1$ 表示槽轮2与构件1一样作连续转动,不能实现间歇运动),所以由上式得

$$k<\frac{2z}{z-2} \tag{3-3-3}$$

由式(3-3-3)可算出槽轮槽数确定后所允许的圆销数。例如当 $z=3$ 时,圆销的数目可为 $1\sim5$;当 $z=4$、5时,圆销的数目可为 $1\sim3$;又当 $z\geqslant6$ 时,圆销的数目可为1或2。

图3-3-28所示为 $z=4$ 及 $k=2$ 的外槽轮机构,它的运动系数 $\tau=0.5$,即槽轮运动的时间与静止的时间相等。这时,除了径向槽和圆销都是均匀分布外,两圆销至轴 O_1 的距离也是相等的。

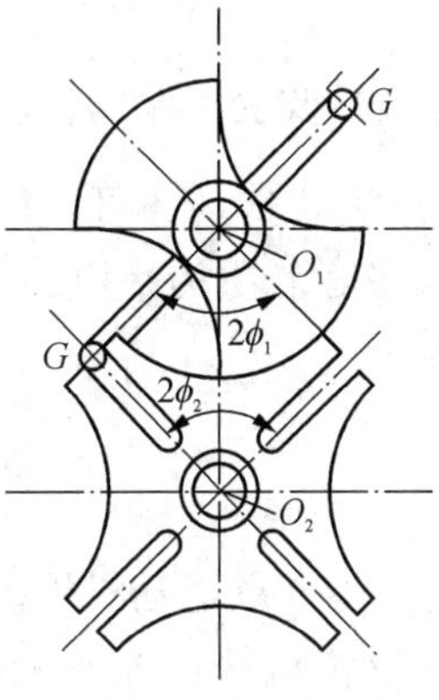

图3-3-28

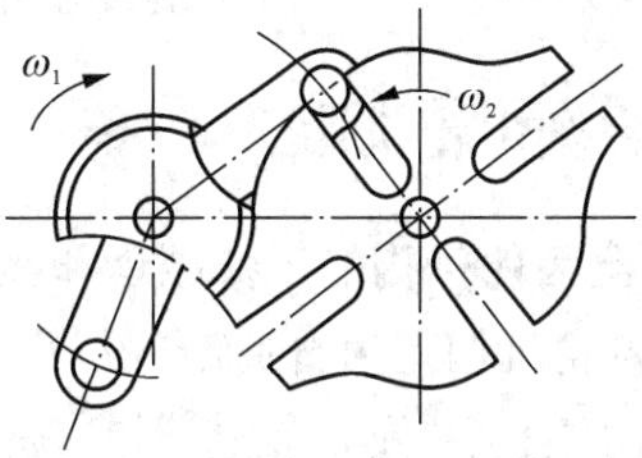

图3-3-29

在主动构件等速转动期间,如果要使槽轮每次停歇的时间不相等,则主动构件1上的圆销应作不均匀分布;如果要使槽轮每次运动时间不相等,则应使圆销的回转半径不相等。图3-3-29所示为在主动构件等速转动时槽轮每次停歇和运动的时间均不相等的槽轮机构。

对于图3-3-26所示的内槽轮机构,当槽轮2运动时,构件1所转过角度 $2\phi_1'$ 为

$$2\phi_1'=2\pi-2\phi_1=2\pi-(\pi-2\phi_2)=\pi+2\phi_2=\pi+\frac{2\pi}{z}$$

所以运动系数 τ 为

$$\tau=\frac{2\phi_1'}{2\pi}=\frac{z+2}{2z}=\frac{1}{2}+\frac{1}{z} \tag{3-3-4}$$

由上式可知,内槽轮机构的运动系数总大于0.5。又因 τ 应小于1,所以 $z>2$,也就是

说径向槽的数目最少应为3,内槽轮机构永远只可以用一个圆销,因为根据

$$\tau=\frac{2\phi_1'}{2\pi}k=\frac{k(z+2)}{2z}<1,\ k<\frac{2z}{z+2}$$

则当z等于或大于3时,k总小于2。

3. 槽轮机构的优、缺点和应用

槽轮机构结构简单,工作可靠,在进入和脱离啮合时运动较平稳,能准确控制转动的角度。但槽轮的转角大小不能调节,而且在槽轮转动的始、末位置加速度变化较大,所以有冲击。

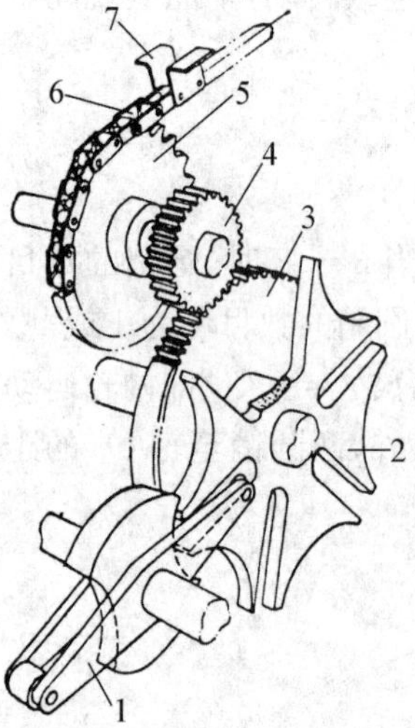

图3-3-30

槽轮机构一般应用在转速不高的间歇转动装置中。例如在电影放映机中,用槽轮间歇地移动影片;在自动机中,用以间歇地转动工作台或刀架。图3-3-29中的自动传送链装置。运动由主动构件1传给槽轮2,再经一对齿轮3、4使与齿轮4固连的链轮5作间歇转动,从而得到传送链6的间歇移动,传送链上装有装配夹具的安装支架7,故可满足自动线上的流水装配作业要求。

在实际应用中,常常需要槽轮轴转角大于或小于$\frac{2\pi}{z}$,这时可在槽轮轴与输出轴之间增加一级齿轮传动,如图3-3-30所示。如果是减速齿轮传动,则输出轴每次转角小于$\frac{2\pi}{z}$;如果是增速齿轮传动,则输出轴每次转角大于$\frac{2\pi}{z}$,改变齿轮的传动比就可以改变输出轴的转角。同时,增加一级齿轮传动还可以使槽轮转位所产生的冲击主要由中间轴吸收,使运转更为平稳。

四、不完全齿轮机构

1. 不完全齿轮机构的工作原理和类型

不完全齿轮机构是由普通渐开线齿轮机构演化而成的一种间歇运动机构。它与普通渐开线齿轮机构不同之处是轮齿不布满整个圆周,不完全齿轮机构的类型有:外啮合(见图3-3-31)、内啮合(见图3-3-32)。与普通渐开线齿轮一样,外啮合的不完全齿轮机构两轮转向相反;内啮合的不完全齿轮机构两轮转向相同。

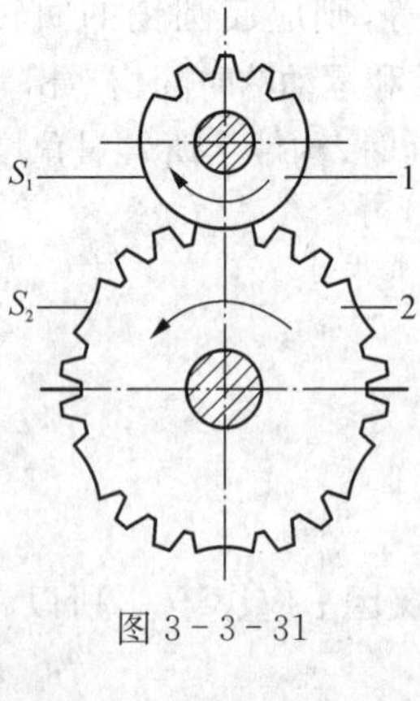

图3-3-31

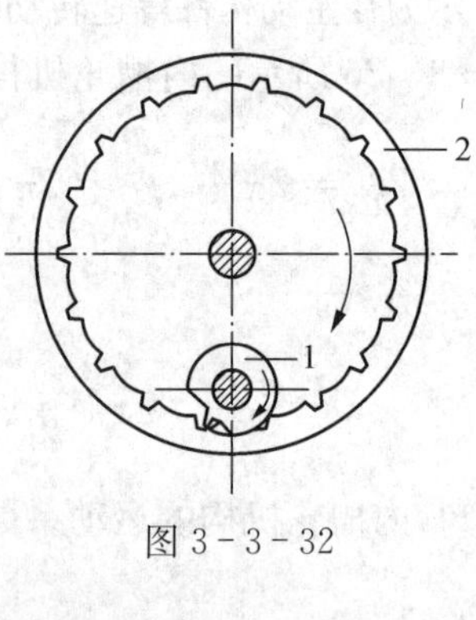

图3-3-32

2. 不完全齿轮机构的优、缺点和应用

不完全齿轮机构与槽轮机构相比，其从动轮每转一周的停歇时间、运动时间及每次转动的角度变化范围都较大，设计较灵活。但其加工工艺较复杂，而且从动轮在运动的开始与终止时冲击较大，故一般用于低速、轻载的场合，如在自动机和半自动机中用于工作台的间歇转位，以及要求具有间歇运动的进给机构、计数机构等等。

习　题

3－3－1　试标出图 3－3－33 所示位移线图中的行程 h、推程运动角 δ_o、远停程角 δ_s、回程角 δ'_o、近停程角 δ'_s。

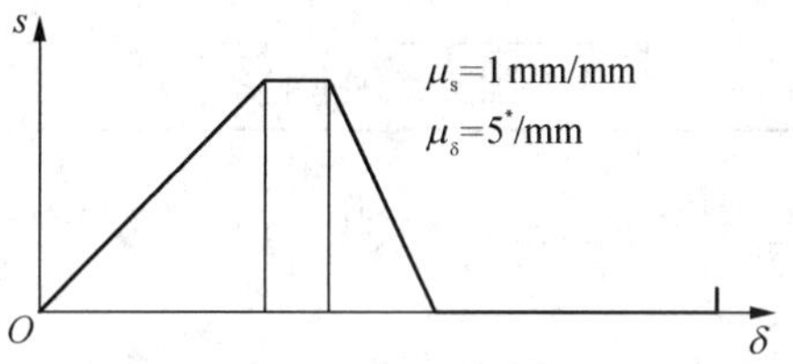

图 3－3－33

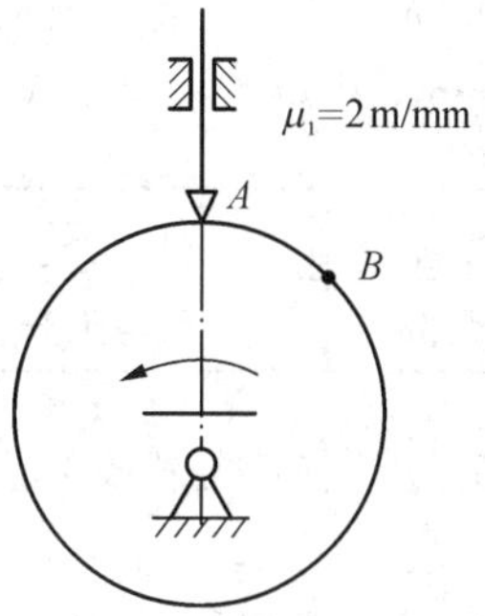

图 3－3－34

3－3－2　试写出图 3－3－34 所示凸轮机构的名称，并在图上作出行程 h，基圆半径 r_b，凸轮转角 δ_o、δ_s、δ'_o、δ'_s以及 A、B 两处的压力角。

3－3－3　如图 3－3－35 所示，一偏心圆凸轮机构，O 为偏心圆的几何中心，偏心距 $e = 15$ mm，$d = 60$ mm，试在图中标出：

(1) 凸轮的基圆半径、从动件的最大位移 H 和推程运动角 δ 的值；

(2) 凸轮转过 90°时从动件的位移 s。

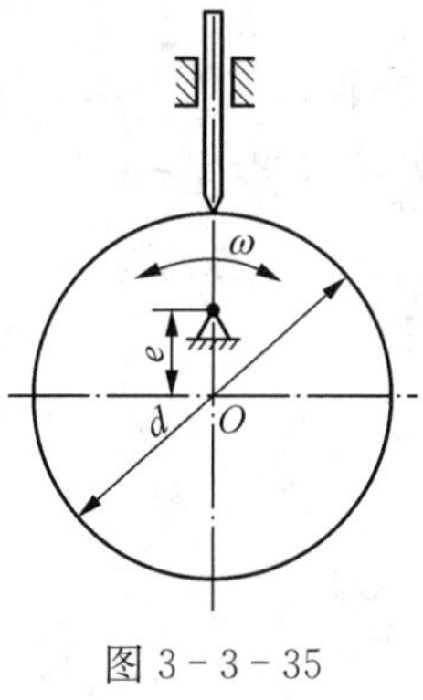

图 3－3－35

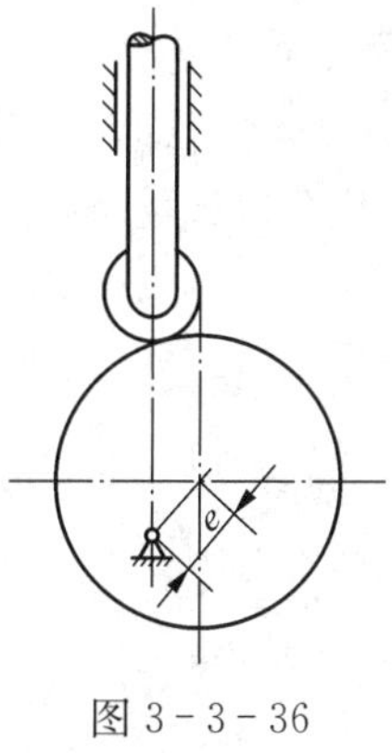

图 3－3－36

3－3－4　图 3－3－36 所示为一滚子对心直动从动件盘形凸轮机构。试在图中画出该凸轮的理论轮廓曲线、基圆半径、推程最大位移 H 和图示位置的凸轮机构压力角。

3-3-5 标出图3-3-37中各凸轮机构图示A位置的压力角和再转过45°时的压力角。

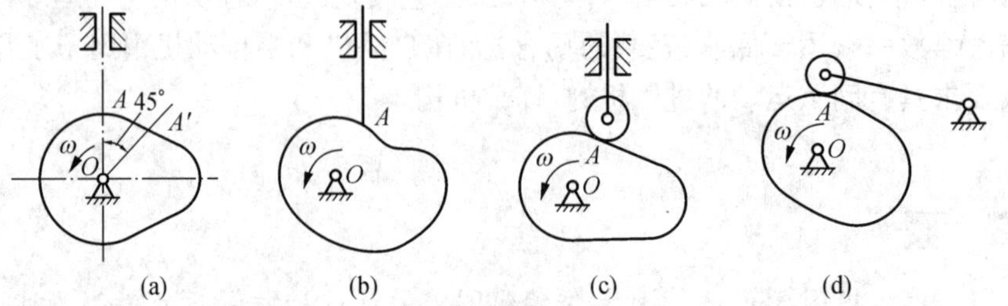

图3-3-37

3-3-6 设计一尖顶对心直动从动件盘形凸轮机构。凸轮顺时针匀速转动,基圆半径$r_b = 40$ mm,从动件的运动规律为

δ	0～90°	90°～180°	180°～240°	240°～360°
运动规律	等速上升	停止	等加速等减速下降	停止

3-3-7 若将上题改为滚子从动件,设已知滚子半径$r_T = 10$ mm,试设计其凸轮的实际轮廓曲线。

3-3-8 牛头刨床工作台的横向进给螺杆的导程3 mm,与螺杆固连的棘轮齿数$z = 40$,问棘轮的最小转动角度ϕ是多少?该牛头刨床的最小横向进给量s是多少?

3-3-9 在六角车床的六角头外槽轮机构中,已知槽轮的槽数$z = 6$,槽轮静止时间$t_j = \dfrac{5}{6}$s/r,运动时间是静止时间的两倍,求

(1) 槽轮机构的运动系数τ;

(2) 圆销数k。

3-3-10 已知外槽轮机构的槽数$z = 4$,主动件1的角速度$\omega_1 = 10$ rad/s,试求

(1) 主动件1在什么位置槽轮的角加速度最大?

(2) 槽轮的最大角加速度。

3-3-11 一台n工位的自动机中,用不完全齿轮机构来实现工作台的间歇转位运动,若主、从动齿轮上补全的齿数(即假想齿数)相等,试证明从动轮的运动时间与停止时间之比等于$\dfrac{1}{n-1}$。

第四章　带传动和链传动

第一节　带传动概述

一、带传动的组成及类型特点

1. 带传动分类

带传动一般由主动轮、从动轮、皮带组成，如图 3-4-1 所示。

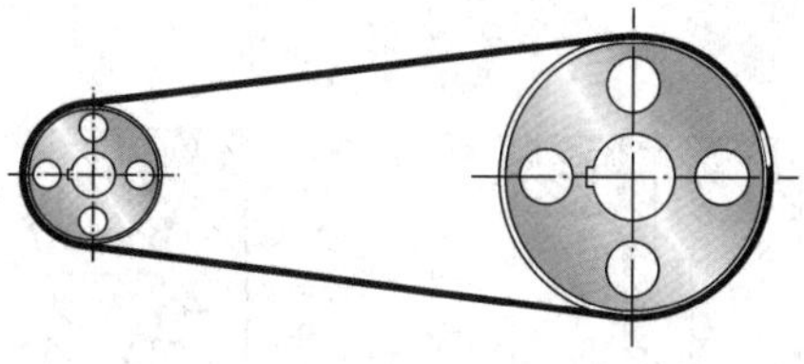

图 3-4-1

1）按传动原理分

带传动按传动原理分为摩擦传动和啮合传动。

（1）摩擦传动　如图 3-4-1 所示，摩擦传动有平带、V 带和特殊截面带传动。

安装时带被张紧在带轮上，产生的初拉力使得带与带轮之间产生压力。主动轮转动时，依靠摩擦力拖动从动轮一起同向回转。

V 带传动应用最广，其带速：$v=5\sim25(\mathrm{m/s})$，传动比：$i=7$，效率：$\eta\approx0.9\sim0.95$。

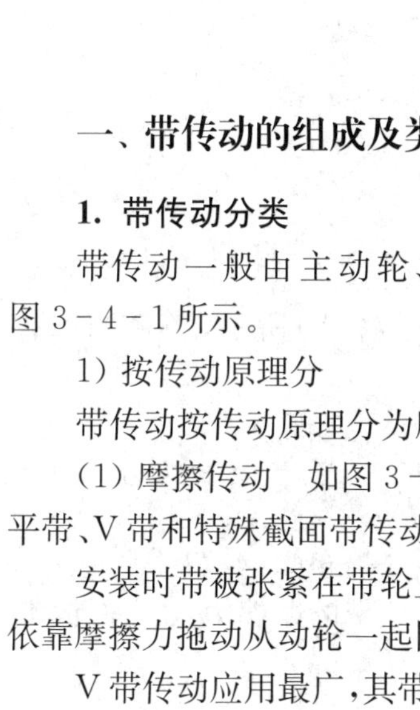

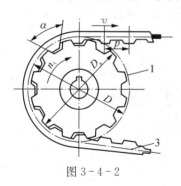

图 3-4-2

（2）啮合传动　如图 3-4-2 所示的啮合性带传动，也称同步带传动，它是依靠同步带上的齿与带轮齿槽之间的啮合来传递运动和动力的。同步带传动兼有带传动和啮合传动的优点，既可保证传动比准确，也可保证较高的传动效率（98%以上）；适应的传动比较大，可达 10，且适应于较高的速度，带速可达 50 m/s。其缺点在于同步带及带轮制造工艺复杂，安装要求较高。

同步带传动主要用于中小功率、传动比要求精确的场合，如打印机、绘图仪、录音机、电影放映机等精密机械中。

2）按用途分

按用途分为传递动力用的传动带和输送物品用的输送带。本章仅讨论传动带。

3）按传动带的截面形状分

（1）平带：平带的截面形状为矩形，内表面为工作面，如图 3-4-3(a)所示。

（2）V 带：截面形状为梯形，两侧面为工作表面，而 V 带与轮槽底并不接触，如图 3-4-3(b)所示。

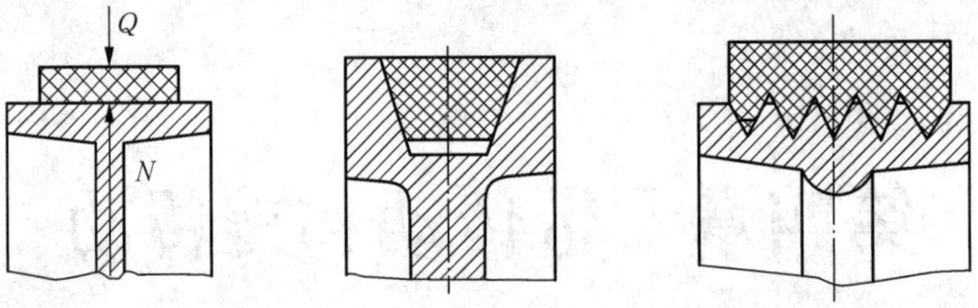

(a) (b) (c)

图 3-4-3

(3) 多楔带：多楔带是平带基体上有若干纵向楔形凸起，如图 3-4-3(c)所示，它兼有平带和 V 带的优点且弥补其不足，多用于结构紧凑的大功率传动中。

(4) 圆形带：横截面为圆形。只用于小功率传动。应用：家用缝纫机。

(5) 齿形带(同步带)。

2. 普通 V 带与平带摩擦力的比较

如图 3-4-4(a)所示，平带的摩擦力为

$$\boldsymbol{F}_{\mathrm{f}} = \boldsymbol{N}f = \boldsymbol{F}_{\mathrm{N}}f$$

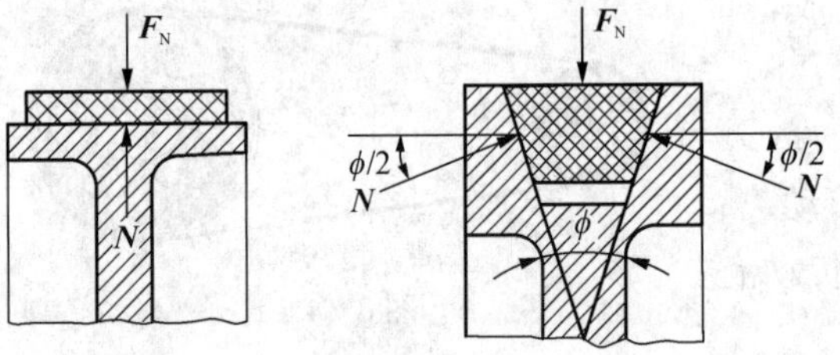

(a) (b)

图 3-4-4

如图 3-4-4(b)所示，V 带的摩擦力为

$$\boldsymbol{F}_{\mathrm{f}} = 2\boldsymbol{N}f = \frac{\boldsymbol{F}_{\mathrm{N}}f}{\sin(\varphi/2)} = \boldsymbol{F}_{\mathrm{N}}f_{\mathrm{v}}$$

式中，f_{v} 为当量摩擦系数，显然 $f_{\mathrm{v}} > f$，即在相同条件下，V 带的摩擦力大于平带，传动能力更大。

3. 带传动特点

1) 带传动的优点

(1) 适用于中心距较大的传动。

(2) 带具有良好的挠性，可缓和冲击、吸收振动。

(3) 过载时带与带轮之间会出现打滑，避免了其他零件的损坏。

(4) 结构简单、成本低廉。

2) 带传动的缺点

(1) 传动的外廓尺寸较大。

(2) 需要张紧装置对轴压力比较大。

(3) 由于带的滑动，不能保证固定不变的传动比。

(4) 带的寿命较短，传动效率较低。

(5) 不宜用于高温、易燃、易爆场所。

带传动适用场合：要求传动平稳，传动比不要求准确，中小功率的远距离传动。应用两轴平行且同向转动的场合(称为开口传动)，中小功率电机与工作机之间的动力传递。能缓冲和吸振，运动平稳，噪音小；过载打滑；结构简单，装拆方便；但不能保证正

确的传动比，轴承受的力大，寿命短，尺寸大；适用于中心距较大的传动；摩擦损失大，效率低。

二、V带的结构、标准及带轮的结构和材料

1. V带的结构与标准

V带有普通V带、窄V带、宽V带、汽车V带、大楔角V带等分类，其中以普通V带和窄V带应用较广，本章主要讨论普通V带传动。

V带的截面形状为梯形，两侧面为工作面，带轮的轮槽截面也为梯形。根据图3-4-4(b)所示斜面的受力分析可知，在相同张紧力和相同摩擦系数的条件下，V带产生的摩擦力要比平带的摩擦力大，所以，V带传动能力强，结构更紧凑，在机械传动中应用最广泛。

标准V带都制成无接头的环形带，其截面结构由四部分组成：包布层、伸张层、强力层、和压缩层，如图3-4-5所示。强力层的结构形式有帘布结构和线绳结构。

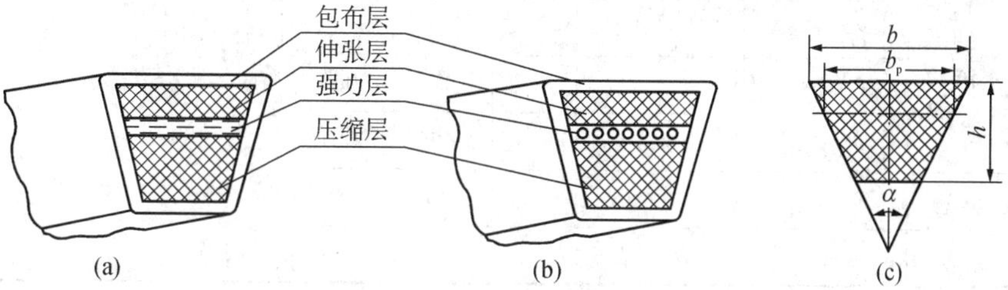

图3-4-5

(a) 帘布结构 (b) 线绳结构 (c) 截面

V带按截面尺寸的不同分为Y、Z、A、B、C、D、E共7种型号，Y型V带截面尺寸最小，E型V带截面尺寸最大，其截面尺寸已标准化，各种普通V带及带轮截面的基本参数和尺寸规格如表3-4-1所示。在同样的条件下，截面尺寸大则传递的功率就大。

表3-4-1 普通V带和带轮轮槽截面的基本参数和尺寸(mm)

V带截型 尺寸	Y	Z	A	B	C	D	E	V带截面
顶宽 b	6.0	10.0	13.0	17.0	22.0	32.0	38.0	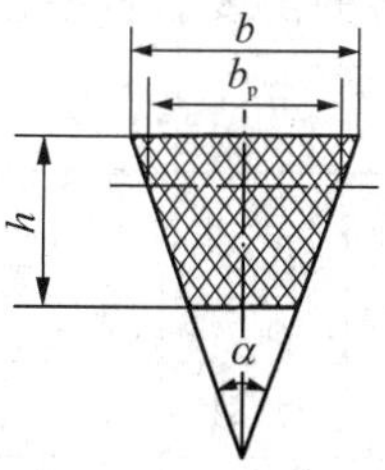
节宽 b_p	5.3	8.5	11.0	14.0	19.0	27.0	32.0	
高度 h	4.0	6.0	8.0	11.0	14.0	19.0	25.0	
楔角 α	40°							
单位长度重量 $m/(kg \cdot m^{-1})$	0.02	0.06	0.10	0.17	0.30	0.63	0.92	

（续表）

尺寸 \ 带轮槽型			Y	Z	A	B	C	D	E	V带轮轮缘截面
基准宽度 b_d			5.3	8.5	11.0	14.0	19.0	27.0	32.0	
顶宽 $b\approx$			6.3	10.1	13.2	17.2	23.0	32.7	38.7	
基准线上槽高 h_{amin}			1.6	2.0	2.75	3.5	4.8	8.1	9.6	
基准线下槽高 h_{fmin}			4.7	7.0	8.7	10.8	14.3	19.9	23.4	
槽间距 e			8 ±0.3	12 ±0.3	15 ±0.3	19 ±0.4	25.5 ±0.5	37 ±0.6	44.5 ±0.7	
第一槽对称面至轮端面的距离 f_{min}			7±1	8±1	10^{+2}_{-1}	12.5^{+2}_{-1}	17^{+2}_{-1}	23^{+3}_{-1}	29^{+4}_{-1}	
轮缘厚度 δ_{min}			5	5.5	6	7.5	10	12	15	
轮槽角 φ	32°	相应的基准直径 d_d	≤60	—	—	—	—	—	—	
	34°		—	≤80	≤118	≤190	≤315	—	—	
	36°		>60	—	—	—	—	≤475	≤600	
	38°		—	>80	>118	>190	>315	>475	>600	
	极限偏差		±1°				±30′			
带轮的外径 d_a			$d_a=d_d+2h_a$							

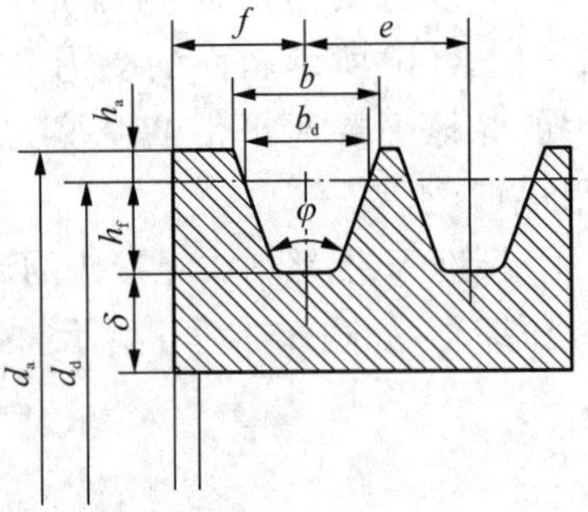

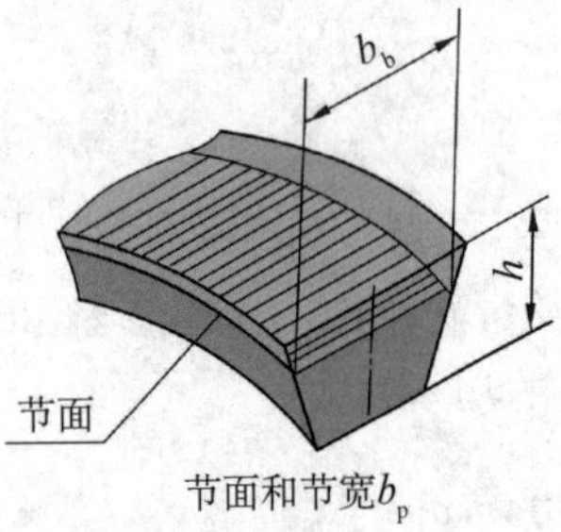

节面和节宽b_p

图 3-4-6

V带绕在带轮上产生弯曲，外层受拉伸变长，内层受压缩变短，两层之间保持原有长度不变的周线称为节线。由全部节线组成的面称为节面，节面的宽度称为**节宽** b_p（见图 3-4-6），带在弯曲时，节宽保持不变。普通V带的截面高度 h 与其节宽 b_p 的比值已标准化 $h/b_p=0.7$，锲角 $\alpha=40°$。V带的节宽 b_p 与带轮基准直径 d_d 上轮槽的基准宽度 b_d 相对应。

根据V带高与节宽之比的不同，分为普通V带和窄V带两种。窄V带高与节宽之比为 $h/b_p=0.9$，锲角 $\alpha=40°$。

V带的节线长度称为基准长度 L_d。每种型号的普通V带都有系列基准长度，以满足不同中心距的需要。各种型号普通V带的基准长度及长度修正值如表 3-4-2 所示。

表 3-4-2　V带的基准长度和带长系数 K_L

基准长度 L_d/mm	K_L					基准长度 L_d/mm	K_L			
	Y	Z	A	B	C		Z	A	B	C
200	0.81					1 600	1.16	0.99	0.92	0.83
224	0.82					1 800	1.18	1.01	0.95	0.86
250	0.84					2 000		1.03	0.98	0.88
280	0.87					2 240		1.06	1.00	0.91

（续表）

基准长度 L_d/mm	K_L					基准长度 L_d/mm	K_L			
	Y	Z	A	B	C		Z	A	B	C
315	0.89					2 500		1.09	1.03	0.93
355	0.92					2 800		1.11	1.05	0.95
400	0.96	0.87				3 150		1.13	1.07	0.97
450	1.00	0.89				3 550		1.17	1.09	0.99
500	1.02	0.91				4 000		1.19	1.13	1.02
560		0.94				4 500			1.15	1.04
630		0.96	0.81			5 000			1.18	1.07
710		0.99	0.83			5 600				1.09
800		1.00	0.85			6 300				1.12
900		1.03	0.87	0.82		7 100				1.15
1 000		1.06	0.89	0.84		8 000				1.18
1 120		1.08	0.91	0.86		9 000				1.21
1 250		1.11	0.93	0.88		10 000				1.23
1 400		1.14	0.96	0.90						

注：同种规格的带长有不同的公差，使用时应按配组公差选购。带的基准长度极限偏差和配组公差可查机械设计手册。

普通 V 带标记为

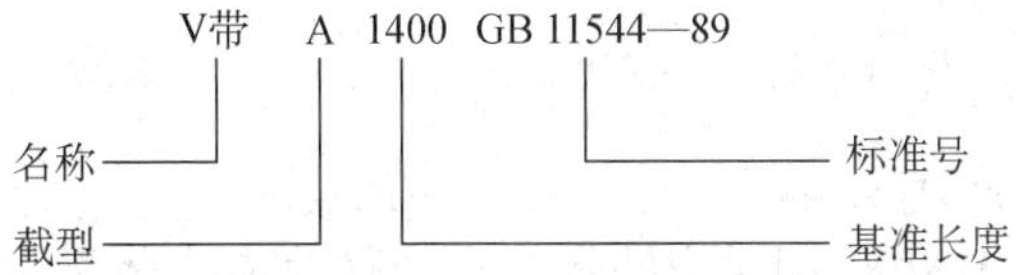

例如，A1600 表示 A 型 V 带，基准长度为 1 600 mm。

基准宽度窄 V 带截面尺寸有 SPZ、SPA、SPB、SPC 四种型号。SPA 型窄 V 带标记为：SPA—1250　GB 12730—91。

2. V 带带轮的结构设计及材料选择

1）V 带轮的组成

带轮由轮缘、腹板（轮辐）和轮毂三部分组成，如图 3－4－7 所示。轮缘是带轮的工作部分，制有梯形轮槽。轮槽尺寸如表 3－4－1 所示。轮毂是带轮与轴的连接部分，轮缘与轮毂则用轮辐（腹板）连接成一整体，具体结构如图 3－4－8 所示。

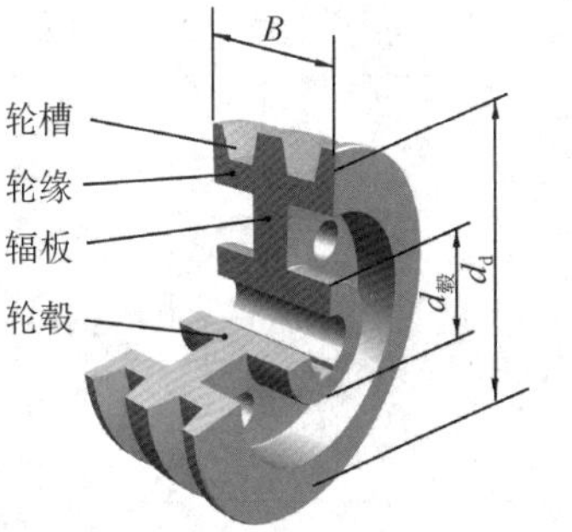

图 3－4－7

根据带轮直径的大小，V 带轮的结构形式可分为实心式、辐板式、带孔辐板式、椭圆轮辐式。带轮基准直径 $d_d \leqslant 2.5d$（d 为轴的直径，单位为 mm）时，可用实心式；带轮基准直径 $d_d \leqslant 300$ mm 时，可采用腹板式；当 $D_1 - d_1 \geqslant 100$ mm

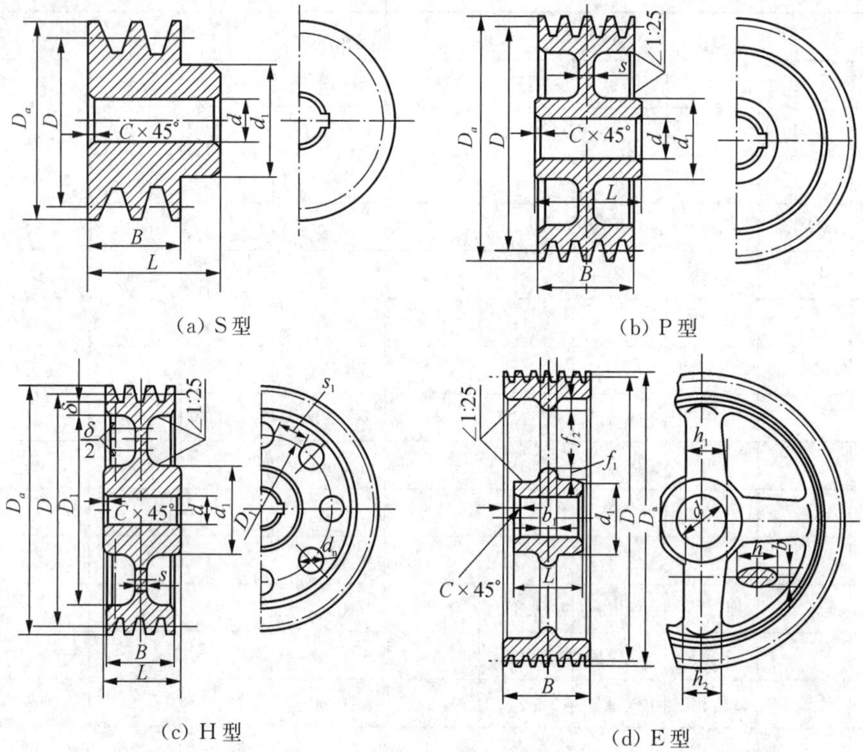

(a) S型　(b) P型

(c) H型　(d) E型

图 3-4-8

时,可采用孔板式;$d_d>300$ mm 时,可采用轮辐式。

轮毂是带轮与轴配合部分,其直径和长度 L 可按下列经验公式计算:

$$d_1=(1.8\sim2)d,\ L=(1.5\sim1.8)d$$

式中,d 为轴孔直径。当轮宽时,取 $L=B$。

V 带装在带轮上,与节宽 b_p 相对应的带轮直径称为**基准直径**,用 d_d 表示。基准直径 d_d 为计算直径,国家标准已规定了基准直径系列,如表 3-4-3 所示。

表 3-4-3　V 带轮的基准直径系列(mm)

型号	基准直径 d_d													
Y	20	22.4	25	28	31.5	35.5	40	45	50	56	63	71	80	90
	100	112	125											
Z	50	56	63	71	75	80	90	100	112	125	132	140	150	160
	180	200	224	250	280	315	355	400	500	630				
A	75	80	(85)	90	(95)	100	(106)	112	(118)	125	(132)	140	150	160
	180	200	224	250	280	315	355	400	450	500	560	630	710	800
B	125	(132)	140	150	160	(170)	180	200	224	250	280	315	355	400
	450	500	560	(600)	630	710	(750)	800	(900)	1 000	1 120			

（续表）

型号	基准直径 d_d													
C	200	212	224	236	250	(265)	280	300	315	(355)	355	400	450	500
	560	600	630	710	750	800	900	1 000	1 120	1 250	1 400	1 600	2 000	
D	355	(375)	400	425	450	(475)	500	560	(600)	630	710	750	800	900
		1 000	1 060	1 120	1 250	1 400	1 500	1 600	1 800	2 000				
E	500	530	560	600	630	670	710	800	900	1 000	1 120	1 250	1 400	1 500
		1 600	1 800	2 000	2 240	2 500								

2）带轮的材料

带轮的材料主要采用铸铁，常用材料的牌号为 HT150 或 HT200；当圆周速度 $v \leqslant 25$ m/s 时用灰铸铁；当带速 $v > 25$ m/s 时，宜用铸钢（或用钢板冲压后焊接而成）；小功率时可用铸铝或塑料。

第二节　带传动的工作原理、类型及特点

一、带传动的工作原理

1. 工作原理

带传动靠带做中间体而靠摩擦力工作的一种机械传动。当带绕以一定的张紧力紧套在两个带轮上时，此张紧力称为初拉力 $\boldsymbol{F}_0$。传动静止时，带两边的拉力相等，均为初拉力 $\boldsymbol{F}_0$，如图 3-4-9(a)所示。带传动工作时，带与轮之间产生摩擦力 $\boldsymbol{F}_f$，主动轮 1 上的摩擦力与带的运动方向相同，即主动轮通过摩擦力驱动带运动；从动轮 2 上的摩擦力与带的运动方向相反，即通过摩擦力驱动从动轮。由于摩擦力的作用，带绕进主动轮的一边被拉紧，称为紧边，其拉力由 $\boldsymbol{F}_0$ 增大到 $\boldsymbol{F}_1$；而绕出边带则被放松，称为松边，如图 3-4-9(b)所示，其拉力由 $\boldsymbol{F}_0$ 减小到 $\boldsymbol{F}_2$。设环形带的总长度不变，则紧边拉力的增量等于松边拉力的减量，即

$$2\boldsymbol{F}_0 = \boldsymbol{F}_1 + \boldsymbol{F}_2 \tag{3-4-1}$$

紧边拉力 $\boldsymbol{F}_1$ 与松边拉力 $\boldsymbol{F}_2$ 之差称为有效拉力，即带传动所传递的圆周力 $\boldsymbol{F}$：

$$\boldsymbol{F} = \boldsymbol{F}_1 - \boldsymbol{F}_2 \tag{3-4-2}$$

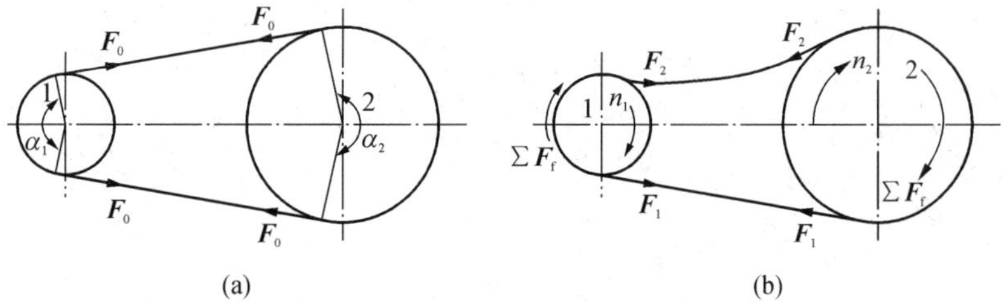

图 3-4-9

有效拉力 $\boldsymbol{F}$(N)、带速 v(m/s)与带传递的功率 P(kW)之间的关系为

$$P=\frac{\boldsymbol{F}v}{1\,000} \tag{3-4-3}$$

当带传动的工作载荷超过了带与带轮之间摩擦力的极限值,带与带轮之间发生剧烈的相对滑动(一般发生在较小的主动轮上),从动轮转速急速下降,甚至停转,带传动失效,这种现象称为打滑。V带即将打滑时:

$$\frac{\boldsymbol{F}_1}{\boldsymbol{F}_2}=\mathrm{e}^{f_v\alpha} \tag{3-4-4}$$

式中,e 为自然对数, e ≈ 2.718;

α 为包角(带与带轮接触弧所对应的中心角,如图 3-4-1(a)所示,rad;

f_v 为当量摩擦系数。

若带总长度不变,由式(3-4-2)和式(3-4-4)可得带的最大有效拉力为

$$\boldsymbol{F}=\boldsymbol{F}_1\left(1-\frac{1}{e^{f_v\alpha}}\right) \tag{3-4-5}$$

2. 极限有效拉力及影响因素

将式(3-4-5)带入式(3-4-1)并整理得极限有效拉力的表达式为

$$\boldsymbol{F}_{\max}=2\boldsymbol{F}_0\left(1-\frac{2}{1+e^{f\alpha}}\right) \tag{3-4-6}$$

由式(3-4-6)知,带传动的最大有效拉力主要与下列因素有关:

1) 初拉力 $\boldsymbol{F}_0$

$\boldsymbol{F}_0$ 增大,摩擦力增大,有效拉力增大。但过大的初拉力也会增大带的应力,影响达到带的寿命。

2) 小轮包角

带与带轮接触弧所对应的中心角称为包角。包角越小,所传递的有效拉力越小。由于小轮包角总小于大轮包角,所以小轮包角直接影响带传动的承载能力。一般要求 $\alpha_1 \geqslant 120°$。

3) 摩擦力

摩擦力越大,传动能力越大。

3. 带传动的应力分析

带传动时的应力由三部分组成:

1) 拉应力 σ_1、σ_2

紧边拉应力为

$$\sigma_1=\boldsymbol{F}_1/A \tag{3-4-7}$$

松边拉应力为

$$\sigma_2=\boldsymbol{F}_2/A \tag{3-4-8}$$

式中,$\boldsymbol{F}_1$、$\boldsymbol{F}_2$ 分别为紧边、松边拉力,N;

A 为带的横截面积,mm^2。

带在绕过主动轮时，拉应力由 σ_1 逐渐降至 σ_2；带在绕过从动轮时，拉应力由 σ_2 逐渐增加到 σ_1。

2）弯曲应力 σ_b

带绕过带轮时，因弯曲而产生弯曲应力 σ_b（见图 3-4-10），其值可由材料力学求得，即

$$\sigma_b = \frac{2Ey_0}{D} \tag{3-4-9}$$

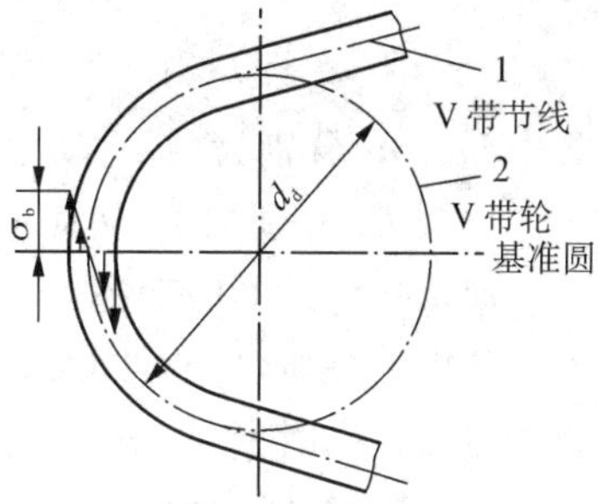

图 3-4-10

式中，E 为带的弹性模量，MPa；

y_0 为带的节面到最外层的垂直距离，mm；

D 为 V 带轮的计算直径，即带的中性层在带轮上的圆周直径，mm。

由以上知，带轮直径越小，带越厚，带的弯曲应力越大。因此，小轮上带的弯曲应力比大轮上的弯曲应力大。

3）离心拉应力 σ_c

$$\sigma_c = \frac{qv^2}{A} \tag{3-4-10}$$

式中，q 为每米带长的质量，kg/m；

v 为带的线速度，m/s；

A 为带的横截面积，mm^2。

从式(3-4-10)可知，高速时采用轻质带，可以减小离心应力。

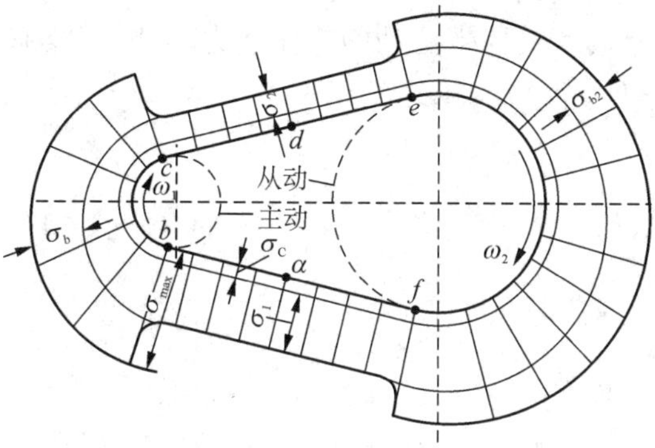

图 3-4-11

图 3-4-11 所示为带传动工作时带的应力分布情况，其中小带轮为主动轮。从图可见，离心拉应力作用于带的全长，某点的应力随运行位置变化而不断变化。带上最大应力发生在带的紧边与小带轮接触处。带中的最大应力为

$$\sigma_{max} = \sigma_1 + \sigma_{b1} + \sigma_c \tag{3-4-11}$$

由于交变应力的作用，将引起带的疲劳破坏，这是带传动过程中的一种常见的失效形式。

二、带传动的弹性滑动和打滑

由于带的弹性变形和带两边的拉力差而引起的带和轮面间的局部微小相对滑动，称为弹性滑动。带传动中弹性滑动是不可避免的，它是带传动中固有的物理现象，因此从动轮的速度 $v_2 > v_1$，其降低量用滑动率 ε 表示：

$$\varepsilon = \frac{v_1 - v_2}{v_1} = \frac{\pi d_1 n_1 - \pi d_2 n_2}{\pi d_1 n_1} \tag{3-4-12}$$

带传动的传动比为

$$i=\frac{n}{n_2}=\frac{d_2}{d_1(1-\varepsilon)} \tag{3-4-13}$$

式中,n_1、n_2 分别为主、从动轮的转速,r/min;

d_1、d_2 分别为主、从动轮的直径,mm。

通常带传动的滑动率 $\varepsilon=0.01\sim0.02$,较小,在一般传动计算中可不考虑。

从以上分析可知,带的弹性滑动和打滑是两个完全不同的概念。弹性滑动是由于带的弹性以及工作时紧、松两边存在的拉力差引起的,是带传动中不可避免的现象;而打滑则是由于过载引起的一种失效形式,只要工作中所传递的外载荷 $\boldsymbol{F}$ 小于摩擦力总和的极限值 $\sum \boldsymbol{F}_{max}$,即 $\boldsymbol{F}\leqslant\sum \boldsymbol{F}_{max}$ 就可避免打滑出现。将弹性滑动和打滑的区别列于表 3-4-4 中。

表 3-4-4　弹性滑动与打滑的区别

	弹 性 滑 动	打　　滑
现象	局部带在局部带轮面上发生微小滑动	整个带在整个带轮面上发生显著滑动
产生原因	带轮两边的拉力差,产生带的变形量变化	所需有效圆周力超过摩擦力最大值
性质	不可避免	可以且应当避免
后果	v_2 小于 v_1;效率下降;带磨损	传动失效;引起带的严重磨损

三、带传动的失效形式和设计准则

(1) 失效形式:皮带传动的主要失效形式表现为打滑与带的疲劳损坏。

(2) 设计准则:在保证不打滑的前提下,最大限度发挥带传动的工作能力,同时带具有一定的疲劳强度和寿命。因此,传动应满足的强度条件为

① 保证不打滑

$$\boldsymbol{F}\leqslant\sum \boldsymbol{F}_{max} \tag{3-4-14}$$

② 保证不发生疲劳破坏

$$\sigma_{max}=\sigma_1+\sigma_{b1}+\sigma_c\leqslant[\sigma] \tag{3-4-15}$$

联立求解式(3-4-2)、(3-4-3)、(3-4-4)、(3-4-14)、(3-4-15)可得带传动在既不打滑又不疲劳断裂,单根 V 带传递的功率为

$$P_1=([\sigma]-\sigma_{b1}-\sigma_c)\left(1-\frac{1}{e^{f\alpha_1}}\right)\frac{Av}{1\,000} \tag{3-4-16}$$

式中,各参数的量纲:P_1 为 kW;A 为 mm^2;v 为 m/s;$[\sigma]$、$[\sigma_{b1}]$和 σ_c 为 MPa。

当实际工作条件与上述试验条件不同时,应对单根 V 带的基本额定功率加以修正,获得实际工作条件下单根 V 带所能传递的功率,称为许用功率$[P_1]$。

$$[P_1]=(P_1+\Delta P_1)K_\alpha K_L \tag{3-4-17}$$

式中,K_α 为包角系数,计入包角 $\alpha_1\neq180^\circ$时对传动能力的影响,其修正值如表 3-4-6 所示;

K_L 为长度系数，计入带长不等于特定长度时对传动能力的影响，其修正系数如表 3 - 4 - 2 所示；

ΔP_1 为功率增量，计入传动比时，带在大带轮上的弯曲程度减小对传动能力的影响，其值如表 3 - 4 - 7 所示。

表 3 - 4 - 5　单根普通 V 带的基本额定功率 P_1

（$\alpha_1 = \alpha_2 = 180°$，特定长度，载荷平稳）　　（单位：kW）

型号	小带轮基准直径 d_{d1}/mm	小带轮转速 n_1/r·min^{-1}											
		200	300	400	500	600	730	800	980	1 200	1 460	1 600	1 800
Y	20	—	—	—	—	—	—	—	0.02	0.02	0.02	0.03	—
	31.5	—	—	—	—	—	0.03	0.04	0.04	0.05	0.06	0.06	—
	40	—	—	—	—	—	0.04	0.05	0.06	0.07	0.08	0.09	—
	50	—	—	0.05	—	—	0.06	0.07	0.08	0.09	0.11	0.12	—
Z	50	—	—	0.06	—	—	0.09	0.10	0.12	0.14	0.16	0.17	—
	63	—	—	0.08	—	—	0.13	0.15	0.18	0.22	0.25	0.27	—
	71	—	—	0.09	—	—	0.17	0.20	0.23	0.27	0.31	0.33	—
	80	—	—	0.14	—	—	0.20	0.22	0.26	0.30	0.36	0.39	—
	90	—	—	0.14	—	—	0.22	0.24	0.28	0.33	0.7	0.40	—
A	75	0.16	—	0.27	—	—	0.42	0.45	0.52	0.60	0.68	0.73	—
	90	0.22	—	0.39	—	—	0.63	0.68	0.79	0.93	1.07	1.15	—
	100	0.26	—	0.47	—	—	0.77	0.83	0.97	1.14	1.32	1.42	—
	125	0.37	—	0.67	—	—	1.11	1.19	1.40	1.66	1.93	2.07	—
	160	0.51	—	0.94	—	—	1.56	1.69	2.00	2.36	2.74	2.94	—
B	125	0.48	—	0.84	—	—	1.34	1.44	1.67	1.93	2.20	2.33	2.50
	160	0.74	—	1.32	—	—	2.16	2.32	2.72	3.17	3.64	3.86	4.15
	200	1.02	—	1.85	—	—	3.06	3.30	3.86	4.50	5.15	5.46	5.83
	250	1.37	—	2.50	—	—	4.14	4.46	5.22	6.04	6.85	7.20	7.63
	280	1.58	—	2.89	—	—	4.77	5.13	5.93	6.90	7.78	8.13	8.46
C	200	1.39	1.92	2.41	2.87	3.30	3.80	4.07	4.66	5.29	5.86	6.07	6.28
	250	2.03	2.85	3.62	4.33	5.00	5.82	6.23	7.18	8.21	9.06	9.38	9.63
	315	2.86	4.04	5.14	6.17	7.14	8.34	8.92	10.23	11.53	12.48	12.72	12.67
	400	3.91	5.54	7.06	8.52	9.82	11.52	12.10	13.67	15.04	15.51	15.24	14.08
	450	4.51	6.40	8.20	9.81	11.29	12.98	13.80	15.39	16.59	16.41	15.57	13.29
D	355	5.31	7.35	9.24	10.90	12.39	14.04	14.83	16.30	17.25	16.70	15.63	12.97
	450	7.90	11.02	13.85	16.40	19.67	21.12	22.25	24.16	24.84	22.42	19.59	13.34
	560	10.76	15.07	18.95	22.38	25.32	28.28	29.55	31.00	29.67	22.08	15.13	—

(续表)

型号	小带轮基准直径 d_{d1}/mm	小带轮转速 n_1/r·min^{-1}											
		200	300	400	500	600	730	800	980	1 200	1 460	1 600	1 800
D	710	14.55	20.35	25.45	29.76	33.18	35.97	36.87	35.58	27.88	—	—	—
	800	16.76	23.39	29.08	33.72	37.13	39.26	39.55	35.26	21.32	—	—	—
E	500	10.86	14.96	18.55	21.65	24.21	26.62	27.57	28.52	25.53	16.25	—	—
	630	15.6	21.6	26.9	31.3	34.8	37.6	38.5	37.1	29.1	—	—	—
	800	21.70	30.05	37.05	42.53	46.26	47.79	47.38	39.08	16.46	—	—	—
	900	25.15	34.71	42.49	48.20	51.48	51.13	49.21	34.01	—	—	—	—
	1 000	28.52	39.17	47.52	53.12	55.45	52.26	48.19	—	—	—	—	—

表 3-4-6 包角修正系数 K_α(摘自 GB/T 13575.1—1992)

α_1/(°)	180	175	170	165	160	155	150	145	140	135
K_α	1.00	0.99	0.98	0.96	0.95	0.93	0.92	0.91	0.89	0.88
α_1/(°)	130	125	120	115	110	105	100	95	90	
K_α	0.86	0.84	0.82	0.80	0.78	0.76	0.74	0.72	0.69	

表 3-4-7 $i \neq 1$ 时单根 V 带的额定功率增量 ΔP_1(摘自 GB/T 13575.1—1992) (单位:kW)

型号	传动比	小带轮转速 n_1/r·min^{-1}											
		200	300	400	500	600	730	800	980	1 200	1 460	1 600	1 800
Y	1.35~1.51	—	—	0.00	—	—	0.00	0.00	0.01	0.01	0.01	0.01	
	1.52~1.99	—	—	0.00	—	—	0.00	0.00	0.01	0.01	0.01	0.01	
	≥2	—	—	0.00	—	—	0.00	0.00	0.01	0.01	0.01	0.01	
Z	1.35~1.51	—	—	0.01	—	—	0.01	0.01	0.02	0.02	0.02	0.02	
	1.52~1.99	—	—	0.01	—	—	0.01	0.02	0.02	0.02	0.02	0.03	
	≥2	—	—	0.01	—	—	0.02	0.02	0.02	0.03	0.03	0.03	
A	1.35~1.51	0.02	—	0.04	—	—	0.07	0.08	0.08	0.11	0.13	0.15	
	1.52~1.99	0.02	—	0.04	—	—	0.08	0.09	0.10	0.13	0.15	0.17	
	≥2	0.03	—	0.05	—	—	0.09	0.10	0.11	0.15	0.17	0.19	
B	1.35~1.51	0.05	—	0.10	—	—	0.17	0.20	0.23	0.30	0.36	0.39	0.44
	1.52~1.99	0.06	—	0.11	—	—	0.20	0.23	0.26	0.34	0.40	0.45	0.51
	≥2	0.06	—	0.13	—	—	0.22	0.25	0.30	0.38	0.46	0.51	0.57
C	1.35~1.51	0.14	0.21	0.27	0.34	0.41	0.48	0.55	0.65	0.82	0.99	1.10	1.23
	1.52~1.99	0.16	0.24	0.31	0.39	0.47	0.55	0.63	0.74	0.94	1.14	1.25	1.41
	≥2	0.18	0.26	0.35	0.44	0.53	0.62	0.71	0.83	1.06	1.27	1.41	1.59

（续表）

型号	传动比	小带轮转速 n_1/r • min^{-1}											
		200	300	400	500	600	730	800	980	1 200	1 460	1 600	1 800
D	1.35～1.51	0.49	0.73	0.97	1.22	1.46	1.70	1.95	2.31	2.92	3.52	3.89	4.98
	1.52～1.99	0.56	0.83	1.11	1.39	1.67	1.95	2.22	2.64	3.34	4.03	4.45	5.01
	≥2	0.63	0.94	1.25	1.56	1.88	2.19	2.50	2.97	3.75	4.53	5.00	5.62
E	1.35～1.51	0.96	1.45	1.93	2.41	2.89	3.38	3.86	4.58	5.61	6.83	—	—
	1.52～1.99	1.10	1.65	2.20	2.76	3.31	3.86	4.41	5.23	6.41	7.80	—	—
	≥2	1.24	1.86	2.48	3.10	3.72	4.34	4.96	5.89	7.21	8.78	—	—

第三节　普通V带传动的设计计算

一、带传动的设计步骤和参数的选择

已知条件：传递的功率 P、主动轮转速 n_1、从动轮转速 n_2 及工作条件、传动要求等。

设计内容：①确定V带型号、计算基准长度和根数；②确定传动的中心距；③确定带轮的尺寸和结构；④计算作用在轴上的载荷；⑤设置传动的张紧轮。

1. 确定设计功率 P_c

考虑载荷的性质、原动机的不同和每天工作时间的长短，取设计功率大于传动功率 $P_c \geqslant P$ 即

$$P_c = K_A P \tag{3-4-18}$$

式中，K_A 为工作情况系数（见表3-4-8）；

P 为V带传递的功率。

表3-4-8　工作情况系数 K_A

工况	适用范围	载荷类型					
		空、轻载起动			重载起动		
		每天工作时间/h					
		<10	10～16	>16	<10	10～16	>16
载荷变动微小	液体搅拌机、通风机和鼓风机（$P \leqslant 7.5$ kW）、离心机水泵和压缩机、轻型输送机	1.0	1.1	1.2	1.1	1.2	1.3
载荷变动小	带式输送机（不均匀载荷）、通风机（$P > 7.5$ kW）、发电机、金属切削机床、印刷机、冲床、压力机、旋转筛、木工机械	1.1	1.2	1.3	1.2	1.3	1.4

(续表)

工况	适用范围	载荷类型					
		空、轻载起动			重载起动		
		每天工作时间/h					
		<10	10~16	>16	<10	10~16	>16
载荷变动较大	制砖机、斗式提升机、往复式水泵和压缩机、起重机、摩擦机、冲剪机床、橡胶机械、振动筛、纺织机械、重型输送机、木材加工机械	1.2	1.3	1.4	1.4	1.5	1.6
载荷变动很大	破碎机、摩擦机、卷扬机、橡胶压延机、压出机	1.3	1.4	1.5	1.5	1.6	1.7

注:① 空、轻载起动——电动机(交流、直流并励),4 缸以上的内燃机、装有离心式离合器、液力联轴器的动力机等。
② 重载起动——电动机(联机交流起动、直流复励或串励),4 缸以下的内燃机。
③ 反复起动、正反转频繁、工作条件恶劣等场合,应将表中 K_A 乘以 1.2;增速时 K_A 值查机械设计手册。

2. 选择带的型号

根据 P_c 和小轮转速 n_1,由图 3-4-12 选择带的型号。注意:当坐标点在型号分界线附近时,可初选两种型号进行比较、计算,然后择优选择。

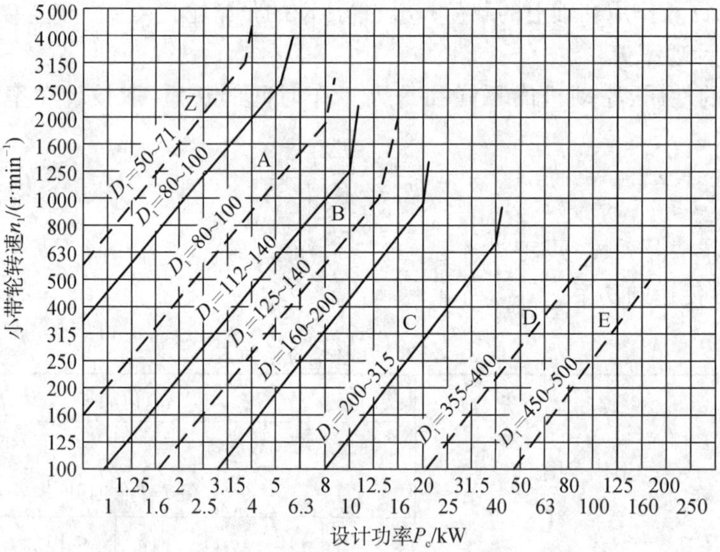

图 3-4-12

3. 确定带轮基准直径 d_{d1} 和 d_{d2}

1) 选择小轮直径 d_{d1}

d_{d1} 要取标准值(见表 3-4-3),在满足 $d_{d1} \geqslant d_{dmin}$ 的前提下尽可能取小值,以减轻重量,减小外廓尺寸。各型号 V 带的 d_{dmin} 值如表 3-4-9 所示。

表 3-4-9　V 带轮的最小基准直径 d_{dmin}（摘自 GB/T 10412—2002）　（单位：mm）

型号	Y	Z	A	B	C	D	E
d_{dmin}	20	50	75	125	200	355	500

2）验算带速 v

带速 v 应在 5～25 m/s 范围内，其中以 10～20 m/s 为宜。v 过低，根数多；v 过高，易打滑。v 超过了上述范围，应重选。带速的计算公式：

$$v_1 = \frac{\pi d_{d1} n_1}{60 \times 1\,000}\ \text{m/s} \tag{3-4-19}$$

3）计算大轮直径 d_{d2}

大带轮基准直径 d_{d2} 按下式计算：

$$d_{d2} = i d_{d1}(1-\varepsilon) \tag{3-4-20}$$

d_{d2} 的值也要按表 3-4-3 取标准值，当要求不高时，可不考虑滑动率 ε。

4. 确定中心距 a 和带的基准长度 L_d

1）初选中心距 a_0

已知条件未对中心距提出具体要求，一般可按式(3-4-21)初定中心距：

$$0.7(d_{d1}+d_{d2}) \leqslant a_0 \leqslant 2(d_{d1}+d_{d2}) \tag{3-4-21}$$

2）确定带的基准长度 L_d

由带传动的几何关系初算带的基准长度 L_{d0}

$$L_{d0} = 2a_0 + \frac{\pi}{2}(d_{d1}+d_{d2}) + \frac{1}{4a_0}(d_{d2}-d_{d1})^2 \tag{3-4-22}$$

由 L_{d0} 按表 3-4-2 圆整得到基准长度 L_d。

3）确定实际中心距

$$a = a_0 + \frac{L_d - L_0}{2} \tag{3-4-23}$$

5. 验算小轮包角 α_1

$$\alpha_1 = 180° - \frac{d_{d2}-d_{d1}}{a} \times 57.3° \geqslant 120° \tag{3-4-24}$$

如验算不合格，可以适当加大中心距或减小传动比来增大小轮包角，也可通过增设张紧轮来增大小轮包角。

6. 确定 V 带根数 z

$$z = \frac{P_c}{(P_1+\Delta P_1)K_\alpha K_L} \tag{3-4-25}$$

式中，ΔP_1 为当 $i \neq 1$ 时，单根普通 V 带额定功率的增量，如表 3-4-7 所示；

K_α 为小轮包角修正系数，如表 3-4-6 所示；

K_L 为带长修正系数，如表 3-4-2 所示。

带的根数应圆整为整数，一般控制带的根数 $z \leqslant 7$（见表 3-4-10）。

表 3-4-10　V 带最多使用根数 Z_{max}

V 带型号	Y	Z	A	B	C	D	E
Z_{max}	1	2	5	6	8	8	9

7. 确定初拉力 F_0

$$\boldsymbol{F}_0 = 500\left(\frac{2.5}{K_\alpha} - 1\right)\frac{P_c}{zv} + qv^2 \qquad (3-4-26)$$

8. 计算作用在轴上的力 Q

带传动作用于轴上压轴力如图 3-4-13 所示。

为了设计安装带轮的轴和轴承，需确定带传动作用于轴上压轴力，若不考虑两边的拉力差，可以近似地按初拉力的合力计算。

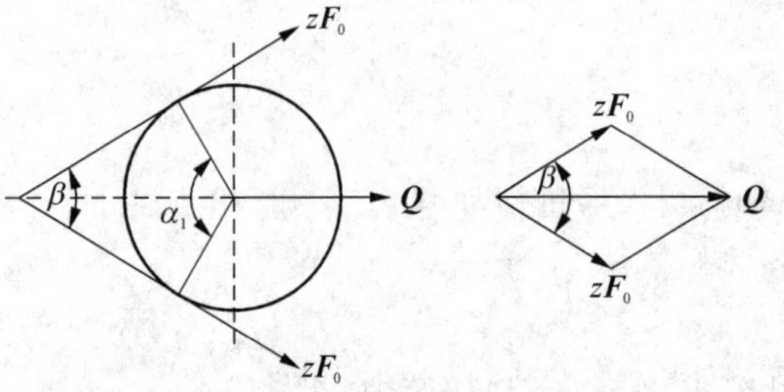

图 3-4-13

$$\boldsymbol{Q} = 2z\boldsymbol{F}_0 \sin\frac{\alpha_1}{2} \qquad (3-4-27)$$

9. V 带轮的结构设计

带轮的结构设计：根据带轮的基准直径选择结构形式；根据带的型号确定轮槽的尺寸；根据经验公式确定腹板、轮毂等结构尺寸；绘制带轮工作图。

例 3-4-1　试设计某机床用的普通 V 带传动，已知电动机功率 $P = 5.5$ kW，转速 $n_1 = 1\,440$ r/min 传动比 $i = 1.92$，要求两带轮中心距不大于 800 mm，每天工作 16 h。

解：(1) 选择 V 带型号。

查表 3-4-8，取工况系数 $K_A = 1.2$。

由式(3-4-18)得 $P_c = K_A P = 1.2 \times 5.5$ kW $= 6.6$ kW。

根据 P_c 和 n_1 查图 3-4-12，选 A 型带。

(2) 确定带轮的基准直径 d_{d1}、d_{d2}。

① 小带轮的基准直径 d_{d1}　由于 $P_c - n_1$ 坐标的交点在图中 A 型带区域内虚线的下方靠近虚线，故选取小带轮的基准直径 $d_{d1} = 112$ mm。

② 验算带的速度 v　由式(3-4-19)得

$$v = \frac{\pi d_{d1} n_1}{60 \times 1\,000} = \frac{\pi \times 112 \times 1\,440}{60 \times 1\,000}\,\text{m/s} = 8.44\,\text{m/s}$$

5 m/s $< v = 8.44$ m/s $<$ 25 m/s，所以合适。

③ 确定大带轮的基准 d_{d2}　取 $\varepsilon = 0.015$，由式(3-4-20)得

$$d_{d2} = i d_{d1}(1 - \varepsilon) = 1.92 \times 112 \times (1 - 0.015)\,\text{mm} = 211.81\,\text{mm}$$

查表 3-4-3，圆整取标准值 $d_{d2} = 212$ mm。

(3) 确定中心距 a 和带的基准长度 L_d。

① 初定中心距 a_0　据题意要求,取 $a_0 = 700\ \text{mm}$。

② 确定带的基准长度 L_d　由式(3-4-22)得

$$L_{d0} = 2a_0 + \frac{\pi}{2}(d_{d1} + d_{d2}) + \frac{(d_{d1} - d_{d2})^2}{4a_0}$$
$$= \left[2\times 700 + \frac{\pi}{2}(112 + 212) + \frac{(212-112)^2}{4\times 700}\right]\text{mm}$$
$$= 1\,912.5\ \text{mm}$$

由表 3-4-2 取 $L_d = 2\,000\ \text{mm}$(向较大的标准值圆整,对传动有利)。

③ 确定中心距 a　由式(3-4-23)得

$$a = a_0 + \frac{L_d - L_{d0}}{2} = \left(700 + \frac{2\,000 - 1\,912.5}{2}\right)\text{mm} = 744\ \text{mm}$$

安装时所需的最小中心距

$$a_{\min} = a - 0.015L_d = (744 - 0.015\times 2\,000)\text{mm} = 714\ \text{mm}$$

张紧或补偿伸长所需的最大中心距

$$a_{\max} = a + 0.03L_d = (744 + 0.03\times 2\,000)\text{mm} = 804\ \text{mm}$$

④ 验证小带轮包角 α_1　由式(3-4-24)得

$$\alpha_1 = 180° - \frac{d_{d2} - d_{d1}}{a}\times 57.3° = 180° - 57.3°\times\frac{212-112}{744} = 172.3° > 120°$$

所以合适。

(4) 确定 V 带的根数 z。

查表 3-4-7 得 $P_1 = 1.6\ \text{kW}$, $\Delta P = 0.15\ \text{kW}$;查表 3-4-6 得 $K_\alpha = 0.985$;查表 3-4-2 得 $K_L = 1.03$,由式(3-4-25)得

$$z = \frac{P_c}{[P_1]} = \frac{P_c}{(P_1 + \Delta P_1)K_\alpha K_L} = \frac{6.6}{(1.60 + 0.15)\times 0.985\times 1.03} = 3.72$$

因此,取 $z = 4$。

(5) 计算初拉力 $\boldsymbol{F}_0$。

查表 3-4-1, A 型带 $q = 0.10\ \text{kg/m}$,由式(3-4-26)得

$$\boldsymbol{F}_0 = 500\times\frac{(2.5 - K_\alpha)P_c}{K_\alpha z v} + qv^2$$
$$= \left[500\times\frac{(2.5-0.985)\times 6.6}{0.985\times 4\times 8.44} + 0.10\times 8.44^2\right]\text{N} = 157\ \text{N}$$

(6) 计算带作用在轴上的力 $\boldsymbol{F}_Q$。

由式(3-4-27)得

$$\boldsymbol{F}_Q = 2z\boldsymbol{F}_0\sin\frac{\alpha_1}{2} = 2\times 4\times 157\times\sin\frac{172.3°}{2}\text{N} = 1\,253\ \text{N}$$

(7) 带轮结构设计。

小带轮 $d_{d1}=112$ mm,采用实心轮(结构设计略);大带轮 $d_{d2}=212$ mm,采用孔板轮。大带轮的工作图如图 3-4-14 所示。

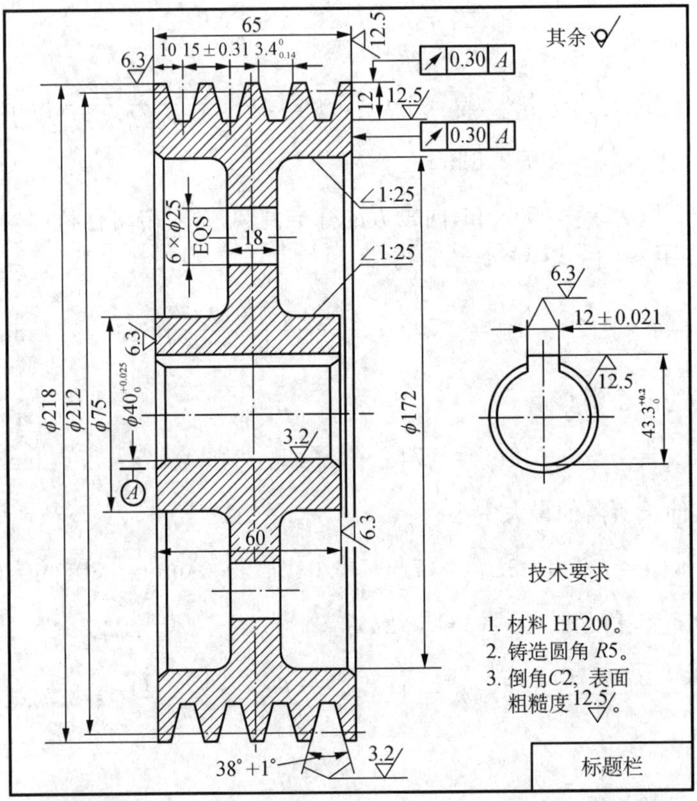

图 3-4-14

第四节　带传动的张紧、安装与维护

一、带传动的张紧方法

带的初拉力对其传动能力、寿命和压轴力都有很大影响,适当的初拉力是保证带传动正常工作的重要因素。为使带具有一定的初拉力,新安装的带套在带轮上后需张紧;带运行一段时间后,会产生磨损和塑性变形,使带松弛而初拉力减小,需将带重新张紧。常用张紧方法有:

1. 调节中心距

1) 定期张紧装置

定期张紧装置有移动式和摆动式。

移动式如图 3-4-15(a)所示:松开螺母 2,旋转调节螺钉 3,将电机沿导轨 1 向右推动到合适的位置,再拧紧螺母 2。这种方式适用于水平或倾斜不大的场合。对于垂直或接近垂直的传动,可用摆动式定期张紧装置如图 3-4-15(b)所示。电机安装在摆架 2 上,用螺钉 1

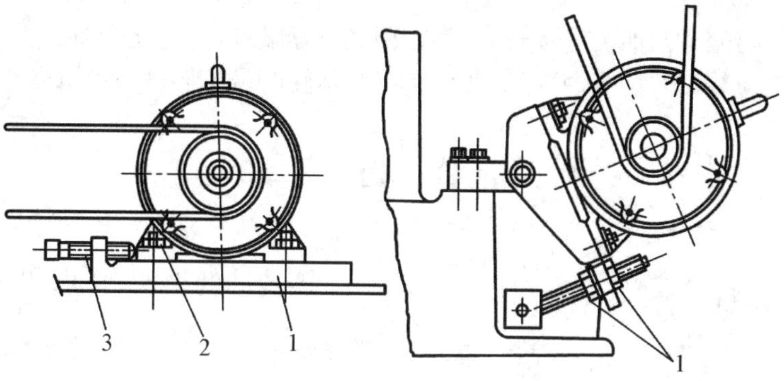

图 3-4-15

来调整摆架位置，顺时针旋转摆架，将带张紧。

2）自动张紧装置

利用电机和摆架的自重使摆架顺时针旋转，将带自动张紧（见图 3-4-16）。自动张紧方法常用于小功率传动。

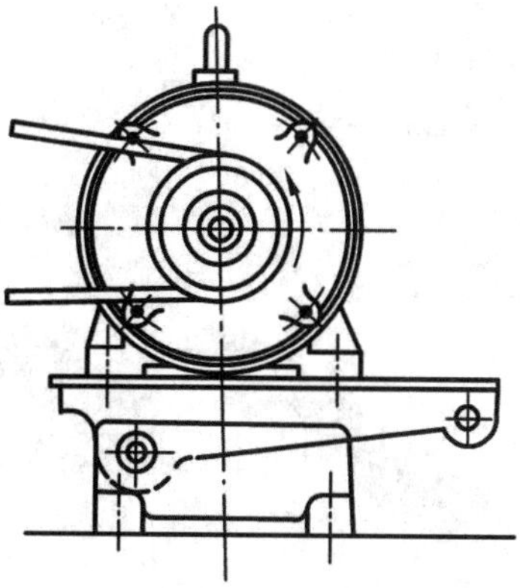

图 3-4-16

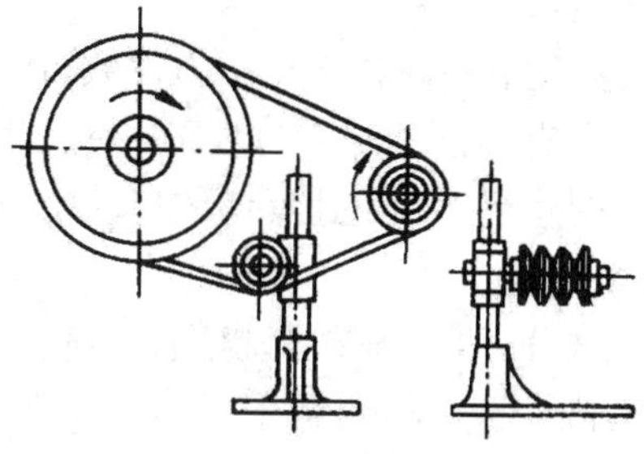

图 3-4-17

2. 采用张紧轮

中心距不可调时，可采用张紧轮张紧装置（见图 3-4-17）。张紧轮一般应布置在松边的内侧并尽可能靠近大带轮，或松边外侧靠小轮，以免过多减小小带轮包角 α_1 和使带反向弯曲而降低寿命。

二、带传动的正确使用和维修

（1）为便于装拆无接头的环形带，带轮宜悬臂装于轴端；在水平或接近水平的同向传动中，一般应使带的紧边在下，松边在上，以便利用带的自重加大带轮包角。

（2）安装时两带轮轴线必须平行，轮槽应对正，以避免带扭曲和磨损加剧。

（3）安装时应缩小中心距，松开张紧轮，将带套入槽中后再调整到合适的张紧程度。不要将带强行撬入，以免带被损坏。

(4) 多根 V 带传动时,为避免受载不均,应采用配组带。

(5) 带避免与酸、碱、油类等接触,不宜在阳光下曝晒,以免老化变质。

(6) 带传动应装设防护罩,并保证通风良好和运转时带不擦碰防护罩。

第五节　链 传 动

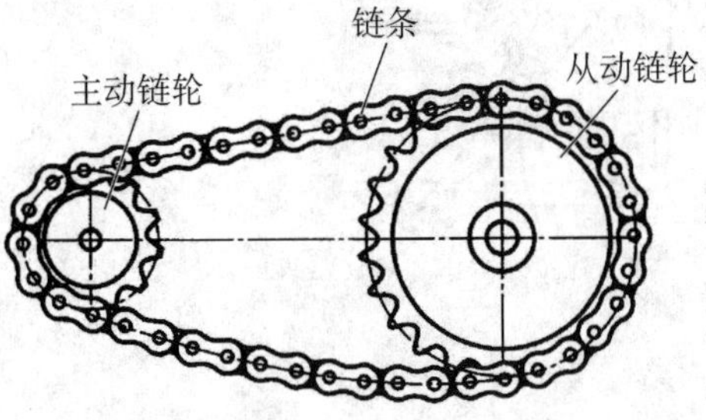

图 3-4-18

一、链传动的类型、特点和应用

链传动由主动轮 1,从动链轮 2,两轮上链条 3 组成,如图 3-4-18 所示。靠链条和链轮齿啮合传递运动和动力。链传动的使用范围是:传动功率一般为 100 kW 以下,效率为 0.92～0.96,传动比 i 不超过 7,传动速度一般小于 15 m/s。

1. 链传动优点

(1) 没有弹性滑动和打滑,能保持准确的平均传动比,传动效率较高,封闭式链传动传动效率可达 0.95～0.98。

(2) 链条不需要像带那样张得很紧,所以压轴力较小。

(3) 传递功率大,过载能力强;能在低速重载下较好工作。

(4) 能适应恶劣环境如多尘、油污、腐蚀和高强度场合。

2. 链传动缺点

瞬时链速度和瞬时传动比不为常数,传动平稳性较差工作中有冲击和噪声,磨损后易发生跳齿,不宜在载荷变化很大和急速反向的传动中应用。

3. 分类

按用途区分:传动链、输送链、起重链。

按结构区分:滚子链、齿形链,如图 3-4-19 所示。

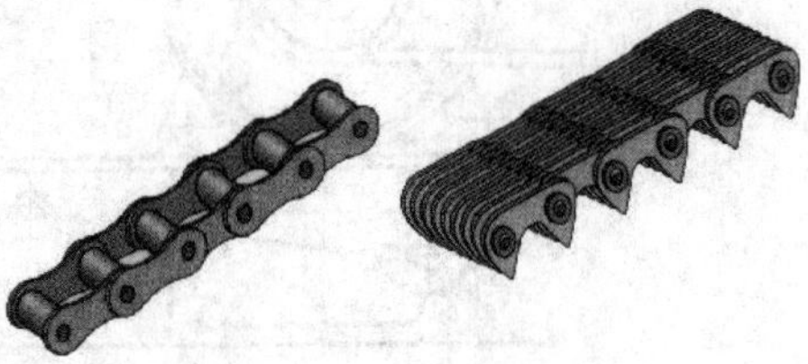

(a)　　(b)

图 3-4-19

(a) 滚子链　(b) 齿形链

链传动广泛应用于矿山机械、冶金机械、运输机械、机床传动及石油化工等行业。

4. 滚子链传动的结构

1) 结构

滚子链由内链板、外链板、销轴、套筒和滚子组成(见图 3-4-20)。其中两块外链板与销轴之间为过盈配合连接,构成外链节。两块内链板与套筒之间也为过盈配合,构成内链节。销轴穿过套筒,将内、外链节交替连接成链条。套筒、销轴之间为间隙配合,因而内外链节可相对转动,使整个链条自由弯曲。滚子与套筒之间也为间隙配合。

两销轴之间的中心距称为节距,用 p 表示。p 值可查手册。滚子链是标准件,分为 A、B、两个系列,常用的是 A 系列。滚子链的标记方法为:链号-排数×链节数 标准代号。如 A 系列滚子链,节距为 19.05 mm,双排,链节数为 100,其标记为:12A-2×100 GB/T 1243-1997。

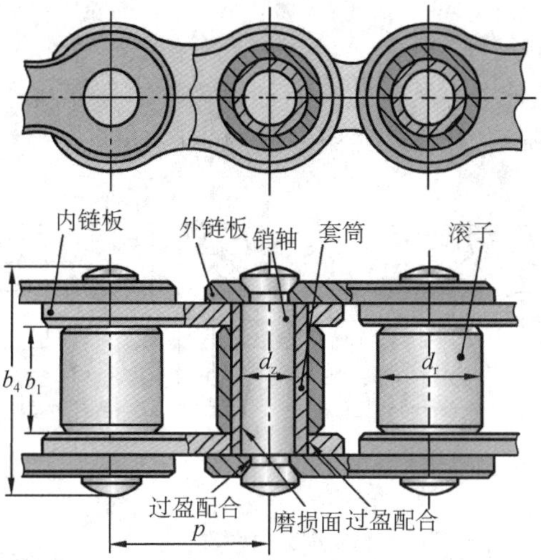

图 3-4-20

2）滚子链的接头形式

滚子链的长度以链节数表示。链节数最好取偶数，以便链条联成环形时正好是内、外链板相接，接头处可用开口销、弹簧卡将销轴与连接链板固定，如图 3-4-21(a)、(b)所示。若链节数为奇数时，则采用过渡链节，如图 3-4-21(c)所示，过渡链节板需单独制造，另外当链条受拉时，过渡链节还要承受附加的弯曲载荷，使强度降低，因此通常应尽量避免选用奇数链节数。

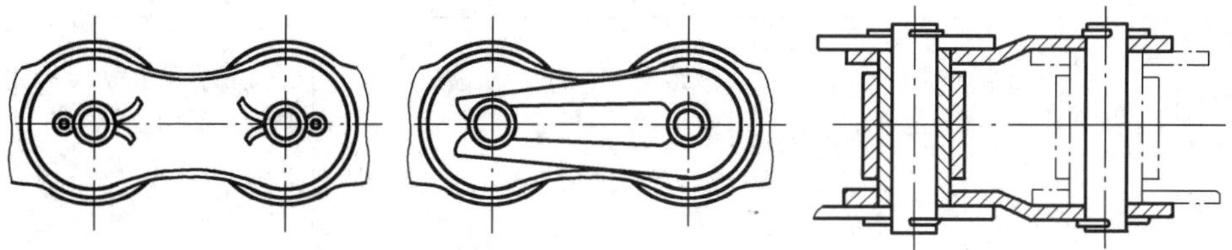

图 3-4-21

3）滚子链轮的齿形

链轮的齿形已有国家标准，并用标准刀具以范成法加工。根据 GB 1244-2006 的规定，链轮端面的齿形推荐采用“三圆弧一直线”的形状（三段圆弧 aa、ab、cd 和一段直线 bc），如图 3-4-22 所示。

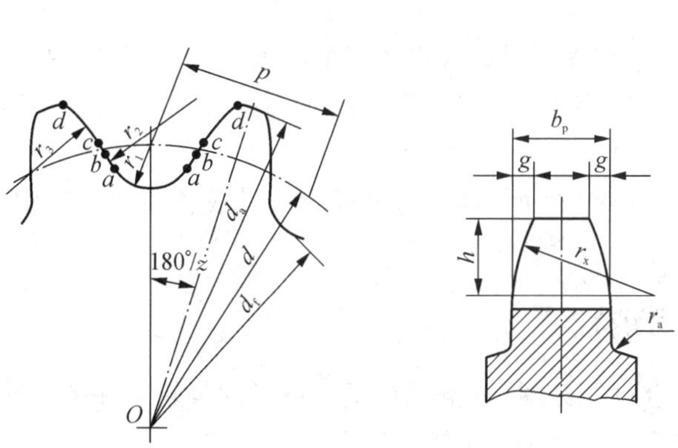

图 3-4-22

4) 链轮的几何参数和尺寸

绕在链轮上的链节销轴中心所在的圆周称为链轮的分度圆,其直径用 d 表示。链轮的主要尺寸如图 3-4-23 所示,计算公式如表 3-4-11 所示。

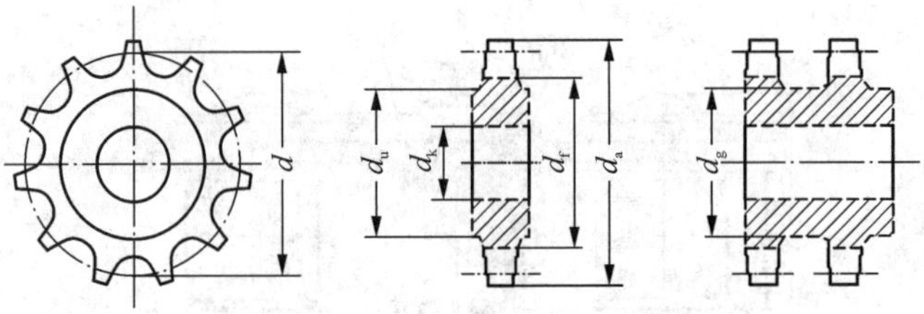

图 3-4-23

表 3-4-11

名　称	代号	计 算 公 式	备　注
分度圆直径	d	$d=p/\sin(180°/z)$	
齿顶圆直径	d_a	$d_{amax}=d+1.25p-d_1$ $d_{amin}=d+\left(1-\frac{1.6}{z}\right)p-d_1$ 若为三圆弧一直线齿形,则 $d_a=p\left(0.54+\cot\frac{180°}{z}\right)$	可在 d_{amax}、d_{amin} 范围内任意选取,但选用 d_{amax} 时,应考虑采用展成法加工有发生顶切的可能性
分度圆弦齿高	h_a	$h_{amax}=\left(0.625+\frac{0.8}{z}\right)p-0.5d_1$ $h_{amin}=0.5(p-d_1)$ 若为三圆弧一直线齿形,则 $h_a=0.27p$	h_a 是为简化放大齿形图的绘制而引入的辅助尺寸 h_{amax} 相应于 d_{amax} h_{amin} 相应于 d_{amin}
齿根圆直径	d_f	$d_f=d-d_1$	
齿侧凸缘(或排间槽)直径	d_g	$d_g\leqslant p\cot\frac{180°}{z}-1.04h_2-0.76\ \text{mm}$ h_2 为内链板高度	

注:d_a、d_g 值取整数,其他尺寸精确到 0.01 mm。

5) 链轮的材料

一般为中碳钢淬火处理;高速重载用低碳钢渗碳淬火处理;低速时也可用铸铁等温淬火处理;小链轮对材料的要求比大链轮高,当大链轮用铸铁时,小链轮用钢。

6) 链轮的结构

链轮的结构如图 3-4-24 所示,小直径链轮可做成整体式(a),中等直径链轮多用腹板式(b),大直径链轮可制成组合式(c)、(d)。

二、链传动的运动特性

链节与链轮相啮合,可看成是链条绕在正多边形的链轮上并随之转动(见图 3-4-25)。正多边形等于链的节距 p,边数等于链轮齿数 z。

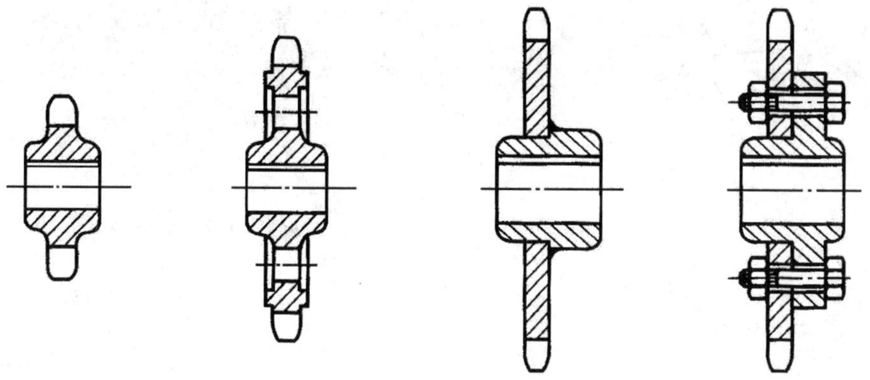

图 3-4-24

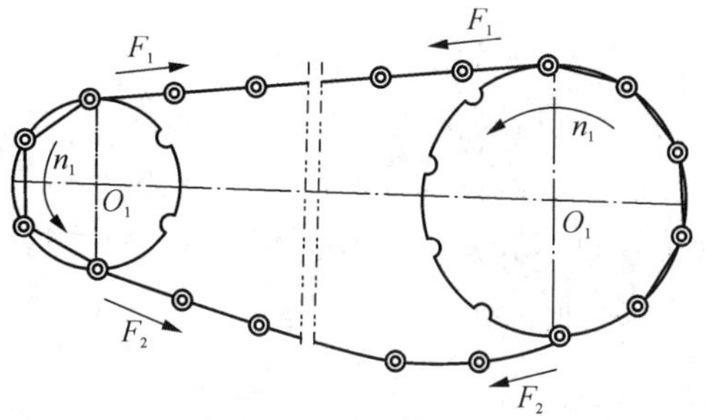

图 3-4-25

(1) 每分钟小轮上链条转过的长度：$z_1 p n_1$。

(2) 每分钟大轮上链条转过的长度：$z_2 p n_2$。

(3) 链的平均速度为

$$v = \frac{z_1 p n_1}{60 \times 1\,000} = \frac{z_2 p n_2}{60 \times 1\,000} \text{m/s} \tag{3-4-28}$$

(4) 平均传动比为

$$i = \frac{n_1}{n_2} = \frac{z_2}{z_1} \tag{3-4-29}$$

(5) 链传动运动的不均匀性分析

分析主动轮链条销轴轴心 A 的速度(见图 3-4-26)：水平分速度为 $v = \frac{d_1}{2}\omega_1 \cos\beta$，垂直分速度为 $v' = \frac{d_1}{2}\omega_1 \sin\beta$，$\beta$ 变化范围为 $-\frac{\varphi_1}{2} \sim \frac{\varphi_1}{2}\left(\varphi_1 = \frac{360^\circ}{z_1}\right)$。

每一链节从进入到脱离啮合，链条前进的瞬时速度周期性由小-大-小；z_1 变小则使得 β 角的变化范围变大了，此时的瞬时速度就会上升；垂直分速度亦周期性变化，链条抖动。

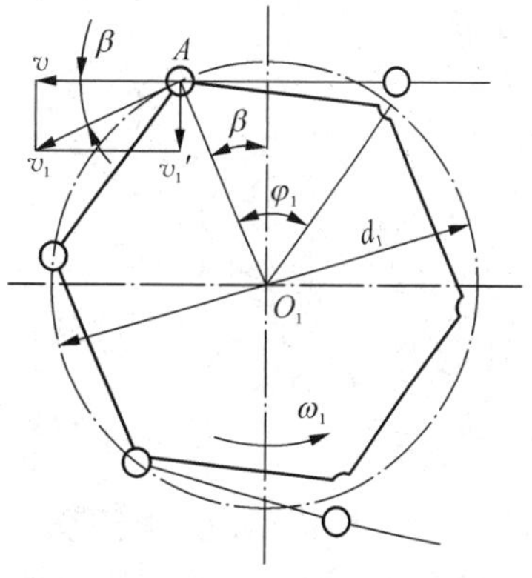

图 3-4-26

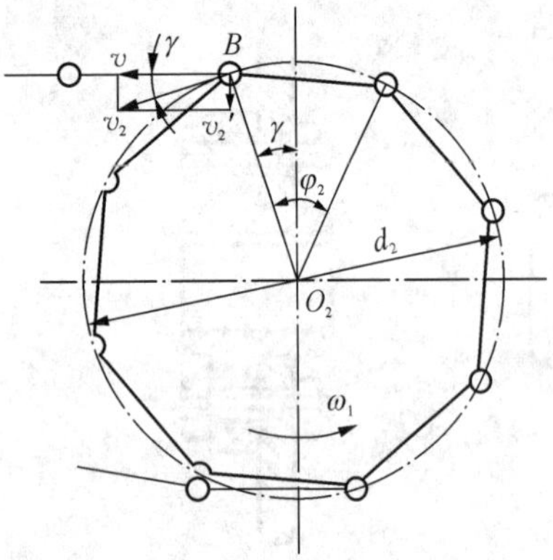

图 3-4-27

同理,从动轮链条销轴轴心 B 的水平速度(见图 3-4-27)为

$$v=\frac{d_2}{2}\omega_2\cos\gamma$$

则有 $$v=\frac{d_1}{2}\omega_1\cos\beta=\frac{d_2}{2}\omega_2\cos\gamma$$

瞬时传动比为

$$i=\frac{\omega_1}{\omega_2}=\frac{d_2\cos\gamma}{d_1\cos\beta} \tag{3-4-30}$$

三、链传动的使用及维护

1. 链传动的布置

链传动的失效形式主要有:铰链磨损、链的疲劳破坏、多次冲击破断、胶合、过载拉断等几种形式。

链传动的布置是否合理,对传动的质量和使用寿命有较大的影响。

(1) 两链轮的回转平面应在同一平面内,如图 3-4-28 所示,否则易使链条脱落或产生不正常磨损。

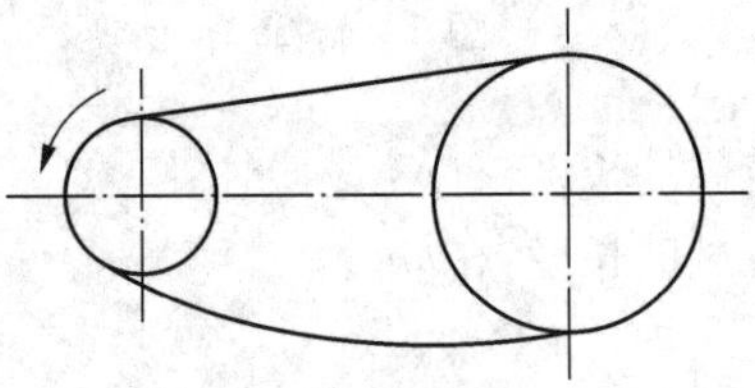
图 3-4-28

(2) 两链轮的中心线最好在水平面内,若需要倾斜布置时,倾角应小于 45°,如图 3-4-29(a)所示,应避免垂直布置图 3-4-29(b),因为过大的下垂量会影响链轮与链条的正确啮合,降低传动能力。

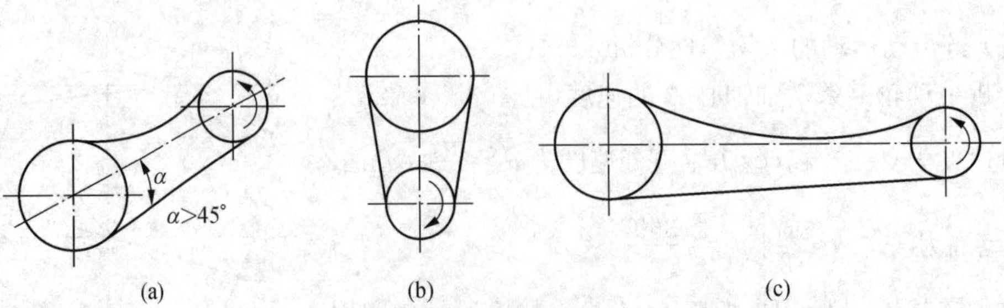

(a) (b) (c)

图 3-4-29

(3) 链传动最好紧边在上,松边在下,以防松边下垂量过大使链条与链轮轮齿发生干涉[见图 3-4-29(c)]或松边与紧边相碰,但必要时也允许紧边在下面。

2. 链传动的张紧

张紧轮一般压在松边靠近小轮处，如图 3-4-30 所示。

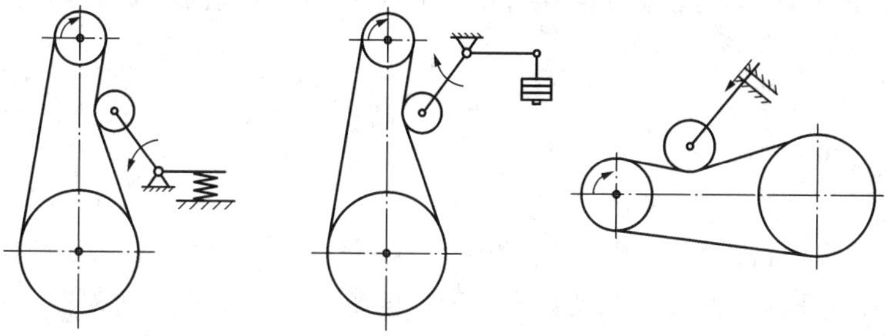

图 3-4-30

张紧调整方法：

(1) 调整中心距。

(2) 当中心距不可调时，可通过设置张紧轮张紧，如图 3-4-31 所示，或者将磨损变长的链条拆掉 1 至 2 节。

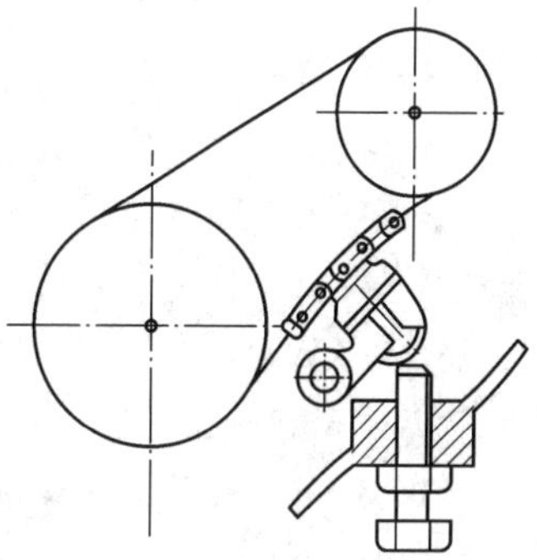

图 3-4-31

3. 链传动的润滑方式

常用的链传动的润滑方式有油壶加油、油浴润滑、飞溅润滑和用油泵润滑几种方式，如图 3-4-32 所示。

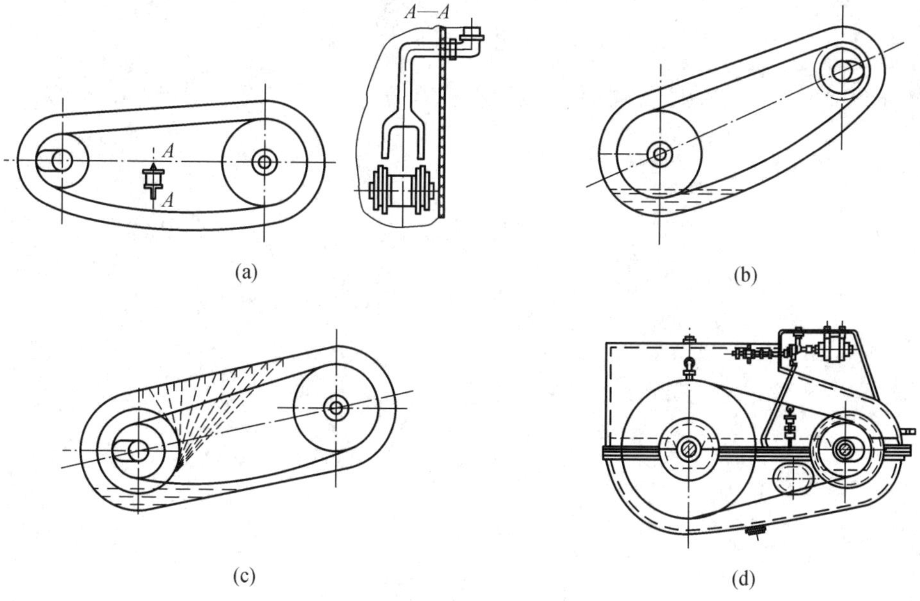

(a)　(b)　(c)　(d)

图 3-4-32

(a) 油壶加油　(b) 油浴润滑　(c) 飞溅润滑　(d) 油泵

4. 链条传动的安装与维护

(1) 链条安装时两轮子旋转平面夹角误差不超过 0.006 rad；两链轮宽度的中心平面轴向位移误差不超过 0.002a(中心距)。

(2) 定期清洗滚子链,更换损坏链节。

(3) 链传动应该有防护罩封闭,既防尘又减轻噪声,并且有安全防护作用。

(4) 如噪音过大,原因是链轮不共面,松边垂度不合适,润滑不好,链条磨损等,应及时检查修理。

习 题

3-4-1 带传动按工作原理分哪些种类?各有什么特点?

3-4-2 带传动中,带的应力包括哪几种?其最大应力发生在何处?

3-4-3 带传动中打滑与弹性打滑有何区别?它们对传动有何影响?

3-4-4 V带传动的主要失效形式有几种?

3-4-5 V带传动设计中,为何要验算带速?带速一般控制在怎样的范围内?

3-4-6 V带传动设计中,为何要验算小带轮的包角?

3-4-7 试设计一铣床电动机与主轴箱之间的普通V带传动。已知电动机额定功率为 $P=4\ \text{kW}$,转速为 $n_1=1\,440\ \text{r/min}$,从动轮的转速为 $n_2=400\ \text{r/min}$,两班制工作,两轴间距离为500 mm。

3-4-8 与其他传动相比,链传动有何特点?

3-4-9 链传动常见的失效形式有哪些?

3-4-10 滚子链传动的主要参数有哪些?应如何选择?

3-4-11 为什么滚子链的链节数要尽量取偶数?

第五章　齿轮传动

本章主要讲授齿轮机构组成、特点、分类和应用、渐开线齿轮参数、几何尺寸计算、啮合传动及齿轮设计和加工等问题。

第一节　齿轮传动的特点和类型

齿轮机构用于传递两轴之间的运动和动力，是应用最广的传动机构。它是通过轮齿的啮合来实现传动要求的，因此同摩擦轮、皮带轮等机械传动相比较，其显著特点是：传动比稳定、工作可靠、效率高、寿命较长，适用的直径、圆周速度和功率范围广。

根据齿轮机构所传递运动两轴线的相对位置、运动形式及齿轮的几何形状，齿轮机构分以下几种基本类型，如图 3-5-1 所示。

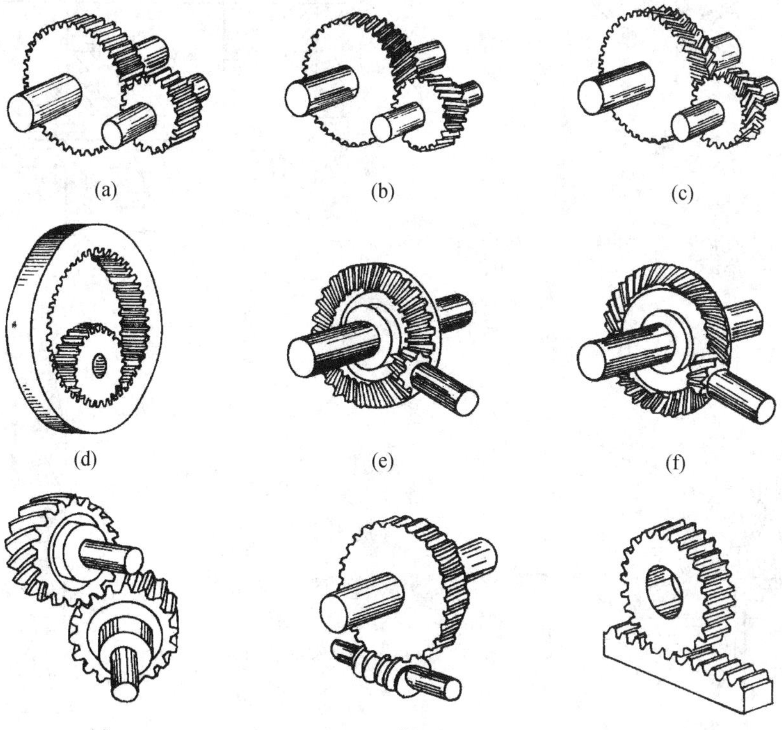

(a)　(b)　(c)

(d)　(e)　(f)

(g)　(h)　(i)

图 3-5-1

- 齿轮传动
  - 回转运动 → 回转运动
    - 平行轴
      - 转向相反——外啮合圆柱齿轮
        - 直齿(a)
        - 斜齿(b)
        - 人字齿(c)
      - 转向相同——内啮合圆柱齿轮(d)
    - 相交轴——锥齿轮
      - 直齿(e)
      - 斜齿(f)
    - 空间交错轴
      - 螺旋齿轮(g)
      - 蜗轮蜗杆(h)
  - 回转运动 → 直线运动——齿轮齿条(i)

其中最基本的形式是传递平行轴间运动的圆柱直齿轮机构和圆柱斜齿轮机构。

按齿轮齿廓曲线不同,又可分为渐开线齿轮、摆线齿轮和圆弧齿轮等,其中渐开线齿轮应用最广。

齿轮机构应用范围广泛,图 3-5-2 为百分表,图 3-5-3 为齿轮变速机构,图 3-5-4 为双孔钻具,图 3-5-5 为机械手手部机构。

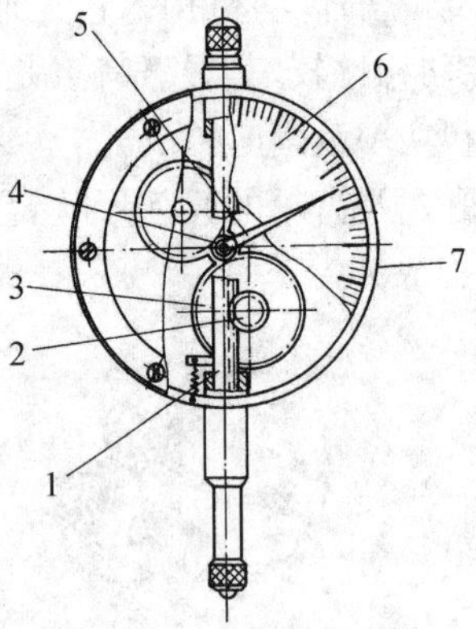

图 3-5-2

1—带齿的测量轴;2—小齿轮;3—大齿轮;4—中心轮;5—指针;6—表盘;7—支座

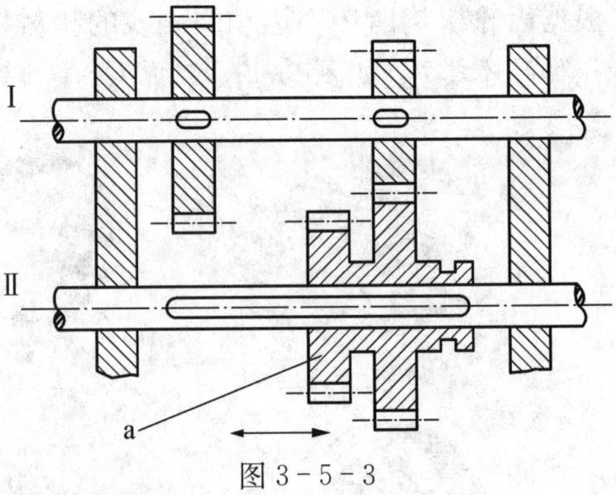

图 3-5-3

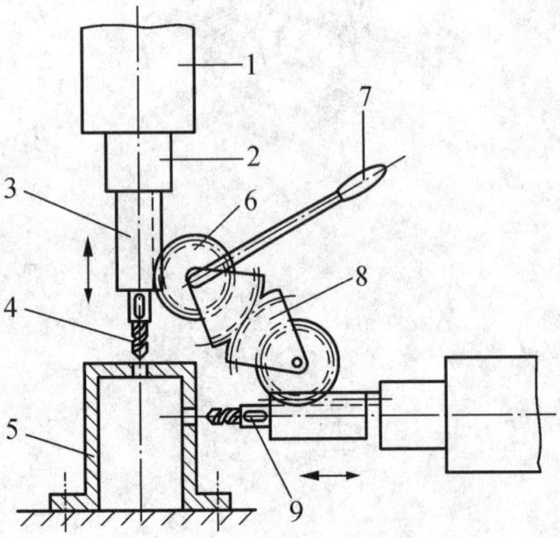

扳动操作手柄,齿轮转动,带动齿条(轴套)平移,使钻头进给。由于扇形齿轮的啮合作用,使另一套机构同时动作。故可同时钻出互成 90°的双孔。

图 3-5-4

1—传动头;2—轴外套;3—带齿条的轴套;4—钻头;5—工件;6—齿轮;7—操作手柄;8—扇形齿轮;9—钻夹

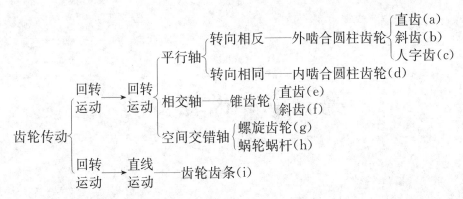

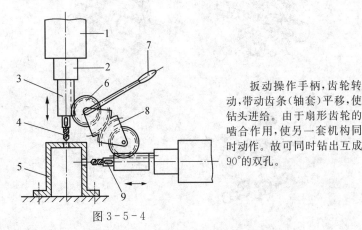

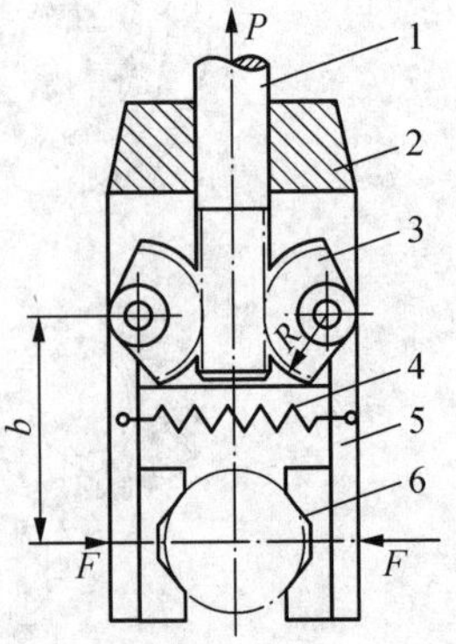

图 3-5-5

1—滑块;2—手腕;3—扇形齿轮 4—弹簧;5—手指;6—工件

以上各类齿轮机构均是具有恒定传动比的机构，齿轮的基本几何形状均为圆形。与之相应的有能实现传动比按一定规律变化的非圆形齿轮机构，仅在少数特殊机械中使用。

本章以渐开线直齿圆柱齿轮为主要分析对象，在此基础上对斜齿圆柱齿轮作简要介绍。

第二节　渐开线及渐开线齿廓

齿轮机构靠齿轮轮齿的齿廓相互推动，在传递动力和运动时，如何保证瞬时传动比恒定以减小惯性力，得到平稳传动，其齿廓形状是关键因素。渐开线齿廓能满足瞬时传动比恒定，且制造方便，安装要求低，故应用最普遍。

一、渐开线的形成原理及基本性质

如图 3-5-6 所示，一条直线（称为发生线）沿着半径为 r_b 的圆周（称为基圆）作纯滚动时，直线上任意点 K 的轨迹称为该圆的渐开线。由渐开线的形成过程可知它具有以下特性：

（1）相应的发生线和基圆上滚过的长度相等，即 $\overset{\frown}{NA} = \overline{NK}$ 。

（2）渐开线上任意一点的法线必切于基圆。

（3）渐开线上各点压力角不等，离圆心越远处的压力角越大。基圆上压力角为零。渐开线上任意点 K 处的压力角是力的作用方向（法线方向）与运动速度方向（垂直向径方向）的夹角 α_K（见图 3-5-6），由几何关系可推出

$$\alpha_K = \cos^{-1}\frac{r_b}{r_K} \tag{3-5-1}$$

式中，r_b 为基圆半径；

r_K 为点 K 向径。

（4）渐开线的形状取决于基圆半径的大小。基圆半径越大，渐开线越趋平直，如图 3-5-7 所示。

（5）基圆以内无渐开线。

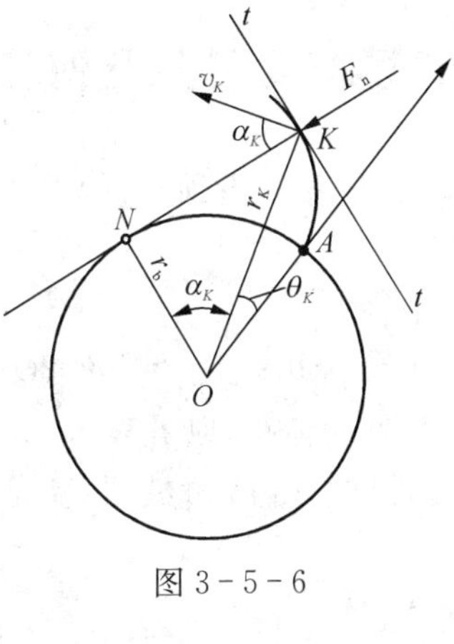

图 3-5-6

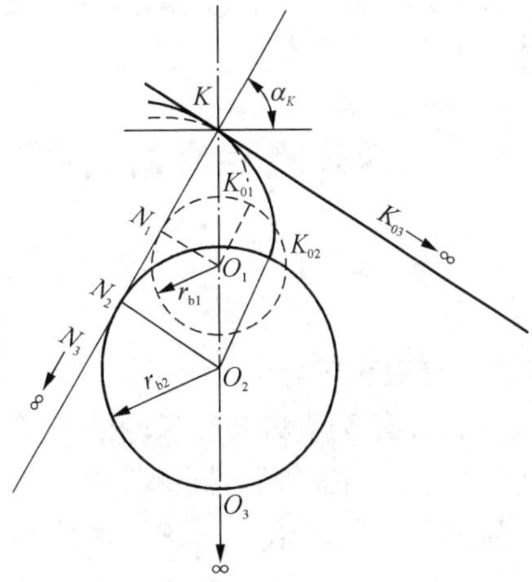

图 3-5-7

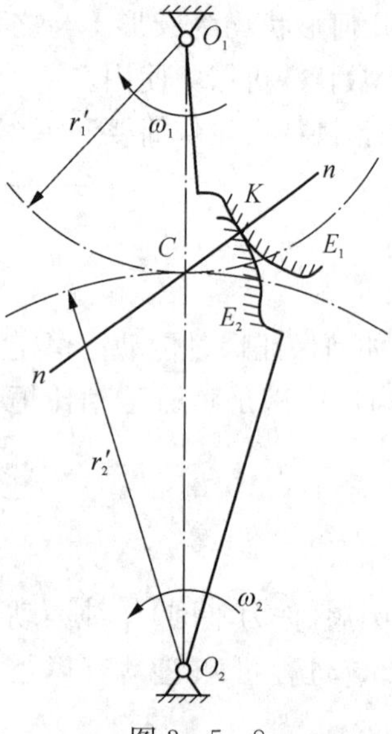

图 3-5-8

二、渐开线齿廓的啮合特性

1. 齿廓啮合基本定理

两相互啮合的齿廓 E_1 和 E_2 在点 K 接触(见图 3-5-8),两轮的角速度分别为 ω_1、ω_2。过点 K 作两齿廓的公法线 nn,它与连心线 O_1O_2 的交点 C 称为节点。以 O_1、O_2 为圆心,以 $O_1C(r_1')$、$O_2C(r_2')$为半径所作的圆称为节圆,因两齿轮的节圆在点 C 处作相对纯滚动,由此可推得

$$i=\frac{\omega_1}{\omega_2}=\frac{O_2C}{O_1C}=\frac{r_2'}{r_1} \tag{3-5-2}$$

一对传动齿轮的瞬时角速度与其连心线被齿廓接触点的公法线所分割的两线段长度成反比,这个定律称为齿廓啮合基本定律。由此推论,欲使两齿轮瞬时传动比恒定不变,过接触点所作的公法线都必须与连心线交于一定点。

2. 渐开线齿廓满足瞬时传动比恒定

一对齿轮传动,其渐开线齿廓在任意点 K 接触(见图 3-5-9),可证明其瞬时传动比恒定。过点 K 作两齿廓的公法线 nn,它与连心线 O_1O_2 交于点 C。由渐开线特性推知齿廓上各点法线切于基圆,齿廓公法线必为两基圆的内公切线 N_1N_2,N_1N_2 与连心线 O_1O_2 交于定点 C。由$\triangle N_1O_1C \backsim \triangle N_2O_2C$,可推得

$$i=\frac{\omega_1}{\omega_2}=\frac{O_2C}{O_1C}=\frac{r_{b2}}{r_{b1}} \tag{3-5-3}$$

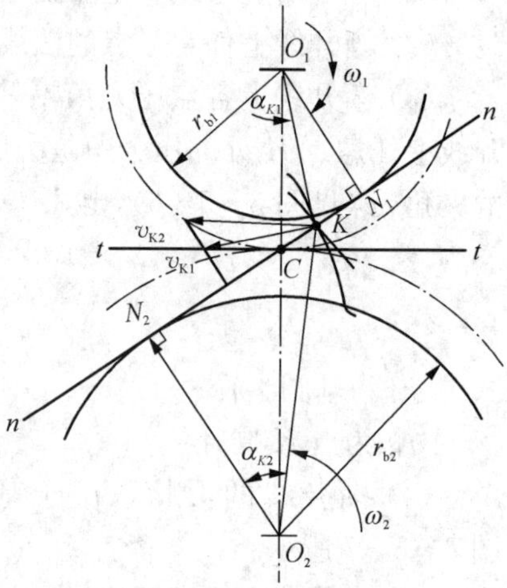

图 3-5-9

渐开线齿轮制成后,基圆半径是定值。渐开线齿轮啮合时,即使两轮中心距稍有改变,过接触点齿廓公法线仍与两轮连心线交于一定点,瞬时传动比保持恒定,这种性质称为渐开线齿轮传动的可分离性,这为其加工和安装带来方便。

第三节　渐开线标准直齿圆柱齿轮的基本参数及几何尺寸

决定渐开线齿轮尺寸的基本参数是齿数 z,模数 m,压力角 α,齿顶高系数 h_a^* 和顶隙系数 C^*。

1. 分度圆、模数和压力角

图 3-5-10 所示为直齿圆柱齿轮的一部分。齿轮上作为齿轮尺寸基准的圆称为分度圆,分度圆以 d 表示。相邻两齿同侧齿廓间的分度圆弧长称为齿距,以 p 表示,$p=\pi d/z$,z 为齿数。齿距 p 与 π 的比值 p/π 称为模数,以 m 表示。模数是齿轮的基本参数,有国家标准,如表 3-5-1 所示。由此可知:

齿距为 $$p = m\pi \tag{3-5-4}$$

分度圆直径为 $$d = mz \tag{3-5-5}$$

渐开线齿廓上与分度圆交点处的压力角 α 称为分度圆压力角，简称压力角，国家规定标准压力角 $\alpha = 20^\circ$。

由式(3-5-1)和式(3-5-5)可推出基圆直径

$$d_b = d\cos\alpha = mz\cos\alpha \tag{3-5-6}$$

上式说明渐开线齿廓形状决定于模数、齿数和压力角三个基本参数。

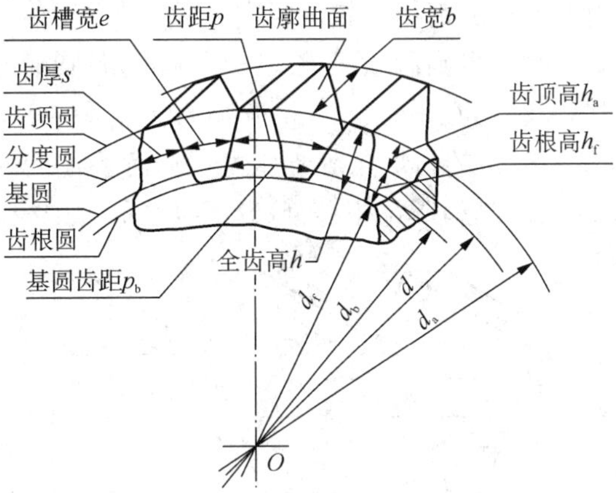

图 3-5-10

表 3-5-1　渐开线圆柱齿轮模数(摘自 GB 1357—2008)

第一系列	1	1.25	1.5	2	2.5	3	4	5	6	8	12	16	20
第二系列	1.75	2.25	2.75		(3.25)		3.5		(3.75)		4.5	5.5	
	(6.5)	7	9	(11)		14	18						

注：优先采用第一系列，括号内的模数尽可能不用。

2. 齿距、齿厚和槽宽

齿距 p 分为齿厚 s 和槽宽 e 两部分(见图 3-5-10)，即

$$s + e = p = \pi m \tag{3-5-7}$$

标准齿轮的齿厚和槽宽相等，即

$$s = e = \pi m/2 \tag{3-5-8}$$

齿距、齿厚和槽宽都是分度圆上的尺寸。

3. 齿顶高、顶隙和齿根高

由分度圆到齿顶的径向高度称为齿顶高，用 h_a 表示

$$h_a = h_a^* m \tag{3-5-9}$$

两齿轮装配后，两啮合齿沿径向留下的空隙距离称为顶隙，以 c 表示

$$c = c^{*} m \qquad (3-5-10)$$

由分度圆到齿根圆的径向高度称为齿根高，用 h_f 表示

$$h_f = h_a + c(h_a^{*} + c^{*})m \qquad (3-5-11)$$

式中，h_a^{*}、c^{*} 分别为齿顶高系数和顶隙系数，标准齿制规定：正常齿制 $h_a^{*} = 1$、$c^{*} = 0.25$，短齿制 $h_a^{*} = 0.8$、$c^{*} = 0.3$。

由齿顶圆到齿根圆的径向高度称为全齿高，用 h 表示

$$h = h_a + h_f = (2h_a^{*} + c^{*})m \qquad (3-5-12)$$

齿顶高、齿根高、全齿高及顶隙都是齿轮的径向尺寸。

当齿轮的直径为无穷大时即得到齿条(见图 3-5-11)，各圆演变为相互平行的直线，渐开线齿廓演变为直线，同侧齿廓相互平行。因此齿条的特点是：所有平行直线上的齿距 p、压力角 α 相同，都是标准值。齿条的齿形角等于压力角。齿条各平行线上的齿厚、槽宽一般都不相等，标准齿条分度线上齿厚和槽宽相等，该分度线又称为中线。

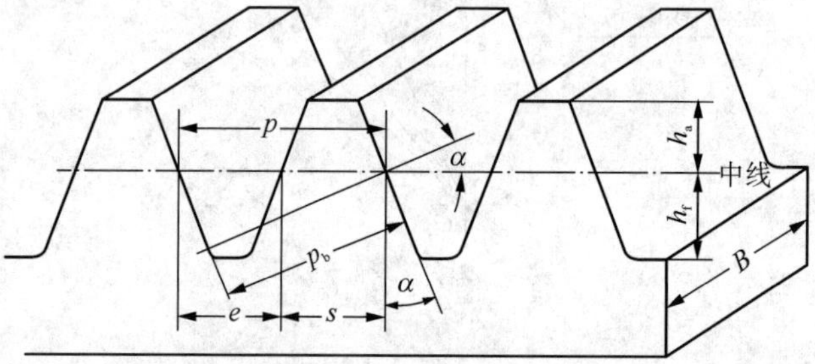

图 3-5-11

表 3-5-2 所列为渐开线标准直齿圆柱齿轮几何尺寸计算的常用公式。

表 3-5-2　渐开线标准直齿圆柱齿轮(外啮合)几何尺寸计算公式

名　称	符　号	计 算 公 式
齿距	p	$p = m\pi$
齿厚	s	$s = \pi m/2$
槽宽	e	$e = \pi m/2$
齿顶高	h_a	$h_a = h_a^{*} m$
齿根高	h_f	$h_f = h_a + c = (h_a^{*} + c^{*})m$
全齿高	h	$h = h_a + h_f = (2h_a^{*} + c^{*})m$
分度圆直径	d	$d = mz$
齿顶圆直径	d_a	$d_a = d + 2h_a = m(z + 2h_a^{*})$
齿根圆直径	d_f	$d_f = d - 2h_f = m(z - 2h_a^{*} - 2c^{*})$
基圆直径	d_b	$d_b = d\cos\alpha = mz\cos\alpha$
中心距	a	$a = m(z_1 + z_2)/2$

第四节　渐开线齿轮的啮合传动

一对渐开线齿轮传动时，齿面上各点依次啮合，啮合点都落在两齿轮基圆的内公切线 N_1N_2 上（见图 3-5-12）。因为一对渐开线接触点的公法线是两基圆的内公切线，在一定中心距下两基圆侧的内公切线 N_1N_2 是唯一的。N_1N_2 称为啮合线，也是轮齿间的传力方向线。节圆压力角称为啮合角。

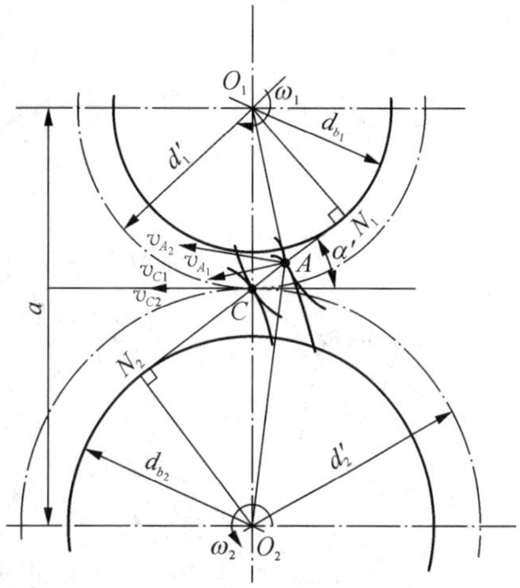

图 3-5-12

由几何关系可知齿轮的啮合中心距为两节圆半径之和。

$$a=\frac{1}{2}(d'_1+d'_2)$$

渐开线齿廓在节点外各点啮合时，两轮两接触点的线速度不同，齿廓接触点公切线方向分速度不等，齿廓间有相对滑动，这将引起传动中摩擦损失和齿廓的磨损。

一、正确安装条件

正确安装的渐开线齿轮，理论上应为无齿侧间隙啮合，即一轮节圆上的齿槽宽与另一轮节圆齿厚相等。标准齿轮正确安装时，齿轮的分度圆与节圆重合，啮合角 $\alpha'=\alpha=20°$。

中心距为

$$a=\frac{1}{2}(d'_1+d'_2)=\frac{1}{2}(d_1+d_2)=\frac{m}{2}(z_1+z_2) \tag{3-5-13}$$

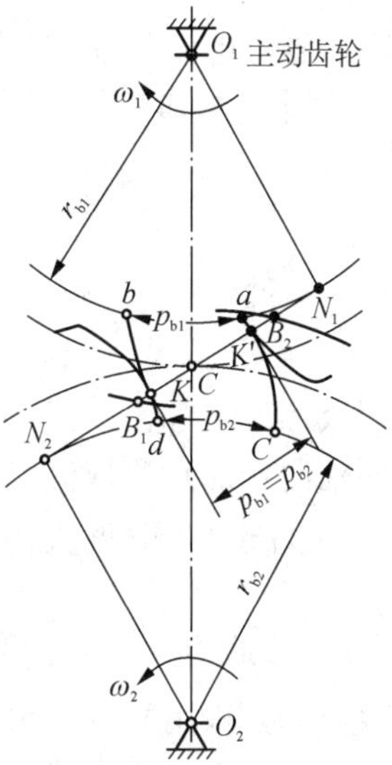

图 3-5-13

由于渐开线齿廓具有可分离性，两轮中心距略大于正确安装中心距时仍能保持瞬时传动比恒定，但齿侧出现间隙，反转时会有冲击。

当两轮的安装中心距 a' 与标准中心距 a 不一致时，两轮的分度圆不再相切，这时节圆与分度圆不重合，根据渐开线参数方程可得实际中心距 a' 与标准中心距 a 的关系为

$$a'\cos\alpha'=a\cos\alpha \tag{3-5-14}$$

二、正确啮合条件

为保证齿轮传动时各齿对之间能平稳传递运动，在齿对交替过程中不发生冲击，必须符合正确啮合条件。

图 3-5-13 表示了一对渐开线齿轮的啮合。各对轮齿的啮合点都落在两基圆的内公切线上，设相邻两对齿分别在 K 和点

K'接触。若要保持正确啮合关系,使两对齿传动时既不发生分离又不出现干涉,在啮合线上必须保证同侧齿廓法向距离相等。结合渐开线的特性可推出一对渐开线齿轮的正确啮合条件是两齿轮模数和压力角分别相等,即

$$m_1 = m_2, \ \alpha_1 = \alpha_2 \tag{3-5-15}$$

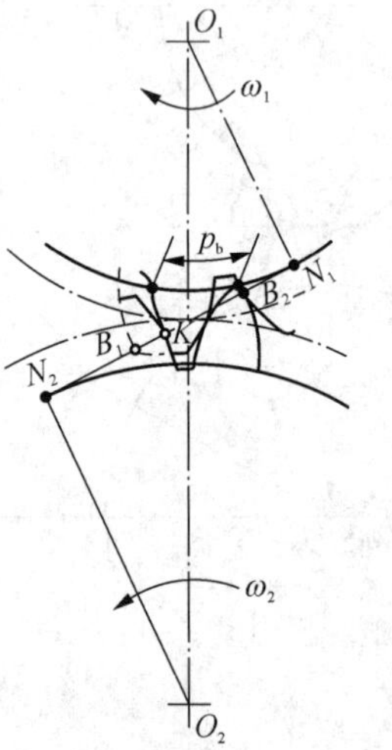

图 3-5-14

三、连续传动条件

一对渐开线齿轮若连续不间断地传动,要求前一对齿终止啮合前,后续的一对齿必须进入啮合。

一对齿轮传动如图 3-5-14 所示。进入啮合时,主动轮 1 的齿根推动从动轮的齿顶,起始点是从动轮 2 齿顶圆与理论啮合线 N_1N_2 的交点 B_2,而这对轮齿退出啮合时的终止点是主动轮 1 齿顶圆与 N_1N_2 的交点 B_1, B_1B_2 为啮合点的实际轨迹,称为实际啮合线。

要保证连续传动,必须在前一对齿转到 B_1 前的点 K(至少是点 B_1)啮合时,后一对齿已达点 B_2 进入啮合,即 $B_1B_2 \geqslant B_2K$。由渐开线特性知,线段 B_2K 等于渐开线基圆齿距 p_b,由此可得连续传动条件

$$B_1B_2 \geqslant p_b$$

定义重合度

$$\varepsilon = B_1B_2/p_b \geqslant 1 \tag{3-5-16}$$

由于制造安装的误差,为保证齿轮连续传动,重合度 ε 必须大于 1。ε 越大,表明同时参加啮合的齿对数多,传动平稳;且每对齿所受平均载荷小,从而能提高齿轮的承载能力。一般机械制造中常取 $\varepsilon \geqslant 1.1 \sim 1.4$。

第五节　渐开线齿轮的切齿原理与根切现象

齿轮的齿廓加工方法有铸造、热轧、冲压、粉末冶金和切削加工等。最常用的是切削加工法,根据切齿原理的不同,可分为成形法和范成法两种。

一、切齿原理

1. 成形法

用渐开线齿槽形状的成形刀具直接切出齿形的方法称为成形法。

单件小批量生产中,加工精度要求不高的齿轮,常在万能铣床上用成形铣刀加工。成形铣刀分盘形铣刀和指形铣刀两种,如图 3-5-15 所示。这两种刀具的轴向剖面均做成渐开线齿轮齿槽的形状。加工时齿轮毛坯固定在铣床上,每切完一个齿槽,工件退出,分度头使齿坯转过 360°/z(z 为齿数)再进刀,依次切出各齿槽。

渐开线轮齿的形状是由模数、齿数、压力角三个参数决定的。为减少标准刀具种类,相对每一种模数、压力角,设计 8 把或 15 把成形铣刀,在允许的齿形误差范围内,用同一把铣刀铣某个齿数相近的齿轮。

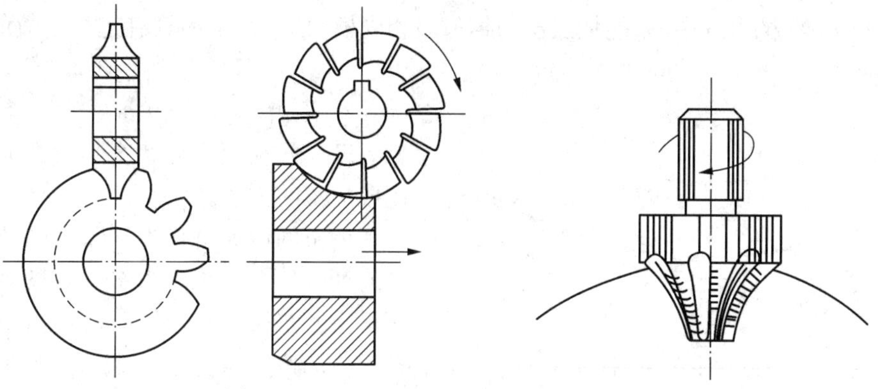

(a)　　(b)

图 3-5-15

(a) 盘形铣刀　(b) 指形铣刀

成形法铣齿不需要专用机床，但齿形误差及分齿误差都较大，一般只能加工 9 级以下精度的齿轮。

2. 范成法(展成法)

利用一对齿轮(或齿轮齿条)啮合时其共轭齿廓互为包络线原理切齿的方法称为范成法。

目前生产中大量应用的插齿、滚齿、剃齿、磨齿等都采用范成法原理。

1) 插齿

插齿是利用一对齿轮啮合的原理进行范成加工的方法(见图 3-5-16)。

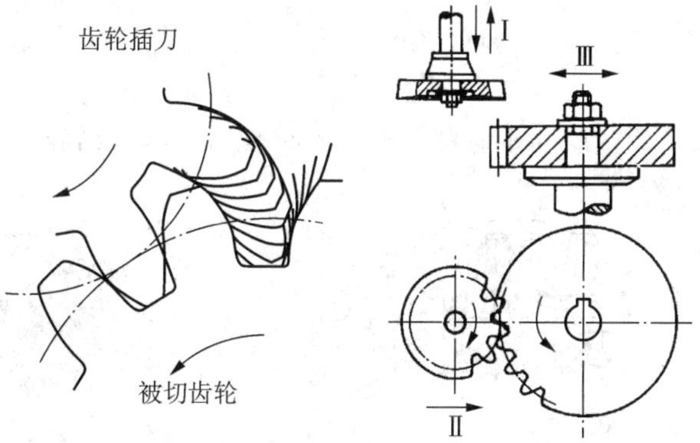

图 3-5-16

插齿刀实质上是一个淬硬的齿轮，但齿部开出前、后角，具有刀刃，其模数和压力角与被加工齿轮相同。插齿时，插齿刀沿齿坯轴线作上下往复切削运动，同时强制性地使插齿刀的转速 $n_{刀具}$ 与齿坯的转速 $n_{工件}$ 保持一对渐开线齿轮啮合的运动关系，即

$$\frac{n_{刀具}}{n_{工件}}=\frac{z_{工件}}{z_{刀具}}$$

式中，$z_{刀具}$ 为插齿刀齿数；

$z_{工件}$ 为被切齿轮齿数。

在这样对滚的过程中，就能加工出与插齿刀相同模数、压力角和具有定给齿数的渐开线齿轮。

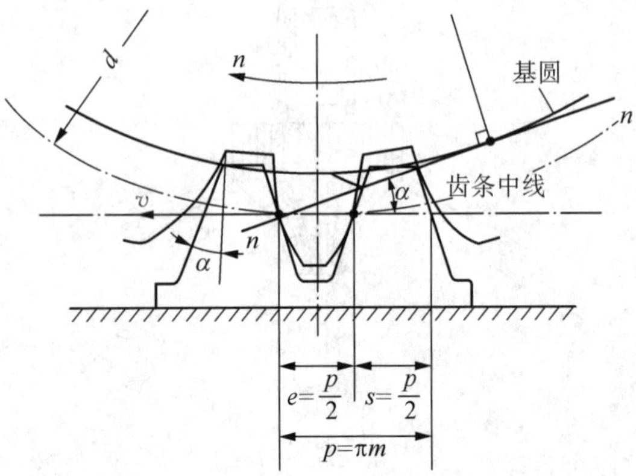

图 3-5-17

2）滚齿

滚齿是利用齿轮齿条啮合的原理进行范成加工的方法。

齿条的齿廓是直线，可认为是基圆无限大的渐开线齿廓的一部分。如图 3-5-17 所示齿条与齿轮啮合传动，其运动关系是齿条的移动速度与齿轮分度圆的线速度相等。

模数、压力角相等的渐开线齿轮与齿条啮合时，齿条齿廓上各点在啮合线 nn 上与齿轮齿廓上各点依次啮合，齿条牙形侧边在啮合过程中的运动轨迹正好包络出齿轮的渐开线齿形。由此可知，如将齿条做成刀具，让它有上下往复的切削运动，并强制齿条刀具的移速度与齿轮分度圆线速度相等，即保持对滚运动，齿条刀具就能切出齿轮的渐开线齿形。

实际加工时，往往利用有切削刃的螺旋状滚刀代替齿条刀。滚刀的轴向剖面形同齿条(见图 3-5-18)，当其回转时，轴向相当于有一无穷长的齿条向前移动。滚刀每转一圈，齿条移动 $z_{刀具}$ 个齿($z_{刀具}$ 为滚刀头数)，此时齿坯如被强迫转过相应的 $z_{刀具}$ 个齿。控制对滚关系，滚刀印在齿坯上包络切出渐开线齿形。滚刀除旋转外，还沿轮坯的轴向缓慢移动以切出全齿宽。滚刀的转速 $n_{刀具}$ 与工件转速 $n_{工件}$ 之间的关系应为

$$\frac{n_{刀具}}{n_{工件}}=\frac{z_{工件}}{z_{刀具}}$$

滚齿连续加工，生产率高，可加工直齿圆柱齿轮和斜齿圆柱齿轮。

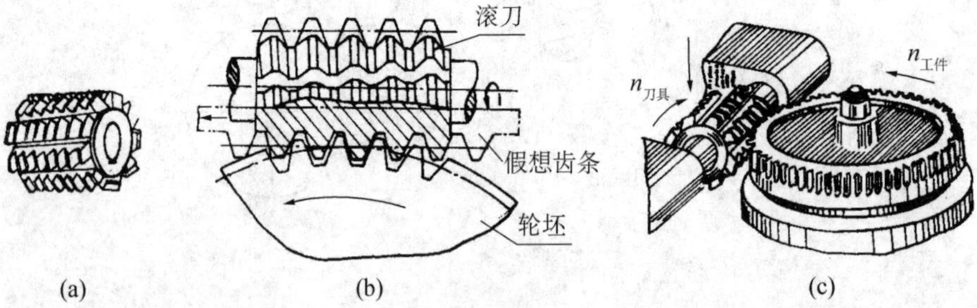

图 3-5-18

(a) 滚刀 (b) 滚切原理 (c) 滚削加工

范成法利用一对齿轮(或齿轮齿条)啮合的原理加工，一把刀具可加工同模数、同压力角的各种齿数的齿轮，而齿轮的齿数是靠齿轮机床中的传动链严格保证刀具与工件间的相对运动关系来控制。滚齿和插齿可加工 7～8 级精度的齿轮，是目前齿形加工的主要方法。

二、渐开线齿轮的根切现象

用范成法加工齿轮时，若齿轮齿数过少，刀具将与渐开线齿廓发生干涉，把轮齿根部渐开线切去一部分，产生“根切”现象(见图 3－5－19)。根切使轮齿齿根削弱，重合度减小，传动不平稳，应该避免。

1. 根切产生的原因

研究表明，在展成加工时，刀具的齿顶线超过了啮合线与被切齿轮基圆的切点 N_1 是产生根切现象的根本原因(见图 3－5－19)。

2. 最少齿数 z_{min}

从上面讨论的根切的原因可知，要避免根切，就必须使刀具的顶线不超过点 N_1。如图 3－5－19(b)所示，当用标准齿条刀具切制标准齿轮时，刀具的分度线应与被切齿轮的分度圆相切。为避免根切，应满足：$N_1C \geqslant h_a^* m$，由几何关系不难推得

$$z_{min} = \frac{2h_a^*}{\sin^2\alpha} \qquad (3-5-17)$$

式中，z_{min} 为不发生根切的最少齿数。

当 $\alpha = 20°$、$h_a^* = 1$ 时，$z_{min} = 17$；当 $\alpha = 20°$、$h_a^* = 0.8$ 时，$z_{min} = 14$。

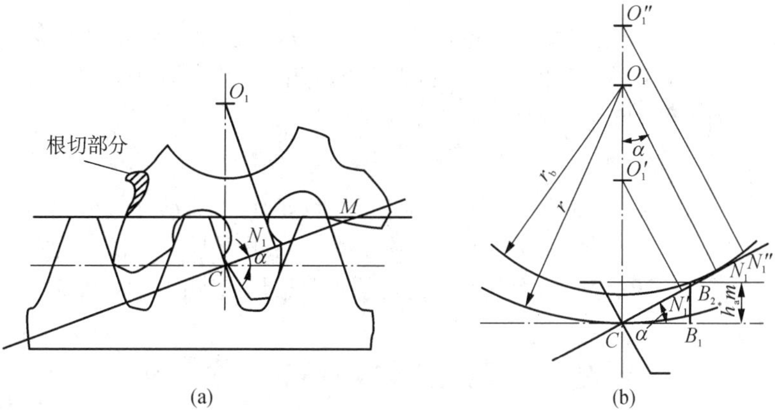

图 3－5－19

第六节　变位齿轮传动简介

一、变位和变位齿轮

当被加工齿轮齿数小于 z_{min} 时，为避免根切，可以采用将刀具移离齿坯，使刀具顶线低于极限啮合点 N_1 的办法来切齿。这种采用改变刀具与齿坯位置的切齿方法称作变位。刀具中线(或分度线)相对齿坯移动的距离称为变位量(或移距)X，常用 xm 表示，x 称为变位系数。刀具移离齿坯称正变位，$x > 0$；刀具移近齿坯称负变位，$x < 0$。变位切制所得的齿轮称为变位齿轮。

与标准齿轮相比，正变位齿轮分度圆齿厚和齿根圆齿厚增大，轮齿强度增大，负变位齿轮齿厚的变化恰好相反，轮齿强度削弱。

变位系数选择与齿数有关，对于 $h_a^*=1$ 的齿轮，最小变位系数可用下式计算

$$x_{\min}=\frac{17-z}{17} \tag{3-5-18}$$

二、变位齿轮传动的类型

按照一对齿轮的变位系数之和 $x_{\sum}=x_1+x_2$ 的取值情况不同，可将变位齿轮传动分为三种基本类型。

1. 零传动

若一对齿轮的变位系数之和为零（$x_1+x_2=0$），则称为零传动。零传动又可分为两种情况。一种是两齿轮的变位系数都等于零（$x_1=x_2=0$）。这种齿轮传动就是标准齿轮传动。为了避免根切，两轮齿数均需大于 $z_{\min}$。另一种是两轮的变系数绝对值相等，即 $x_1=-x_2$。这种齿轮传动称为高度变位齿轮传动。采用高度变位必须满足齿数和条件：$z_1+z_2\geqslant 2z_{\min}$。

高度变位可以在不改变中心距的前提下合理协调大小齿轮的强度，有利于提高传动的工作寿命。

2. 正传动

若一对齿轮的变位系数之和大于零（$x_1+x_2>0$），则这种传动称为正传动。因为正传动时实际中心距 $a'>a$，因而啮合角 $\alpha'>\alpha$，因此也称为正角度变位。正角度变位有利于提高齿轮传动的强度，但使重合度略有减少。

3. 负传动

若一对齿轮的变位系数之和小于零（$x_1+x_2<0$），则这种传动称为负传动。负传动时实际中心距 $a'<a$，因而啮合角 $\alpha'<\alpha$，因此也称为负角度变位。负角度变位使齿轮传动强度削弱，只用于安装中心距要求小于标准中心距的场合。为了避免根切，其齿数和条件为：$z_1+z_2\geqslant 2z_{\min}$。

第七节　标准斜齿圆柱齿轮传动

一、斜齿轮齿廓的形成

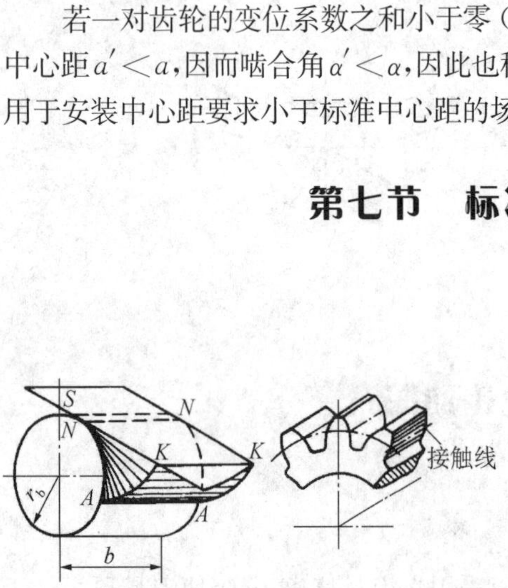

图 3-5-20

如图 3-5-20(a)所示，直齿圆柱齿轮的齿廓实际上是由与基圆柱相切作纯滚动的发生面 S 上一条与基圆柱轴线平行的任意直线 KK 展成的渐开线曲面。

当一对直齿圆柱齿轮啮合时，轮齿的接触线是与轴线平行的直线，如图 3-5-20(b)所示，轮齿沿整个齿宽突然同时进入啮合和退出啮合，所以易引起冲击、振动和噪声，传动平稳性差。

斜齿轮齿面形成的原理和直齿轮类似，所不同的是形成渐开线齿面的直线 KK 与基圆

轴线偏斜了一角度β_b[见图 3-5-21(a)]，KK 与基圆柱母线的夹角β_b称为基圆柱上的螺旋角，KK 线展成斜齿轮的齿廓曲面，称为渐开线螺旋面。该曲面与任意一个以轮轴为轴线的圆柱面的交线都是螺旋线。由斜齿轮齿面的形成原理可知，在端平面上，斜齿轮与直齿轮一样具有准确的渐开线齿形。

如图 3-5-21(b)所示，斜齿轮啮合传动时，齿面接触线的长度随啮合位置而变化，开始时接触线长度由短变长，然后由长变短，直至脱离啮合，因此提高了啮合的平稳性。

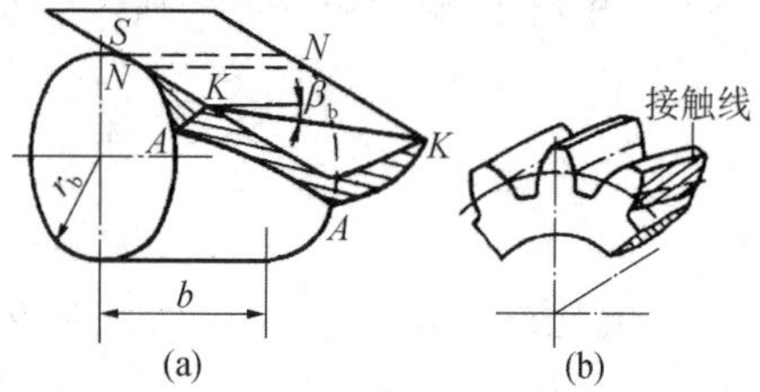

图 3-5-21

二、斜齿圆柱齿轮的主要参数和几何尺寸

斜齿轮与直齿轮的主要区别是：斜齿轮的齿向倾斜，如图 3-5-22 所示，虽然端面(垂直于齿轮轴线的平面)齿形与直齿轮齿形相同，但斜齿轮切制时刀具是沿螺旋线方向切齿的，其法向(垂直于轮齿齿线的方向)齿形是与刀具标准齿形相一致的渐开线标准齿形。

因此对斜齿轮来说，存在端面参数和法向参数两种表征齿形的参数，两者之间因为螺旋角β(分度圆上的螺旋角)而存在确定的几何关系。

1. 法向参数与端面参数间的关系

(1) 法向齿距 p_n 与端面齿距

$$p_t : p_n = p_t \cos\beta \qquad (3-5-19)$$

(2) 法向模数 m_n 与端面模数

$$m_t : m_n = m_t \cos\beta \qquad (3-5-20)$$

(3) 法向压力角 α_n 与端面压力角 α_t(见图 3-5-23)

$$\tan\alpha_n = \tan\alpha_t \cos\beta \qquad (3-5-21)$$

由于切齿刀具齿形为标准齿形，所以斜齿轮的法向基本参数也为标准值，设计、加工和测量斜齿轮时均以法向为基准。规定：m_n 为标准值，$\alpha_n = \alpha = 20°$；正常齿制，取 $h_{an}^* = 1$，$c_n^* = 0.25$；短齿制，取 $h_{an}^* = 0.8$，$c_n^* = 0.3$。

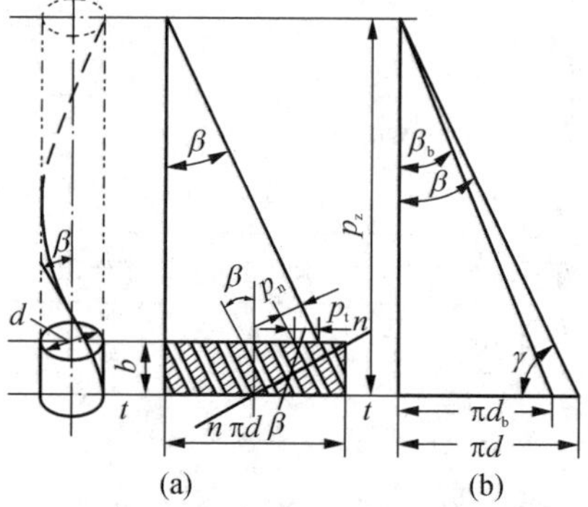

图 3-5-22

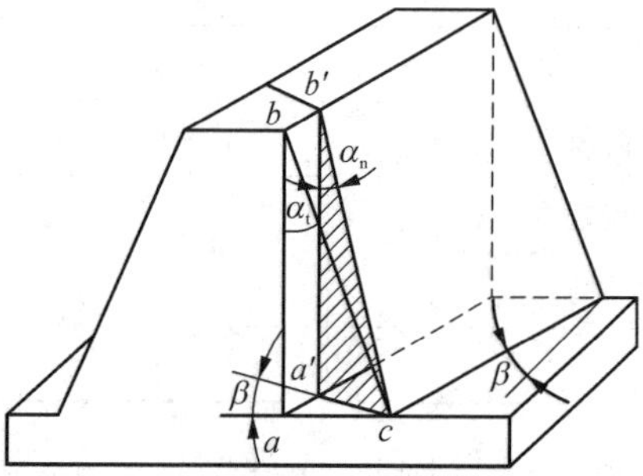

图 3-5-23

2. 斜齿轮的螺旋角 β

如图 3-5-22 所示,由于斜齿轮各个圆柱面上的螺旋线的导程 p_z 相同,因此斜齿轮分度圆柱面上的螺旋角 β 与基圆柱面上的螺旋角 β_b 的计算公式为

$$\tan\beta = \pi d/p_z \tag{3-5-22}$$

$$\tan\beta_b = \pi d_b/p_z \tag{3-5-23}$$

从上式中可知,$\beta_b < \beta$,因此可推知,各圆柱面上直径越大,其螺旋角也越大,基圆柱螺旋角最小,但不等于零。螺旋角 β 越大,轮齿越倾斜,则传动的平稳性越好,但轴向力也越大。一般设计时常取 $\beta = 8° \sim 20°$。近年来为了增大重合度、提高传动平稳性和降低噪声,在螺旋角参数选择上,有大螺旋角化的倾向。对于人字齿轮,因其轴向力可以抵消,常取 $\beta = 25° \sim 45°$,如图 3-5-24 所示。但加工较困难,精度较低,一般用于重型机械的齿轮传动。

如图 3-5-25 所示,斜齿轮按其齿廓渐开线螺旋面的旋向,可分为左旋和右旋两种。

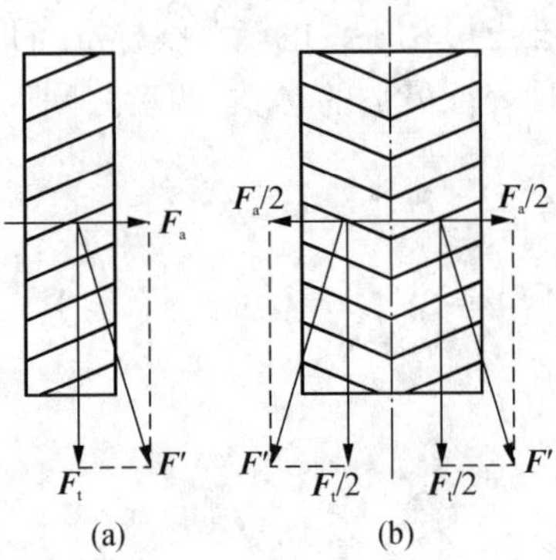

图 3-5-24

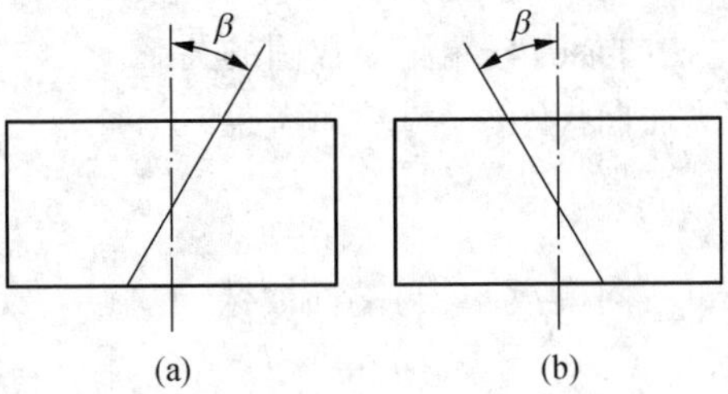

图 3-5-25

标准斜齿轮尺寸计算公式如表 3-5-3 所示。

表 3-5-3 标准斜齿轮尺寸计算公式

名 称	符 号	计 算 公 式
齿顶高	h_a	$h_a = h_{an}^* m_n$
齿根高	h_f	$h_f = (h_{an}^* + c_n^*) m_n$
全齿高	h	$h = (2h_{an}^* + c_n^*) m_n$
分度圆直径	d	$d = m_t z = (m_n/\cos\beta) z$
齿顶圆直径	d_a	$d_a = d + 2h_a = m_n(z/\cos\beta + 2h_{an}^*)$
齿根圆直径	d_f	$d_f = d - 2h_f = m_n(z/\cos\beta - 2h_{an}^* - 2c_n^*)$
基圆直径	d_b	$d_b = d\cos\alpha_t$
中心距	a	$a = m_n(z_1 + z_2)/2\cos\beta$

从表中可知,斜齿轮传动的中心距与螺旋角 β 有关,当一对齿轮的模数、齿数一定时,可以通过改变螺旋角 β 的方法来配凑中心距。

三、平行轴斜齿轮传动的正确啮合条件和重合度

1. 正确啮合条件

平行轴斜齿轮传动在端面上相当于一对直齿圆柱齿轮传动，因此端面上两齿轮的模数和压力角应相等，从而可知，一对齿轮的法向模数和压力角也应分别相等。考虑到平行轴斜齿轮传动螺旋角的关系，正确啮合条件应为

$$m_{n1} = m_{n2}$$

$$\alpha_{n1} = \alpha_{n2}$$

$$\beta_1 = \pm \beta_2 \qquad (3-5-24)$$

式中表明，平行轴斜齿轮传动螺旋角相等，外啮合时旋向相反，取“－”号，内啮合时旋向相同，取“＋”号。

2. 重合度

由平行轴斜齿轮一对齿啮合过程的特点可知，在计算斜齿轮重合度时，还必须考虑螺旋角β的影响。图3－5－26所示为两个端面参数（齿数、模数、压力角、齿顶高系数及顶隙系数）完全相同的标准直齿轮和标准斜齿轮的分度圆柱面（即节圆柱面）展开图。由于直齿轮接触线为与齿宽相当的直线，从点B开始啮入，从点B'啮出，工作区长度为BB'；斜齿轮接触线，由点A啮入，接触线逐渐增大，至A''啮出，比直齿轮多转过一个弧$f = b\tan\beta$，因此平行轴斜齿轮传动的重合度为端面重合度和纵向重合度之和。平行轴斜齿轮的重合度随螺旋角β和齿宽b的增大而增大，其值可以达到很大。工程设计中常根据齿数和$z_1 + z_2$以及螺旋角β查表求取重合度。

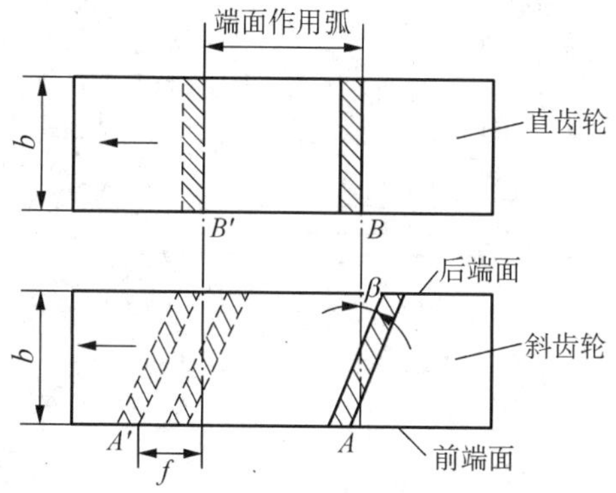

图3－5－26

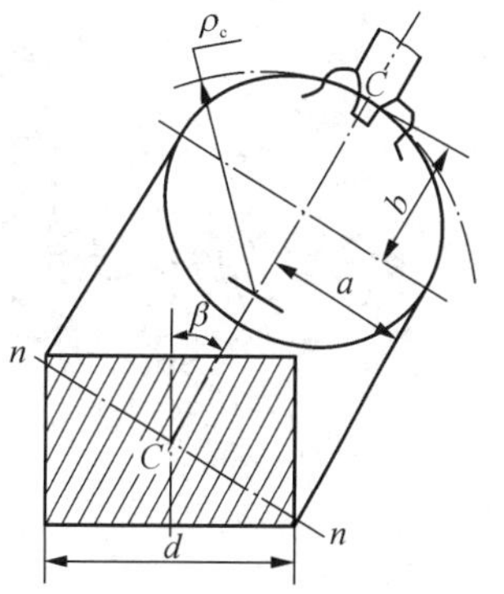

图3－5－27

四、斜齿轮的当量齿数

用仿形法加工斜齿轮时，盘状铣刀是沿螺旋线方向切齿的。因此，刀具需按斜齿轮的法向齿形来选择。如图3－5－27所示，用法截面截斜齿轮的分度圆柱得一椭圆，椭圆短半轴顶点C处被切齿槽两侧为与标准刀具一致的标准渐开线齿形。工程中为计算方便，特引入当量齿轮的概念。当量齿轮是指按C处曲率半径ρ_c为分度圆半径r_v，以m_n、α_n为标准齿形的假想直齿轮。当量齿数Z_v由下式求得

$$Z_v = \frac{Z}{\cos^3\beta} \tag{3-5-25}$$

用仿形法加工时，应按当量齿数选择铣刀号码；强度计算时，可按一对当量直齿轮传动近似计算一对斜齿轮传动；在计算标准斜齿轮不发生根切的齿数时，可按下式求得

$$Z_{min} = Z_{vmin}\cos^3\beta = 17\cos^3\beta \tag{3-5-26}$$

五、平行轴斜齿轮传动的优缺点

与直齿圆柱齿轮传动相比，平行轴斜齿轮传动具有以下优点：

(1) 平行轴斜齿轮传动中齿廓接触线是斜直线，轮齿是逐渐进入和脱离啮合的，故工作平稳，冲击和噪声小，适用于高速传动。

(2) 重合度较大，有利于提高承载能力和传动的平稳性。

(3) 最少齿数小于直齿轮的最小齿数 Z_{min}。

平行轴斜齿轮传动的主要缺点是传动中存在轴向力，为克服此缺点，可采用人字齿轮。

第八节　标准直齿圆锥齿轮传动简介

一、圆锥齿轮传动的特点及应用

圆锥齿轮机构用于相交轴之间的传动，两轴的交角 $\Sigma\delta_1 + \delta_2$ 由传动要求确定，可为任意值，$\Sigma = 90°$ 的圆锥齿轮传动应用最广泛，如图 3-5-28 所示。

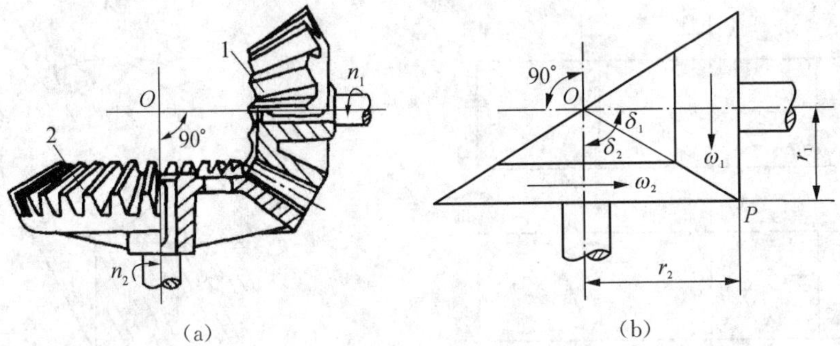

(a)　　(b)

图 3-5-28

由于圆锥齿轮的轮齿分布在圆锥面上，所以齿形从大端到小端逐渐缩小。一对圆锥齿轮传动时，两个节圆锥作纯滚动，与圆柱齿轮相似，圆锥齿轮也有基圆锥、分度圆锥、齿顶圆锥、齿根圆锥。正确安装的标准圆锥齿轮传动，其节圆锥与分度圆锥重合。

圆锥齿轮的轮齿有直齿、斜齿和曲齿等类型，直齿圆锥齿轮因加工相对简单，应用较多，适用于低速、轻载的场合；曲齿圆锥齿轮设计制造较复杂，但因传动平稳，承载能力强，常用于高速、重载的场合；斜齿圆锥齿轮目前已很少使用。本节只讨论直齿圆锥轮传动。

设 δ_1、δ_2 为两轮的锥顶半角，$\delta_1 + \delta_2 = 90°$，大端分度圆锥半径 r_1、r_2，齿数分别为 z_1、z_2。两齿轮的传动比为

$$i=\frac{\omega_1}{\omega_2}=\frac{n_1}{n_2}=\frac{z_2}{z_1}=\frac{r_2}{r_1}=\cot\delta_1=\tan\delta_2 \tag{3-5-27}$$

二、几何尺寸计算

为了便于计算和测量，圆锥齿轮的参数和几何尺寸均以大端为准，国家标准规定大端分度圆上的模数 m 为标准模数，其值如表 3-5-4 所示，大端分度圆压力角为 $\alpha=20°$，齿顶高系数 $h_a^*=1$，顶隙系数 $c^*=0.2$。标准直齿圆锥齿轮各部分名称如图 3-5-29 所示，几何尺寸计算公式如表 3-5-5 所示。

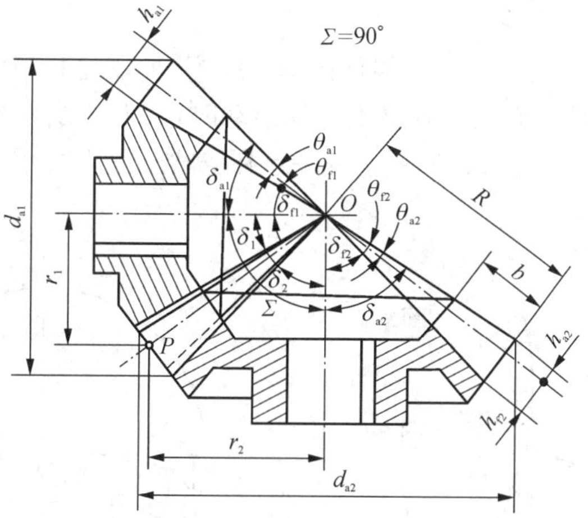

图 3-5-29

直齿圆锥齿轮的正确啮合条件由当量圆柱齿轮的正确啮合条件得到，即两齿轮的大端模数和压力角分别相等，即有 $m_1=m_2=m$，$\alpha_1=\alpha_2=\alpha$。

表 3-5-4 圆锥齿轮模数系列(GB 12368—90)

0.1	0.35	0.9	1.75	3.25	5.5	10	20	36
0.12	0.4	1	2	3.5	6	11	22	40
0.15	0.5	1.125	2.25	3.75	6.5	12	25	45
0.2	0.6	1.25	2.5	4	7	14	28	50
0.25	0.7	1.375	2.75	4.5	8	16	30	—
0.3	0.8	1.5	3	5	9	18	32	—

表 3-5-5 标准锥齿轮几何尺寸计算公式($\sum=90°$)

名 称	符 号	计 算 公 式
分度圆锥角	δ	$\delta_2=\arctan(z_2/z_1)$，$\delta_1=90°-\delta_2$
分度圆直径	D	$D=mz$
锥距	R	$R=\frac{mz}{2\sin\delta}=\frac{m}{2}\sqrt{z_1^2+z_2^2}$
齿宽	B	$B\leqslant R/3$

(续表)

名　称	符　号	计算公式
齿顶圆直径	d_a	$d_a = d + 2h_a \cos\delta = m(z + 2h_a^* \cos\delta)$
齿根圆直径	d_f	$d_f = d - 2h_f \cos\delta = m[z - (2h_a^* + c^*)\cos\delta]$
顶圆锥角	δ_a	$\delta_a = \delta + \theta_a = \delta + \arctan(h_a^* m/R)$
根圆锥角	δ_f	$\delta_f = \delta - \theta_f = \delta - \arctan[(h_{afg}^* + c^*)m/R]$

三、当量齿轮与当量齿数

直齿圆锥齿轮齿廓曲线是一条空间球面渐开线,其形成过程与圆柱齿轮类似。不同的是,圆锥齿轮的齿面是发生面在基圆锥上作纯滚动时,其上直线 KK' 所展开的渐开线曲面 $AA'K'K$,如图 3-5-30 所示。因直线上任一点在空间所形成的渐开线距锥顶的距离不变,故称为球面渐开线。

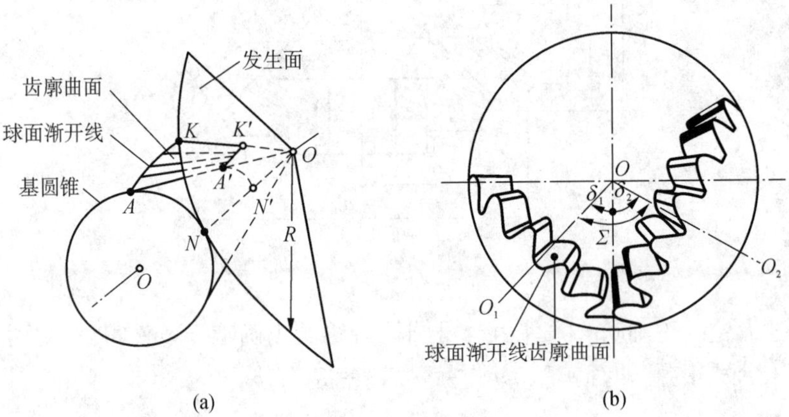

图 3-5-30

(a) 齿面的形成　(b) 球面渐开线齿廓

由于球面无法展开成平面,使得圆锥齿轮设计和制造存在很大的困难,所以,实际上的圆锥齿轮是采用近似的方法来进行设计和制造的。

图 3-5-31 所示为一具有球面渐开线齿廓的直齿圆锥齿轮,过分度圆锥上的点 A 作球面的切线 AO_1,与分度圆锥的轴线交于点 O_1。以 OO_1 为轴,O_1A 为母线作一圆锥体,此圆锥面称为背锥。背锥母线与分度圆锥上的切线的交点 a'、b' 与球面渐开线上的点 a、b 非常接近,即背锥上的齿廓曲线和齿轮的球面渐开线很接近。由于背锥可展成平面,其上面的平面渐开线齿廓可代替直齿圆锥齿轮的球面渐开线。

将展开背锥所形成的扇形齿轮(见图 3-5-32)补足成完整的齿轮,即为直齿圆锥齿轮的当量齿轮,当量齿轮的齿数称为当量齿数,即

$$\begin{cases} z_{v1} = \dfrac{z_1}{\cos\delta_1} \\ z_{v2} = \dfrac{z_2}{\cos\delta_2} \end{cases} \tag{3-5-28}$$

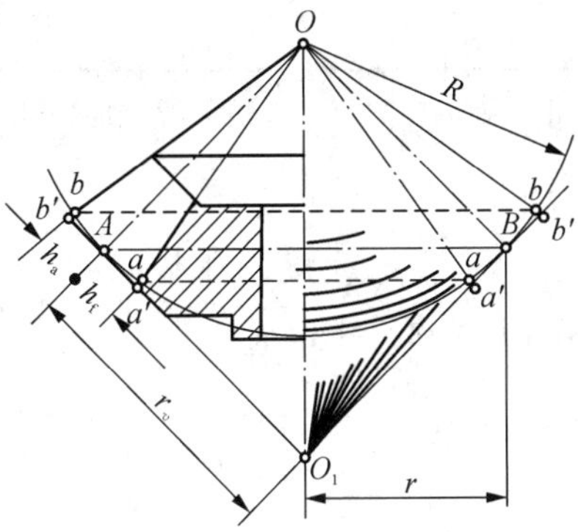

图 3-5-31

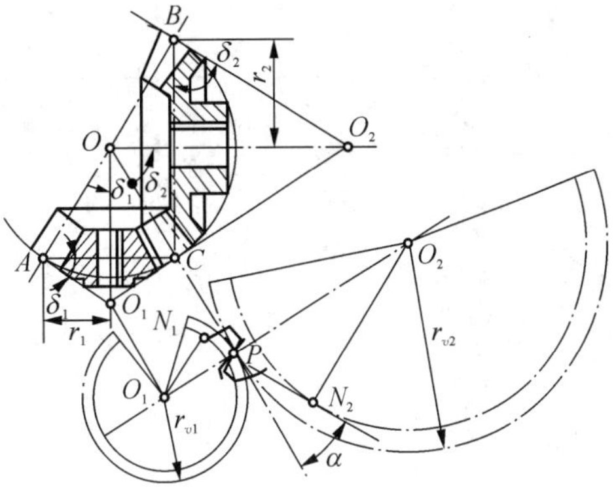

图 3-5-32

式中，z_1、z_2 为两直齿圆锥齿轮的实际齿数；

δ_1、δ_2 为两齿轮的分锥角。

选择齿轮铣刀的刀号、轮齿弯曲强度计算及确定不产生根切的最少齿数时，都是以 z_v 为依据的。

第九节　齿轮的失效形式及齿轮传动设计准则

一、齿轮传动的失效形式

齿轮传动的失效一般指轮齿的失效。常见的失效形式有轮齿折断、齿面点蚀、齿面磨损、齿面胶合以及塑性变形等几种形式。

轮齿失效形式与传动工作情况相关。

按工作情况：齿轮传动可分为开式传动和闭式传动两种。开式传动是指传动裸露或只有简单的遮盖，工作时环境中粉尘、杂物易侵入啮合齿间，润滑条件较差的情况。闭式传动是指被封闭在箱体内，且润滑良好（常用浸油润滑）的齿轮传动。开式传动失效以磨损及磨损后的折齿为主，闭式传动失效则以疲劳点蚀或胶合为主。

轮齿失效还与受载、工作转速和齿面硬度有关。

硬齿面（硬度>350 HBS）、重载时易发生轮齿折断，高速、中小载荷时易发生疲劳点蚀；软齿面（硬度≤350 HBS）、重载、高速时易发生胶合，低速时则产生塑性变形。

常见的轮齿失效形式及产生的原因和预防方法如表 3-5-6 所示。

表 3-5-6　常见轮齿失效形式及产生原因和防止措施

失效形式	后果	工作环境	产生失效的原因	防止失效的措施
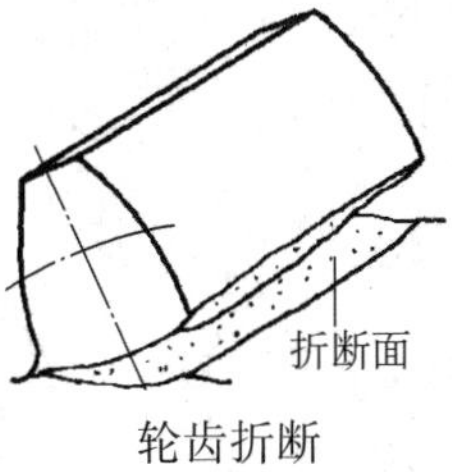 轮齿折断	轮齿折断后无法工作	开式、闭式传动中均可能发生	在载荷反复作用下，齿根弯曲应力超过允许限度时发生疲劳折断；用脆性材料制成的齿轮，因短时过载、冲击发生突然折断。	限制齿根危险截面上的弯曲应力；选用合适的齿轮参数和几何尺寸；降低齿根处的应力集中；强化处理和良好的热处理工艺。

(续表)

失效形式	后果	工作环境	产生失效的原因	防止失效的措施
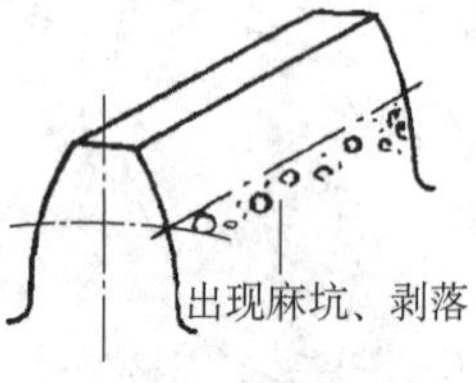 齿面点蚀		闭式传动	在载荷反复作用下,轮齿表面接触应力超过允许限度时,发生疲劳点蚀。	限制齿面的接触应力;提高齿面硬度、降低齿面的表面粗糙度值;采用黏度高的润滑油及适宜的添加剂。
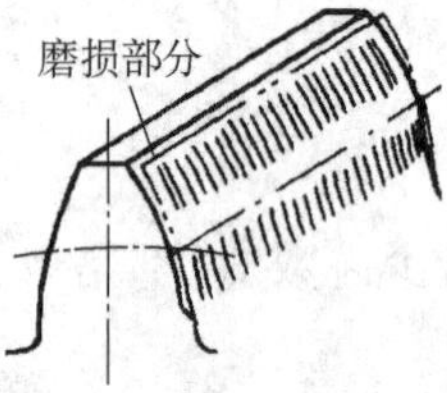 齿面磨损	齿廓失去准确形状,传动不平稳,噪声、冲击增大或无法工作	发生在开式传动中或润滑油不洁的闭式传动中	灰尘、金属屑等杂物进入啮合区。	注意润滑油的清洁;提高润滑油黏度,加入适宜的添加剂;选用合适的齿轮参数及几何尺寸、材质、精度和表面粗糙度;开式传动选用适当防护装置。
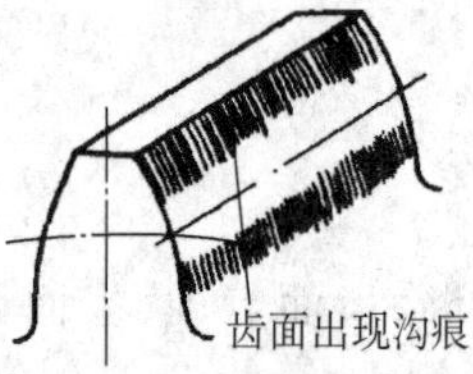 齿面胶合		高速、重载或润滑不良的低速、重载传动中	齿面局部温升过高,润滑失效;润滑不良。	进行抗胶合能力计算,限制齿面温度;保证良好润滑,采用适宜的添加剂;降低齿面的表面粗糙度值。

二、齿轮传动设计准则

轮齿的失效形式很多,它们不大可能同时发生,却又相互联系,相互影响。例如轮齿表面产生点蚀后,实际接触面积减少将导致磨损的加剧,而过大的磨损又会导致轮齿的折断。可是在一定条件下,必有一种为主要失效形式。

在进行齿轮传动的设计计算时,应分析具体的工作条件,判断可能发生的主要失效形式,以确定相应的设计准则。

对于软齿面的闭式齿轮传动,由于齿面抗点蚀能力差,润滑条件良好,齿面点蚀将是主要的失效形式。在设计计算时,通常按齿面接触疲劳强度设计,再作齿根弯曲疲劳强度校核。

对于硬齿面的闭式齿轮传动,齿面抗点蚀能力强,但易发生齿根折断,齿根疲劳折断将是主要失效形式。在设计计算时,通常按齿根弯曲疲劳强度设计,再作齿面接触疲劳强度校核。

当一对齿轮均为铸铁制造时,一般只需作轮齿弯曲疲劳强度设计计算。

对于汽车、拖拉机的齿轮传动,过载或冲击引起的轮齿折断是其主要失效形式,宜先作轮齿过载折断设计计算,再作齿面接触疲劳强度校核。

对于开式传动，其主要失效形式将是齿面磨损。但由于磨损的机理比较复杂，到目前为止尚无成熟的设计计算方法，通常只能按齿根弯曲疲劳强度设计，再考虑磨损，将所求得的模数增大 10%～20%。

三、常用齿轮材料及热处理

为了保证齿轮工作的可靠性，提高其使用寿命，齿轮的材料及其热处理应根据工作条件和材料的特点来选取。

对齿轮材料的基本要求是：应使齿面具有足够的硬度和耐磨性，齿心具有足够的韧性，以防止齿面的各种失效，同时应具有良好的冷、热加工的工艺性，以达到齿轮的各种技术要求。

常用的齿轮材料为各种牌号的优质碳素结构钢、合金结构钢、铸钢、铸铁和非金属材料等。一般多采用锻件或轧制钢材。当齿轮结构尺寸较大，轮坯不易锻造时，可采用铸钢。开式低速传动时，可采用灰铸铁或球墨铸铁。低速重载的齿轮易产生齿面塑性变形，轮齿也易折断，宜选用综合性能较好的钢材。高速齿轮易产生齿面点蚀，宜选用齿面硬度高的材料。受冲击载荷的齿轮，宜选用韧性好的材料。对高速、轻载而又要求低噪声的齿轮传动，也可采用非金属材料，如夹布胶木、尼龙等。常用的齿轮材料及其力学性能如表 3-5-7 所示。

表 3-5-7　常用齿轮材料及其力学性能

类别	材料牌号	热处理方法	抗拉强度 σ_b/MPa	屈服点 σ_s/MPa	硬度 HBS 或 HRC
优质碳素钢	35	正火	500	270	150～180 HBS
		调质	550	294	190～230 HBS
	45	正火	588	294	169～217 HBS
		调质	647	373	229～286 HBS
		表面淬火			40～50 HRC
	50	正火	628	373	180～220 HBS
合金结构钢	40Cr	调质	700	500	240～258 HBS
		表面淬火			48～55 HRC
	35SiMn	调质	750	450	217～269 HBS
		表面淬火			45～55 HRC
	40MnB	调质	735	490	241～286 HBS
		表面淬火			45～55 HRC
	20Cr	渗碳淬火后回火	637	392	56～62 HRC
	20CrMnTi		1 079	834	56～62 HRC
	38CrMnAlA	渗氮	980	834	850 HV
铸钢	ZG45	正火	580	320	156～217 HBS
	ZG55		650	350	169～229 HBS

(续表)

类别	材料牌号	热处理方法	抗拉强度 σ_b/MPa	屈服点 σ_s/MPa	硬度 HBS或HRC
灰铸铁	HT300	—	300		185～278 HBS
	HT350		350		202～304 HBS
球墨铸铁	QT600-3	—	600	370	190～270 HBS
	QT700-2		700	420	225～305 HBS
非金属	夹布胶木	—	100		25～35 HBSv

钢制齿轮的热处理方法主要有以下几种：

(1) 表面淬火　常用于中碳钢和中碳合金钢，如45、40Cr钢等。表面淬火后，齿面硬度一般为40～55HRC。特点是抗疲劳点蚀、抗胶合能力高，耐磨性好。由于齿心部未淬硬，齿轮仍有足够的韧性，能承受不大的冲击载荷。

(2) 渗碳淬火　常用于低碳钢和低碳合金钢，如20、20Cr钢等。渗碳淬火后齿面硬度可达56～62HRC，而齿心部仍保持较高的韧性，轮齿的折弯强度和齿面接触强度高，耐磨性较好，常用于受冲击载荷的重要齿轮传动。齿轮经渗碳淬火后，轮齿变形较大，应进行磨齿。

(3) 渗氮　渗氮是一种表面化学热处理。渗氮后不需要进行其他热处理，齿面硬度可达700～900HV。由于渗氮处理后的齿轮硬度高，工艺温度低，变形小，故适用于内齿轮和难以磨削的齿轮，常用于含铬、铜、铅等合金元素的渗氮钢，如38CrMoAlA。

(4) 调质　调质一般用于中碳钢和中碳合金钢，如45、40Cr、35SiMn钢等。调质处理后齿面硬度一般为220～280HBS。因硬度不高，轮齿精加工可在热处理后进行。

(5) 正火　正火能消除内应力，细化晶粒，改善力学性能和切削性能。机械强度要求不高的齿轮可采用中碳钢正火处理，大直径的齿轮可采用铸钢正火处理。

一般要求的齿轮传动可采用软齿面齿轮。为了减小胶合的可能性，并使配对的大小齿轮寿命相当，通常使小齿轮齿面硬度比大齿轮齿面硬度高出30～50HBS。对于高速、重载或重要的齿轮传动，可采用硬齿面齿轮组合，齿面硬度可大致相同。

第十节　齿轮轮齿强度计算

一、齿轮轮齿受力分析

为计算齿轮强度、设计轴、轴承等轴系零件，需要分析轮齿上的作用力和工作载荷。

1. 渐开线直齿圆柱齿轮受力分析

一对渐开线齿轮啮合，若忽略摩擦力，则轮齿间相互作用的法向压力 $\boldsymbol{F}_n$ 的方向，始终沿啮合线且大小不变。对于渐开线标准齿轮啮合，按在节点 C 接触时进行力分析。

法向力 $\boldsymbol{F}_n$ 可分解为圆周力 $\boldsymbol{F}_t$ 和径向力 $\boldsymbol{F}_r$，如图3-5-33所示，则：

$$\boldsymbol{F}_n=\frac{\boldsymbol{F}_t}{\cos\alpha},\ \boldsymbol{F}_t=\frac{2T_1}{d_1},\ \boldsymbol{F}_r=\boldsymbol{F}_t\tan\alpha \tag{3-5-29}$$

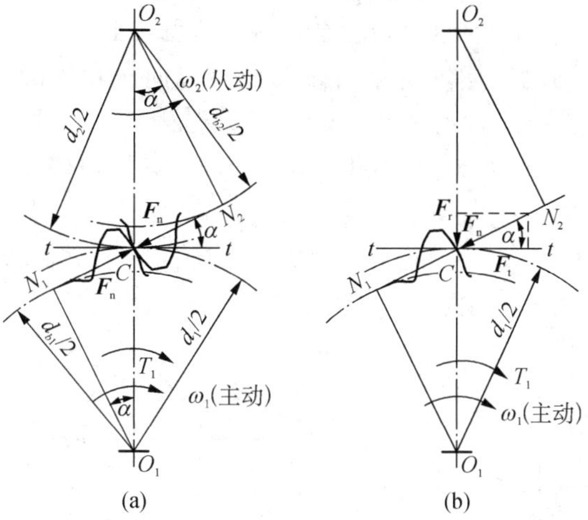

图 3-5-33

式中，F_n，F_t 和 F_r 的单位均为 N；

T_1 为小齿轮上的转矩 $T_1 = 9.55 \times 10^6 P/n_1$，N·mm；

P 为齿轮传递功率，kW；

n_1 为小齿轮转速，r/min；

d_1 为小齿轮分度圆直径，mm；

α 为压力角。

主、从动轮上各对应的力，大小相等、方向相反。径向力方向由作用点指向各自圆心，F_{t1} 与节点 C 的速度方向相反，F_{t2} 与节点 C 的速度方向相同。

2. 渐开线斜齿圆柱齿轮受力分析

斜齿圆柱齿轮受力情况如图 3-5-34 所示，轮齿所受法向力 F_n 可分解为圆周力 F_t、径向力 F_r 和轴向力 F_a。

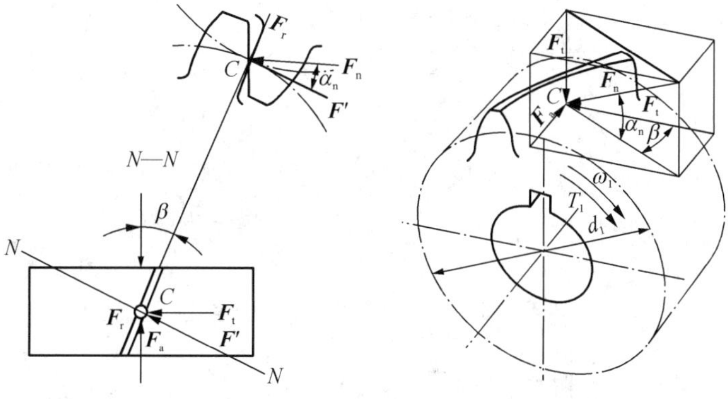

图 3-5-34

$$F_n = \frac{F_t}{\cos\beta\cos\alpha_n},\ F_t = \frac{2T_1}{d_1},\ F_r = \frac{F_t\tan\alpha_n}{\cos\beta},\ F_a = F_t\tan\beta \qquad (3-5-30)$$

式中，α 为法向压力角；

β 为螺旋角。

圆周力的方向，在主动轮上与转动方向相反，在从动轮上与转向相同。径向力的方向均指向各自的轮心。轴向力的方向取决于齿轮的回转方向和轮齿的螺旋方向，可按“主动轮左、右手螺旋定则”来判断。

轴向力的方向，主动轮为右旋时，右手按转动方向握轴，以四指弯曲方向表示主动轴的回转方向，伸直大拇指，其指向即为主动轮上轴向力的方向；主动轮为左旋时，则应以左手用同样的方法来判断，如图 3-5-35 所示。主动轮上轴向力的方向确定后，从动轮上的轴向力则与主动轮上的轴向力大小相等、方向相反。

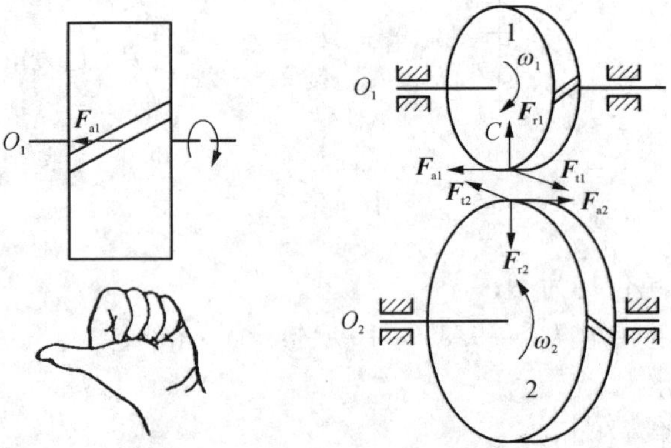

图 3-5-35

3. 直齿圆锥齿轮的受力分析

现对图 3-5-36 所示的圆锥齿轮传动中的主动轮进行受力分析。作用在直齿圆锥齿轮齿面上的法向力 $\boldsymbol{F}_n$ 可视为集中作用在齿宽中点分度圆直径上，即作用在齿宽中点的法向截面 N-N 内。法向力沿圆周方向、径向和轴向可分解为三个互成直角的分力，即圆周力 $\boldsymbol{F}_t$、径向力 $\boldsymbol{F}_r$ 和轴向力 $\boldsymbol{F}_a$。

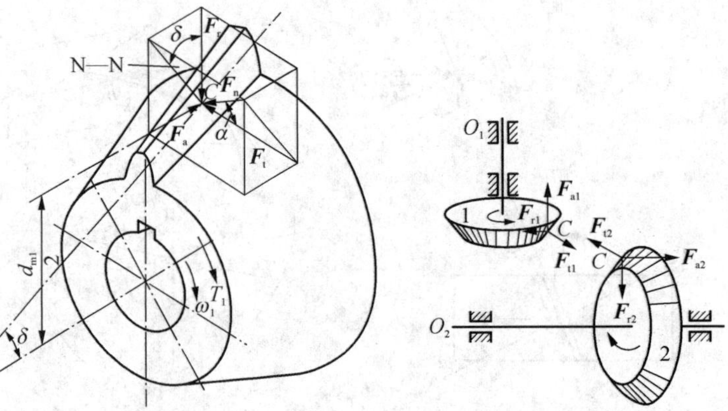

图 3-5-36

轮齿上的三个分力的大小，由图 3-5-36 分析得：

$$\boldsymbol{F}_t = \frac{2T}{d_{m1}} \qquad (3-5-31)$$

$$F_r = F'\cos\delta = F_t\tan\alpha\cos\delta \qquad (3-5-32)$$

$$F_a = F'\sin\delta = F_t\tan\alpha\sin\delta \qquad (3-5-33)$$

式中，d_{m1}为小齿轮齿宽中点分度圆直径。

$$d_{m1} = d_1 - b\sin\delta_1 \qquad (3-5-34)$$

圆周力和径向力方向的确定方法与直齿轮相同，两齿轮的轴向力方向都是沿各自的轴线指向大端。两轮的受力可根据作用与反作用原理确定：$F_{t1}=-F_{t2}$，$F_{r1}=-F_{a2}$，$F_{a1}=-F_{r2}$，负号表示二力的方向相反。

4. 计算载荷

上述求得的法向力 F_n 为理想状况下的名义载荷。实际上，由于齿轮、轴、支承等的制造、安装误差以及载荷下的变形等因素的影响，轮齿沿齿宽的作用力并非均匀分布，存在着载荷局部集中的现象。此外，由于原动机与工作机的载荷变化，以及齿轮制造误差和变形所造成的啮合传动不平稳等，都将引起附加动载荷。因此，齿轮强度计算时，通常用考虑了各种影响因素的计算载荷 F_{nc}代替名义载荷 F_n，计算载荷按下式确定

$$F_{nc} = KF_n \qquad (3-5-35)$$

式中，K 为载荷因数，其值可由表 3-5-8 查得。

表 3-5-8　载荷因数 K

载荷状态	工作机举例	原动机		
		电动机	多缸内燃机	单缸内燃机
平稳 轻微冲击	均匀加料的运输机、发电机、透平鼓风机和压缩机、机床辅助传动等。	1～1.2	1.2～1.6	1.6～1.8
中等冲击	不均匀加料的运输机、重型卷扬机、球磨机、多缸往复式压缩机等	1.2～1.6	1.6～1.8	1.8～2.0
较大冲击	冲床、剪床、钻机、轧机、挖掘机、重型给水泵、破碎机、单缸往复式压缩机等	1.6～1.8	1.9～2.1	2.2～2.4

注：斜齿、圆周速度低、传动精度高、齿宽系数小时，取小值；直齿、圆周速度高、传动精度低时，取大值；齿轮在轴承间不对称布置时取大值。

为保证齿轮的承载能力，避免失效，一般需通过强度计算确定其主要参数，如模数、中心距、齿宽等。

二、渐开线直齿圆柱齿轮强度计算

1. 齿面接触疲劳强度计算

为避免齿面发生点蚀失效，应进行齿面接触疲劳强度计算。

1）计算依据

一对渐开线齿轮啮合传动，齿面接触近似于一对圆柱体接触传力，轮齿在节点工作时往往是一对齿传力，是受力较大的状态，容易发生点蚀。所以设计时以节点处的接触应力作为计算依据，限制节点处接触应力 $\sigma_H \leqslant [\sigma_H]$。

2）接触疲劳强度公式

（1）接触应力计算　齿面最大接触应力 σ_H 为

$$\sigma_H = 335\sqrt{\frac{KT_1(u \pm 1)^3}{a^2 bu}} \tag{3-5-36}$$

式中，σ_H 为齿面最大接触应力，MPa；

a 为齿轮中心距，mm；

K 为载荷因数；

T_1 为小齿轮传递的转矩，N·mm；

b 为齿宽，mm；

u 为大轮与小轮的齿数比；

“+”“−”符号分别表示外啮合和内啮合。

（2）接触疲劳许用应力$[\sigma_H]$

$$[\sigma_H] = \frac{\sigma_{Hlim}}{S_H} \tag{3-5-37}$$

式中，σ_{Hlim}为试验齿轮的接触疲劳极限，MPa。其与材料及硬度有关，图 3-5-37 所示之数据为可靠度 99%的试验值。

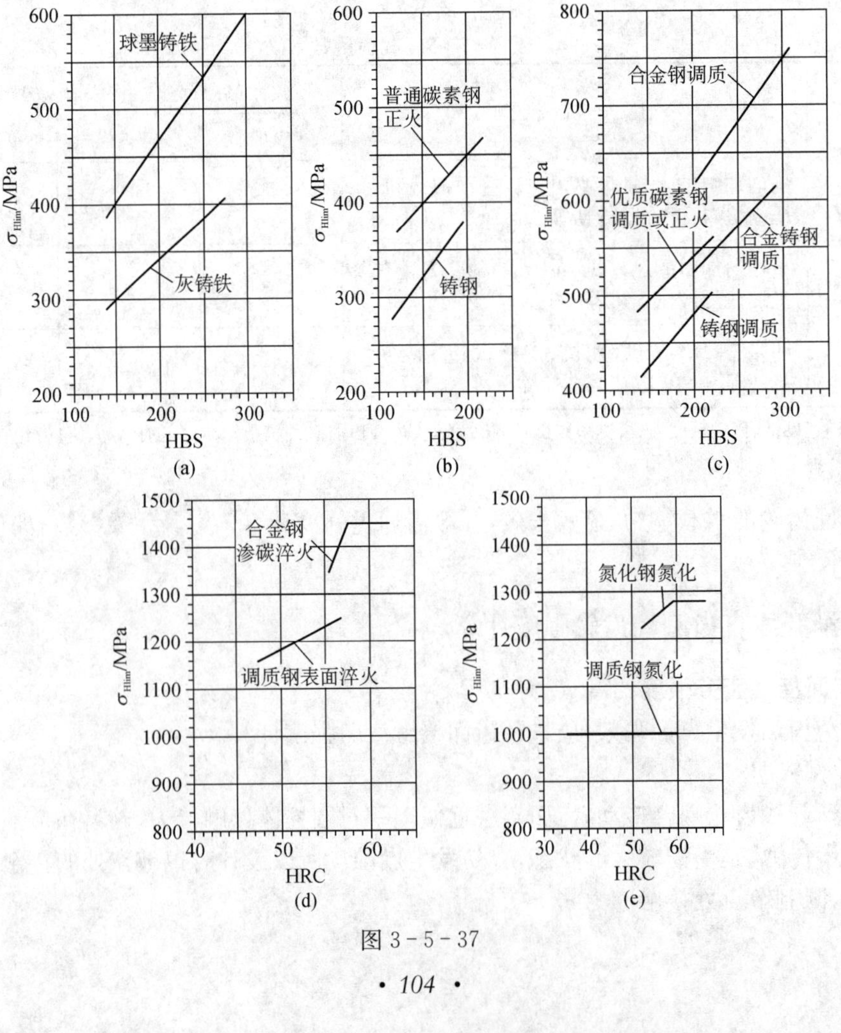

图 3-5-37

S_H 为齿面接触疲劳安全系数，由表 3-5-9 查取。

表 3-5-9　齿轮强度的安全系数 S_H 和 S_F

安全系数	软齿面	硬齿面	重要的传动、渗碳淬火齿轮或铸造齿轮
S_H	1.0～1.1	1.1～1.2	1.3
S_F	1.3～1.4	1.4～1.6	1.6～2.2

(3) 接触疲劳强度公式　校核公式

$$\sigma_H = 335\sqrt{\frac{KT_1(u\pm 1)^3}{a^2bu}} \leqslant [\sigma_H]\text{MPa} \tag{3-5-38}$$

引入齿宽系数 $\varphi_a=b/a$ 代入上式消去 b 可得

设计公式

$$a \geqslant (u\pm 1)\sqrt[3]{\left(\frac{335}{[\sigma_H]}\right)^2\frac{KT_1}{\varphi_a u}}\ \text{mm} \tag{3-5-39}$$

上式只适用于一对钢制齿轮，若为钢对铸铁或一对铸铁齿轮，系数 335 应分别改为 285 和 250。

一对齿轮啮合，两齿面接触应力相等，但两轮的许用接触应力$[\sigma_H]$可能不同，计算时应代入$[\sigma_H]_1$ 与$[\sigma_H]_2$ 中之较小值。

影响齿面接触疲劳的主要参数是中心距 a 和齿宽 b，a 的效果更明显些。决定$[\sigma_H]$的因素主要是材料及齿面硬度。所以提高齿轮齿面接触疲劳强度的途径是加大中心距，增大齿宽或选用强度较高的材料，提高轮齿表面硬度。

2. 齿根弯曲疲劳强度计算

进行齿根弯曲疲劳强度计算的目的，是防止轮齿疲劳折断。

1) 计算依据

根据一对轮齿啮合时，力作用于齿顶的条件，限制齿根危险截面拉应力边的弯曲应力 $\sigma_F \leqslant [\sigma_F]$。

轮齿受弯时其力学模型如悬臂梁，受力后齿根产生最大弯曲应力，而圆角部分又有应力集中，故齿根是弯曲强度的薄弱环节。齿根受拉应力边裂纹易扩展，是弯曲疲劳的危险区。

2) 齿根弯曲疲劳强度公式

(1) 齿根弯曲应力计算　齿根最大弯曲应力 σ_F 为

$$\sigma_F = \frac{2KT_1Y_{FS}}{bm^2z_1}\ \text{MPa} \tag{3-5-40}$$

式中，σ_F 为齿根最大弯曲应力，MPa；

K 为载荷因数；

T_1 为小齿轮传递的转矩，N·mm；

Y_{FS}为复合齿形因数，反映轮齿的形状对抗弯能力的影响，同时考虑齿根部应力集中的

影响,如图 3-5-38 所示;

b 为齿宽,mm;

m 为模数,mm;

z_1 为小轮齿数。

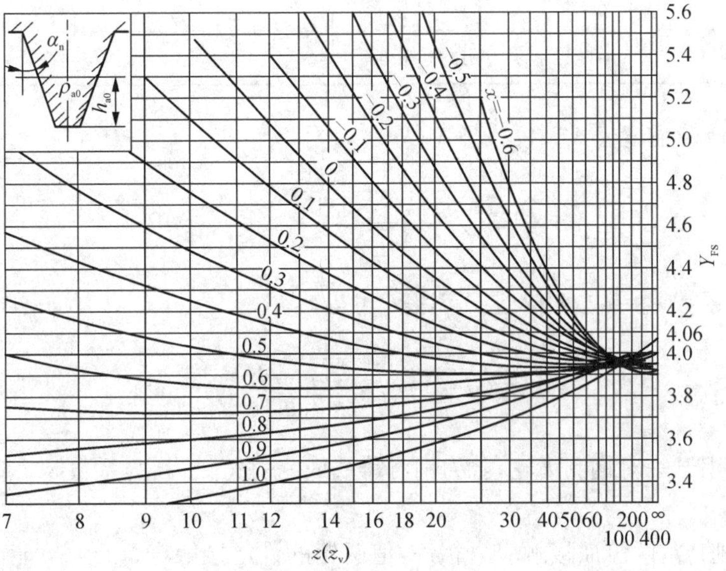

图 3-5-38

(2) 齿根弯曲疲劳许用应力计算　齿根弯曲疲劳许用应力$[\sigma_F]$为

$$[\sigma_F]=\frac{\sigma_{Flim}}{S_F}\text{ MPa} \tag{3-5-41}$$

式中,σ_{Flim}为试验齿轮的弯曲疲劳极限,MPa;

S_H 为齿轮弯曲疲劳强度安全系数,由表 3-5-9 查取。

如图 3-5-39 所示,对于双侧工作的齿轮传动,齿根承受对称循环弯曲应力,应将图中数据乘以 0.7。

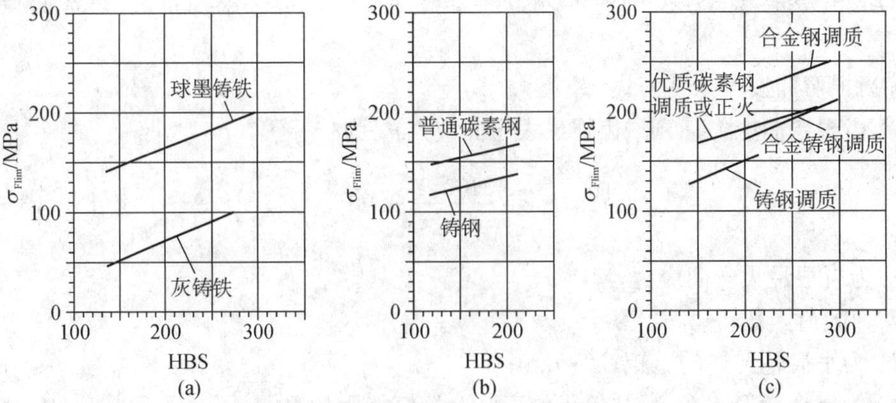

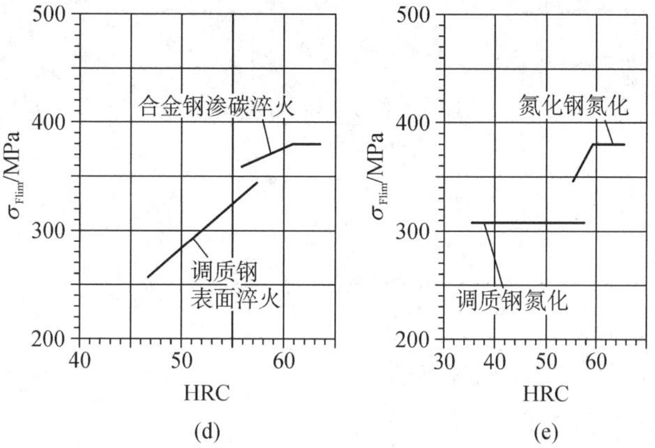

图 3－5－39

（3）弯曲疲劳强度公式　校核公式为

$$\sigma_F = \frac{2KT_1Y_{FS}}{bm^2z_1} \leqslant [\sigma_F]\text{MPa} \tag{3-5-42}$$

引入齿宽系数 $\varphi_a = b/a$ 代入上式消去 b 可得设计公式

$$m \geqslant \sqrt[3]{\frac{4KT_1Y_{FS}}{\varphi_a(u\pm1)z_1^2[\sigma_F]}} \tag{3-5-43}$$

式中，m 计算后应取标准值，mm。

通常两齿轮的复合齿形因数 Y_{FS1} 和 Y_{FS2} 不相同，材料许用弯曲应力$[\sigma_F]_1$ 和$[\sigma_F]_2$ 也不等，$Y_{FS1}/[\sigma_F]_1$ 和 $Y_{FS2}/[\sigma_F]_2$ 比值大者强度较弱，应作为计算时的代入值。

由式(3－5－42)可知影响齿根弯曲强度的主要参数有模数 m、齿宽 b、齿数 z_1 等，而加大模数对降低齿根弯曲应力效果最显著。

三、渐开线斜齿圆柱齿轮强度计算

斜齿轮的啮合力作用于齿的法向平面，法向齿形和齿厚反映其强度，可利用法向平面上的当量齿轮进行强度分析和计算。

1. 齿面接触疲劳强度计算（钢制标准齿轮）

校核公式

$$\sigma_H = 305\sqrt{\frac{KT_1(u\pm1)^3}{a^2bu}} \leqslant [\sigma_H]\text{MPa} \tag{3-5-44}$$

设计公式

$$a \geqslant (u\pm1)\sqrt[3]{\left(\frac{305}{[\sigma_H]}\right)^2\frac{KT_1}{\varphi_a u}}\text{mm} \tag{3-5-45}$$

式中参数的意义同直齿圆柱齿轮。

2. 齿根弯曲疲劳强度计算

校核公式

$$\sigma_F = \frac{1.6KT_1 Y_{FS}\cos\beta}{bm_n^2 z_1} \leqslant [\sigma_F] \text{MPa} \tag{3-5-46}$$

设计公式

$$m_n \geqslant \sqrt[3]{\frac{3.2KT_1 Y_{FS}\cos^2\beta}{\varphi_a(u\pm 1)z_1^2[\sigma_F]}} \text{mm} \tag{3-5-47}$$

式中,m_n 为法向模数,计算后应取标准值;

齿形因数 Y_{FS} 按当量齿数 z_v 查图 3-5-38;

β 为螺旋角,其他参数意义同直齿圆柱齿轮。

四、直齿圆锥齿轮强度计算

1. 齿面接触疲劳强度计算

锥齿轮传动的强度按齿宽中点的一对当量直齿轮的传动作近似计算,当两轴交角 $\Sigma = 90°$ 时,齿面接触疲劳强度计算公式。

校核公式

$$\sigma_H = \frac{334}{R-0.5b}\sqrt{\frac{(u^2+1)^3 KT_1}{ub}} \leqslant [\sigma_H] \tag{3-5-48}$$

设计公式

$$R \geqslant \sqrt{u^2+1}\sqrt[3]{\left[\frac{334}{(1-0.5\varphi_a)[\sigma_H]}\right]^2 \frac{KT_1}{\varphi_a u}} \tag{3-5-49}$$

式中,φ_a 为齿宽系数,$\varphi_a = b/R$,一般 $\varphi_a = 0.25 \sim 0.3$。其余各项符号的意义与直齿轮相同。对所求得的锥距,需满足表 3-5-5 中的几何关系,即

$$R = \frac{m}{2}\sqrt{z_1^2+z_2^2} \tag{3-5-50}$$

注意:所得锥距不可圆整。

2. 齿根弯曲疲劳强度计算公式

校核公式

$$\sigma_F = \frac{2KT_1 Y_F}{bm^2 z_1(1-0.5\varphi_a)^2} \leqslant [\sigma_F] \tag{3-5-51}$$

设计公式

$$m \geqslant \sqrt[3]{\frac{4KT_1 Y_F}{\varphi_a(1-0.5\varphi_a)^2 z_1^2[\sigma_F]\sqrt{u^2+1}}} \tag{3-5-52}$$

计算所得模数应按表圆整为标准值。

齿轮的制造工艺复杂，大尺寸的锥齿轮加工更困难，因此在设计时应尽量减小其次尺寸。如在传动中同时有圆锥齿轮传动和圆柱齿轮传动时，应尽可能将圆锥齿轮传动放在高速级，这样可使设计的锥齿轮的尺寸较小，便于加工。为了使大锥齿轮的尺寸不致过大，通常，齿数比取 $u < 5$。

第十一节　齿轮的结构设计

一、齿轮传动参数的选择

1. 齿数

大小轮齿数选择应符合传动比 i 的要求。齿数取整可能会影响传动比数值，误差一般控制在 5%以内。

为避免根切，标准直齿圆柱齿轮最小齿数 $z_{\min} = 17$，斜齿圆柱齿轮 $z_{\min} = 17\cos\beta$。

大轮齿数为小轮的倍数，跑合性能好。而对于重要的传动或重载高速传动，大小轮齿互为质数，这样轮齿磨损均匀，有利于提高寿命。

中心距一定时，增加齿数能使重合度增大，提高传动平稳性；同时，齿数增多，相应模数减小，对相同分度圆的齿轮，齿顶圆直径小，可以节约材料，减轻重量，并能节省轮齿加工的切削量。所以，在满足弯曲强度的前提下，应适当减小模数，增大齿数。高速齿轮或对噪声有严格要求的齿轮传动建议取 $z_1 \geqslant 25$。

2. 模数

传递动力的齿轮，其模数不宜小于 1.5 mm。过小加工检验不便。普通减速器、机床及汽车变速箱中的齿轮模数一般在 2～8 mm 之间。

齿轮模数必须取标准值。为加工测量方便，一个传动系统中，齿轮模数的种类应尽量少。

3. 齿宽

齿宽取大些，可提高齿轮承载能力，并相应减小径向尺寸，使结构紧凑；但齿宽越大，沿齿宽方向载荷分布越不均匀，使轮齿接触不良。

设计中常用齿宽系数 $\varphi_a = b/a$ 对齿宽作必要的限制。一般减速器齿轮常取 $\varphi_a = 0.4$；机床或汽车变速器齿轮往往为硬齿面，不利于跑合，由于一根轴上有多个滑动齿轮，为减小轴承跨距，齿宽宜小些，常取 $\varphi_a = 0.1 \sim 0.2$（滑动齿轮取小值）。开式齿轮径向尺寸一般不受限制，且安装精度差，取较小齿宽 $\varphi_a = 0.1 \sim 0.3$。当 $\varphi_a > 0.4$ 时，通常用斜齿或人字齿。

为保证接触齿宽，圆柱齿轮的小齿轮齿宽 b_1 比大齿轮齿宽 b_2 略大，$b_1 = b_2 + (3 \sim 5)$mm。

4. 螺旋角 β

一般斜齿圆柱齿轮螺旋角在 8°～25°之间，β 过小，显不出斜齿轮传动平稳、重合度大等优势。但 β 过大，会使轴向力增大，影响轴承寿命。对于人字齿轮或两对左右对称配置的斜齿轮，由于轴向力抵消，可取 $\beta = 25° \sim 40°$。

设计中，常在模数 m_n 和齿数 z_1、z_2 确定后，为圆整中心距或配凑标准中心距而需根据以下几何关系计算螺旋角 β 为

$$\beta = \arccos \frac{m_n(z_1 + z_2)}{2a} \tag{3-5-53}$$

二、齿轮传动设计步骤

1. 明确设计要求

列出已知条件,如功率 P、转速 n、传动比 i 等。

2. 分析失效形式,判定设计准则

闭式齿轮主要失效为齿面点蚀和齿根弯曲疲劳破坏,设计时应控制齿面接触疲劳应力和齿根弯曲疲劳应力。

开式齿轮主要失效为齿面磨损和齿根弯曲疲劳破坏。设计时要选耐磨材料,进行齿根弯曲疲劳强度计算,并用将计算所得模数加大10%~20%的办法考虑磨损的影响。

各类齿轮要采取相应的润滑和密封措施。

3. 选材料,计算许用应力

4. 确定参数

1) 强度计算

设计计算:初定齿数 z_1、z_2,螺旋角 β,齿宽系数 φ_a 等。

进行齿面接触疲劳强度和齿根弯曲疲劳强度设计计算,求出满足强度要求的参数计算值:计算模数 m_c,计算齿宽 b_c,计算中心距 a_c 等。

核验计算:初定齿数 z_1、z_2,模数 m,螺旋角 β,齿宽 b 等。

进行齿面接触疲劳强度和齿根弯曲疲劳强度核验,使 $\sigma \leqslant [\sigma]$。

2) 确定参数

考虑运动关系:$z_2/z_1 = i$(相对误差<5%)。

满足强度关系 m(取标准值)$\geqslant m_c$,$a \geqslant a_c$,$b \geqslant b_c$。

符合几何关系

$$a = \frac{m_n}{2\cos\beta}(z_1 + z_2)$$

三、齿轮结构设计

齿轮的结构由轮缘、轮毂和轮辐三部分组成,根据齿轮毛坯制造的工艺方法,齿轮可分为锻造齿轮和铸造齿轮两种。圆柱齿轮的结构及其尺寸参看表3-5-10。

表3-5-10 圆柱齿轮的结构

名称	结构形式	结构尺寸
齿轮轴	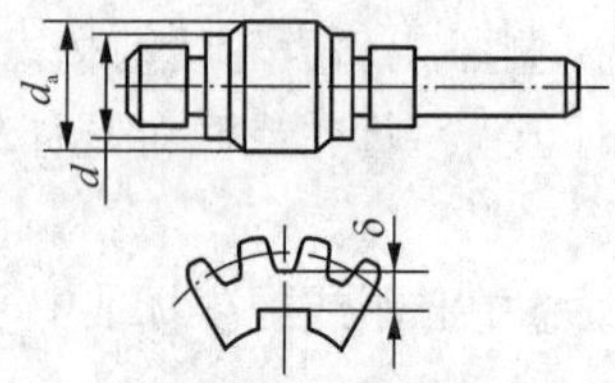	$d_a < 2d$ 或 $\delta < (2 \sim 2.5)m_t$ 时, 轴与齿轮做成一体。

（续表）

<table>
<tr><th>名称</th><th>结 构 形 式</th><th>结 构 尺 寸</th></tr>
<tr><td>实心式</td><td>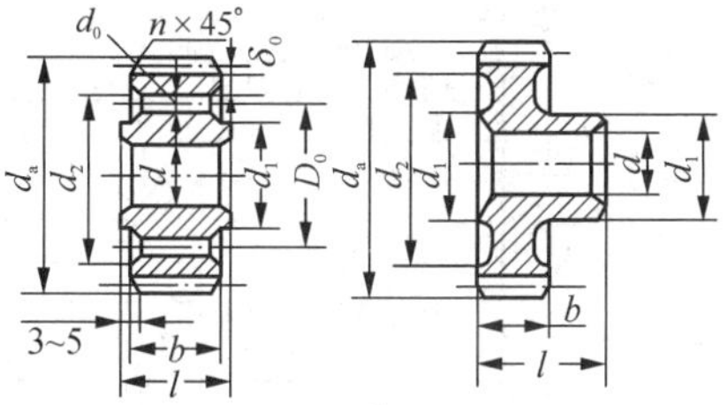
$d_a \leqslant 200$</td><td>$d_1 = kd$，k 值见下表，
$(1.2 \sim 1.5)d \geqslant l \geqslant b$，
$\delta_0 = 2.5\,m_t$，但不小于 8 mm，
$D_0 = 0.5(d_1 + d_2)$，
当 $d_0 < 10$ mm 时不钻孔，$n = 0.5\,m_t$。
<table><tr><td>d/mm</td><td><20</td><td>20～32</td><td>>32～50</td><td>>50～80</td><td>>80～120</td><td>>120～200</td></tr><tr><td>k</td><td>2.0</td><td>1.9</td><td>1.8</td><td>1.7</td><td>1.6</td><td>1.5</td></tr></table></td></tr>
<tr><td rowspan="2">腹板式</td><td>锻造
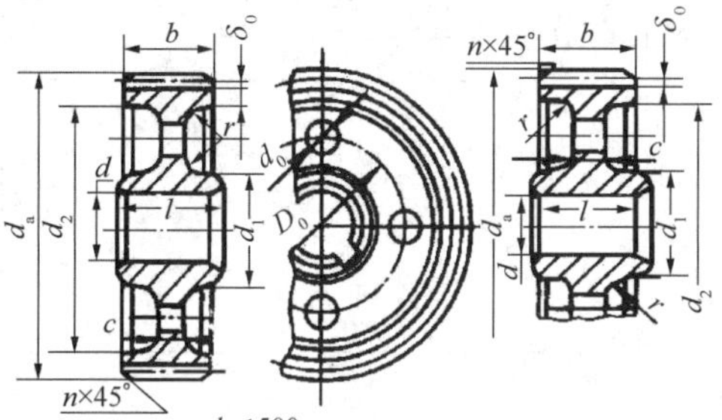
$d_a \leqslant 500$</td><td>$d_1 = 1.6d$，$1.5d > l \geqslant b$，
$\delta_0 = (3 \sim 4)m_t$，但不小于 8 mm，
$D_0 = 0.5(d_1 + d_2)$，$d_0 = 15 \sim 25$ mm，
$c = 0.2b$（模锻），$c = 0.3b$（自由锻），$c \geqslant 8$ mm
$n = 0.5m_t$，$r \approx 0.5c$。</td></tr>
<tr><td>铸造
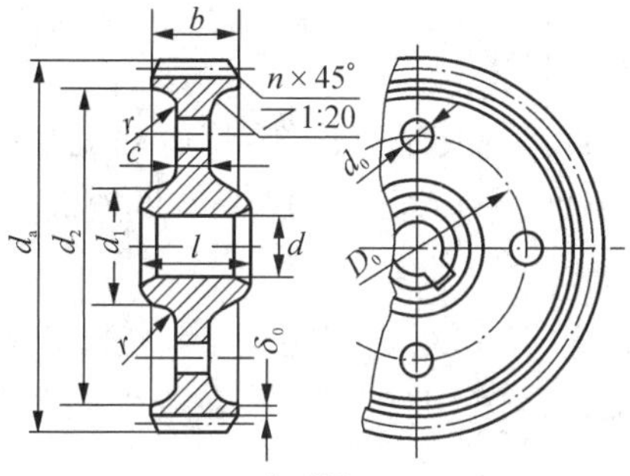
$d_a < 500$</td><td>$d_1 = 1.6d$（铸钢），$d_1 = 1.8d$（铸铁），
$1.5d > l \geqslant b$，
$\delta_0 = (3 \sim 4)m_t$，但不小于 8 mm，
$D_0 = 0.5(d_1 + d_2)$，
$d_0 = (0.25 \sim 0.35)(d_2 - d_1)$，
$c = 0.2b$，但不小于 10 mm，
$n = 0.5m_t$，$r \approx 0.5c$。</td></tr>
<tr><td>轮辐式</td><td>铸造
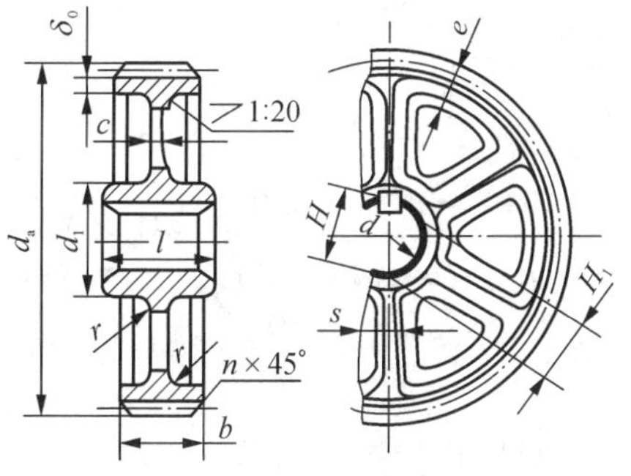
$d_a > 400$, $b < 240$</td><td>$d_1 = 1.6d$（铸钢），$d_1 = 1.8d$（铸铁），
$1.5d > l \geqslant b$，
$\delta_0 = (3 \sim 4)m_t$，但不小于 8 mm，
$H = 0.8d$（铸钢），$H = 0.9d$（铸铁），
$H_1 = 0.8H$，
$c = (1 \sim 1.3)\delta_0$，$s = 0.8c$，
$e = (1 \sim 1.2)\delta_0$，
$n = 0.5m_t$，$r \approx 0.5c$。</td></tr>
</table>

1. 绘制齿轮工作图

图 3-5-40 为齿轮图纸。

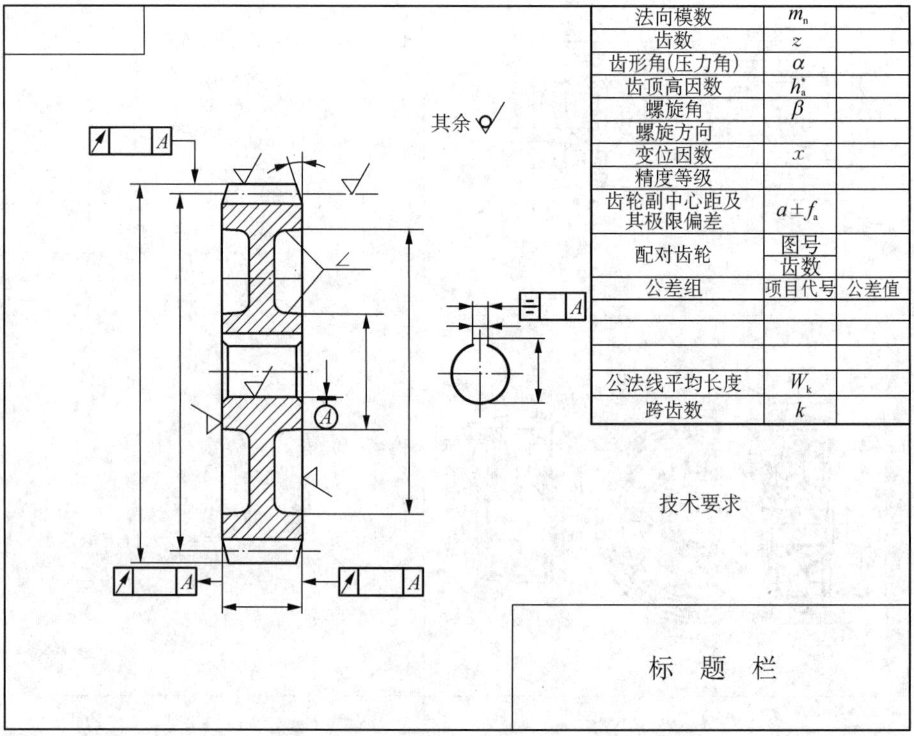

图 3-5-40

例 3-5-1 试设计两级减速器中的低速级直齿轮传动。已知:用电动机驱动,载荷有中等冲击,齿轮相对于支承位置不对称,单向运转,传递功率 $P = 10\ \text{kW}$,低速级主动轮转速 $n_1 = 400\ \text{r/min}$,传动比 $i = 3.5$。

解:(1) 选择材料,确定许用应力　由表 3-5-7 可得,小轮选用 45 钢,调质,硬度为 220 HBS,大轮选用 45 钢,正火,硬度为 190 HBS。由图 3-5-37(c)和图 3-5-39(c)分别查得:

$$\sigma_{\text{Hlim1}} = 555\ \text{MPa},\ \sigma_{\text{Hlim2}} = 530\ \text{MPa}$$

$$\sigma_{\text{Flim1}} = 190\ \text{MPa},\ \sigma_{\text{Flim2}} = 180\ \text{MPa}$$

由表 3-5-9 查得 $S_H = 1.1$, $S_F = 1.4$, 故

$$[\sigma_H]_1 = \frac{\sigma_{\text{Hlim1}}}{S_H} = \frac{555}{1.1} = 504.5\ \text{MPa},\ [\sigma_H]_2 = \frac{\sigma_{\text{Hlim2}}}{S_H} = \frac{530}{1.1} = 481.8\ \text{MPa}$$

$$[\sigma_F]_1 = \frac{\sigma_{\text{Flim1}}}{S_F} = \frac{190}{1.4} = 135.7\ \text{MPa},\ [\sigma_F]_2 = \frac{\sigma_{\text{Flim2}}}{S_F} = \frac{180}{1.4} = 128.5\ \text{MPa}$$

因硬度小于 350 HBS,属软齿面,按接触强度设计,再校核弯曲强度。

(2) 按接触强度设计　计算中心距:

$$a \geqslant (u \pm 1)\sqrt[3]{\left(\frac{335}{[\sigma_H]}\right)^2 \frac{KT_1}{\varphi_a u}}\ \text{mm}$$

① 取 $[\sigma_H] = [\sigma_H]_2 = 481$ MPa。

② 小轮转矩

$$T_1 = 9.55 \times 10^6 \times \frac{10}{400} = 2.38 \times 10^5\ \text{N} \cdot \text{mm}$$

③ 取齿宽系数 $\varphi_a = 0.4$，$i = u = 3.5$。

由于原动机为电动机，中等冲击，支承不对称布置，故选 8 级精度。由表 3-5-8 选 $K = 1.5$。将以上数据代入，得初算中心距 $a_c = 223.7$ mm。

(3) 确定基本参数，计算主要尺寸。

① 选择齿数。

取 $z_1 = 20$，则 $z_2 = uz_1$，$z_2 = 3.5 \times 20 = 70$。

② 确定模数。

由公式 $a = m(z_1 + z_2)/2$ 可得：$m = 4.98$ mm。

由表 3-5-1 查得标准模数，取 $m = 5$ mm。

③ 确定中心距

$$a = m(z_1 + z_2)/2 = 5 \times (20 + 70)/2 = 225\ \text{mm}$$

④ 计算齿宽

$$b = \varphi_a a = 0.4 \times 225 = 90\ \text{mm}$$

为补偿两轮轴向尺寸误差，取 $b_2 = 90$ mm，$b_1 = b_2 + 5 = 95$ mm。

⑤ 计算齿轮几何尺寸(略)

(4) 校核弯曲强度

$$\sigma_{F1} = \frac{2KT_1 Y_{FS1}}{bm^2 z_1}\text{MPa},\ \sigma_{F2} = \frac{2KT_1 Y_{FS2}}{bm^2 z_1} = \sigma_{F1}\frac{Y_{FS2}}{Y_{FS1}}\text{MPa}$$

按 $z_1 = 20$，$z_2 = 70$ 由图 3-5-38 查得 $Y_{FS1} = 4.34$、$Y_{FS2} = 3.9$，代入上式得：

$$\sigma_{F1} = 68.8\ \text{MPa} < [\sigma_F]_1\text{，安全}$$
$$\sigma_{F2} = 61.8\ \text{MPa} < [\sigma_F]_2\text{，安全}$$

(5) 设计齿轮结构，绘制齿轮工作图(略)。

例 3-5-2　设计一对闭式斜齿圆柱齿轮传动。已知：用单缸内燃机驱动，载荷平稳，双向传动，齿轮相对于支承位置对称，要求结构紧凑。传递功率 $P = 12$ kW，低速级主动轮转速 $n_1 = 350$ r/min，传动比 $i = 3$。

解：(1) 选择材料，确定许用应力　由表 3-5-7，两轮均选用 20CrMnTi，渗碳淬火，小轮硬度为 59 HRC，大轮 56 HRC。由图 3-5-37(d)和图 3-5-39(d)分别查得：

$$\sigma_{Hlim1} = 1\,440\ \text{MPa},\ \sigma_{Hlim2} = 1\,360\ \text{MPa}$$
$$\sigma_{Flim1} = 370\ \text{MPa},\ \sigma_{Flim2} = 360\ \text{MPa}$$

由表 3-5-9 查得 $S_H = 1.3$, $S_F = 1.6$, 故

$$[\sigma_H]_1 = \frac{\sigma_{Hlim1}}{S_H} = \frac{1\,440}{1.3} = 1\,108\ \text{MPa}$$

$$[\sigma_H]_2 = \frac{\sigma_{Hlim2}}{S_H} = \frac{1\,360}{1.3} = 1\,046\ \text{MPa}$$

$$[\sigma_F]_1 = \frac{0.7\sigma_{Flim1}}{S_F} = \frac{0.7 \times 370}{1.6} = 162\ \text{MPa}$$

$$[\sigma_F]_2 = \frac{0.7\sigma_{Flim2}}{S_F} = \frac{0.7 \times 360}{1.6} = 158\ \text{MPa}$$

因硬度大于 350 HBS,属硬齿面,按弯曲强度设计,再校核接触强度。

(2) 按弯曲强度设计　计算法向模数:

$$m_n \geqslant \sqrt[3]{\frac{3.2KT_1Y_{FS}\cos^2\beta}{\varphi_a(u \pm 1)z_1^2[\sigma_F]}}\ \text{mm}$$

① 由于原动机为单缸内燃机,载荷平稳,支承对称布置,故选 8 级精度。由表 3-5-8 选 $K = 1.6$。

② 小轮转矩

$$T_1 = 9.55 \times 10^6 \times \frac{12}{350} = 3.27 \times 10^5\ \text{N} \cdot \text{mm}$$

③ 取齿宽系数 $\varphi_a = 0.4$。

④ 初选螺旋角 $\beta = 15°$。

⑤ 取 $z_1 = 20$, $i = u = 3$, $z_2 = uz_1 = 3 \times 20 = 60$。当量齿数

$$Z_v = \frac{Z}{\cos^3\beta}$$

$$z_{v1} = 22.19 \quad z_{v2} = 66.57$$

由图 3-5-38 查得 $Y_{FS1} = 4.3$, $Y_{FS2} = 4$,比较 $Y_{FS}/[\sigma_F]$

$$Y_{FS1}/[\sigma_F]_1 = 4.3/162 = 0.026\,5,\ Y_{FS2}/[\sigma_F]_2 = 4/158 = 0.025\,3$$

则 $Y_{FS1}/[\sigma_F]_1$ 的数值大,将该值与上述各值代入式中,得:

$$m_n \geqslant \sqrt[3]{\frac{3.2KT_1Y_{FS}\cos^2\beta}{\varphi_a(u \pm 1)z_1^2[\sigma_F]}} = \sqrt[3]{\frac{3.2 \times 1.6 \times 3.27 \times 10^5 \times 4.3 \times \cos^2 15°}{0.4 \times (3+1) \times 20^2 \times 162}} = 4\ \text{mm}$$

由表 3-5-1 查得标准模数,取 $m_n = 4$ mm。

(3) 确定基本参数,计算主要尺寸。

① 试算中心距, $a = m_n(z_1 + z_2)/2\cos\beta$ 得: $a_c = 165.6$ mm,圆整取 $a = 168$ mm。

② 修正螺旋角

$$\beta = \arccos\frac{m_n(z_1 + z_2)}{2a} = \arccos\frac{4 \times (20 + 60)}{2 \times 168} = 17.75°$$

此螺旋角在 $8° \sim 25°$ 之间,可用。

③ 计算齿宽

$$b = \varphi_a a = 0.4 \times 168 = 68\ \text{mm}$$

为补偿两轮轴向尺寸误差，取 $b_1 = 72$ mm，$b_2 = 68$ mm。

④ 计算齿轮几何尺寸（略）。

（4）校核接触强度

$$\sigma_H = 305\sqrt{\frac{KT_1(u \pm 1)^3}{a^2 bu}} = 305\sqrt{\frac{1.6 \times 3.27 \times 10^5 \times (3+1)^3}{168^2 \times 68 \times 3}} = 735.53\ \text{MPa} \leqslant [\sigma_H]_2\text{，安全}$$

（5）设计齿轮结构，绘制齿轮工作图（略）。

习　题

3－5－1　什么是分度圆？标准齿轮的分度圆在什么位置上？

3－5－2　一渐开线，其基圆半径 $r_b = 40$ mm，试求此渐开线压力角 $\alpha = 20°$ 处的半径 r 和曲率半径 ρ 的大小。

3－5－3　有一个标准渐开线直齿圆柱齿轮，测量其齿顶圆直径 $d_a = 106.40$ mm，齿数 $z = 25$，问是哪一种齿制的齿轮，基本参数是多少？

3－5－4　两个标准直齿圆柱齿轮，已测得齿数 $z_1 = 22$，$z_2 = 98$，小齿轮齿顶圆直径 $d_{a1} = 240$ mm，大齿轮全齿高 $h = 22.5$ mm，试判断这两个齿轮能否正确啮合传动？

3－5－5　有一对正常齿制渐开线标准直齿圆柱齿轮，它们的齿数为 $z_1 = 19$、$z_2 = 81$，模数 $m = 5$ mm，压力角 $\alpha = 20°$。若将其安装成 $a' = 250$ mm 的齿轮传动，问能否实现无侧隙啮合？为什么？此时的顶隙（径向间隙）C 是多少？

3－5－6　已知 C6150 车床主轴箱内一对外啮合标准直齿圆柱齿轮，其齿数 $z_1 = 21$、$z_2 = 66$，模数 $m = 3.5$ mm，压力角 $\alpha = 20°$，正常齿。试确定这对齿轮的传动比、分度圆直径、齿顶圆直径、全齿高、中心距、分度圆齿厚和分度圆齿槽宽。

3－5－7　已知一标准渐开线直齿圆柱齿轮，其齿顶圆直径 $d_{a1} = 77.5$ mm，齿数 $z_1 = 29$。现要求设计一个大齿轮与其相啮合，传动的安装中心距 $a = 145$ mm，试计算这对齿轮的主要参数及大齿轮的主要尺寸。

3－5－8　某标准直齿圆柱齿轮，已知齿距 $p = 12.566$ mm，齿数 $z = 25$，正常齿制。求该齿轮的分度圆直径、齿顶圆直径、齿根圆直径、基圆直径、齿高以及齿厚。

3－5－9　当用滚刀或齿条插刀加工标准齿轮时，其不产生根切的最少齿数怎样确定？当被加工标准齿轮的压力角 $\alpha = 20°$、齿顶高因数 $h_a^* = 0.8$ 时，不产生根切的最少齿数为多少？

3－5－10　变位齿轮的模数、压力角、分度圆直径、齿数、基圆直径与标准齿轮是否一样？

3－5－11　设计用于螺旋输送机的减速器中的一对直齿圆柱齿轮。已知传递的功率 $P = 10$ kW，小齿轮由电动机驱动，其转速 $n_1 = 960$ r/min，$n_2 = 240$ r/min。单向传动，载荷比较平稳。

3－5－12　单级直齿圆柱齿轮减速器中，两齿轮的齿数 $z_1 = 35$、$z_2 = 97$，模数 $m = 3$ mm，

压力 $\alpha = 20°$,齿宽 $b_1 = 110\,mm$、$b_2 = 105\,mm$,转速 $n_1 = 720\,r/min$,单向传动,载荷中等冲击。减速器由电动机驱动。两齿轮均用 45 钢,小齿轮调质处理,齿面硬度为 220 ~ 250 HBS,大齿轮正火处理,齿面硬度 180 ~ 200 HBS。试确定这对齿轮允许传递的功率。

3-5-13 已知一对正常齿标准斜齿圆柱齿轮的模数 $m = 3\,mm$,齿数 $z_1 = 23$、$z_2 = 76$,分度圆螺旋角 $\beta = 8°6'34''$。试求其中心距、端面压力角、当量齿数、分度圆直径、齿顶圆直径和齿根圆直径。

3-5-14 如图 3-5-41 所示为斜齿圆柱齿轮减速器。

(1) 已知主动轮 1 的螺旋角旋向及转向,为了使轮 2 和轮 3 的中间轴的轴向力最小,试确定轮 2、3、4 的螺旋角旋向和各轮产生的轴向力方向。

(2) 已知 $m_{n2} = 3\,mm$,$z_2 = 57$,$\beta_2 = 18°$,$m_{n3} = 4\,mm$,$z_3 = 20$,β_3 应为多少时,才能使中间轴上两齿轮产生的轴向力互相抵消?

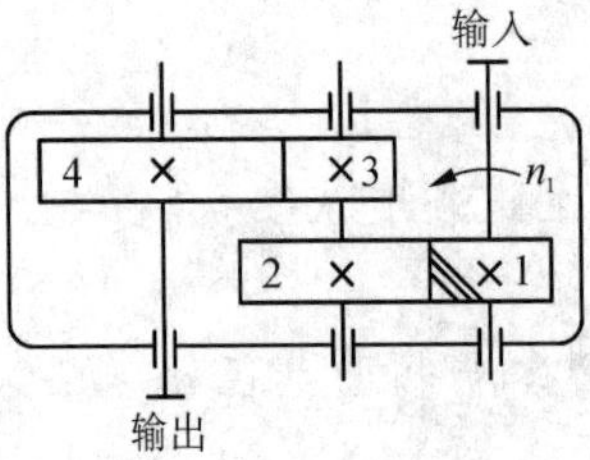

图 3-5-41

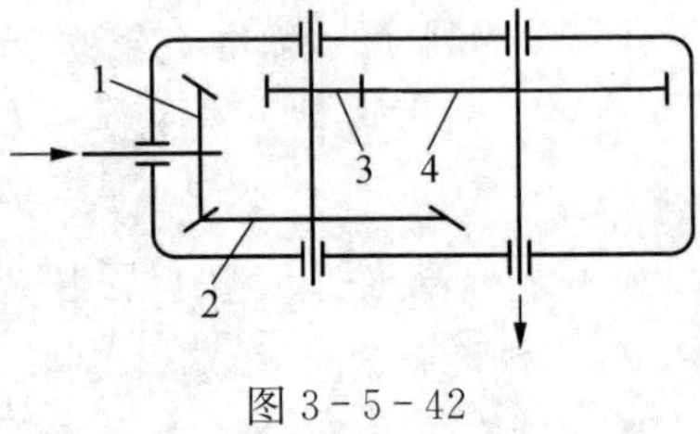

图 3-5-42

3-5-15 如图 3-5-42 所示的传动简图中,采用斜齿圆柱齿轮与圆锥齿轮传动,当要求中间轴的轴向力最小时,斜齿轮的旋向应如何?

3-5-16 一直齿锥—斜齿圆柱齿轮减速器(见图 3-5-43),主动轴 1 的转向如图所示,已知锥齿轮 $m = 5\,mm$,$z_1 = 20$,$z_2 = 60$,$b = 50\,mm$;斜齿轮 $m_n = 6\,mm$,$z_3 = 20$,$z_4 = 80$ 试问:

(1) 当斜齿轮的螺旋角为何旋向及多少度时才能使中间轴上的轴向力为零?

(2) 图(b)表示中间轴,试在两个齿轮的力作用点上分别画出三个分力。

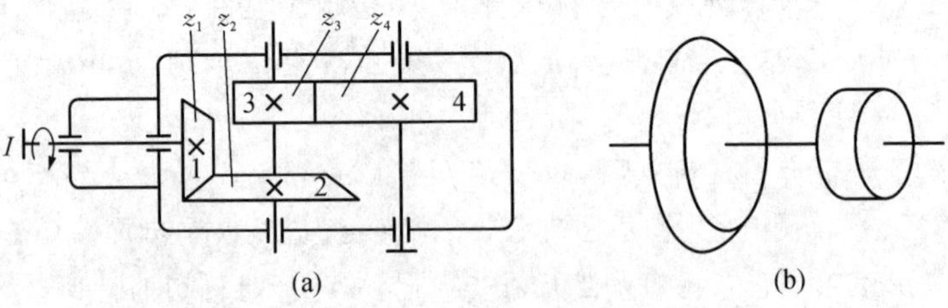

图 3-5-43

3-5-17 在一般传动中,如果同时有圆锥齿轮传动和圆柱齿轮传动,圆锥齿轮传动应放在高速级还是低速级?为什么?

3-5-18 试设计斜齿圆柱齿轮减速器中的一对斜齿轮。已知两齿轮的转速 $n_1 = 720\,r/min$,$n_2 = 200\,r/min$,传递的功率 $P = 10\,kW$,单向传动,载荷有中等冲击,由电动机驱动。

第六章　蜗杆传动与螺旋传动

本章主要介绍蜗杆传动的组成、结构、特点、类型和应用、阿基米德蜗杆传动的主要参数和几何尺寸。

在运动转换中，常需要进行空间交错轴之间的运动转换，在要求大传动比的同时，又希望传动机构的结构紧凑，采用蜗杆传动机构则可以满足上述要求。

图 3-6-1 需要在小空间内实现上层 X 轴到下层 Y 轴的大传动比传动，所选择的就是蜗杆传动。蜗杆传动广泛应用于机床、汽车、仪器、起重运输机械、冶金机械以及其他机械制造工业中，其最大传动功率可达 750 kW，但通常用在 50 kW 以下。

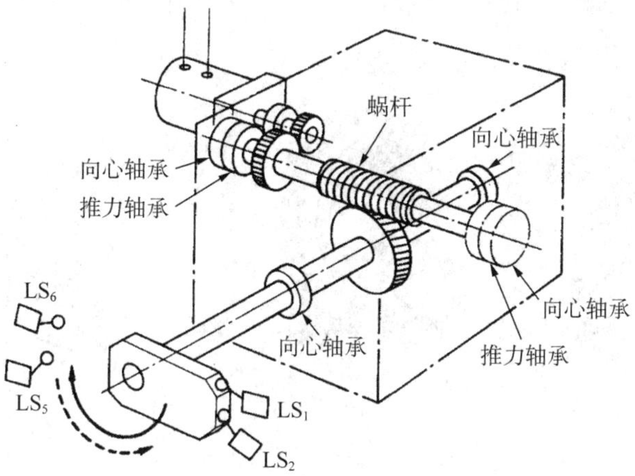

图 3-6-1

第一节　蜗杆传动的组成与特点

一、蜗杆传动的组成

蜗杆传动主要由蜗杆和蜗轮组成，如图 3-6-2 所示，主要用于传递空间交错的两轴之间的运动和动力，通常轴间交角为 90°。一般情况下，蜗杆为主动件，蜗轮为从动件。

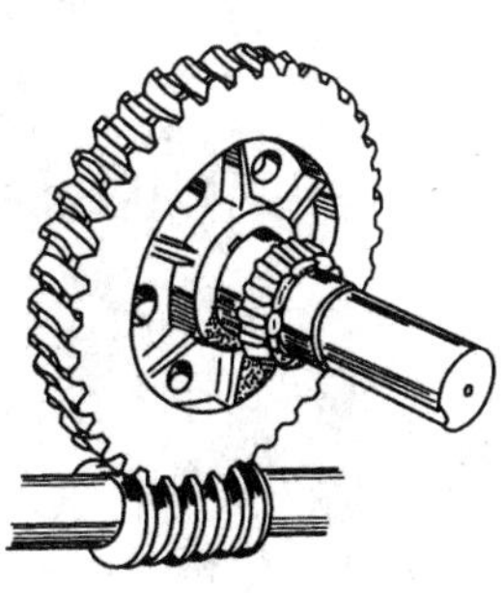

图 3-6-2

二、蜗杆传动特点

(1) 传动平稳　因蜗杆的齿是一条连续的螺旋线，传动连续，因此它的传动平稳，噪声小。

(2) 传动比大　单级蜗杆传动在传递动力时，传动比 $i=5\sim80$，常用的为 $i=15\sim50$。分度传动时 i 可达 1 000，与齿轮传动相比则结构紧凑。

(3) 具有自锁性　当蜗杆的导程角小于轮齿间的当量摩擦角时，可实现自锁。即蜗杆能带动蜗轮旋转，而蜗轮不能带动蜗杆。

(4) 传动效率低　蜗杆传动由于齿面间相对滑动速度大，齿面摩擦严重，故在制造精度和传动比相同的条件下，蜗杆传动的效率比齿轮传动低，一般只有 0.7～0.8。具有自锁功能的蜗杆机构，效率则一般不大于 0.5。

(5) 制造成本高　为了降低摩擦，减小磨损，提高齿面抗胶合能力，蜗轮齿圈常用贵重的铜合金制造，成本较高。

三、蜗杆传动的类型

蜗杆传动按照蜗杆的形状不同，可分为圆柱蜗杆传动[见图 3-6-3(a)]、环面蜗杆传动[见图 3-6-3(b)]。圆柱蜗杆传动除与图 3-6-3(a)相同的普通蜗杆传动，还有圆弧齿蜗杆传动[见图 3-6-3(c)]。

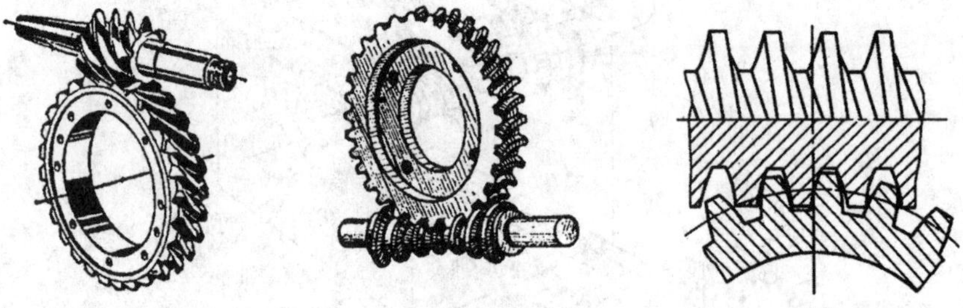

(a)　(b)　(c)

图 3-6-3

圆柱蜗杆机构又可按螺旋面的形状，分为阿基米德蜗杆机构和渐开线蜗杆机构等。圆柱蜗杆机构加工方便，环面蜗杆机构承载能力较强。

第二节　蜗杆传动的主要参数及几何尺寸

一、蜗杆机构的正确啮合条件

1. 中间平面

我们将通过蜗杆轴线并与蜗轮轴线垂直的平面定义为中间平面，如图 3-6-4 所示。在此平面内，蜗杆传动相当于齿轮齿条传动。因此这个下面内的参数均是标准值，计算公式与圆柱齿轮相同。

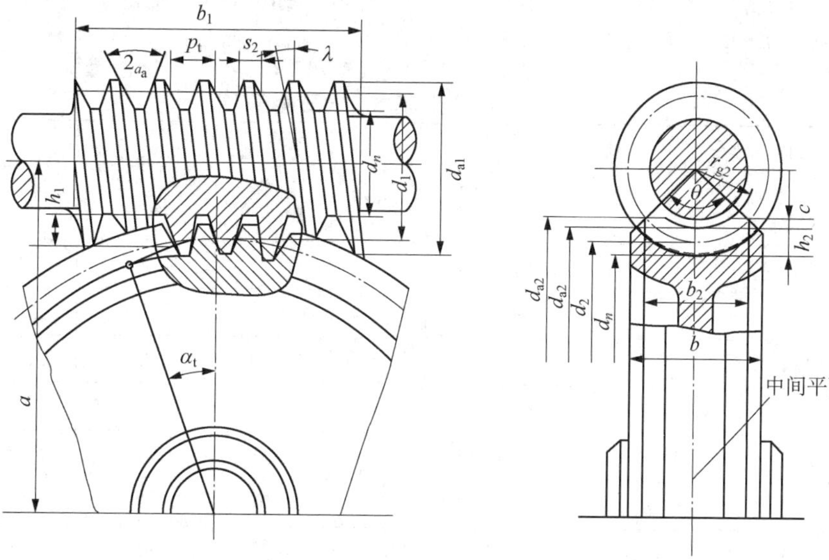

图 3-6-4

2. 正确啮合条件

根据齿轮齿条正确啮合条件，蜗杆轴平面上的轴面模数 m_{x1} 等于蜗轮的端面模数 m_{t2}，蜗杆轴平面上的轴面压力角 α_{x1} 等于蜗轮的端面压力角 α_{t2}；蜗杆导程角 λ 等于蜗轮螺旋角 β，且旋向相同，即

$$\begin{cases} m_{x1} = m_{t2} = m \\ \alpha_{x1} = \alpha_{t2} = \alpha \\ \lambda = \beta \end{cases} \tag{3-6-1}$$

为了方便加工，规定 m_{x1} 和 m_{t2} 都为标准模数，如表 3-6-1 所示。

二、基本参数

1. 蜗杆头数 z_1，蜗轮齿数 z_2

蜗杆头数 z_1 一般取 1、2、4。头数 z_1 增大，可以提高传动效率，但加工制造难度增加。

蜗轮齿数一般取 $z_2 = 28 \sim 80$。若 $z_2 < 28$，传动的平稳性会下降，且易产生根切；若 z_2 过大，蜗轮的直径 d_2 增大，与之相应的蜗杆长度增加、刚度降低，从而影响啮合的精度。

2. 传动比

$$i = \frac{n_1}{n_2} = \frac{z_2}{z_1} \tag{3-6-2}$$

式中，n_1、n_2 分别为蜗杆和蜗轮的转速，r/min；

z_1、z_2 分别为蜗杆头数和蜗轮齿数。

3. 蜗杆分度圆直径 d_1 和蜗杆直径系数 q

加工蜗轮时，用的是与蜗杆具有相同尺寸的滚刀，因此加工不同尺寸的蜗轮，就需要不同的滚刀。为限制滚刀的数量,并使滚刀标准化,对每一标准模数,规定了一定数量的蜗杆分度圆直径 d_1,如表 3－6－1 所示。

表 3－6－1　蜗杆基本参数配置表

模数 m mm	分度圆直径 d_1 mm	蜗杆头数 z_1	直径系数 q	m^3q	模数 m mm	分度圆直径 d_1 mm	蜗杆头数 z_1	直径系数 q	m^3q
1	**18**	1	18.000	18	6.3	(80)	1, 2, 4	12.698	3 175
1.25	20	1	16.000	31		**112**	1	17.798	4 445
	22.4	1	17.920	35	8	(63)	1, 2, 4	7.875	4 032
1.6	20	1, 2, 4	12.500	51		80	1, 2, 4, 6	10.000	5 120
	28	1	17.500	72		(100)	1, 2, 4	12.500	6 400
2	18	1, 2, 4	9.000	72		**140**	1	17.500	8 960
	22.4	1, 2, 4, 6	11.200	90	10	71	1, 2, 4	7.100	7 100
	(28)	1, 2, 4	14.000	112		90	1, 2, 4, 6	9.000	9 000
	35.5	1	17.750	142		(112)	1	11.200	11 200
2.5	(22.4)	1, 2, 4	8.960	140		160	1	16.000	16 000
	28	1, 2, 4, 6	11.200	175	12.5	(90)	1, 2, 4	7.200	14 062
	(35.5)	1, 2, 4	14.200	222		112	1, 2, 4	8.960	17 500
	45	1	18.000	281		(140)	1, 2, 4	11.200	21 875
3.15	(28)	1, 2, 4	8.889	278		200	1	16.000	31 250
	35.5	1, 2, 4, 6	11.270	352	16	(112)	1, 2, 4	7.000	28 672
	(45)	1, 2, 4	14.286	447		140	1, 2, 4	8.750	35 840
	56	1	17.778	556		(180)	1, 2, 4	11.250	46 080
4	(31.5)	1, 2, 4	7.875	504		250	1	15.625	64 000
	40	1, 2, 4, 6	10.000	640	20	(140)	1, 2, 4	7.000	56 000
	(50)	1, 2, 4	12.500	800		160	1, 2, 4	8.000	64 000
	71	1	17.750	1 136		(224)	1, 2, 4	11.200	89 600
5	(40)	1, 2, 4	8.000	1 000		315	1	15.750	126 000
	50	1, 2, 4, 6	10.000	1 250	25	(180)	1, 2, 4	7.200	112 500
	(63)	1, 2, 4	12.600	1 575		200	1, 2, 4	8.000	125 000
	90	1	18.000	22 500		(280)	1, 2, 4	11.200	175 000
6.3	(50)	1, 2, 4	7.936	1 984		400	1	16.000	250 000
	63	1, 2, 4, 6	10.000	2 500					

注:表中分度圆直径 d_1 的数字,带(　　)的尽量不用;黑体的为 $\lambda < 3°30'$ 的自锁蜗杆。

蜗杆分度圆直径与模数的比值称为蜗杆直径系数，用 q 表示，即

$$q=\frac{d_1}{m} \tag{3-6-3}$$

模数一定时，q 值增大则蜗杆的分度圆直径 d_1 增大、刚度提高。因此，为保证蜗杆有足够的刚度，小模数蜗杆的 q 值一般较大。

4. 蜗杆导程角 λ

$$\tan\lambda=\frac{L}{\pi d_1}=\frac{z_1\pi m}{\pi d_1}=\frac{z_1 m}{d_1}=\frac{z_1}{q} \tag{3-6-4}$$

式中，L 为螺旋线的导程，$L=z_1 p_{x1}=z_1\pi m$，其中 p_{x1} 为轴向齿距。

通常螺旋线的导程角 $\lambda=3.5°\sim27°$，导程角在 3.5°～4.5°范围内的蜗杆可实现自锁，升角大时传动效率高，但蜗杆加工难度大。

三、蜗杆传动的基本尺寸计算

标准圆柱蜗杆传动的几何尺寸计算公式如表 3-6-2 所示。

表 3-6-2　标准普通圆柱蜗杆传动几何尺寸计算公式

名　称	计算公式	
	蜗　杆	蜗　轮
齿顶高	$h_a=m$	$h_a=m$
齿根高	$h_f=1.2m$	$h_f=1.2m$
分度圆直径	$d_1=mq$	$d_2=mz_2$
齿顶圆直径	$d_{a1}=m(q+2)$	$d_{a2}=m(z_2+2)$
齿根圆直径	$d_{f1}=m(q-2.4)$	$d_{f2}=m(z_2-2.4)$
顶隙	$c=0.2m$	
蜗杆轴向齿距 蜗轮端面齿距	$p=m\pi$	
蜗杆分度圆柱的导程角	$\tan\lambda=\frac{z_1}{q}$	
蜗轮分度圆上轮齿的螺旋角		$\beta=\lambda$
中心距	$a=m(q+z_2)/2$	
蜗杆螺纹部分长度	$z_1=1、2$，$b_1\geqslant(11+0.06z_2)m$ $z_1=4$，$b_1\geqslant(12.5+0.09z_2)m$	
蜗轮咽喉母圆半径		$r_{g2}=a-d_{a2}/2$
蜗轮最大外圆直径		$z_1=1$、$d_{e2}\leqslant d_{a2}+2m$ $z_1=2$、$d_{e2}\leqslant d_{a2}+1.5m$ $z_1=4$、$d_{e2}\leqslant d_{a2}+m$

(续表)

名　称	计 算 公 式	
	蜗　杆	蜗　轮
蜗轮轮缘宽度		$z_1=1、2, b_2\leqslant 0.75d_{a1}$ $z_1=4, b_2\leqslant 0.67d_{a1}$
蜗轮轮齿包角		$\theta=2\arcsin(b_2/d_1)$ 一般动力传动 $\theta=70°90'$ 高速动力传动 $\theta=90°130'$ 分度传动 $\theta=45°60'$

四、蜗杆传动的受力分析

蜗杆传动的受力分析与斜齿圆柱齿轮的受力分析相似,齿面上的法向力 $\boldsymbol{F}_n$ 分解为三个相互垂直的分力:圆周力 $\boldsymbol{F}_t$、轴向力 $\boldsymbol{F}_a$、径向力 $\boldsymbol{F}_r$,如图 3-6-5 所示。

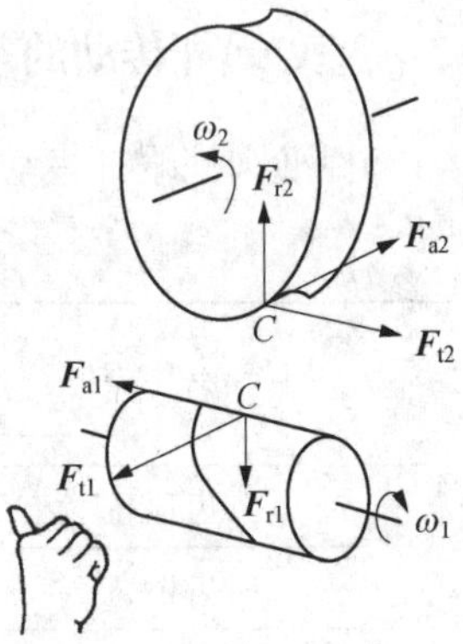

图 3-6-5

蜗杆受力方向:轴向力 $\boldsymbol{F}_{a1}$ 的方向由左、右手定则确定,图 3-6-5 为右旋蜗杆,则用右手握住蜗杆,四指所指方向为蜗杆转向,拇指所指方向为轴向力 $\boldsymbol{F}_{a1}$ 的方向;圆周力 $\boldsymbol{F}_{t1}$,与主动蜗杆转向相反;径向力 $\boldsymbol{F}_{r1}$,指向蜗杆中心。

蜗轮受力方向:因为 $\boldsymbol{F}_{a1}$ 与 $\boldsymbol{F}_{t2}$、$\boldsymbol{F}_{t1}$ 与 $\boldsymbol{F}_{a2}$、$\boldsymbol{F}_{r1}$ 与 $\boldsymbol{F}_{r2}$ 是作用力与反作用力关系,所以蜗轮上的三个分力方向,如图 3-6-5 所示。$\boldsymbol{F}_{a1}$ 的反作用力 $\boldsymbol{F}_{t2}$ 是驱使蜗轮转动的力,所以通过蜗轮蜗杆的受力分析也可判断它们的转向。

径向力 $\boldsymbol{F}_{r2}$ 指向轮心,圆周力 $\boldsymbol{F}_{t2}$ 驱动蜗轮转动,轴向力 $\boldsymbol{F}_{a2}$ 与轮轴平行。力的大小可按下式计算:

$$\begin{cases}\boldsymbol{F}_{t1}=\boldsymbol{F}_{a2}=\dfrac{2T_1}{d_1}\\ \boldsymbol{F}_{a1}=\boldsymbol{F}_{t2}=\dfrac{2T_2}{d_2}\\ \boldsymbol{F}_{r1}=\boldsymbol{F}_{r2}=\boldsymbol{F}_{t2}\cdot\tan\alpha\\ T_2=T_1\cdot i\cdot\eta\end{cases} \tag{3-6-5}$$

式中,$\alpha=20°$;

T_1、T_2 分别为作用于蜗杆和蜗轮上的转矩,N·m;

η 分别为蜗杆传动效率;

d_1、d_2 分别为蜗杆和蜗轮的节圆直径,mm。

第三节　蜗杆传动的失效、材料、散热与润滑

由于蜗杆传动中的蜗杆表面硬度比蜗轮高,所以蜗杆的接触强度、弯曲强度都比蜗轮

高；而蜗轮齿的根部是圆环面，弯曲强度也高、很少折断。

一、主要失效形式

蜗杆传动的主要失效形式有胶合、疲劳点蚀和磨损。

由于蜗杆传动在齿面间有较大的滑动速度，发热量大，若散热不及时，油温升高、黏度下降，油膜破裂，更易发生胶合。开式传动中，蜗轮轮齿磨损严重，所以蜗杆传动中，要考虑润滑与散热问题。

蜗杆轴细长，弯曲变形大，会使啮合区接触不良。需要考虑其刚度问题。

蜗杆传动的设计要求：①计算蜗轮接触强度；②计算蜗杆传动热平衡，限制工作温度，③必要时验算蜗杆轴的刚度。

二、蜗杆、蜗轮的材料选择

基于蜗杆传动的失效特点，选择蜗杆和蜗轮材料组合时，不但要求有足够的强度，而且要有良好的减摩、耐磨和抗胶合的能力。实践表明，较理想的蜗杆副材料是：青铜蜗轮齿圈匹配淬硬磨削的钢制蜗杆。

1. 蜗杆材料

对高速重载的传动，蜗杆常用低碳合金钢(如 20 Cr、20 CrMnTi)经渗碳后，表面淬火使硬度达 56～62 HRC，再经磨削。对中速中载传动，蜗杆常用 45 钢、40 Cr、35 SiMn 等，表面经高频淬火使硬度达 45～55 HRC，再磨削。对一般蜗杆可采用 45、40 等碳钢调质处理，硬度为 210～230 HBS。

2. 蜗轮材料

常用的蜗轮材料为铸造锡青铜(ZCuSn10Pl，ZCuSn6Zn6Pb3)、铸造铝铁青铜(ZCuAl10Fe3)及灰铸铁 HTl50、HT200 等。锡青铜的抗胶合、减摩及耐磨性能最好，但价格较高，常用于 $v_s \geqslant 3$ m/s 的重要传动；铝铁青铜具有足够的强度，并耐冲击，价格便宜，但抗胶合及耐磨性能不如锡青铜，一般用于 $v_s \leqslant 6$ m/s 的传动；灰铸铁用于 $v_s \leqslant 2$ m/s 的不重要场合。

三、蜗杆传动的强度计算方法

在中间平面内，蜗杆与蜗轮的啮合相当于齿条与斜齿轮啮合，因此蜗杆传动的强度计算方法与齿轮传动相似。

对于钢制的蜗杆，与青铜或铸铁制的蜗轮配对，其蜗轮齿面接触强度校核公式为

$$\sigma_H = 500\sqrt{\frac{KT_2}{d_1 d_2^2}} = 500\sqrt{\frac{KT_2}{m^2 d_1 z_2^2}} \leqslant [\sigma]_H \tag{3-6-6}$$

设计公式为

$$m^2 d_1 \geqslant KT_2\left(\frac{500}{z_2[\sigma]_H}\right)^2 \tag{3-6-7}$$

式中，K 为载荷系数，引入是为了考虑工作时载荷性质、载荷沿齿向分布情况以及动载荷影响，一般取 $K = 1.1 \sim 1.3$，当载荷平稳滑动速度 $v_s \leqslant 3$ m/s 时取小值，否则取大值；

T_2 为蜗轮上的转矩,N·mm;

z_2 为蜗轮齿数;

$[\sigma_H]$为蜗轮许用接触应力,可查表 3-6-3 和表 3-6-4。

表 3-6-3　锡青铜蜗轮的许用接触应力$[\sigma_H]$　MPa

蜗轮材料	铸造方法	适用的滑动速度 v_s(m/s)	蜗杆齿面硬度	
			≤350 HBS	>45 HRC
ZCuSn10P1	砂型	≤12	180	200
	金属型	≤25	200	220
ZCuSn6Zn6Pb3	砂型	≤10	110	125
	金属型	≤12	135	150

表 3-6-4　铝铁青铜及铸铁蜗轮的许用接触应力$[\sigma_H]$　MPa

蜗轮材料	蜗杆材料	滑动速度 v_s(m/s)						
		0.5	1	2	3	4	6	8
ZCuAl10Fe3	淬火钢	250	230	210	180	160	120	90
HT150 HT200	渗碳钢	130	115	90	—	—	—	—
HT150	调质钢	110	90	70	—	—	—	—

注:蜗杆未经淬火时,需将表中许用应力值降低 20%。

四、蜗杆传动的热平衡

1. 蜗杆传动时的滑动速度

蜗杆和蜗轮啮合时,齿面间有较大的相对滑动,相对滑动速度的大小对齿面的润滑情况、齿面失效形式及传动效率有很大影响。相对滑动速度越大,齿面间越容易形成油膜,则齿面间摩擦系数越小,当量摩擦角也越小;但另一方面,由于啮合处的相对滑动,加剧了接触面的磨损,因而应选用恰当的蜗轮蜗杆的配对材料,并注意蜗杆传动的润滑条件。

滑动速度计算公式为

$$v_s = \frac{\pi d_1 n_1}{60 \times 1\,000 \cos \gamma} \text{m/s} \qquad (3-6-8)$$

式中:λ 为普通圆柱蜗杆分度圆上的导程角;

n_1 为蜗杆转速,r/min;

d_1 为普通圆柱蜗杆分度圆上的直径,mm。

2. 蜗杆传动的效率

闭式蜗杆传动的功率损失包括:啮合摩擦损失、轴承摩擦损失和润滑油被搅动的油阻损失。因此总效率为啮合效率 η_1、轴承效率 η_2、油的搅动和飞溅损耗效率 η_3 的乘积,其中啮合效率 η_1 是主要的。总效率为

$$\eta = \eta_1 \eta_2 \eta_3 \tag{3-6-9}$$

当蜗杆主动时，啮合效率 η_1 为

$$\eta_1 = \frac{\tan\lambda}{\tan(\lambda + \rho_v)}$$

式中：λ 为普通圆柱蜗杆分度圆上的导程角。

ρ_v 为当量摩擦角，可按蜗杆传动的材料及滑动速度查表 3－6－5 得出。

表 3－6－5　当量摩擦系数 f_v 当量摩擦角 ρ_v

蜗轮材料	锡青铜				无锡青铜	
蜗杆齿面硬度	>45 HRC		≤350 HBS		>45 HRC	
滑动速度 v_s(m/s)	f_v	ρ_v	f_v	ρ_v	f_v	ρ_v
1.00	0.045	2°35′	0.055	3°09′	0.07	4°00′
2.00	0.035	2°00′	0.045	2°35′	0.055	3°09′
3.00	0.028	1°36′	0.035	2°00′	0.045	2°35′
4.00	0.024	1°22′	0.031	1°47′	0.04	2°17′
5.00	0.022	1°16′	0.029	1°40′	0.035	2°00′
8.00	0.018	1°02′	0.026	1°29′	0.03	1°43′

注：1. 蜗杆齿面粗糙度 $R_a=0.8\sim0.2$。
2. 蜗轮材料为灰铸铁时，可按无锡青铜查取 f_v、ρ_v。

由于轴承效率 η_2、油的搅动和飞溅损耗时的效率 η_3 不大，一般取 $\eta_2\eta_3 = 0.95 \sim 0.96$，在开始设计时，为了近似地求出蜗轮轴上的转矩 T_2，则总效率 η 常按以下数值估取：当蜗杆齿数 $z_1 = 1$ 时，总效率估取 $\eta = 0.7$；当蜗杆齿数 $z_1 = 2$ 时，总效率估取 $\eta = 0.8$；当蜗杆齿数 $z_1 = 4$ 时，总效率估取 $\eta = 0.9$。

3. 蜗杆传动的热平衡计算

由于蜗杆传动的效率低，因而发热量大，在闭式传动中，如果不及时散热，将使润滑油温度升高、黏度降低，油被挤出、加剧齿面磨损，甚至引起胶合。因此，对闭式蜗杆传动要进行热平衡计算，以便在油的工作温度超过许可值时，采取有效的散热方法。

由摩擦损耗的功率变为热能，借助箱体外壁散热，当发热速度与散热速度相等时，就达到了热平衡。通过热平衡方程，可求出达到热平衡时，润滑油的温度。该温度一般限制在60～70℃，最高不超过 80℃。

热平衡方程为

$$1\,000(1-\eta)P_1 = \alpha_t A(t_1 - t_0)$$

式中，P_1 为蜗杆传递的功率，kW；

η 为传动总效率；

A 为散热面积，可按长方体表面积估算，但需除去不和空气接触的面积，凸缘和散热片面积按 50%计算；

t_0 为周围空气温度,常温情况下可取 20℃;

t_1 为润滑油的工作温度;

α_t 为箱体表面传热系数,其数值表示单位面积、单位时间、温差 1℃所能散发的热量,根据箱体周围的通风条件一般取 $\alpha_t = 10 \sim 17$ W/(m²℃),通风条件好时取大值。

由热平衡方程得出润滑油的工作温度 t_1 为

$$t_1 = \frac{1\,000P_1(1-\eta)}{\alpha_t A} + t_0 \tag{3-6-10}$$

在闭式传动中,热量由箱体散发出来,要求箱体内的油温 t_1 和周围空气温度 t_0 之差 Δt 不超过允许值[Δt],[Δt]一般为 60～70℃,最大不超过 80℃,即

$$\Delta t = t_1 - t_0 = \frac{1\,000P_1(1-\eta)}{\alpha_t A} \leqslant [\Delta t] \tag{3-6-11}$$

也可以由热平衡方程得出该传动装置所必需的最小散热面积 A_{min} 为

$$A = \frac{1\,000(1-\eta)P_1}{\alpha_t(t_1 - t_0)} \tag{3-6-12}$$

如果实际散热面积小于最小散热面积 A_{min},或润滑油的工作温度超过 80℃,则需采取强制散热措施。

五、蜗杆传动机构的散热

蜗杆传动机构的散热目的是保证油的温度在安全范围内,以提高传动能力。常用下面几种散热措施:

(1) 在箱体外壁加散热片以增大散热面积。

(2) 在蜗杆轴上装置风扇,如图 3-6-6(a)所示。

(3) 采用上述方法后,如散热能力还不够,可在箱体油池内铺设冷却水管,用循环水冷却,如图 3-6-6(b)所示

(4) 采用压力喷油循环润滑。油泵将高温的润滑油抽到箱体外,经过滤器、冷却器冷却后,喷射到传动的啮合部位,如图 3-6-6(c)所示。

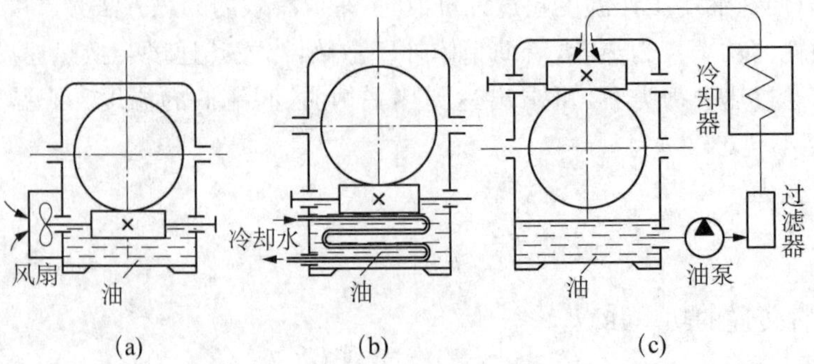

图 3-6-6

(a) 风扇冷却 (b) 冷却水管冷却 (c) 压力喷油润滑

第四节　蜗杆与蜗轮的结构

蜗杆的结构如图 3-6-7 所示，一般将蜗杆和轴做成一体，称为蜗杆轴。蜗轮的结构如图 3-6-8 所示，一般为组合式结构，齿圈用青铜，轮芯用铸铁或钢。

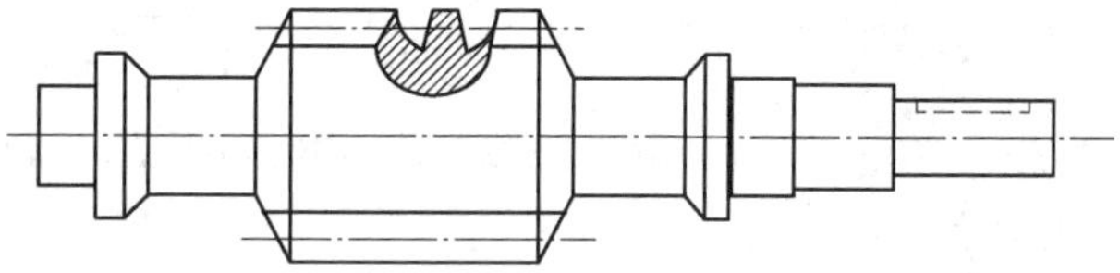

图 3-6-7

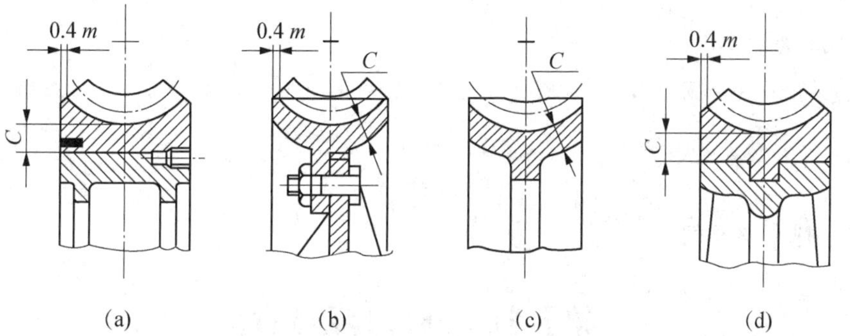

图 3-6-8

图 3-6-8(a)为组合式过盈连接，这种结构常由青铜齿圈与铸铁轮芯组成，多用于尺寸不大或工作温度变化较小的地方。图 3-6-8(b)为组合式螺栓连接，这种结构装拆方便，多用于尺寸较大或易磨损的场合。图 3-6-8(c)为整体式，主要用于铸铁蜗轮或尺寸很小的青铜蜗轮。图 3-6-8(d)为拼铸式，将青铜齿圈浇铸在铸铁轮芯上，常用于成批生产的蜗轮。

例 3-6-1　设计一混料机用的闭式普通圆柱蜗杆传动。已知：蜗杆输入功率 $P_1 = 10$ kW，蜗杆转速 $n_1 = 1\,460$ r/min，传动比 $i = 20$，单向转动载荷平稳，批量生产，试设计此蜗杆传动。

解：(1) 蜗轮轮齿齿面接触强度计算。

① 选择材料确定许用应力。

考虑到蜗杆传动传递的功率不大，速度也不太高，蜗杆选用 45 钢制造，调质处理，齿面硬度 220～250 HBS；蜗轮轮缘选用铸铝锡青铜 ZCuSn10P1，又因批量生产，采用金属模铸造。由表 3-6-3 得：$[\sigma_H] = 2\,000$ MPa。

② 确定蜗杆头数、蜗轮的齿数：取 $z_1 = 2$，则 $z_2 = iz_1 = 20 \times 2 = 40$。

③ 确定蜗轮转矩 T_2：因 $z_1 = 2$，故初步选取 $\eta' = 0.8$，则

$$T_2' = T_1 i\eta' = 9.55\times 10^6\,\frac{P_1}{N_1}i\eta'$$

$$= 9.55\times 10^6\times 20\times 0.8\times\frac{10}{1\,460} = 1.073\times 10^6\ \text{N}\cdot\text{mm}$$

④ 确定载荷系数:因载荷平稳,取 $K = 1.1$。

将各参数代入式(3-6-7)

$$m^2 d_1 \geqslant KT_2\left(\frac{500}{z_2[\sigma]_H}\right)^2 = 1.1\times 1.073\times 10^6\times\left(\frac{500}{40\times 200}\right)^2 = 4\,611\ \text{mm}^3$$

查表 3-6-1,按 $m^2 d_1 \geqslant 4\,611\ \text{mm}^3$,选取 $m = 8$ mm, $d_1 = 80$ mm。

⑤ 计算主要几何尺寸:

蜗杆分度圆直径 $d_1 = 80$ mm

蜗轮分度圆直径 $d_2 = mz_2 = 8\times 40 = 320$ mm

中心距 $a = (d_1 + d_2)/2 = 80 + 320 = 400$ mm

(2) 热平衡计算。

取散热面积 $A = 2\ \text{m}^2$, $\alpha_t = 15\ \text{W}/(\text{m}^2\cdot℃)$, $\eta = 0.8$, 由式(3-6-11)得

$$\Delta t = t_1 - t_0 = \frac{1\,000P_1(1-\eta)}{\alpha_t A} = \frac{1\,000\times 10(1-0.8)}{15\times 2} \approx 67℃ \leqslant [\Delta t] = 60\sim 70℃$$

故满足热平衡要求。

第五节　螺旋传动简介

一、螺旋机构的工作原理和类型

由螺旋副连接相邻构件而成的机构称为螺旋机构。常用的螺旋机构除螺旋副外还有转动副和移动副。图 3-6-9 所示为最简单的三构件螺旋机构。其中构件 1 为螺杆,构件 2 为螺母,构件 3 为机架。在图 3-6-9(a)中 B 为螺旋副,其导程为 p_B, A 为转动副,C 为移动副。当螺杆 1 转过角 φ 时,螺母 2 的位移 s 为

$$s = p_B\frac{\varphi}{2\pi} \tag{3-6-13}$$

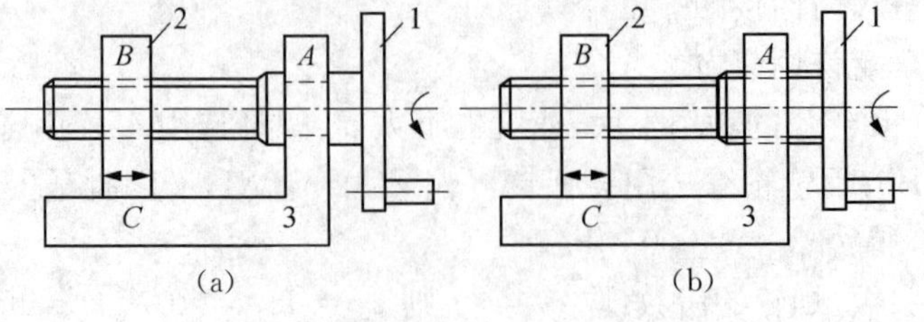

图 3-6-9

若图 3-6-9(a)中的 A 也是螺旋副,其导程为 p_A,且螺旋方向与螺旋副 B 相同,则可得

图 3-6-9(b)所示机构。这时，当螺杆 1 的回转角为 φ 时，螺母 2 的位移 s 为两个螺旋副移动量之差，即

$$s=(p_A-p_B)\frac{\varphi}{2\pi} \tag{3-6-14}$$

由上式可知，若 p_A 和 p_B 近于相等时，则位移 s 可以极小，这种螺旋机构通称为**差动螺旋**。

如果图 3-6-9(b)所示螺旋机构的两个螺旋方向相反而导程的大小相等，那么，螺母 2 的位移为

$$s=(p_A+p_B)\frac{\varphi}{2\pi}=2p_A\frac{\varphi}{2\pi}=2s' \tag{3-6-15}$$

式中，s'为螺杆 1 的位移。

由上式可知，螺母 2 的位移是螺杆 1 位移的两倍，也就是说，可以使螺母 2 产生快速移动，这种螺旋机构称为**复式螺旋**。

二、螺旋机构的特点和应用

螺旋机构结构简单、制造方便，它能将回转运动变换为直线运动。运动准确性高，降速比大，可传递很大的轴向力，工作平稳、无噪音，有自锁作用，但效率低，需有反向机构才能反向传动。

螺旋机构在机械工业、仪器仪表、工装、测量工具等用得较广泛。如螺旋压力机、千斤顶、车床刀架和工作台的丝杠、台钳、车厢连接器、螺旋测微器等。

图 3-6-10 所示为台钳定心夹紧机构。它自平面夹爪 1 和 V 型夹爪 2 组成定心机构。螺杆 3 的 A 端是右旋螺纹，导程为 p_A，B 端为左旋螺纹，导程为 p_B。它是导程不同的复式螺旋。当转动螺杆 3 时，夹爪 1 与 2 夹紧工件 5，并能适应不同直径工件的准确定心。

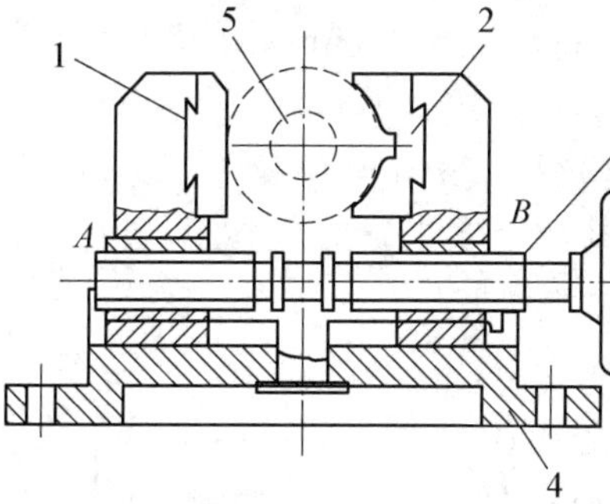

图 3-6-10

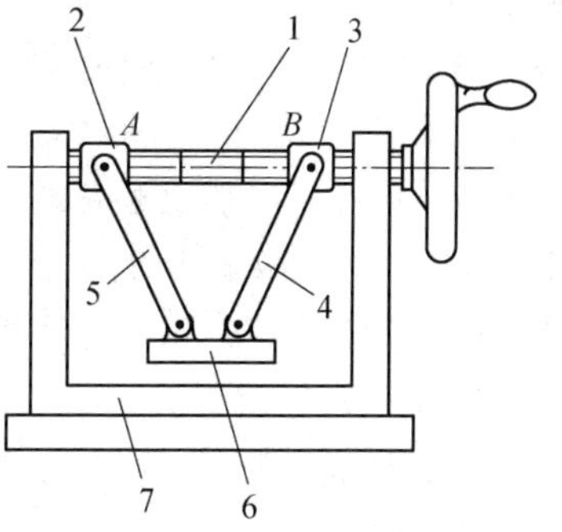

图 3-6-11

图 3-6-11 所示为压榨机构。螺杆 1 两端分别与螺母 2、3 组成旋向相反导程相同的螺旋副 A 与 B。根据复式螺旋原理，当转动螺杆 1 时，螺母 2 与 3 很快地靠近，再通过连杆 4、5 使压板 6 向下运动，以压榨物件。

习 题

3-6-1 蜗杆传动的主要失效形式有哪几种？选择蜗杆和蜗轮材料组合时，较理想的蜗杆副材料是什么？

3-6-2 蜗杆传动有哪些特点？

3-6-3 普通蜗杆传动的哪一个平面称为中间平面？

3-6-4 蜗杆传动有哪些应用？

3-6-5 蜗杆传动为什么要考虑散热问题？有哪些散热方法？

3-6-6 观察生活中，有哪些机器中应用了蜗杆传动机构？铣床中有吗？

3-6-7 试分析如图3-6-12蜗杆传动的中蜗轮的转动方向及蜗杆、蜗轮所受各分力的方向。

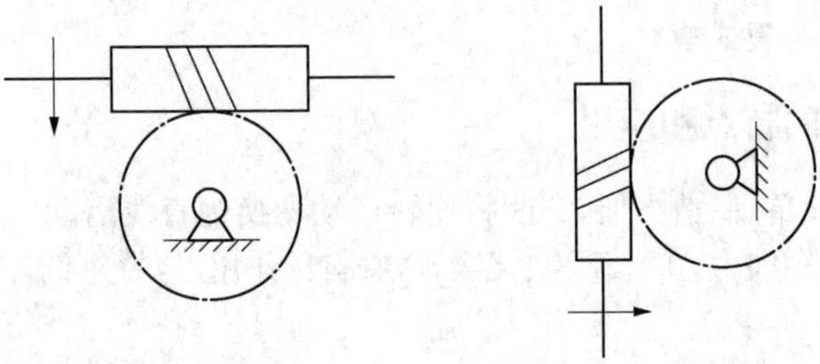

(a) (b)

图3-6-12

3-6-8 举例说明差动螺旋和复式螺旋的应用。

3-6-9 设计一混料机的闭式蜗杆传动。已知：蜗杆输入的传递功率 $P_1 = 3\,\text{kW}$、转速 $n_1 = 960\,\text{r/min}$、$n_2 = 70\,\text{r/min}$、载荷稳定。

3-6-10 测得一双头蜗杆的轴向模数是 2 mm，$d_{a1} = 28\,\text{mm}$，求蜗杆的直径系数、导程角和分度圆直径。

3-6-11 有一标准圆柱蜗杆传动，已知模数 $m = 8\,\text{mm}$，传动比 $i = 20$，蜗杆分度圆直径 $d = 80\,\text{mm}$，蜗杆头数 $z = 2$。试计算该蜗杆传动的主要几何尺寸。

3-6-12 如图3-6-13所示为微调的螺旋机构，构件1与机架3组成螺旋副 A，其导程为2.8 mm，右旋。构件2与机架3组成移动副 C，2与1还组成螺旋副 B。现要求当构件1转一圈时，构件2向右移动0.2 mm，问螺旋副 B 的导程为多少？右旋还是左旋？

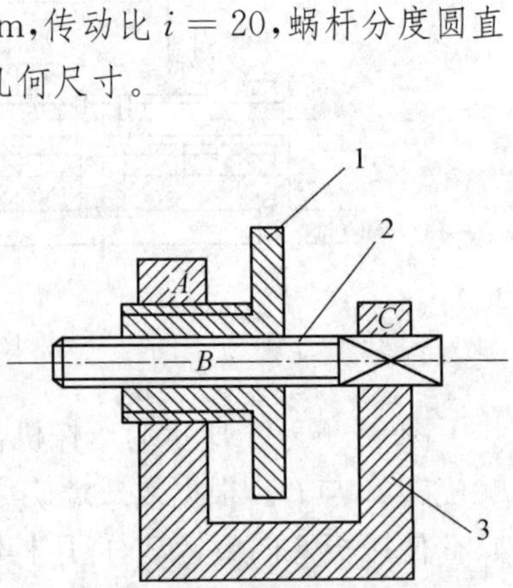

图3-6-13

第七章　齿轮系和减速器

第一节　轮系及其分类

轮系是由一系列轮系组成的传动系统。这些轮系通常是齿轮(见图 3-7-1),也可以是摩擦轮等。这里主要研究齿轮轮系。

按轮系运动时轴线是否固定,将其分为两大类:

(1) 定轴轮系　轮系运动时,所有齿轮轴线都固定的轮系,称为定轴轮系,如图 3-7-1 所示。

(2) 行星轮系　轮系运动时,至少有一个齿轮的轴线可以绕另一根齿轮的轴线转动,这样的轮系称为行星轮系。轴线可动的齿轮称为行星轮,如图 3-7-2 中的轮 2,它既绕本身的轴线自转,又绕 O_1 或 O_H 公转。轮 1 与轮 3 的轴线固定不动,称为太阳轮,把支持行星轮工作公转和自转的构件 H 称为行星架。

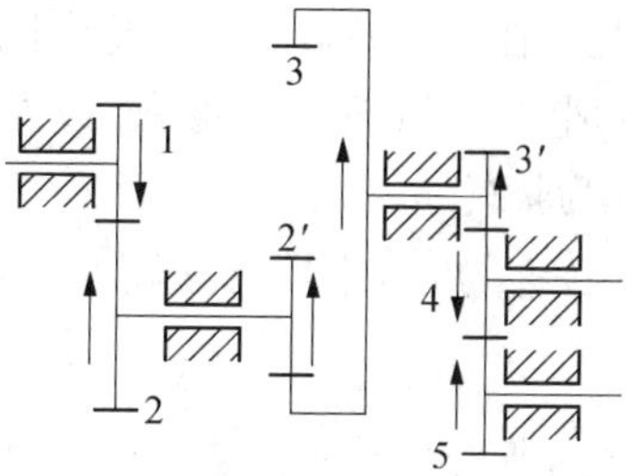

图 3-7-1

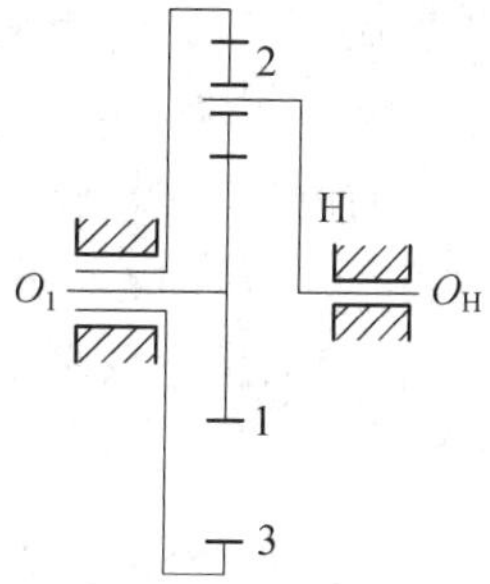

图 3-7-2

第二节　定轴轮系的传动比

定轴轮系分为两大类:一类是所有齿轮的轴线都相互平行,称为平行轴定轴轮系(亦称平面定轴轮系);另一类轮系中有相交或交错的轴线,称之为非平行轴定轴轮系(亦称空间定轴轮系)。

轮系中,输入轴与输出轴的角速度或转速之比,称为**轮系传动比**。

计算传动比时,不仅要计算其数值大小,还要确定输入轴与输出轴的转向关系。对于平行轴定轴轮系,其转向关系用正、负号表示:转向相同用正号,相反用负号。对于非平行轴定轴轮系,各轮转动方向用箭头表示。

一、平行轴定轴轮系

图 3-7-1 所示为各轴线平行的定轴轮系,输入轴与主动首轮 1 固定连接,输出轴与从动末轮 5 固联,所以该轮系传动比,就是输入轴与输出轴的转速比,其传动比 i 求法如下:

(1) 由图 3-7-1 所示轮系机构运动简图,可知齿轮动力传递线为

$$(1—2)=(2'—3)=(3'—4)=(4—5)$$

上式括号内是一对啮合齿轮,其中轮 1、2′、3′、4 为主动轮,2、3、4、5 为从动轮;以符号"—"所连两轮表示啮合,以符号"="所连两轮同轴运转,它们的转速相等。

(2) 图 3-7-1 轮系传动比 i 的大小

$$i_{15}=\frac{n_1}{n_5}=\frac{n_1}{n_2}\cdot\frac{n_{2'}}{n_3}\cdot\frac{n_{3'}}{n_4}\cdot\frac{n_4}{n_5}=(-1)^3\frac{z_2}{z_1}\cdot\frac{z_3}{z_2'}\cdot\frac{z_4}{z_3'}\cdot\frac{z_5}{z_4}=i_{12}\cdot i_{2'3}\cdot i_{3'4}\cdot i_{45}$$

上式表明,该定轴齿轮系的传动比等于各对啮合齿轮传动比的连乘积,也等于各对啮合齿轮中各从动轮齿数的连乘积与各主动轮齿数的连乘积之比,其正负号取决于轮系中外啮合齿轮的对数。

当外啮合齿轮为偶数对时,传动比为正号,表示轮系的首轮与末轮的转向相同。外啮合齿轮为奇数对时,传动比为负号,表示首轮与末轮的转向相反。式中等号右边的指数 3 为该齿轮系中外啮合齿轮的对数,传动比 i 为负值,表示轮 1 与轮 5 的转向相反。

齿轮系首轮与末轮的相对转向,也可用画箭头的方法来确定和验证,如图 3-7-1 所示。由图中可以看出,轮 1 和轮 5 的转向相反。

从式中还可看出,式中分子、分母均有齿轮 4 的齿数 z_4,这是因为齿轮 4 在与齿轮 3′啮合时是从动轮,但在与齿轮 5 啮合时又为主动轮,因此可在等式右边分子分母中同时消去 z_4。

这说明齿轮 4 的齿数不影响轮系传动比的大小。但齿轮 4 的加入,改变了传动比的正负号,即改变了齿轮系的从动轮转向,这种齿轮称为**惰轮**。

总结:在平行轴定轴齿轮系中,当首轮轮 1 的转速为 n_1,末轮轮 k 转速为 n_k,则此齿轮系的传动比为:

$$i_{1k}=\frac{n_1}{n_k}=(-1)^m\frac{\text{从 1 轮到 }k\text{ 轮之间所有从动轮齿数的连乘积}}{\text{从 1 轮到 }k\text{ 轮之间所有主动轮齿数的连乘积}} \quad (3-7-1)$$

式中,m 为齿轮系中从轮 1 到轮 k 间,外啮合齿轮的对数。

以下举例说明平行轴定轴齿轮系的传动比计算。

例 3-7-1 在图 3-7-1 所示的齿轮系中,已知 $z_1=20$, $z_2=40$, $z_2'=30$, $z_3=60$, $z_3'=25$, $z_4=30$, $z_5=50$,均为标准齿轮传动。若已知轮 1 的转速 $n_1=1\,440$ r/min,试求轮 5 的转速。

解:此定轴齿轮系各轮轴线相互平行,且齿轮 4 为惰轮,齿轮系中有三对外啮合齿轮,由式(3-7-1)得

$$i_{15}=\frac{n_1}{n_5}=(-1)^3\frac{z_2}{z_1}\cdot\frac{z_3}{z_2'}\cdot\frac{z_4}{z_3'}\cdot\frac{z_5}{z_4}=(-1)^3\frac{40\times60\times30\times50}{20\times30\times25\times30}=-8$$

$$n_5 = n_1/i_{15} = 1\,440/(-8) = -180\ \mathrm{r/min}$$

负号,表示轮 1 和轮 5 的转向相反。

二、非平行轴定轴轮系

图 3-7-3 所示的非平行轴定轴齿轮系,其传动比的大小仍可用平行轴定轴齿轮系的传动比计算公式(3-7-1)计算,但因各轴线并不全部相互平行,故不能用$(-1)^m$来确定主动轮与从动轮的转向,必须用画箭头的方式在图上标注出各轮的转向。

一对互相啮合的圆锥齿轮传动时,在其节点处的圆周速度是相同的,所以标志两者转向的箭头不是同时指向啮合点,就是同时背离啮合点。图 3-7-3 轮系中圆锥齿轮的转向即可按此法判断。

至于蜗杆机构的转向判定,可用蜗杆传动一章所述方法确定。

以下举例说明非平行轴定轴轮系的传动比计算。

例 3-7-2 图 3-7-3 所示的轮系中,设已知 $z_1 = 16$, $z_2 = 32$, $z_2' = 20$, $z_3 = 40$, $z_3' = 2$(右旋), $z_4 = 40$,均为标准齿轮传动。已知轮 1 的转速 $n_1 = 1\,000\ \mathrm{r/min}$,试求轮 4 的转速及转动方向。

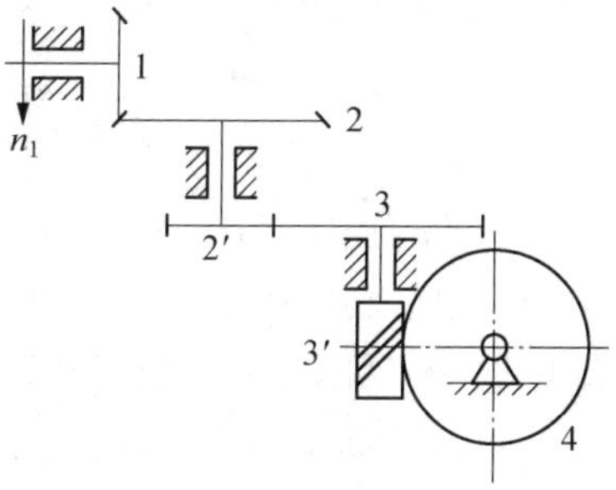

图 3-7-3

解:由式(3-7-1)得

$$i_{14} = \frac{n_1}{n_4} = \frac{z_2}{z_1} \cdot \frac{z_3}{z_2'} \cdot \frac{z_4}{z_3'} = \frac{32 \times 40 \times 40}{16 \times 20 \times 2} = 80$$

$$n_4 = n_1/i_{14} = 1\,000/80 = 12.5\ \mathrm{r/min}$$

轮 4 的转向如图所示应该逆时针转动。

第三节 周转轮系及其传动比

在如图 3-7-4(a)所示行星齿轮系中,行星轮 z_2 既绕本身的轴线自转,又绕 O_1 或 O_H 公转,因此不能直接用定轴轮系传动比计算公式求解行星轮系的传动比,而通常采用反转法来间接求解其传动比。

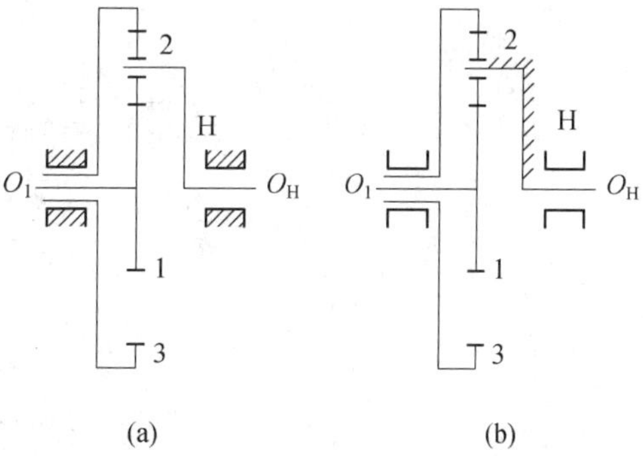

图 3-7-4

假定行星齿轮系各齿轮和行星架 H 的转速分别为:n_1、n_2、n_3、n_H。现在整个行星齿轮系上加上一个与行星架转速大小相等、方向相反的公共转速$(-n_H)$将行星齿轮系转化成一假想的定轴齿轮系,如图 3-7-4(b)所示。再用定轴齿轮系的传动比计算公式,求解行星齿轮系传动比。

由相对运动原理可知,对整个行星齿轮系加上一个公共转速$(-n_H)$以后,该齿轮系中各构件之间的相对运动规律并不改变,但转速发生了变化,其变化结果如下:

变成　　　　记作

齿轮 1 的转速　　$n_1 \longrightarrow (n_1 - n_H) \longrightarrow n_1^H$

齿轮 2 的转速　　$n_2 \longrightarrow (n_2 - n_H) \longrightarrow n_2^H$

齿轮 3 的转速　　$n_3 \longrightarrow (n_3 - n_H) \longrightarrow n_3^H$

行星架 H 的转速　$n_H \longrightarrow (n_H - n_H) \longrightarrow 0$

既然该齿轮系的反转机构是定轴齿轮系，则在图 3-7-4b 所示反转机构中，轮 1 和 3 间的传动比可表达为

$$i_{13}^H = \frac{n_1^H}{n_3^H} = \frac{n_1 - n_H}{n_3 - n_H} = (-1)^1 \frac{z_2 z_3}{z_1 z_2} = -\frac{z_3}{z_1}$$

式中，i_{13}^H 表示反转机构中轮 1 与轮 3 相对于行星架 H 的传动比。其中“$(-1)^1$”表示在反转机构中有一对外啮合齿轮传动，传动比为负说明：轮 1 与轮 3 在反转机构中的转向相反。

一般情况下，若某单级行星齿轮系由多个齿轮构成，则传动比求法为：

1）先求传动比大小

$$i_{1k}^H = \frac{n_1^H}{n_k^H} = \frac{n_1 - n_H}{n_k - n_H} = \frac{\text{从 1 轮到 } k \text{ 轮之间所有从动轮齿数的连乘积}}{\text{从 1 轮到 } k \text{ 轮之间所有主动轮齿数的连乘积}} \quad (3-7-2)$$

2）再确定传动比符号

标出反转机构中各个齿轮的转向，来确定传动比符号。当轮 1 与轮 k 的转向相同时，传动比取“+”号，反之取“−”号。

下面举例说明行星齿轮系的传动比计算。

例 3-7-3　图 3-7-5 所示的轮系中，已知 $z_1 = 100$，$z_2 = 101$，$z_2' = 100$，$z_3 = 99$，均为标准齿轮传动，试求 i_{H1}。

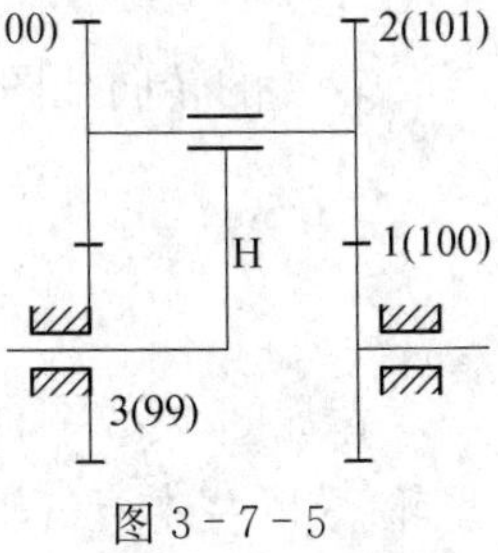

图 3-7-5

解：由式(3-7-2)得

$$i_{13}^H = \frac{n_1^H}{n_3^H} = \frac{n_1 - n_H}{n_3 - n_H} = \frac{z_2 z_3}{z_1 z_2'}$$

因　　$n_3 = 0$

故有

$$\frac{n_1 - n_H}{0 - n_H} = \frac{z_2 z_3}{z_1 z_2'}$$

$$i_{1H} = \frac{n_1}{n_H} = 1 - \frac{z_2 z_3}{z_1 z_2'} = 1 - \frac{101 \times 99}{100 \times 100} = \frac{1}{10\,000}$$

所以

$$i_{H1} = \frac{n_H}{n_1} = \frac{1}{i_{1H}} = 10\,000$$

例 3-7-4　图 3-7-6 所示的轮系中，已知 $z_1 = 40$，$z_2 = 40$，$z_3 = 40$，均为标准齿轮传动，试求 i_{13}^H。

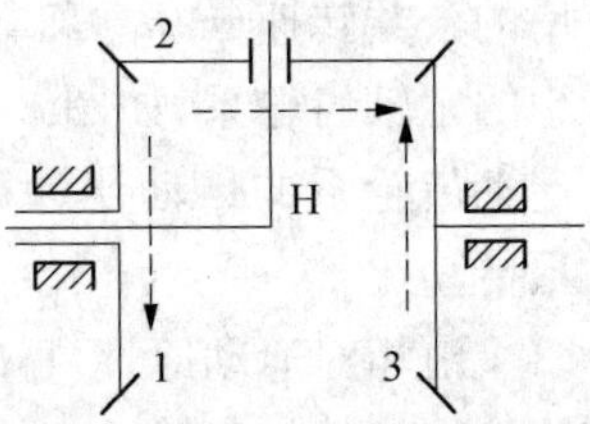

图 3-7-6

解：由式(3-7-2)得

$$i_{13}^H = \frac{n_1^H}{n_3^H} = \frac{n_1 - n_H}{n_3 - n_H} = -\frac{z_2 z_3}{z_1 z_2} = -\frac{z_3}{z_1} = -1$$

其中，负号表示轮 1 与轮 3 在反转机构中的转向相反。

第四节　混合轮系及其传动比

定轴轮系和行星轮系组合成的轮系称为组合轮系，如图 3-7-7 所示。

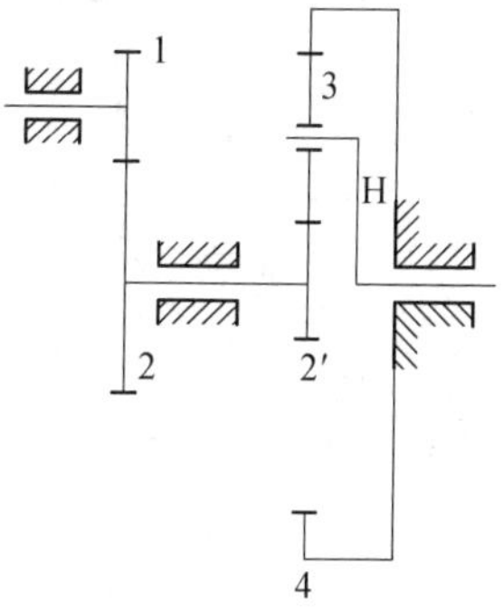

图 3-7-7

因为组合轮系是由运动性质不同的轮系组成，所以计算其传动比时，必须先将轮系分解成行星轮系和定轴轮系，然后分别按反转轮系传动比和定轴轮系传动比列计算公式，最后联立求解。

组合轮系分解方法是，先找出各行星轮系，余下的便是定轴轮系。图 3-7-7 所示的组合轮系，按行星轮轴线可转的特征，找到由行星架 H 支承的行星轮 3，以行星轮 3 为核心，与其相啮合的有太阳轮 2′和 4。

例 3-7-5　在图 3-7-7 所示的齿轮系中，已知 $z_1=20$，$z_2=40$，$z_2'=20$，$z_3=30$，$z_4=60$，均为标准齿轮传动，试求 i_{1H}。

解：(1) 分析轮系　由图可知该轮系为一平行轴定轴轮系与简单行星轮系组成的组合轮系，其中，行星轮系为：2′—3—4—H，定轴轮系为：1—2。

(2) 分析轮系中各轮之间的内在关系，由图中可知

$$n_4=0,\ n_2=n_2'$$

(3) 分别计算各轮系传动比。

① 定轴齿轮系　由式(3-7-1)得

$$i_{12}=\frac{n_1}{n_2}=(-1)^1\frac{z_2}{z_1}=-\frac{40}{20}=-2,\ n_1=-2n_2$$

② 行星齿轮系　由式(3-7-2)得

$$i_{2'4}^{H}=\frac{n_{2'}^{H}}{n_4^{H}}=\frac{n_{2'}-n_H}{n_4-n_H}=-\frac{z_4z_3}{z_3z_{2'}}=-\frac{60}{20}=-3$$

③ 联立求解

联立①、②得出的算式，代入 $n_4=0$，$n_2=n_2'$ 得

$$\frac{n_2-n_H}{0-n_H}=-3,\ n_1=-2n_2$$

所以

$$i_{1H}=\frac{n_1}{n_H}=\frac{-2n_2}{\frac{n_2}{4}}=-8$$

第五节　轮系的功用

由上述可知,轮系广泛用于各种机械设备中,其功用如下:

1. 传递相距较远的两轴间的运动和动力

当两轴间的距离较大时,用轮系传动,则减少齿轮尺寸,节约材料,且制造安装都方便,如图 3-7-8 所示。

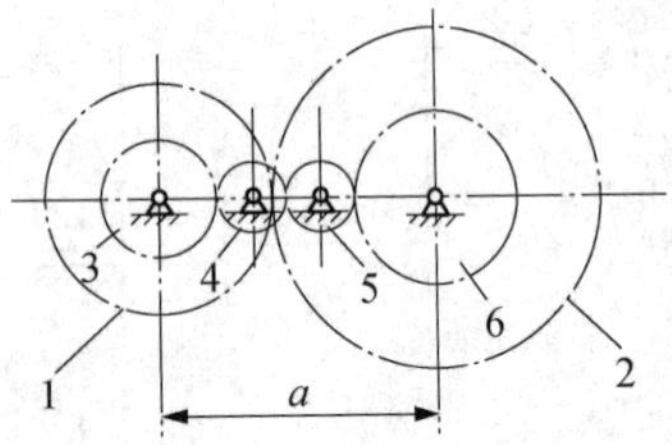

图 3-7-8

2. 可获得大的传动比

一般一对定轴齿轮的传动比不宜大于 5~7。为此,当需要获得较大的传动比时,可用几个齿轮组成行星轮系来达到目的。不仅外廓尺寸小,而且小齿轮不易损坏。如例 3-7-3 所述的简单行星轮系。

3. 可实现变速传动

在主动轴转速不变的条件下,从动轴可获得多种转速。汽车、机床、起重设备等多种机器设备都需要变速传动。图 3-7-9 为最简单的变速传动。

图 3-7-9 中主动轴 O_1 转速不变,移动双联齿轮 1—1′,使之与从动轴上两个齿数不同的齿轮 2、2′分别啮合,即可使从动轴 O_2 获得两种不同的转速,达到变速的目的。

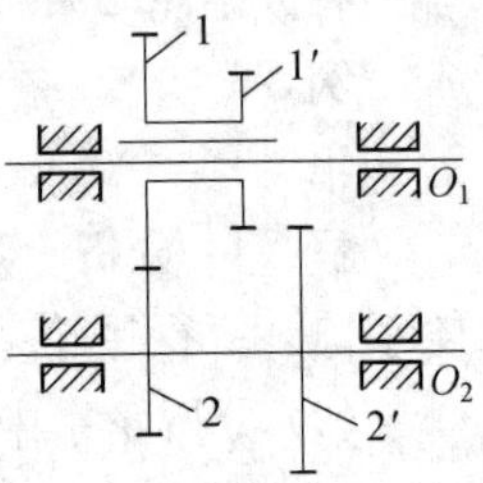

图 3-7-9

4. 变向传动

当主动轴转向不变时,可利用轮系中的惰轮来改变从动轴的转向。如图 3-7-1 中的轮 4,通过改变外啮合的次数,达到使从动轮 5 改变转向的目的。

5. 运动合成、分解

如例 7-4 中的公式

$$i_{13}^{H}=\frac{n_1^{H}}{n_3^{H}}=\frac{n_1-n_H}{n_3-n_H}=-\frac{z_2z_3}{z_1z_2}=-\frac{z_3}{z_1}=-1$$

$$2n_H=n_1+n_3$$

上式表明,1、3 两构件的运动可以合成为 H 构件的运动;也可以在 H 构件输入一个运动,分解为 1、3 两构件的运动。这类轮系称为差速器。

图 3-7-10 为船用航向指示器传动装置,它是运动合成的实例。

太阳轮 1 的传动由右舷发动机通过定轴轮系 4—1′传过来;太阳轮 3 的传动由左舷发动机通过定轴轮系 5—3′传过来。当两发动机转速相同,航向指针不变,船舶直线行驶。当两发动机的转速不同时,船舶航向发生变化,转速差越大,指针 M 偏转越大,即航向转角越大,航向变化越大。

图 3-7-11 所示汽车差速器是运动分解的实例。当汽车直线行驶时,左、右两轮转速相同,行星轮不发生自转,齿轮 1、2、3 作为一个整体,随齿轮 4 一起转动,此时 $n_1=n_3=n_4$。

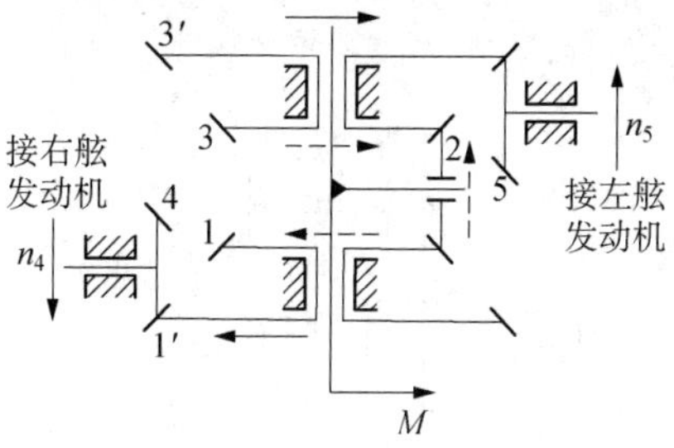

图 3－7－10

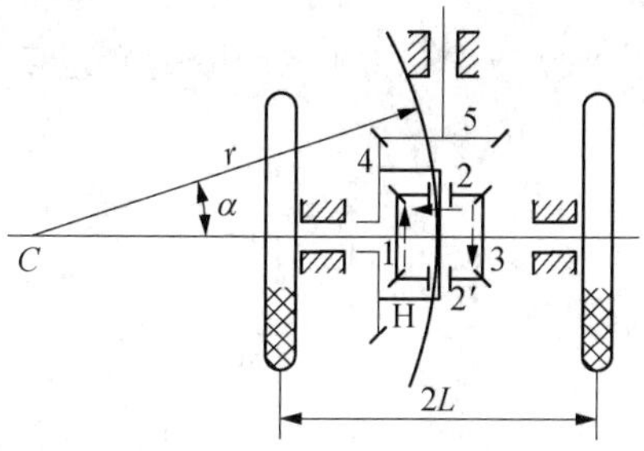

图 3－7－11

当汽车拐弯时，为了保证两车轮与地面作纯滚动，显然左、右两车轮行走的距离应不相同，即要求左、右轮的转速也不相同。此时，可通过差速器(1、2、3)轮和(1、2′、3)轮将发动机传到齿轮 5 的转速分配给后面的左、右轮，实现运动分解。

其他应用还有如图 3－7－12 所示为时钟系统轮系，如图 3－7－13 所示的机械式运算机构等。

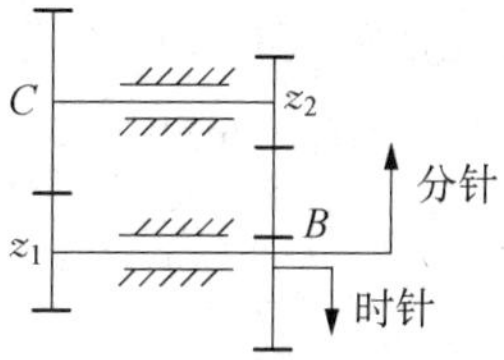

图 3－7－12

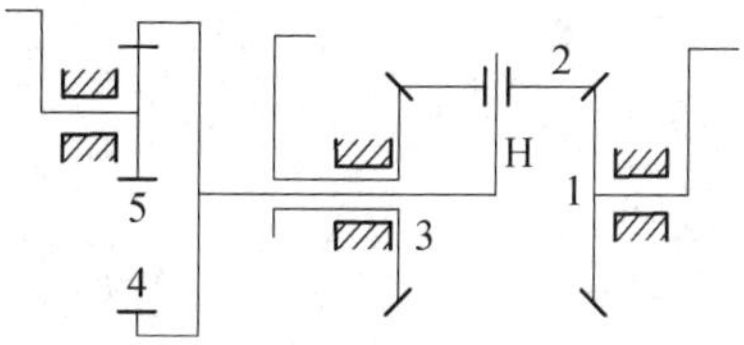

图 3－7－13

在图 3－7－12 所示的齿轮系中，C、B 两轮的模数相等，均为标准齿轮传动。当给出适当的 z_1、z_2，C、B 各轮的齿数时，可以实现分针转 12 圈，时针转 1 圈的计时效果。如图 3－7－13 所示的机构，利用差动轮系，由轮 1、轮 3 输入两个运动，合成轮 5 的一个运动输出。

习　题

3－7－1　轮系比单对齿轮，在功能方面有哪些扩展？

3－7－2　定轴轮系传动比的正、负号代表什么意思？什么情况下可用正、负号，什么情况下不可用正、负号？

3－7－3　定轴轮系的齿轮转向和反转轮系的转向有什么区别？定轴轮系传动比和反转轮系传动比有什么区别？

3－7－4　i_{13} 与 i_{13}^{H} 有什么不同？

3－7－5　如图 3－7－14 所示的电动提升装置，其中各轮齿数均为已知，试求传动比 i_{15}，并画出当提升重物时电动机的转向。

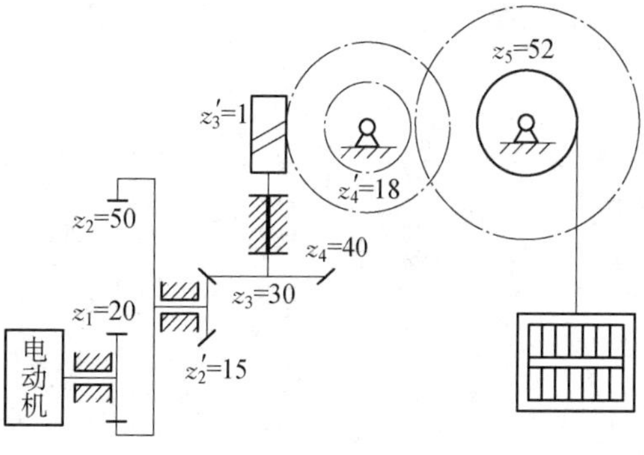

图 3－7－14

3－7－6　如图 3－7－15 所示的轮系中，各轮齿数 $z_1 = 32$，$z_2 = 34$，$z_2' = 36$，$z_3 = 64$，

$z_4=32$, $z_5=17$, $z_6=24$,均为标准齿轮传动。轴 1 按图示方向以 1 250 r/min 的转速回转,而轴 Ⅵ 按图示方向以 600 r/min 的转速回转,求轮 3 的转速 n_3。

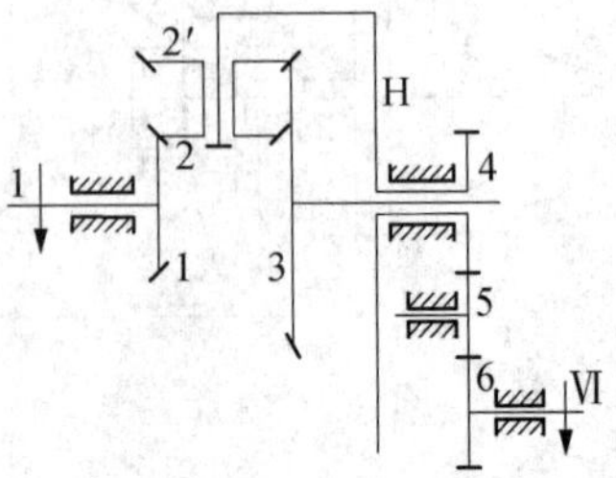

图 3-7-15

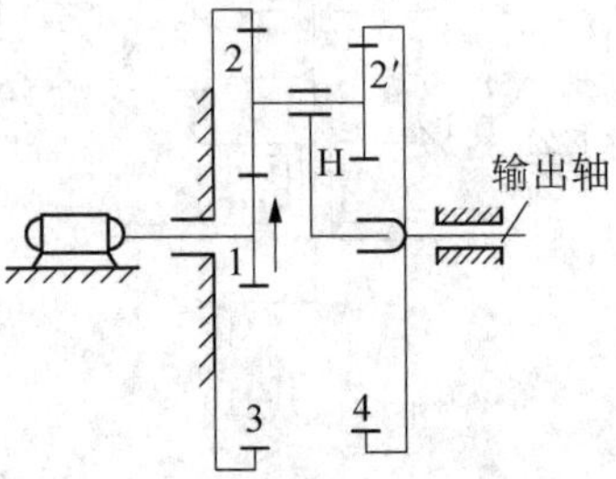

图 3-7-16

3-7-7 如图 3-7-16 所示的驱动输送带的行星减速器,动力由电动机输给轮 1,由轮 4 输出。已知 $z_1=18$, $z_2=36$, $z_2'=33$, $z_3=90$, $z_4=87$,求传动比 i_{14}。

3-7-8 在图 3-7-12 所示的齿轮系中,设已知 $z_1=15$, $z_2=12$, C、B 两轮的模数相等,均为标准齿轮传动。试求 C、B 两轮的齿数。

3-7-9 在图 3-7-13 所示的机构,它利用差动轮系,由轮 1、轮 3 输入两个运动,合成轮 5 的一个运动输出。已知 $z_1=z_3$, $z_4=2z_5$,试求转速 n_1、n_3、n_5 的关系式。

第八章 连 接

第一节 键和销连接

一、键连接

键是一种标准件,通常用于连接轴与轴上旋转零件与摆动零件,起周向固定零件的作用以传递旋转运动或扭矩,而导键、滑键、花键还可用作轴上移动的导向装置。

1. 键连接的类型与构造

主要类型:平键、半圆键、楔键、切向键。

1) 平键

(1) 普通平键 普通平键应用最广,构成静连接,使轴与轮毂间无相对轴向移动。两侧面为工作面,键顶上面与毂不接触有间隙(见图 3-8-1)。靠键与槽的挤压和键的剪切传递扭矩。

普通平键按端部形状不同分为有 A 型(圆头)、B 型(方头)和 C 型(半圆头)三种形式,如图 3-8-2 所示。

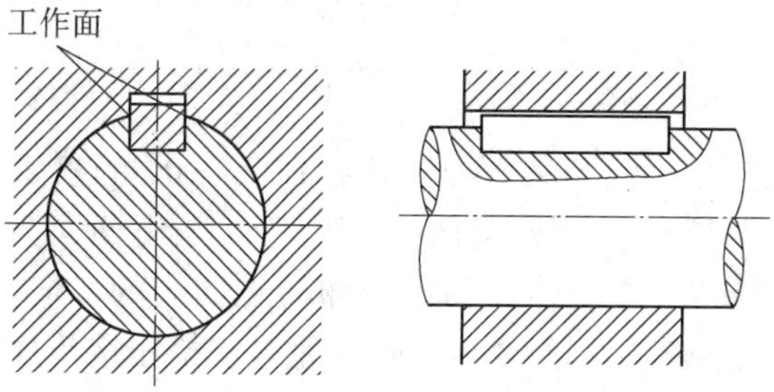

图 3-8-1

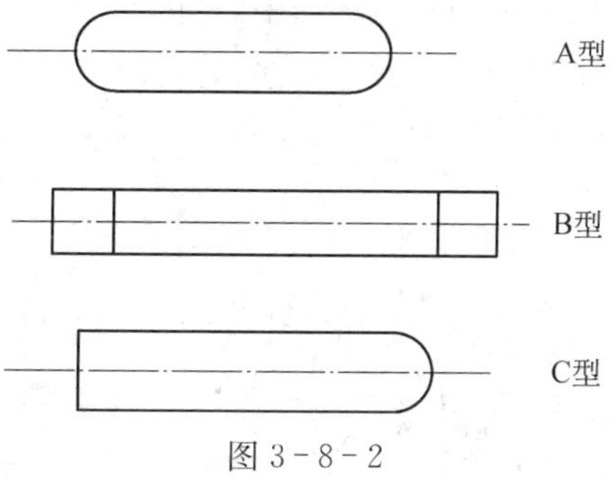

图 3-8-2

(2) 薄型平键 键高约为普通平键的 60%~70%,形状如同普通平键也有圆头、方头、单圆头三种形式。用于薄壁结构、空心轴等径向尺寸受限制的连接。

(3) 导向平键 用于动连接,由于键较长,需用螺钉将键固定在键槽中,如图 3-8-3 所示,以保证轮毂沿着轴线方向与轴作相对移动。为了拆卸方便,在键上设置起键螺孔。

(4) 滑键 滑键固定在轮毂上,与轮毂一起可沿轴上键槽移动(见图 3-8-4)。适用于轮毂沿轴向移动距离较长的场合。

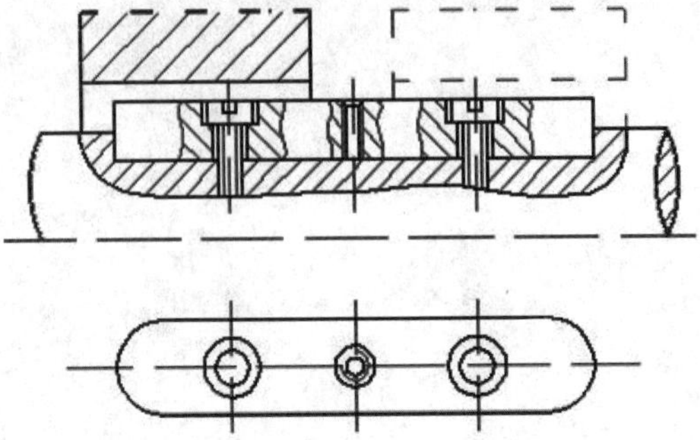

图 3-8-3

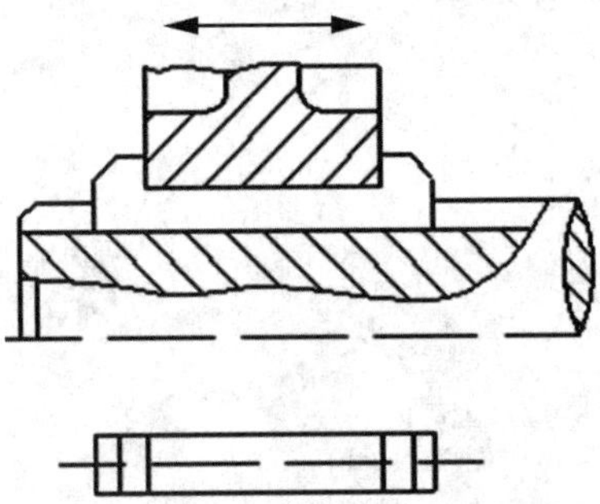

图 3-8-4

2）半圆键

半圆键也是以两侧面为工作面(见图 3-8-5),用于静连接。轴槽用与半圆键形状相同的铣刀加工,键能在槽中绕几何中心摆动,装配方便,适用于锥形轴与轮毂的连接。由于轴槽对轴的强度削弱较大,只适宜轻载连接。

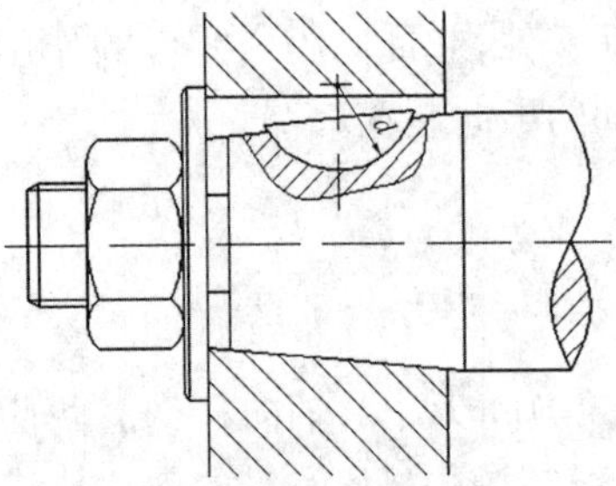

图 3-8-5

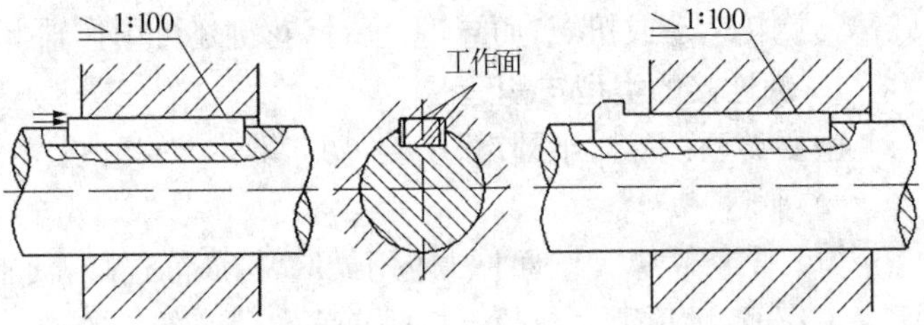

图 3-8-6

3）楔键连接

普通楔键上、下面为工作面(见图 3-8-6),有 1：100 斜度(侧面有间隙),装配时把楔键打入轴和轮毂键槽中,可传递小部分单向轴向力。适用于低速轻载、对中性要求不高、载荷平稳的场合。

4）切向键

两个斜度为 1：100 的楔键连接(见图 3-8-7),上、下两面为工作面(打入)布置在圆周的切向,靠工作面与轴及轮毂相挤压来传递扭矩。适用于不要求准确定心、低速运转的场合。

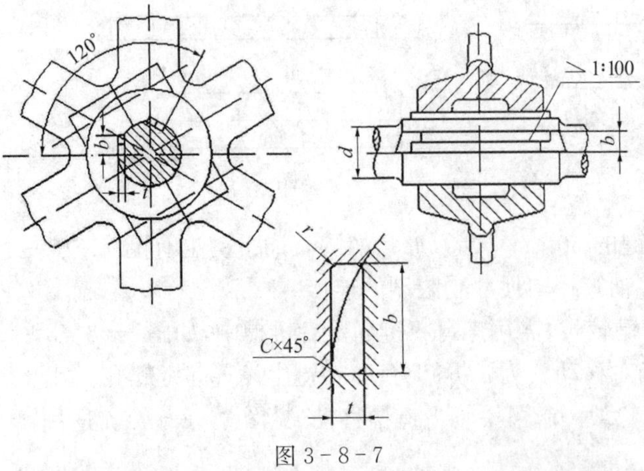

图 3-8-7

2. 平键连接的选择和计算

键的材料一般采用抗拉强度不低于 600 MPa 的碳素钢。平键连接的失效形式为:对于静连接常为较弱零件(一般为轮毂)工作面的压溃;对于动连接常为较弱零件工作面的磨损。

1）平键连接的尺寸选择

先根据工作要求选择平键的类型，再根据装键处的轴径 d 从表 3-8-1 中查取键的宽度 b 和高度 h，并参照轮毂长度从标准中选取键的长度 L，最后进行键连接的强度校核。

表 3-8-1　普通平键和键槽尺寸　(mm)

轴的直径 d	键的尺寸			键槽		轴的直径 d	键的尺寸			键槽	
	b	h	L	t	t_1		b	h	L	t	t_1
>8～10	3	3	6～36	1.8	1.4	>38～44	12	8	28～140	5.0	3.3
>10～12	4	4	8～45	2.5	1.8	>44～50	14	9	36～160	5.5	3.8
>12～17	5	5	10～56	3.0	2.3	>50～58	16	10	45～180	6.0	4.3
>17～22	6	6	14～70	3.5	2.8	>58～65	18	11	50～200	7.0	4.4
>22～30	8	7	18～90	4.0	3.3	>65～75	20	12	56～220	7.5	4.9
>30～38	10	8	22～110	5.0	3.3	>75～85	22	14	63～250	9.0	5.4
L 系列 6、8、10、12、14、16、18、20、22、25、28、32、36、40、45、50、56、63、70、80、90、100、110、125、140、160、180、200、250											

注：在工作图中，轴槽深用 $(d-t)$ 或 t 标注，毂槽深用 $(d+t_1)$ 或 t_1 标注。

2）平键连接的强度校核

如图 3-8-8 所示，假定载荷在键上的工作面上均匀分布，并假设 $k=h/2$，则普通平键的挤压强度条件为

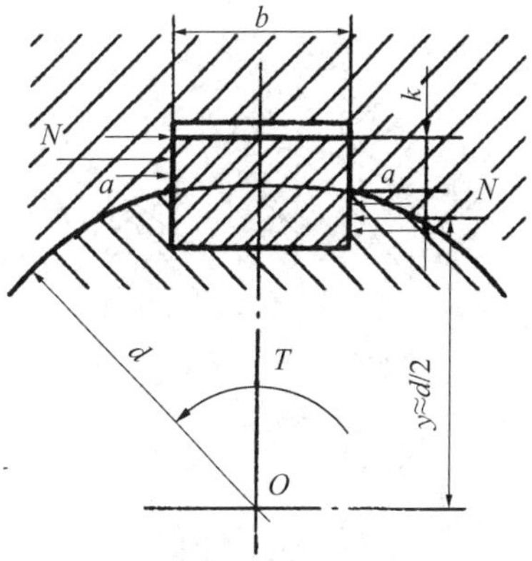

图 3-8-8

$$\sigma_p=\frac{N}{k\cdot l}=\frac{1\,000T}{k\cdot l\cdot \frac{d}{2}}=\frac{2\,000T}{kld}\leqslant[\sigma_p]$$

允许传递的扭矩为

$$T=\frac{1}{2}kld[\sigma_p]$$

式中，T 为扭矩，N·mm；

k 为键的工作高度，$k=h/2$；

d 为轴径，mm；

l 为键的工作长度，A 型键：$l=L-b$；B 型键：$l=L$；C 型键：$l=L-b/2$；

L 为键的公称长度，mm；

$[\sigma_p]$为连接的许用挤压应力，MPa，如表 3-8-2 所示。

表 3-8-2　键连接的许用挤压应力　(MPa)

连接方式	许用值	轮毂材料	载荷性质		
			静载荷	轻微冲击	冲击
静连接	$[\sigma_p]$	钢	125～150	100～120	60～90
		铸铁	70～80	50～60	30～45
动连接	$[\sigma_p]$	钢	50	40	30

当强度不够时,可采用双键,按 180°布置(按 1.5 个键计算);采用三键,按 120°布置,或者增大轴径 d。

3. 花键连接

花键连接图 3-8-9 是由多个键齿与键槽在轴和轮毂孔的周向均布而成,花键齿侧面为工作面,适用于动、静连接。

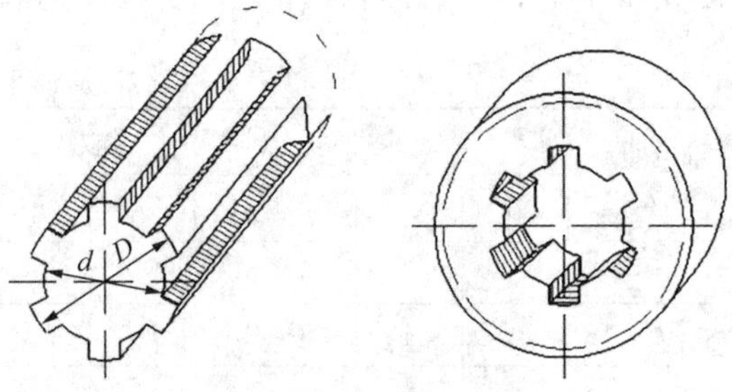

图 3-8-9

1) 花键的类型、特点和应用

(1) 特点:

① 齿较多、工作面积大、承载能力较强。

② 键均匀分布,各键齿受力较均匀。

③ 齿槽线、齿根应力集中小,对轴的强度削弱减少。

④ 轴上零件对中性好。

⑤ 导向性较好。

⑥ 加工需专用设备、制造成本高。

(2) 花键类型　按齿形分为矩形花键(见图 3-8-10)、渐开线花键(见图 3-8-11)和三角形花键(见图 3-8-12)。

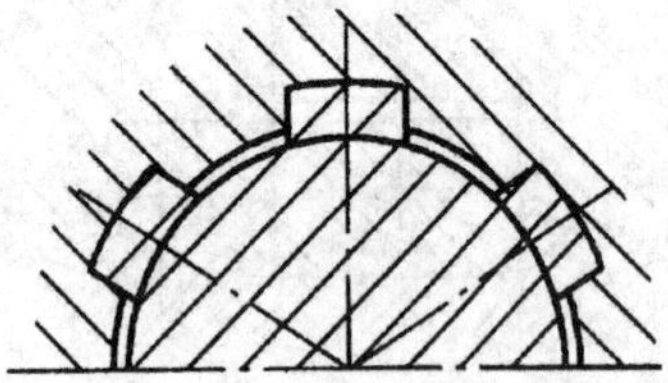

图 3-8-10

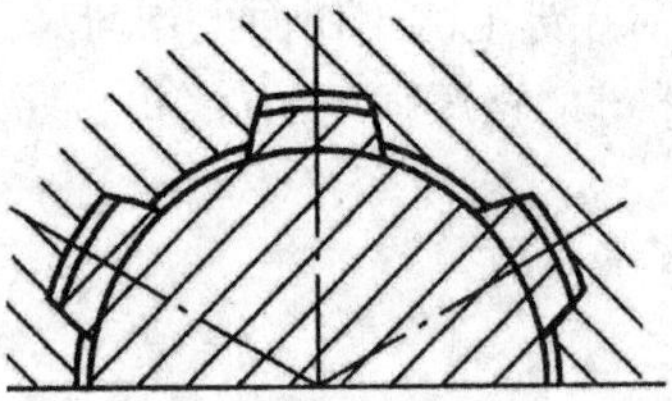

图 3-8-11

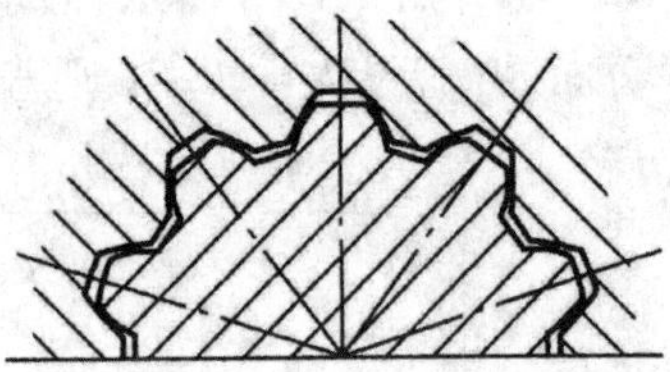

图 3-8-12

花键已经标准化,个尺寸可以根据轴径查标准选定,其强度计算方法与平键相似。

二、成型面连接

1. 型面连接

如图 3-8-13 所示,型面连接是由非圆剖面的轴与相应的轮毂孔构成的可拆连接。

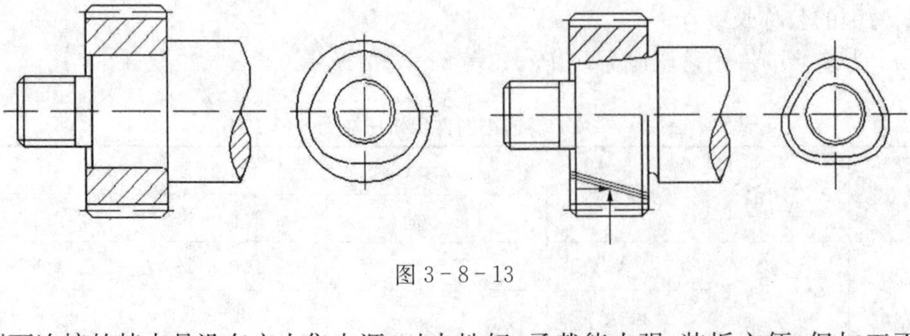

图 3-8-13

型面连接的特点是没有应力集中源,对中性好,承载能力强,装拆方便,但加工不方便,需用专用设备，应用较少。另外成形面还有方形、六边形及切边圆形等，但对中性较差。

2. 胀紧连接

图 3-8-14 为弹性环连接。它是利用锥面贴合并挤紧在轴毂之间用摩擦力传递扭矩，有过载保护作用。弹性环的材料为高碳钢或高碳合金钢(65，70，55Cr2、60Cr2)并经热处理。锥角一般为 12.5～17°，要求内、外环锥面配合良好。

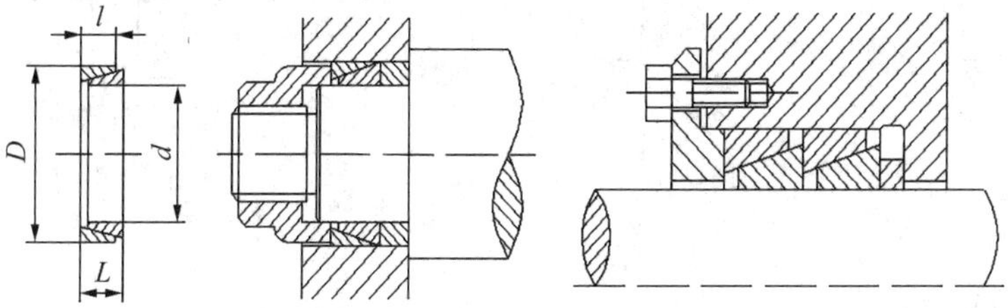

图 3-8-14

弹性环连接可传递较大扭矩和轴向力，无应力集中，对中性好，但加工要求较高，应用受限制。

三、销连接

常用的销连接按用途分为如下几种：

(1) 定位销连接　主要用于零件间位置定位，如图 3-8-15(a)所示，常用作组合加工和装配时的主要辅助零件。

(2) 连接销连接　主要用于零件间的连接或锁定，如图 3-8-15(b)所示，可传递不大的载荷。

(3) 安全销连接　主要用于安全保护装置中的过载剪断元件，如图 3-8-15(c)所示。

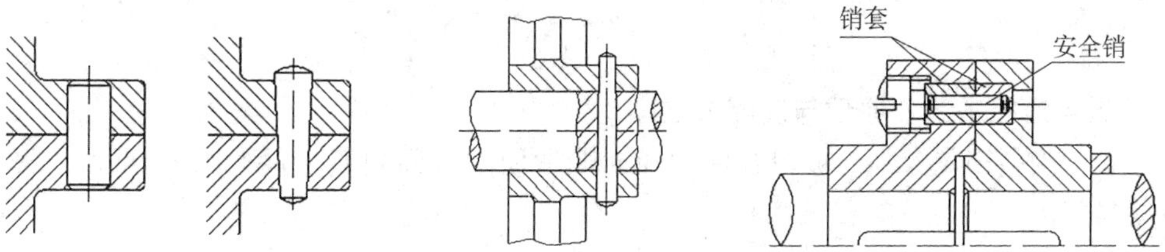

(a)　(b)　(c)

图 3-8-15

按形状分为如下几种：

(1) 圆柱销连接　不能多于装拆(否则定位精度下降)。

(2) 圆锥销连接　销有 1∶50 锥度，可自锁，定位精度较高，允许多于装拆，且便于拆卸，如图 3-8-16 所示。

(3) 特殊形式销　带螺纹锥销，开尾锥销(见图 3-8-17)弹性销，开口销，槽销和开口销等多种形式。

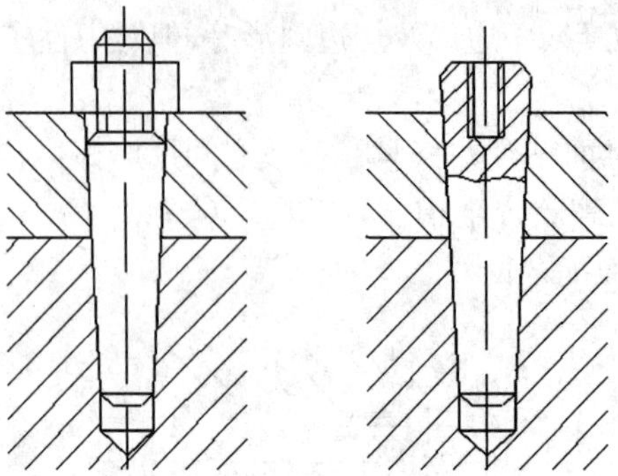

图 3-8-16

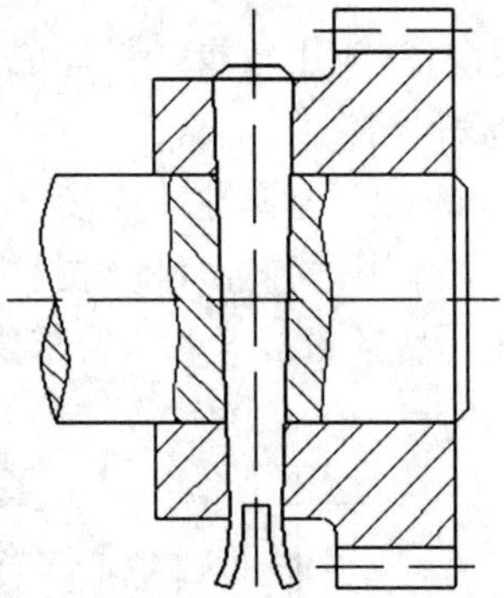

图 3-8-17

四、过盈连接

1. 过盈连接的类型与应用

过盈连接可分为无辅助件和有辅助件的连接类型。无辅助件[见图 3-8-18(a)]过盈连接用于轴与轮毂连接,轮圈与轮芯的连接及滚动轴承与轴及座孔的连接。有辅助件过盈连接[见图 3-8-17(b)]借助于扣紧板或环将重型剖分零件 2、4 沿接缝面 3 连接成一体,现大多由螺栓代替。

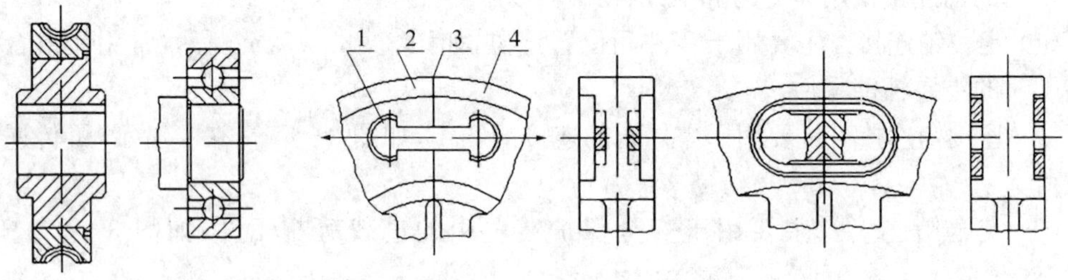

(a)　　(b)

图 3-8-18

2. 过盈连接的工作原理与装配方法

过盈连接利用包容件与被包容件的径向变形使配合面间产生很大压力,从而靠摩擦力来传递载荷。

装配方法:

(1) 压入法　利用压力机将被包容件压入包容件中,由于压入过程中表面微观不平度的峰尖被擦伤或压平,因而降低了连接的紧固性。

(2) 温差法　加热包容件,冷却被包容件。可避免擦伤连接表面,连接牢固。

第二节　螺纹连接

一、螺纹的形成

如图 3-8-19 所示,用一个三角形 K 沿螺旋线运动并使 K 平面始终通过圆柱体轴线

YY，这样就构成了三角形螺纹。同样改变平面图形 K，可得到矩形、梯形、锯齿形、管螺纹。

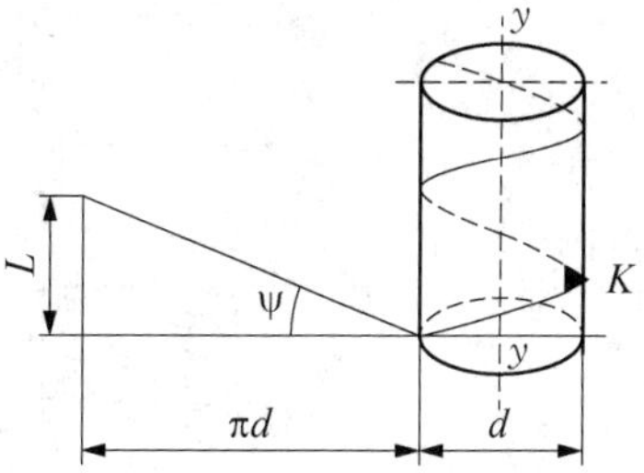

图 3-8-19

二、螺纹的类型

按牙型不同，螺纹可分为三角形、矩形、梯形、锯齿形螺纹，如图 3-8-20 所示；按照螺旋线的数目不同，螺纹可分为单线、双线或多线螺纹；按螺纹的绕行方向，螺纹可分为左螺纹和右螺纹，工程上常用右螺纹；按螺纹在内外圆柱面上的分布，可分为内螺纹和外螺纹；按用途不同，螺纹可分为连接螺纹、传动螺纹。

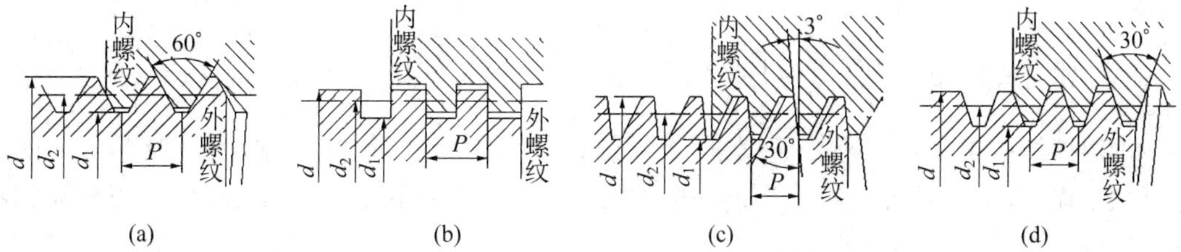

图 3-8-20

(a) 三角形螺纹 (b) 矩形螺纹 (c) 锯齿形螺纹 (d) 梯形螺纹

螺纹还分为标准螺纹和非标准螺纹。螺距、大径、牙型都符合国家标准的螺纹称为标准螺纹；牙型不符合国家标准的螺纹称为非标准螺纹；牙型符合国家标准而大径或螺距不符合标准的螺纹称为特殊螺纹。

三、螺纹的主要参数

如图 3-8-21 所示，普通圆柱螺纹有如下参数：

(1) 外径(大径)$d(D)$ 与外螺纹牙顶相重合的假想圆柱面直径，亦称公称直径。

(2) 内径(小径)$d_1(D_1)$ 与外螺纹牙底相重合的假想圆柱面直径。

(3) 中径 d_2 在轴向剖面内牙厚与牙间宽相等处的假想面的直径，$d_2 \approx 0.5(d+d_1)$。

(4) 螺距 P 相邻两牙在中径圆柱面的母线上对应两点间的轴向距离。

(5) 导程(L) 同一螺旋线上相邻两牙在中径圆柱面的母线上的对应两点间的轴向距离。

(6) 线数 n 螺纹螺旋线数目，一般为便于制造 $n \leqslant 4$ 螺距、导程、线数之间关系：$L = nP$。

(7) 螺旋升角 ψ 中径圆柱面上螺旋线的切线与垂直于螺旋线轴线的平面的夹角。

$$\psi = \arctan L/\pi d_2 = \arctan \frac{nP}{\pi d_2}$$

(8) 牙型角 α 螺纹轴向平面内螺纹牙型两侧边的夹角。

(9) 牙型斜角 β 螺纹牙的侧边与螺纹轴线垂直平面的夹角。

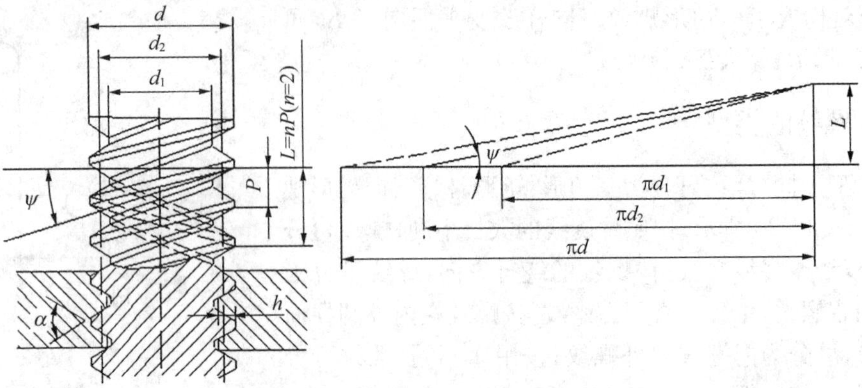

图 3-8-21

四、常用螺纹的特点及应用

常用螺纹的类型主要有普通螺纹、管螺纹、矩形螺纹、梯形螺纹、锯齿形螺纹等,前两种主要用于连接,后三种主要用于传动。标准螺纹的基本尺寸可查阅有关标准,常用螺纹的特点及应用如表 3-8-3 所示。

表 3-8-3 常用螺纹的特点及应用

螺纹类型	牙 形	特 点
普通螺纹	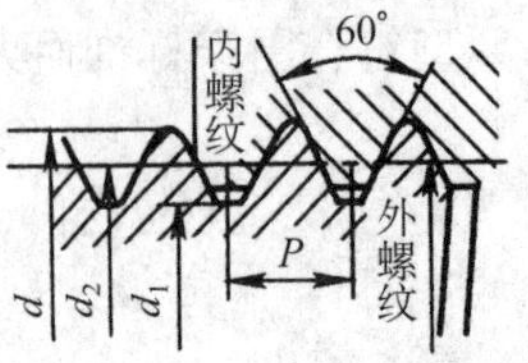	牙型为等边三角形,牙型角为 60°,外螺纹牙根允许有较大的圆角,以减少应力集中。同一公称直径的螺纹,可按螺距大小分为粗牙螺纹和细牙螺纹。一般的静连接常采用粗牙螺纹。细牙螺纹自锁性能好,但不耐磨,常用于薄壁件或者受冲击、振动和变载荷的连接中,也可用于微调机构的调整螺纹。
55°非密封管螺纹	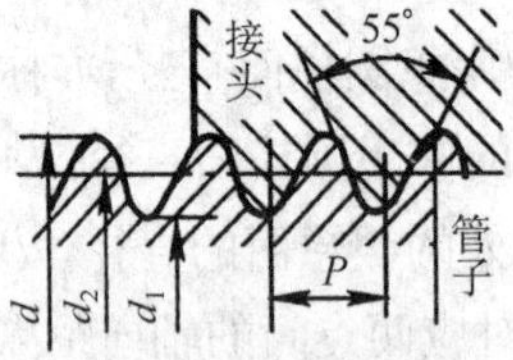	牙型为等腰三角形,牙型角为 55°,牙顶有较大的圆角。管螺纹为英制细牙螺纹,尺寸代号为管子内螺纹大径;适用于管接头、旋塞、阀门用附件。
55°密封管螺纹	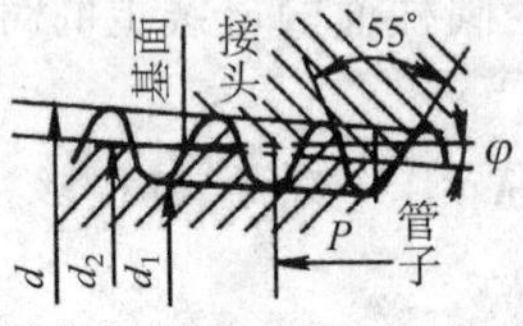	牙型为等腰三角形,牙型角为 55°,牙顶有较大的圆角。螺纹分布在锥度为 1∶16 的圆锥管壁上。包括圆锥内螺纹与圆锥外螺纹连接和圆锥外螺纹与圆柱内螺纹连接两种形式。螺纹旋合后,利用本身的变形来保证连接的紧密性;适用于管接头、旋塞、阀门及附件。
矩形螺纹	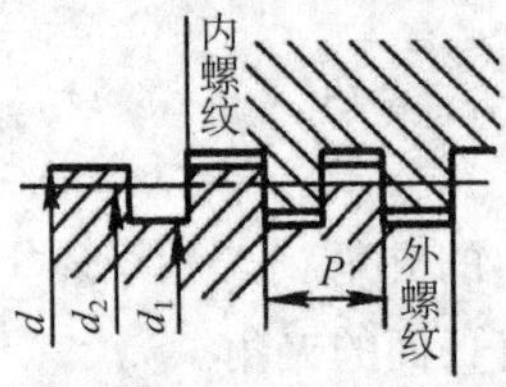	牙型为正方形;传动效率高,但牙根强度低,螺旋副磨损后,间隙难以修复和补偿。矩形螺纹无国家标准,应用较少,目前逐渐被梯形螺纹代替。

（续表）

螺纹类型	牙　形	特　　点
梯形螺纹	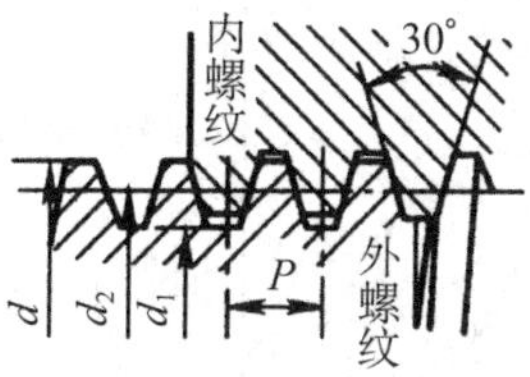	牙型为等腰梯形，牙型角为 30°，传动效率低于矩形螺纹，但工艺性好，牙根强度高，对中性好。采用剖分螺母时，可以补偿磨损间隙。梯形螺纹是最常用的传动螺纹。
锯齿形螺纹	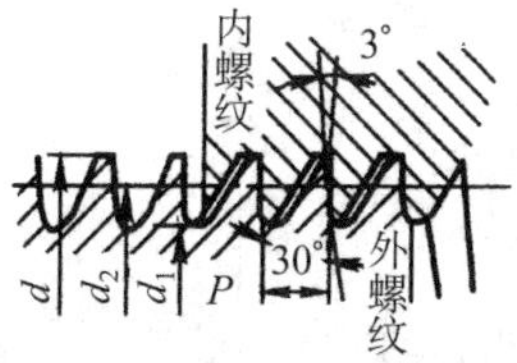	牙型为不等腰梯形，工作面的牙型角为 3°，非工作面的牙型角为 30°。外螺纹的牙根有较大的圆角，以减少应力集中。内、外螺纹旋合后大径处无间隙，便于对中，传动效率高，而且牙根强度高；适用于承受单向载荷的螺纹传动。

五、螺纹连接类型、应用与螺纹连接件

1. 螺纹连接的基本类型、特点及应用

螺纹连接的基本类型有：螺栓连接、双头螺柱连接、螺钉连接、紧定螺钉连接。

螺纹连接类型主要根据受力、结构形式、装拆要求等进行选择，他们的主要类型、特点和应用如表 3－8－4 所示。

除表 3－8－4 所述的基本连接外，还有地脚螺栓连接（见图 3－8－22）、吊环螺钉连接（见图 3－8－23）等特殊连接。

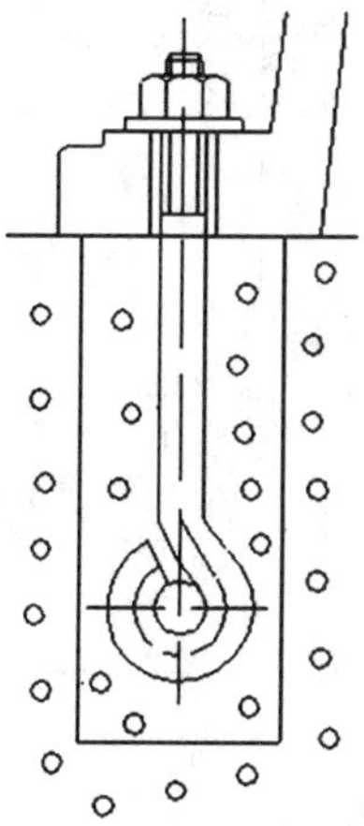

图 3－8－22

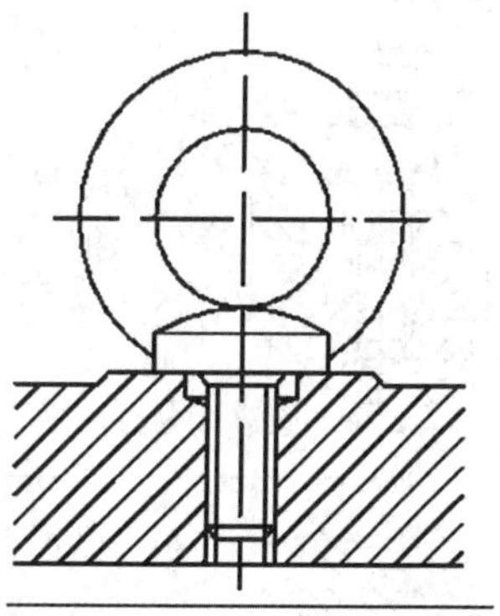

图 3－8－23

2. 常用的螺纹连接件类型、结构特点及应用

常用的螺纹连接件类型、结构特点及应用如表 3－8－5 所示。

表 3-8-4　螺纹连接的主要类型、特点和应用

类型		结构图	尺寸关系	特点与应用
螺栓连接	普通螺栓连接	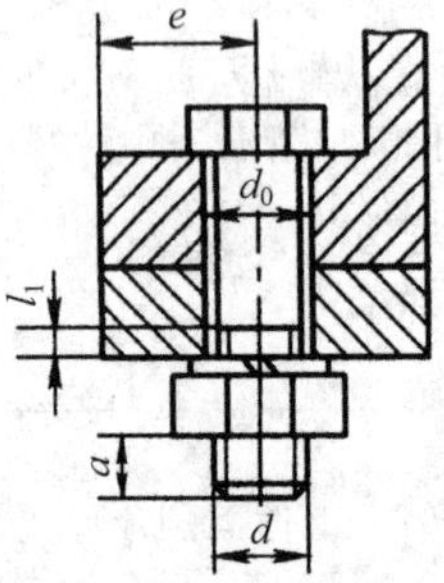	普通螺栓的螺纹余量长度 L_1， 静载荷 $L_1=(0.3\sim0.5)d$， 变载荷 $L_1=0.75d$， 铰制孔用螺栓的静载荷 L_1 应尽可能小于螺纹伸出长度 a， $a=(0.2\sim0.3)d$， 螺纹轴线到边缘的距离为 $e=d+(3\sim6)\text{mm}$， 螺栓孔直径 d_0， 普通螺栓 $d_0=1.1d$， 铰制孔用螺栓 d_0 可按 d 查有关标准获得。	结构简单，装拆方便，对通孔加工精度要求低，应用最广泛。
	铰制孔用螺栓连接	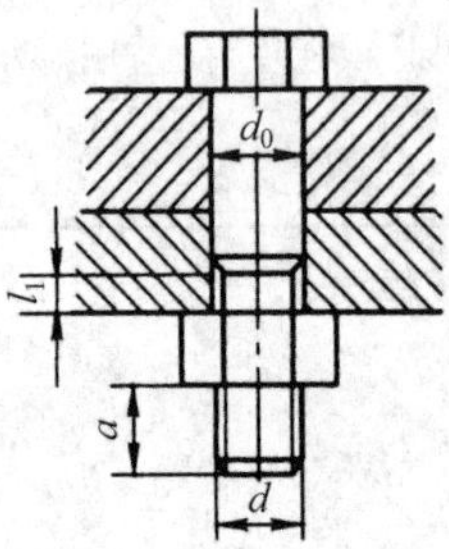		孔与螺栓杆之间没有间隙，采用基孔制过渡配合。用螺栓杆承受横向载荷或者固定被连接件的相对位置。
螺钉连接		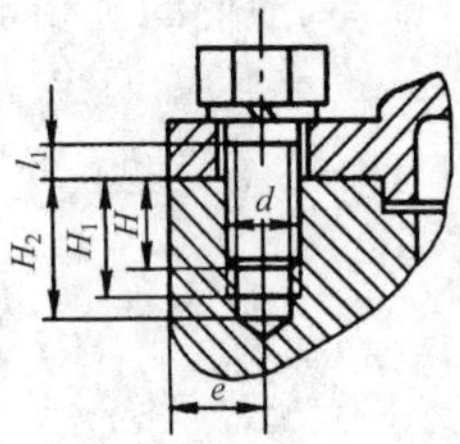	螺纹拧入深度 H， 钢或青铜：$H=d$， 铸铁：$H=(1.25\sim1.5)d$， 铝合金：$H=(1.5\sim2.5)d$， 螺纹孔深度为 $H_1=H+(2\sim2.5)P$， 钻孔深度为 $H_2=H_1+(0.5\sim1)d$。	不用螺母，直接将螺钉的螺纹部分拧入被连接件之一的螺纹孔中构成连接。其连接结构简单，用于被连接件之一较厚，不便加工通孔的场合；但如果经常装拆，易使螺纹孔产生过度磨损而导致连接失效。
双头螺柱连接		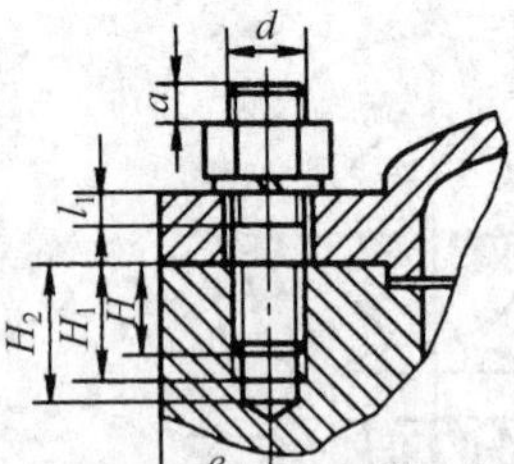	H、H_2、H_1 的取值与螺钉连接相同；l_1、a、e 值与普通螺栓连接相同。	螺柱的一端旋紧在一被连接件的螺纹孔中，另一端则穿过另一被连接件的孔；通常用于被连接件之一不便穿孔、结构要求紧凑或者经常装拆的场合。
紧定螺钉连接		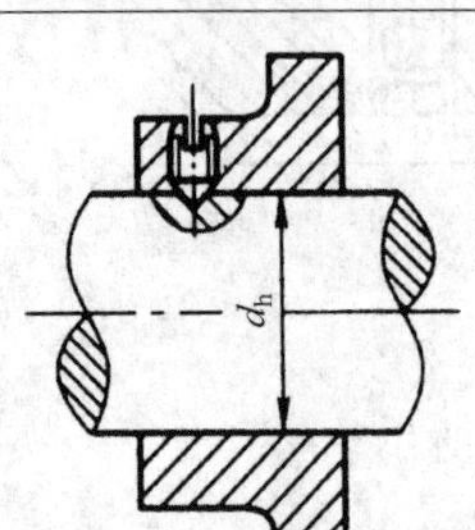	$d=(0.2\sim0.3)d_h$，当力和转矩较大时取较大值。	螺钉的末端顶住零件的表面或者顶入该零件的凹坑中，将零件固定；它可以传递不大的载荷。

表 3-8-5 常用的螺纹连接件类型、结构特点及应用

类型	图 例	结构特点及应用
六角头螺栓	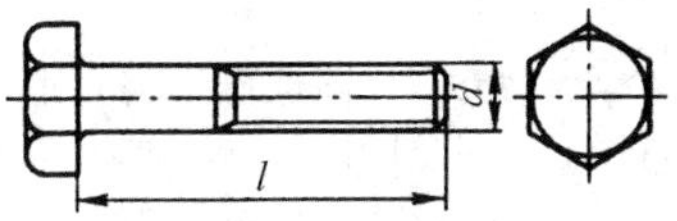	六角头螺栓应用最广。螺杆可制成全螺纹或者部分螺纹,螺距有粗牙和细牙两种。螺栓头部有六角头和小六角头两种。其中小六角头螺栓材料利用率高、机械性能好,但由于头部尺寸较小,不宜用于装拆频繁、被连接件强度低的场合。
双头螺柱	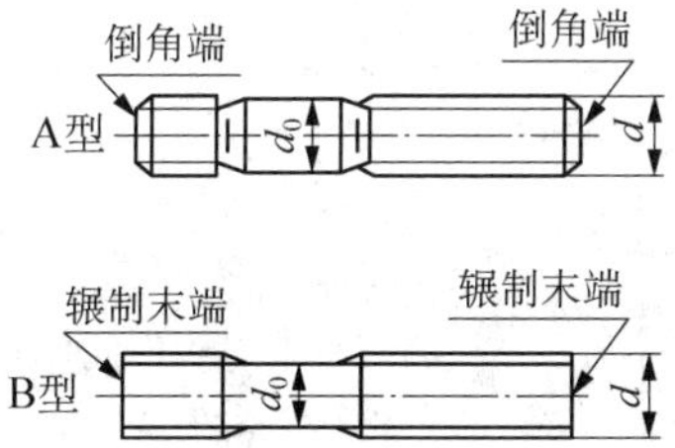	双头螺柱两头都有螺纹,两头的螺纹可以相同也可以不相同,螺栓可带退刀槽或者制成腰杆,也可以制成全螺纹的螺柱;螺柱的一端常用于旋入铸铁或者有色金属的螺纹孔中,旋入后不拆卸,另一端则用于安装螺母以固定其他零件。
螺钉	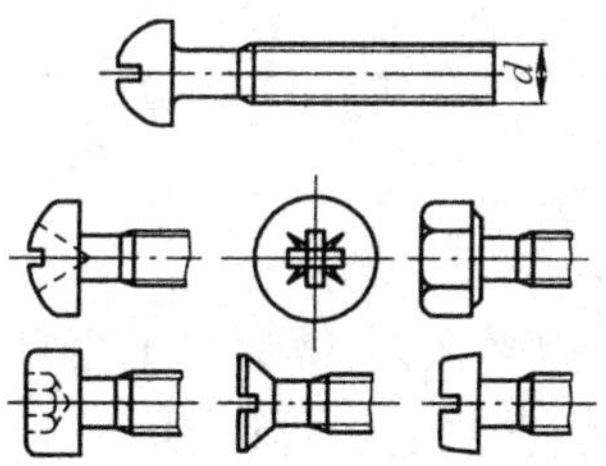	螺钉头部形状有圆头、扁圆头、六角头、圆柱头和沉头等。头部的槽有一字槽、十字槽和内六角孔等形式。十字槽螺钉头部强度高、对中性好,便于自动装配。内六角孔螺钉可承受较大的扳手扭矩,连接强度高,可替代六角头螺栓,用于要求结构紧凑的场合。
紧定螺钉	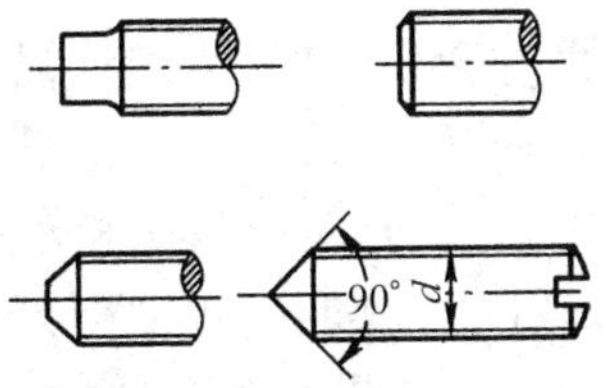	紧定螺钉常用的末端形式有锥端、平端和圆柱端。锥端适用于被紧固零件的表面硬度较低或者不经常拆卸的场合;平端接触面积大,不会损伤零件表面,常用于紧固硬度较大的平面或者经常装拆的场合;圆柱端压入轴上的凹槽中,适用于紧定空心轴上的零件位置。
自攻螺钉	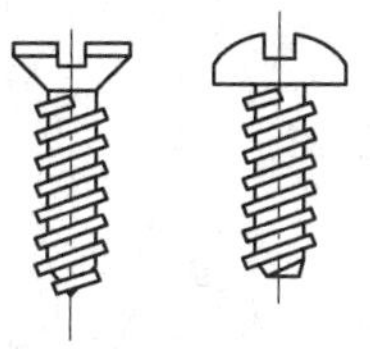	自攻螺钉头部形状有圆头、六角头、圆柱头、沉头等。头部的槽有一字槽、十字槽等形式。末端形状有锥端和平端两种。多用于连接金属薄板、轻合金或者塑料零件,螺钉在连接时可以直接攻出螺纹。
六角螺母	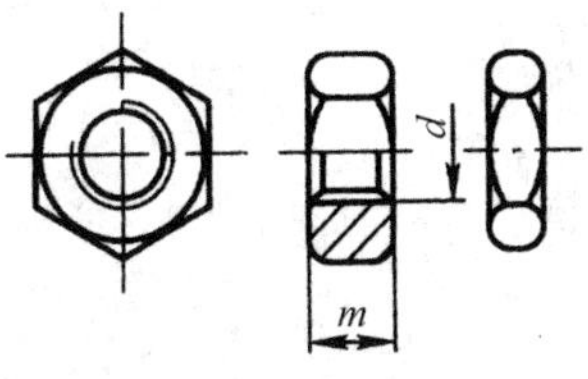	根据螺母厚度不同,可分为标准型和薄型两种。薄螺母常用于受剪切力的螺栓上或者空间尺寸受限制的场合。

(续表)

类型	图例	结构特点及应用
圆螺母	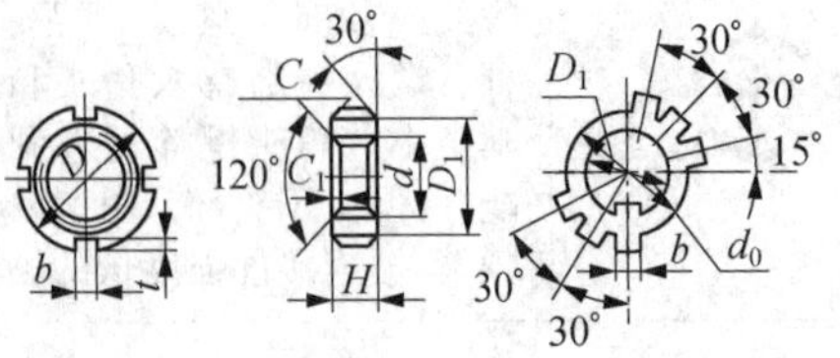	圆螺母常与止退垫圈配用,装配时将垫圈内舌插入轴上的槽内,将垫圈的外舌嵌入圆螺母的槽内即可锁紧螺母,起到防松作用。常用于滚动轴承的轴向固定。
垫圈	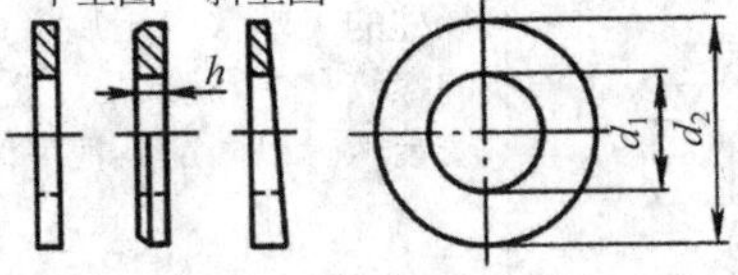	保护被连接件的表面不被擦伤,增大螺母与被连接件间的接触面积。斜垫圈用于倾斜的支承面。

六、螺纹连接的预紧和防松

螺纹拧紧后,如不加反向外力矩,不论轴向力多么大,螺母也不会自动松开,则称螺纹具有自锁性。连接螺纹和起重螺旋都要求螺纹具有自锁性。除个别情况外,螺纹连接在装配时都必须拧紧,这时螺纹连接受到预紧力的作用。对于重要的螺纹连接,应控制其预紧力,因为预紧力的大小对螺纹的可靠性、强度和密封性均有很大影响。在比较重要的连接中,若不能严格控制预紧力的大小,只能靠安装经验来拧紧螺栓时,为避免螺栓拉断,通常不宜采用小于 M12 的螺栓。一般常用 M12~M24 的螺栓。

满足自锁条件的螺纹连接,在预紧的情况下,一般是不会发生松动的;但在动载荷的作用下,摩擦力有可能减小或瞬间消失,从而使螺纹产生松动。螺纹连接防松的实质在于限制螺纹副的相对运动。防松的方法很多,按其工作原理可分为摩擦防松(见图 3-8-24)、机械防松(见图 3-8-25)和不可拆卸连接三类(见图 3-8-26)。

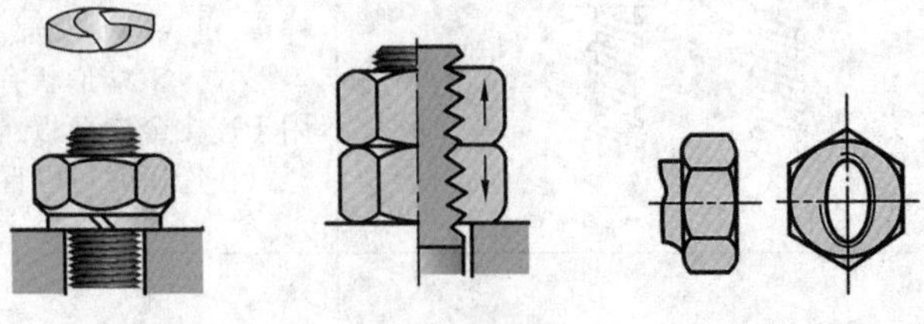

(a) (b) (c)

图 3-8-24

(a) 弹簧垫圈图 (b) 对顶螺母图 (c) 锥圆口自锁螺母

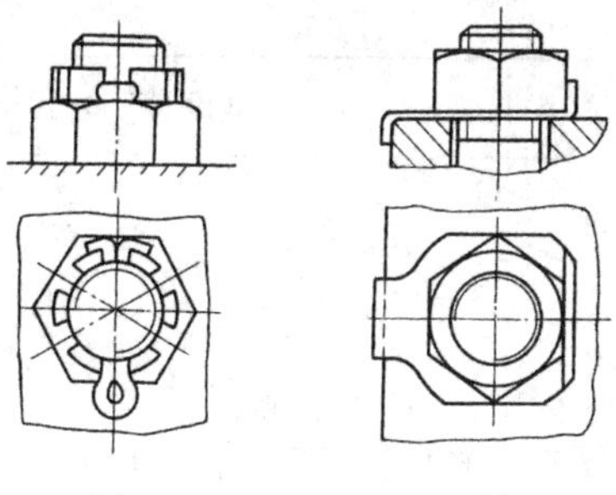

(a)　　　　(b)

图 3-8-25

(a) 开口销与六角槽螺母　(b) 止动垫圈

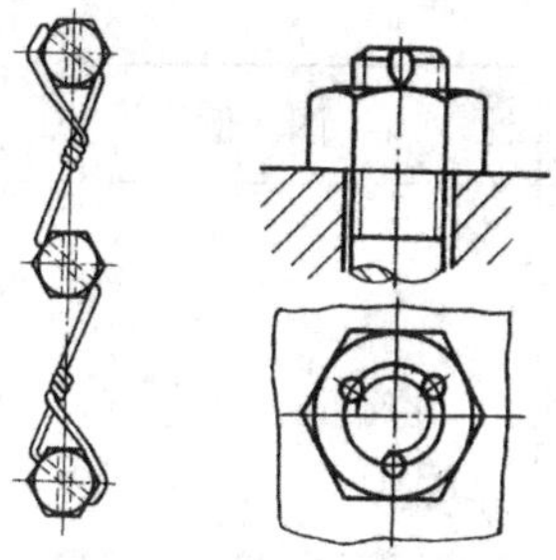

(a)　　　　(b)

图 3-8-26

(a) 串联钢丝　(b) 冲点

七、螺纹连接的强度计算

1. 螺纹连接的强度计算分析

对于重要场合的螺栓连接，可根据具体工作情况，从表 3-8-6 中选取相应的公式进行强度计算。

表 3-8-6　螺纹连接的强度计算分析

类型			图　例	受力及特点	强度计算公式
受拉螺栓	松连接		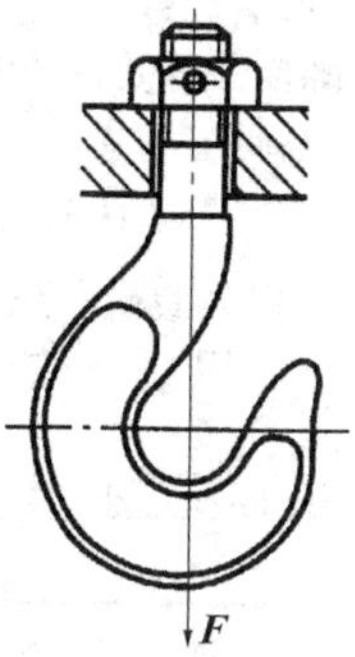	螺栓和孔壁之间有间隙，装配时不需把螺母拧紧，故不受预紧力作用，工作时受轴向静载荷 **F**，螺栓杆受拉。	$\sigma=\frac{4\boldsymbol{F}}{\pi d_1^2}\leqslant[\sigma]$　(3-8-1) **F**—— 轴向作用力(N)； d_1—— 螺纹小径(mm)； $[\sigma]$—— 许用拉应力(MPa)， $[\sigma]=\sigma_s/(1.2\sim1.7)$； σ_s—— 螺栓屈服点(MPa)，查表 3-8-7。
受拉螺栓	紧连接	横向外载荷	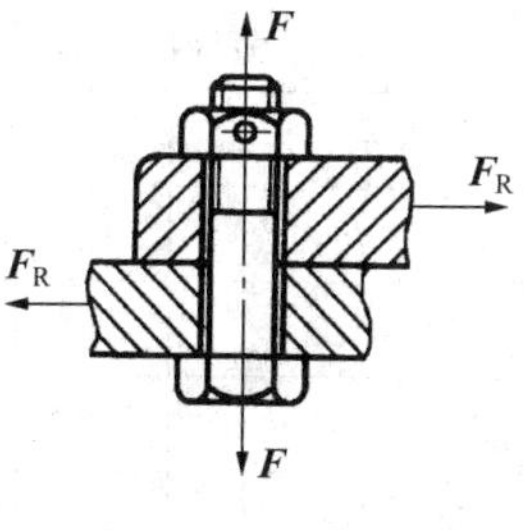	螺栓和孔壁之间有间隙，其横向工作载荷 $\boldsymbol{F}_R$，依靠装配时紧固螺母后在被连接件结合面之间产生的摩擦力来传递。螺栓杆受拉、受扭组合作用。	$\sigma=\frac{5.2\boldsymbol{F}}{\pi d_1^2}\leqslant[\sigma]$　(3-8-2) $\boldsymbol{F}\geqslant\frac{K_f}{\mu mZ}\boldsymbol{F}_R$　(3-8-3) $[\sigma]$—— 许用拉应力(MPa)，$[\sigma]=\sigma_s/S$； σ_s—— 螺栓屈服点(MPa)，查表 3-8-7； S—— 安全因数，查表 3-8-8； **F**—— 预紧力(N)； d_1—— 螺纹小径(mm)； K_f—— 可靠系数，通常取 $K_f=1.1\sim1.3$； $\boldsymbol{F}_R$—— 横向工作载荷(N)； μ—— 结合面间的摩擦因数，通常取 $\mu=0.1\sim0.15$； m——结合面数； Z——连接螺栓数。

(续表)

类型	图 例	受力及特点	强度计算公式
受拉螺栓 紧连接 轴向外载荷	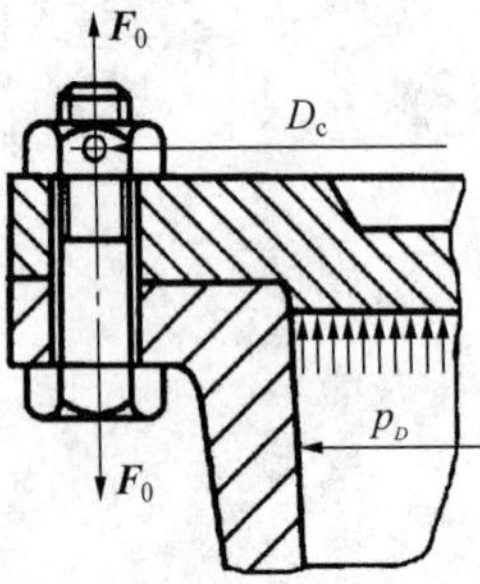	螺栓和孔壁之间有间隙,装配时需要把螺母拧紧,工作时螺栓杆受预紧力和轴向工作载荷 **F** 作用,其轴向总拉力为 $\boldsymbol{F}_0$。螺栓杆受拉、受扭组合作用。	$$\sigma=\frac{5.2\boldsymbol{F}_0}{\pi d_1^2}\leqslant[\sigma]\quad(3-8-4)$$ $\boldsymbol{F}_0$——轴向总拉力(N); 有紧密性要求时,取 $\boldsymbol{F}_0=(2.5\sim2.8)\boldsymbol{F}$; 有紧固要求动载荷时,取 $\boldsymbol{F}_0=(1.6\sim2.0)\boldsymbol{F}$; 有紧固要求静载荷时,$\boldsymbol{F}_0=(1.2\sim1.6)\boldsymbol{F}$; **F**—— 轴向工作载荷(N); d_1—— 螺纹小径(mm); $[\sigma]$—— 许用拉应力(MPa),$[\sigma]=\sigma_s/S$; σ_s——螺栓屈服点(MPa),查表 3-8-7; S——安全因数,查表 3-8-8。
受剪螺栓	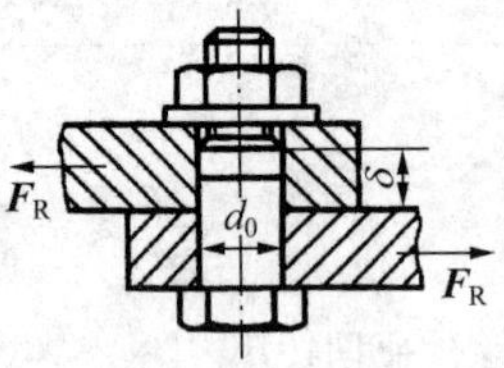	铰制孔用螺栓连接一般均需拧紧,由预紧力产生的拉应力对连接强度的影响可以不计。螺栓和孔壁之间有配合关系,当承受横向外载荷 $\boldsymbol{F}_R$ 时,螺栓杆受到剪切作用,螺栓杆与孔壁接触面受到挤压作用。	$$\tau=\frac{4\boldsymbol{F}_R}{n\pi d_0^2}\leqslant[\tau]\quad(3-8-5)$$ $\boldsymbol{F}_R$——横向外载荷(mm); $[\tau]$——许用切应力(MPa),查表 3-8-9; n——受剪面数; d_0——螺栓受剪处直径(mm)。 $$\sigma_P=\frac{\boldsymbol{F}_R}{d_0\delta}\leqslant[\sigma_P]\quad(3-8-6)$$ $\boldsymbol{F}_R$——横向外载荷(mm); $[\sigma_P]$——许用挤压应力(MPa),查表 3-8-9; δ——挤压面积最小厚度(mm)。

2. 螺纹连接件常用材料的力学性能

螺纹连接件常用材料的力学性能如表 3-8-7 所示。

表 3-8-7　螺纹连接件常用材料的力学性能

钢 号	抗拉强度 σ_b/MPa	屈服点 σ_s/MPa	疲劳极限/MPa	
			弯曲 σ_{-1}	抗拉 σ_{-1}
Q215	340～420	220		
Q235	410～470	240	170～220	120～160
35	540	320	220～300	170～220
45	610	360	250～340	190～250
40Cr	750～1 000	650～900	320～440	240～340

3. 螺纹连接件的安全因数和许用应力

螺纹连接件的安全系数和许用应力分别如表 3-8-8、表 3-8-9 所示。

表 3-8-8　受拉螺栓紧连接的安全因数 S

控制预紧力	1.2～1.5					
不控制预紧力		静　载　荷			动　载　荷	
	材料	M6～M16 mm	M16～M30 mm	M30～M60 mm	M6～M16 mm	M16～M30 mm
	碳钢	4～3	3～2	2～1.3	10～6.5	6.5
	合金钢	5～4	4～2.5	2.5	7.5～5	5

表 3-8-9　受剪螺纹的许用切应力[τ]和许用挤压应力[σ_p]

螺栓许用切应力[τ]	静载荷	$[\tau]=\sigma_s/2.5$
	动载荷	$[\tau]=\sigma_s/(3.5\sim5)$
螺栓或被连接件的许用挤压应力[σ_P]	静载荷	钢 $[\sigma_P]=\sigma_s/12.5$，铸铁 $[\sigma_P]=\sigma_s/(2\sim2.5)$
	动载荷	$[\sigma_P]$按静载荷取值的 70%～80%计

例 3-8-1　如图 3-8-27 所示的凸缘联轴器，已知两个半联轴器的材料为灰铸铁，允许传递的最大转矩 $T=1\,300$ N·m，用 8 个 M16 的普通螺栓连接，螺栓分布在 $D_0=185$ mm 的圆周上，螺栓材料为 35 钢，试校核普通螺栓连接的强度。

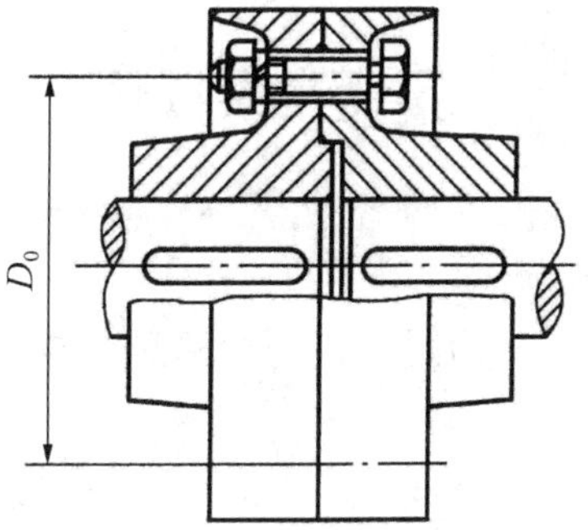

图 3-8-27

解：本例为受横向载荷的紧螺栓连接。

(1) 计算螺栓所受的横向载荷 $\boldsymbol{F}_R$

$$\boldsymbol{F}_R=\frac{2T}{D_0}=\frac{2\times1\,000\times10^3}{185}=10\,811\text{ N}$$

(2) 计算预紧力 $\boldsymbol{F}$　取可靠性系数 $K_f=1.2$，结合面的摩擦因数 $\mu=0.15$，结合面数 $n=1$，得

$$\boldsymbol{F}=\frac{K_f F_R}{zm\mu}=\frac{1.2\times10\,811}{8\times1\times0.15}=10\,811\text{ N}$$

(3) 确定许用应力[σ]　由表 3-8-7，得 $\sigma_s=320$ MPa，由表 3-8-8 不控制预紧力，取 $S=3$，得

$$[\sigma]=\frac{\sigma_s}{S}=\frac{320}{3}=106.7\text{ MPa}$$

(4) 校核螺栓强度　由附表 A 螺栓标准查得 M16 螺栓的小径 $d_1=13.835$ mm，则

$$\sigma=\frac{1.3F}{1/4\pi d_1^2}=\frac{5.2F}{\pi d_1^2}=\frac{5.2\times10\,811}{3.14\times13.835}=93.54\text{ MPa}<[\sigma]$$

故螺栓强度足够。

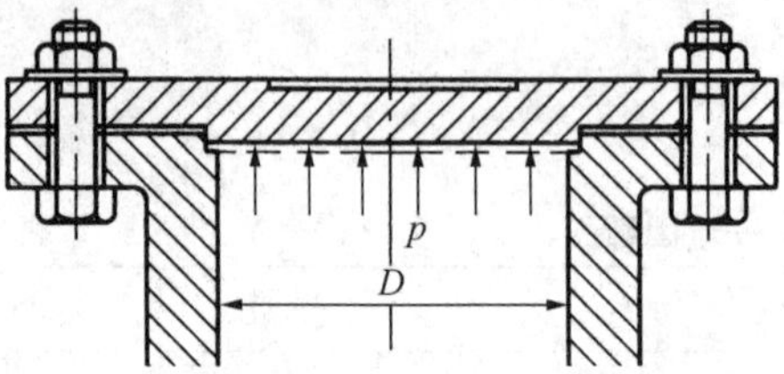

图 3-8-28

例 3-8-2 如图 3-8-28 所示的压力容器中,用 12 个普通螺栓将盖顶连接在容器上,已知容器内的气压 $p=0\sim1.2\,\text{MPa}$,容器的内径 $D=250\,\text{mm}$,装配时不控制预紧力,试选择螺栓的直径。

解:本例为受轴向载荷有紧密要求的紧螺栓连接。

(1) 计算螺栓连接所受的轴向载荷 F

$$\boldsymbol{F}=\frac{\pi D^2 p}{4}=\frac{3.14\times250^2\times1.2}{4}=58\,875\ \text{N}$$

(2) 计算单个螺栓的轴向总拉力 $\boldsymbol{F}_0$ 按有紧密要求取

$$\boldsymbol{F}_0=\frac{2.5F}{z}=\frac{2.5\times58\,875}{12}=12\,266\ \text{N}$$

(3) 确定许用应力$[\sigma]$ 初选 M16 螺栓,螺栓材料为 45 钢,由表 3-8-7 查得 $\sigma_s=360\ \text{MPa}$;由表 3-8-8,不控制预紧力,取 $S=3$,得

$$[\sigma]=\frac{\sigma_s}{S}=\frac{360}{3}=120\ \text{MPa}$$

(4) 计算螺栓的小径 d_1

$$d_1\geqslant\sqrt{\frac{5.2F_0}{\pi[\sigma]}}=\sqrt{\frac{5.2\times12\,266}{3.14\times120}}=13.01\ \text{mm}$$

由附表 A 螺栓标准查得 M16 螺栓的小径 $d_1=13.835\ \text{mm}$,故螺栓强度足够。

第三节 联轴器和离合器

联轴器和离合器是机械传动中的重要部件。联轴器和离合器可连接主、从动轴,使其一同回转并传递扭矩,有时也可用作安全装置。联轴器连接的两轴的分与合只能在停机时用拆卸的方法将他们分开,而离合器连接的两轴的分与合可随时通过操纵机构或自动在装置随时结合或分离。

图 3-8-29、图 3-8-30 所示为联轴器和离合器应用实例。

图 3-8-29 所示为电动绞车,电动机输出轴与减速器输入轴之间用联轴器连接,减速器输出轴与卷筒之间同样用联轴器连接来传递运动和扭矩。图 3-8-30 所示为自动车床转塔刀架上用于控制转位的离合器。

联轴器和离合器的类型很多,其中多数已标准化,设计选择时可根据工作要求,查阅有关手册、样本,选择合适的类型,必要时对其中主要零件进行强度校核。

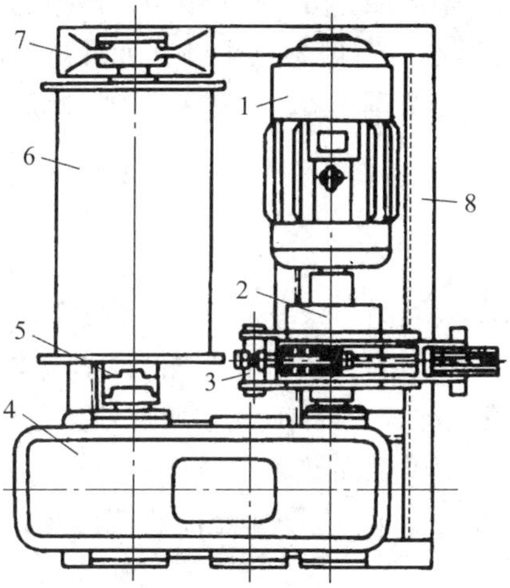

图 3-8-29

1—电动机；2、5—联轴器；3—制动器；
4—减速器；6—卷筒；7—轴承；8—机架

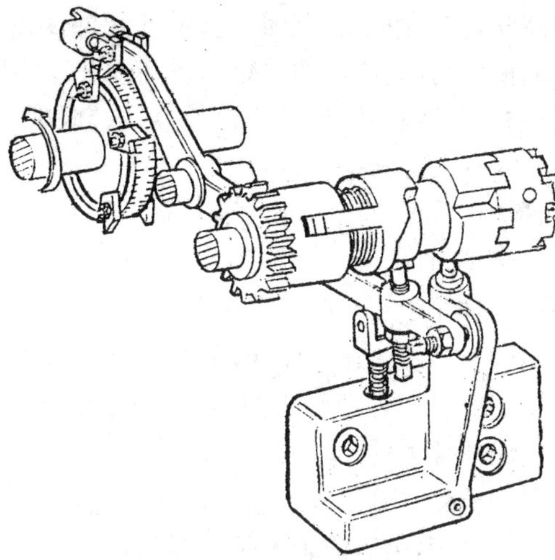

图 3-8-30

一、联轴器

1. 联轴器的性能要求

联轴器所连接的两轴，由于制造及安装误差、承载后变形、温度变化和轴承磨损等原因，不能保证严格对中，使两轴线之间出现相对位移，如图 3-8-31 所示，如果联轴器对各种位移没有补偿能力，工作中将会产生附加动载荷，使工作情况恶化。因此，要求联轴器具有补偿一定范围内两轴线相对位移量的能力。对于经常负载启动或工作载荷变化的场合，要求联轴器中具有起缓冲、减振作用的弹性元件，以保护原动机和工作机不受或少受损伤。同时还要求联轴器安全、可靠，有足够的强度和使用寿命。

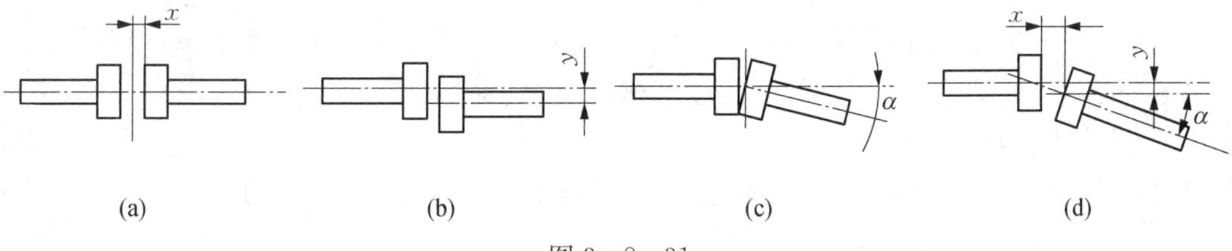

图 3-8-31

(a) 轴向位移 (b) 径向位移 (c) 角度位移 (d) 综合位移

2. 联轴器的分类

联轴器可分为刚性联轴器和挠性联轴器两大类。

刚性联轴器不具有缓冲性和补偿两轴线相对位移的能力，要求两轴严格对中，但此类联轴器结构简单，制造成本较低，装拆、维护方便，能保证两轴有较高的对中性，传递转矩较大，应用广泛。常用的有凸缘联轴器、套筒联轴器和夹壳联轴器等。

挠性联轴器又可分为无弹性元件挠性联轴器和有弹性元件挠性联轴器，前一类只具有补偿两轴线相对位移的能力，但不能缓冲减振，常见的有滑块联轴器、齿式联轴器、万向联轴器和链条联轴器等;后一类因含有弹性元件,除具有补偿两轴线相对位移的能力外,还具有缓冲和减振作用,但传递的转矩因受到弹性元件强度的限制,一般不及无弹性元件挠性联轴器,常见的有弹性套柱销联轴器、弹性柱销联轴器、梅花形联轴器、轮胎式联轴器、蛇形弹簧联轴器和簧片联轴器等。

3. 常用联轴器的结构和特点

1) 凸缘联轴器

凸缘联轴器是刚性联轴器中应用最广泛的一种,结构如图 3-8-32 所示,是由 2 个带凸缘的半联轴器用螺栓连接而成,与两轴之间用键连接。常用的结构形式有两种,其对中方法不同,图 3-8-32(a)所示为两半联轴器的凸肩与凹槽相配合而对中,用普通螺栓连接,依靠接合面间的摩擦力传递转矩,对中精度高,装拆时,轴必须做轴向移动。图 3-8-32(b)所示为两半联轴器用铰制孔螺栓连接,靠螺栓杆与螺栓孔配合对中,依靠螺栓杆的剪切及其与孔的挤压传递转矩,装拆时轴不须作轴向移动。

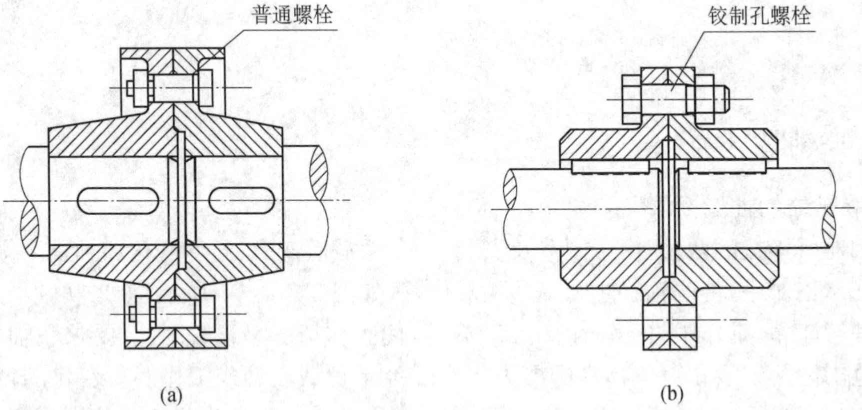

图 3-8-32

联轴器的材料一般采用铸铁,重载或圆周速度 $v \geqslant 30$ m/s 时应采用铸钢或锻钢。

凸缘联轴器结构简单,价格低廉,能传递较大的转矩,但不能补偿两轴线的相对位移,也不能缓冲减振,故只适用于连接的两轴能严格对中、载荷平稳的场合。

2) 滑块联轴器

滑块联轴器如图 3-8-33 所示,由两个端面开有凹槽的半联轴器 1、3,利用两面带有

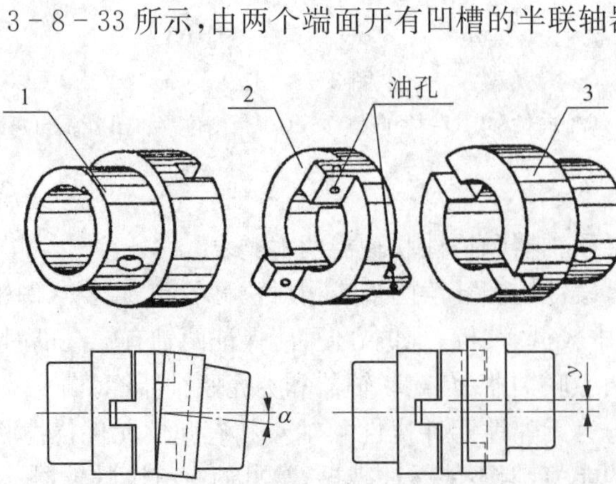

图 3-8-33

凸块的中间盘2连接，半联轴器1、3分别与主、从动轴连接成一体，实现两轴的连接。中间盘沿径向滑动补偿径向位移y，并能补偿角度位移α，如图3-8-33所示。若两轴线不同心或偏斜，则在运转时中间盘上的凸块将在半联轴器的凹槽内滑动；转速较高时，由于中间盘的偏心会产生较大的离心力和磨损，并使轴承承受附加动载荷，故这种联轴器适用于低速。为减少磨损，可由中间盘油孔注入润滑剂。

半联轴器和中间盘的常用材料为45钢或铸钢ZG310～570，工作表面淬火48～58 HRC。

3）万向联轴器

万向联轴器如图3-8-34所示，由两个叉形接头1、3和十字轴2组成，利用中间连接件十字轴连接的两叉形半联轴器均能绕十字轴的轴线转动，从而使联轴器的两轴线能成任意角度α，一般α最大可达35°～45°。但α角越大，传动效率越低。万向联轴器单个使用时，当主动轴以等角速度转动时，从动轴作变角速度回转，从而在传动中引起附加动载荷。为避免这种现象，可采用两个万向联轴器成对使用，使两次角速度变化的影响相互抵消，使主动轴和从动轴同步转动，如图3-8-35所示。各轴相互位置在安装时必须满足两点：第一，主动轴、从动轴与中间轴C的夹角必须相等，即$\alpha_1=\alpha_2$；第二，中间轴两端的叉形平面必须位于同一平面内，如图3-8-36所示。

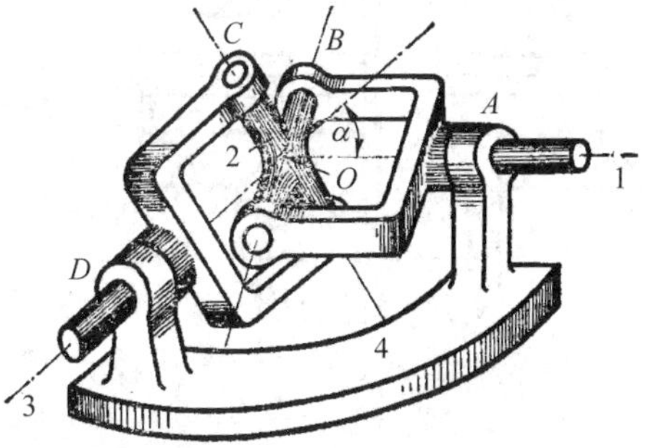

1、3—叉形接头；2—十字轴；4—机架

图3-8-34

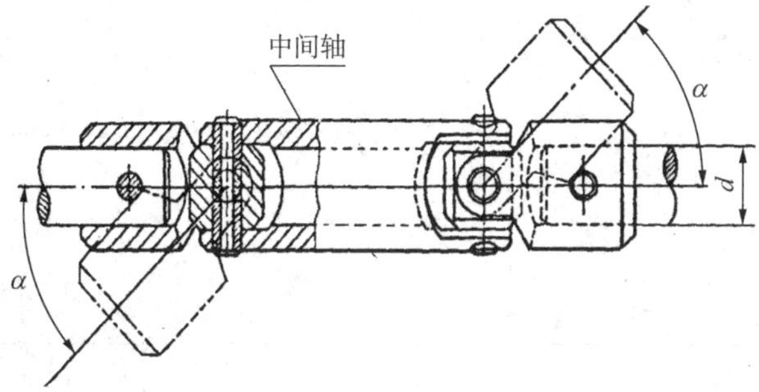

图3-8-35

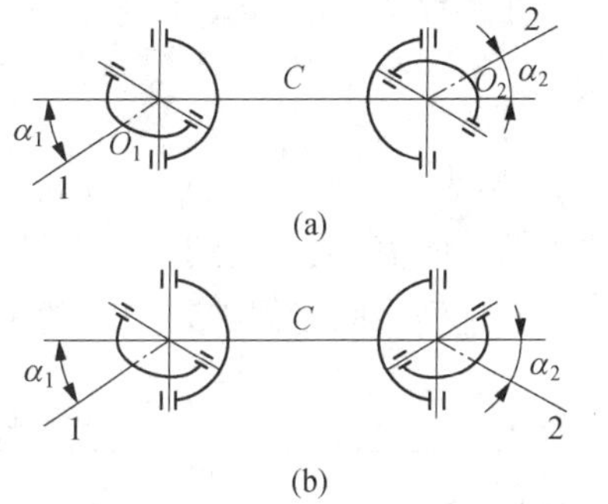

图3-8-36

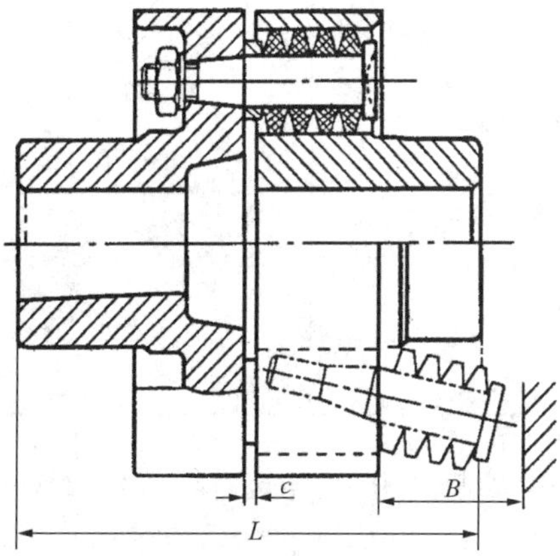

图3-8-37

万向联轴器的材料常用合金钢制造，以获得较高的耐磨性和较小的尺寸。

万向联轴器能补偿较大的角位移，结构紧凑，使用、维护方便，广泛用于汽车、工程机械等的传动系统中。

4）弹性套柱销联轴器

弹性套柱销联轴器的结构与凸缘联轴器相似，如图3-8-37所示。不同之处是用带有弹性圈的柱销代替了螺栓连接，弹性圈一般用耐油橡胶制成，剖面为梯形以提高弹性。柱销材料多采用45钢。为补偿较大的轴向位移,安装时在两轴间留有一定的轴向间隙 c;为了便于更换易损件弹性套,设计时应留一定的距离 B。

弹性套柱销联轴器制造简单,装拆方便,但寿命较短。适用于连接载荷平稳,需正反转或起动频繁的小转矩轴,多用于电动机轴与工作机械的连接上。

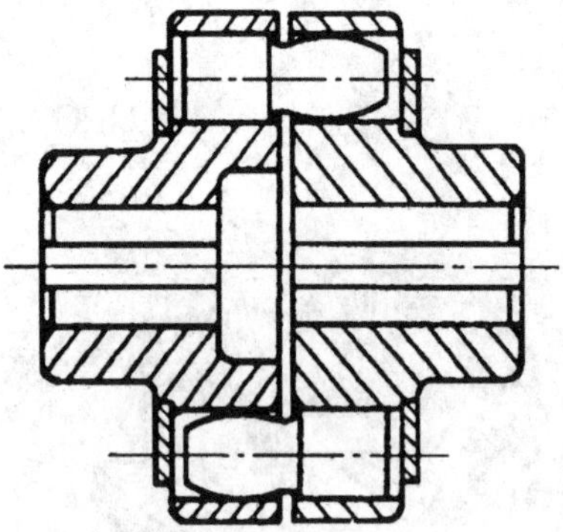

图 3-8-38

5) 弹性柱销联轴器

弹性柱销联轴器与弹性套柱销联轴器结构也相似(见图 3-8-38),只是柱销材料为尼龙,柱销形状一端为柱形,另一端制成腰鼓形,以增大角度位移的补偿能力。为防止柱销脱落,柱销两端装有挡板,用螺钉固定。

弹性柱销联轴器结构简单,能补偿两轴间的相对位移,并具有一定的缓冲、吸振能力,应用广泛,可代替弹性套柱销联轴器。但因尼龙对温度敏感,使用时受温度限制,一般在 $-20°\sim70°$ 之间使用。

4. 联轴器的选择

联轴器多已标准化,其主要性能参数为:额定转矩 T_n、许用转速 $[n]$、位移补偿量和被连接轴的直径范围等。选用联轴器时,通常先根据使用要求和工作条件确定合适的类型,再按转矩、轴径和转速选择联轴器的型号,必要时应校核其薄弱件的承载能力。

考虑工作机起动、制动、变速时的惯性力和冲击载荷等因素,应按计算转矩 T_c 选择联轴器。计算转矩 T_c 和工作转矩 T 之间的关系为:

$$T_c = KT \tag{3-8-7}$$

式中,K 为工作情况系数,如表 3-8-10 所示。一般刚性联轴器选用较大的值,挠性联轴器选用较小的值;被传动的转动惯量小,载荷平稳时取较小值。

所选型号联轴器必须同时满足:$T_c \leqslant T_n$, $n \leqslant [n]$。

表 3-8-10 工作情况系数 K

原动机	工 作 机 械	K
电动机	皮带运输机、鼓风机、连续运转的金属切削机床	1.25～1.5
	链式运输机、刮板运输机、螺旋运输机、离心泵、木工机械	1.5～2.0
	往复运动的金属切削机床	1.5～2.0
	往复式泵、往复式压缩机、球磨机、破碎机、冲剪机	2.0～3.0
	起重机、升降机、轧钢机	3.0～4.0
涡轮机	发电机、离心泵、鼓风机	1.2～1.5
往复式发动机	发电机	1.5～2.0
	离心泵	3～4
	往复式工作机	4～5

例 3-8-3 功率 $P=11\,\text{kW}$,转速 $n=970\,\text{r/min}$ 的电动起重机中,连接直径 $d=42\,\text{mm}$ 的主、从动轴,试选择联轴器的型号。

解:(1) 选择联轴器类型 为缓和振动和冲击,选择弹性套柱销联轴器。

(2) 选择联轴器型号

① 计算转矩:由表 3-8-10 查取 $K=3.5$,按式(3-8-7)计算:

$$T_c = K \cdot T = K \cdot 9\,550\,\frac{P}{n} = 3.5 \times 9\,550 \times \frac{11}{970} = 379\ \mathrm{N \cdot m}$$

② 按计算转矩、转速和轴径,由 GB 4323—84 中选用 TL7 型弹性套柱销联轴器(见附表 B),标记为:TL7 联轴器 42×112 GB 4323—84。查得有关数据:额定转矩 $T_n = 500\ \mathrm{N \cdot m}$,许用转速 $[n] = 2\,800\ \mathrm{r/min}$,轴径 $40 \sim 45\ \mathrm{mm}$。

满足 $T_c \leqslant T_n$, $n \leqslant [n]$,适用。

二、离合器

1. 离合器的性能要求

离合器的在机器传动过程中能方便地接合和分离。对其基本要求是:工作可靠,接合、分离迅速而平稳,操纵灵活、省力,调节和修理方便,外形尺寸小,重量轻,对摩擦式离合器还要求其耐磨性好并具有良好的散热能力。

2. 离合器的分类

离合器的类型很多。按实现接合和分离的过程可分为操纵离合器和自动离合器;按离合的工作原理可分为嵌合式离合器和摩擦式离合器。

嵌合式离合器通过主、从动元件上牙齿之间的嵌合力来传递回转运动和动力,工作比较可靠,传递的转矩较大,但接合时有冲击,运转中接合困难。

摩擦式离合器是通过主、从动元件间的摩擦力来传递回转运动和动力,运动中接合方便,有过载保护性能,但传递转矩较小,适用于高速、低转矩的工作场合。

3. 常用离合器的结构和特点

1) 牙嵌式离合器

牙嵌式离合器如图 3-8-39 所示,是由两端面上带牙的半离合器 1、2 组成。半离合器 1 用平键固定在主动轴上,半离合器 2 用导向键 3 或花键与从动轴连接。在半离合器 1 上固定有对中环 5,从动轴可在对中环中自由转动,通过滑环 4 的轴向移动操纵离合器的接合和分离,滑环的移动可用杠杆、液压、气压或电磁吸力等操纵机构控制。

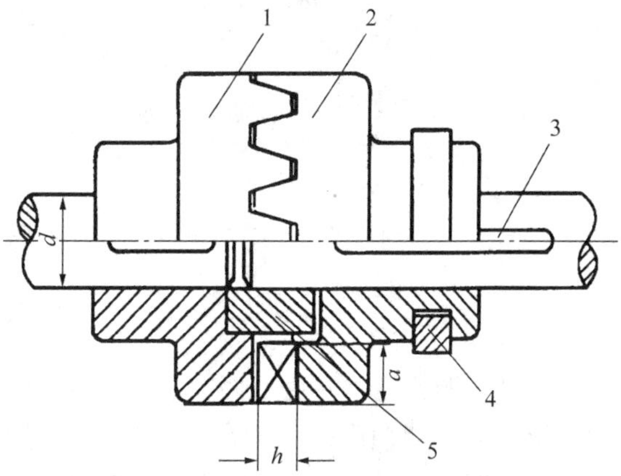

图 3-8-39

1、2—半离合器;3—导向键;4—滑环;5—对中环

牙嵌离合器常用的牙型有:三角形、矩形、梯形和锯齿形,如图 3-8-40 所示。

三角形牙用于传递中小转矩的低速离合器,牙数一般为 12~60;矩形牙无轴向分力,接合困难,磨损后无法补偿,冲击也较大,故使用较少;梯形牙强度高,传递转矩大,

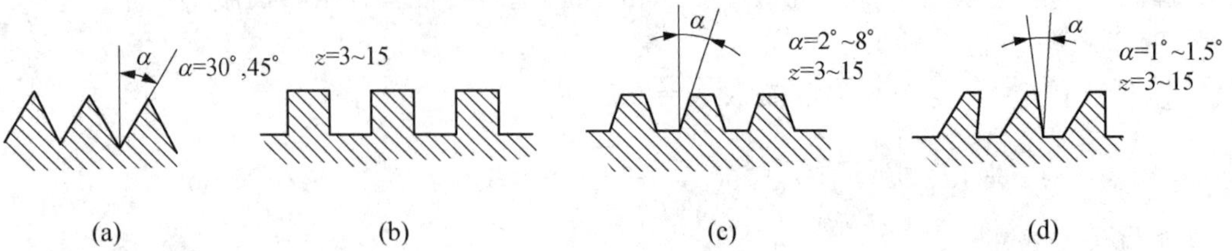

图 3-8-40

(a) 三角形牙 (b) 矩形牙 (c) 梯形牙 (d) 锯齿形牙

能自动补偿牙面磨损后造成的间隙，接合面间有轴向分力，容易分离，因而应用最为广泛；锯齿形牙只能单向工作，反转时由于有较大的轴向分力，会迫使离合器自行分离。

牙嵌离合器主要失效形式是牙面的磨损和牙根折断，因此要求牙面有较高的硬度，牙根有良好的韧性，常用材料为低碳钢渗碳淬火到 54～60 HRC，也可用中碳钢表面淬火。

牙嵌离合器结构简单，尺寸小，接合时两半离合器间没有相对滑动，但只能在低速或停车时接合，以避免因冲击折断牙齿。

2) 圆盘摩擦离合器

摩擦离合器依靠两接触面间的摩擦力来传递运动和动力。按结构形式不同，可分为圆盘式、圆锥式、块式和带式等类型，最常用的是圆盘摩擦离合器。圆盘摩擦离合器分为单片式(见图 3-8-41)和多片式(见图 3-8-42)两种。

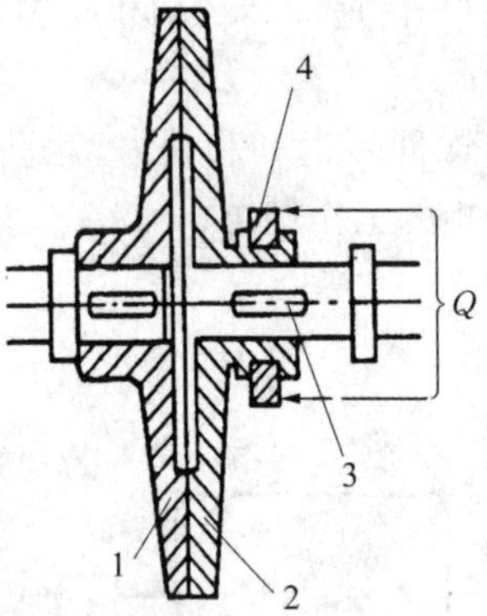

图 3-8-41

1、2—摩擦圆盘；3—导向键；4—滑环

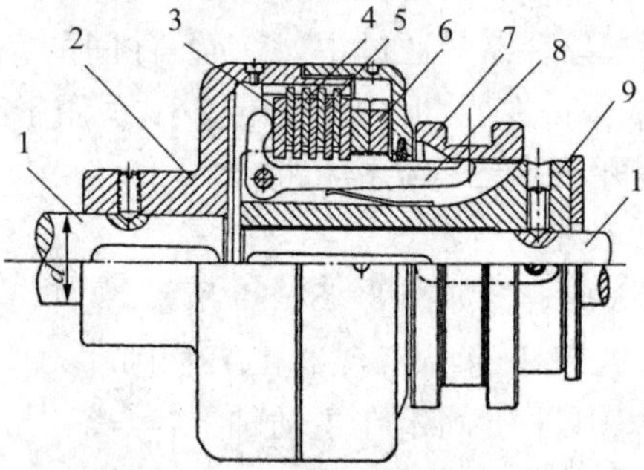

图 3-8-42

1—主动轴；2—外壳；3—压板；4—外摩擦片；5—内摩擦片；6—螺母；7—滑环；8—杠杆；9—套筒；10—从动轴

单片式摩擦离合器由摩擦圆盘 1、2 和滑环 3 组成。圆盘 1 与主动轴连接，圆盘 2 通过导向键 3 与从动轴连接并可在轴上移动。操纵滑环 4 可使两圆盘接合或分离。轴向压力 F_Q 使两圆盘接合，并在工作表面产生摩擦力，以传递转矩。单片式摩擦离合器结构简单，但径向尺寸较大，只能传递不大的转矩。

多片式摩擦离合器有两组摩擦片，主动轴 1 与外壳 2 相连接，外壳内装有一组外摩擦片 4，形状如图 3-8-43(a)所示，其外缘有凸齿插入外壳上的内齿槽内，与外壳一起转动，其内孔不与任何零件接触。从动轴 10 与套筒 9 相连接，套筒上装有一组内摩擦片 5，形状如

图 3-8-43(b)所示，其外缘不与任何零件接触，随从动轴一起转动。滑环 7 由操纵机构控制，当滑环向左移动时，使杠杆 8 绕支点顺时针转动，通过压板 3 将两组摩擦片压紧，实现接合；滑环 7 向右移动，则实现离合器分离。摩擦片间的压力由螺母 6 调节。若摩擦片为图 3-8-43(c)的形状，则分离时能自动弹开。

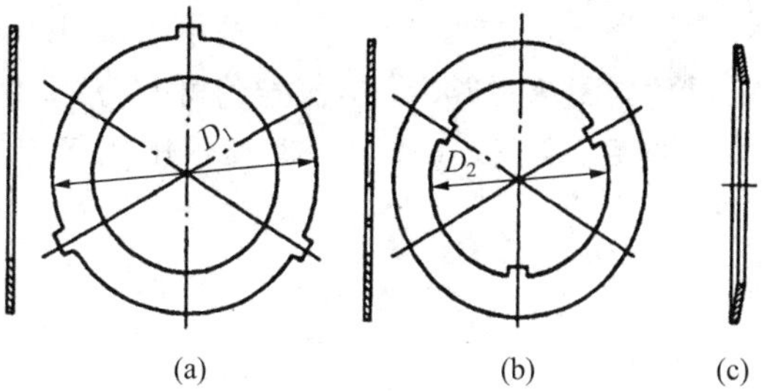

图 3-8-43

多片式摩擦离合器由于摩擦面增多，传递转矩的能力提高，径向尺寸相对减小，但结构较为复杂。

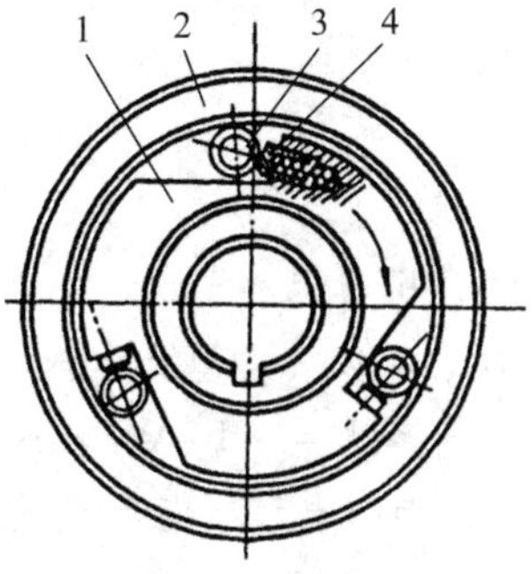

图 3-8-44

1—星轮；2—外圈；
3—滚柱；4—弹簧顶杆

3）滚柱超越离合器

超越离合器又称为定向离合器，是一种自动离合器，目前广泛应用的是滚柱超越离合器如图 3-8-44 所示，由星轮 1、外圈 2、滚柱 3 和弹簧顶杆 4 组成。滚柱的数目一般为 3～8 个，星轮和外圈都可作主动件。当星轮为主动并作顺时针转动时，滚柱受摩擦力作用被楔紧在星轮与外圈之间，从而带动外圈一起回转，离合器为接合状态；当星轮逆时针转动时，滚柱被、推到楔形空间的宽敞部分而不再楔紧，离合器为分离状态。超越离合器只能传递单向转矩。若外圈和星轮作顺时针同向回转，则当外圈转速大于星轮转速，离合器为分离状态；当外圈转速小于星轮转速，离合器为接合状态。

超越离合器尺寸小，接合和分离平稳，可用于高速传动。

习　题

3-8-1　如图 3-8-45 所示钢板用两个 M16 的普通螺栓连接，螺栓的材料为 35 钢，被连接件接触面间的摩擦因子 $\mu=0.15$，可靠系数 $K_f=1.2$，试计算该连接允许传递的载荷 F_R。

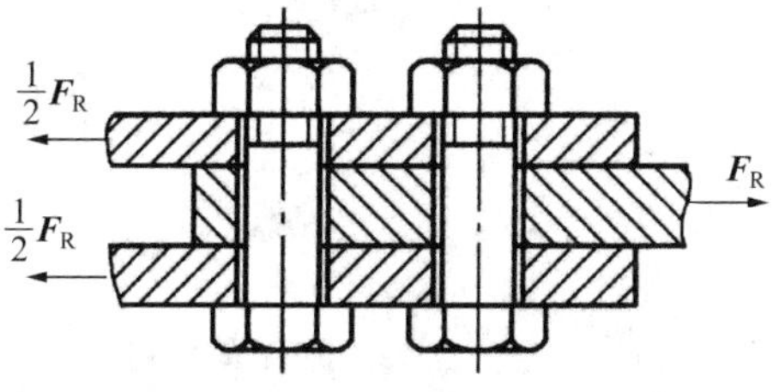

图 3-8-45

3-8-2　在图 3-8-27 所示的凸缘联轴器中，两个半联轴器的材料为灰铸铁，用 6 个 M12 普通螺栓连接，配置螺栓的圆周直径 $D=130$ mm，螺栓的材料为 35 钢，试计算该联轴器允许传递的最大转矩 T。

3-8-3 在图3-8-28所示的压力容器中,盖顶用8个M12普通螺栓连接,已知压力容器的内径$D=200\ mm$,螺栓的材料为35钢,试计算该容器允许的最大气压p。

3-8-4 试选择如图3-8-46所示辗轮式混砂机的联轴器A和B的类型。

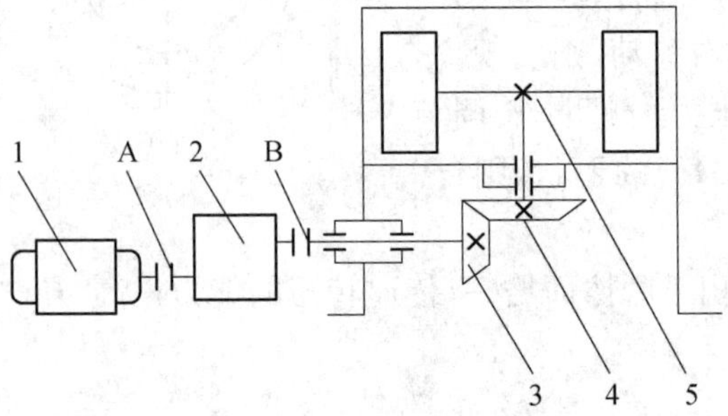

图3-8-46

1—电动机;2—减速器;3—小锥齿轮轴;
4—大锥齿轮轴;5—辗轮轴

3-8-5 汽油发动机由电动机启动。当发动机正常运转后,电动机自动脱开,由发动机直接带动发电机。请选择电动机与发动机、发动机与发电机之间各采用什么类型离合器。

3-8-6 电动机经减速器驱动水泥搅拌机工作。已知电动机的功率$P=11\ kW$,转速$n=970\ r/min$,电动机轴的直径和减速器输入轴的直径均为42 mm。试选择电动机与减速器之间的联轴器。

3-8-7 由交流电动机通过联轴器直接带动一台直流发电机运转。若已知该直流发电机所需的最大功率为$P=20\ kW$,转速$n=3\,000\ r/min$,外伸轴轴径为50 mm,交流电动机伸出轴的轴径为48 mm,试选择联轴器的类型和型号。

第九章　轴和轴承

第一节　轴的分类、轴设计的基本准则

一、轴的分类

1. 按受载荷分

(1) 转轴　工作时既承受弯矩又承受转矩的轴称为转轴,如图 3-9-1(a)所示。

(2) 心轴　用来支撑转动零件且只承受弯矩而不传递转矩的轴称为心轴。又可分为:转动心轴与固定心轴,如图 3-9-1(b)所示。

(3) 传动轴　用来传递转矩而不承受弯矩的轴称为传动轴,如图 3-9-1(c)所示。

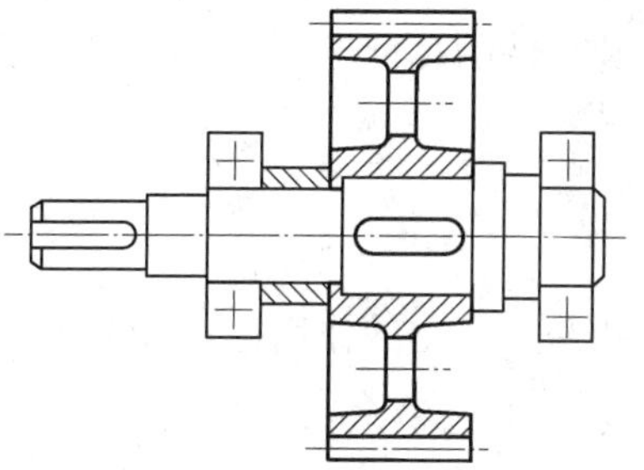

(a)

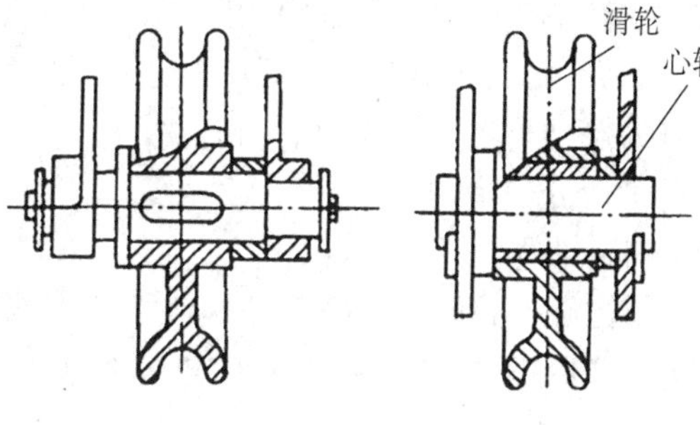

(b)

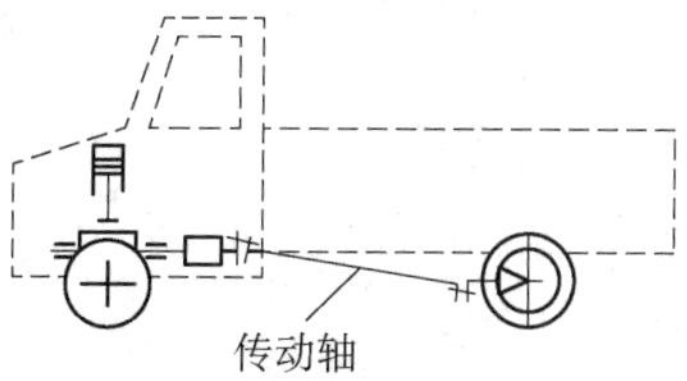

(c)

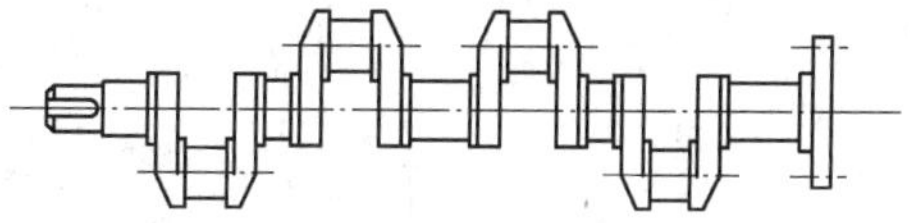

(d)

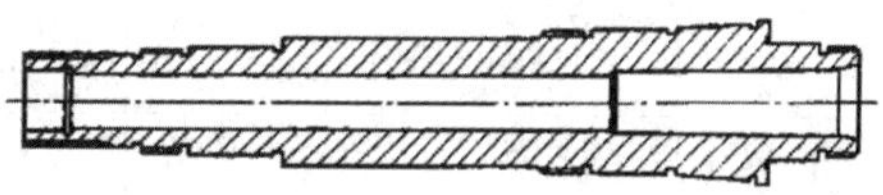

(e)

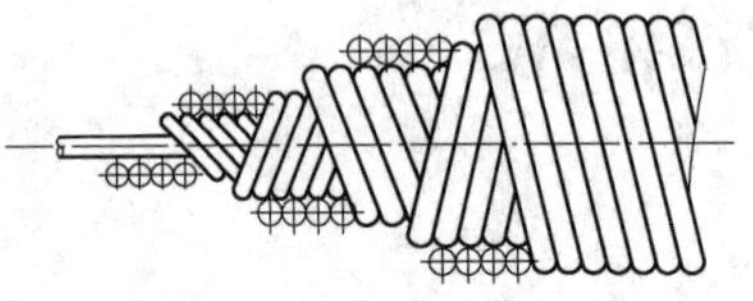

钢丝软轴的绕制

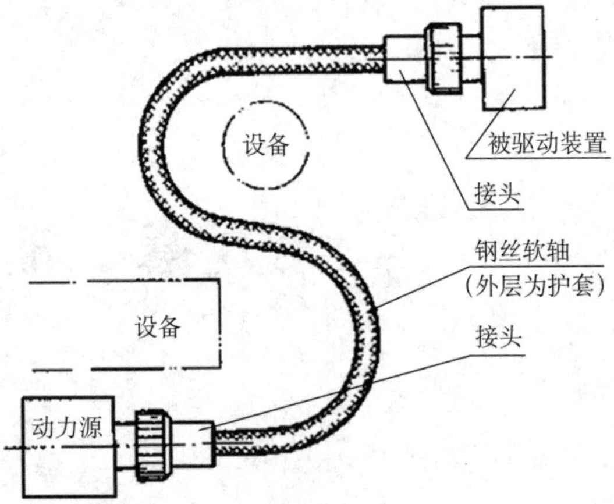

(f)

图 3-9-1

(a) 转轴　(b) 心轴　(c) 传动轴　(d) 曲轴　(e) 空心轴　(f) 软轴

2. 按结构形状分

(1) 曲轴　如图 3-9-1(d)所示。

(2) 空心轴　如图 3-9-1(e)所示。

(3) 软轴　如图 3-9-1(f)所示。

二、轴的设计过程

1. 轴的设计的主要问题

轴的设计主要解决两个方面的问题是:为了保证能正常工作,要求轴具有足够的强度和刚度;同时具有合理的结构与良好的工艺性,要满足轴上零件的径向定位和轴向定位要求;并有良好的振动稳定性与表面的耐磨性。

轴的设计分三步进行:

(1) 初定轴径。

(2) 结构设计:画草图,确定轴的各段尺寸,得到轴的跨距和力的作用点。

(3) 计算弯矩、弯曲应力及扭剪应力,按表 3-9-1 进行校核计算。

表 3-9-1　轴的常用材料及其力学性能

材料	热处理	毛坯直径/mm	硬度 HBS	抗拉强度 σ_b	屈服点 σ_s	抗弯曲疲劳极限 σ_{-1}	抗剪切疲劳极限 τ_{-1}	应用场合
				/MPa				
Q235				440	235	200	105	用于不重要或载荷不大的轴
35	正火	≤100	143～187	520	270	250	125	有好的塑性和适当的强度,可做一般曲轴、转轴等
	正火回火	>100～300		500	260	240	120	
	调质	≤100	163～207	560	300	265	135	

（续表）

材料	热处理	毛坯直径 /mm	硬度 HBS	抗拉强度 σ_b	屈服点 σ_s	抗弯曲疲劳极限 σ_{-1}	抗剪切疲劳极限 τ_{-1}	应用场合
				/MPa				
45	正火 回火	≤100	170～217	600	300	275	140	用于较重要的轴，应用最为广泛
		>100～300	162～217	580	290	270	135	
	调质	≤200	217～255	650	360	300	155	
40Cr	调质	≤100	241～286	750	550	350	200	用于载荷较大而无很大冲击的重要轴
		>100～300	241～266	700		340	195	
40MnB	调质	≤200	241～286	750	500	335	195	性能接近 40Cr，可作其代用品
35SiNn 42SiNn	调质	≤100	229～286	800	520	400	205	
		>100～300	217～269	750	450	350	185	
35CrMo	调质	≤100	207～269	750	550	390	200	用于重载荷的轴
20Cr	渗碳＋淬火＋回火	≤60	表面 50～60 HRC	650	400	280	160	用于强度、韧度及耐磨性较高的轴
QT450 - 10			160～210	450	310	160	140	多用于铸造形状复杂的曲轴、凸轮轴等
QT600 - 3			190～270	600	370	215	185	

2. 轴的材料

轴的材料有两种：

（1）碳素钢　常用的优质碳素钢有 30、40、45 和 50 钢，其中 45 钢应用最多。

（2）合金钢　常用的合金钢有 20Cr、40Cr、35SiMn 和 35CrMo 等。

轴的常用材料及其力学性能如表 3 - 9 - 1 所示。

第二节　轴的结构设计与强度计算

一、轴的结构设计

轴的结构设计要求是：

（1）轴应便于加工，轴上零件应便于装拆，这是制造安装要求。

（2）轴和轴上零件应有正确而可靠的工作位置，这是定位固定要求。

（3）轴的受力合理，尽量减少应力集中等。

以减速器的低速轴（见图 3 - 9 - 2）为例加以说明。

1. 制造安装要求

便于拆卸、便于安装、便于制造，做成阶梯轴，应有倒角，有越程槽，键应靠近端部。

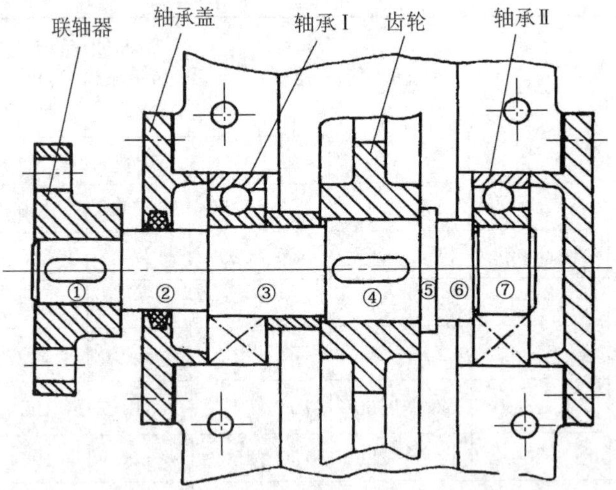

图 3-9-2

2. 固定要求

1) 轴上零件的轴向固定

(1) 轴肩固定　相邻两段轴颈间的阶梯称为轴肩,轴肩的固定方式如图 3-9-3 所示。由图 3-9-3 可知,轴肩圆角和相配零件的倒角或圆角的关系。当轴肩圆角半径 r 小于圆角半径 R 时,轴肩高 h 要大于 R;当轴肩圆角半径 r 小于倒角 $C1$ 时,轴肩高 h 要大于 $C1$。

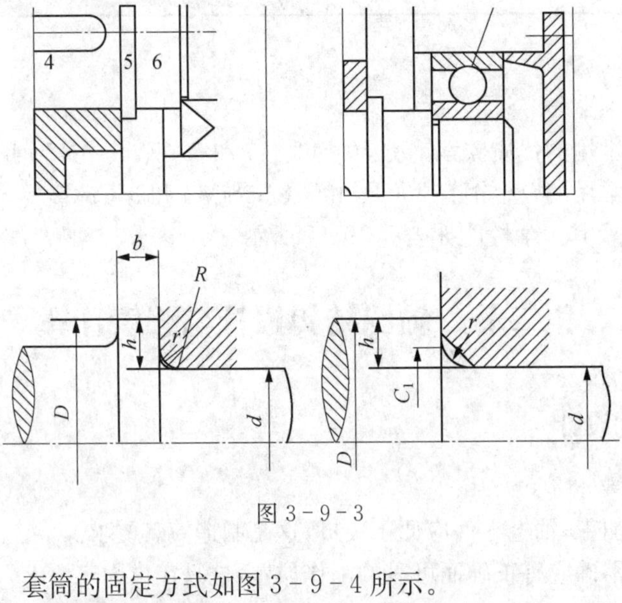

图 3-9-3

(2) 套筒固定　套筒的固定方式如图 3-9-4 所示。

(3) 圆螺母固定　圆螺母的固定方式如图 3-9-5 所示。

(4) 轴端挡圈　轴端挡圈的固定方式如图 3-9-6 所示。

(5) 弹性挡圈　弹性挡圈的固定方式如图 3-9-7 所示。

(6) 紧定螺钉　紧定螺钉的固定方式如图 3-9-8 所示。

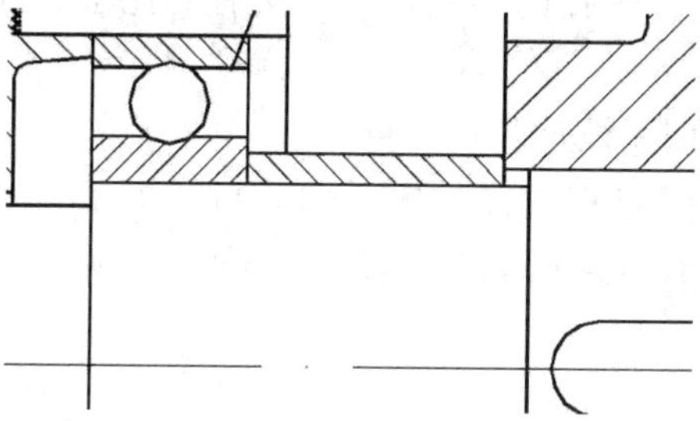

图 3-9-4

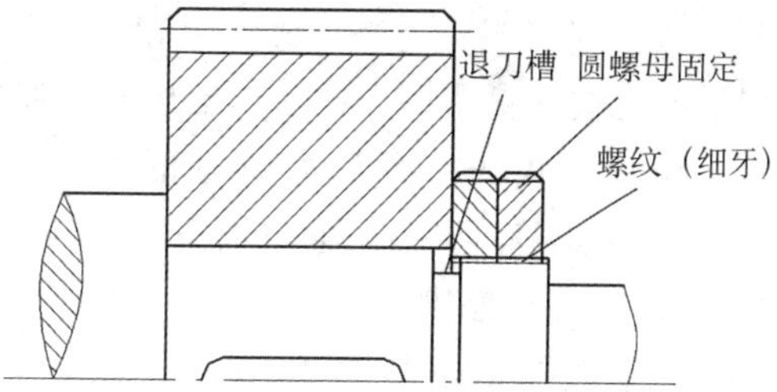

图 3-9-5

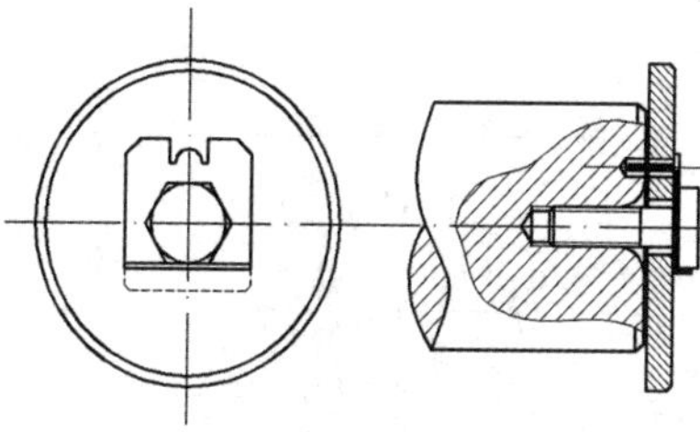

图 3-9-6

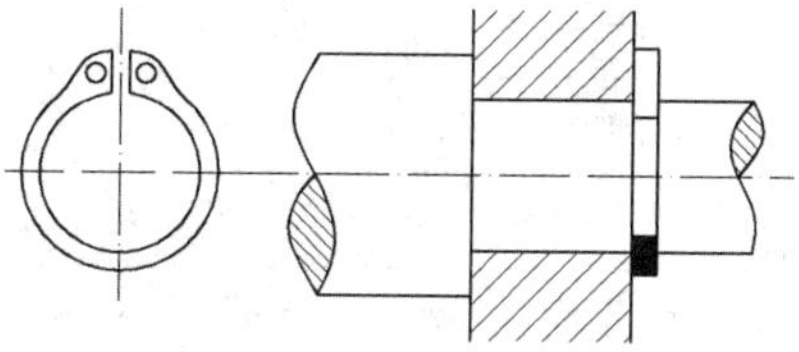

图 3-9-7

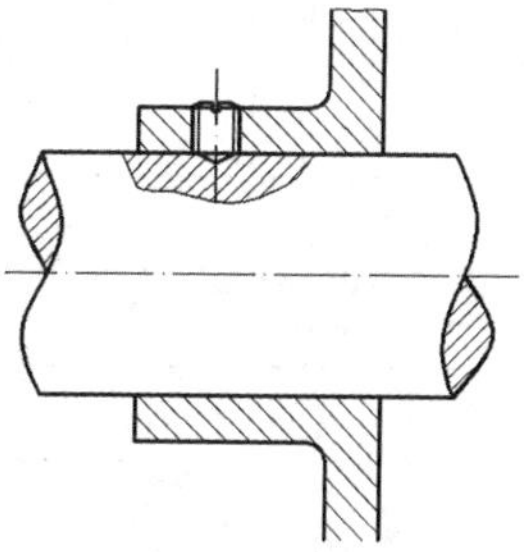

图 3-9-8

2）轴上零件的周向固定

轴上零件的周向固定可采用键、花键、过盈配合、无键连接等方式(参考键和销连接)。

3. 受力、应力要求

(1) 合理布置轴上传动零件的位置　在轴上的零件应当尽可能地进行对称与均布，从而使轴的两端支撑力能够相近和一样。

(2) 合理设计轴上零件的结构。

(3) 减小应力集中　采用过渡肩环，如图 3-9-9(a)、(b)所示，也可以在轴上或轮毂上设置卸载槽，如图 3-9-9(c)、(d)所示，以及其他结构来减小应力集中。

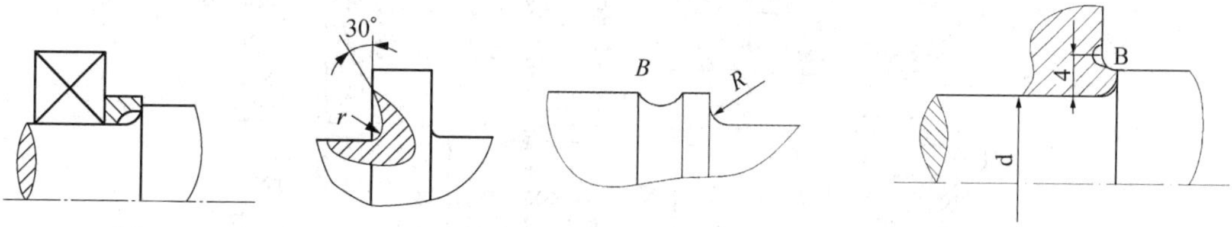

图 3-9-9

(a)(b) 轴肩过渡结构　(c) 配合轴段上的卸载槽　(d) 轮毂上的卸载槽

(4) 提高轴的表面质量。

(5) 提高轴的疲劳强度　常用表面强化，如碾压、喷丸、表面淬火等方法。

4. 轴的径向尺寸确定

1）轴径的初步估算

通常估算轴的最小直径,作为结构设计的依据。轴径的初步估算方法有类比法和经验公式法。

(1) 类比法　参考同类已有机器的轴的结构和尺寸进行分析对比。

(2) 经验公式法　高速输入轴的直径 d 可按与其相连的电动机轴的直径 D 估算:$d=(0.8\sim1.2)D$,各级低速轴的直径 d 可按同级齿轮传动中心 a 估算:$d=(0.3\sim0.4)a$。

2) 轴颈的确定原则

轴颈的确定原则如表 3-9-2 所示。

表 3-9-2　轴颈的确定原则

径向尺寸	确定原则
d_1	初算轴径,并根据联轴器尺寸定轴径
d_2	联轴器轴向固定 $h=(0.07\sim0.1)d_1$
d_3	满足轴承内径系列,并便于轴承安装,$d_3=d_2+(1\sim2)$mm
d_4	便于齿轮安装,$d_4=d_3+(1\sim2)$mm
d_5	齿轮轴向固定,$h=(0.07\sim0.1)d_4$
d_6	轴承轴向固定,符合轴承拆卸尺寸,查轴承手册
d_7	一根轴上的两轴承型号相同,$d_7=d_3$

注:表中各符号如图 3-9-10 所示。

5. 轴的轴向尺寸确定

用图 3-9-10 介绍轴向尺寸的确定。

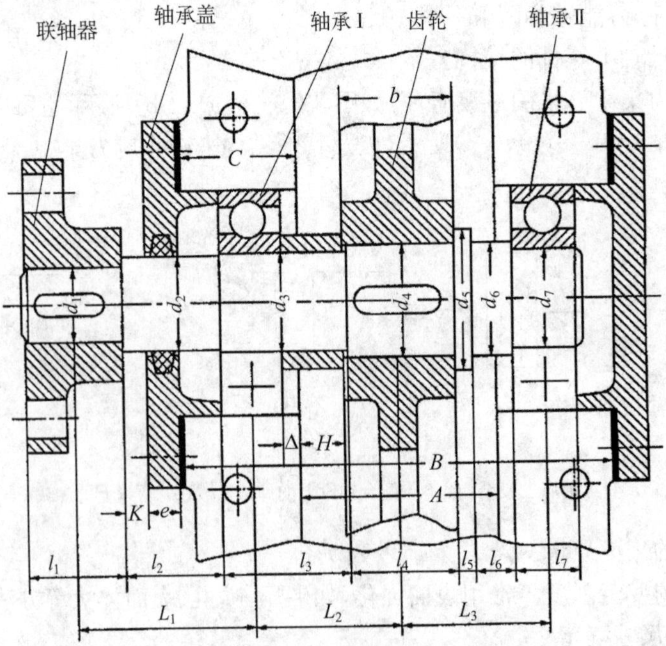

图 3-9-10

1）箱体内壁位置的确定

$$H = 5 \sim 10\ \text{mm},\ A = b + 2H,\ A\ \text{应圆整}$$

2）轴承座端面位置的确定

$$C = \delta + C1 + C2 + (5 \sim 10)\text{mm}$$

式中，δ 为箱体壁厚；

$C1$、$C2$ 为螺栓扳手空间。

$$B = A + 2C$$

3）轴承在轴承座孔中位置 Δ 的确定

Δ 值应尽量小，减小支点距离。油润滑时 $\Delta=(3\sim8)$mm；脂润滑时 $\Delta=(10\sim15)$mm。

4）轴的外伸长度的确定

(1) 当轴端安装弹性套柱销联轴器时，轴的外伸长度 K 值由连接螺栓长度确定，如图 3-9-11 所示。

(2) 当使用凸缘式轴承盖时，轴的外伸长度 K 值由联轴器的型号确定，如图 3-9-12 所示。

(3) 当轴承盖与轴端零件都不需拆卸时，一般取 $K=(5\sim8)$mm，如图 3-9-13 所示。

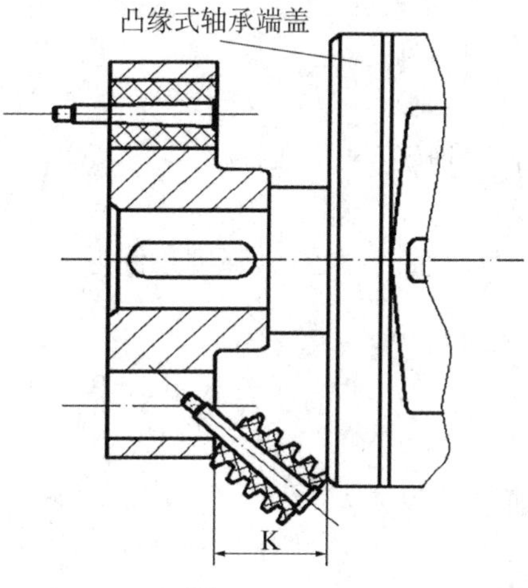

图 3-9-11

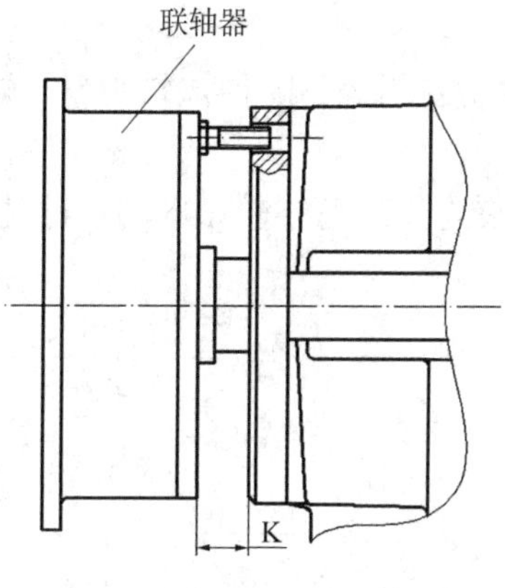

图 3-9-12

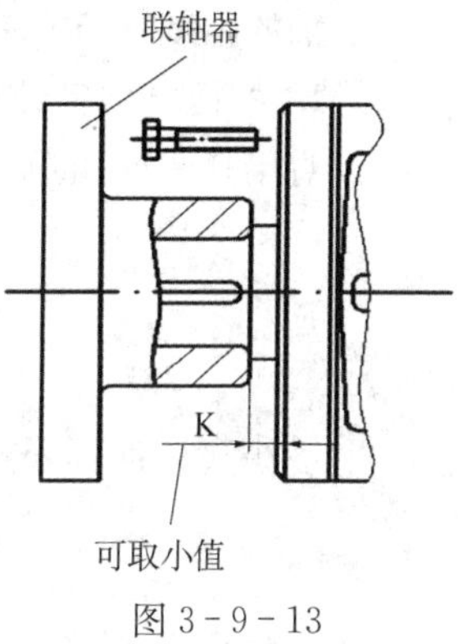

图 3-9-13

表 3-9-3 为轴的设计原则的总结。

表 3-9-3　轴的结构设计

径向尺寸	确 定 原 则	轴向尺寸	确 定 原 则
d_1	初算轴径，并根据联轴器尺寸定轴径	l_1	根据联轴器尺寸确定
d_2	联轴器轴向固定 $h=(0.07\sim0.1)d_1$	l_4	$l_4=b-(2\sim3)$mm
		l_5	$l_5=1.4h$
d_3	满足轴承内径系列，并便于轴承安装，$d_3=d_2+(1\sim2)$mm	l_7	$l_7=B$，B——轴承宽度

(续表)

径向尺寸	确 定 原 则	轴向尺寸	确 定 原 则
d_4	便于齿轮安装,$d_4=d_3+(1\sim2)$mm	齿轮至壳体内壁的距离 H	动和不动零件间要有间隔,以避免干涉 $H=10\sim15$ mm
d_5	齿轮轴向固定,$h=(0.07\sim0.1)d_4$	轴承至壳体内壁的距离 Δ	考虑壳体铸造误差: $\Delta=\begin{cases}3\sim8\text{ mm(无挡油板)}\\10\sim15\text{ mm(有挡油板)}\end{cases}$
d_6	轴承轴向固定,符合轴承拆卸尺寸,查轴承手册	轴承座宽度 C	$C=C_1+C_2+\delta+(5\sim10)$ δ——壳体壁厚; C_1、C_2——由轴承旁连接螺栓直径确定,查机械零件设计手册
d_7	一根轴上的两轴承型号相同,$d_7=d_3$	轴承盖厚 e	见机械零件设计手册
键宽 b 槽深 t	根据轴的直径查手册	联轴器至轴承盖的距离 K	应保证联轴器易损件的更换所需空间,或拆卸轴承端盖螺栓所需空间,或动与不动零件间的间隔
键长 L	$L=0.85l$ l——有键槽的轴段的长度	l_2、l_3、l_6	在齿轮、壳体、轴承、轴承盖、联轴器的位置确定后,通过作图得到

二、轴的强度计算

轴的强度计算有三种方法:按转矩计算、按当量弯矩计算和按安全系数校核。

1. 按扭转强度计算

对于只传递扭矩,不受弯矩或弯矩较小的轴,可按扭矩计算轴的直径,其强度条件为

$$\tau=\frac{T}{W_T}=\frac{9.55\times10^6\dfrac{P}{n}}{0.2d^3}\leqslant[\tau] \qquad (3-9-1)$$

最小直径计算公式

$$d\geqslant\sqrt[3]{\frac{9.55\times10^6\dfrac{P}{n}}{0.2[\tau]}}=C\sqrt[3]{\frac{P}{n}}mm \qquad (3-9-2)$$

式中,τ 为轴的扭切应力,MPa;

T 为轴传动的转矩,N·mm;

W_T 为轴的抗扭截面系数,mm^3;

P 为轴传递的功率,kW;

n 为轴的转速,r/min;

d 为轴的直径,mm;

$[\tau]$为轴材料的许用扭切应力,MPa,如表 3-9-4 所示;

C 为与轴材料有关的系数,如表 3-9-4 所示。

表 3-9-4 轴常用材料的[τ]值和 C 值

轴的材料	Q235、20	35	45	40Cr、35SiMn、40MnB
[τ]/MPa	12～20	20～30	30～40	40～52
C	160～135	135～118	118～107	107～98

注：当作用在轴上的弯矩比转矩小或只受转矩作用时，[τ]取较大值，C 取较小值；反之，[τ]取较小值，C 取较大值。

当最小直径剖面上有一个键槽时增大 5%，当有两个键槽时增大 10%，然后圆整为标准直径，标准直径如表 3-9-5 所示。

表 3-9-5 标准直径 (mm)

10	12	14	16	18	20	22	24	25	26	28
30	32	34	36	38	40	42	45	48	50	53
56	60	63	67	71	75	80	85	90	95	100

2. 按当量弯矩计算

对于同时受转矩和弯矩的轴，可以按材料力学中的当量弯矩进行强度计算，使用这种方法计算必须知道轴上作用力的大小、方向和作用点的位置，以及轴承跨距等要素。显然，这种计算方法只有当轴上零件在草图上布置妥当、外载荷和支反力等已知才能进行。所以这种计算一般是前述的按转矩初步估算出轴径，并初步完成结构设计后进行。

1) 轴的计算简图

将轴简化成简支梁，如图 3-9-14 所示。将力的作用点、弯矩、扭矩等简化在中点，而支点的位置与轴承类型有关。

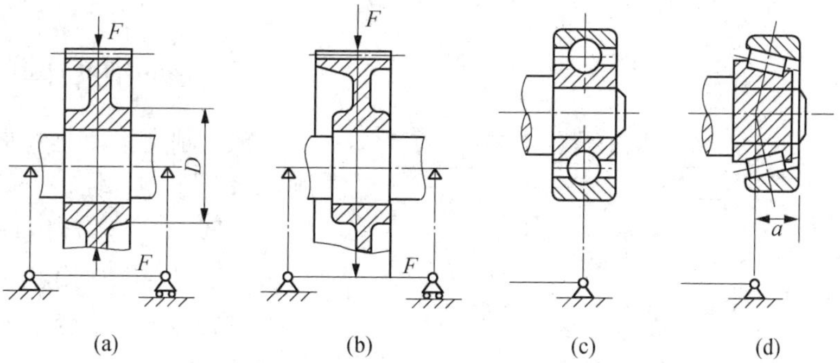

图 3-9-14

2) 按弯扭合成强度计算

(1) 画出轴的空间力系图。

(2) 计算水平弯矩，并画出水平面弯矩图 M_H。

(3) 计算垂直弯矩，并画出垂直面的弯矩图 M_V。

(4) 计算合成弯矩 $M=\sqrt{M_H^2+M_V^2}$，画出合成弯矩图。

(5) 计算轴的转矩 T，画出转矩图。

(6) 计算当量弯矩 $M_d=\sqrt{M^2+(\alpha T)^2}$，式中，$\alpha$ 是根据转矩性质而定的折合系数，对于不变的转矩，$\alpha=\frac{[\sigma_{-1b}]}{[\sigma_{+1b}]}\approx 0.3$，当转矩脉动变化时，$\alpha=\frac{[\sigma_{-1b}]}{[\sigma_{0b}]}\approx 0.6$，对于频繁正反转的轴，$\alpha=\frac{[\sigma_{-1b}]}{[\sigma_{-1b}]}=1$。

(7) 校核轴的强度　求出危险截面的当量弯矩后，按强度条件计算

$$\sigma=\frac{M_e}{W}=\frac{\sqrt{M^2+(\alpha T)^2}}{0.1d^3}\leqslant[\sigma_{-1}]_b \tag{3-9-3}$$

式中，W 为轴的危险截面的抗弯截面系数，$W=0.1d^3$，mm^3；

$[\sigma_{-1}]$为轴材料的许用弯曲应力，如表 3-9-6 所示。

表 3-9-6　轴的许用弯曲应力　(MPa)

材料	σ_b	$[\sigma_{+1}]$	$[\sigma_0]$	$[\sigma_{-1}]$
碳素钢	400 500 600 700	130 170 200 230	70 75 95 110	40 45 55 65
合金钢	800 900 1 000 1 200	270 300 330 400	130 140 150 180	75 80 90 110

计算轴的直径时，式(3-9-3)可以写成

$$d\geqslant\sqrt[3]{\frac{M_e}{0.1[\sigma_{-1}]_b}} \tag{3-9-4}$$

三、轴的刚度计算

轴的刚度主要是弯曲刚度和扭转刚度：弯曲刚度：轴在弯矩作用下产生弯曲变形，其变形量用挠度 y 和偏转角 θ 来度量；扭转刚度：在扭矩作用下产生扭转变形，其变形量用扭转角 φ 来度量，如图 3-9-15 所示。

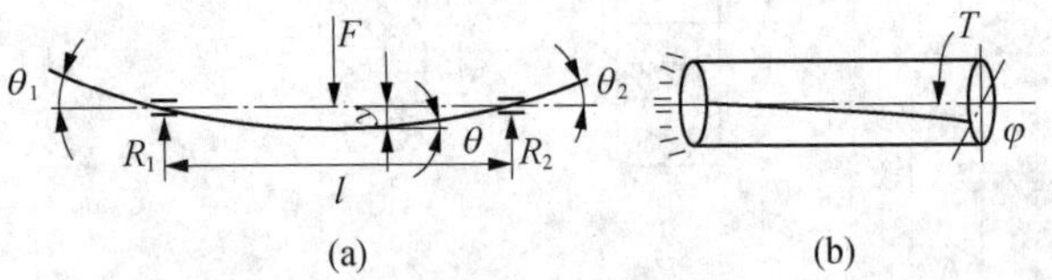

图 3-9-15

设计时的轴的刚度条件为：挠度 $y\leqslant[y]$，偏转角 $\theta\leqslant[\theta]$，扭转角 $\varphi\leqslant[\varphi]$。式中$[y]$、$[\theta]$、$[\varphi]$分别为轴的许用挠度、许用偏转角和许用扭转角，其值如表 3-9-7 所示。

表 3-9-7　轴的许用挠度$[y]$、许用偏转角$[\theta]$和许用扭转角$[\varphi]$

变　形	应 用 场 合	许　用　值
挠度 y(mm)	一般用途的轴 刚度要求较高的轴 安装齿轮的轴 安装蜗轮的轴	(0.000 3～0.000 5) 0.000 2l (0.01～0.05)m_n (0.02　0.05)m_t

（续表）

变　形	应 用 场 合	许　用　值
偏转角 φ(rad)	滑动轴承 向心球轴承 向心球面轴承 圆柱滚子轴承 圆锥滚子轴承 安装齿轮处	0.001 0.005 0.05 0.002 5 0.001 6 0.001～0.002
扭转角 φ(°/m)	一般传动 较精密的传动 精密传动	0.5～1 0.25～0.5 0.25

注：l—轴的跨距，mm；m_n—齿轮法面模数；m_q—蜗轮端面模数。

1. 弯曲变形计算

等直径轴的挠曲线近似微分方程

$$\frac{d^2y}{dx^2}=\frac{M}{EJ}$$

做一次积分得偏转角方程，做二次积分得挠曲线方程，根据边界条件可得出 θ、y 的值。

对于阶梯轴，其当量直径

$$d_m=\frac{\sum d_i l_i}{\sum l_i} \tag{3-9-5}$$

2. 扭转变形计算

1）等直径轴扭转角

$$\varphi=\frac{Tl}{GJ_p}\text{rad} \tag{3-9-6}$$

2）阶梯轴

$$\varphi=\frac{1}{G}\sum\frac{T_i l_i}{J_{pi}}\text{rad} \tag{3-9-7}$$

例 3-9-1　用于带式运输机的单级斜齿圆柱齿轮减速器的低速轴。已知电动机输出的传动功率 $P=15$ kW，从动齿轮转速 $n=280$ r/min，从动齿轮分度圆直径 $d=320$ mm，螺旋角 $\beta=14°15'$ 轮毂长度 $l=80$ mm。试设计减速器的从动轴的结构和尺寸。

解：(1) 选择轴的材料确定许用应力　选用 45 钢，调质处理，查表 3-9-1：强度极限 $\sigma_b=650$ MPa，查表 3-9-6 插值法算得：许用弯曲应力 $[\sigma_{-1}]_b=59$ MPa。

(2) 按扭转强度初步计算轴径　查表 3-9-4 取材料系数 $C=110$，按式(3-9-2)估算直径

$$d=C\sqrt[3]{\frac{P}{n}}=110\sqrt[3]{\frac{15}{280}}=41.4\text{ mm}$$

轴的截面上有一个键槽,将直径增大5%,则 $d = 41.4 \times 105\% = 43.5$

查表3-9-5取标准值 $d = 45$ mm,即轴的最小直径为45 mm。

3. 轴的结构设计

(1) 轴上零件的定位、固定和装配,单级减速器采用阶梯轴,可将轴装配在箱体中央,与两轴承对称分布,先装配齿轮,左面用轴肩定位,右面用套筒轴向固定,齿轮靠平键周向固定。左轴承用轴肩和轴承盖固定,右轴承用套筒和轴承盖固定,两轴承的周向固定采用过盈配合。联轴器装配在轴的右端,采用平键做周向固定,轴肩作轴向固定。

(2) 确定轴的各端直径和长度,轴的外伸端直径 $d_1 = 45$ mm,其长度应比装HL型联轴器的长度稍短 $L_1 = 84$ mm。通过轴承盖和右轴承处的直径 $d_2 = d_1 + 2h = 45 + 2 \times 0.07d_1 = 51.3$ mm。初选深沟球轴承6311,其内径为55 mm,宽度为29 mm,取标准直径为55 mm,此处轴段的 L_2 长度应根据轴承盖的结构来确定,参考机械设计手册。装齿轮处的直径 $d_3 = d_2 + 2h = 55 + 2 \times 0.07d_2 = 62.7$ mm,取标准直径 $d_3 = 65$ mm,轴头的长度 $L_3 = 80 - 2 = 78$ mm。齿轮与箱体之间应有一定的距离,一般 $\Delta_1 = 15 \sim 20$ mm,轴承的内壁与箱体内壁应有一定的距离,一般 $\Delta_2 = 5 \sim 10$ mm,取套筒为20 mm。轴环直径:$d_4 = d_3 + 2h = 63 + 2 \times 0.07d_3 = 71.8$ mm,取轴环直径为75 mm。绘制轴的结构设计草图如图3-9-16所示,计算轴承间的跨 $L = l + 2\Delta_1 + 2\Delta_2 + B = 80 + 30 + 20 + 29 = 159$ mm。

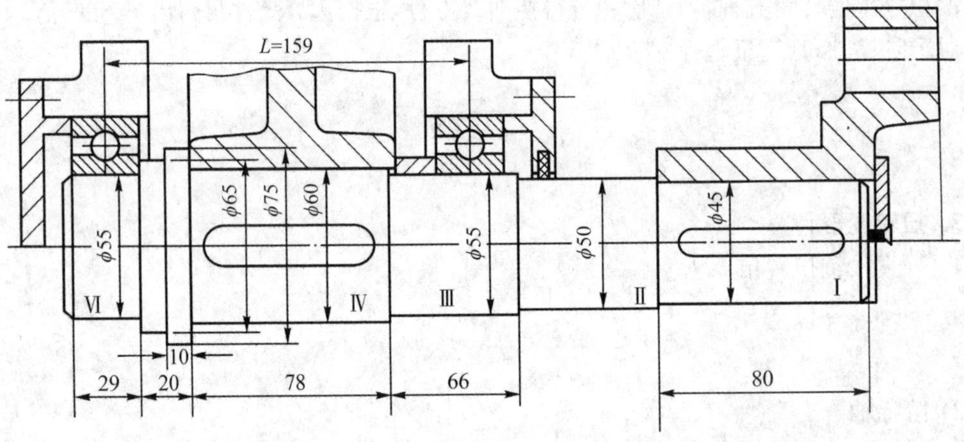

图3-9-16

4. 按弯扭组合强度校核轴的强度

1) 绘制轴受力简图(见图3-9-17)

$$T = 9\,549 \times 10^3 \frac{P}{n} = 9\,549 \times 10^3 \times \frac{15}{280} = 511\,554\ \text{N} \cdot \text{mm}$$

$$\boldsymbol{F}_t = \frac{2T}{d} = \frac{2 \times 511\,554}{320} = 3\,197.2\ \text{N}$$

$$\boldsymbol{F}_r = \frac{\boldsymbol{F}_t}{\cos\beta}\tan\alpha_n = \frac{3\,197.2}{\cos 14°15'} \times \tan 20° = 1\,201\ \text{N}$$

$$\boldsymbol{F}_a = \boldsymbol{F}_t \tan\beta = 3\,197.2\tan 14°15' = 812\ \text{N}$$

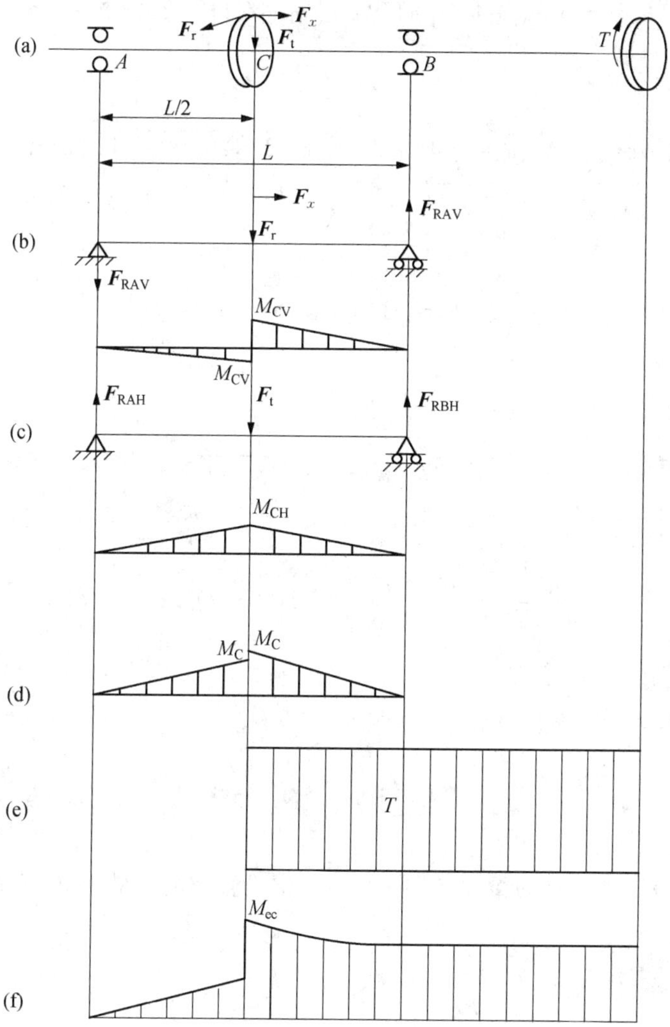

图 3-9-17

水平面(H 面)支座反力为

$$\boldsymbol{F}_{RAH}=\boldsymbol{F}_{RBH}=\frac{\boldsymbol{F}_t}{2}=\frac{3\,197.2}{2}=1\,599\text{ N}$$

点 C 水平弯矩为

$$M_{CH}=\boldsymbol{F}_{RAH}\frac{L}{2}=1\,599\times\frac{159}{2}=127\,120.5\text{ N}\cdot\text{mm}$$

垂直平面(V 面)支座反力为

$$\boldsymbol{F}_{RAV}=216.8\text{ N},\ \boldsymbol{F}_{RBV}=1\,417.4\text{ N}$$

点 C 垂直弯矩为

$$M_{CV左}=\boldsymbol{F}_{RAV}\frac{L}{2}=216.8\times\frac{159}{2}=17\,235.6\text{ N}\cdot\text{mm}$$

$$M_{CV右} = F_{RBV}\frac{L}{2} = 1\,417.4\times\frac{159}{2} = 112\,683.3\ \text{N}\cdot\text{mm}$$

2）绘制合成弯矩图

$$M_{C左} = \sqrt{M_{CV左}^2 + M_{CH}^2} = \sqrt{17\,235.6^2 + 127\,120.5^2} = 128\,283.6\ \text{N}\cdot\text{mm}$$

$$M_{C右} = \sqrt{M_{CV右}^2 + M_{CH}^2} = \sqrt{112\,683.3^2 + 127\,120.5^2} = 169\,873.9\ \text{N}\cdot\text{mm}$$

3）绘制扭矩图

$$T = 511\,554\ \text{N}\cdot\text{mm}$$

4）绘制当量弯矩图

扭剪应力按脉动循环变化：$\alpha = 0.6$

$$M_{ec} = \sqrt{M_c^2 + (\alpha T)^2} = \sqrt{169\,873.9^2 + (0.6\times 511\,554)^2} = 350\,805.7\ \text{N}\cdot\text{mm}$$

5）校核危险截面的强度

$$\sigma_e = \frac{M_{EC}}{0.1d^3} = \frac{350\,805.7}{0.1\times 55^3} = 21.08\ \text{MPa} < 60\ \text{MPa}$$

所以，强度足够。

5. 绘制轴的工作图(略)

第三节　轴　承

本章主要讲授滚动轴承的类型、代号及选择；滚动轴承的失效形式、寿命计算；滚动轴承的组合设计等。

一、概述

轴承的功能是支持做旋转运动的轴(包括轴上的零件)，保持轴的旋转精度，减小轴与支承间的摩擦和磨损。

按轴与轴承间的摩擦形式，轴承可分两大类：滑动轴承和滚动轴承。

1. 滑动轴承

滑动轴承工作时，轴与轴承间存在着滑动摩擦。为减小摩擦与磨损，在轴承内常加有润滑剂。图 3-9-18(a)所示为滑动轴承的结构原理图。

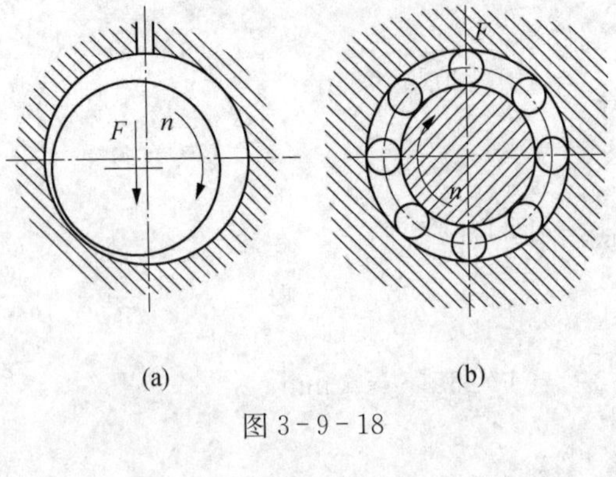

图 3-9-18

滑动轴承结构简单、径向尺寸小、易于制造、便于安装，且具有工作平稳、无噪声、耐冲击和承载能力强等优点。但润滑不良时，会使滑动轴承迅速失效，并且轴向尺寸较大。

滑动轴承适用于要求不高或有特殊要求的场合，如转速很高，承载很重，回转精度很高，承受巨大冲击和振动，轴承结构需要剖分，径向尺寸很小等场合。

2. 滚动轴承

滚动轴承　内有滚动体，运行时轴承内存在着滚动摩擦，与滑动摩擦相比，滚动轴承的摩擦因数与磨损较小。图 3-9-18(b)所示为滚动轴承的结构原理图。滚动轴承的摩擦阻力小，载荷、转速及工作温度的适用范围广，且为标准件，有专门厂家大批量生产，质量可靠，供应充足，润滑、维修方便，但径向尺寸较大，有振动和噪声。

由于滚动轴承的机械效率较高，对轴承的维护要求较低，因此在中、低转速以及精度要求较高的场合得到广泛应用。

二、滚动轴承的构造

如图 3-9-19 所示，滚动轴承由外圈 1、内圈 2、滚动体 3 和保持架 4 组成。通常内圈固定在轴上随轴转动，外围装在轴承座孔内不动；但亦有外圈转动、内圈不动的使用情况。滚动体在内、外圈的滚道中滚动。保持架将滚动体均匀隔开，使其沿圆周均匀分布，减小滚动体之间的摩擦和磨损。滚动轴承的构造中，有的无外围或内圈，有的无保持架，但不能没有滚动体。

滚动体的形状有球形、圆柱形、圆锥形、鼓形、滚针形等多种(见图 3-9-20)。滚动轴承的外圈、内圈、滚动体均采用强度高、耐磨性好的铬锰高碳钢制造。保持架多用低碳钢或铜合金制造，也可采用塑料及其他材料。

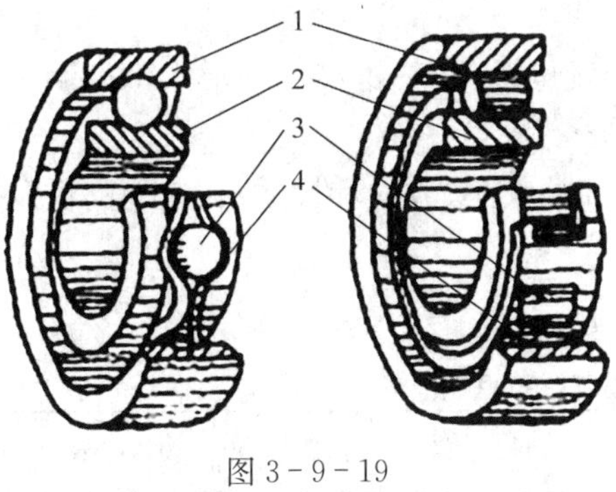

图 3-9-19

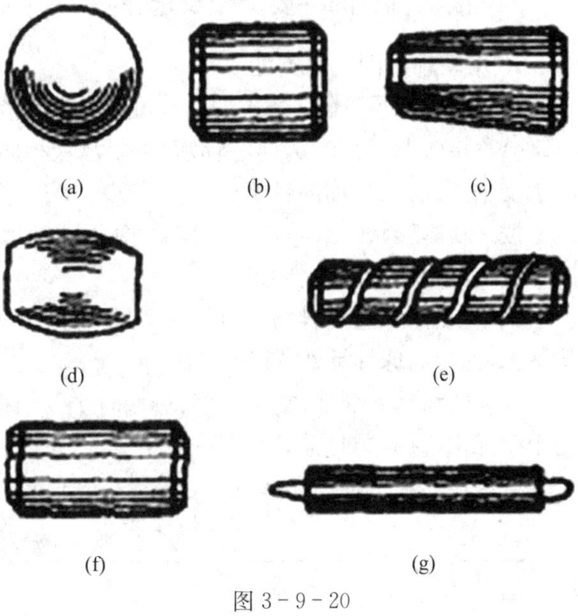

图 3-9-20

(a) 球形　(b) 短圆柱形　(c) 圆锥形　(d) 鼓形
(e) 空心螺旋形　(f) 长圆柱形　(g) 滚针形

三、滚动轴承的结构特性

1. 接触角

滚动体和外圈接触处的法线 nn 与轴承的径向平面(垂直于轴承轴心线的平面)的夹角 α (见图 3-9-21)，称为接触角。α 越大，轴承承受轴向载荷的能力越大。

2. 游隙

滚动体和内、外圈之间存在一定的间隙,因此,内、外圈之间可以产生相对位移。其最大位移量称为游隙,分为轴向游隙和径向游隙(见图 3-9-22)。游隙的大小对轴承寿命、噪声、温升等有很大影响,应按使用要求进行游隙的选择或调整。

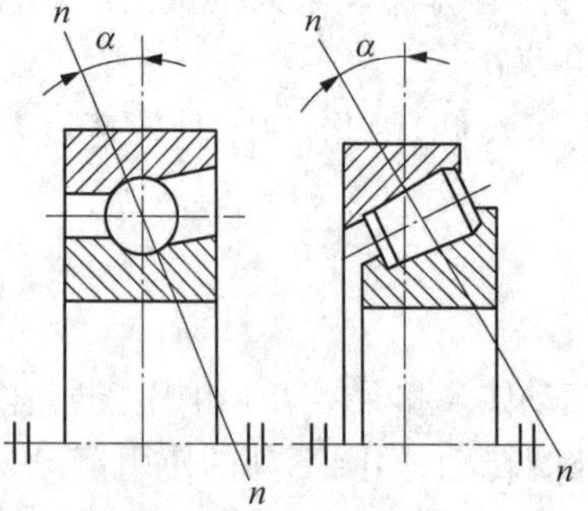

图 3-9-21

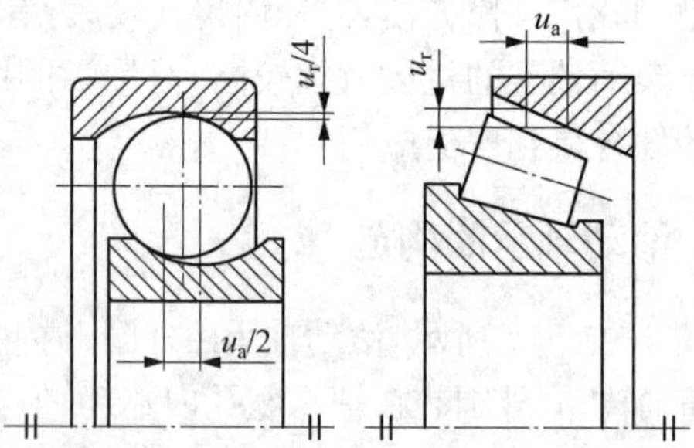

图 3-9-22

3. 偏移角

轴承内、外圈轴线相对倾斜时所夹锐角,称为偏移角。能自动适应角偏移的轴承,称为调心轴承。

四、滚动轴承的主要类型及选择

1. 滚动轴承的主要类型

按轴承所能承受的外载荷不同,可将轴承分为向心轴承、推力轴承和角接触轴承三大类。公称接触角 $\alpha=0^\circ$ 为向心轴承,主要承受径向载荷。公称接触角 $\alpha=90^\circ$ 为推力轴承,只能承受轴向载荷。公称接触角 $0^\circ<\alpha<90^\circ$ 为角接触轴承,可同时承受径向载荷和轴向载荷。

按滚动体形状的不同,有可将轴承分为球轴承和滚子轴承。在外廓尺寸相同的条件下,滚子轴承比球轴承承载能力高。

轴承按游隙能否调整分为:可调游隙轴承(如角接触球轴承、圆锥滚子轴承),不可调游隙轴承(如深沟球轴承、圆柱滚子轴承)

滚动轴承是标准件,类型很多,选用时主要根据载荷的大小、方向和性质;转速的高低及使用要求来选择,同时也必须考虑价格及经济性。

常用滚动轴承种类和特点如表 3-9-8 所示。

表 3-9-8 常用滚动轴承类型及特点

类型及代号	结构简图	特 点	极限转速	允许偏移角
深沟球轴承(6)	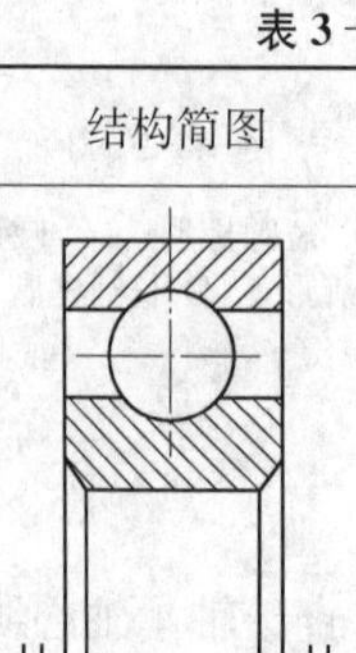	最典型的滚动轴承,用途广; 可以承受径向及两个方向的轴向载荷; 摩擦阻力小,适用于高速和有低噪声低振动的场合。	高	2′～10′

（续表）

类型及代号	结构简图	特　点	极限转速	允许偏移角
角接触 球轴承(7)	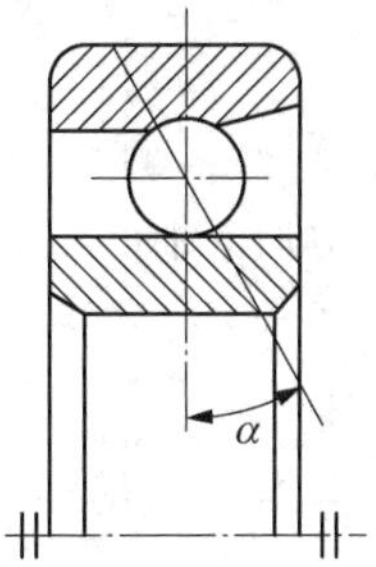	可以承受径向及单方向的轴向载荷； 一般将两个轴承面对面安装，用于承受两个方向的轴向载荷。	较高	2′～10′
圆锥滚子 轴承(3)	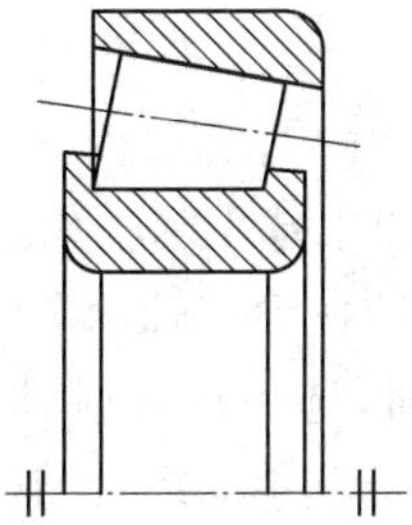	内外圈可分离； 可以承受径向及单方向的轴向载荷，承载能力大； 成对安装，可以承受两个方向的轴向载荷。	中等	2′
圆柱滚子 轴承(N)	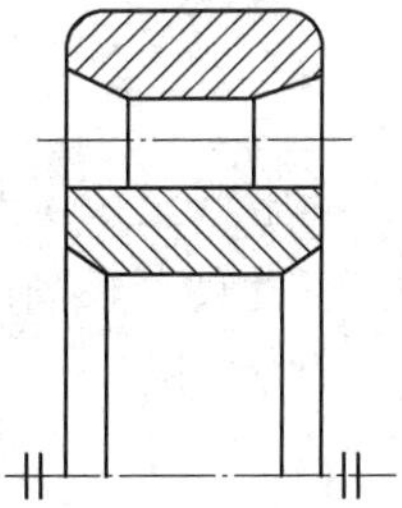	承载能力大； 可以承受径向载荷，刚性好； 内外圈可分离。	高	2′～4′
推力球 轴承(5)	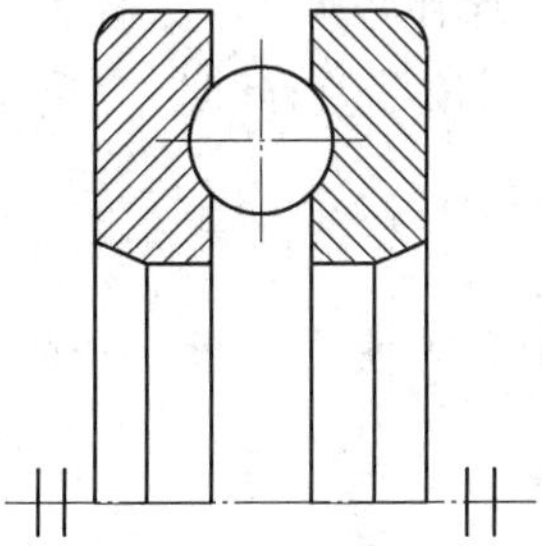	可以承受单方向的轴向载荷； 高速时离心力大。	低	不允许
调心球 轴承(1)	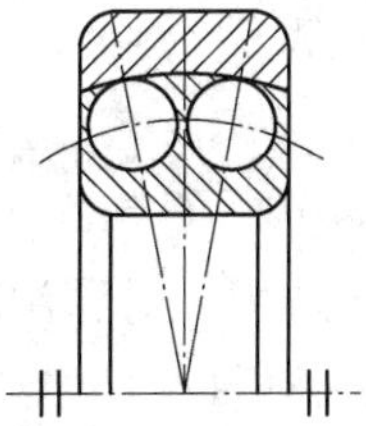	具有调心能力； 可以承受径向及两个方向的轴向载荷。	中等	2°～3°

(续表)

类型及代号	结构简图	特　点	极限转速	允许偏移角
调心滚子轴承(2)	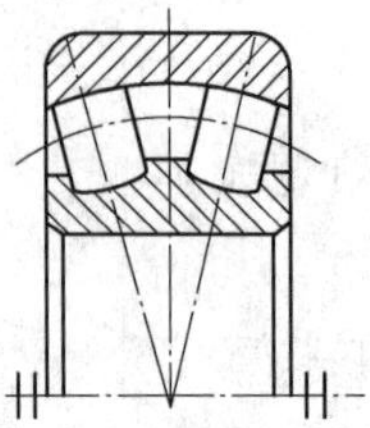	具有调心能力; 可以承受径向及两个方向的轴向载荷,径向承载能力强。	低	1°～2.5°

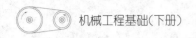

2. 滚动轴承的选择原则

1) 按载荷的大小、方向和性质

轴承所受载荷的大小、方向和性质,是选择轴承类型的主要依据。

(1) 载荷大小　载荷较大时选用滚子轴承,载荷中等以下选用球轴承。

(2) 载荷方向　主要承受径向载荷选用深沟球轴承、圆柱滚子轴承和滚针轴承,受纯轴向载荷作用时选用推力轴承,同时承受径向和轴向载荷时,选用角接触轴承或圆锥滚子轴承。当轴向载荷比径向载荷大很多,选用推力轴承和深沟球轴承的组合结构。

(3) 载荷性质　承受冲击载荷选用滚子轴承。因为滚子轴承是线接触,承载能力大,抗冲击和振动。

2) 轴承的转速

轴承转速对其寿命有着显著影响。因此,在滚动轴承标准中规定了轴承的极限转速,轴承工作时不得超过其极限转速。球轴承与滚子轴承相比较,前者具有较高的极限转速,故在高速时应优先选用球轴承,否则选用滚子轴承。

3) 对调心性能的要求

当轴在工作时跨距较大,或难以保证两轴承孔的同轴度,或长轴有多支点,或轴承由于制造和安装误差时而引起内外圈中心线发生相对偏斜,存在角偏差,要求轴承内、外圈能有一定的相对角位移,使实际角偏差不超过所选轴承的极限角偏差;此时,应选用调心轴承,但调心轴承必需成对使用,否则将失去调心作用。

4) 装调性能

在选择轴承类型时,还应考虑轴承的装拆、调整、游隙等使用要求。一般圆锥滚子轴承和圆柱滚子轴承的内外圈可分离,便于装拆。

5) 经济性

在满足使用要求的情况下,应优先选用价格低廉的轴承,以降低成本。一般球轴承的价格低于滚子轴承,在相同精度的轴承中深沟球轴承的价格最低。

3. 滚动轴承类型选择示例

例 3-9-2　吊车滑轮轴及吊钩[见图 3-9-23(a)],起重量 $Q = 5 \times 10^4$ N。

解:滑轮轴轴承承受较大的径向载荷,转速低,考虑结构选用一对深沟球轴承(6 类)。

吊钩轴承承受较大的单向轴向载荷,摆动,选用一套推力球轴承(5 类)。

例 3-9-3　起重机卷筒轴[见图 3-9-23(b)],起重量 $Q = 3 \times 10^5$ N,转速 $n = 30$ r/min,

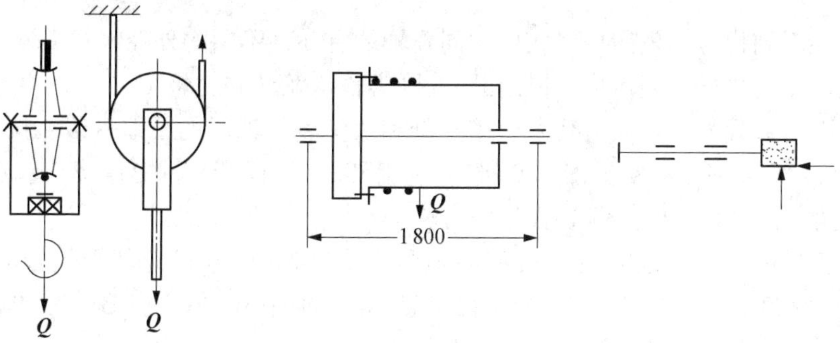

(a)　　(b)　　(c)

图 3-9-23

(a) 吊车滑轮轴及吊钩　(b) 起重机卷筒轴　(c) 高速磨头

动力由直齿圆柱齿轮输入。

解:承受较大的径向载荷,转速低,支点跨距大;轴承座分别安装,对中性较差,轴承内、外圈间可能产生较大的角偏斜,选用一对调心滚子轴承(2 类)。

例 3-9-4　高速内圆磨磨头[见图 3-9-23(c)],转速 $n = 18\,000$ r/min。

解:同时承受较小的径向和轴向载荷,转速高,要求回转精度高,选用一对公差等级为 $P5$ 的角接触球轴承。

五、滚动轴承的代号

滚动轴承代号是表示其结构、尺寸、公差等级和技术性能等特征的产品符号,由字母和数字组成。按 GB/T 272—93 的规定,轴承代号由基本代号、前置代号和后置代号构成,其排列如表 3-9-10 所示。

表 3-9-9　轴承代号的构成

前置代号	基 本 代 号	后 置 代 号
字母 成套轴承分部件	字母和数字 ×××　类型代号 ××　宽度系列代号　直径系列代号 ××　内径代号	字母和数字 内部结构 密封、防尘与外部形状变化 保持架结构、材料改变 轴承材料 公差等级和游隙 其他

基本代号表示轴承的基本类型、结构和尺寸,是轴承代号的基础。对于常用的、结构上没有特殊要求的轴承,轴承代号由基本代号和公差等级代号组成。

(1) 类型代号　类型代号用数字或字母表示,其余用数字表示,最多有 7 位数字或字母。轴承类型参见表 3-9-9,其中 0 类可省去不写。

(2) 内径代号　表示轴承的内径尺寸。当轴承内径在 20～480 mm 范围内时,内径代号乘以 5 即为轴承公称内径;对于内径不在此范围的轴承,内径表示方法另有规定,可参看轴承手册。

(3) 直径系列代号　表示内径相同的同类轴承有几种不同的外径。

(4) 宽度系列代号　表示内、外径相同的同类轴承宽度的变化。

(5) 公差等级代号　在后置代号中用字母和数字表示轴承的公差等级。按精度高低排列分为 2 级、4 级、5 级、6x 级、6 级和 0 级，分别用/P2，/P4，/P5，/P6x，P6 和/P0 表示，其中 2 级精度最高，0 级为普通级，在代号中省略。

(6) 内部结构代号　表示同一类型的不同内形结构，用紧跟着基本代号的字母表示。例如，公称接触角 $\alpha=15°$、25°、40°的角接触轴承，分别用 C、AC 和 B 表示其内部结构的不同。

有关前置代号和后置代号的其他内容可参阅有关轴承标准及专业资料。

代号举例：71908AC/P5，其代号意义为：7—轴承类型为角接触球轴承，1—宽度系列代号，9—直径系列代号，08—内径为 40 mm，AC—公称接触角 $\alpha=25°$，P5—公差等级为 5 级。6204，其代号意义为：6—轴承类型为深沟球轴承，宽度系列代号为 0(省略)，2—直径系列代号，04—内径为 20 mm，公差等级为 0 级(公差等级代号/P0 省略)。

六、滚动轴承的组合设计

为了保证轴承的正常工作，除了合理选择轴承的类型和尺寸之外，还必须进行轴承的组合设计，妥善解决滚动轴承的固定、轴系的固定，轴承组合结构的调整，轴承的配合、装拆、润滑和密封等问题。

1. 滚动轴承内、外圈的轴向固定

为了防止轴承在承受轴向载荷时，相对于轴或座孔产生轴向移动，轴承内圈与轴、外圈与座孔必须进行轴向固定，滚动轴承常用的内、外圈轴向固定方式如表 3-9-10 所示。

表 3-9-10　滚动轴承常用内、外圈轴向固定方式

轴承内圈的轴向固定方式			轴承外圈的轴向固定方式	
名称	特点与应用		名称	特点与应用
轴肩	结构简单，外廓尺寸小，可承受大的轴向负荷。	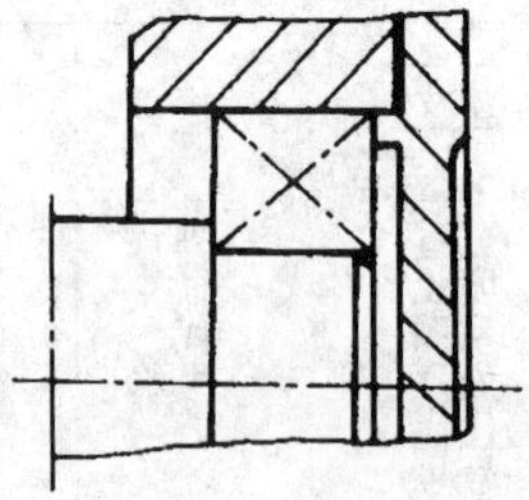	端盖	端盖可为通孔，以通过轴的伸出端，适于高速及轴向负荷较大的场合。
弹性挡圈	由轴肩和弹性挡圈实现轴向固定，弹性挡圈可承受不大的轴向负荷，结构尺寸小。	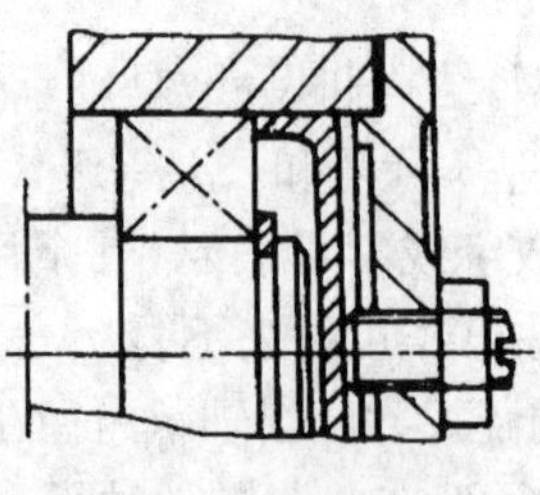	螺钉压盖	类似于端盖式，但便于在箱体外调节轴承的轴向游隙，螺母为防松措施。

（续表）

轴承内圈的轴向固定方式			轴承外圈的轴向固定方式	
名称	特点与应用		名称	特点与应用
轴端挡板	由轴肩和轴端挡板实现轴向固定，销和弹簧垫圈为防松措施，适于轴端不宜切制螺纹或空间受限制的场合。	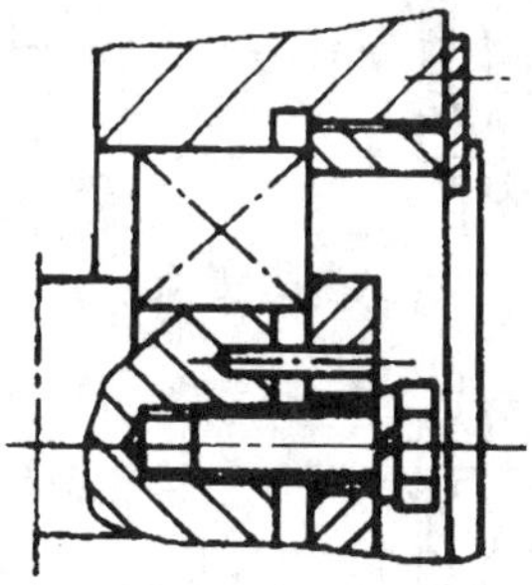	螺纹环	便于调节轴承的轴向游隙，应有防松措施，适于高转速，较大轴向负荷的场合。
锁紧螺母	由轴肩和锁紧螺母实现轴向固定，有止动垫圈防松，安全可靠，适于高速重载。	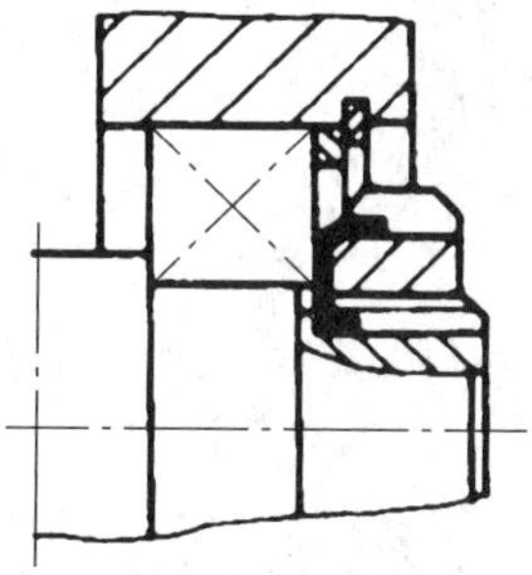	弹性挡圈	结构简单，拆装方便，轴向尺寸小，适于转速不高，轴向负荷不大的场合，弹性挡圈与轴承间的调整环可调整轴承的轴向游隙。

2. 轴系的固定

轴系固定的目的是防止轴工作时发生轴向窜动，保证轴上零件有确定的工作位置。常用的固定方式有以下两种。

1）两端单向固定

如图 3-9-24 所示，两端的轴承都靠轴肩和轴承盖作单向固定，两个轴承的联合作用就能限制轴的双向移动。为了补偿轴的受热伸长，对于深沟球轴承，可在轴承外圈与轴承端盖之间留有补偿间隙 C，一般 $C=0.25\sim0.4\ \text{mm}$；对于向心角接触轴承，应在安装时将间隙留在轴承内部。间隙的大小可通过调整垫片组的厚度实现。这种固定方式结构简单、便于安装、调整容易，适用于工作温度变化不大的短轴。

2）一端固定、一端游动支承

如图 3-9-25(a)所示，一端轴承的内、外圈均作双向固定，限制了轴的双向移动。另一端轴承外圈两侧都不固定。当轴伸长或缩短时，外圈可在座孔内作轴向游动。一般将载荷小的一端做成游动，游动支承与轴承盖之间应留用足够大的间隙，$C=3\sim8\ \text{mm}$。对角接触球轴承和圆锥滚子轴承，不可能留有很大的内部间隙，应将两个同类轴承装在一端作双向固定，另一端采用深沟球轴承或圆柱滚子轴承做游动支承[见图 3-9-25(b)]。这种结构比较复杂，但工作稳定性好，适用于工作温度变化较大的长轴。

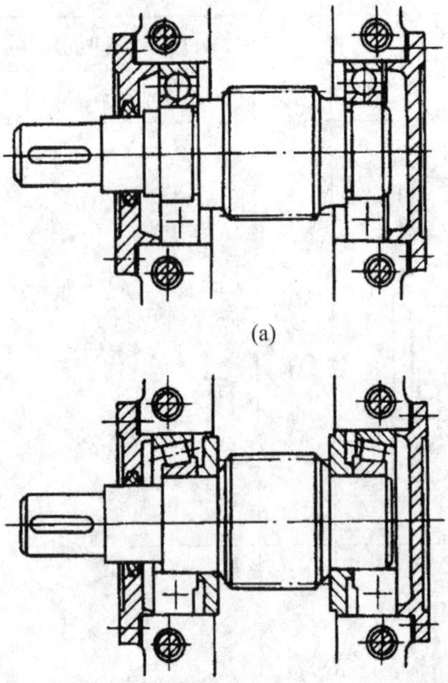

(a)　(b)

图 3－9－24

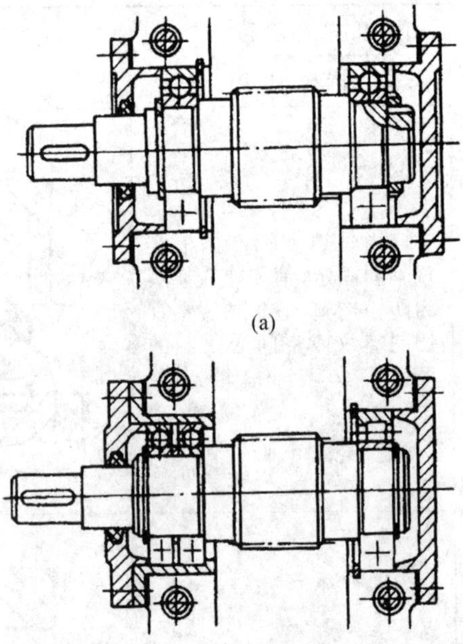

(a)　(b)

图 3－9－25

七、滚动轴承的配合

滚动轴承的配合是指轴承内圈与轴颈、轴承外圈与轴承座孔的配合。由于滚动轴承是标准件,故内圈与轴颈的配合采用基孔制,外圈与轴承座孔的配合采用基轴制。配合的松紧程度根据轴承工作载荷的大小、性质、转速高低等确定。转速高、载荷大、冲击振动比较严重时应选用较紧的配合,旋转精度要求高的轴承配合也要紧一些;游动支承和需经常拆卸的轴承,则应配合松一些。

对于一般机械,轴与内圈的配合常选用 m6、k6、js6 等,外圈与轴承座孔的配合常选用 J7、H7、G7 等。由于滚动轴承内径的公差带在零线以下,因此,内圈与轴的配合比圆柱公差标准中规定的基孔制同类配合要紧些。如圆柱公差标准中 H7/k6、H7/m6 均为过渡配合,而在轴承内圈与轴的配合中就成了过盈配合。

八、滚动轴承的装拆

安装和拆卸轴承的力应直接加在紧配合的套圈端面,不能通过滚动体传递。由于内圈与轴的配合较紧,在安装轴承时注意:

(1) 对中、小型轴承,可在内圈端面加垫后,用手锤轻轻打入(见图 3－9－26)。

(2) 对尺寸较大的轴承,可在压力机上压入或把轴承放在油里加热至 80～100℃,然后取出套装在轴颈上。

(3) 同时安装轴承的内、外圈时,须用特制的安装工具(见图 3－9－28)。

轴承的拆卸可根据实际情况按图 3－9－28 实施。为使拆卸工具的钩头钩住内圈,应限制轴肩高度。轴肩高度可查设计手册。

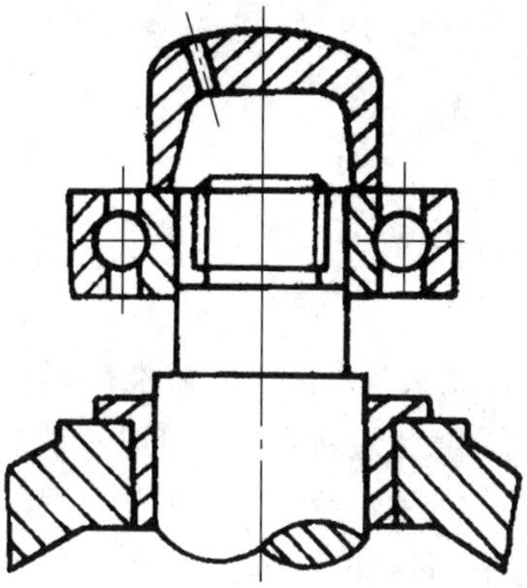

图 3-9-26

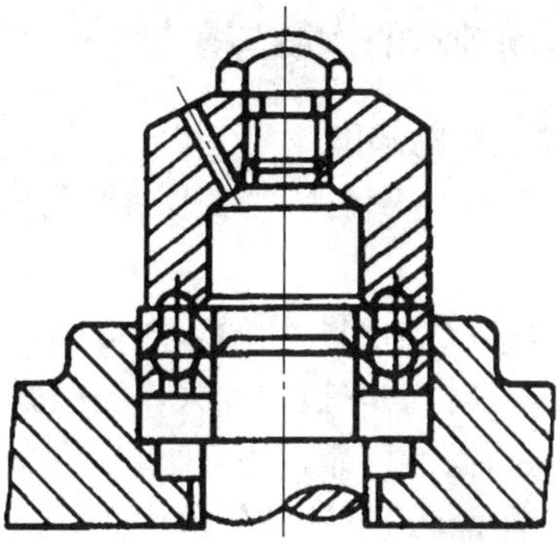

图 3-9-27

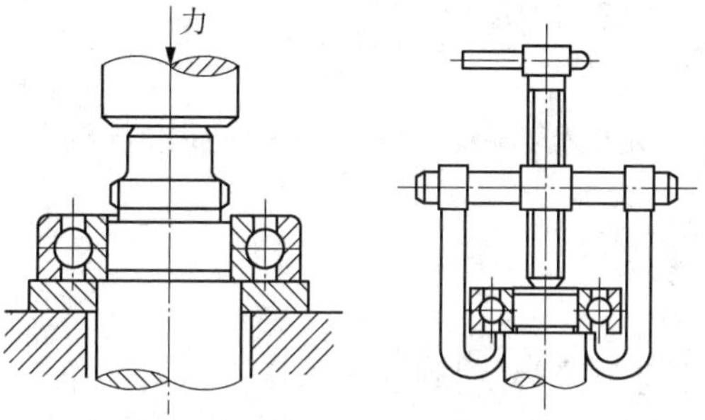

图 3-9-28

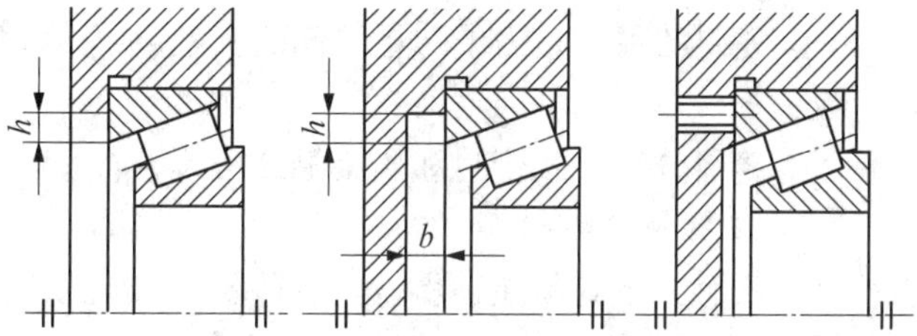

图 3-9-29

内、外圈可分离的轴承，其外圈的拆卸可用压力机、套筒或螺钉顶出，也可以用专用设备拉出。为了便于拆卸，座孔的结构一般采用图 3-9-29 的形式。

为保证支承部分的刚度，轴承座孔壁应有足够的厚度，并设置加强肋以增强刚度，如图 3-9-30 所示。

为保证支承部分的同轴度，同一轴上两端的轴承座孔必须保持同心。为此，两端轴承座孔的尺寸应尽量相同，以便加工时一次镗出，减少同轴度误差。若轴上装有不同外径尺寸的轴承时，可采用套环结构，如图 3-9-31 所示。

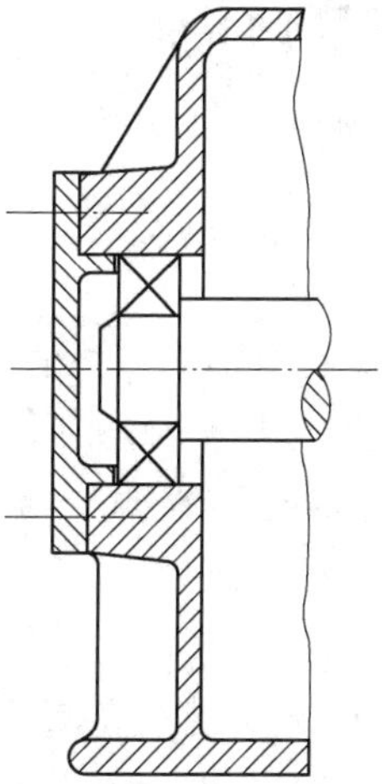

图 3-9-30

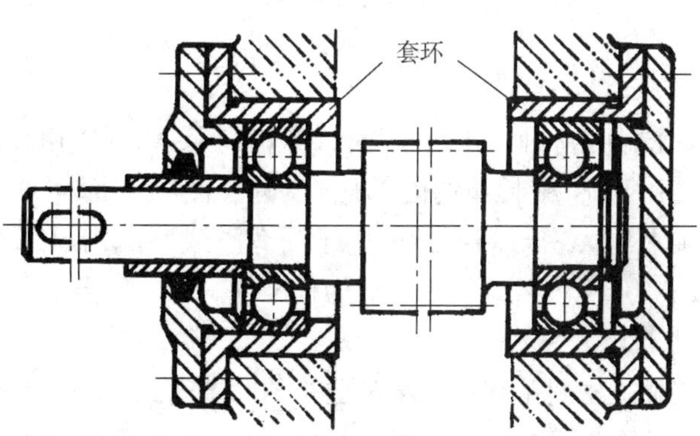

图 3-9-31

九、滚动轴承的润滑与密封

1. 滚动轴承的润滑

轴承润滑的主要目的是减小摩擦与磨损、缓蚀、吸振和散热。一般采用脂润滑或者油润滑。

多数滚动轴承采用脂润滑。润滑脂黏性大,不易流失,便于密封和维护,且不需经常添加;但转速较高时,功率损失较大。润滑脂的填充量不能超过轴承空间的1/3～1/2。油润滑的摩擦阻力小,润滑可靠,但需要供油设备和较复杂的密封装置。当采用油润滑时,油面高度不能超出轴承中最低滚动体的中心。高速轴承宜采用喷油或油雾润滑。

轴承内径与转速的乘积 dn 值可作为选择润滑方式的依据。当 $dn<(2\sim3)\times10^5$ mm·r/min 时,轴承可选用润滑脂润滑,当 dn 值超过此范围,轴承应采用润滑油润滑。

2. 滚动轴承的密封

密封的目的是为了防止外部的灰尘、水分及其他杂物进入轴承,并阻止轴承内润滑剂的流失。

密封分接触式密封和非接触式密封。

1) 接触式密封

接触式密封是在轴承盖内放毡圈、皮碗,使其直接与轴接触,起到密封作用。由于工作时,轴与毛毡等相互摩擦,故这种密封适用于低速,且要求接触处轴的表面硬度大于 40 HRC,粗糙度 $Ra<0.8\ \mu$m。

(1) 毡圈密封　如图 3-9-32(a)所示,矩形毡圈压在梯形槽中与轴接触,适用于脂润滑,环境清洁,轴颈圆周速度 $v<4\sim5$ m/s,工作温度 <90℃ 的场合。

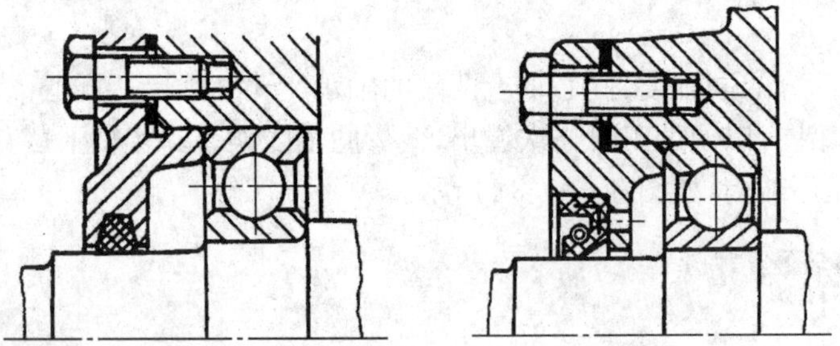

(a)　　(b)

图 3-9-32

(2) 密封圈密封　如图 3-9-32(b)所示,密封圈由皮革或橡胶制成,有或无骨架,利用环形螺旋弹簧,将密封圈的唇部压在轴上,图中唇部向外,可防止尘土入内;如唇部向内,可防止油泄漏。密封圈密封适用于油润滑或脂润滑,轴颈圆周速度 $v<7$ m/s,工作温度在 $-40\sim100$℃ 的场合,密封圈为标准件。

2) 非接触式密封

非接触式密封是利用狭小和曲折的间隙密封,不直接与轴接触,故可用在高速场合。

(1) 间隙密封　如图 3-9-33(a)所示,在轴与轴承盖间,留有细小的环形间隙,半径间隙为 0.1～0.3 mm,中间填以润滑脂。它用于工作环境清洁、干燥的场合。

（2）迷宫密封　如图 3-9-33(b)所示,在轴与轴承盖间有曲折的间隙,纵向间隙要求 1.5～2 mm,以防轴受热膨胀。迷宫密封适用于脂润滑或油润滑,工作环境要求不高,密封可靠的场合。

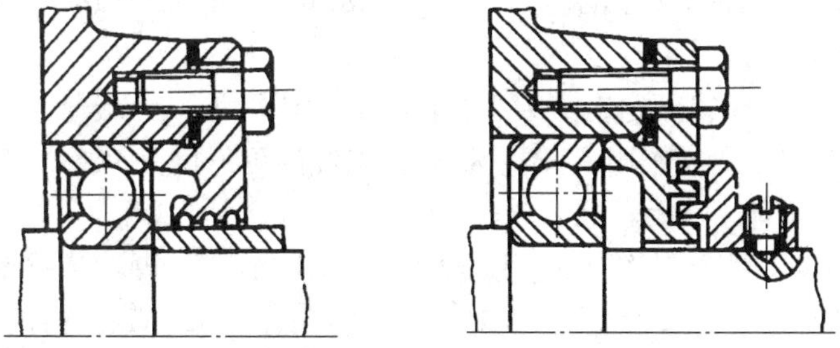

(a)　　(b)

图 3-9-33

也可将毡圈和迷宫组合使用,其密封效果更好。

轴承的维护工作,除保证良好的润滑、完善的密封外,还要注意观察和检查轴承的工作情况,防患于未然。

设备运行时,若出现:①工作条件未变,轴承突然温度升高,且超过允许范围;②工作条件未变,轴承运转不灵活,有沉重感;转速严重滞后;③设备工作精度显著下降,达不到标准;④滚动轴承产生噪声或振动等异常状态,应停机检查。

检查时,首先检查润滑情况,检查供油是否正常,油路是否畅通;再检查装配是否正确,有无游隙过紧、过松情况;然后检查零件有无损坏,尤其要仔细察看轴与轴承表面状态,从油迹、伤痕可以判别损坏原因。针对故障原因,提出办法,加以解决。

十、滚动轴承的工作情况分析及计算

1. 主要失效形式

（1）疲劳点蚀　疲劳点蚀使轴承产生振动和噪声,旋转精度下降,影响机器的正常工作,是一般滚动轴承的主要失效形式。

（2）塑性变形　当轴承转速很低（$n \leqslant 10$ r/min）或间歇摆动时,一般不会发生疲劳点蚀,此时轴承往往因受过大的静载荷或冲击载荷而产生塑性变形,使轴承失效。

磨损、润滑不良、杂质和灰尘的侵入都会引起磨损,使轴承丧失旋转精度而失效。

2. 滚动轴承的设计准则

（1）对于一般运转的轴承,为防止疲劳点蚀发生,以疲劳强度计算为依据,称为轴承的寿命计算。

（2）对于不回转、转速很低（$n \leqslant 10$ r/min）或间歇摆动的轴承,为防止塑性变形,以静强度计算为依据,称为轴承的静强度计算。

3. 轴承的寿命计算

1）基本概念

（1）寿命　滚动轴承的寿命是指轴承中任何一个滚动体或内、外圈滚道上出现疲劳点蚀前轴承转过的总圈数,或在一定转速下总的工作小时数。

(2) 基本额定寿命　一批类型、尺寸相同的轴承,材料、加工精度、热处理与装配质量不可能完全相同。即使在同样条件下工作,各个轴承的寿命也是不同的。在国标中规定以基本额定寿命作为计算依据。基本额定寿命是指一批相同的轴承,在同样工作条件下,其中10%的轴承产生疲劳点蚀时转过的总圈数,用 L_{10} 表示,或在一定转速下总的工作小时数,用 L_h 表示。

(3) 额定动载荷　基本额定寿命为 10^6 转时轴承所能承受的载荷,称为额定动载荷,以"C"表示,轴承在额定动载荷作用下,不发生疲劳点蚀的可靠度是 90%。各种类型和不同尺寸轴承的 C 值可查设计手册。

(4) 额定静载荷　轴承工作时,受载最大的滚动体与内、外圈滚道接触处的接触应力达到一定值(向心和推力球轴承为 4 200 MPa,滚子轴承为 4 000 MPa)时的静载荷,称为额定静载荷,用"C_0"表示,其值可查设计手册。

(5) 当量载荷　额定动、静载荷是向心轴承只承受径向载荷、推力轴承只承受轴向载荷的条件下,根据试验确定的。实际上,轴承承受的载荷往往与上述条件不同,因此,必须将实际载荷等效为一假想载荷,这个假想载荷称为当量动、静载荷,以"P"表示。

2) 寿命计算

(1) 已知轴承转速 n,可用工作小时数 L_h 表示轴承的寿命

$$L_h = \frac{L_{10}}{60n} = \frac{10^6}{60n}\left(\frac{f_t C}{P}\right)^{\varepsilon} = \frac{16\,670}{n}\left(\frac{f_t C}{P}\right)^{\varepsilon} \tag{3-9-8}$$

式中,f_t 为温度因数,其值参考表 3-9-11。

表 3-9-11　温度因数 f_t

轴承工作温度/℃	100	125	150	175	200	225	250	300
温度系数 f_t	1	0.95	0.90	0.85	0.80	0.75	0.70	0.60

(2) 已知轴承预期寿命 L'_n,对轴承预期要求的工作基本额定动载荷 C' 计算如下:

$$C' = p\sqrt[\varepsilon]{\frac{nL'_h}{16\,670}} \tag{3-9-9}$$

式中,ε 为寿命指数,球轴承 $\varepsilon = 3$,滚子轴承 $\varepsilon = 10/3$。

当基本额定动载荷 $C > C'$ 时,则满足使用要求。按式(3-9-9)计算的 C' 在设计手册中选用所需的轴承型号。

常用机械中轴承的设计手册参考值列于表 3-9-12。

表 3-9-12　轴承预期寿命 L'_h 的参考值(h)

使用场合	L'_h
不常使用的设备	500
短期或间断使用的机械,中断时不致引起严重后果	4 000~8 000

（续表）

使 用 场 合	L'_h
间断使用的机械，中断会引起严重后果	8 000～14 000
每天 8 小时工作的机械和不经常满载工作的机械	14 000～30 000
24 小时连续工作的机械	50 000～60 000

3. 当量动载荷的计算

当量动载荷是一假想载荷，在该载荷作用下，轴承的寿命与实际载荷作用下的寿命相同。当量动载荷 $\boldsymbol{P}$ 的计算式为

$$\boldsymbol{P} = f_P(X\boldsymbol{F}_r + Y\boldsymbol{F}_a) \tag{3-9-10}$$

式中，f_P 为载荷因数（见表 3－9－14）；

$\boldsymbol{F}_r$ 为轴承承受的径向载荷；

$\boldsymbol{F}_a$ 为轴承承受的轴向载荷；

X 为径向载荷因数；

Y 为轴向载荷因数。

可分按 $\boldsymbol{F}_a/\boldsymbol{F}_r > e$ 或 $\boldsymbol{F}_a/\boldsymbol{F}_r \leqslant e$ 两种情况，由表 3－9－15 查取。其中参数 e 反映了轴向载荷多轴承承载能力的影响，其值与轴承类型和 $\boldsymbol{F}_a/C_0$ 有关。

表 3－9－13　载荷因数 f_P

载荷性质	f_P	举　例
无冲击或有轻微冲击	1.0～1.2	电动机、汽轮机、通风机、水泵
中等冲击和振动	1.2～1.8	车辆、机床、内燃机、起重机、冶金设备、减速器
强大冲击和振动	1.8～3.0	破碎机、轧钢机、石油钻机、振动筛

查表 3－9－14 时，对于深沟球轴承和 7 000C 型角接触球轴承，需先计算 $\boldsymbol{F}_a/C_0$，查出 e 值，再计算 $\boldsymbol{F}_a/\boldsymbol{F}_r$ 并与 e 比较后才能确定 X、Y 值。

表 3－9－14　单列向心轴承的径向载荷系数 X 和轴向载荷系数 Y

轴 承 类 型	$\boldsymbol{F}_a/C_0$	e	$\boldsymbol{F}_a/\boldsymbol{F}_r > e$		$\boldsymbol{F}_a/\boldsymbol{F}_r \leqslant e$	
			X	Y	X	Y
深沟球轴承 （6 类）	0.014 0.028 0.056 0.084 0.11 0.17 0.28 0.42 0.56	0.19 0.22 0.26 0.28 0.30 0.34 0.38 0.42 0.44	0.56	2.30 1.99 1.71 1.55 1.45 1.31 1.15 1.04 1.00	1	0

(续表)

<table>
<tr><th colspan="2" rowspan="2">轴 承 类 型</th><th rowspan="2">F_a/C_0</th><th rowspan="2">e</th><th colspan="2">$F_a/F_r > e$</th><th colspan="2">$F_a/F_r \leqslant e$</th></tr>
<tr><th>X</th><th>Y</th><th>X</th><th>Y</th></tr>
<tr><td rowspan="3">角接触球轴承(7类)</td><td>7000C($\alpha = 15°$)</td><td>0.015
0.029
0.058
0.087
0.12
0.17
0.29
0.44
0.58</td><td>0.38
0.40
0.43
0.46
0.47
0.50
0.55
0.56
0.56</td><td>0.44</td><td>1.47
1.40
1.30
1.23
1.19
1.12
1.02
1.00
1.00</td><td>1</td><td>0</td></tr>
<tr><td>7000AC($\alpha = 25°$)</td><td>—</td><td>0.68</td><td>0.41</td><td>0.87</td><td>1</td><td>0</td></tr>
<tr><td>7000B($\alpha=40°$)</td><td>—</td><td>1.14</td><td>0.35</td><td>0.57</td><td>1</td><td>0</td></tr>
<tr><td colspan="2">圆锥滚子轴承(3类)</td><td>—</td><td>见附表C</td><td>0.40</td><td>见附表</td><td>1</td><td>0</td></tr>
</table>

对于只承受径向载荷的轴承,当量动载荷为轴承的径向载荷 $\boldsymbol{F}_r$,即

$$P = \boldsymbol{F}_r \tag{3-9-11}$$

对于只承受轴向载荷的轴承,当量动载荷为轴承的轴向载荷 $\boldsymbol{F}_a$,即

$$P = \boldsymbol{F}_a \tag{3-9-12}$$

4. 当量静载荷的计算

对于同时承受径向载荷 $\boldsymbol{F}_r$ 和轴向载荷 $\boldsymbol{F}_a$ 的轴承,当量静载荷的计算公式为

$$P_0 = X_0\boldsymbol{F}_r + Y_0\boldsymbol{F}_a \tag{3-9-13}$$

当计算 $P_0 < \boldsymbol{F}_r$ 结果时,则取 $P_0 = \boldsymbol{F}_r$。

对于只承受径向载荷 $\boldsymbol{F}_r$ 的径向接触轴承,其当量静载荷即为外载荷 $\boldsymbol{F}_r$;对于只承受轴向载荷 $\boldsymbol{F}_a$ 的轴向接触轴承,当量静载荷即为外载荷 $\boldsymbol{F}_a$。

式(3-9-13)中的 X_0 及 Y_0 分别为当量静载荷的径向载荷系数和轴向载荷系数,如表3-9-15所示。

表3-9-15 当量静载荷的径向载荷系数 X_0 和轴向载荷系数 Y_0

<table>
<tr><th colspan="2">轴 承 类 型</th><th>X_0</th><th>Y_0</th></tr>
<tr><td colspan="2">深沟球轴承</td><td>0.6</td><td>0.5</td></tr>
<tr><td rowspan="3">角接触球轴承</td><td>7000C</td><td rowspan="3">0.5</td><td>0.46</td></tr>
<tr><td>7000AC</td><td>0.38</td></tr>
<tr><td>7000B</td><td>0.26</td></tr>
<tr><td colspan="2">圆锥滚子轴承</td><td>0.5</td><td>见附录C</td></tr>
</table>

5. 向心角接触轴承轴向载荷的计算

1）向心角接触轴承的内部轴向力

由于向心角接触轴承有接触角，故轴承在受到径向载荷作用时，承载区内滚动体的法向力分解，产生一个轴向分力 S(见图 3－9－34)。S 是在径向载荷作用下产生的轴向力，通常称为内部轴向力，其大小按表 3－9－16 计算。内部轴向力的方向沿轴向，由轴承外圈的宽边指向窄边。

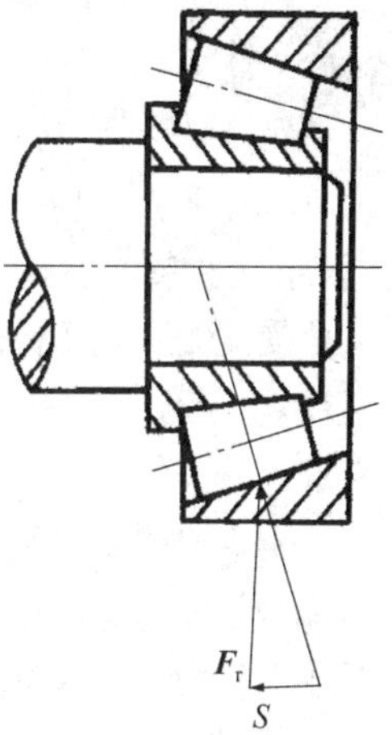

图 3－9－34

表 3－9－16　向心角接触轴承的内部轴向力 F_S

圆锥滚子轴承	角接触球轴承		
3000 型	7000C 型 $\alpha=15°$	7000AC 型 $\alpha=25°$	7000B 型 $\alpha=40°$
$\boldsymbol{F}_S=\boldsymbol{F}_r/(2Y)$	$\boldsymbol{F}_S=e\boldsymbol{F}_r$	$\boldsymbol{F}_S=0.63\boldsymbol{F}_r$	$\boldsymbol{F}_S=1.14\boldsymbol{F}_r$

2）向心角接触轴承的实际轴向载荷

向心角接触轴承在使用时实际所受的轴向载荷 $\boldsymbol{F}_x$，除与外加轴向载荷 $\boldsymbol{F}_A$：(见图 3－9－35) 有关外，还应考虑内部轴向力 S 的影响。计算两支点实际轴向载荷的步骤如下：

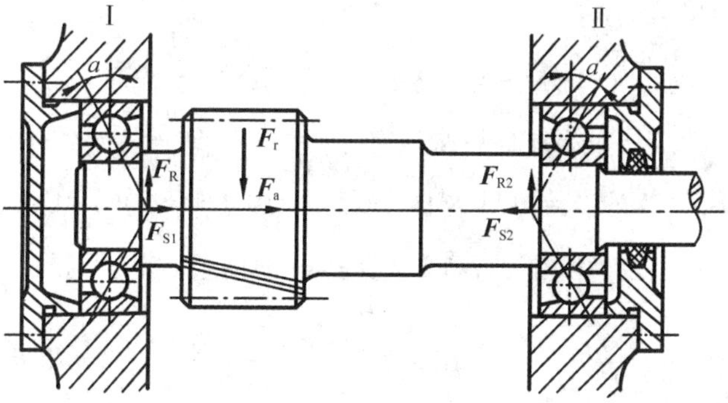

图 3－9－35

（1）先计算出两支点内部轴向力 $\boldsymbol{F}_{S1}$、$\boldsymbol{F}_{S2}$ 的大小，并绘出其方向。

（2）将外加轴向载荷 $\boldsymbol{F}_x$ 及与之同向的内部轴向力之和与另一内部轴向力进行比较，以判定轴承的“压紧”端与“放松”端。

（3）“放松”端轴承的轴向载荷等于它本身的内部轴向力，如图 3－9－36(c)、(d)所示。

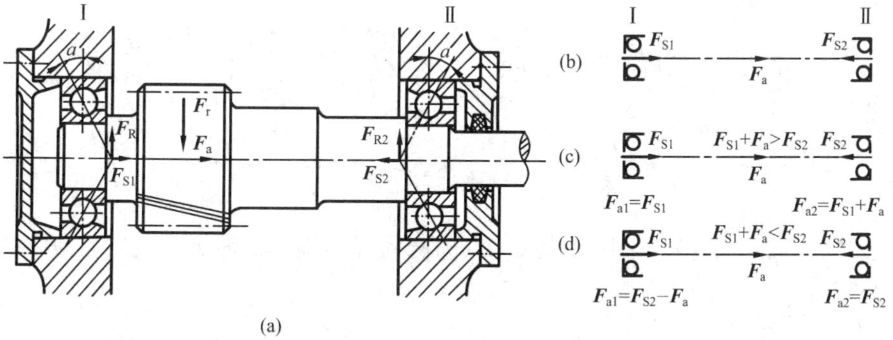

图 3－9－36

(4)“压紧”端轴承的轴向载荷等于除了它本身的内部轴轴向力的代数和,如图3-9-38(c)、(d)所示。

例 3-9-5 设某水泵转速 $n=2\,900$ r/min,轴颈直径 $d=35$ mm,轴的两端受径向载荷 $\boldsymbol{F}_{r1}=\boldsymbol{F}_{r2}=1\,810$ N,轴向载荷 $\boldsymbol{F}_a=740$ N,预期寿命 $L'_h=5\,000$ h,试选择轴承型号。

解:水泵轴主要承受径向载荷($\boldsymbol{F}_r>\boldsymbol{F}_a$),转速相当高,所以选深沟球轴承(6 类);因水泵承受的是中等载荷,则选 0 类宽度系列和 3 类直径系列(注:不是唯一的选择);根据轴颈直径 $d=35$ mm,所以选用 6307 轴承,水泵属一般通用机械,对轴承的精度和游隙无特殊要求。

例 3-9-6 按上例,轴的两端用一对 6307 型号的轴承支承,$d=35$ mm,设轴承 1 为游动端,轴承 2 为固定端,$\boldsymbol{F}_{r1}=\boldsymbol{F}_{r2}=1\,810$ N,$\boldsymbol{F}_a=740$ N,水泵工作时有轻微冲击,轴承正常工作温度低于 100℃,试校核轴承寿命。

解:轴承 1 为游动端,不承受轴向载荷,轴向载荷由轴承 2 承受,即 $\boldsymbol{F}_{a2}=\boldsymbol{F}_a$。

(1) 按 6307 轴承由附录 D 查得 $C_0=19.2$ kN,则 $\boldsymbol{F}_a/C_0=740/19\,200=0.038\,5$,以此值由表 3-9-14,插值得 $e=0.231$。

(2) 因 $\boldsymbol{F}_{a2}/\boldsymbol{F}_{r2}=740/1\,810=0.409>e$,根据 $\boldsymbol{F}_a/C_0=0.038\,5$,由表 3-9-14 插值得 $Y=1.87$, $X=0.56$。

(3) 计算径向当量动载荷

$$\boldsymbol{P}_1=\boldsymbol{F}_{r1}=1\,810\ \text{N}$$

按已知条件查表 3-9-13 得 $f_P=1.1$,则

$$\boldsymbol{P}_2=f_P(X\boldsymbol{F}_{r2}+Y\boldsymbol{F}_{a2})=1.1\times(0.56\times1\,810+1.87\times740)=2\,636.7\ \text{N}$$

轴承的当量动载荷取 $\boldsymbol{P}_1$、$\boldsymbol{P}_2$ 中较大者,球轴承 $\varepsilon=3$,由公式 9-9 得:

$$C'=p\sqrt[\varepsilon]{\frac{nL'_h}{16\,670}}=2\,636.7\sqrt[3]{\frac{2\,900\times5\,000}{16\,670}}=25.17\ \text{kN}$$

由附录 IV 查得 6307 轴承 $C=33.2$ kN $>C'$,轴承合格。

例 3-9-7 在蜗杆减速器中,拟用一对圆锥滚子轴承来支撑蜗杆轴工作,如图 3-9-37(a)所示,轴的转速 $n=320$ r/min,轴颈直径 $d=40$ mm,良轴承径向反力分别为 $\boldsymbol{F}_{r1}=6\,000$ N,$\boldsymbol{F}_{r2}=3\,000$ N,外加轴向力 $\boldsymbol{F}_a=2\,500$ N,工作中有中等冲击,轴承正常工作温度低于 100℃,预期使用寿命 $L'_h=10\,000$ h,试确定轴承型号。

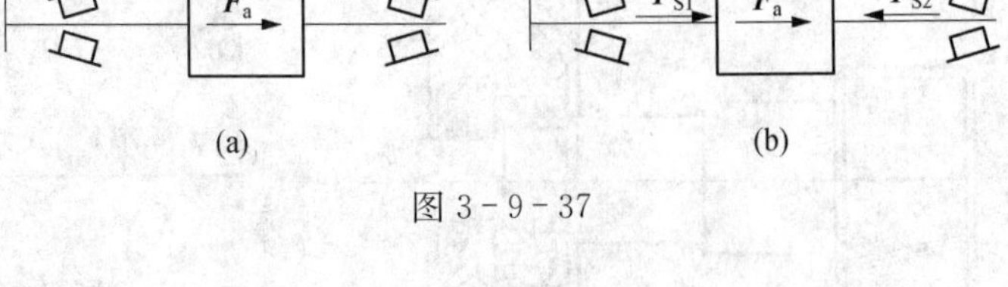

图 3-9-37

解:(1) 初选轴承型号 由附表 C,初选圆锥滚子轴承,轴承型号为:30208。查得 $C=63\,000$ N, $C_0=74\,000$ N, $e=0.37$, $Y=1.6$。

(2) 计算轴承内部轴向力 由表 3－9－16 可得，轴承 1 内部轴向力 $F_{S1}=\frac{F_{R1}}{2Y}=\frac{6\,000}{2\times1.6}=1\,875\ \text{N}$，轴承 2 内部轴向力 $F_{S2}=\frac{F_{R2}}{2Y}=\frac{3\,000}{2\times1.6}=938\ \text{N}$，方向如图 3－9－37(b) 所示。

(3) 计算轴承的轴向载荷 F_a 比较 $F_a+F_{S1}>F_{S2}$，轴承 1 端被放松，轴承 2 端被压紧，紧端轴向载荷 $F_{a2}=F_{S1}+F_a=4\,375\ \text{N}$；松端轴向载荷 $F_{a1}=F_{S1}=1\,875\ \text{N}$。

(4) 计算当量动载荷 P 轴承 1：$P_1=6\,000\ \text{N}$。轴承 2：$P_2=8\,200\ \text{N}$。$P_1<P_2$，故只计算轴承 2。

(5) 计算轴承额定寿命 L_h 由于选用滚子轴承，$\varepsilon=10/3$，查表 3－9－11 取 $f_t=1$，由式(3－9－8)得

$$L_h=\frac{16\,670}{n}\left(\frac{f_tC}{P_2}\right)^{\varepsilon}=\frac{16\,670}{320}\left(\frac{1\times63\,000}{8\,200}\right)^{\frac{10}{3}}=11\,998\ \text{h}$$

因为，$L_h>L'_h$，故选用 30208 轴承能满足要求。

习 题

3－9－1 滚动轴承分为哪几类？各有什么特点？适用于什么场合？

3－9－2 指出下列轴承代号的含义：

6201　　6410　　7206C　　7308AC　　30312/P6x

3－9－3 选择滚动轴承时，应考虑哪些因素？

3－9－4 滚动轴承的组合设计包括哪些方面？

3－9－5 滚动轴承的内、外圈如何实现轴向和周向固定？

3－9－6 为什么要调整滚动轴承的间隙？如何调整？

3－9－7 轴系的固定方式有几种？各有什么特点？适用于什么场合？

3－9－8 选择滚动轴承配合的一般原则是什么？

3－9－9 装、拆滚动轴承时，应注意哪些问题？

3－9－10 滚动轴承的主要失效形式有哪些？

3－9－11 什么是滚动轴承的额定寿命、额定动载荷和当量动载荷？

3－9－12 拆装、观察一轴系部件，对照分析是否符合轴与轴承组合设计的要求，并对轴承进行校核计算。

3－9－13 轴上一 6208 轴承，所承受的径向载荷 $F_r=3\,000\ \text{N}$，轴向载荷 $F_a=1\,270\ \text{N}$。试求其当量动载荷 P。

3－9－14 一齿轮轴上装有一对型号为 30208 的轴承(反装)，已知：$F_a=5\,000\ \text{N}$，(方向向左)，$F_{r1}=8\,000\ \text{N}$，$F_{r2}=6\,000\ \text{N}$。试计算两轴承上的当量动载荷。

3－9－15 一带传动装置的轴上拟选用单列向心球轴承。已知：轴颈直径 $d=40\ \text{mm}$，转速 $n=800\ \text{r/min}$，轴承的径向载荷 $F_r=3\,500\ \text{N}$，载荷平稳。若轴承预期寿命 $L'_h=10\,000\ \text{h}$，试选择轴承型号。

3－9－16 某水泵的轴颈 $d=30\ \text{mm}$，转速 $n=1\,450\ \text{r/min}$，径向载荷为 $F_r=1\,320\ \text{N}$，

轴向载荷 $F_a = 600$ N。要求寿命 $L'_h = 5\ 000$ h，载荷平稳，试选择轴承型号。

3-9-17 已知一传动轴的直径为 $d = 40$ mm，工作转速 $n = 1\ 400$ r/min，轴的材料为 40Cr，经过正火处理，许用扭切应力不超过 50 MPa，求该轴能传递的最大功率。

3-9-18 有一传动轴直径 $d = 40$ mm，传递转矩 $T = 150$ N·m。若将转矩提高 30%，材料和其他条件不变，求所需轴的直径。

附　　录

附录A　普通螺纹基本尺寸

（单位：mm）

公称直径(大径) D、d	螺距 P	中径 D_2、d_2	小径 D_1、d_1	公称直径(大径) D、d	螺距 P	中径 D_2、d_2	小径 D_1、d_1
1	0.25 0.2	0.838 0.870	0.729 0.783	50	3 2	48.051 48.701	46.752 47.835
2	0.4 0.25	1.740 1.838	1.567 1.729	60	4 3 2	57.402 58.051 58.701	55.670 56.752 57.835
4	0.7 0.5	3.545 3.675	3.242 3.459	70	6 4 3	66.103 67.402 68.051	63.505 65.670 66.752
6	1 0.75	5.350 5.513	4.917 5.188	80	6 4 3	76.103 77.402 78.051	73.505 75.670 76.752
8	1.25 1	7.188 7.350	6.649 6.917	90	6 4	86.103 87.402	83.505 85.670
10	1.5 1.25 1	9.026 9.188 9.350	8.376 8.647 8.917	100	6 4 3	96.103 97.402 98.051	93.505 95.670 96.752
12	1.75 1.5	10.863 11.188	10.106 10.647	110	6 4	106.103 107.402	103.505 105.670
16	2 1.5	14.701 15.026	13.835 14.376	120	6 4	116.103 117.402	113.505 115.670
20	2.5 2 1.5	18.376 18.701 19.026	17.294 17.835 18.376	150	8 6 4	144.804 146.103 147.402	141.340 143.505 145.670
24	3 2 1.5	22.051 22.701 23.026	20.752 21.835 22.376	180	8 6 4	174.804 176.103 177.402	171.340 173.505 175.670
28	2 1.5	26.701 27.026	25.835 26.376	200	8 6 4	194.804 196.103 197.402	191.340 193.505 195.670
32	2 1.5	30.701 31.026	29.835 30.376	250	8 6 4	244.804 246.103 247.402	241.340 243.505 245.670

注：本表摘自 GB/T 192—2003，GB/T 196—2003。

附录 B　TL 型弹性套柱销联轴器

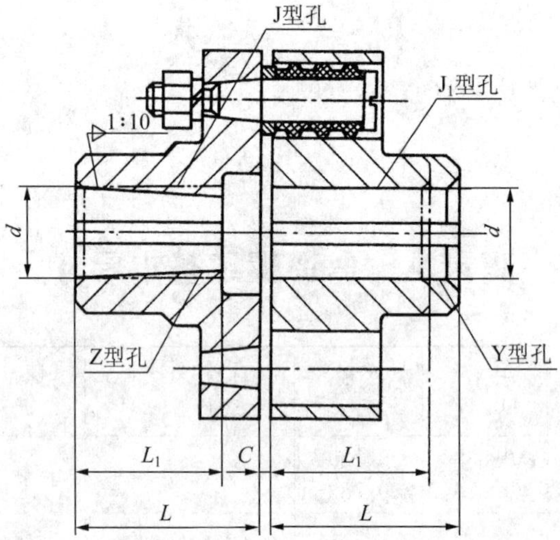

标记示例:TL5 联轴器$\frac{ZC30\times60}{J_1 28\times44}$　GB 4323—84

主动端:Z 型轴孔,C 型键槽,$d=30$ mm,$L_1=60$ mm

从动端:J_1 型轴孔,A 型键槽,$d=28$ mm,$L_1=44$ mm

<table>
<tr><th rowspan="3">型号</th><th rowspan="3">公称转矩
T_n
/(N·m)</th><th colspan="2">许用转速
〔n〕/
(r·min^{-1})</th><th colspan="2" rowspan="2">轴孔直径
d/mm</th><th colspan="3">轴孔长度/mm</th><th colspan="2">许用补偿量</th></tr>
<tr><th rowspan="2">铁</th><th rowspan="2">钢</th><th>Y 型</th><th colspan="2">J、J_1、Z 型</th><th rowspan="2">径向/
mm</th><th rowspan="2">角度</th></tr>
<tr><th>铁</th><th>钢</th><th>L</th><th>L_1</th><th>L</th></tr>
<tr><td rowspan="2">TL3</td><td rowspan="2">31.5</td><td rowspan="2">4 700</td><td rowspan="2">6 300</td><td>16, 18, 19</td><td>16, 18, 19</td><td>42</td><td>30</td><td>42</td><td rowspan="4">0.2</td><td rowspan="6">1°30′</td></tr>
<tr><td>20</td><td>20, 22</td><td rowspan="2">52</td><td rowspan="2">38</td><td rowspan="2">52</td></tr>
<tr><td rowspan="2">TL4</td><td rowspan="2">63</td><td rowspan="2">4 200</td><td rowspan="2">5 700</td><td>20, 22, 24</td><td>20, 22, 24</td></tr>
<tr><td></td><td>25, 28</td><td rowspan="2">62</td><td rowspan="2">44</td><td rowspan="2">62</td></tr>
<tr><td rowspan="2">TL5</td><td rowspan="2">125</td><td rowspan="2">3 600</td><td rowspan="2">4 600</td><td>25, 28</td><td>25, 28</td><td rowspan="5">0.3</td></tr>
<tr><td>30, 32</td><td>30, 32, 35</td><td rowspan="2">82</td><td rowspan="2">60</td><td rowspan="2">82</td></tr>
<tr><td rowspan="2">TL6</td><td rowspan="2">250</td><td rowspan="2">3 300</td><td rowspan="2">3 800</td><td>32, 35, 38</td><td>32, 35, 38</td><td rowspan="7">1°00′</td></tr>
<tr><td>40</td><td>40, 42</td><td rowspan="3">112</td><td rowspan="3">84</td><td rowspan="3">112</td></tr>
<tr><td>TL7</td><td>500</td><td>2 800</td><td>3 600</td><td>40, 42, 45</td><td>40, 42, 45, 48</td></tr>
<tr><td rowspan="2">TL8</td><td rowspan="2">710</td><td rowspan="2">2 400</td><td rowspan="2">3 000</td><td>45, 48, 50, 55</td><td>45, 48, 50, 55, 56</td><td rowspan="4">0.4</td></tr>
<tr><td></td><td>60, 63</td><td>142</td><td>107</td><td>142</td></tr>
<tr><td rowspan="2">TL9</td><td rowspan="2">1 000</td><td rowspan="2">2 100</td><td rowspan="2">2 850</td><td>50, 55, 56</td><td>50, 55, 56</td><td>112</td><td>84</td><td>112</td></tr>
<tr><td>60, 63</td><td>60, 63, 65, 70, 71</td><td>142</td><td>107</td><td>142</td></tr>
</table>

注:本表摘自 GB 4323—84。

附录 C 圆锥滚子轴承

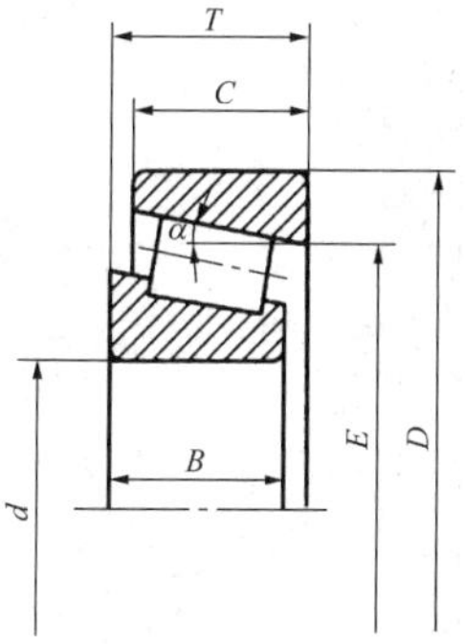

标准外形

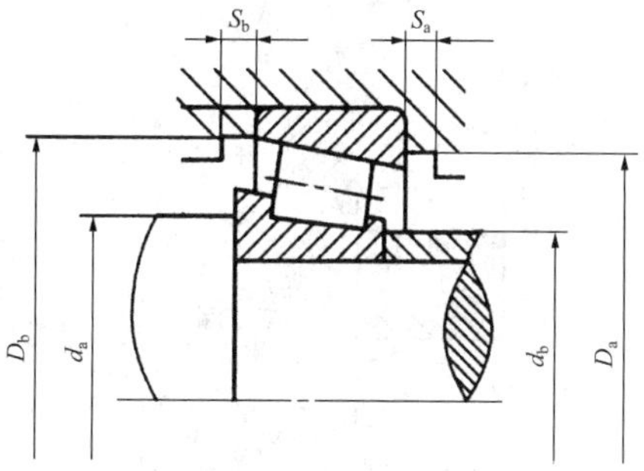

安装尺寸

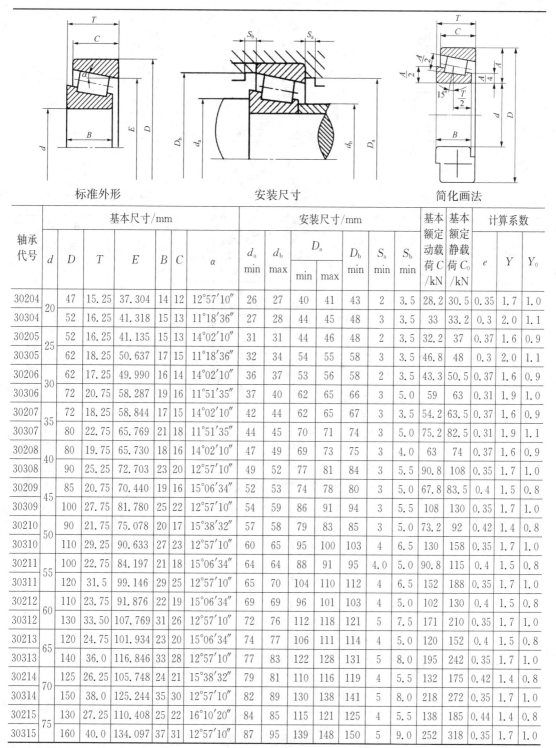

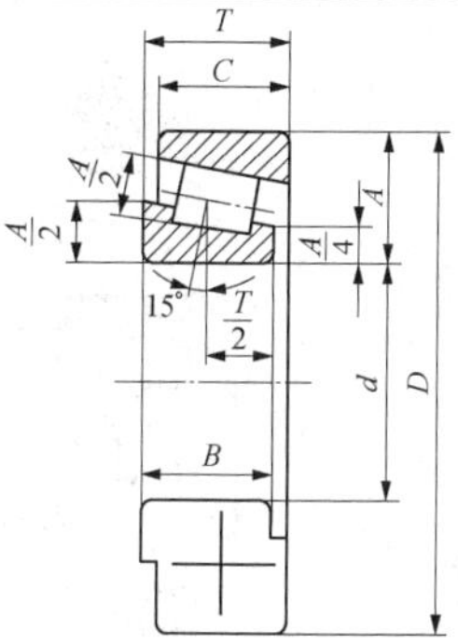

简化画法

轴承代号	基本尺寸/mm							安装尺寸/mm							基本额定动载荷 C /kN	基本额定静载荷 C_0 /kN	计算系数		
	d	D	T	E	B	C	α	d_a min	d_b max	D_a min	D_a max	D_b min	S_a min	S_b min			e	Y	Y_0
30204	20	47	15.25	37.304	14	12	12°57′10″	26	27	40	41	43	2	3.5	28.2	30.5	0.35	1.7	1.0
30304		52	16.25	41.318	15	13	11°18′36″	27	28	44	45	48	3	3.5	33	33.2	0.3	2.0	1.1
30205	25	52	16.25	41.135	15	13	14°02′10″	31	31	44	46	48	2	3.5	32.2	37	0.37	1.6	0.9
30305		62	18.25	50.637	17	15	11°18′36″	32	34	54	55	58	3	3.5	46.8	48	0.3	2.0	1.1
30206	30	62	17.25	49.990	16	14	14°02′10″	36	37	53	56	58	2	3.5	43.3	50.5	0.37	1.6	0.9
30306		72	20.75	58.287	19	16	11°51′35″	37	40	62	65	66	3	5.0	59	63	0.31	1.9	1.0
30207	35	72	18.25	58.844	17	15	14°02′10″	42	44	62	65	67	3	3.5	54.2	63.5	0.37	1.6	0.9
30307		80	22.75	65.769	21	18	11°51′35″	44	45	70	71	74	3	5.0	75.2	82.5	0.31	1.9	1.1
30208	40	80	19.75	65.730	18	16	14°02′10″	47	49	69	73	75	3	4.0	63	74	0.37	1.6	0.9
30308		90	25.25	72.703	23	20	12°57′10″	49	52	77	81	84	3	5.5	90.8	108	0.35	1.7	1.0
30209	45	85	20.75	70.440	19	16	15°06′34″	52	53	74	78	80	3	5.0	67.8	83.5	0.4	1.5	0.8
30309		100	27.75	81.780	25	22	12°57′10″	54	59	86	91	94	3	5.5	108	130	0.35	1.7	1.0
30210	50	90	21.75	75.078	20	17	15°38′32″	57	58	79	83	85	3	5.0	73.2	92	0.42	1.4	0.8
30310		110	29.25	90.633	27	23	12°57′10″	60	65	95	100	103	4	6.5	130	158	0.35	1.7	1.0
30211	55	100	22.75	84.197	21	18	15°06′34″	64	64	88	91	95	4.0	5.0	90.8	115	0.4	1.5	0.8
30311		120	31.5	99.146	29	25	12°57′10″	65	70	104	110	112	4	6.5	152	188	0.35	1.7	1.0
30212	60	110	23.75	91.876	22	19	15°06′34″	69	69	96	101	103	4	5.0	102	130	0.4	1.5	0.8
30312		130	33.50	107.769	31	26	12°57′10″	72	76	112	118	121	5	7.5	171	210	0.35	1.7	1.0
30213	65	120	24.75	101.934	23	20	15°06′34″	74	77	106	111	114	4	5.0	120	152	0.4	1.5	0.8
30313		140	36.0	116.846	33	28	12°57′10″	77	83	122	128	131	5	8.0	195	242	0.35	1.7	1.0
30214	70	125	26.25	105.748	24	21	15°38′32″	79	81	110	116	119	4	5.5	132	175	0.42	1.4	0.8
30314		150	38.0	125.244	35	30	12°57′10″	82	89	130	138	141	5	8.0	218	272	0.35	1.7	1.0
30215	75	130	27.25	110.408	25	22	16°10′20″	84	85	115	121	125	4	5.5	138	185	0.44	1.4	0.8
30315		160	40.0	134.097	37	31	12°57′10″	87	95	139	148	150	5	9.0	252	318	0.35	1.7	1.0

注：本表摘自 GB/T 297—1994。

附录D 深沟球轴承

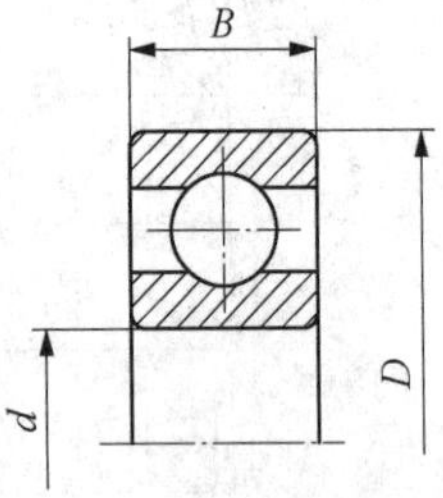

标准外形

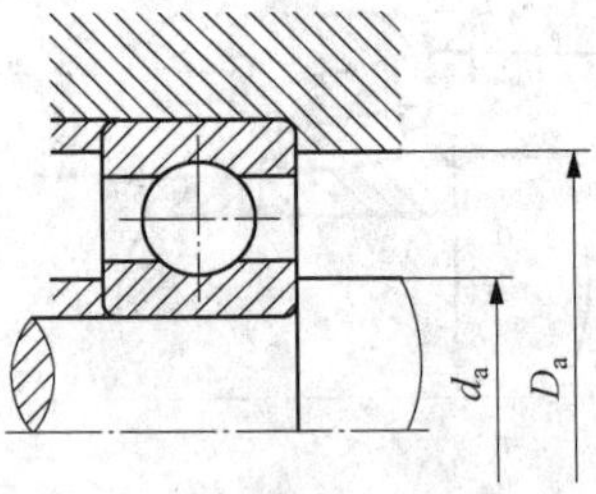

安装尺寸

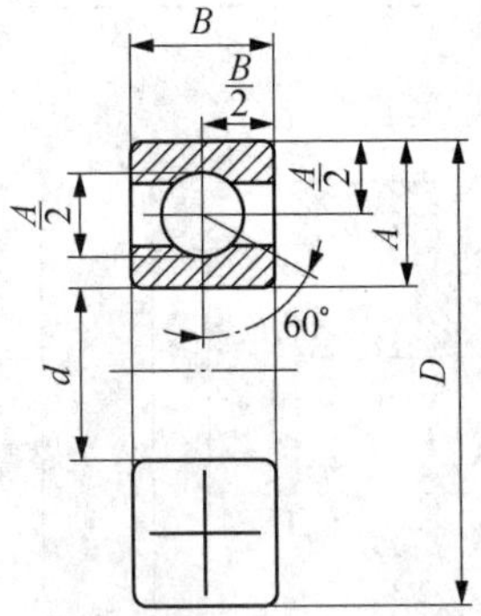

简化画法

轴承代号	基本尺寸/mm			安装尺寸/mm		基本额定动载荷/kN	基本额定静载荷/kN
	d	D	B	d_a	D_a	C	C_0
6004	20	42	12	25	37	9.38	5.02
6204		47	14	26	42	12.80	6.65
6304		52	15	27	45	15.80	7.88
6404		72	19	27	65	31.00	15.20
6005	25	47	12	30	42	10.00	5.85
6205		52	15	31	46	14.00	7.88
6305		62	17	32	55	22.20	11.50
6405		80	21	34	71	38.20	19.20
6006	30	55	13	36	49	13.20	8.30
6206		62	16	36	56	19.50	11.50
6306		72	19	37	65	27.00	15.20
6406		90	23	39	81	47.50	24.5
6007	35	62	14	41	56	16.20	10.50
6207		72	17	42	65	25.50	15.20
6307		80	21	44	71	33.20	19.20
6407		100	25	44	91	56.80	29.50
6008	40	68	15	46	62	17.00	11.80
6208		80	18	47	73	29.50	18.00
6308		90	23	49	81	40.80	24.00
6408		110	27	50	100	65.50	37.50

（续表）

轴承代号	基本尺寸/mm			安装尺寸/mm		基本额定动载荷/kN	基本额定静载荷/kN
	d	D	B	d_a	D_a	C	C_0
6009	45	75	16	51	69	21.00	14.80
6209		85	19	52	78	31.50	20.50
6309		100	25	54	91	52.80	31.80
6409		120	29	55	110	77.50	45.50
6010	50	80	16	56	74	22.00	16.20
6210		90	20	57	83	35.00	23.20
6310		110	27	60	100	61.80	38.00
6410		130	31	62	118	92.20	55.20
6011	55	90	18	62	83	30.20	21.80
6211		100	21	64	91	43.20	29.20
6311		120	29	65	110	71.50	44.80
6411		140	33	67	128	100.00	62.50
6012	60	95	18	67	88	31.50	24.20
6212		110	22	69	101	47.80	32.80
6312		130	31	72	118	81.80	51.80
6412		150	35	72	138	108.00	70.10
6013	65	100	18	72	93	32.00	24.80
6213		120	23	74	111	57.20	40.00
6313		140	33	77	128	93.80	60.50
6413		160	37	77	148	118.00	78.50
6014	70	110	20	77	103	38.50	30.50
6214		125	24	79	116	60.80	45.00
6314		150	35	82	138	105.00	68.00
6414		180	42	84	166	140.00	99.50
6015	75	115	20	82	108	40.20	33.20
6215		130	25	84	121	66.00	49.50
6315		160	37	87	148	112.00	76.80
6415		190	45	89	176	155.00	115.00

参 考 文 献

[1] 陈立德.机械设计基础.北京:高等教育出版社,2004
[2] 范顺成.机械设计基础.北京:机械工业出版社,2002
[3] 濮良贵,纪名刚.北京:高等教育出版社,2001
[4] 任成高.机械设计基础.北京:机械工业出版社,2006
[5] 周家泽.机械设计基础.北京:人民邮电出版社,2003
[6] 徐刚涛.机械设计基础.北京:高等教育出版社,2007
[7] 吴宗泽,罗圣国.机械设计课程设计手册.3版.北京:机械工业出版社,2006
[8] 陈立德.机械设计基础-课程设计指导书.3版.北京:高等教育出版社,2007
[9] 李秀珍.机械设计基础(少学时).5版.北京:机械工业出版社,2013
[10] 徐艳敏.机械设计基础.1版.北京:机械工业出版社,2011
[11] 李培根.机械设计基础.2版.北京:机械工业出版社,2010
[12] 陈秀宁.机械设计基础.2版.浙江:浙江大学出版社,2003